双元制培训机械专业理论教材

机械工人专业计算

双元制培训机械专业理论教材编委会　编

机　械　工　业　出　版　社

本书是技工学校推行双元制办学体制的机械专业理论教材之一。其内容由五部分组成，即数学基础：讲述与专业计算有关的数学基础知识，如袖珍计算器的功能与使用方法、勾股定理、三角函数等；专业计算基础：讲述长度、面积、体积、质量与重量、力与力系、功和能、功率与效率的计算；机械工程计算：讲述锥度、分度、数控与电工的有关计算和机械零件、公差与配合、齿轮传动与带传动、冲裁与成形、液压与气动及热工技术的计算；企业管理计算：讲述切削用量的概念及机动时间的计算，以及工时定额和生产成本的计算；综合应用计算：综合了学习过的有关知识，讲述机械零件的测量，钻孔、镗孔的坐标计算和机动时间的综合计算。

本书由张松文、上官家桂主编，麻淑英、贾文鹏参加编写，蒋建华主审。

图书在版编目（CIP）数据

机械工人专业计算/双元制培训机械专业理论教材编委会编. —北京：机械工业出版社，1995.7（2025.8重印）

双元制培训机械专业理论教材

ISBN 978-7-111-04536-6

Ⅰ. 机… Ⅱ. 双… Ⅲ. ①机械工业-工人-工程-计算-技术教育-教材 ②机械工程-工程计算-技术教育-教材 Ⅳ. TH

中国版本图书馆 CIP 数据核字（95）第03196号

机械工业出版社（北京市百万庄大街22号 邮政编码100037）
责任编辑：吴天培 版式设计：冉晓华 责任校对：孙志筠
封面设计：姚 毅 责任印制：邓 博
北京中科印刷有限公司印刷
2025年8月第1版第23次印刷
184mm×260mm · 18印张 · 438千字
标准书号：ISBN 978-7-111-04536-6
定价：38.00元

前　言

“双元制”是德国等发达国家发展职业技术教育的一种先进的办学体制，被誉为二战后德国经济腾飞的“秘密武器”，其特点是企业与职业学校合作共同完成培养人才的任务。培训以企业为主，因此培养出来的人才能满足企业的要求；学习理论与学习技能，以技能为主，既注重基础技能的培养，更注重专业技能的训练，培养出来的是复合型实用人才；同时注重对学生解决问题的能力和社交能力的培养，以适应现代化大生产共同合作完成培训任务的要求。

改革开放以来，我国许多省、市和企业先后引进或借鉴“双元制”办学经验，培养出了一大批受企业欢迎的、掌握现代科技技能的复合型技工。这株由日尔曼民族培育出的美丽奇葩，一经移栽到华夏大地的沃土之上即开放出鲜艳夺目的花朵。实践证明“双元制”基本适合我国的国情，并具有强大的生命力。但是，由于多年来没有完整的、系统的、既能反映“双元制”的特点，又适合我国国情的培训教材，已成为阻碍“双元制”在我国推广和发展的原因之一。为此天津中德培训中心和上海大众汽车有限公司在机械工业出版社的支持下编写了这套双元制机械专业理论课培训教材。它包括《机械工人专业计算》、《机械工人专业制图》、《机械工人专业制图习题集》和《机械工人专业工艺》（包括五个分册：“基础分册”、“机械切削工分册”、“工模具制造工分册”、“机械维修工分册”和“汽车机械工分册”）。在编写中我们特别注重保持“双元制”教材的特点，即保持教材内容的先进性、适用性、多样性以及形式的直观性，又特别注重结合我国的国情；注重专业理论为专业技能服务的基本原则和注重对学生专业能力、解决问题的能力和社交能力的培养。但是，由于我们实践的时间较短，对教材内容的选择、内容的深度和广度的把握缺乏经验，难免会详略不当、深浅不宜，对形式的选用也会有欠妥之处。因此，希望读者能提出宝贵意见，使其日趋正确、不断完善和适合读者的需要，以期为国家培养出更多、更好的复合型实用人才。

双元制培训机械专业理论教材编委会

目　录

1　数　学　基　础

1.1　袖珍计算器的功能和使用方法

袖珍计算器的问世给工程计算带来极大的方便，袖珍计算器键的分布见图 1-1。下面举例介绍每个键的功能：

键	功能	键	功能
1/x	倒数	tan	正切值
x^2	平方数，二次幂	( )	括号
$\sqrt{x}$	平方根，二次根	EXP	10 的幂
+/−	正负符号变换	C	清除最后一次输入
%	百分数	AC	总清除
π	圆周率，常数 π	MIN	存储，记忆
INV	反函数的转换	M+	正数存储
sin	正弦值	M−	负数存储
cos	余弦值	MR	回叫存储

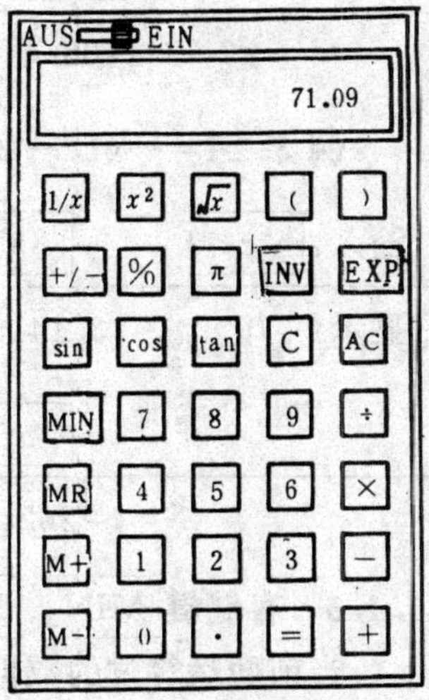

图 1-1　袖珍计算器

1.1.1　倒数键 1/x

倒数键的使用可使分母中的运算简易

例 1　$\dfrac{47.1\times7.2}{23.4-12.6}=?$

输入：	c	23.4	−	12.6	=	1/x	×
显示：	0	23.4	23.4	12.6	10.8	0.092592592	0.092592592
		47.1	×	7.2	=		
		47.1	4.36111	7.2	31.4		

例 2　$b=\dfrac{2A}{b_1+b_2}=\dfrac{2\times17350}{190+66}=?$

输入：	c	190	+	66	=	1/x	×
显示：	0	190	190	66	256	3.90625−03	3.90625−03
		2	×	17350	=		
		2	7.8125−03	17350	135.546875		

1.1.2 括号键 ( )

若要使部分运算先进行,可使用括号键。

例 1 (23.7+98.4)÷(103.4−77.2)=?

输入:	c	(	23.7	+	98.4	)	÷	(	103.4
显示:	0	0	23.7	23.7	98.4	122.1	122.1	122.1	103.4

	−	77.2	)	=
	103.4	77.2	26.2	4.6603053

例 2 $A=\frac{\pi}{4}(D^2-d^2)=\frac{\pi}{4}(16.2^2-13.1^2)=?$

输入:	c	π	÷	4	×	(	16.2
显示:	0	3.1415927	3.1415927	4	0.7853982	0.7853982	16.2

	x^2	−	13.1	x^2	)	=
	262.44	262.44	13.1	171.61	90.83	71.337715

1.1.3 存储键 MIN、M+、M−、MR

当前面运算过的数据在以后的运算中再次需要时,可用存储键存储后随时取用。

例 $V=\left(1.73\times1.24+\frac{1.73\times0.85}{2}\right)h$

其中:h=2.24;3.56;7.80;12.66 时,求 V?

输入:	AC MIN	1.73	×	1.24	=	+	1.73
显示:	0	1.73	1.73	1.24	2.1452	2.1452	1.73

	×	0.85	÷	2	=	MIN
	1.73	0.85	1.4705	2	2.88045	M 2.88045

当 h=2.24 时

输入:	AC	2.24	×	MR	=
显示:	M 0	M 2.24	M 2.24	M 2.88045	M 6.452208

当 h=3.56 时

输入:	AC	3.56	×	MR	=
显示:	M 0	M 3.56	M 3.56	M 2.88045	M 10.254402

当 h=7.80 时

输入：	AC	7.80	×	MR	=
显示：	M 0	M 7.80	M 7.80	M 2.88045	M 22.46751

当 $h=12.66$ 时

输入：	AC	12.66	×	MR	=
显示：	M 0	M 12.66	M 12.66	M 2.88045	M 36.466497

1.1.4 平方根键 $\sqrt{x}$

平方数与平方根是互为反函数。可灵活使用反函数转换键

例 1 $\sqrt{349.6}=?$

输入：	AC	349.6	$\sqrt{x}$
显示：	0	349.6	18.697593

或

输入：	AC	349.6	INV	x^2
显示：	0	349.6	349.6	122220.16

例 2 $d=\sqrt{\frac{4A}{\pi}}=\sqrt{\frac{4\times5627.3}{\pi}}=?$

输入：	AC	4	×	5627.3	÷	π	=	$\sqrt{x}$
显示：	0	4	4	5627.3	22509.2	3.1415927	7164.9009	84.645738

1.1.5 三角函数 sin、cos、tan

已知角度可求此角度的三角函数值，反之也可由三角函数值求出角度。

例 1 分别求出下列函数值：

1)sin15=？

输入：	AC	15	sin
显示：	0	15	0.2588191

2)cos32.42°=？

输入：	AC	32.42	cos
显示：	0	32.42	0.8441408

3)tan56.53°=？

输入：	AC	56.53	tan
显示：	0	56.53	1.5125553

例 2 在锐角范围内求下列角的大小。

1) $\sin\alpha = 0.4019, \alpha = ?$

输入：	AC	0.4019	INV	sin	
显示：	0	0.4019	0.4019	23.69701	$\alpha = 23.70°$

2) $\cos\beta = 0.0464, \beta = ?$

输入：	AC	0.0464	INV	cos	
显示：	0	0.0464	0.0464	87.340521	$\alpha = 87.34°$

3) $\tan\gamma = 3.5648, \gamma = ?$

输入：	AC	3.5648	INV	tan	
显示：	0	3.5648	3.5648	74.330095	$\alpha = 74.33°$

例 3 $\tan\frac{\alpha}{2} = \frac{D-d}{2L} = \frac{(225-150)\text{mm}}{2\times100\text{mm}}, \frac{\alpha}{2} = ?$

输入：	AC	225	−	150	=	÷	2	÷	100
显示：	0	225	225	150	75	75	2	37.5	100

=	INV	tan	
0.375	0.375	20.556045	$\frac{\alpha}{2} = 20.56°$

1.1.6 十的幂 EXP

例 1 $4.2\times10^{6} = ?$

输入：	AC	4.2	EXP	6	=
显示：	0	4.2	4.2^{00}	4.2^{06}	4200000

例 2 $4.2\times10^{-6} = ?$

输入：	AC	4.2	EXP	6	+/−	=
显示：	0	4.2	4.2^{00}	4.2^{06}	4.2^{-06}	0.0000042

习 题

用计算器上功能键计算下列各式：

1. $V = \dfrac{25000\text{cm}^3/\text{min}}{\frac{\pi}{4}\times(10^2-7^2)\text{cm}^2}$

2. $P_e = \dfrac{63000\text{N}}{\frac{\pi}{4}\times12^2\times0.7\text{cm}^2}$

3. $F=\dfrac{925.7\text{N}\times\dfrac{\pi}{4}(90^2-70^2)\text{mm}^2}{\dfrac{\pi}{4}\times 6^2\text{mm}^2}\times 0.7$

4. $A=2\times\left(\dfrac{8+6}{2}\times 12-\dfrac{\pi}{4}\times 3^2\right)\text{cm}^2$

5. $L=18.3+\dfrac{2\pi\times 13.5\times 65^\circ}{360^\circ}+\dfrac{\pi\times 43\times 297^\circ}{360^\circ}+\dfrac{2\pi\times 13.5\times 52^\circ}{360^\circ}$

6. $V=\sqrt{\dfrac{2\times 294.3\text{kg}\cdot\text{m}^2}{20\text{kg}\cdot\text{s}^2}}$

7. $d=\sqrt{30^2-\dfrac{4\times 217}{\pi}}$

8. $b=25+2\times\dfrac{18}{\tan 60^\circ}$

9. $X=15\times\sin 2\times 8.326^\circ$

10. $Y=45\times\cos 2\times 8.326^\circ$

11. $\tan\gamma=\dfrac{1125.83-549.40}{1178.20+650.00}$，求 $\gamma=?$

12. $\dfrac{16.2^2}{2}\times\left(\dfrac{\pi\times 43^\circ}{180^\circ}-\sin 43^\circ\right)$

1.2　勾股定理

直角三角形中夹直角的两短边称直角边，与直角相对应的长边称斜边。直角边也称勾和股，斜边也称弦。

如图 1-2 所示的直角三角形中勾 $a=4\text{cm}$，股 $b=3\text{cm}$，弦 $c=5\text{cm}$。画出以三角形各边为边长的正方形，并比较二直角边正方形面积之和与斜边正方形面积大小。

由图可知：$a^2+b^2=c^2$

即：直角三角形中斜边平方等于二直角边平方之和，这就是勾股定理。

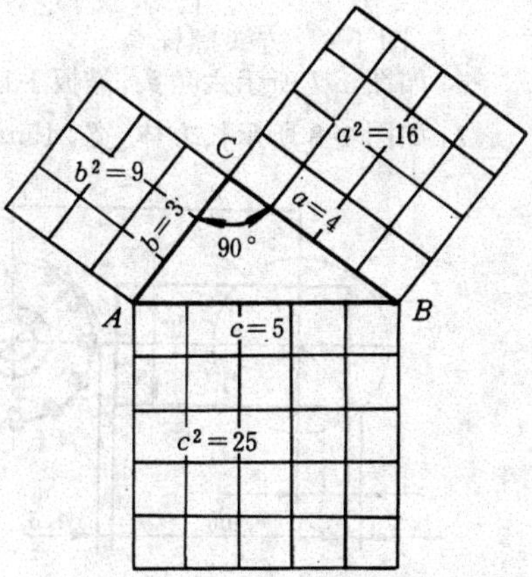

图 1-2　勾股定理

例　直角三角形中勾 $a=5\text{cm}$，弦 $c=13\text{cm}$，求股 b？

解

$$c^2=a^2+b^2$$

$$b=\sqrt{c^2-a^2}=\sqrt{13^2-5^2}=\sqrt{144}=12\text{cm}$$

习　　题

1. 用勾股定理填下表。表中 a、b、c 分别为直角三角形中勾、股和弦。

边长	(mm)	(mm)	(cm)	(dm)	(m)	(km)
勾 a	120	80	8.3	?	?	13.5
股 b	160	?	40	6.4	0.02	?
弦 c	?	170	?	8.2	0.12	20.2

2. 如图 1-3 所示圆锥体，锥底直径为 $\phi 120\text{mm}$，母线长 $L=170\text{mm}$。试求锥高 h？

3. 如图 1-4 所示，在直径为 $d=120\text{mm}$ 的轴上铣平面，若铣削的背吃刀量(切削深度)$a_p=20\text{mm}$，问此平面宽 x？

4. 如图 1-5 所示在边长为 60mm 的正方形上钻孔，求两小孔之间距离 x。

5. 如图 1-6 所示方头螺杆，螺杆直径 $d=60\text{mm}$，求扳手口宽度 S。

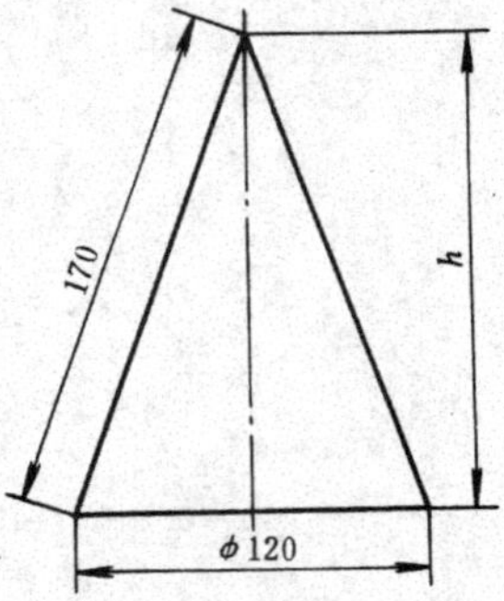

图 1-3　圆锥体

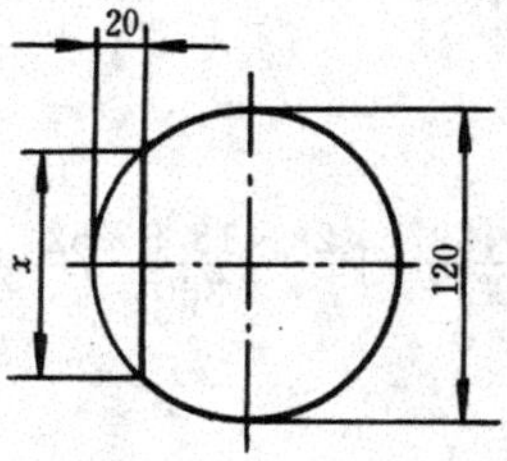

图 1-4　铣轴上平面

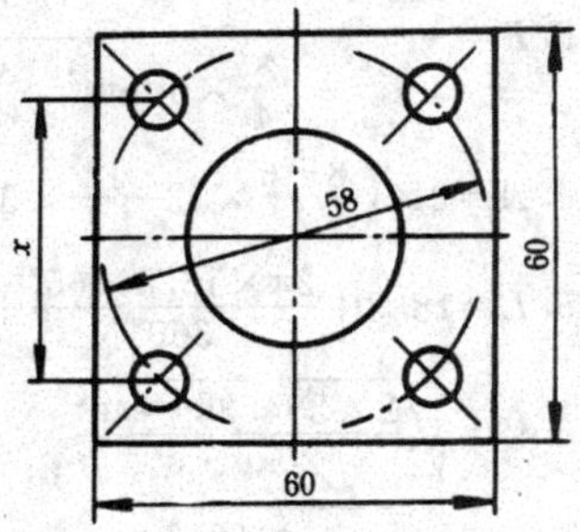

图 1-5　正方形板钻孔

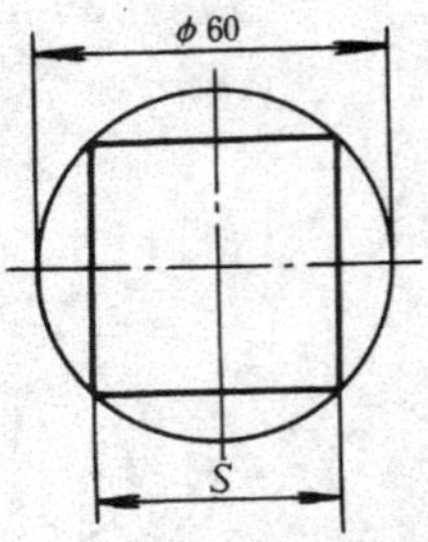

图 1-6　方头螺杆

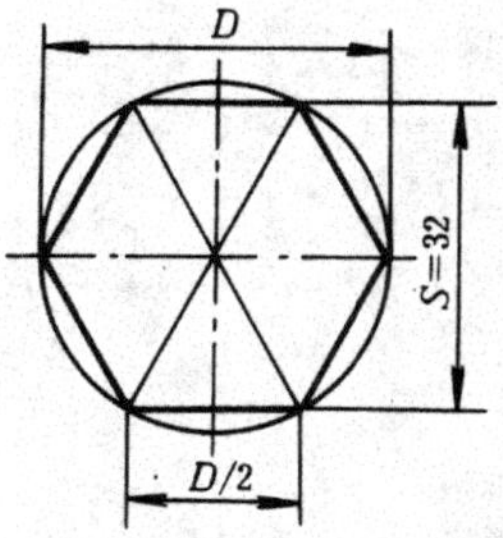

图 1-7　六角头

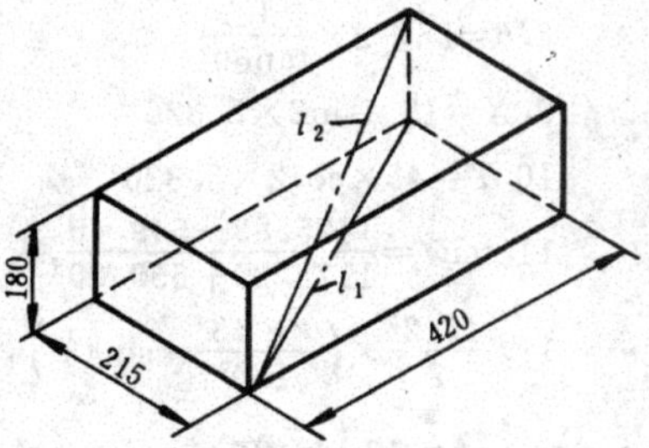

图 1-8　长方体

6. 如图 1-7 所示六角头，需扳手口宽度 S 为 32mm，试求六角头所在圆的直径 D。

7. 如图 1-8 所示长方体，宽 215mm，长为 420mm，高为 180mm，试求底面对角线 L_1 和空间对角线 L_2。

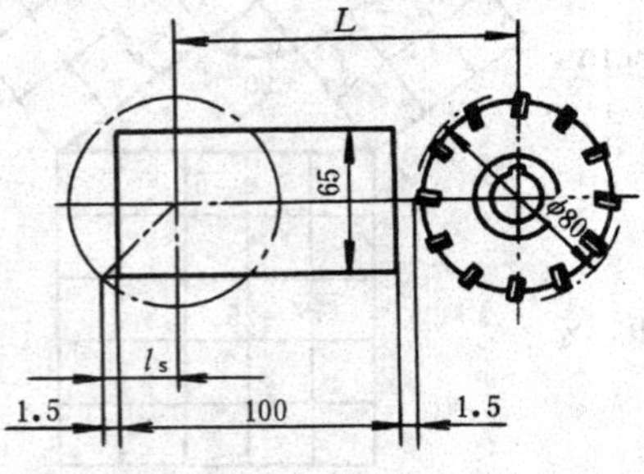

图 1-9　铣平面

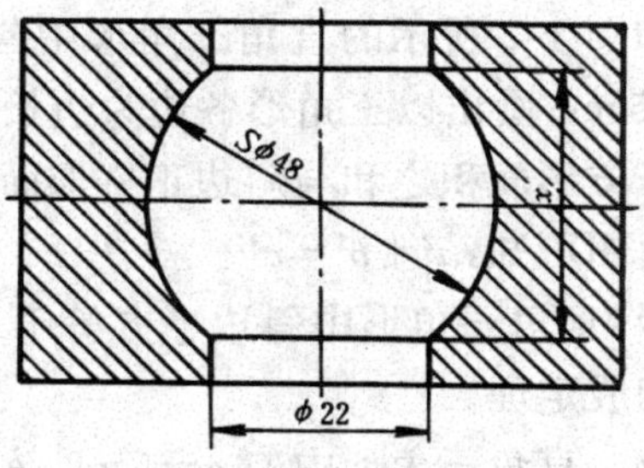

图 1-10　球形孔

8. 如图 1-9 所示，用端面铣刀铣削长方形表面。试求铣刀越程 l_s，及铣刀行程 L。

9. 如图 1-10 所示球形孔，求控制尺寸 x。

10. 如图 1-11 所示梯形板，求板长 L。

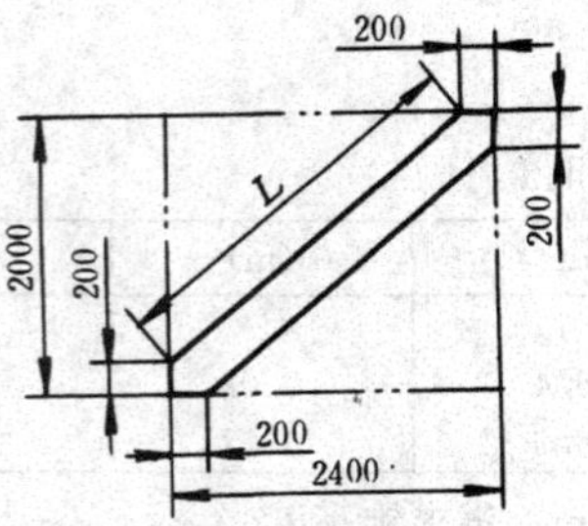

图 1-11　梯形板

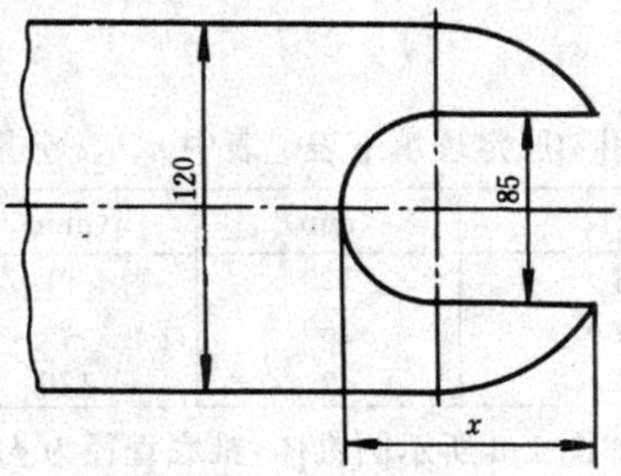

图 1-12　开口槽

11. 如图 1-12 所示加工开口槽，求控制尺寸 x。

12. 如图 1-13 所示齿轮传动示意图，试求两轮垂直方向距离 x。

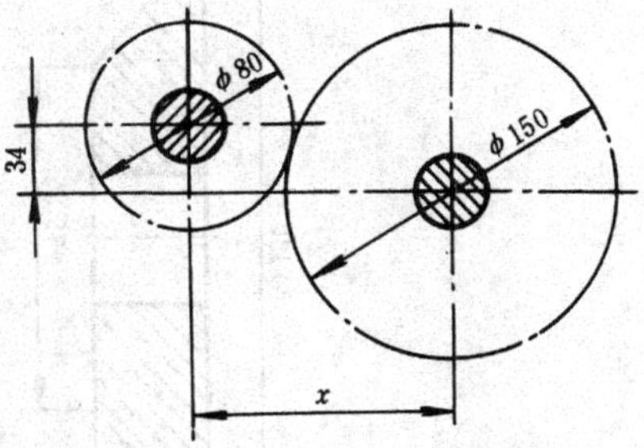

图 1-13　齿轮传动

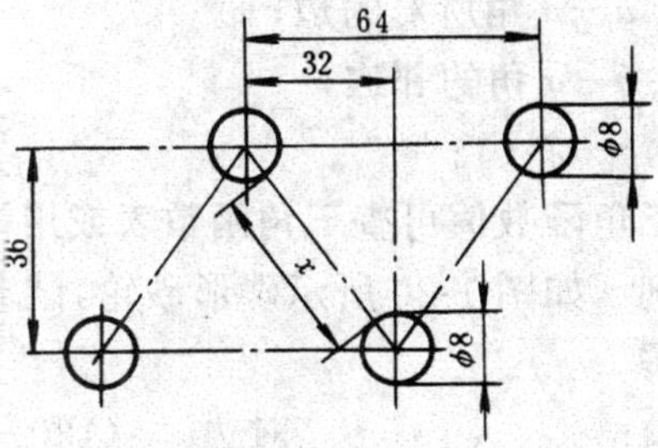

图 1-14　冲孔模

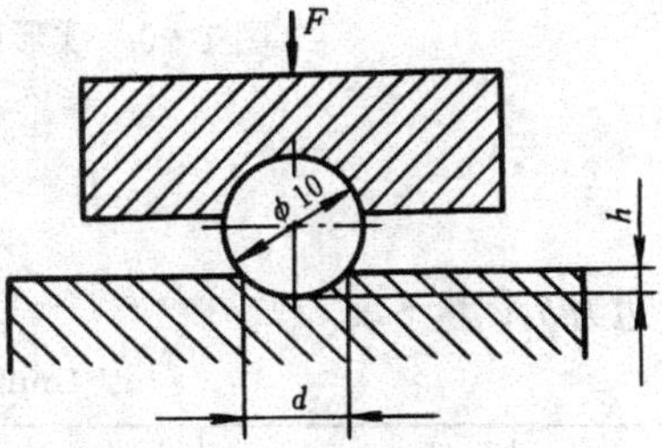

图 1-15　布氏硬度试验

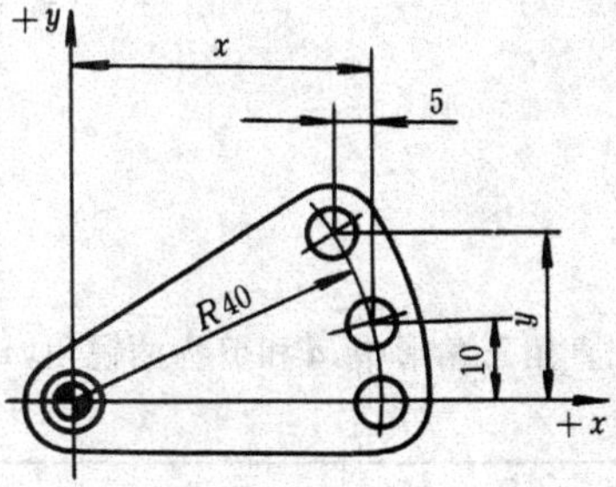

图 1-16　加工扇形孔板

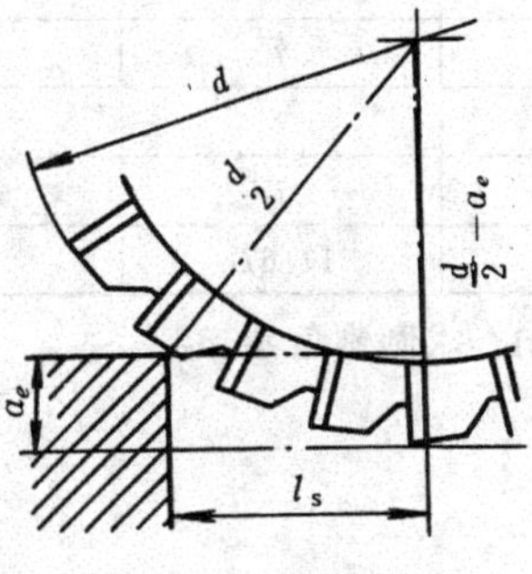

图 1-17　铣削平面

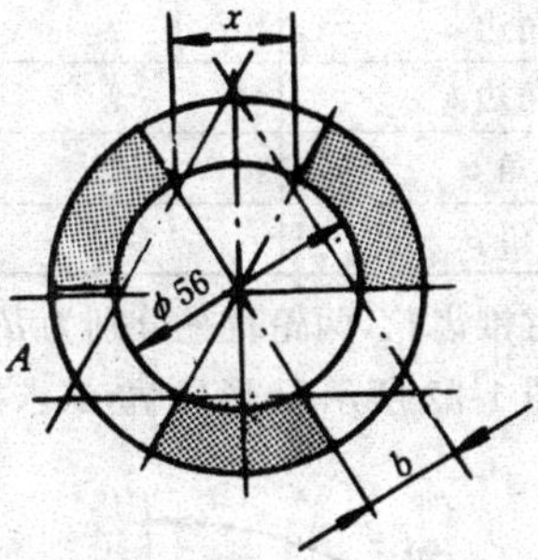

图 1-18　铣牙嵌离合器

13. 如图 1-14 所示，求冲孔模上两孔之间控制尺寸 x。

14. 如图 1-15 所示布氏硬度试验，硬质合金球直径 $D=10$mm，在 F 力作用下压痕直径 $d=4.30$mm，试求压入深度 h？

15. 如图 1-16 所示在数控机床上加工扇形孔板，试求图中 x、y 的值。

16. 如图 1-17 所示用圆周铣刀铣削平面，铣刀直径 $d=80$mm，侧吃刀量 $a_e=6$mm，试求铣刀安装距离 L_s。

17. 如图 1-18 所示铣削牙嵌式离合器，试求检验量规尺寸 x，铣削通道 A，铣刀宽 b。

1.3　三角函数

直角三角形中边与角之间的关系，即三角函数关系，见图 1-19。

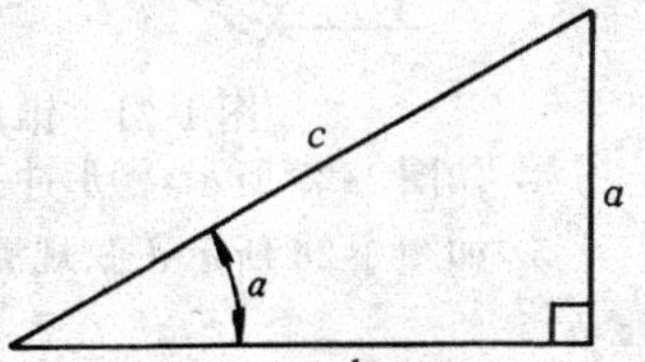

图 1-19　三角函数

由四个关系式表达锐角 α 的三角函数值：

1)　正弦 $\sin\alpha=a/c$

2)　余弦 $\cos\alpha=b/c$

3)　正切 $\tan\alpha=a/b$

4） 余切 $\cot\alpha = b/a$

式中 a—α 角所对的边；

b—α 角的邻边；

c—斜边。

三角函数值可查三角函数表或用计算器运算。

例 如图 1-20 所示碟形砂轮，试求 α 角大小？

解

$$\tan\alpha = \frac{对边}{邻边} = \frac{(130 - 75) \div 2}{25} = 1.100$$

$$\alpha = 47.72° = 47°43'35''$$

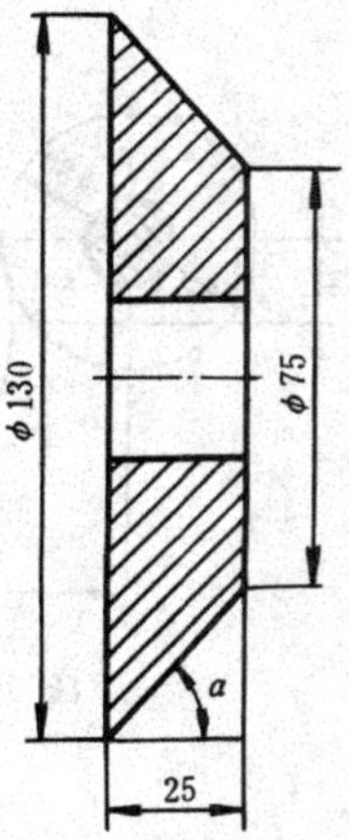

图 1-20 碟形砂轮

习 题

1. 在直角三角形中，α 和 β 为两锐角，α 角所对边为 a，β 角所对边为 b，试填下表

(mm)

序 号	1	2	3	4	5
斜边 c	62	?	350	784	?
直角边 a	?	30	?	?	760
直角边 b	?	40	?	?	?
锐角 α	55°	?	?	?	42°40′
锐角 β	?	?	55°	17.67°	?

2. 一对锥齿轮，两轮直径分别为 $d_1 = 160$mm，$d_2 = 88$mm，见图 1-21。求圆锥角 δ_1、δ_2。

3. 如图 1-22 所示 V 形导轨，试求槽底 x。

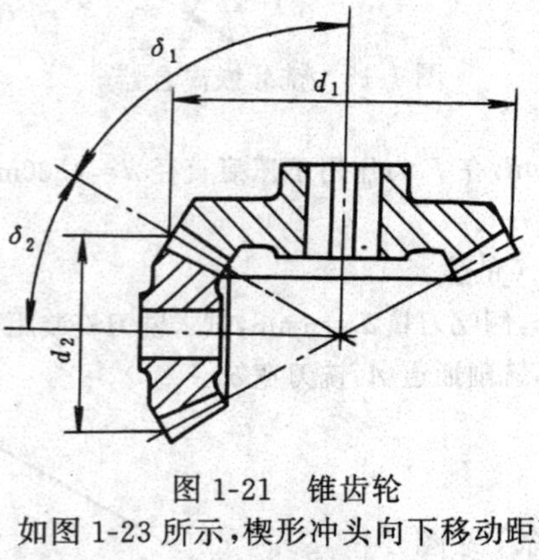

图 1-21 锥齿轮

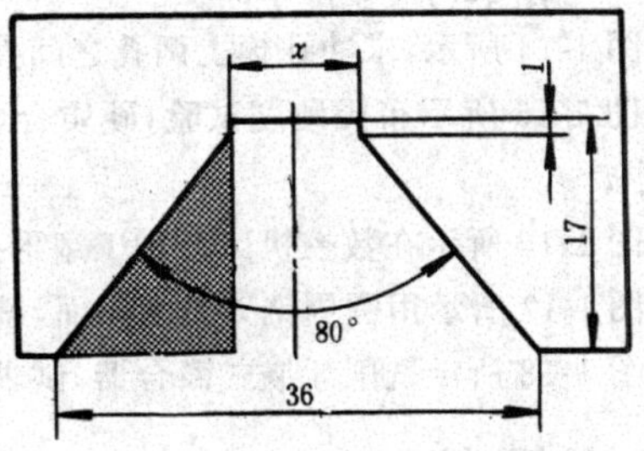

图 1-22 V 形导轨

4. 如图 1-23 所示，楔形冲头向下移动距离 $a = 5$mm，求滑动侧板的滑移量 x 为多少？

5. 如图 1-24 所示正弦规测量锥度，正弦规中心距 $L = 100$mm，被测工件锥角 $\alpha = 24.5°$，试求所垫量块高度 h？

6. 正四棱截锥台的上底边长为 400mm 正方形，下底边长为 750mm 的正方形，见图 1-25。试求侧面高 h。

7. 试求图 1-26 所示的截锥形工件的圆锥角 α。

8. 如图 1-27 所示锥形摩擦轮传动，试求摩擦轮锥形高 h？

9. 如图 1-28 所示桁架梁，$a = 300$mm，$b = 250$mm，$c = 230$mm，求 d、e、f、g。

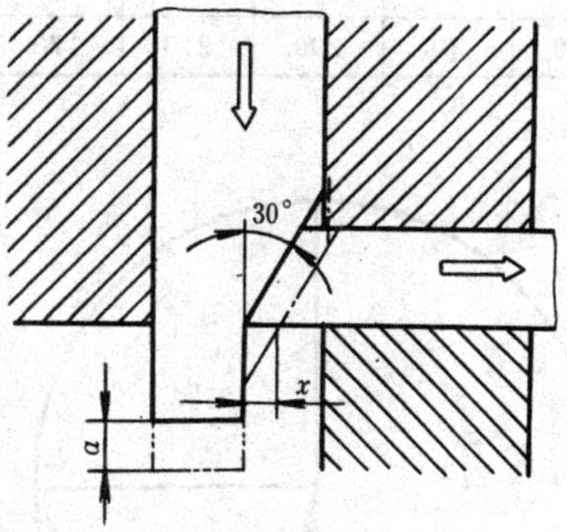

图 1-23　楔形冲头

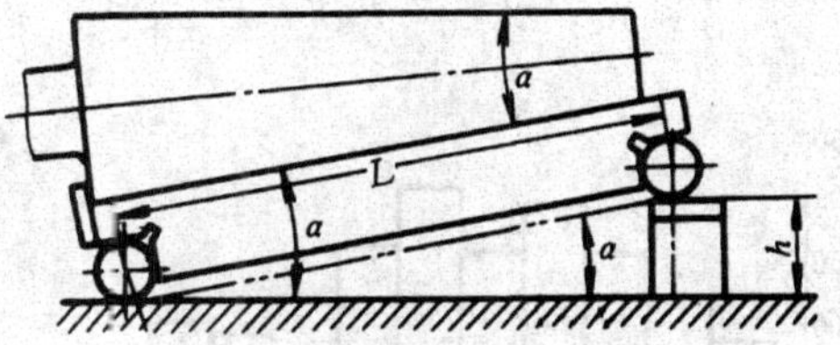

图 1-24　正弦规测量锥度

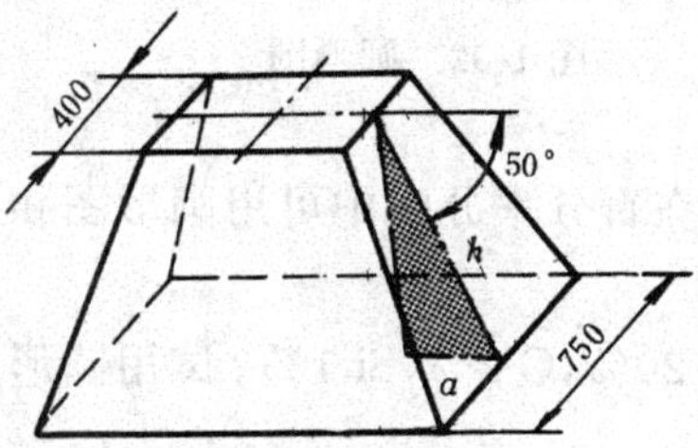

图 1-25　正四棱截锥台

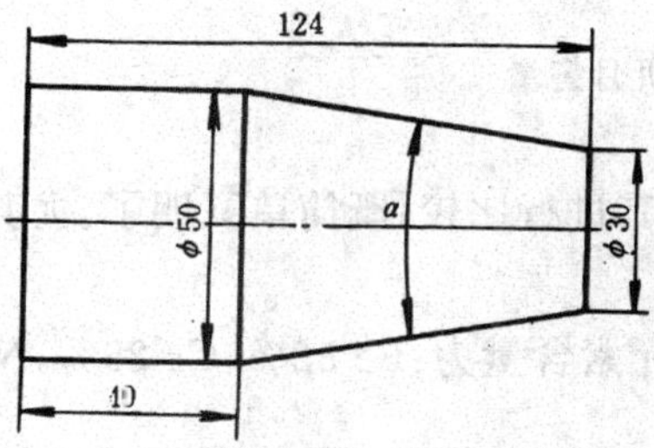

图 1-26　截锥形工件

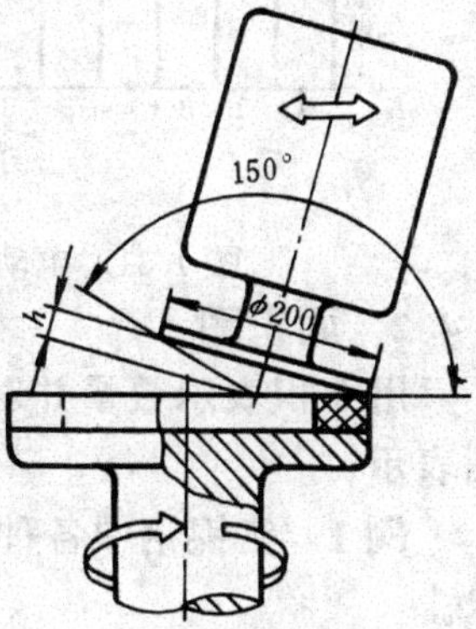

图 1-27　锥形摩擦轮

10. 如图 1-29 所示圆钢经三次铣削成的工件，圆钢直径为 50mm，试求侧吃刀量 a_e？

11　如图 1-30 所示直径为 40mm 的圆钢，铣削后棱角宽 b 为多少？

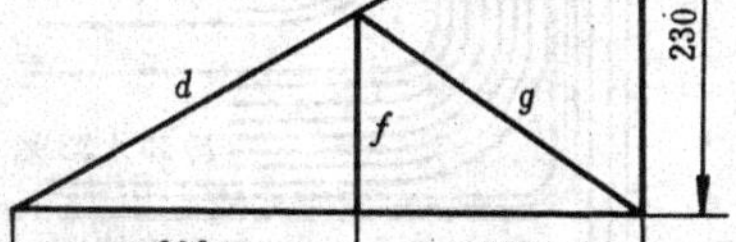

图 1-28　桁架梁

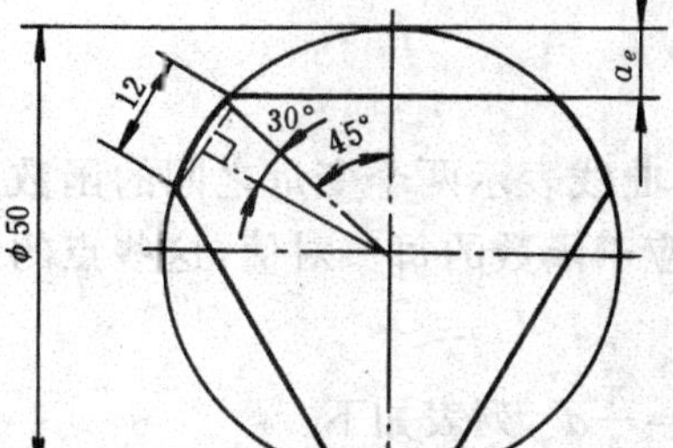

图 1-29　圆钢铣削三边

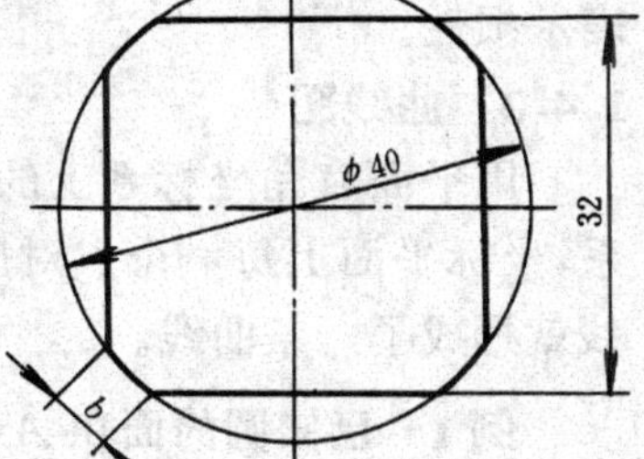

图 1-30　圆钢铣削四边

1.4　数学图示

表示数量时常用公式法、列表法，还可用图示法。图示法把原来比较抽象，难于记忆的数字，用图表示，一目了然。

1.4.1　线、柱图

比较数量，用线图或柱图最直观。

例：某公司一年来销售电动机的数量为：

月	1	2	3	4	5	6	7	8	9	10	11	12
台	180	220	250	300	250	320	260	40	200	210	170	130

若用柱图表示就很易比较出各月销售量差别，见图 1-31。

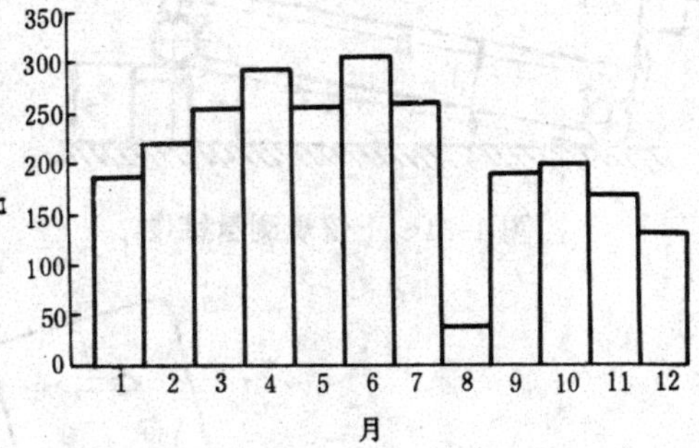

图 1-31　电动机月售量

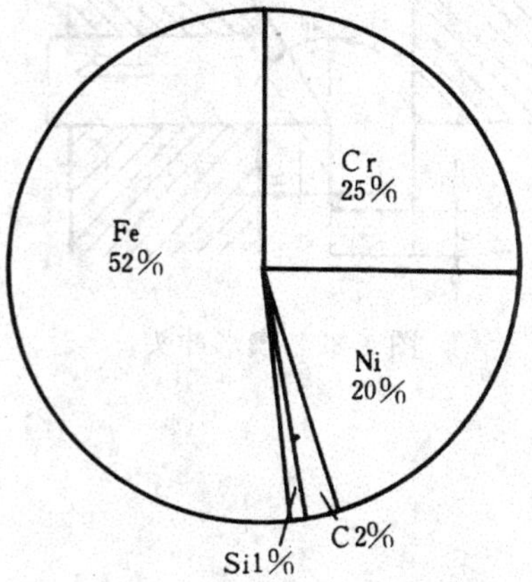

图 1-32　圆形图

1.4.2　面积图

用面积表示数量并对其进行比较，既简单又明了。尤其在百分率分配中可用圆形图和桑基图表示。

例 1　铬镍钢中各种元素含量为：Fe 52%，Cr 25%，Ni 20%，C 2%，Si 1%。试用圆形图表示。

解　如图 1-32 所示，整个圆是 360°，表示为 100%。其中 Fe 52%，占整个圆是 360°×52%＝187.2°，用圆心角为 187.2°的扇形面积表示。以此类推，Cr 25%占 90°；Ni 20%占 72°；C 2%占 7.2°；Si 1%占 3.6°。

例 2　用桑基图表示锅炉能量分配：废气 36%，冷却水 33%，辐射摩擦 7%，有效功 24%。

解　桑基图如图 1-33 所示，图中主流宽度表示有效，支流表示损耗。

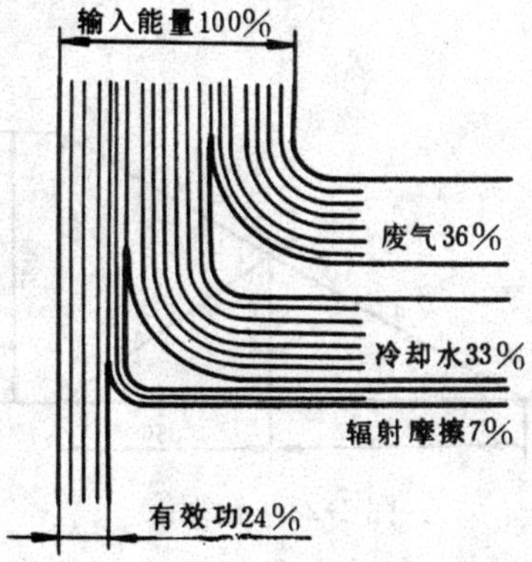

图 1-33　桑基图

1.4.3　曲线图

用平面直角坐标系上的曲线表示两个变量之间的函数关系，坐标平面上每一个点对应于函数的每一对值，这些点的连线就形成了一条曲线。

例 1　已知圆的面积 $A=\frac{\pi}{4}d^2$，列表如下：

序　号	P_1	P_2	P_3	P_4	P_5	P_6	P_7
直径 d(mm)	0	1	2	3	4	5	6
面积 A(mm²)	0	0.8	3.1	7.1	12.6	19.6	28.3

按上表数据在直角坐标系中找出 P_1～P_7 点并连成曲线，见图 1-34。有了这个图，就可以根据直径求出对应的面积，或者根据面积求出相应直径。例如：当 $d=2.6$mm，求出所对应的圆面积；当 $A=27.5$mm² 时，求对应的直径。

解　当 $d=2.6$mm 时，找到 $A=5.3$mm²

当 $A=27.5$mm² 时，找到 $d=5.9$mm

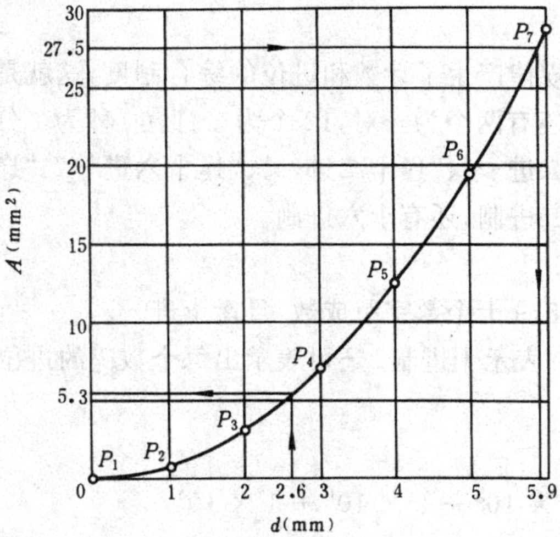

图 1-34　圆面积曲线图

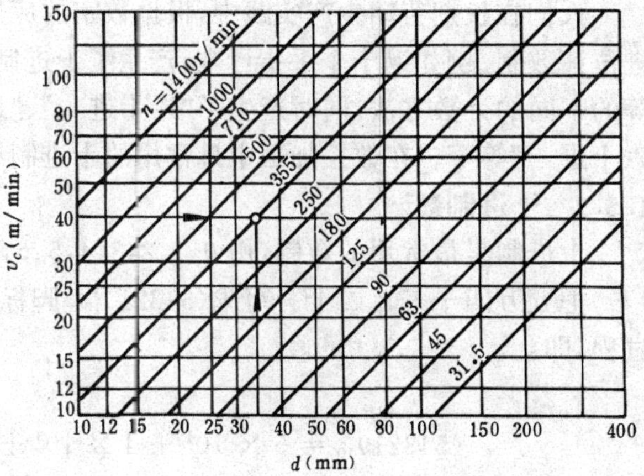

图 1-35　车床转速曲线图

曲线图求对应值又快又直观。尤其在生产中，往往能代替繁杂的运算。

例 2　车削时根据不同材料，不同直径的工件，应选用不同的切削速度。按公式 $v_c=\pi Dn$ 作出曲线图，如图 1-35 所示。若已知被加工材料的切削速度 $v_c=40\text{m/min}$，工件直径 $d=35\text{mm}$，从曲线图中找出车床应选取的转速 n。

解　由纵坐标上 $v_c=40\text{m/min}$ 及横坐标上 $d=35\text{mm}$，找到 $n=355\text{r/min}$。

习　题

1. 用线、柱图表示下列各国原油价格。

国家	价格(美元/t)
伊朗	169
沙特阿拉柏	179
科威特	196
伊拉克	211
尼日利亚	225
俄罗斯	235
利比亚	272
阿尔及利亚	306

2. 用圆形面积图表示某国能源消耗百分比。原油 43.3%，烟煤 20.1%，天然气 14.9%，原子能 10.1%，煤气 8.6%，水力 3.0%。

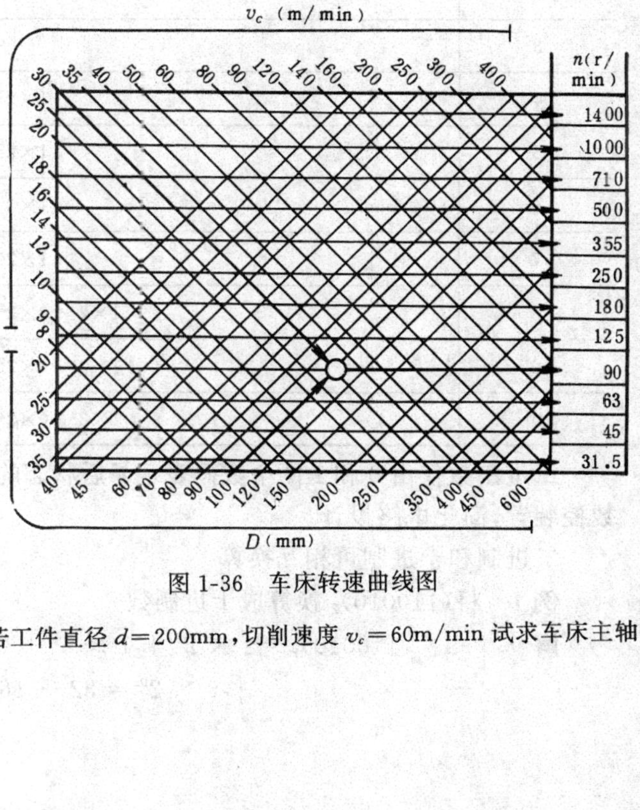

图 1-36　车床转速曲线图

3. 卧式车床转速选取曲线图，见图 1-36。若工件直径 $d=200\text{mm}$，切削速度 $v_c=60\text{m/min}$ 试求车床主轴转速应取多少？

1.5 进位计数制

人们在长期劳动生产实践中，根据数字的应用规律产生了计数和进位的综合制度，这就是进位计数制。例如以十个手指计数，产生了十进制，还有两个为一对，12 个为一打，60 秒为 1 分等的不同的计数方法。同时产生了“逢十进一”、“逢二进一”、“逢十二进一”、“逢十六进一”、“逢六十进一”等等。在数控加工中最常用的十进制和二进制，还有十六进制。

1.5.1 十进制数

十进制是最常用的数制，用 0，1，2，3，4，5，6，7，8，9 十个数字组成数，且逢十进一。

把五万四千三百二十一写成$(54321)_{10}$。脚标 10 表示十进制。还可表示出每个数码的进位过程，即：

$$(54321)_{10} = 5 \times 10^4 + 4 \times 10^3 + 3 \times 10^2 + 2 \times 10^1 + 1 \times 10^0$$

1.5.2 二进制数

二进制数的基数为 2，每个数位上只有 0 和 1 这两种数码，并按“逢二进一”规则进行进位和计数。

十进制数与二进制数对照：

Z_{10}	2 的幂	Z_2
0	0×2^0	0
1	1×2^0	1
2	$1\times2^1+0\times2^0$	10
3	$1\times2^1+1\times2^0$	11
4	$1\times2^2+0\times2^1+0\times2^0$	100
5	$1\times2^2+0\times2^1+1\times2^0$	101
6	$1\times2^2+1\times2^1+0\times2^0$	110
7	$1\times2^2+1\times2^1+1\times2^0$	111
8	$1\times2^3+0\times2^2+0\times2^1+0\times2^0$	1000
9	$1\times2^3+0\times2^2+0\times2^1+1\times2^0$	1001
10	$1\times2^3+0\times2^2+1\times2^1+0\times2^0$	1010

二进制数仅由 0 和 1 两个数码表示矛盾状态的两个方面。例如关、开；无、有；低、高。用于数控装置，简化电路设计。

二进制和十进制可相互换算

例 1 将$(110010)_2$换算成十进制数

解 $$(110010)_2 = 1 \times 2^5 + 1 \times 2^4 + 0 \times 2^3 + 0 \times 2^2 + 1 \times 2^1 + 0 \times 2^0 = 32 + 16 + 2 = (50)_{10}$$

例 2 将$(14)_{10}$换算成二进制数

解

	2^3	2^2	2^1	2^0
$14\div 2^3=14\div 8=1$ 余 6	1			
$6\div 2^2=6\div 4=1$ 余 2		1		
$2\div 2^1=1$ 余 0			1	
$0\div 2^0=0$				0

所以 $(14)_{10}=(1110)_2$

由上述解题过程可知十进制换算成二进制先熟悉 2^n 的值，然后由大到小逐一从被换算的十进制数中减去，直到减为零止。为便于换算应熟悉并记住 2^n 值。现列表如下：

n	0	1	2	3	4	5	6	7	8	9	10	11	12	13	14
2^n	1	2	4	8	16	32	64	128	256	512	1024	2048	4096	8192	16384

1.5.3 十六进制数

十六进制计数法是以 16 为进位基数的一种进位计数方法，即逢十六进一，所得数称为十六进制数。因为 16 是 2 的 4 次幂，故十六进制数又是二进制数的一种缩写形式，弥补了二进制数码长度过长的缺点，书写方便。

十六进制数的十六个数码中，除了 0、1～9 这十个惯用的数码外，其余还接着前十个数码，按由小到大的顺序借用 A～F 这六个大写字母作数码。部分十六进制数与十进制数的对照表如下：

Z_{16}	1	2	3	4	5	6	7	8	9	A	B	C	D	E	F	10	11	12
Z_{10}	1	2	3	4	5	6	7	8	9	10	11	12	13	14	15	16	17	18
Z_{16}	13	14	15	16	17	18	19	1A	1B	1C	1D	1E	1F	20	21	22	23	24
Z_{10}	19	20	21	22	23	24	25	26	27	28	29	30	31	32	33	34	35	36

十六进制数与二、十进制数可相互换算。

例 3 将$(5FA)_{16}$换算成二进制数。

解 十六进制数换算成二进制数，只需将十六进制数中每一位数按用四个数码表示二进制数规律对应写出即可

$$\begin{matrix} 5 & F & A \\ 0101 & 1111 & 1010 \end{matrix}$$

则：$(5FA)_{16}=(10111111010)_2$

例 4 将$(110111100001)_2$ 换算成十六进制数。

解
$$\begin{matrix} 1101 & 1110 & 0001 \\ D & E & 1 \end{matrix}$$

则$(110111100001)_2=(DE1)_{16}$

例 5 将$(A2F)_{16}$换算成十进制数。

解 十六进制数换算成十进制数，先应熟悉 16^n 的值，然后由大到小逐一从被换成十进制数。$(A2F)_{16}$写成 $A\times 16^2+2\times 16^1+F\times 16^0$

即 $$10\times 16^2+2\times 16^1+15\times 16^0=2560+32+15=(2607)_{10}$$

例 6 将$(1989)_{10}$换算成十六进制数。

解

	16^2	16^1	16^0
$1989 \div 16^2 = 7$ 余 197	7		
$197 \div 16^1 = 12$ 余 5		C	
$5 \div 16^0 = 5$			5

$(1989)_{10} = (7C5)_{16}$

将十进制数换算成十六进制数的方法与前面讲的换成二进制数相同。

还可先将十进制数换成二进制数，再把二进制数换成十六进制数。

例 7 $(6699)_{10}$换成十六进制数。

解

$$
\begin{aligned}
(6699)_{10} &= 1 \times 2^{12} + 1 \times 2^{11} + 0 \times 2^{10} + 1 \times 2^{9} + 0 \times 2^{8} \\
&\quad + 0 \times 2^{7} + 0 \times 2^{6} + 1 \times 2^{5} + 0 \times 2^{4} + \\
&\quad 1 \times 2^{3} + 0 \times 2^{2} + 1 \times 2^{1} + 1 \times 2^{0} \\
&= (1101000101011)_2
\end{aligned}
$$

再将$(1101000101011)_2$换算成十六进制数。

$$
\begin{matrix} 1 & 1010 & 0010 & 1011 \\ 1 & A & 2 & B \end{matrix}
$$

则$(1101000101011)_2 = (1A2B)_{16}$

习 题

1. 填表

进位计数制	a	b	c	d	e
十进制数	24	30	100	144	250
二进制数	?	?	?	?	?
十六进制数	?	?	?	?	?

2. 填表

	a	b	c
二进制数	10101	01010101	11111111
十进制数	?	?	?

3. 填表

进位计数制	a	b	c	d	e
十六进制数	$C5$	$E8$	25	$8F$	FF
十进制数	?	?	?	?	?

2　专业计算基础

2.1　统计基本知识

统计方法的应用涉及的范围极广，仅与生产有关的就有工业总产值，产品合格率，劳动生产率等等的统计。用统计法可对数据作科学的分析和推断，掌握被统计对象的发展规律。

2.1.1　总体与样本

在统计中通常把考察对象的全体称做总体把总体中的每一个考察对象称做个体。把从总体中取出的一部分个体称做总体的一个样本。样本中所包含的个体的个数称做样本的容量。

有时全面考察总体很难，甚至不可能实施，而抽样调查则是一个行之有效的方法。

能常用算术平均数、加权算术平均数、中位数和众数来体现总体水平。若收集不到总体情况，也可从样本的算术平均数、加权算术平均数、中位数和众数来体现总体的水平。

2.1.2　算术平均数

设总体有 n 个个体，它们所取的值分别为 $x_1, x_2, \cdots, x_n$，那么算术平均数 $\bar{x}$ 可用公式表示：

$$\bar{x} = \frac{x_1 + x_2 + \cdots + x_n}{n} = \frac{\Sigma x_i}{n}$$

2.1.3　加权算术平均数

有时取的值的次数不同，按不同次数值加以分组，对各组的值来说，次数具有权衡轻重的作用。所以把次数称做权。加权的算术平均数可用公式表示：

$$\bar{x} = \frac{x_1 n_1 + x_2 n_2 + \cdots + x_n n_n}{n_1 + n_2 + \cdots + n_r} = \frac{\Sigma x_i n_i}{\Sigma n_i}$$

式中　$n_1, n_2, \cdots\cdots, n_n$——各组的次数；

$x_1, x_2, \cdots\cdots, x_n$——各组取的值。

2.1.4　中位数 $\tilde{x}$

中位数也可用来表示总体的一般水平，把总体中各个个体取值 $x_1, x_2, \cdots\cdots, x_n$ 依次从小到大的次序排列。当 n 为奇数时，位于该数列正当位置的数，称中位数，当 n 为偶数时，位于该数列正当中位置的两个数的平均数，称中位数。

2.1.5　众数 D

众数是总体中具有最多次数的那个组的个体取值。统计中有时利用众数代替算术平均数来说明现象的一般水平。

例 1　钢板厚度抽样测量结果见表。

测量次序	钢板厚度(mm)x_i	测量数目(n_i)
1	0.97	1
2	0.98	4
3	0.99	6
4	1.00	9

（续）

测量次序	钢板厚度(mm)x_i	测量数目(n_i)
5	1.01	10
6	1.02	8
7	1.03	2

求：加权算术平均数、中位数、众数。

解 1)$\bar{x}=\dfrac{x_1n_1+x_2n_2+x_3n_3+x_4n_4+x_5n_5+x_6n_6+x_7n_7}{n_1+n_2+n_3+n_4+n_5+n_6+n_7}$

$=\dfrac{1\times0.97+4\times0.98+6\times0.99+9\times1.00+10\times1.01+8\times1.02+2\times1.03}{1+4+6+9+1.0+8+2}$

$=\dfrac{40.15}{40}=1.004\text{mm}$

2)钢板厚度值表中按由小到大排列，所以中位数 $\tilde{x}=1.00\text{mm}$

3)从钢板厚度测量表中可知测量数目最多的组是有 10 块钢板那组，其值为 1.01mm。所以众数 $D=1.01\text{mm}$。

本例题三个数表示了钢板厚度的总体水平，见图 2-1。

2.1.6 方差和标准差

算术平均数、中位数和众数都是用一个数字来概括地代表总体，这是必要的。但总体中各个体有差别。因此在用一个数概括地代表总体的一般水平的同时，还要用一个数来概括地反映各个体之间差别程度，即离散程度。

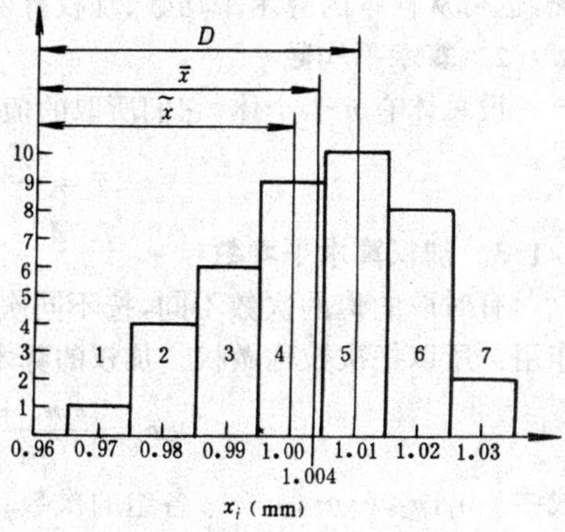

图 2-1 钢板厚度测量

设总体有 n 个个体，它们分别为 $x_1,x_2,\cdots\cdots,x_n$。那么各个个体与总体平均数 $\bar{x}$ 的差的平方分别是 $(x_1-\bar{x})^2,(x_2-\bar{x})^2,\cdots\cdots,(x_n-\bar{x})^2$，我们把它们的平均数称为方差记作 σ^2，即：

$$\sigma^2=\frac{(x_1-\bar{x})^2+(x_2-\bar{x})^2+\cdots+(x_n-\bar{x})^2}{n}$$

若分组后有权，则计算公式为：

$$\sigma^2=\frac{(x_1-\bar{x})^2n_1+(x_2-\bar{x})^2n_2+\cdots(x_n-\bar{x})^2n_n}{n_1+n_2+n_3\cdots\cdots+n_n}$$

式中 $n_1,n_2\cdots\cdots n_n$——各组的次数，即权。

例 2 从自动机床加工的一批零件中，随机抽取 30 件，测得长度见表，

各组次数	2	3	7	9	6	2	1
被测长度(mm)	2.09	2.11	2.12	2.13	2.16	2.15	2.28

试求：方差 σ^2。

解 $\bar{x}=\dfrac{2.09\times2+2.11\times3+2.12\times7+2.13\times9+2.16\times6+2.15\times2+2.28\times1}{2+3+7+9+6+2+1}$

$=\dfrac{64.06}{30}=2.135\text{mm}$

$\sigma^2=\dfrac{(2.09-2.135)^2\times2+(2.11-2.135)^2\times3+(2.12-2.135)^2\times7}{2+3+7+9+6+2+1}$

$$+\frac{(2.13-2.135)^2\times 9+(2.16-2.135)^2\times 6+(2.15-2.135)^2\times 2+(2.28-2.135)^2\times 1}{}$$

$$=\frac{0.03295}{30}=0.0011\text{mm}^2$$

总体方差反映各个个体离开平均数 $\bar{x}$ 的偏离程度。σ^2 越大，总体各个个体之间的差别也越大，σ^2 越小，总体各个个体越靠近平均数。

方差的算术平方根 σ 称为标准差。譬如例 2 中标准差 $\sigma=\sqrt{\sigma^2}=\sqrt{0.0011}=0.033\text{mm}$

习　题

1. 某一大企业的每月设备故障统计如下 15；7；2；8；9；1；1；C；2；4；11；13。试求月平均故障数、中位数、众数。

2. 某机床厂某日生产的零件中抽样品若干，测得零件尺寸为：

零件个数(n)	1	1	6	9	7	4	2
零件尺寸(mm)	5.5	5.6	5.7	5.9	6.0	6.2	6.5

试求：零件尺寸的方差和标准差？

2.2 比例

比例计算中有正比例和反比例之分。但计算方法都可用三段法进行：

一段：命题

二段：推算

三段：结算

例 1　排水泵在 60h 中排水 498L，那么在 150h 中可排水多少升？

解　1 命题：60h 排水 498L。

2 推算：每 1h 排水量为 498L/60h。

3 结算：150h 排水量为：

$$150\times 498/60=1245\text{L}$$

并可作出线图 2-2。

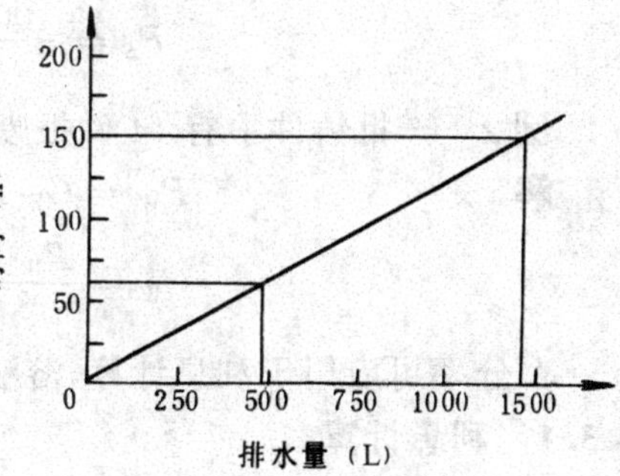

图 2-2　排水泵排量

正比例计算中，推算段用除法，所作的线图为直线。

例 2　某厂有三个工人用 170h 安装一台机器，问 12 个工人完成同样的工作需多少小时？

解　1 命题：3 个工人用 170h。

2 推算：1 个工人用 3×170h。

3 结算：12 个工人所用时间：

$$3\times 170/12=42.5\text{h}$$

同样可用线图 2-3 表示。

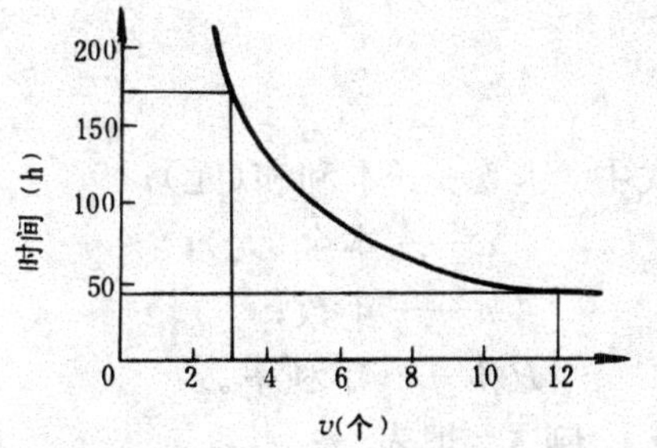

图 2-3　工作量

反比例计算中，推算段用乘法，所作线图为曲线。

习　　题

1. 某工程需焊的焊缝长度为78m，在焊了24.75m时，已用去乙炔气4950l，完成此工程还需多少乙炔气？

2. 40个工人完成某工程需48天，现在想在18天内完成此工程，需增加多少工人？

3. 有块黄铜板面积为$4m^2$，厚4mm，重136kg。另一块黄铜板面积为$10m^2$，厚6mm，则重量为多少kg？

4. 输出功率为880kW的一台水泵，工作了18h，排出水量为$8200m^3$。现只需工作为12h，排水量为$7600m^3$，则需用输出功率为多少千瓦的水泵？

2.3　百分率

把某一比值用百分比来表示，就称为百分率，例如$\frac{3}{4}=\frac{75}{100}=75\%$，读作百分之七十五。

百分率的计算可用公式表示；

$$P_W=\frac{G_W\ \ P_S}{100\%}$$

式中　P_S——百分率(%)；

G_W——总体基值；

P_W——百分比的含量，单位与G_W相同。

例1　电机厂今年生产600台大型电机，销售后剩余了17台。试求剩余电机所占全年产量的百分率。

解

$$P_W=G_W\,P_S/100\%$$

$$P_S=\frac{100\%\ P_W}{G_W}=\frac{100\%\times 17}{600}=2.83\%$$

例2　一批铸件中有14件报废，废品率为5.6%，问共有多少铸件？

解

$$P_W=G_W\,P_S/100\%$$

$$G_W=\frac{P_W\times 100\%}{P_S}=\frac{14\times 100\%}{5.6\%}=250\text{ 件}$$

百分率可应用于利息计算，溶液浓度和合金含量的混合计算中。

2.3.1　利息计算

利息是对储蓄、贷款、房地产等的报酬。通常以年利率计算。银行年度以12个月，每月30天计，即一年360天。不计复利时按总额的年数计算。用公式表示：

$$b=a(1+P\%)^n$$

式中　b——本利和(元)；

a——本金(元)；

n——年数；

$P\%$——年利率。

例3　填表

	本金(元)	时间	年利率	利息(元)	本利之和(元)
a	?	120天	6%	48	?
b	1800	75天	?	18	1818
c	5200	?月	6.5%	169	5369

（续）

	本金（元）	时间	年利率	利息（元）	本利之和（元）
d	？	0.5 年	4.5%	22.5	？
e	800	？月	4%	8	808
f	1200	4 月	？	240	1440

解 先把时间一列中的天，月折算成年。

	本金（元）	时间（年）	年利率	利息（元）	本利之和（元）
a	(2400)	0.3333	6%	48	(2448)
b	1800	0.2083	(4.8%)	18	1818
c	5200	(6 月)	6.5%	169	5369
d	(1000)	0.5	4.5%	22.5	(1022.5)
e	800	(3 月)	4%	8	808
f	1200	0.3333	(60%)	240	1440

如果银行计复利的，则公式为：

$$b = a(1 + P\%)^n$$

例 4 若本金 a 为 100 元，年利率 $P\%$ 为 6%，存满 3 年，且计复利。到期本利之和 b 为多少？

解

$$b = a(1 + P\%)^n = 100(1 + 6\%)^3$$
$$= 100 \times 1.06^3 = 100 \times 1.191 = 119.10 \text{ 元}$$

2.3.2 混合法计算

具有同一种溶质，而浓度不同的两种或两种以上的溶液。混合后可产生新的浓度的溶液。同样，具有同一种物质，而含量不同的合金，混合后可熔炼成新的含量的合金。这可用混合方程式表示：

$$P_1\% \cdot m_1 + P_2\% \cdot m_2 + \cdots\cdots = P\%(m_1 + m_2 + \cdots\cdots)$$

式中 $P_1\%, P_2\%\cdots\cdots$——混合前各自百分率；

$m_1, m_2\cdots\cdots$——混合前各自的质量；

$P\%$——混合后新的百分率。

例 5 合金甲含铜为 70%，合金乙含铜为 55%。混合熔炼后含铜为 60%，求合金甲、乙的混合比。

解

$$P_1\% m_1 + P_2\% m_2 = P\%(m_1 + m_2)$$
$$70\% m_1 + 55\% m_2 = 60\%(m_1 + m_2)$$
$$70 m_1 + 55 m_2 = 60 m_1 + 60 m_2$$
$$m_1 : m_2 = 1 : 2$$

例 6 1kg30%硫酸加水，得 5%的硫酸。稀释后溶液的重量为多少？

解 溶剂、水可看作含量为 0%的溶液。

$$P_1\% m_1 + P_2\% m_2 = P\%(m_1 + m_2)$$
$$30\% \times 1 + 0\% m_2 = 5\%(1 + m_2)$$
$$m_2 = 5\text{kg} \quad 1 + m_2 = 1 + 5 = 6\text{kg}$$

所以稀释后溶液的重量为 6kg。

习 题

1. 一个铸件需 1328kg 铸铁，若燃烧损失为 4.5%，问熔炼炉中需加多少 kg 的铸造生铁？

2. 有 4900 个钩子分配给 12 个工人做。10 个工人的生产率是每小时 16 件，2 个工人的生产率要提高 12.5%。问全部任务要多少时间完成？

3. 5 个工人 95h 生产了 2375 个镜框，安装一台设备后可使生产时间缩短 20%，求这 5 个工人再生产 3800 个镜框需要多少时间？

4. 某牌号安培表的测量误差是±1.5%。当测得电流是 12A 时，其实际电流值的范围是多少？

5. 求下表利息。

利息(元)	本金(元)	年利率	时间
1)　？	1850	6%	0.5 年
2)　？	1600	5.5%	11 月
3)　？	2430	4.8%	85 天

6. 某人在银行有定期存款 1000 元，年利 7%，为期 3 年。到期后又延期 2 年，年利 5%，若两次均计复利，求 3 年后本利之和和 5 年后的本利之和。

7. 将含铜 65%的和含铜 95%的 CuPb 轴承合金混合熔炼，得含铜 75%的合金。求合金的混合前重量比。

8. 为提高白银含量，将含纯银为 62.5%的白银 500g 加纯银熔炼，得含 90%的白银。试求加入纯银的重量？

2.4 时间和角度

2.4.1 时间换算

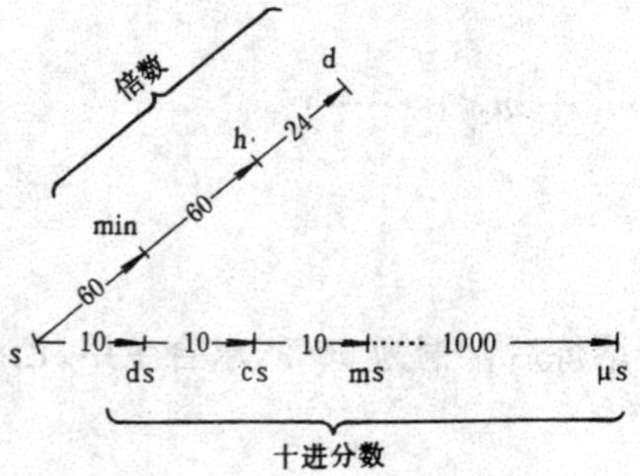

图 2-4 时间的换算

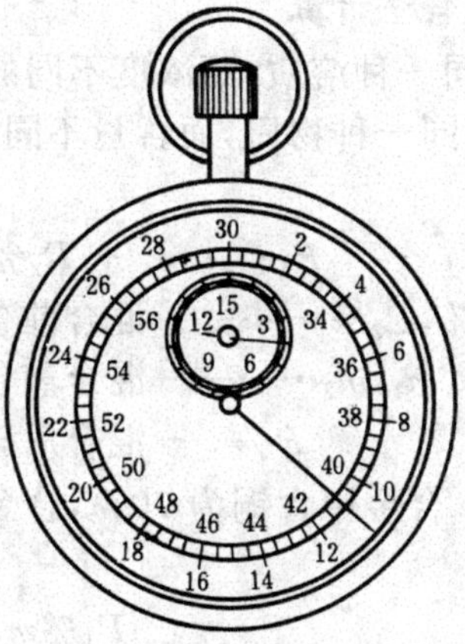

图 2-5 秒表

如图 2-4 所示，时间的换算有多种进位制。

经常应用的是：1h＝60min

1min＝60s

1h＝3600s

由秒到分，由分到小时都是“逢六十进一”

生产中常要计时，除用钟、表外，还用体育比赛中用的秒表，见图 2-5。

图中所示的读数值是 3min41s。

例　完成某生产任务需要 2h46min27s，换算成分为单位的时间量。

解

$$2\text{h} = 2 \times 60\text{min} = 120\text{min}$$

$$27\text{s} = \frac{27}{60}\text{min} = 0.45\text{min}$$

所以 2h46min27s＝120＋46＋0.45＝166.45min

2.4.2 角度的换算

如图 2-6 所示，一周角为 360°，经常应用的是：

1°＝60′

1′＝60″

1°＝3600″

由秒到分，由分到度也是“逢六十进一”

例 1 将 2°51′40″换算成度表示的值。

解
$$51' = \left(\frac{51}{60}\right)^{\circ} = 0.85^{\circ}$$
$$40'' = \left(\frac{40}{3600}\right)^{\circ} = 0.011^{\circ}$$

则 2°51′40″＝2°＋0.85°＋0.011°＝2.861°

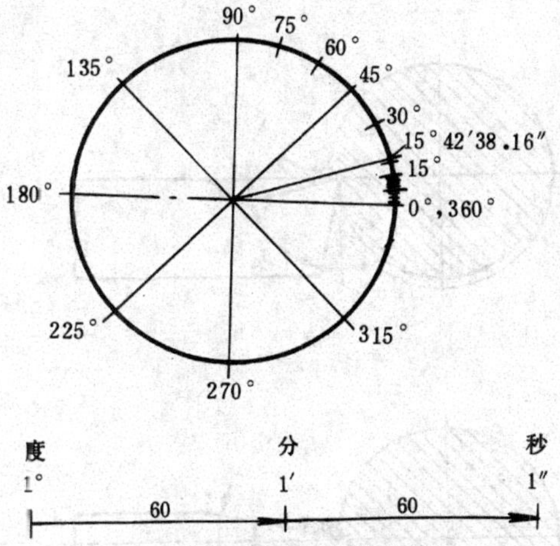

图 2-6 角度的换算

例 2 将 α＝15.7106°换算成用度、分、秒表示的角度。

解
$$0.7106^{\circ} = 0.7106 \times 60' = 42.636'$$
$$0.636' = 0.636 \times 60'' = 38.16''$$

则 α＝15.7106°＝15°42′38.16″

且在图 2-6 中表示出来。

有时角度单位也可用弧度(rad)表示，若半径为 1m，弧长为 1m 的圆周角，就定义为 1rad，见图 2-7。

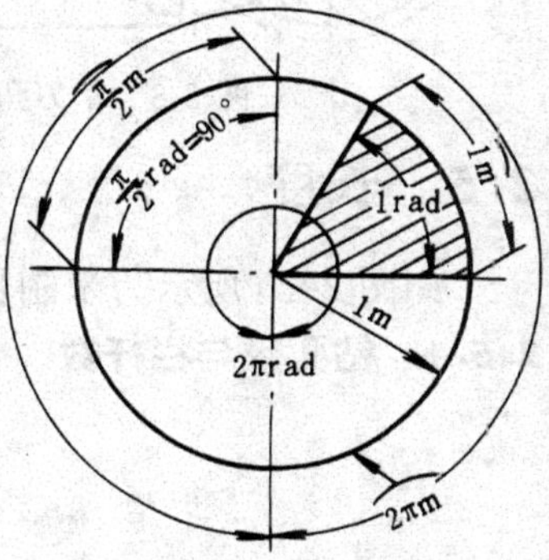

图 2-7 弧度制

从图中可知：1 周角＝2πrad

1 直角＝π/2rad

1 平角＝πrad

而 1 周角又等于 360°，所以，2πrad＝360°，$1rad=\left(\frac{360}{2\pi}\right)^{\circ}=57.3^{\circ}$

例 3 一圆周角 α 所夹弧的长度 $\overset{\frown}{l}$＝125mm 半径 r＝200mm，求 α 弧度值，并化为度。

解
$$\alpha = \frac{l}{r} = \frac{125}{200} = 0.625\text{rad}$$
$$\text{又 } \alpha = 0.625 \times 57.3^{\circ} = 35.81^{\circ}$$

习　　题

1. 求下列 3 个工件加工工时。

	a	b	c
加工开始	8 点 22 分	7 点 15 分	6 点 28 分
加工完毕	10 点 05 分	11 点 35 分	9 点 02 分

2. 某工件加工所需时间为 2h 36min18s 加工 7 个同样的工件需多少时间？
3. 如图 2-8 所示，车刀前角 γ_o＝±15°，后角 α_o＝17°，试求各楔角 β_o 的大小。
4. 要加工如图 2-9 的矩形齿轮，齿数为 125，试求每加工一齿后工件转过的角度 α。
5. 填表。

α(rad)	π/3	?	π/2	π/4	?	π/9
α(°)	?	40°	?	?	57.3°	?

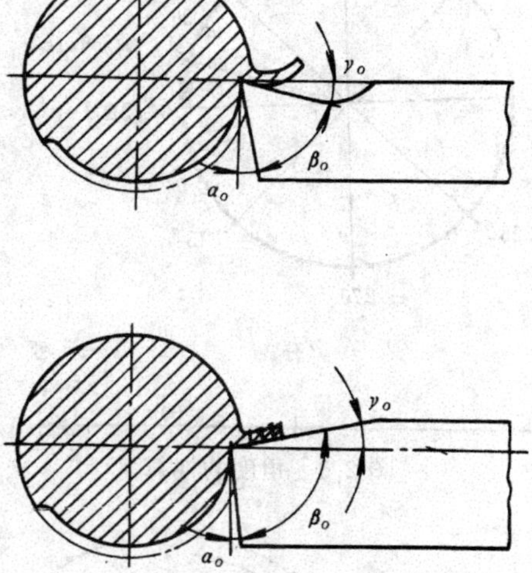

图 2-8 车刀角度

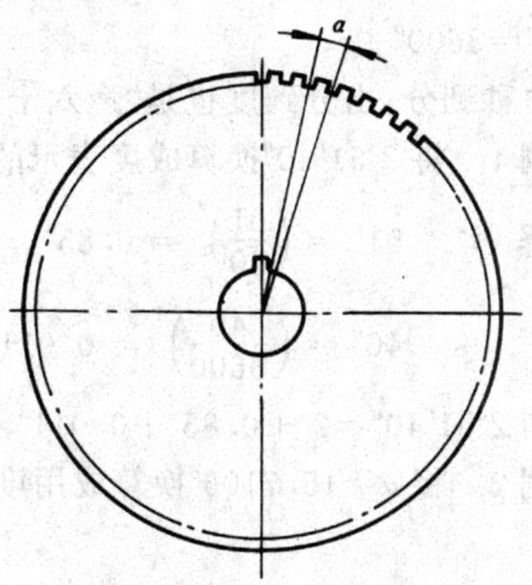

图 2-9 矩形齿轮

2.5 长度

如图 2-10 所示为米制长度单位之间换算关系。

2.5.1 钻孔数与栏杆数

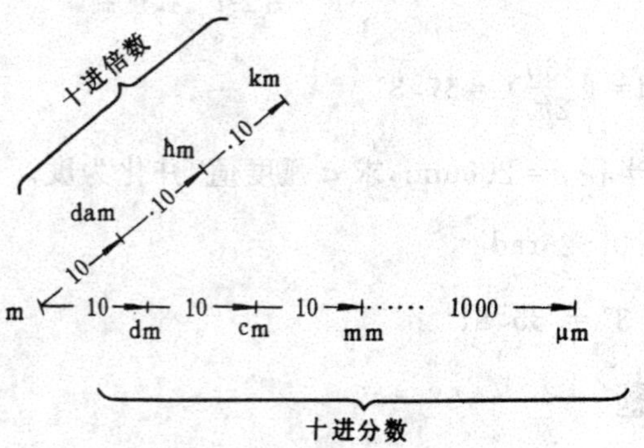

图 2-10 长度单位

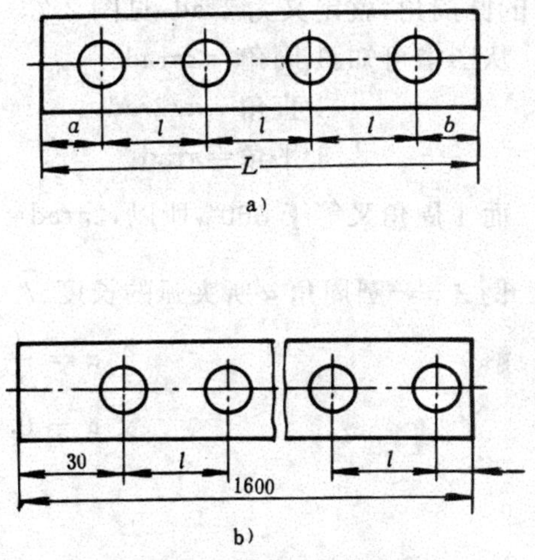

图 2-11 长条板上钻孔

工程中经常遇到在某一长度 L 上钻 n 个等距离的孔；或在某一长度 L 上焊制 n 个等距离的栏杆。这就涉及到孔数和间距数之间关系及栏杆数和间距数之间的关系。

在一长条板上钻孔，见图 2-11。设孔中心间距长为 l，孔数为 n，板长为 L，图 2-11a 所示，钻孔边缘间距为 a 和 b。则：

$$l = \frac{L - (a + b)}{n - 1}$$

显然，图 2-11a 中有四个孔，而只有三个间距数。

例 1 如图 2-11b 中，板长 $L=1600\text{mm}$ 钻孔数 $n=14$ 个，边缘间距 $a=30\text{mm}$，$b=10\text{mm}$ 试求两孔中心间距离 l。

解
$$l=\frac{L-(a+b)}{n-1}=\frac{1600-(30+10)}{14-1}=120\text{mm}$$

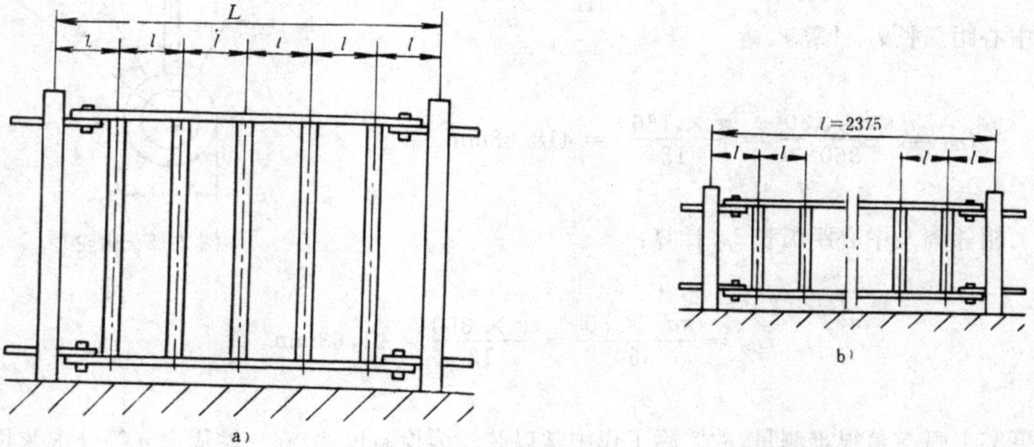

图 2-12 钢焊栏杆

在长为 L 的两壁间用方钢焊制栏杆，见图 2-12a。设栏杆中心距离为 l，均匀焊制栏杆数为 n，则：$l=\frac{L}{n+1}$

显然，图 2-12a 中有 5 根栏杆，却有 6 个间距数。

例 2 如图 2-12b，两壁间距离 $L=2375\text{mm}$ 需焊制栏杆数 $n=18$ 根，相邻栏杆间中心距离 l 为多少？

解
$$l=\frac{L}{n+1}=\frac{2375}{18+1}=125\text{mm}$$

2.5.2 周长、弧长、弦长

圆的直径为 d，其周长 $U=\pi d$。

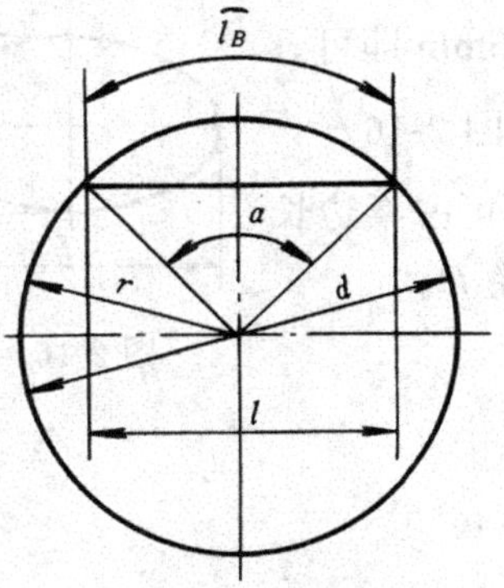

图 2-13 弦长

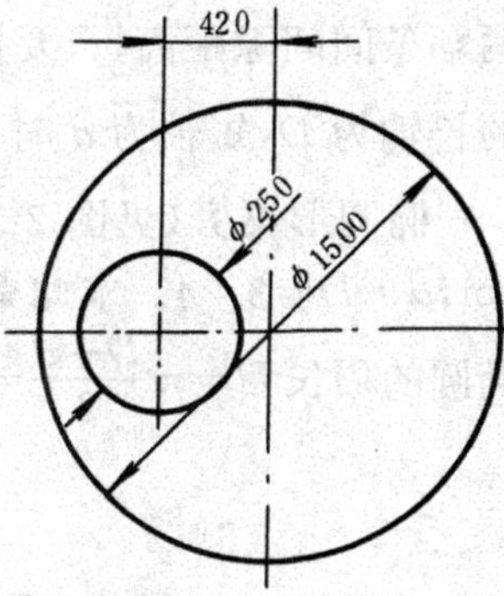

图 2-14 罐盖

若圆心角为 α 度，所对的圆弧 $L_B=\frac{\pi d\alpha}{360°}$，所对的弦长 $L=2r\sin\frac{\alpha}{2}=d\sin\frac{\alpha}{2}$。见图 2-13。

例 1 用钢板气割一个罐盖，形状如图 2-14 所示，求气割长度。

解 气割长度为大圆和小圆的周长之和：

$$l=\pi\times 250+\pi\times 1500=1750\pi=5497.8\text{mm}$$

例 2　一带轮如图 2-15 所示，在轮毂和轮缘之间焊接 12 根辐条，辐条用 ϕ25mm 的圆钢制成。求在轮缘 d_1=1600mm 和轮毂 d_2=350mm 上的幅条中心距 l_{B1}、l_{B2}。

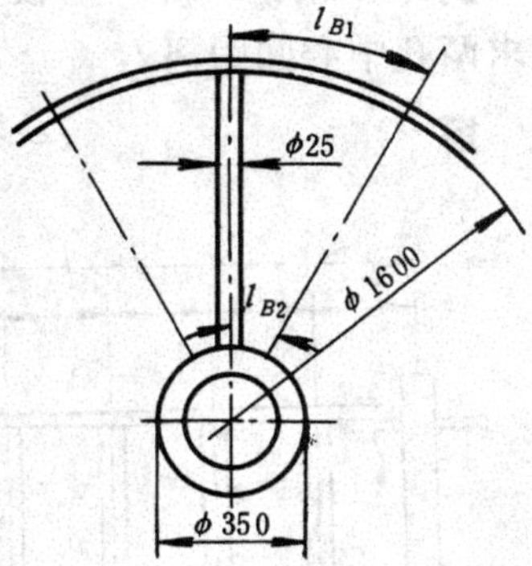

图 2-15　带轮

解　两根辐条间所夹的圆心角 $\alpha=\dfrac{360°}{12}=30°$，轮缘上相邻辐条中心距弧长 l_{B1}计算：

$$L_{B1}=\frac{\pi d_1\times 30°}{360°}=\frac{\pi\times 1600}{12}=418.88\text{mm}$$

轮毂上相邻辐条中心距弧长 l_{B2} 计算：

$$L_{B2}=\frac{\pi d_2\times 30°}{360}=\frac{\pi\times 350}{12}=91.63\text{mm}$$

事实上弧与角很难测量，故实际工作中常以弦长为检验尺寸。在一圆周上 n 等分求弦长就是圆的内接正 n 边形的边长。

即：弦长 $L=d\sin\dfrac{\alpha}{2}$

其中圆心角 $\alpha=\dfrac{360°}{n}$，则 $L=d\sin\dfrac{180°}{n}$

例 3　例 2 中若求轮缘和轮毂上的中心距弦长，并分别设为 l_1 和 l_2，则：

$$l_1=d_1\sin\frac{180°}{12}=1600\times\sin 15°=414.11\text{mm}$$

$$l_2=d_2\sin\frac{180°}{12}=350\times\sin 15°=90.59\text{mm}$$

如果再求两辐条间间隙距离，只要把上面的值分别减去 ϕ25mm 即可。

椭圆的长轴为 D，短轴为 d 时，其周长 $U=\pi\dfrac{D+d}{2}$，见图 2-16。

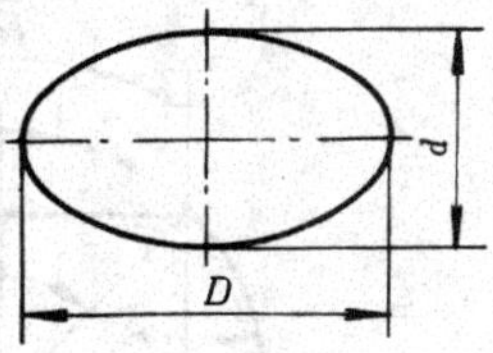

图 2-16　椭圆

例 4　一椭圆形桌旁(见图 2-16)可坐 6 人，平均每人可占桌边长度为 700mm，$d:D=3:4$。求此桌面之短直径 d 和长直径 D。

解　椭圆的周长 $U=\pi\dfrac{D+d}{2}=700\times 6$

$$D+d=8400/\pi$$

$$\text{又 } d:D=3:4$$

解得　D=1528mm，d=1146mm

习　题

1. 防护栏栅，如图 2-17 所示，求栏栅根数。
2. 如图 2-18 所示扁钢上钻 9 个孔，孔距 P=37mm，试求扁钢长度 L。
3. 扶梯的栏杆如图 2-19 所示，试求栏杆数目 n 和间隙 x，已知相邻两杆中心距 P=37mm，栏杆 ϕ=

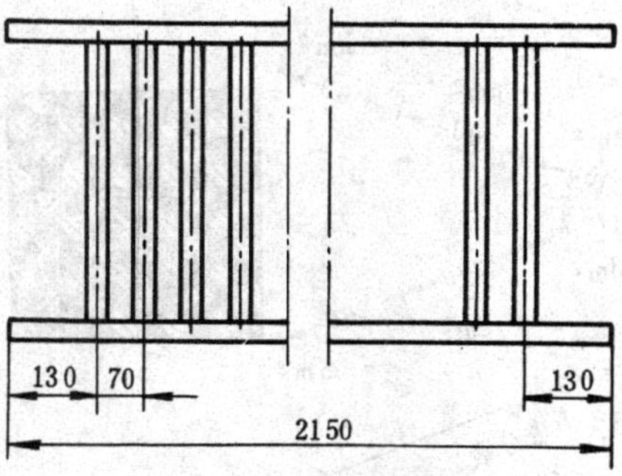

图 2-17　防护栏栅

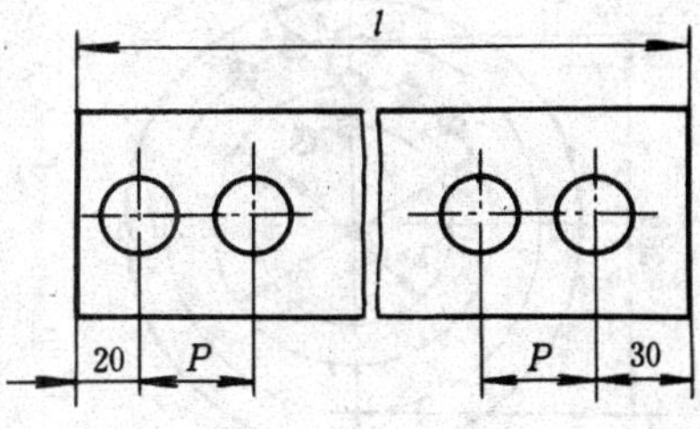

图 2-18　扁钢钻孔

24mm。

4. 钢板钻孔排列如图 2-20 所示，孔距为 60mm，试求此钢板上钻孔数目 n。

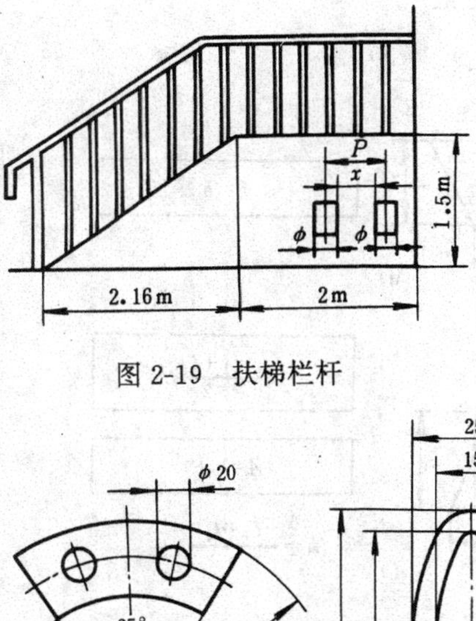

图 2-19　扶梯栏杆

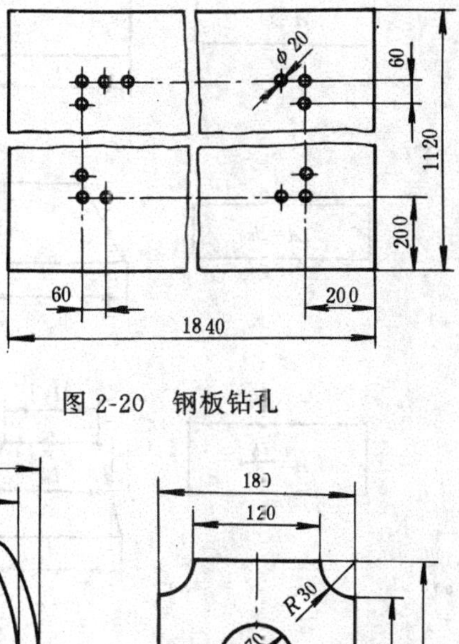

图 2-20　钢板钻孔

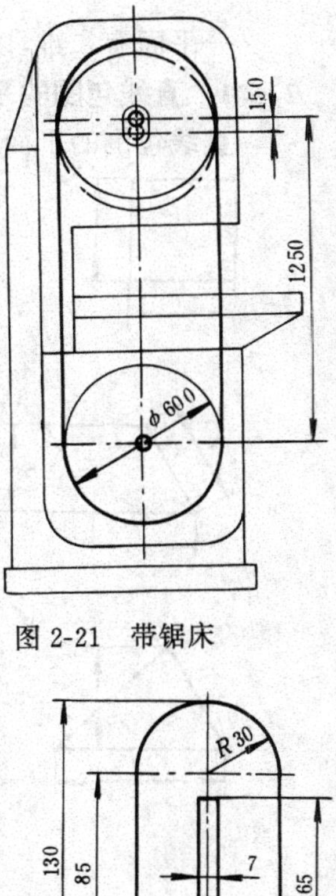

图 2-21　带锯床

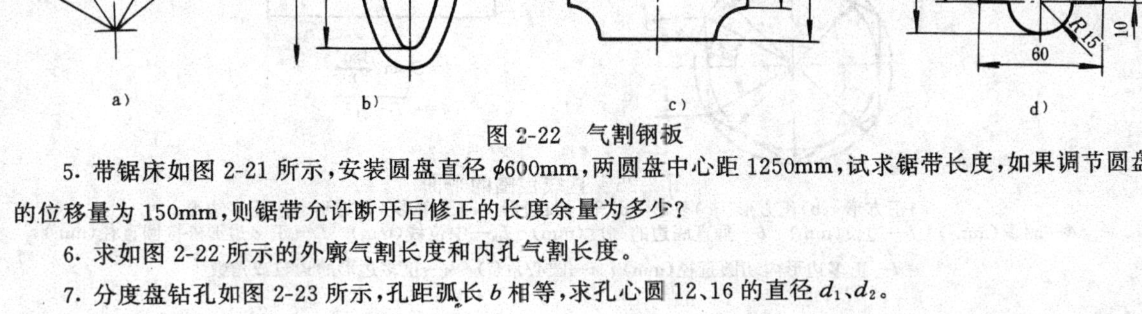

图 2-22　气割钢板

5. 带锯床如图 2-21 所示，安装圆盘直径 ϕ600mm，两圆盘中心距 1250mm，试求锯带长度，如果调节圆盘的位移量为 150mm，则锯带允许断开后修正的长度余量为多少？

6. 求如图 2-22 所示的外廓气割长度和内孔气割长度。

7. 分度盘钻孔如图 2-23 所示，孔距弧长 b 相等，求孔心圆 12、16 的直径 d_1、d_2。

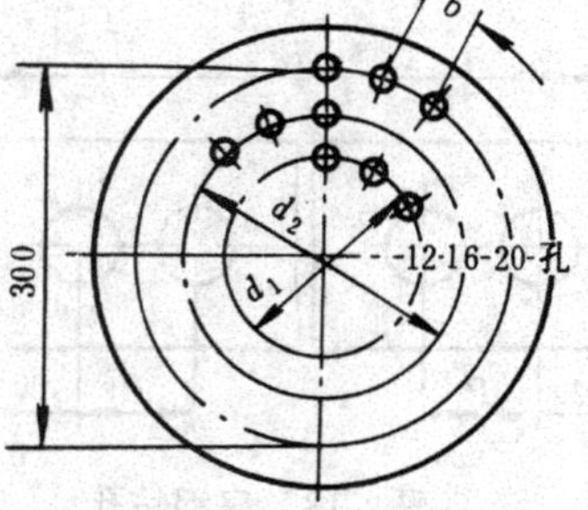

图 2-23 分度盘

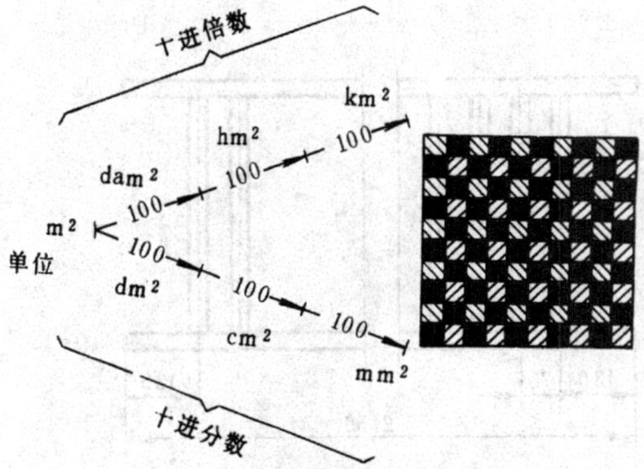

图 2-24 面积单位

2.6 面积

一平面有二维，以平方米（m^2）为基本单位，其换算可按图 2-24 进行。

2.6.1 直线包围的平面

直线包围的平面类型及面积公式，见图 2-25。

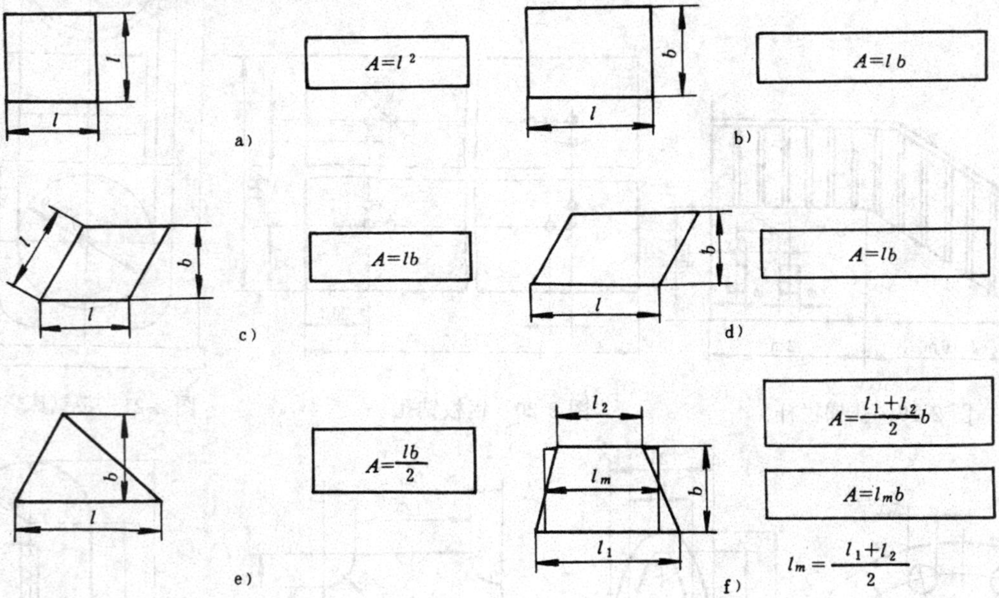

图 2-25 直线包围的平面

a)正方形 b)长方形 c)菱形 d)平行四边形 e)三角形 f)梯形 g)正多边形

A—面积（mm^2） l—边长（mm） b—垂直底边的高度（mm） l_m—中位线（mm） D—正多边形外接圆直径（mm）；

d—正多边形内切圆直径（mm） α—圆心角（°） n—正多边形的边数或角数

例 凸模固定板如图 2-26 所示，试求其阴影部分面积 A。

解 面积 $A = A_1 - 2A_2$

$$= 80 \times 50 - 2 \times (10 \times 20) = 3600\text{mm}^2$$

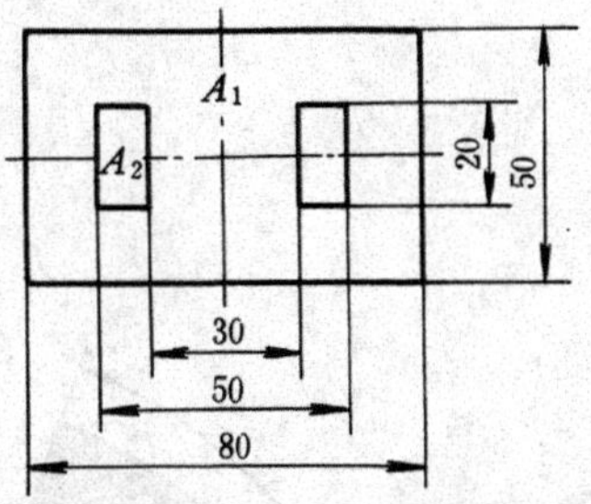

图 2-26 凸模固定板

2.6.2 圆弧包围的平面

圆弧包围的平面类型及面积公式，见图 2-27。

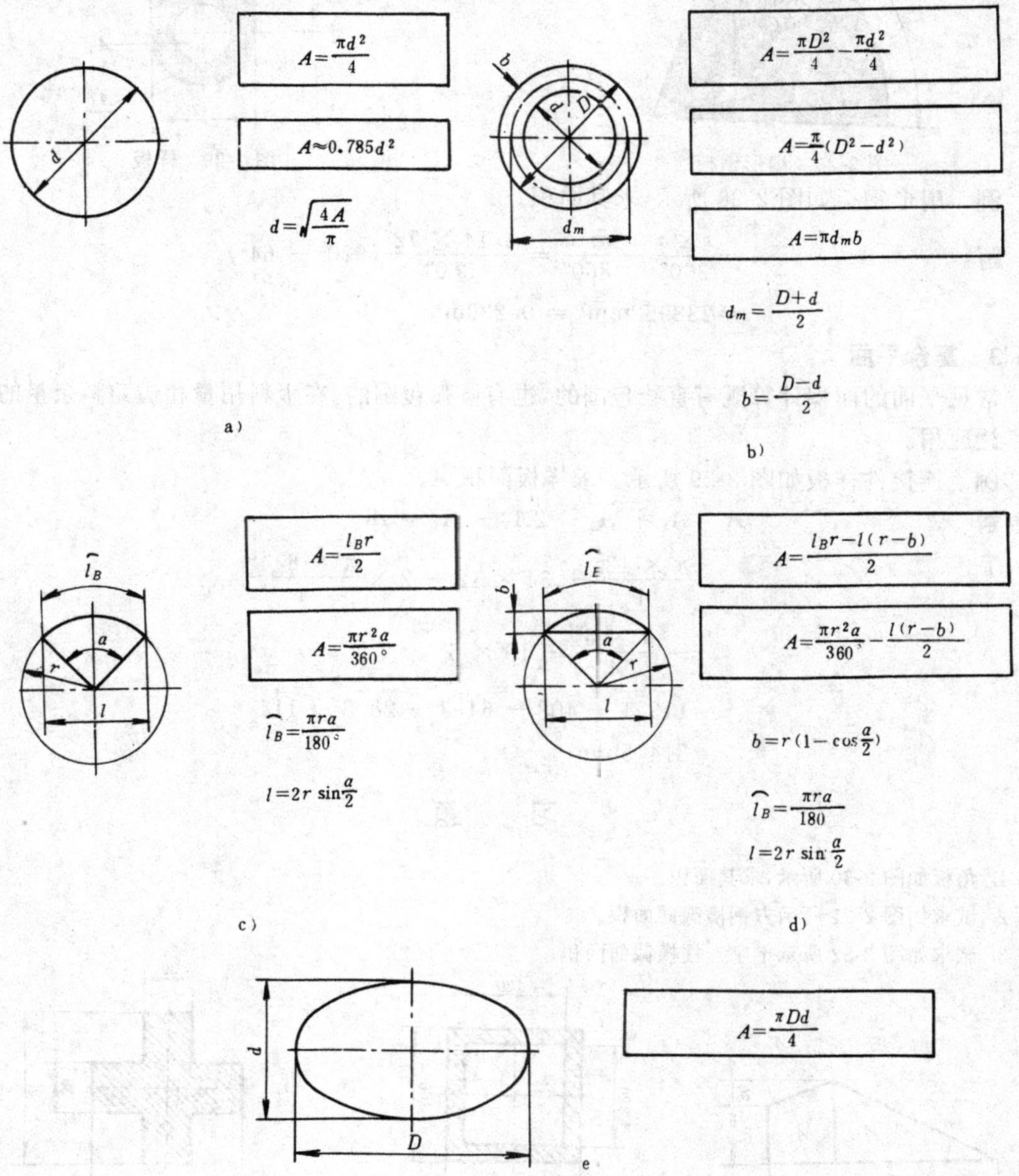

图 2-27 圆弧包围的平面

a)圆 b)环 c)扇形 d)弓形 e)椭圆

A—面积(mm^2) l—弦长(mm) b—高度或厚度(mm) l_B—弧长(mm) D,d—直径(mm) r—半径(mm) d_m—中径(mm) α—圆心角(°)

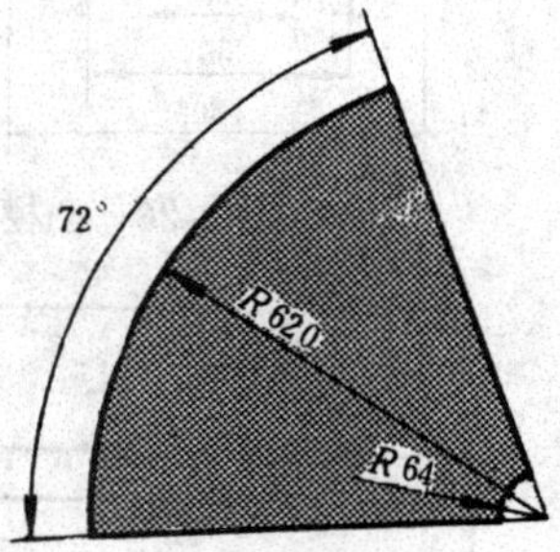

图 2-28　扇形钢板

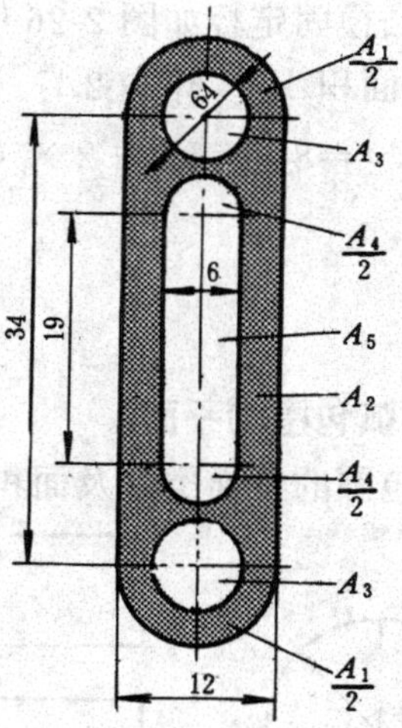

图 2-29　样板

例　扇形钢板如图 2-28 所示，求其面积。

解

$$A=\frac{\pi R^2\alpha}{360°}-\frac{\pi r^2\alpha}{360°}=\frac{3.14\times 72°}{360°}(620^2-64^2)$$

$$=238952\text{mm}^2=0.239\text{m}^2$$

2.6.3　复合平面

常见平面的面积计算既有直线包围的，也有圆弧包围的。在板料用量和边角料余量的计算中广泛应用。

例　连接件样板如图 2-29 所示。求样板面积 A。

解

$$A=A_1+A_2-2A_3-A_4-A_5$$

$$=\frac{\pi\times 12^2}{4}+34\times 12-2\times\frac{\pi\times 6.4^2}{4}$$

$$-\frac{\pi\times 6^2}{4}-19\times 6$$

$$=113.1+408-64.3-28.3-114$$

$$=314.5\text{mm}$$

习　　题

1. 角板如图 2-30 所示，求其面积。
2. 试求如图 2-31 所示方钢横截面面积。
3. 试求如图 2-32 所示十字支柱横截面面积。

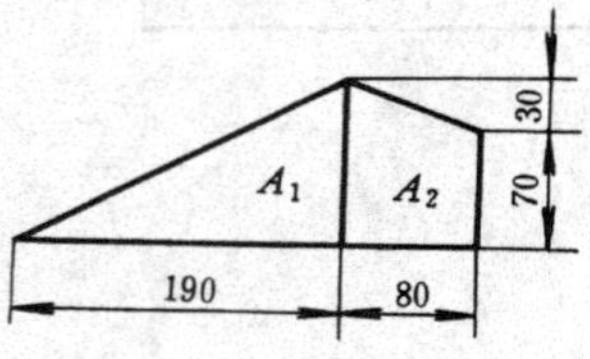

图 2-30　角板

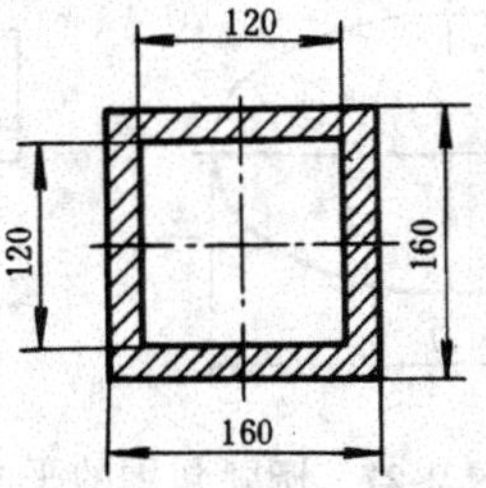

图 2-31　方钢截面

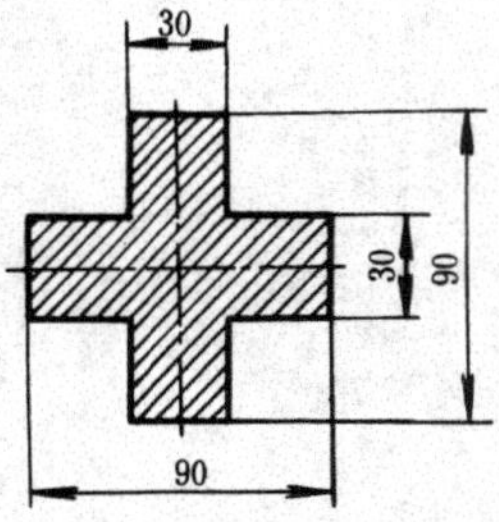

图 2-32　十字支柱截面

4. 燕尾导轨横截面如图 2-33 所示。试求其面积。

5. 长方形钢板，长与宽之比为 7∶4，已知其面积为 4032mm²。试求其长和宽的尺寸。

6. 连杆截面如图 2-34 所示，当截面面积为 4290mm² 时，试求图中 x 的尺寸。

7. 铰链板如图 2-35 所示，若需 12 块铰链板，剪裁中损耗为 12.5%，试求所需钢板面积。

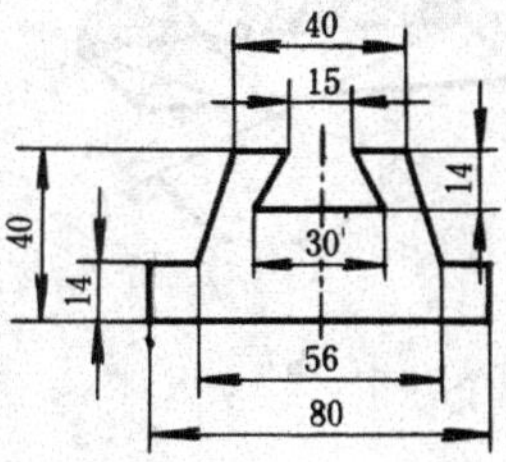

图 2-33　燕尾导轨截面

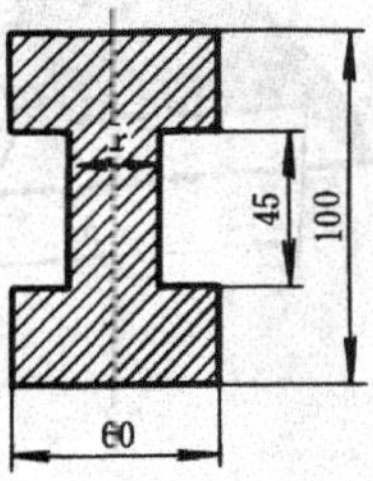

图 2-34　连杆截面

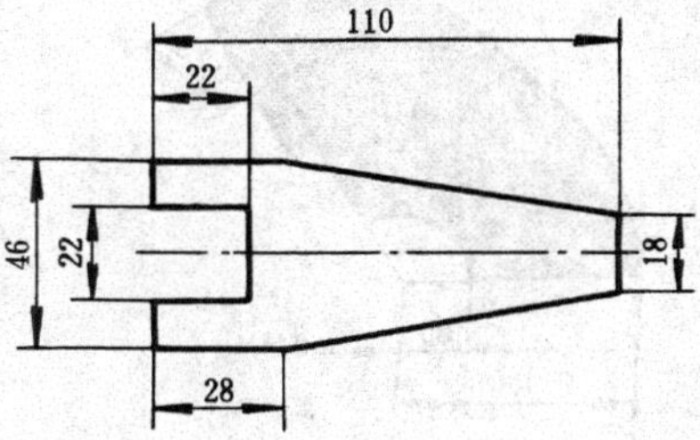

图 2-35　铰链板

8. 冲孔凸模截面如图 2-36 所示，求其面积。

9. V 形架截面如图 2-37 所示，求其面积。

10. 连接梯形板如图 2-38 所示，已知其面积为 38250mm²，试求其高度 x。

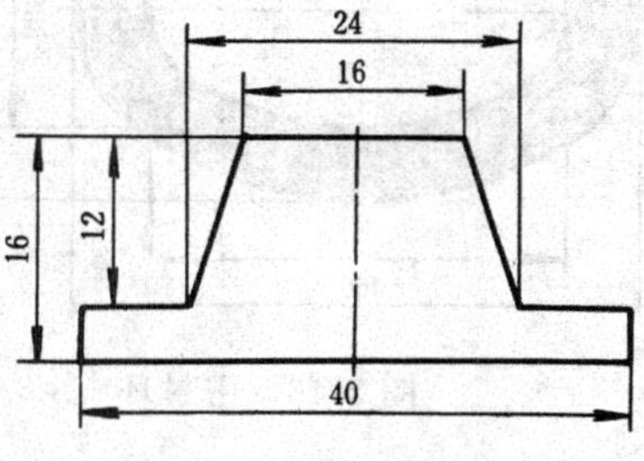

图 2-36　冲孔凸模

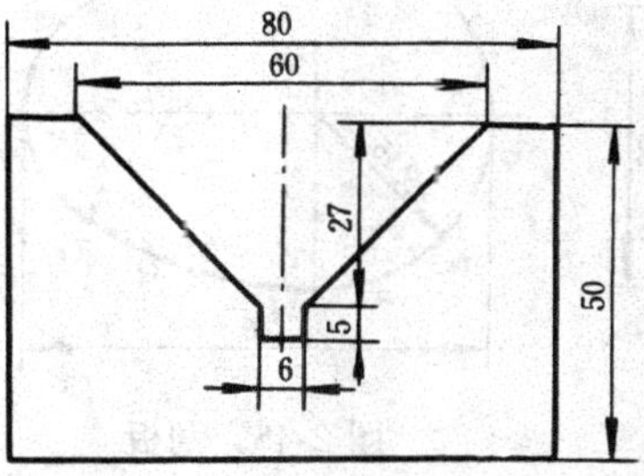

图 2-37　V 形架截面

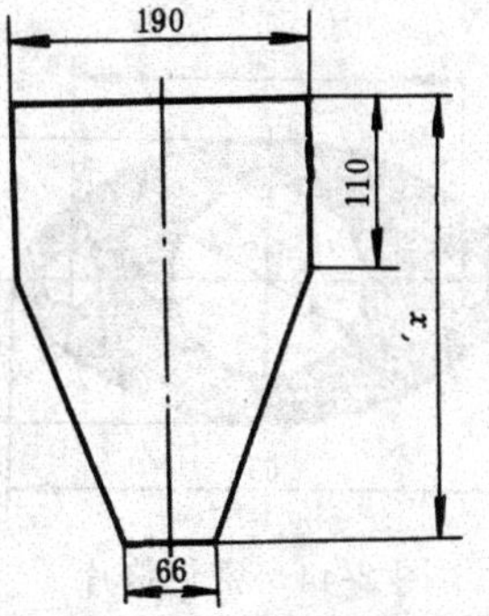

图 2-38　连接梯形板

11. 将直径为 64mm 的轴端铣成正六角形，试求扳手开口宽度和六角形面积。

12. 等腰三角形钢板，底边上的高 b 和边长 l 的比为 3∶4，当其面积为 17496mm² 时，求其两腰长度。

13. 环形冲裁件如图 2-39 所示，试求冲裁件面积。

14. 型钢横断面如图 2-40 所示，求其面积。

15. 调整垫片如图 2-41 所示，求其面积。

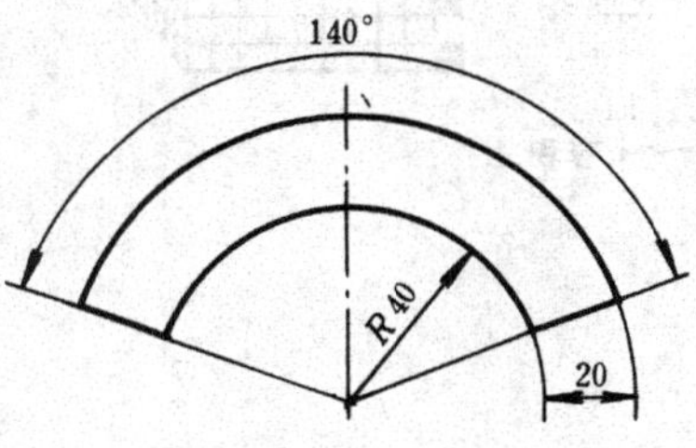

图 2-39　冲裁件

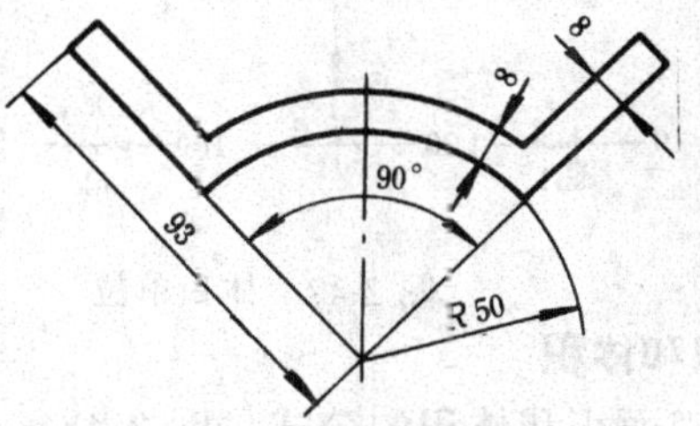

图 2-40　型钢横断面

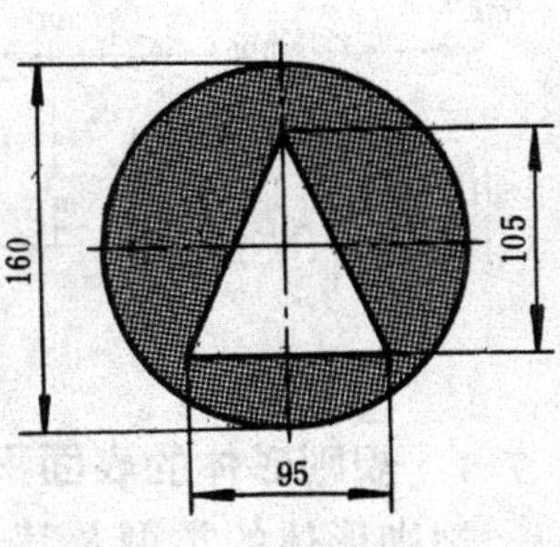

图 2-41　调整垫片

16. 防护罩如图 2-42 所示，若在制作过程中材料面积损耗为 30%，试求制作此防护罩所需材料面积为多少？

17. 带防护罩如图 2-43 所示，分别求出侧面面积。

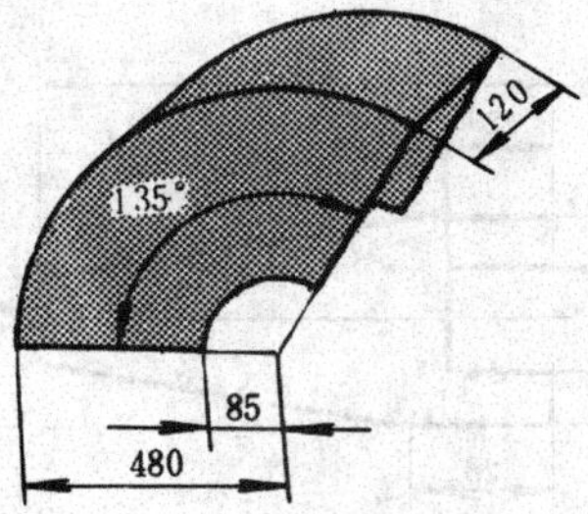

图 2-42　防护罩

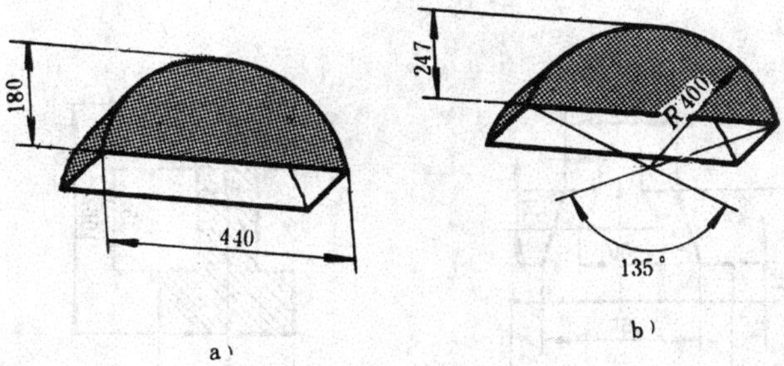

图 2-43　带防护罩

18. 密封垫片如图 2-44 所示，求其面积。

19. 刮板如图 2-45 所示，试求其面积。

20. 密封环如图 2-46 所示，试求其面积。

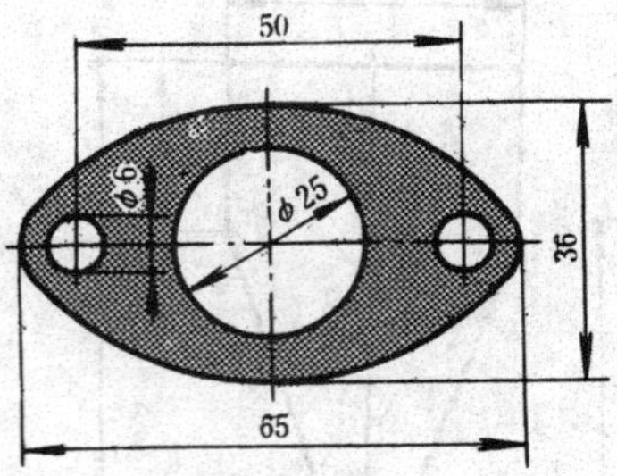

图 2-44　密封垫片

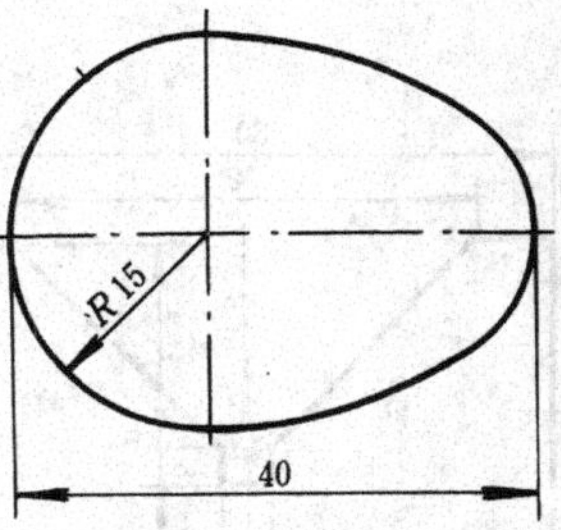

图 2-45　刮板

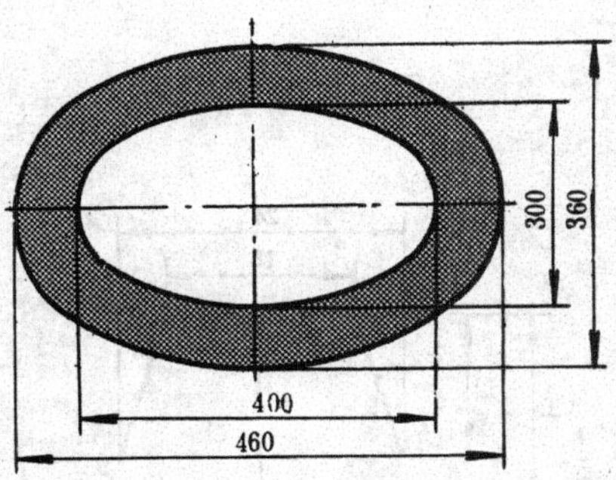

图 2-46　密封环

2.7　立体图形

一形体有三维，以立方米(m^3)为基本单位。其换算可按图 2-47 进行。

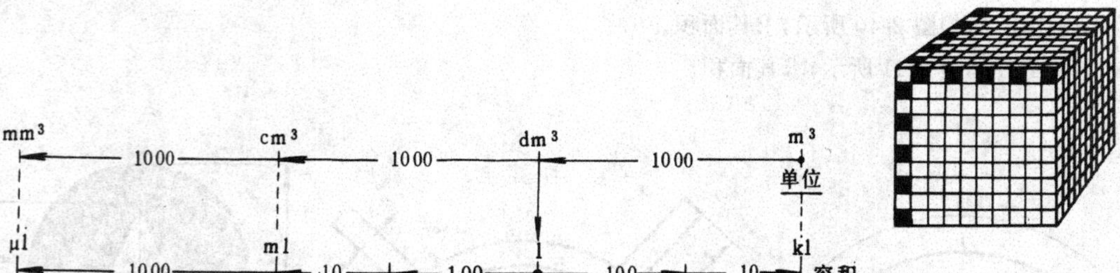

图 2-47　体积单位

2.7.1　规则形体的表面积和体积

规则形体的类型及其表面积和体积的公式见图 2-48。

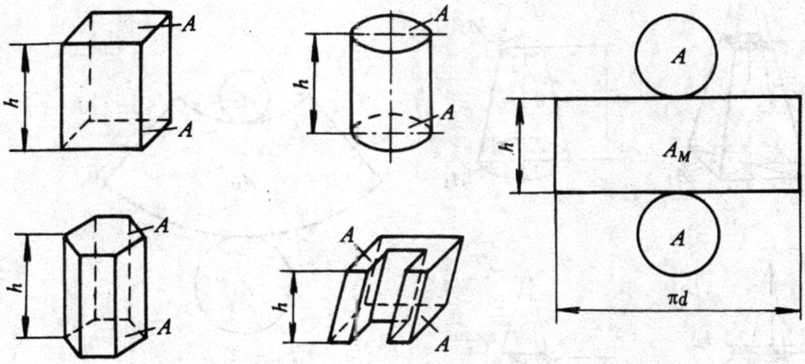

$$A_O = A + A_M + A$$

$$V = Ah$$

a)

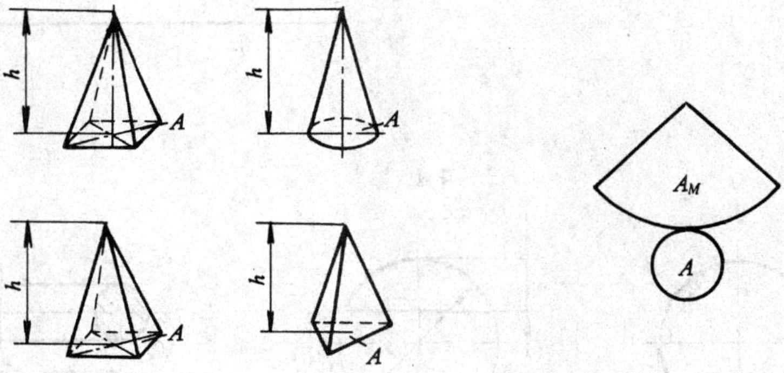

$$A_O = A + A_M$$

$$V = \frac{Ah}{3}$$

b)

图 2-48　规则形体表面积和体积(一)

a)柱体　b)锥体

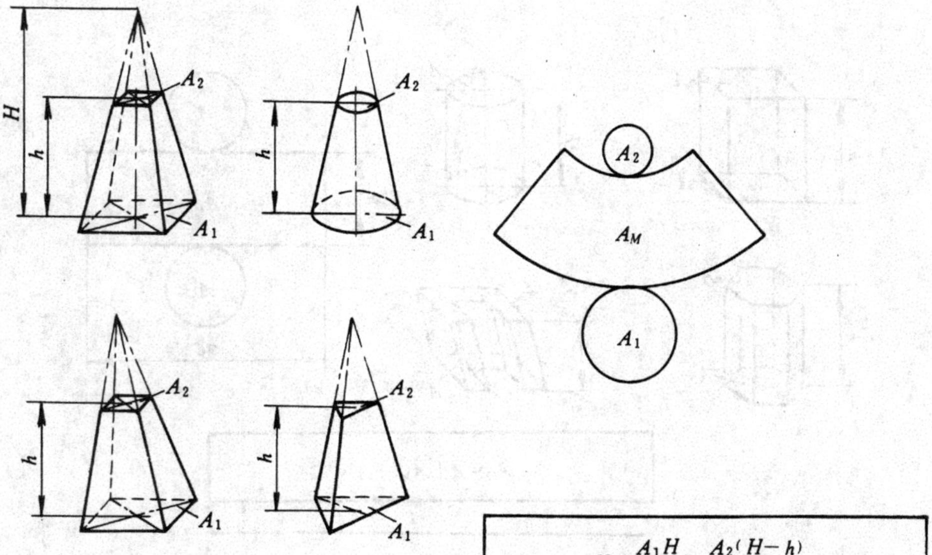

$$A_O = A_1 + A_M + A_2$$

$$V = \frac{A_1 H}{3} - \frac{A_2(H-h)}{3}$$

$$V = \frac{h}{3}(A_1 + A_2 + \sqrt{A_1 A_2})$$

c)

球　　球冠

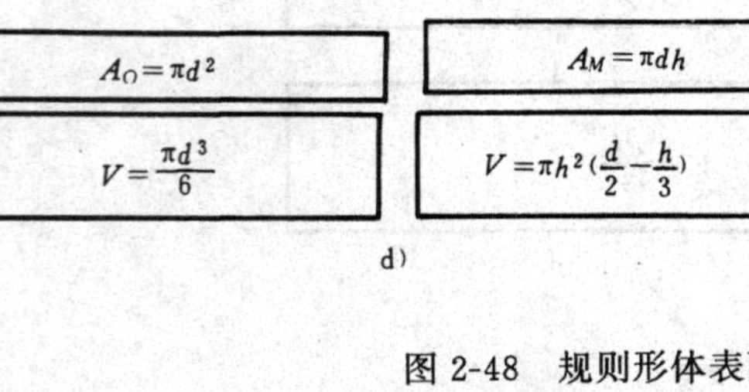

$$A_O = \pi d^2$$

$$V = \frac{\pi d^3}{6}$$

$$A_M = \pi d h$$

$$V = \pi h^2\left(\frac{d}{2} - \frac{h}{3}\right)$$

d)

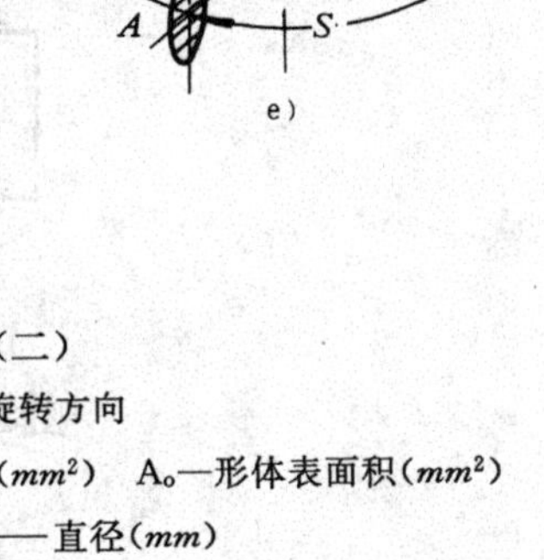

e)

图 2-48　规则形体表面积和体积(二)

c)台　*d*)球　*e*)环　d_S—旋转直径　S—旋转方向

A、A_1、A_2—分别为顶面，底面或剖面面积(mm^2)　A_M—侧面面积(mm^2)　A_o—形体表面积(mm^2)

V—形体体积(mm^3)　H、h—高度(mm)　D、d——直径(mm)

例 1 求如图 2-49 所示截圆锥台的表面积和体积。

解 截圆锥台表面积 $A_O=A_1+A_M+A_2$

$$A_O=\frac{\pi\times 120^2}{4}+\frac{(120+80)\pi\times\sqrt{200^2+(\frac{120-80}{2})^2}}{2}+\frac{\pi\times 80^2}{4}$$

$$=142554\text{mm}^2$$

$$\text{体积 } V=\frac{h}{3}\left(A_1+A_2+\sqrt{A_1\cdot A_2}\right)=\frac{\pi h}{12}(D^2+d^2+Dd)$$

$$V=\frac{\pi\times 200}{12}(120^2+80^2+120\times 80)=1591739\text{mm}^3$$

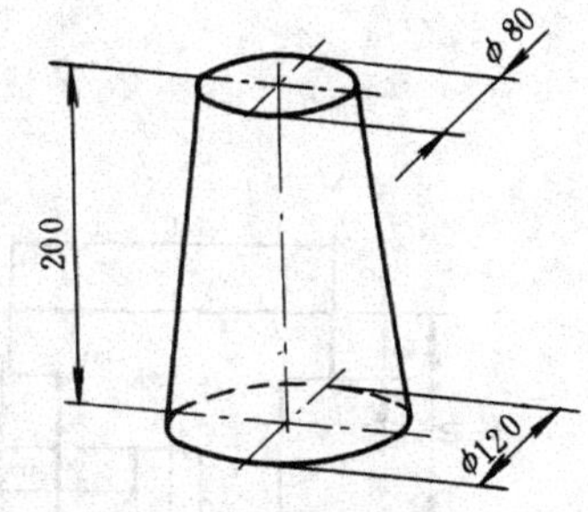

图 2-49 截圆锥台

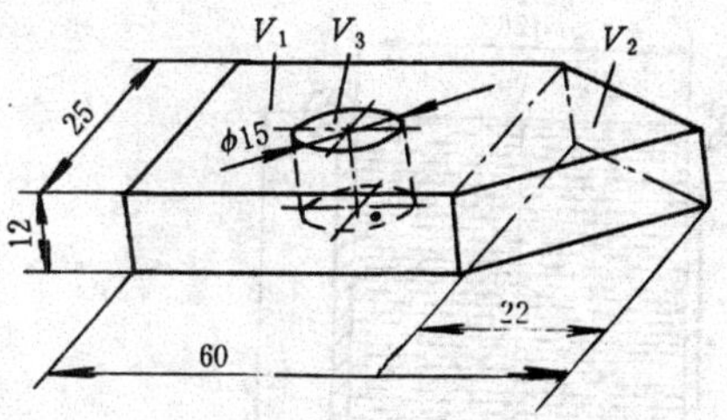

图 2-50 组合体

例 2 求如图 2-50 所示组合体的体积。

解

$$V=V_1+V_2-V_3$$
$$=A_1h+A_2h-A_3h=(A_1+A_2-A_3)h$$
$$=\left(38\times 25+\frac{22\times 25}{2}-\frac{\pi\times 15^2}{4}\right)\times 12$$
$$=12580\text{mm}^3$$

2.7.2 锻件和模锻件的料长

在锻造加工中经常遇到对毛坯的拔长和墩粗的工艺，如图 2-51 所示为拔长加工。

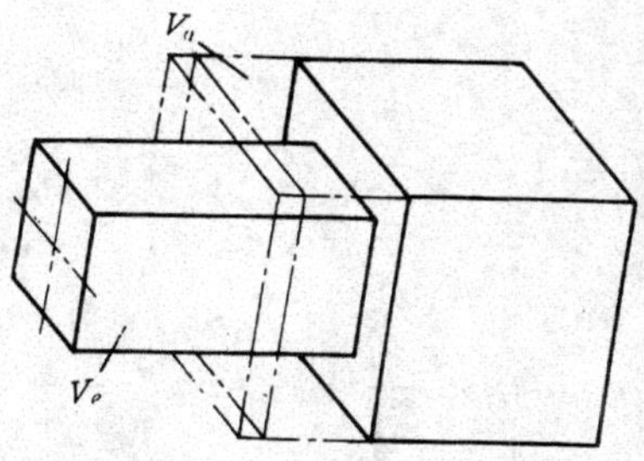

图 2-51 锻造中拔长

若不计材料损耗，那么毛坯的体积应等于成型零件的体积，用公式表示：

$$V_a=V_e$$

事实上，锻造时由于烧损和毛边等原因，毛坯的体积比成形零件的体积要多放一些余量。若锻造时的材料损耗由对零件体积的百分率体积余量来表示，那么公式就为：

$$V_a=V_e+V_e\cdot q=V_e(1+q)$$

式中 V_a——毛坯体积 (mm³)；

V_e——零件体积 (mm³)；

q——零件体积的百分率。

q 为经验数据。此值受加热次数、毛边量等的影响。

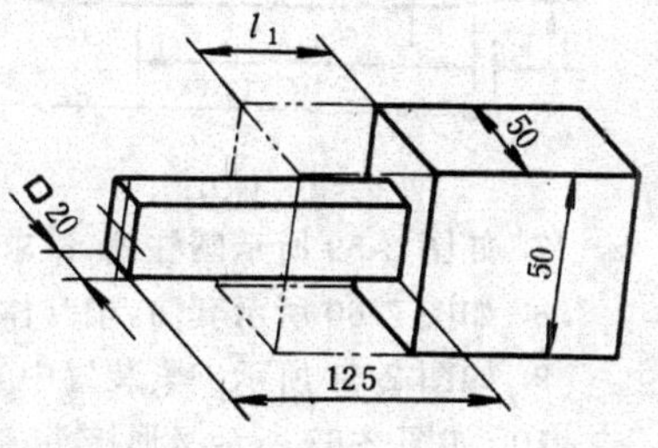

图 2-52 方钢料长

例 自由锻中，需拔长方钢到 125mm，如图 2-52 所示。烧损量按拔长后工件体积的 15%计算，试求方钢的料长 l_1。

解

$$V_a = V_e(1+q)$$

$$A_1 l_1 = A_2 l_2 (1+q)$$

$$L_1 = \frac{A_2 L_2 (1+q)}{A_1} = \frac{20^2 \times 125 \times (1+15\%)}{50^2} = 23\text{mm}$$

习　题

1. 如图 2-53 所示圆筒容器，试求圆筒的容积为多少升？若水位高为筒高的 85%，试求能储多少升水？
2. 如图 2-54 所示内燃机气缸，气缸直径为 77mm，活塞行程为 64mm，试求气缸的工作容积多少升？
3. 如图 2-55 所示安装架的截面，若此安装架长为 180mm，试求其体积。

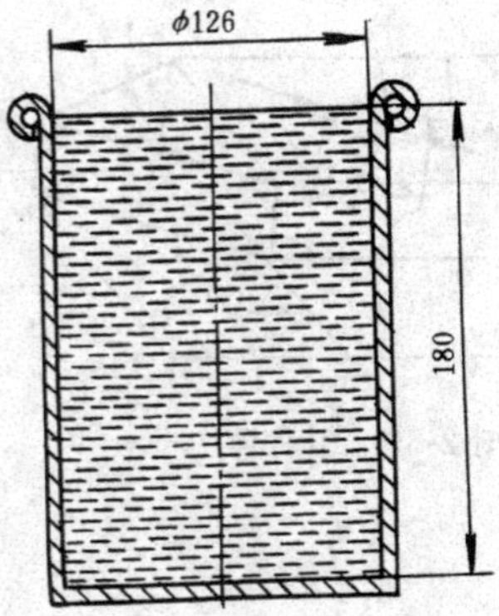

图 2-53　圆筒

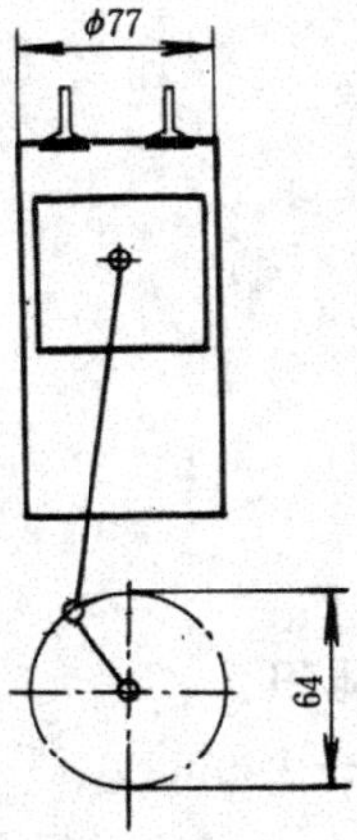

图 2-54　气缸

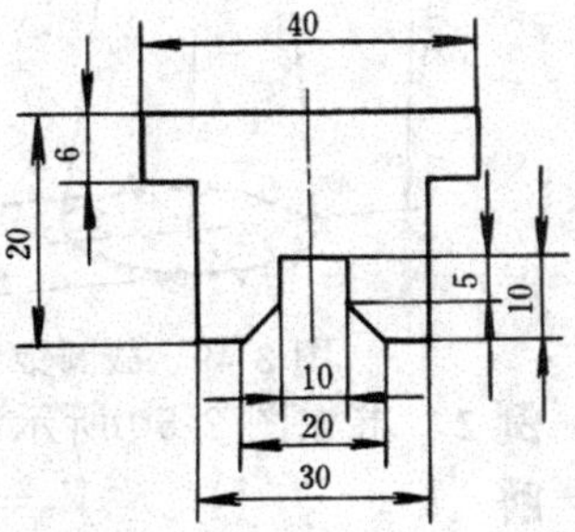

图 2-55　安装架截面

4. 如图 2-56 所示顶尖，试求其体积。
5. 求如图 2-57 所示的正四棱锥的体积。
6. 如图 2-58 所示加料漏斗，若加料到此漏斗容积的 87.5%，求所加料的体积。

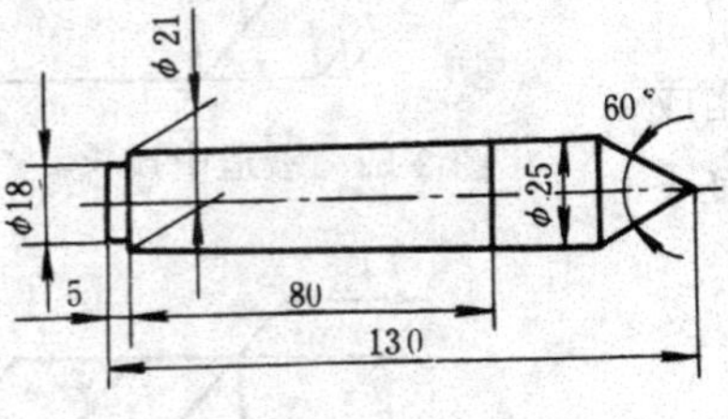

图 2-56　顶尖

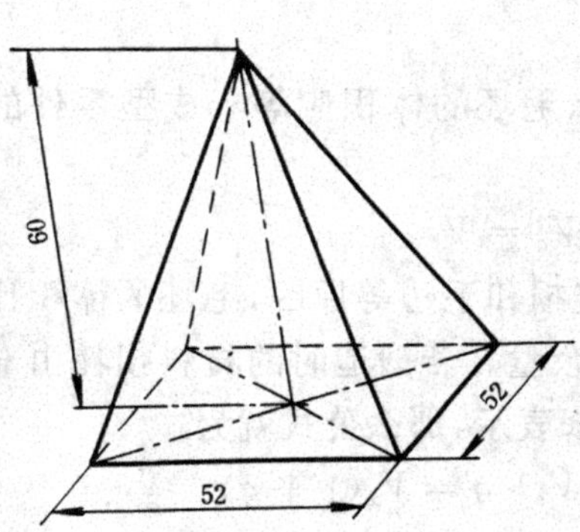

图 2-57　正四棱锥

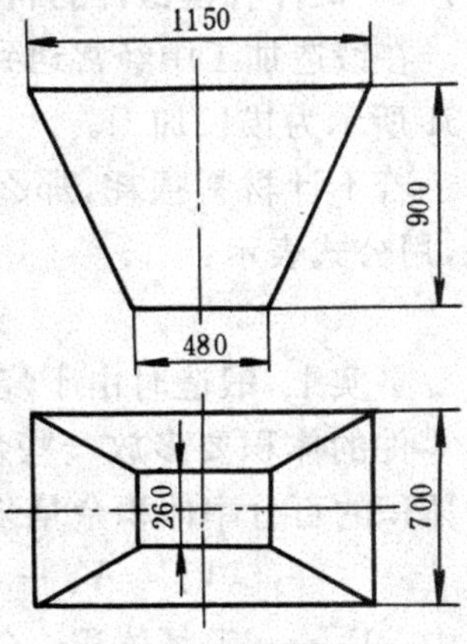

图 2-58　加料漏斗

7. 如图 2-59 所示圆柱销，试求其体积。
8. 如图 2-60 所示套筒，求其体积。
9. 如图 2-61 所示夹紧装置中的压板，试求压板体积。
10. 如图 2-62 所示叉形接头，试求其体积。
11. 如图 2-63 所示紧固角铁，求其体积。

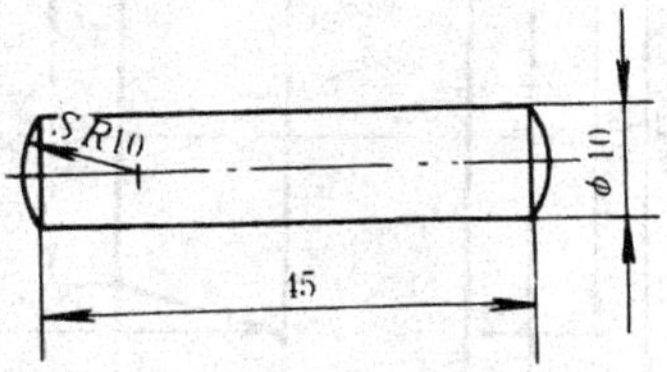

图 2-59　圆柱销

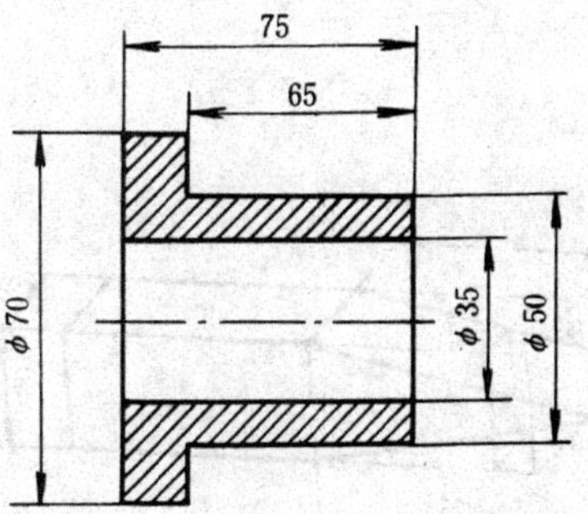

图 2-60　套筒

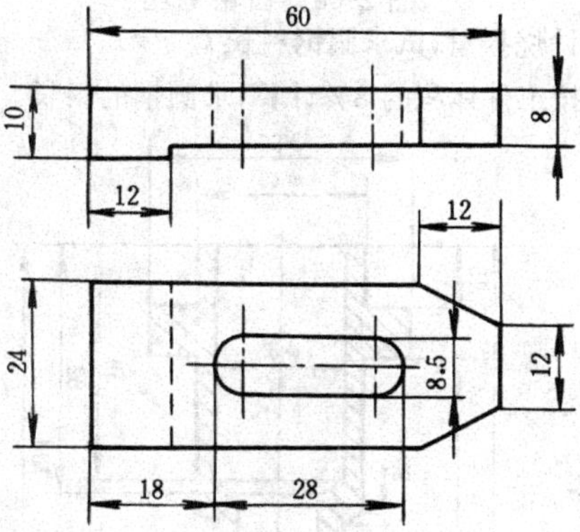

图 2-61　压板

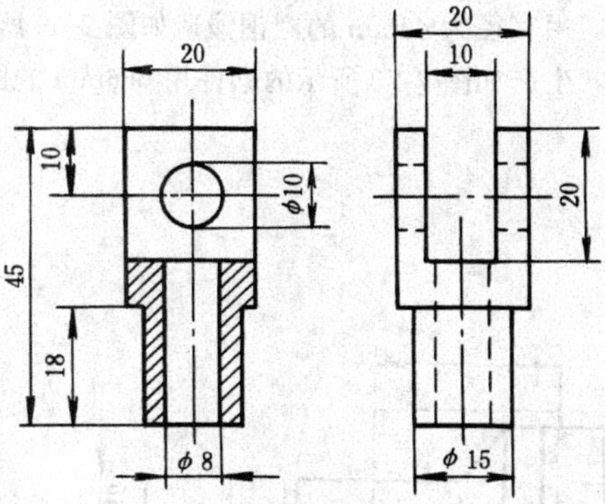

图 2-62　叉形接头

12. 如图 2-64 所示用方钢锻造轴，烧损量按拔长后工件体积的 15% 计算，试求方钢料长 l_1

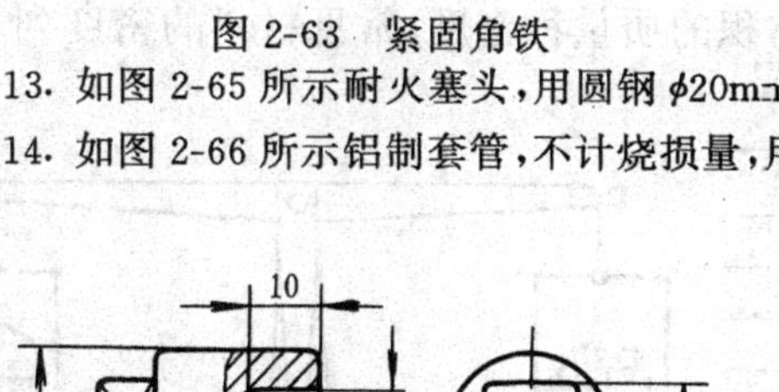

图 2-63　紧固角铁

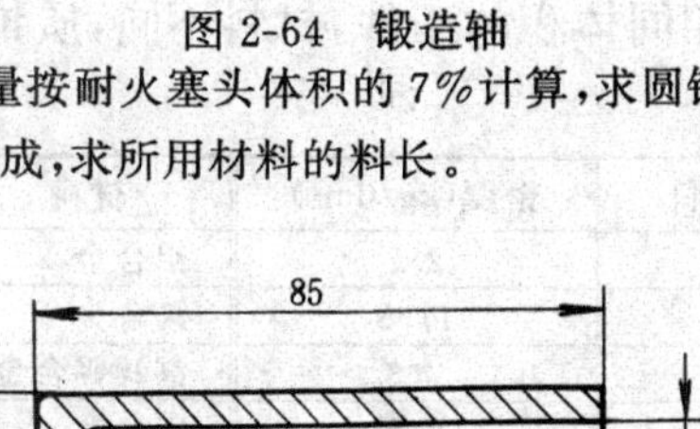

图 2-64　锻造轴

13. 如图 2-65 所示耐火塞头，用圆钢 ϕ20mm 模锻而成，烧损量按耐火塞头体积的 7% 计算，求圆钢料长。

14. 如图 2-66 所示铝制套管，不计烧损量，用 ϕ20 锻铝模锻制成，求所用材料的料长。

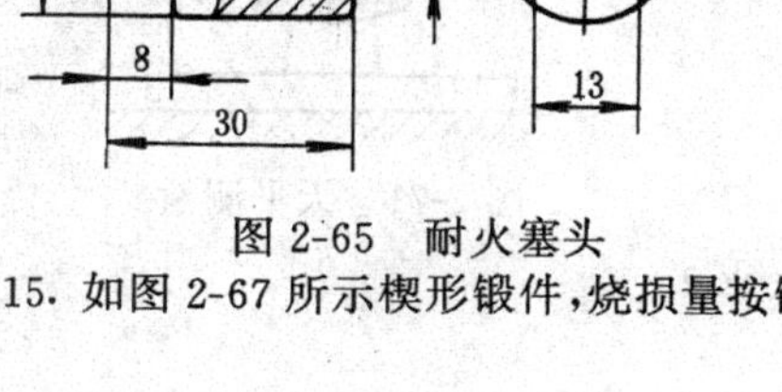

图 2-65　耐火塞头

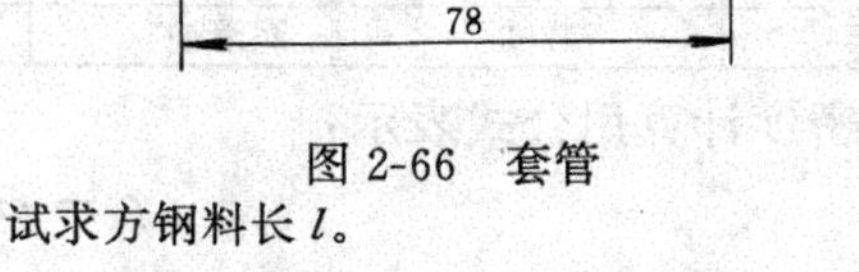

图 2-66　套管

15. 如图 2-67 所示楔形锻件，烧损量按锻件的 15% 计算，试求方钢料长 l。

16. 如图 2-68 所示模锻齿轮的毛坯，烧损量为齿轮的 8%，求毛坯体积和零件的体积。

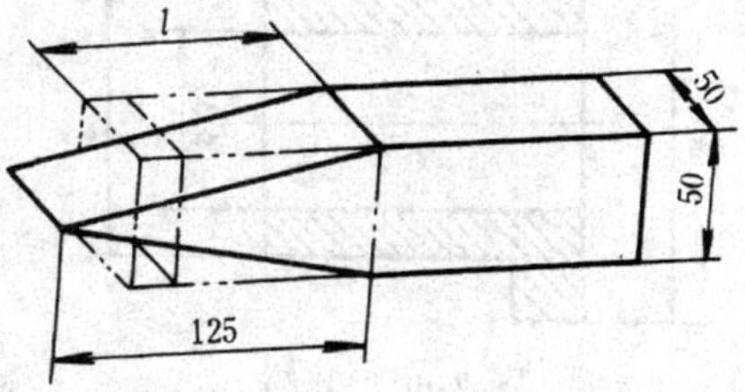

图 2-67　楔形锻件

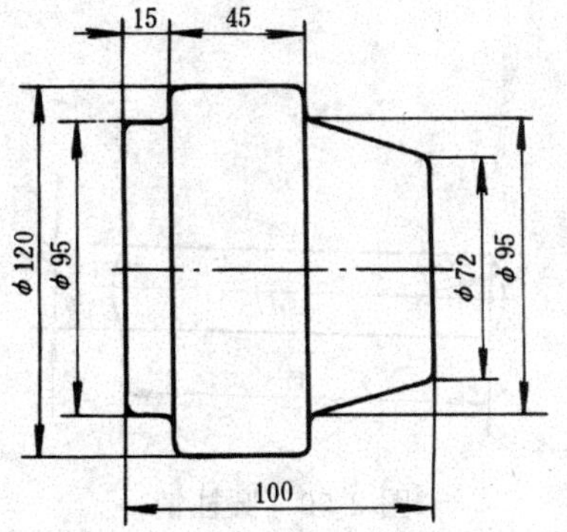

图 2-68　齿轮毛坯

17. 用直径为 42mm 的圆钢锻造如图 2-69 所示的气门，不计烧损量，试求圆钢料长 l。

18. 生产如图 7-70 所示的锻件用 ϕ66mm 的圆钢。烧损量按工件体积的 8% 计算，求圆钢的料长。

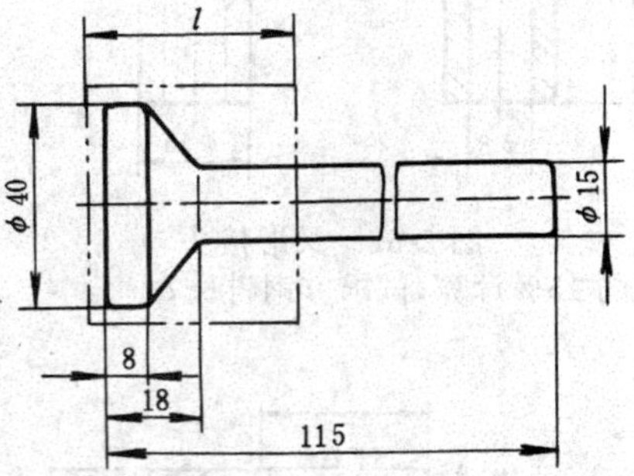

图 2-69　气门

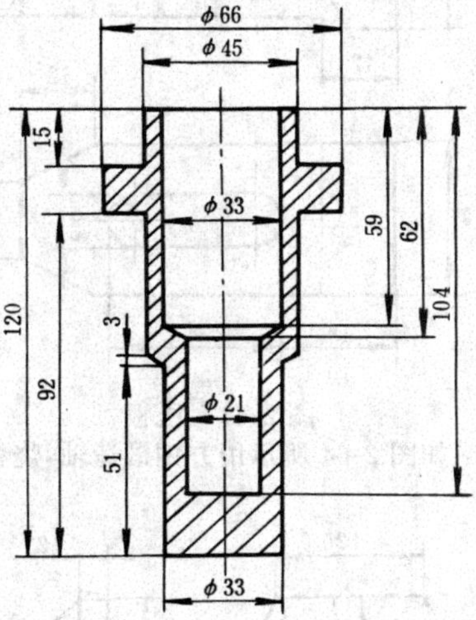

图 2-70　锻件

2.8　质量与重量

工件的质量可用天平测量，见图 2-71。

相同体积的工件，材料不同，质量也不同，单位体积的质量称密度，常见材料的密度列表如下：

材料	密度(kg/dm^3)	材料	密度(kg/dm^3)
铝	2.7	铝合金	2.8
铅	11.3	镁合金	1.8
铸铁	7.3	铜锌锡合金	8.6
铜	8.9	白合金	7.1
镁	1.74	钨	19.1
钢	7.85	汞	13.5
锌	7.2	煤油	0.8
锡	7.3	润滑油	0.9

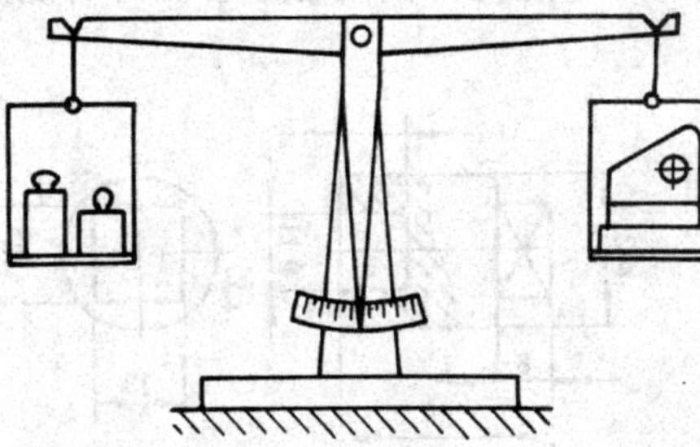

图 2-71　天平测量

密度计算用公式表示：

$$\rho = m/V \quad 或 \quad m = V\rho$$

式中　ρ——密度(kg/dm^3)；

m——质量(kg)；

V——体积(dm^3)。

重量是地球对物体的吸引力引起的，也称重力。力的单位是牛顿(N)，1N 是指 1kg 的质量具有 $1m/s^2$ 的加速度。重力加速度在不同地区有不同的值。在地球的两极重力加速度 $g=9.83m/s^2$，在地球的赤道附近 $g=9.78m/s^2$。一般取平均重力加速度为 $g=9.80665m/s^2$。这样重量的公式可写成：

$$G = mg$$

式中　G——重量(N)；

m——质量(kg)；

g——重力加速度(m/s^2)。

例 1　$3m^2$ 的钢板，4mm 厚，求其质量和重量。

解

$$m = V\rho = 300 \times 0.04 \times 7.85$$
$$= 94.2kg$$
$$G = mg = 94.2 \times 9.8 = 923.16N$$

在工程设计中，经常遇到型钢，例如圆钢、管子、角钢、槽钢、工字钢、线材、钢板等等的质量计算。这些材料的横截面是一定的，或者厚度是一定的。于是可用下列两个公式计算质量。

$$m = m'l \quad 和 \quad m = m''A$$

式中　m——质量(kg)；

m'——单位长度的质量(kg/m)；

m''——单位面积的质量(kg/m^2)；

L——型钢的长度　(m)；

A——板材的面积　(m^2)。

m'和 m''在有关的金属材料手册中查得。也可先查出型钢的截面积 A，板材的厚度 t，再由材料的密度计算出 m'或 m''，　$m'=\rho A$ 或 $m''=\rho t$。

例 2　直径为 22mm 的圆钢，长度为 6.3m 试求其质量。

解　查型钢的分类表可知 ϕ22mm 的圆钢，其 $m'=2.98kg/m$。

则 $m=m'\cdot l=2.98\times6.3=18.774kg$

m'也可由计算得到

$$m' = \rho A = 7.85 \times (0.22)^2 \times 3.14/4$$
$$= 0.298kg/dm = 2.98kg/m$$

例 3　钢板厚度为 2mm，现有 $5m^2$ 的此钢板，求其质量。

解　查钢板分类表可知，2mm 厚钢板的 $m''=15.7kg/m^2$。

则　$m=m''\cdot A=15.7\times5=78.5kg$。

m''也可由计算求得：

$$m'' = \rho \cdot t = 7.85 \times 0.02 = 0.157kg/dm^2$$
$$= 15.7kg/m^2$$

习　题

1. 工字钢截面尺寸如图 2-72 所示，求此工字钢长度为 1m 的质量。

2. 厚为 4mm 的标志钢牌如图 2-73 所示，求此标志钢牌质量。

3. 截圆锥台形状的平衡锤如图 2-74 所示，材料为铸铁，试求其体积和质量。

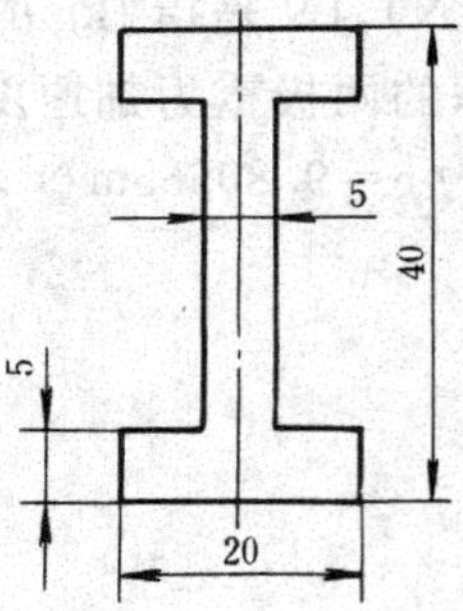

图 2-72　工字钢

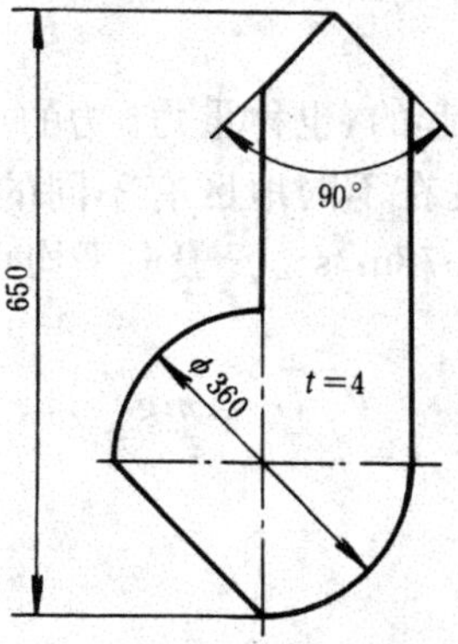

图 2-73　标志钢牌

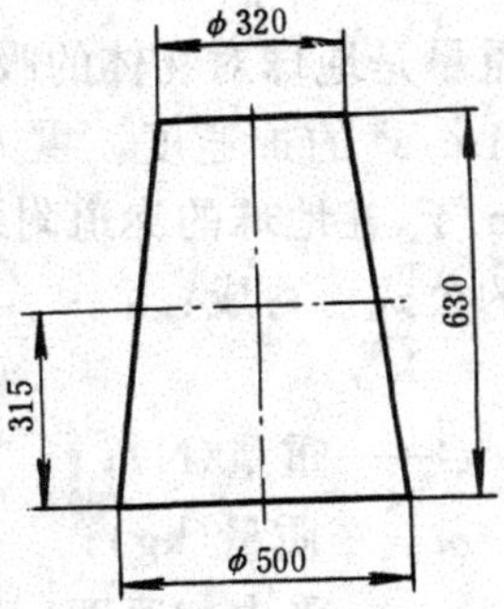

图 2-74　平衡锤

4. 铝合金方头工件如图 2-75 所示，求其质量。

5. 导向套由铜锌锡合金制成，如图 2-76 所示，试求其质量。

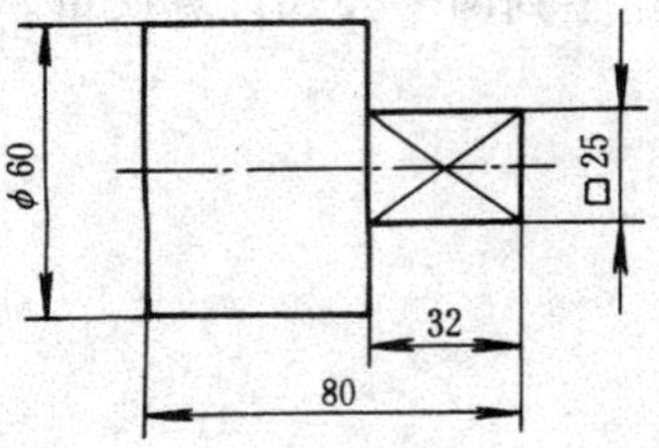

图 2-75　方头工件

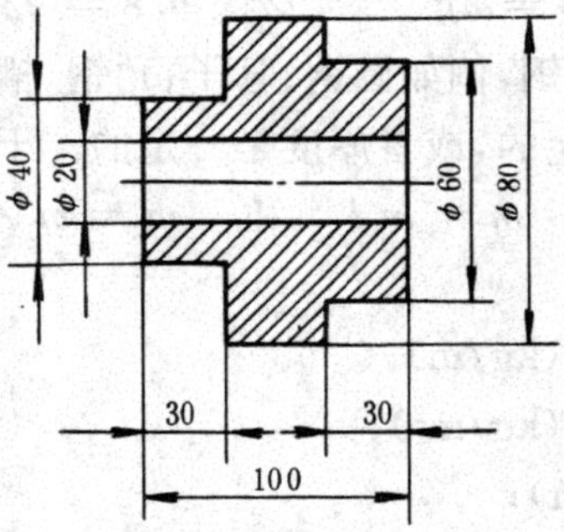

图 2-76　导向套

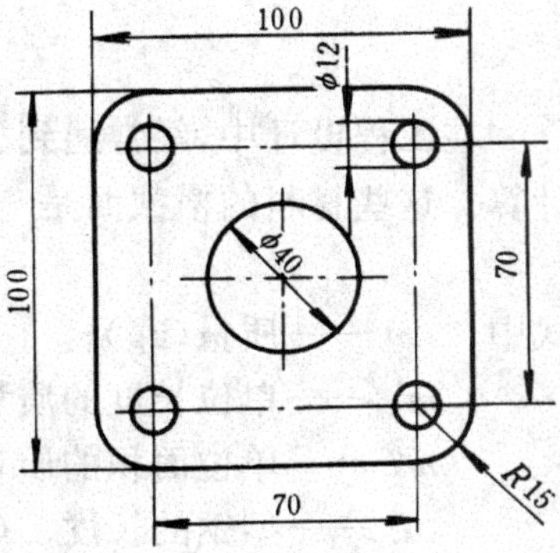

图 2-77　底板

6. 用 12mm 厚的钢板制成如图 2-77 所示的底板（厚 12mm）求其质量。

7. 根据型材的已知条件，求下表中质量。

型材	*a*	*b*	*c*	*d*	*e*
名称	□50	管	L70×7	*I*180	*T*80
材料	Q215-A	Cu	Q235-A	Q255-A	Q235-A
长度(m)	2.5	1.5	100	25	60
质量(kg)					

8. 根据板材的已知条件，求下表中质量。

板材名称	钢板	钢板	铜板	铝板	锌板
厚度(mm)	1.5	4.0	1.0	2.5	0.5
面积(m^2)	25	0.85	7.5	0.48	6.10
质量					

2.9　运动学

运动学的任务是研究物体在空间的位置随时间变化的规律，在多种多样的运动形式中，机械运动是最简单、最基本的运动，如车辆的行驶，内燃机活塞的往复，机器的运转，都属于机械运动。这种运动可归纳为直线运动和曲线运动。

2.9.1 直线运动

2.9.1.1 匀速直线运动

物体作直线运动，如果在相等的时间里经过的路程都相等，这种运动称做匀速直线运动。如火车正常行驶，工件在带式运输机上移动，车刀的直线自动进刀等。如图 2-78 所示，电机在带式运输机上移动，在每秒钟时间里，移动的距离都为 1.5m，此运动属于匀速直线运动。

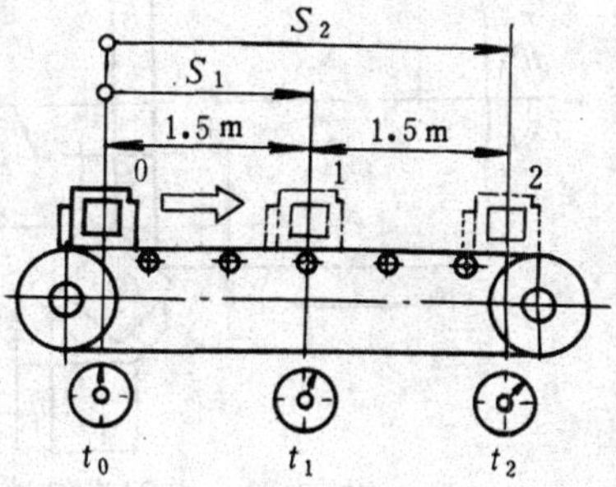

图 2-78 电机运输

在匀速直线运动中，路程和时间的比值称做匀速直线运动的速度。用公式表示：

$$v = S/t$$

式中 v——速度(m/s)；

S——路程(m)；

t——时间(s)。

例 1 在图 2-78 的电机运输中，求运输速度。

解 $v=S_1/t_1=1.5/2=0.75\text{m/s}$

或 $v=S_2/t_2=3.0/4=0.75\text{m/s}$

此题的路程与时间关系的线图，见图 2-79a，称 $S—t$ 曲线图。

此题的速度与时间关系的线图，见图 2-79b，称 $v—t$ 曲线图。

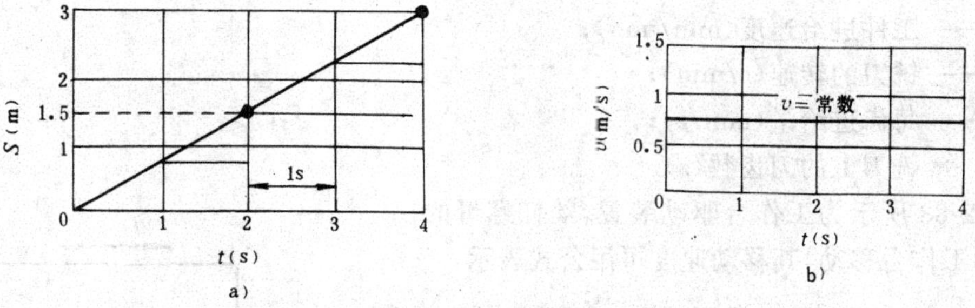

图 2-79 匀速直线运动线图

例 2 起重机起吊重物的匀速速度 $v=8.2\text{m/min}$ 当重物起吊到 3.2m 时，需多少时间？

解
$$v=S/t$$
$$t=S/v=3.2/8.2=0.39\text{min}$$

匀速直线运动在生活中是较少见的，在更多的情况下，物体运动快慢是改变的，如汽车的起动，运行、制动，其速度不可能均匀不变。例如摩托车实际运行的速度记录于图 2-80 的曲线中，显然每一瞬时的速度是变化的。若画一条平行线所围成的长方形面积与速度曲线所围成的面积相等，那么此平行线所表示的速度即称此汽车运行的平均速度，写作 $\bar{v}$，则把 $\bar{v}$ 看作汽车匀速运行的速度。

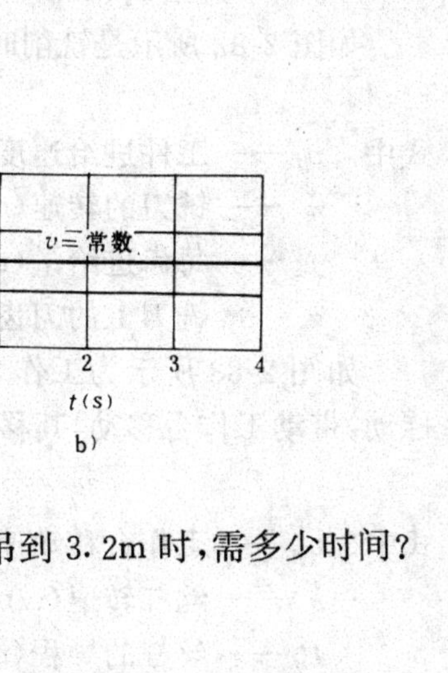

图 2-80 实际速度与平均速度

例 3 摩托车行驶的平均速度为 32km/h，见图 2-80。求经过 36s 后，行驶的路程。

解 $$S=vt=32\times36=\frac{32000}{3600}\times36=320\text{m}$$

2.9.1.2　匀速直线进刀运动

在金属切削加工中，经常把进刀运动看作是匀速直线运动。例如车刀的纵、横向进给；钻头的垂直进给；铣削和磨削中工件的进给等等。其进给速度均可看作是均匀不变的。

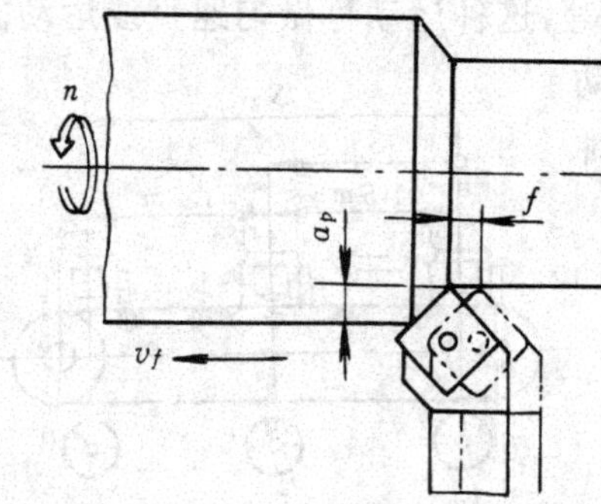

图 2-81　车刀进给速度

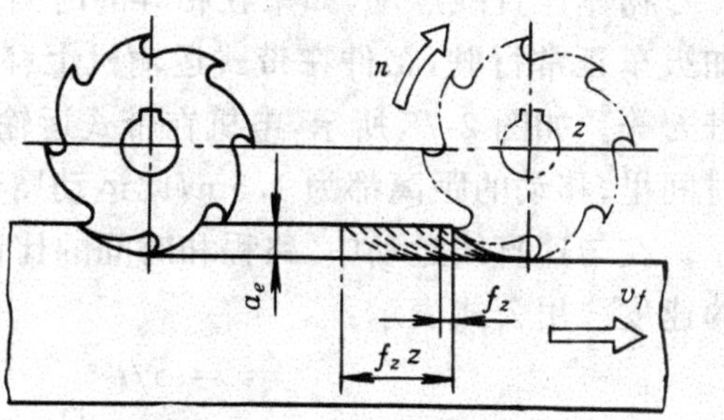

图 2-82　铣削进给速度

如图 2-81 所示是车削时车刀纵向进给，则其进刀速度可用下面公式表示：

$$v_f = nf$$

式中　v_f——进给速度(mm/min)；

n——工件转速(r/min)；

f——进给量(mm/r)。

如图 2-82 所示是铣削时工件沿进给方向移动，其移动速度可用下面公式表示：

$$v_f = nf_z z$$

式中　v_f——工件进给速度(mm/min)；

n——铣刀的转速(r/min)；

f_z——每齿进给量(mm/z)；

z——铣刀上的刀齿数(z)。

如图 2-83 所示为工作台驱动装置，丝杠螺母的传动，带动工作台移动，其移动速度可用公式表示：

$$v_f = nP_h$$

式中　v_f——工作台移动速度(mm/min)；

n——丝杠转速(r/min)；

P_h——丝杠的导程(mm/r)。

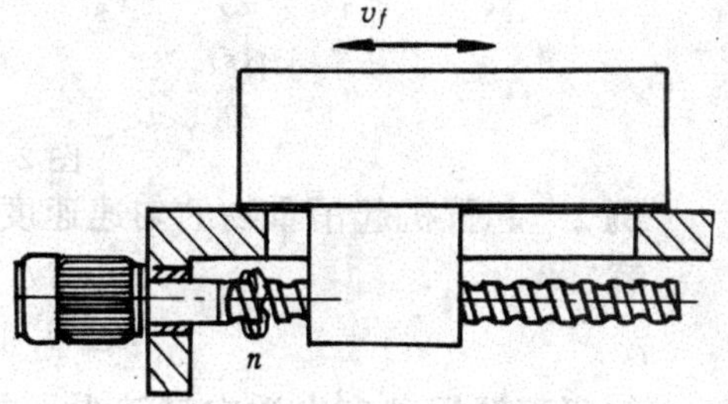

图 2-83　工作台驱动装置

例 1　车削加工时车刀的纵向进给量 f=0.3mm/r，工件转速 n=450r/min，求进给速度 v_f。

解　$v_f = nf = 450 \times 0.3 = 135\text{mm/min}$

例 2　铣削平面时，工作台进给速度 v_f=72mm/min，选用刀齿数 z=8 的铣刀，每齿进给量 f_z=0.2mm，试求铣刀应是多大转速。

解　$v_f = nf_z z$

$$n = \frac{v_f}{f_z z} = \frac{72}{0.2 \times 8} = 45\text{r/min}$$

2.9.1.3　匀加速和匀减速直线运动

物体在一直线上做变速运动，如果在相等时间内速度的增加或减少都相等，就称做匀加速或匀减速直线运动，例如汽车启动阶段的运动，石块从高处下落的运动都可看作是匀加速运动；汽车刹车的过程，竖直上抛石块的运动可看作是匀减速直线运动。

如图 2-84 所示的 $v-t$ 曲线图为某气缸的变速运动过程，在起动时速度由零增加到 1m/s，其后以此速度运动，再由 1m/s 的速度减少到零。

在图中气缸起动时的头 2s 为匀加速直线运动中间 2s 为匀速直线运动，最后 2s 为匀减速直线运动。

把速度的改变与发生这个改变所用的时间的比值，称做匀变速直线运动的加速度。用公式表示：

$$a = v/t$$

式中　a——加速度(m/s^2)；

v——经过 t 时间后速度(m/s)；

t——速度改变所用的时间(s)。

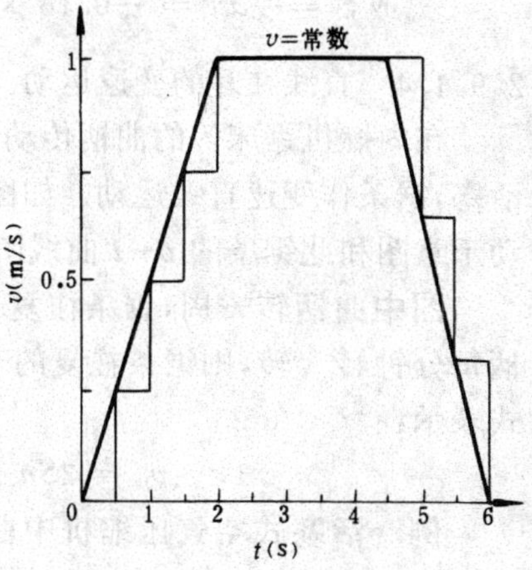

图 2-84　气缸 v-t 曲线图

一个做匀变速运动的物体的平均速度 v_m，可由图 2-85 求得：$v_m=\frac{v}{2}$

那么，在 t 时间内的路程 S 可由下式表示：

$$S = v_m t = \frac{v}{2}t$$

又因为 $v=at$，所以：$S=\frac{at^2}{2}$。

而 $t=v/a$，则：$S=\frac{v^2}{2a}$，即 $v^2=2aS$。

在匀变速运动中常用公式为：

$$v = at$$

$$S = \frac{1}{2}at^2$$

$$v^2 = 2as$$

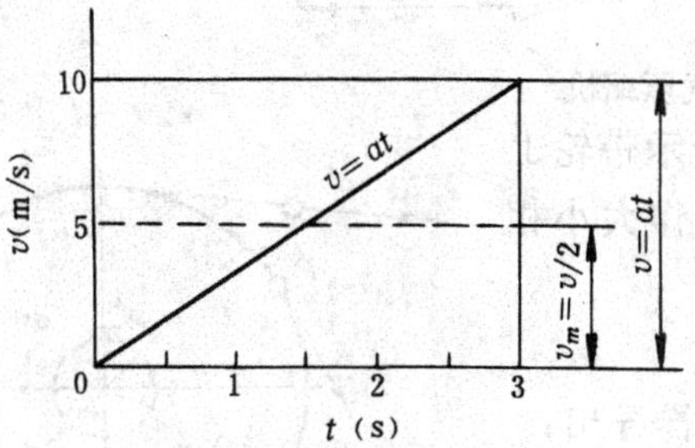

图 2-85　匀变速直线运动平均速度

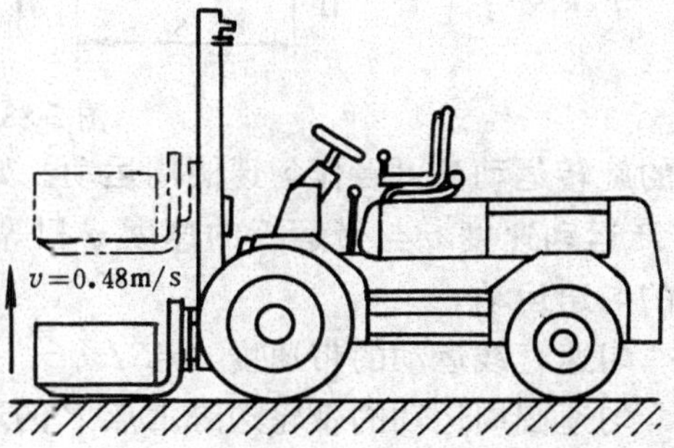

图 2-86　铲重物

例　铲车铲重物在 3s 时间内速度增加到 0.48m/s。如图 2-86 所示，求这段时间内的加速度 a 和提升高度 S。

解

$$a = v/t = \frac{0.48}{3} = 0.16\text{m/s}^2$$

$$S = \frac{1}{2}vt = \frac{1}{2}0.48 \times 3 = 0.72\text{m}$$

或 $S = \frac{1}{2}at^2 = \frac{1}{2}0.16 \times 3^2 = 0.72\text{m}$

2.9.1.4　直线往复的变速运动。

在内燃机锯床等的曲柄传动中，曲柄做匀速运动，活塞，锯条作变速直线运动。如图 2-87 所示为锯床运动示意图和此锯条的 $v-t$ 曲线图。

图中曲柄转一周，锯条往复一次行程为 $2S$，若曲柄每分钟转 n 转，则锯条往复的平均速度可用下列公式表示：

$$v_m = 2Sn$$

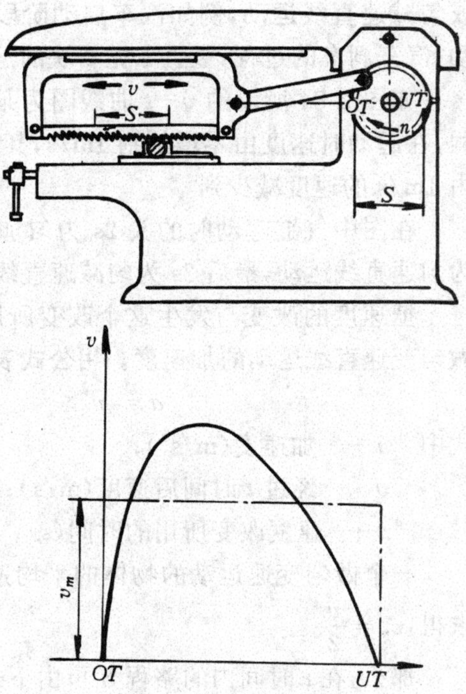

图 2-87　锯床

OT—左“止点”　U-T—右“止点”

例　活塞式空气压缩机中曲柄传动机构如图 2-88 所示，活塞有效行程 $S=39$mm，曲柄转速 $n=4200$r/min，试求活塞往复平均速度。

解　$v_m = 2Sn = 2\times39\times4200 = 327600\text{mm/min}$

$= \frac{327.6}{60} = 5.46\text{m/s}$

2.9.2　匀速圆周运动

在工程实际中，带轮、齿轮、砂轮、圆形工件、铣刀

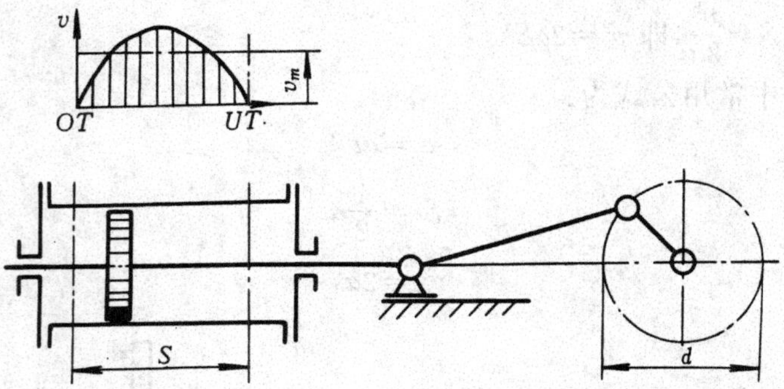

图 2-88　活塞式空气压缩机

等的旋转运动都可看作匀速圆周运动。如图 2-89 所示带轮上点 P 运动速度 v 与带运行的速度 v 相等，且都可看作大小相等的匀速运动。

匀速直线运动的带速度 $v=S/t$

匀速圆周运动的带轮边缘上点 P 的速度 v 可这样导出：

若带轮转一周，点 P 走过的路程 $S=\pi d$，

若带轮转 Z 周，点 P 走过的路程 $S=\pi dZ$ 那么带轮上点 P 在 t 时间内，转过 Z 周所具有的圆周线速度 $v=\pi dz/t$

单位时间的转数称圆周运动的转速，用 n 表示，$n=Z/t$

则：直径为 d 的圆周运动速度 $v=\pi dn$

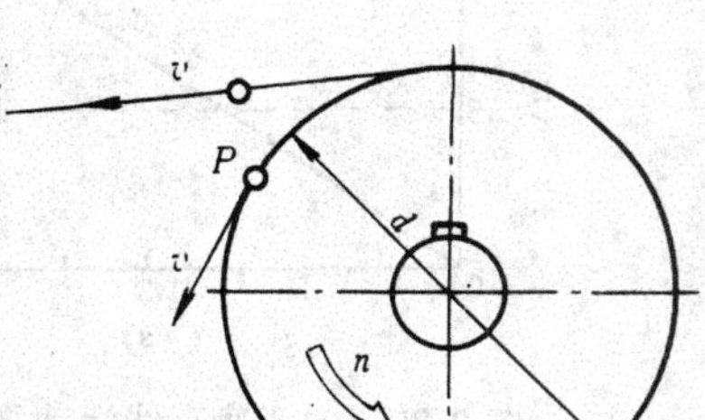

图 2-89　带轮传动圆周运动

式中　v——线速度(m/min)；

d——圆周直径(m)；

n——转速(r/min)。

在切削加工中圆周运动的线速度即是切削速度，例如车削中工件外圆对刀具切削刃运动的速度就是切削速度，它取决于工件材料、刀具材料、进给量的大小、刀具寿命。最佳切削速度由有经验的车工估算，也可在有关加工手册中查出。

切削速度选定后，马上调整适于该种工件的机床转速。转速和工件直径的大小及切削速度有关。可用前述公式计算或转速表确定。

例 1　车削加工如图 2-90 所示，工件直径 $d=420$mm，选用的主轴转速 $n=540$r/min，试求切削速度。

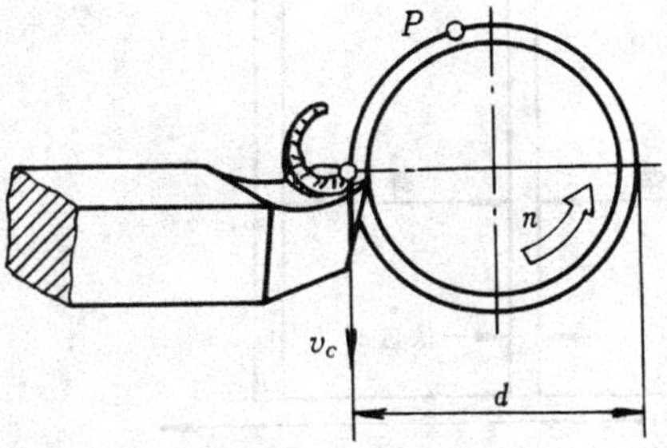

图 2-90　车削外圆

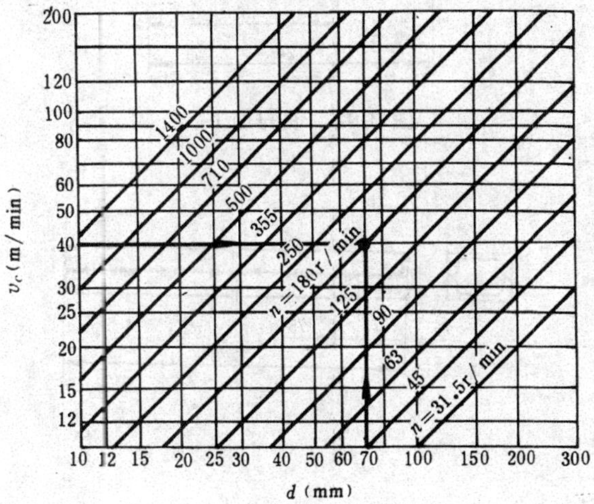

图 2-91　转速表

解

$$V_c=\pi dn=3.14\times0.42\times540$$

$$=712.5\text{m/min}$$

例 2　要车削直径 $d=70$mm 的工件，所估算的切削速度 $v_C=40$m/min，试在图 2-91 的转速表中选定车削时主轴转速。

解　在表示直径的横坐标上找出 $d=70$mm，在表示切削速度的纵坐标上找出 $v_C=40$m/min，它们的延线相交点正好是所求机床转速值 $n=180$r/min。

习　题

1. 载客电梯以 $v=204$m/min 的速度匀速升降，从底楼到顶楼需要 13.6s，试求上升高度。

2. 挤压机以每分钟 7500mm 的速度加工异形管，现加工长度为 1250mm 的此种异形管需要多少时间？

3. 加工如图 2-92 所示的轴，先车长度为 124mm 的外圆，再车长度为 82mm 的外圆，车外圆的进给量 $f=0.8$mm/r，工件转速 $n=280$r/min 试求车外圆时纵向进给速度及车外圆的总的车削时间。若端面铰孔进给量 $f=0.4$mm/r，工件转速为 $n=160$r/min。求铰孔进刀速度和时间。

4. 铣床升降台由滚子丝杠传动，如图 2-93 所示，丝杠螺距 $P=8$mm，转速 $n=70$r/min，试求升降台进给速度。

5. 自动焊接机焊接两根 U 型槽钢，如图 2-94a 所示，槽钢长为 1275mm，焊接了 75mm 后，快速行进 75mm，再继续焊接。焊接速度 v 为 0.3m/min，快速行进速度为 5m/min，其 $v-t$ 图线，见图 2-94b。求完成此型钢焊接所需时间？

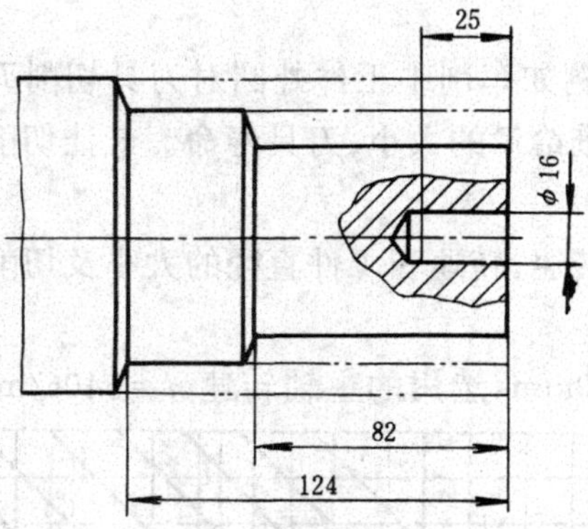

图 2-92　轴的加工

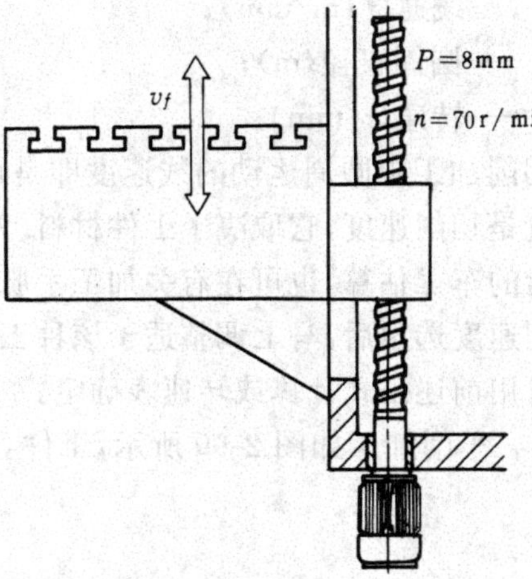

图 2-93　铣床升降台

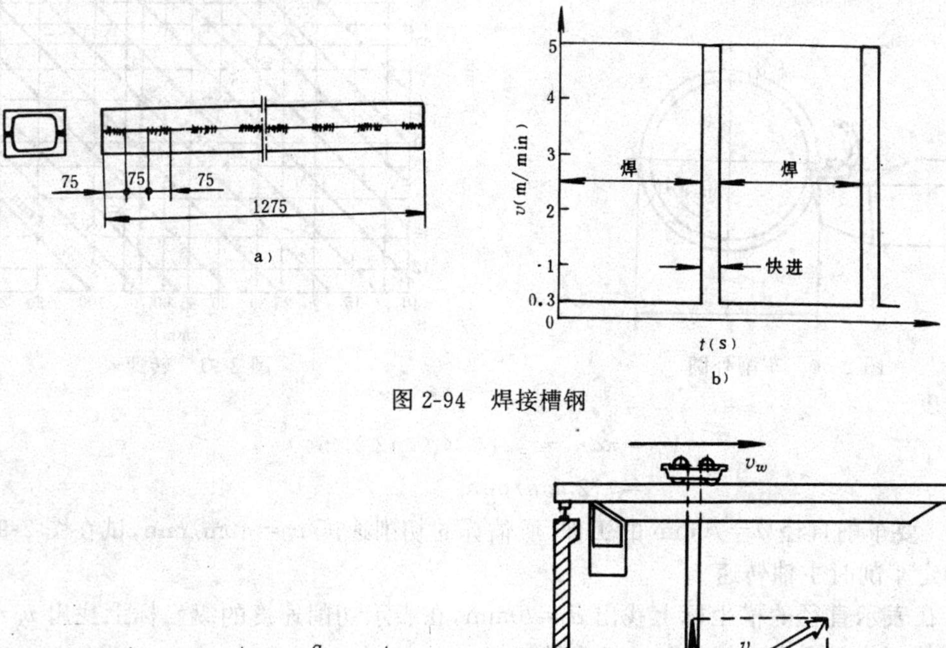

图 2-94　焊接槽钢

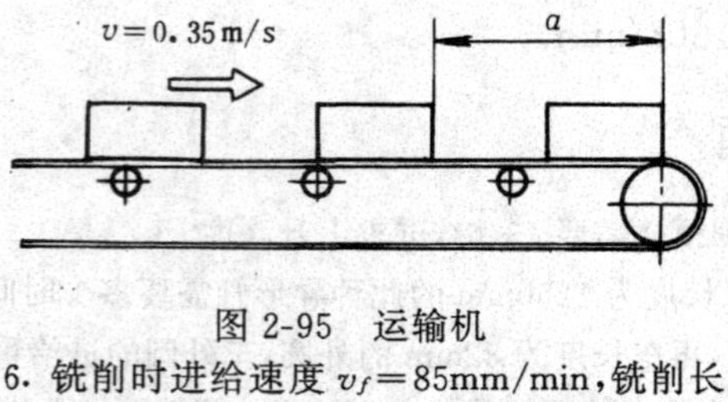

图 2-95　运输机

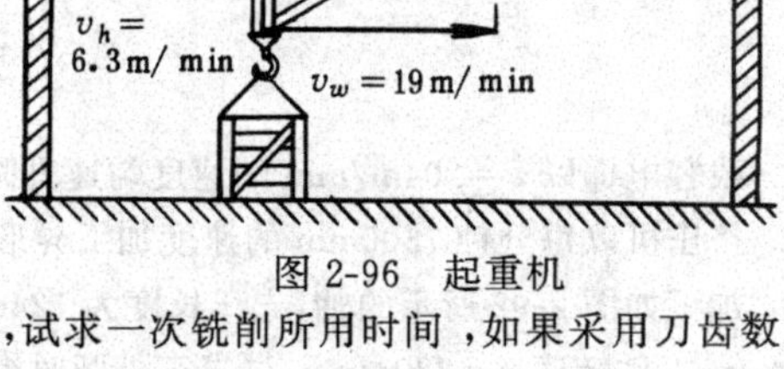

图 2-96　起重机

6. 铣削时进给速度 $v_f=85\text{mm/min}$，铣削长度为 226m，试求一次铣削所用时间，如果采用刀齿数为 18 的铣刀，铣刀转速 $n=125\text{r/min}$，则每齿进给量 f_z 为多少？

7. 8 刃铣刀转速 $n=240\text{r/min}$，每刃进给量 $f_z=0.08\text{mm}$，其进给速度 v_f 为多少？若换成 6 刃铣刀，保持原来的进给速度，则铣刀转速应调整为多少？

8. 长度为 9.45m 的运输带，每隔 5s 放上一个工件，运输带以 0.35m/s 速度前进，求如图 2-95 所示 a 的距离及运输一个工件所需时间。

9. 如图 2-96 所示的起重机，小车的水平速度 $v_w=19\text{m/min}$，起吊重物的垂直速度 $v_H=6.3\text{m/min}$，求起

吊重物的合成速度 v，若重物起吊用了 24s，那么重物起吊的路径为多少？

10. 钻孔进给量每转 0.12mm，钻床的转速 n 选用 710r/min，试求钻头的垂直进给速度。如图 2-97 所示要钻孔深为 63mm，切削部分 $l_s=3$mm，钻头起始距离 $l_a=2$mm，求钻孔时间。

11. 倾斜式提升机如图 2-98 所示，重物提升高度为 420m，提升时间 6.7min，求运行速度 v。

12. 如图 2-99 所示工件吊运的高度为 150mm 吊运的倾角 $\alpha=42°$，水平速度 $v_x=200$mm/min，试求垂直上升的速度 v_y，以及合成起吊速度 v。

13. 轿车从起步开始，经过 16s，速度增加到 72km/h，试求这段时间内所行驶的距离。

14. 如图 2-100a 所示为轿车的两次起步的 $v-t$ 图线，如图 2-100b 所示为轿车的三次制动试验的 $v-t$ 图线，试求每次的加速度。

15. 刨削长度 $l=1600$mm 的工件，刨削速度 $v_c=30$m/min，起始距离 $l_a=125$mm，刨出距离 $l_u=100$mm，如图 2-101 所示。求刨削一次时间。

16. 用动力头钻削轴承座，如图 2-102 所示，钻头由静止状态快速接近工件，距离为 180mm，速度增加到 $v=0.2$m/s，然后以此速度开始减速直至钻孔完毕。加速和减速的加速度均为 $a=2.2\text{m/s}^2$，试求一次钻孔的总的时间。

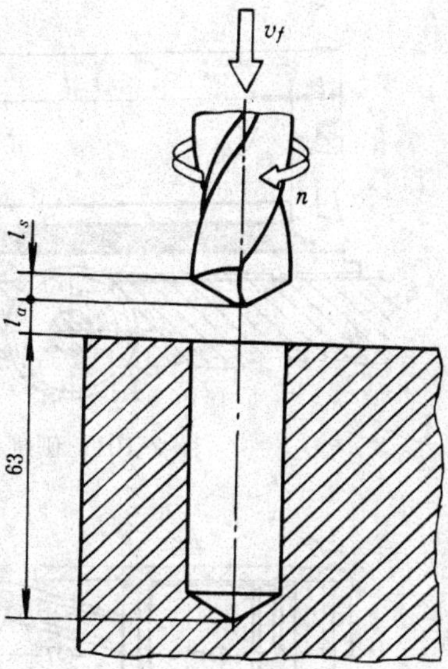

图 2-97 钻孔

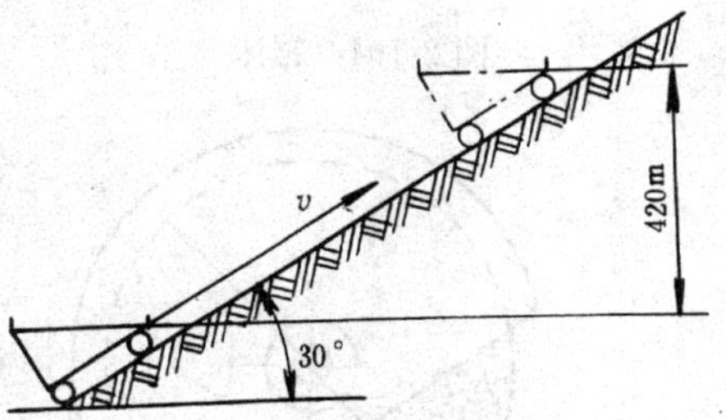

图 2-98 倾斜式提升机

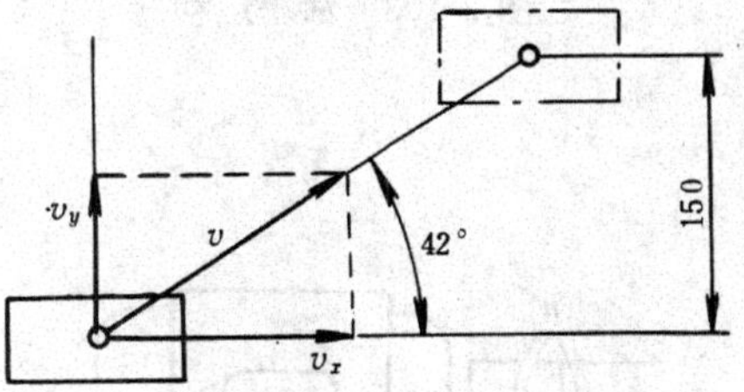

图 2-99 起吊工件

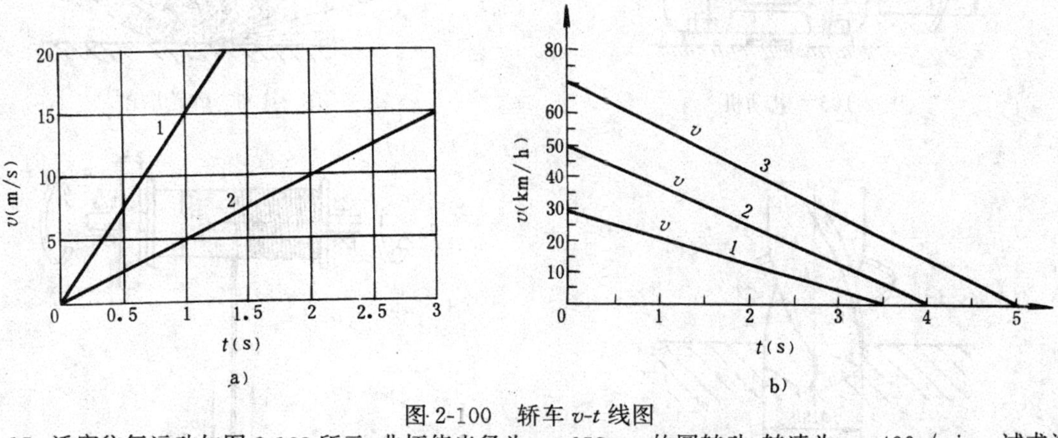

图 2-100 轿车 v-t 线图

17. 活塞往复运动如图 2-103 所示，曲柄绕半径为 $r=250$mm 的圆转动，转速为 $n=400$r/min。试求活塞有效行程 S 和平均速度 v_m。

18. 锯床有效行程 120mm，如图 2-104 所示，当曲柄的转速为 $n_1=40$r/min，$n_2=59$r/min，$n_3=80$r/min，$n_4=115$r/min 时，锯条的平均速度分别为多少？

19. 装有带轮的电动机如图 2-105 所示，若带轮的直径 $d=90$mm，电动机转速 $n=2800$r/min 试求带轮线速度 v。

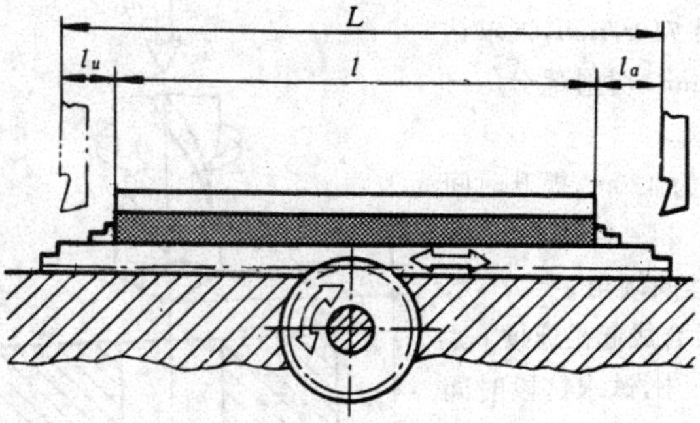

图 2-101　刨削

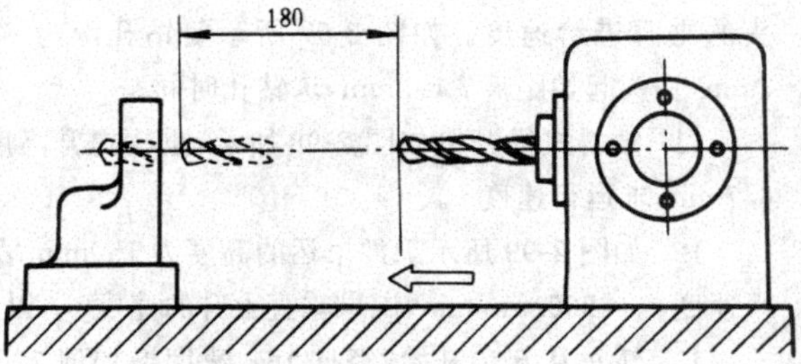

图 2-102　钻削

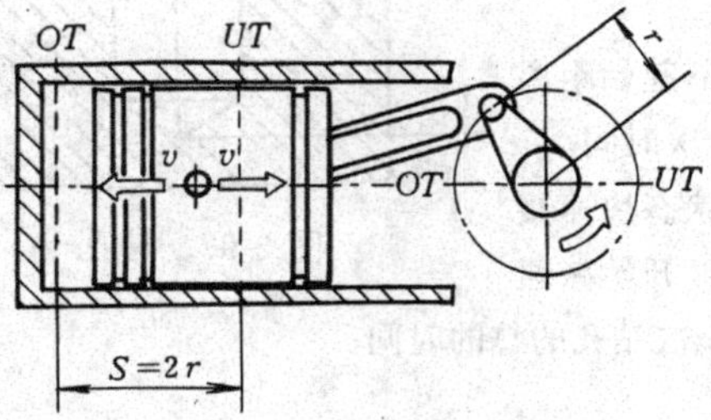

图 2-103　活塞运动

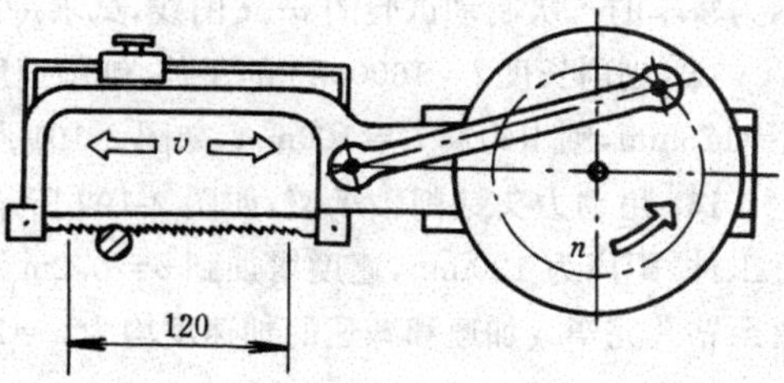

图 2-104　锯床

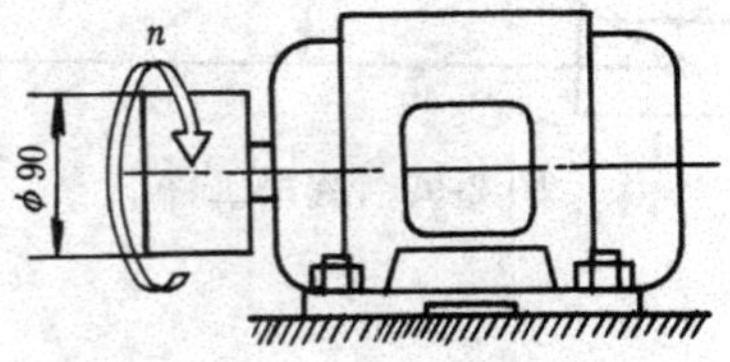

图 2-105　电动机

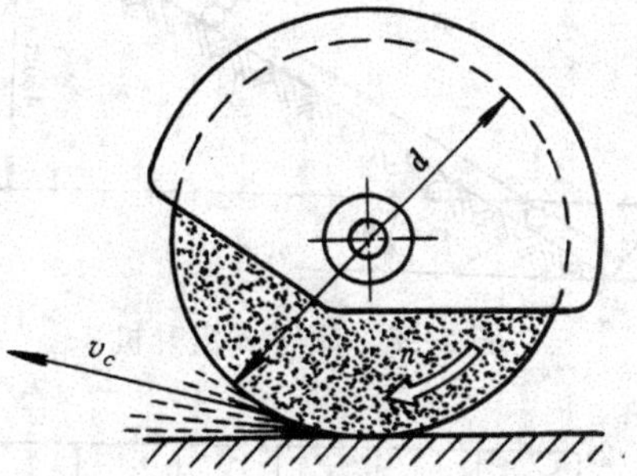

图 2-106　砂轮磨削

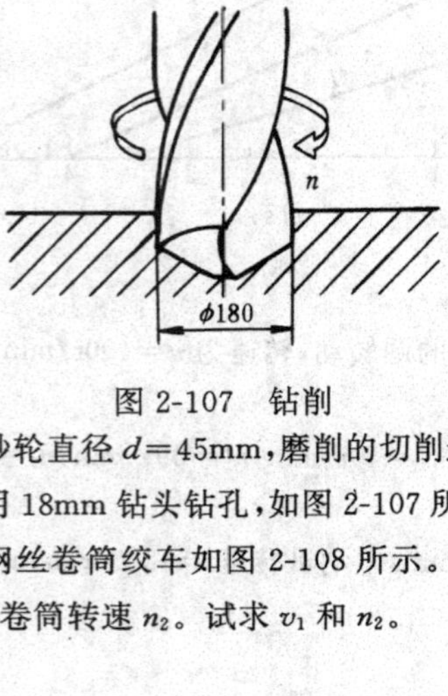

图 2-107　钻削

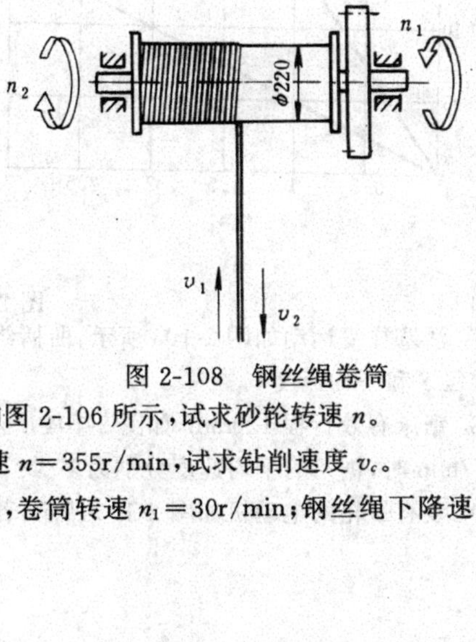

图 2-108　钢丝绳卷筒

20．砂轮直径 $d=45$mm，磨削的切削速度 $v_c=18$m/s。如图 2-106 所示，试求砂轮转速 n。

21．用 18mm 钻头钻孔，如图 2-107 所示，若选用钻孔转速 $n=355$r/min，试求钻削速度 v_c。

22．钢丝卷筒绞车如图 2-108 所示。钢丝绳上升速度 v_1，卷筒转速 $n_1=30$r/min；钢丝绳下降速度 $v_2=70$m/min，卷筒转速 n_2。试求 v_1 和 n_2。

2.10 力学

力是物体间的相互作用，这种作用或使物体改变运动状态，或使物体变形。例如，汽车的加速和减速，螺母的松开和紧固，弹簧的伸缩，梁的弯曲等，为简化问题，常把物体看作刚体，也就是忽略物体的微小变形。

2.10.1 力的图示法

力可以用一定比例的矢量来表示，这种方法称做力的图示法，见图 2-109。

力对物体的作用三要素表示法：

1） 力的大小，用矢量的长度表示。

2） 力的方向，在矢量之端用箭头，并与水平线或垂直线的夹角表示。

3） 力的作用点，可沿作用线任意移动，常取线段的起点或终点。

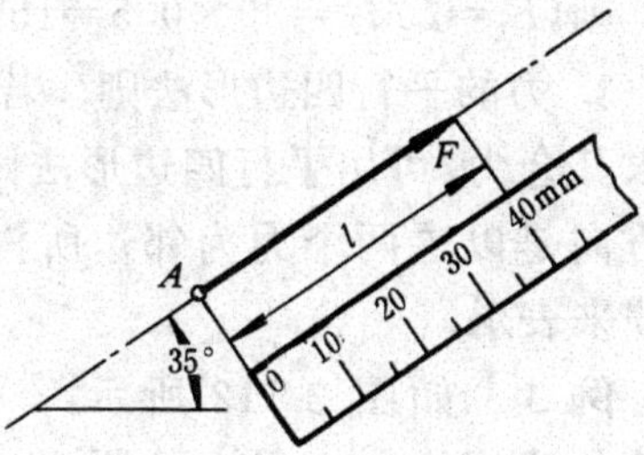

图 2-109 力的图示法

力图示法的矢量长度可由下列公式计算：

$$L=\frac{F}{M_K}$$

式中 L——矢量长度(mm)；

F——力(N)；

M_K——单位长度表示的力(N/min)。

例 如图 2-109 所示，$F=200$N，与水平线夹角 $\alpha=35°$，取单位力 $M_K=5$N/mm。求矢量力的长度。

解
$$L=\frac{F}{M_K}=\frac{200}{5}=40\text{mm}$$

2.10.2 力的合成

作用在同一物体上的一组力，称为力系。若用一个力 F_r 替代一个力系，则此力为该力系的合力。由已知力系求合力的过程称为力系的合成。

1. 方向相同共点力合成 见例 1。

例 1 如图 2-110 所示，重锤 $G_1=10$N，$G_2=5$N，同向作用于弹簧称上。弹簧称上所显示的合力 F_r 为多少？用图示法表示。设 $M_K=0.5$N/mm。

解 $F_1=G_1$ $F_2=G_2$

由弹簧称显示，$F_r=F_1+F_2=10+5=15$N

用图示法，$l_1=\dfrac{F_1}{M_K}=\dfrac{10}{0.5}=20$mm

$$l_2=\frac{F_2}{M_K}=\frac{5}{0.5}=10\text{mm}$$

$$l_r=l_1+l_2=20\text{mm}+10\text{mm}=30\text{mm}$$

则，$F_r=l_rM_K=30\times0.5=15$N。

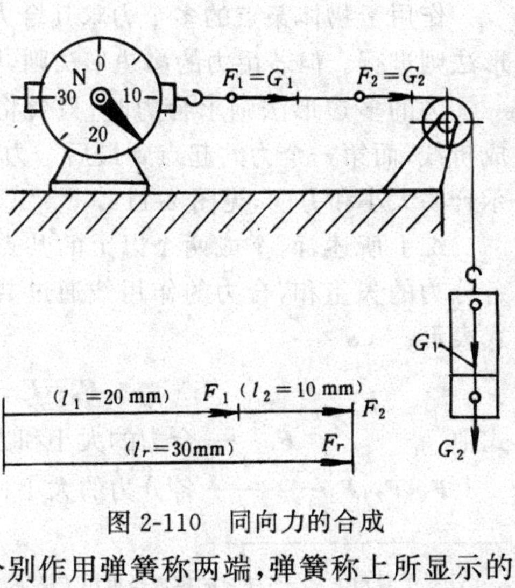

图 2-110 同向力的合成

2. 方向相反共点力合成 见例 2。

例 2 如图 2-111 所示，重锤 $G_1=20$N，$G_2=5$N，分别作用弹簧称两端，弹簧称上所显示的

合力 F_r 为多少？用图示法表示。设 $M_K=0.5\text{N/mm}$。

解 $F_1=G_1 \quad F_2=G_2$

由弹簧称显示，$F_r=F_1-F_2=20-5=15\text{N}$

用图示法，$l_1=\dfrac{F_1}{M_K}=\dfrac{20}{0.5}=40\text{mm}$

$$l_2=\frac{F_2}{M_K}=\frac{5}{0.5}=10\text{mm}$$

$$l_r=l_1-l_2=40\text{mm}-10\text{mm}=30\text{mm}$$

则，$F_r=l_rM_K=30\times0.5=15\text{N}$。

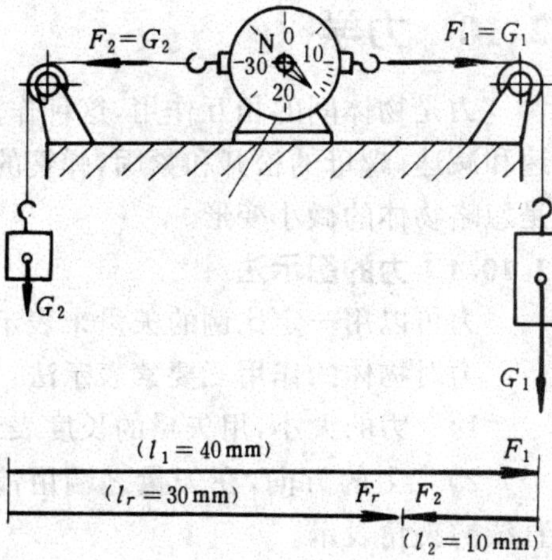

图 2-111 反向力的合成

3. 力的平行四边形法则 若两共点力成一定角度，欲求其合力，可用平行四边形法则进行。即合力的大小和方向是以这两个力为邻边所构成的平行四边形的对角线来表示。

例 3 如图 2-112 所示，帐篷的底座由二力异向拉紧，拉力 $F_1=40\text{kN}$，$F_2=50\text{kN}$。用图示法求其合力的大小和方向。设 $M_k=2\text{kN/mm}$

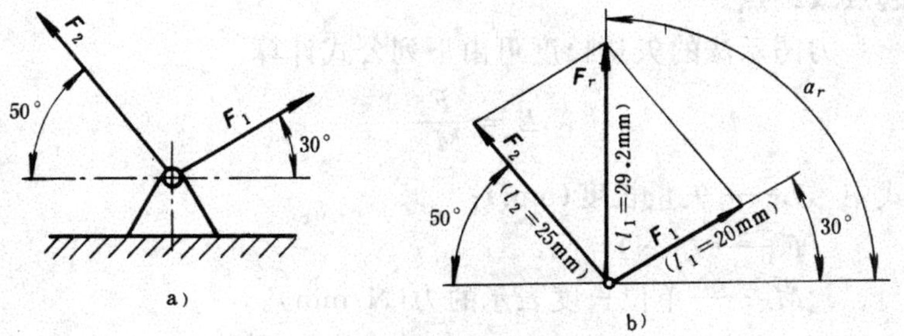

图 2-112 力的平行四边形

解 取 $l_1=\dfrac{F_1}{M_K}=\dfrac{40}{2}=20\text{mm}$

$$l_2=\frac{F_2}{M_K}=\frac{50}{2}=25\text{mm}$$

以 l_1、l_2 为邻边作平行四边形，并测得其对角线 $l_r=29.2\text{mm}$。

则所求的合力 $F_r=l_rM_k=29.2\times2$

$$=58.4\text{kN}$$

用量角器测得 F_r 与水平线夹角 $\alpha_r=87.5°$

4. 力的多边形法则

作用于物体某点的多个力求其合力时，仍可用力的平行四边形法则进行。但若用力的多边形法则，则更简便，更明了。

力的多边形法则求合力时，只要将各分力首尾依次相接，连成折线，而第一个力的起点到最后一力的终点所做的封闭线即表示合力大小和方向，见图 2-113。

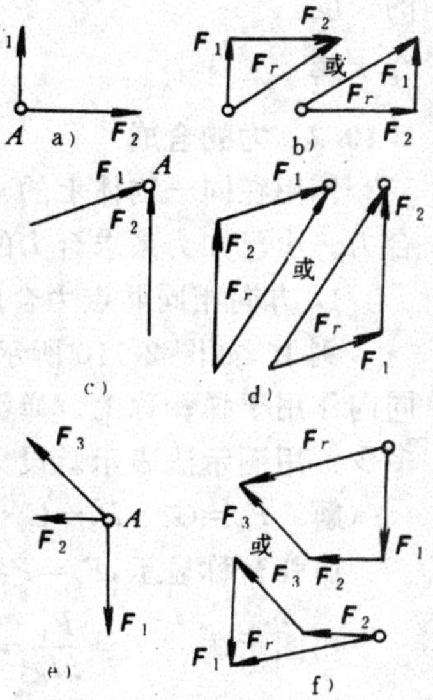

图 2-113 力的多边形

综上所述，两个或两个以上的共点力系的合成，其合力等于各分力的矢量和，合力的作用线通过共点力系的汇交点，用矢量式表示：

$$\boldsymbol{F_r}=\boldsymbol{F_1}+\boldsymbol{F_2}+\boldsymbol{F_3}\cdots\cdots=\Sigma\boldsymbol{F_i}$$ ⊖

式中 $\boldsymbol{F_r}$ ——合力的大小和方向；

$\boldsymbol{F_1}, \boldsymbol{F_2}, \boldsymbol{F_3}\cdots\cdots$ ——各分力的大小、方向；

⊖ 矢量用 $\boldsymbol{F}$ 表示；矢量的模或长度用 F 表示。

ΣF_i ——各分力的矢量和。

2.10.3 力的分解

与力的合成相反的问题是力的分解，其也用力的平行四边形法则进行。这时，已知力为平行四边形的对角线，两邻边是需要分解的分力，但有无数对可能可选择。通常为了简化问题，把一个已知力分解为两个互相垂直的分力。

例 如图 2-114 所示，小车受一牵引力运动。牵引力 $F=420N$，且与水平轴夹角 $\alpha=30°$。

试求：1）沿水平方向行驶的力 F_1；2）沿垂直方向牵引的力 F_2。用图示法解，设 $M_k=20N/mm$。

解 确定两分力的作用线为水平与垂直方向。作平行四边形且测得：$l_1=18.2mm$、$l_2=10.5mm$

那末：$F_1=l_1\quad M_k=18.2\times20=364N$

$F_2=l_2\quad M_k=10.5\times20=210N$

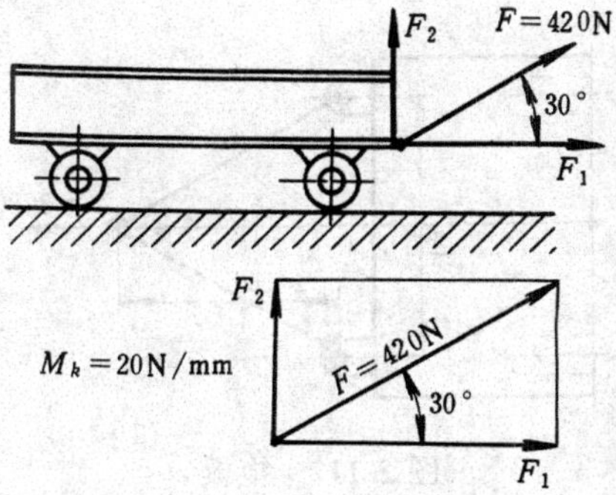

图 2-114 力的分解

习 题

1. 用力的图示法求出下表中各矢量力的长度，并分别作图。

矢量力	150N	400N	1800N	24MN
夹角	30°	180°	45°	90°
方向	右上方	向右	左下方	向下
单位长度力 M_K	2N/mm	10N/mm	5kN/mm	0.5MN/mm

2. 通过定滑轮吊重物，$F_1=1500N$，见图 2-115。试用力的图示法分别求出图中 a、b 两种情况下滑轮轴所受的合力 F_r 的大小和方向。设单位长度力 $M_k=50N/mm$。

3. 一容器重 $G=10kN$，用绳子挂在吊钩上。试用图示法求出图 2-116 中 a、b、c 三种情况下绳子的张力，设单位长度力 $M_k=400N/mm$。

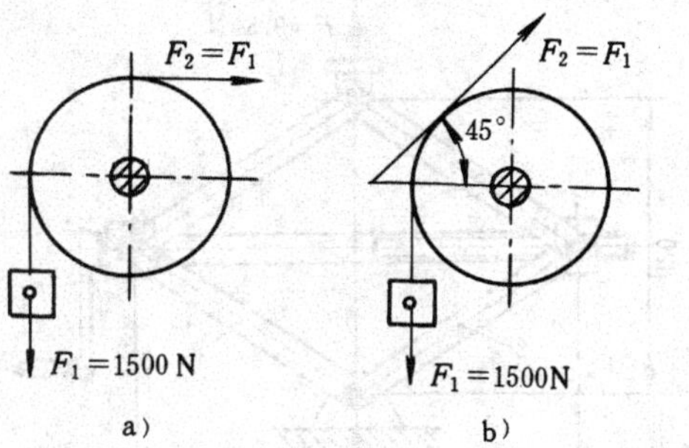

图 2-115 定滑轮

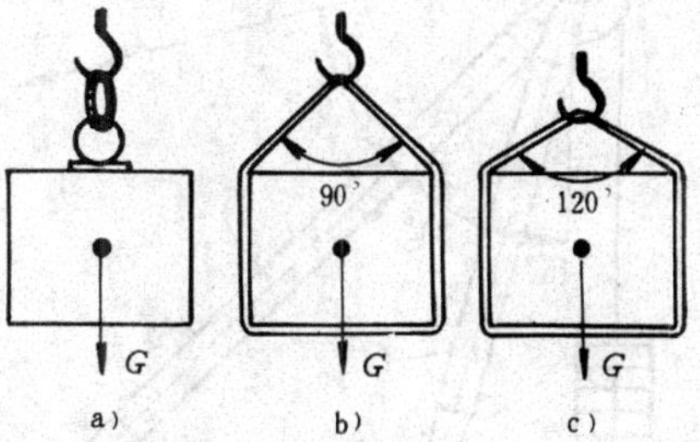

图 2-116 容器

4. 如图 2-117 所示的拖板用 $F=8000N$ 力拖动，试用图示法求出钢丝绳所受的张力。设单位长度力 $M_k=100N/mm$，用 1∶50 的比例尺作图。

5. 机床上 V 形导轨如图 2-118 所示，若滑动导轨受外力 $F=3.5kN$，试求导轨的滑动面所受支承力 F_{N1}，和 F_{N2}。

6. 斜齿圆柱齿轮的受力图如图 2-119 所示，其螺旋角 $\beta=15°$，齿面上的正压力 $F_N=140N$，试求轴向力 F_a

和径向力 F_u。

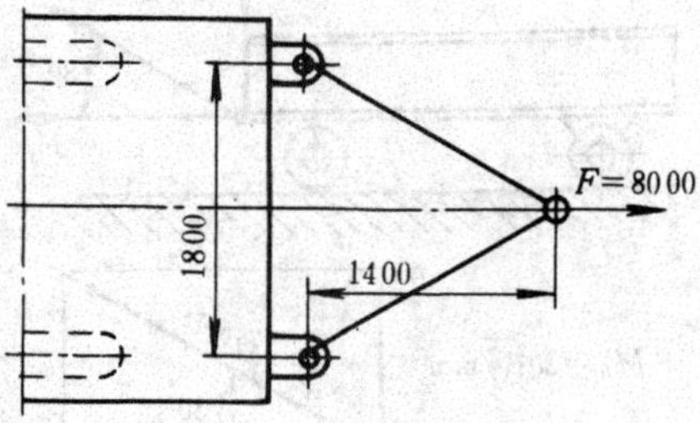

图 2-117 拖板

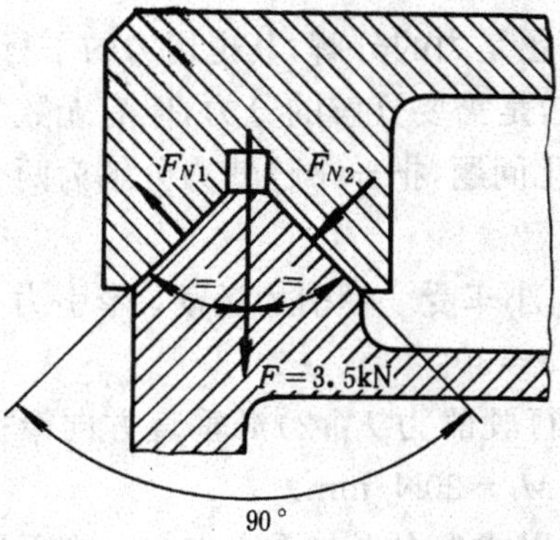

图 2-118 V 形导轨

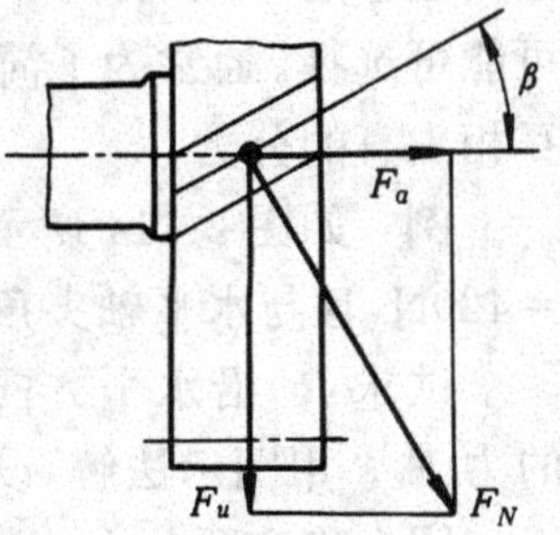

图 2-119 斜齿圆柱齿轮

7. 旋臂起重机如图 2-120 所示，当起吊力 $F=15\text{kN}$ 时，试求水平滑轨和拉索所受的力。

8. 在装配自动线上某一楔式夹紧装置如图 2-121 所示，当外力 $F_G=25\text{kN}$ 时，试求：1)法向力 F_{NA}，和 F_{NB}；2)法向力 F_{NC}；3)螺钉拉力 F。

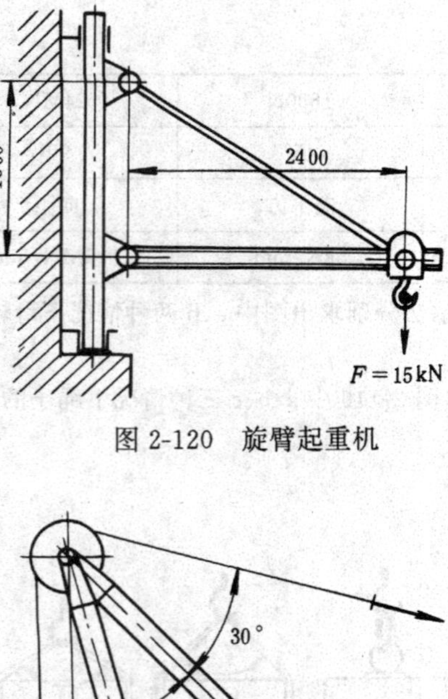

图 2-120 旋臂起重机

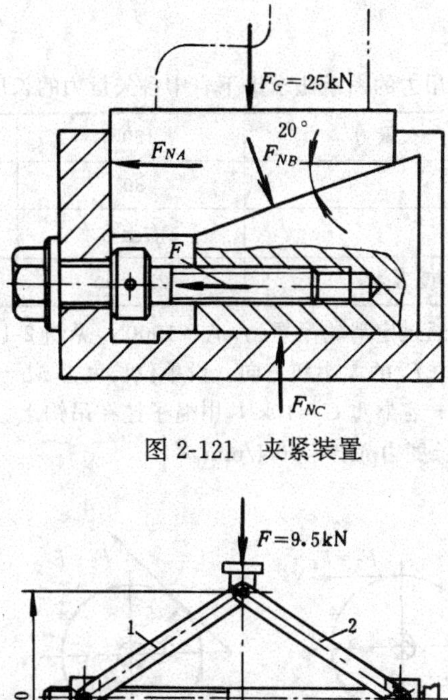

图 2-121 夹紧装置

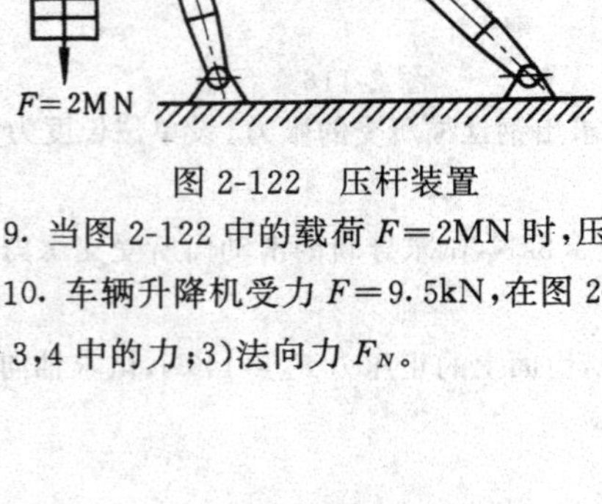

图 2-122 压杆装置

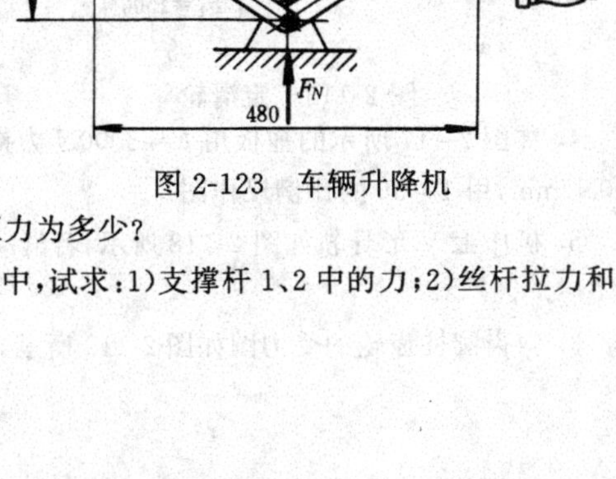

图 2-123 车辆升降机

9. 当图 2-122 中的载荷 $F=2\text{MN}$ 时，压杆 1 和 2 的受压力为多少？

10. 车辆升降机受力 $F=9.5\text{kN}$，在图 2-123 所示的位置中，试求：1)支撑杆 1、2 中的力；2)丝杆拉力和支撑杆 3,4 中的力；3)法向力 F_N。

2.11 受力分析

人们经过长期生产实践，认识了关于力所遵循的许多规律，并应用这些力的性质处理生产和生活中所遇到的受力问题。这一过程就称为受力分析。

首先找出力所遵循的规律，再对力进行分类，然后取出所研究的对象进行受力分析。

2.11.1 二力平衡及作用与反作用力

1. 二力平衡 作用在同一物体的两个力，如果其大小相等、方向相反、且作用在同一直线上，那末这两个力系就平衡了。如图 2-124 所示，F_1 和 F_2

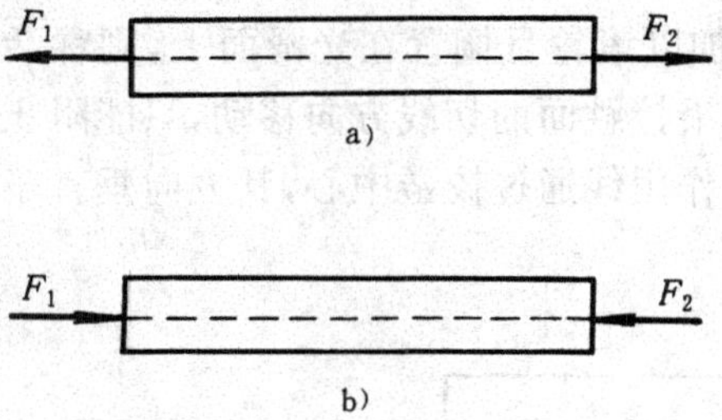

图 2-124 两力平衡

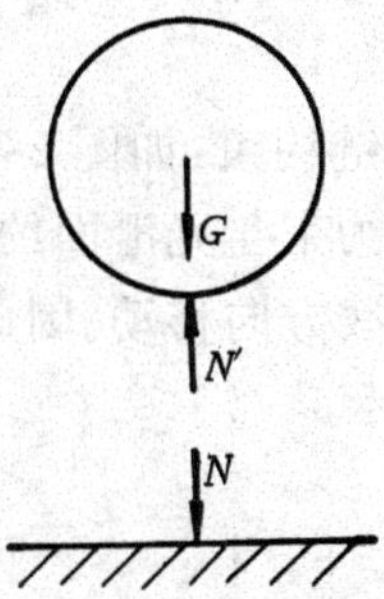

图 2-125 作用与反作用力

2. **作用力与反作用力 某物体以一力作用于另一物体上时，另一物体必以一大小相等、**方向相反，且沿同一直线的力作用在此物体上，作用力和反作用力是分别作用在两个物体上，因此作用力与反作用力不是一对平衡力，不能相互抵消。如图 2-125 所示，N 和 N'。

图 2-125 中球对桌面有一作用力 N，N 作用在桌面上；反过来桌面对球有一反作用力 N'，N' 作用在球上。此两力大小相等、方向相反，沿同一直线分别作用在两个物体上。

图 2-125 中球受两个力作用：球的重力 G 和桌面对球的反作用力 N'。此两力大小相等、方向相反，沿同一直线作用在同一物体上，是一对平衡力。

2.11.2 主动力和约束反力

1. 主动力 主动作用于受力物体上的力，使物体产生运动或运动趋势。主动力的大小和方向通常是已知的。如重力，牵引力，各种机械设备上的驱动力，加在物体上的载荷等。

2. 约束反力 阻碍物体运动的力，其方向总是与受力物体被限制的运动方向相反。约束反力的大小和方向通常是未知的。但约束反力的方向往往可根据物体的约束类型来决定。

工程上常见的四种约束如下：

1)柔性约束，由柔软的绳索、带、链条等构成的约束称柔性约束。这些柔性体只能承受拉力，因此柔性约束反力的方向终是沿柔性体而离开物体。如图 2-126 所示的拉力 T。

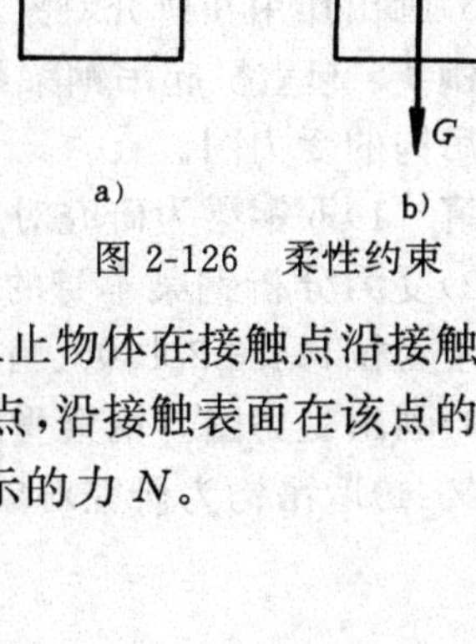

图 2-126 柔性约束

2)光滑面约束，由光滑表面所构成的约束称光滑面约束。若物体放在光滑的支承面上，而不计摩擦时，可以认为支承面只能阻止物体在接触点沿接触表面公法线朝向支承面的运动。因此光滑面约束反力方向总是过接触点，沿接触表面在该点的公法线方向，且指向物体。常称法向反力或支承反力。如图 2-127 所示的力 N。

3)圆柱形绞链约束,两物体间的连接若是通过圆柱形销子来实现的约束称圆柱形绞链约束。例如内燃机中活塞与连杆的联接,平面杆式机构中杆件间的联接,杆件与支座间联接等。绞链约束可分为固定铰链约束和活动铰链约束两种:

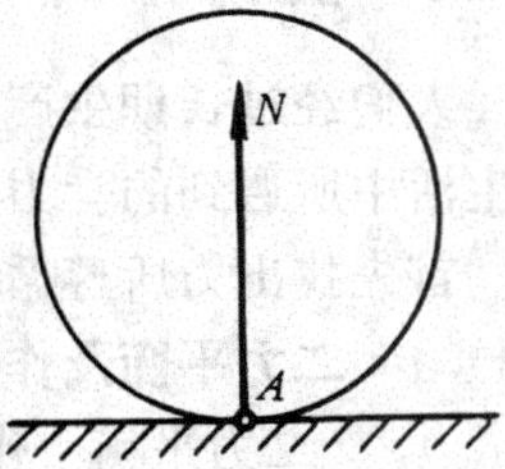

图 2-127 光滑面约束

①固定绞链约束:如图 2-128 所示,支座固定不动,杆件受到固定铰链约束时只能绕圆柱形销子转动。销子孔对销子的约束若不计摩擦可看作是光滑面约束,其约束反力必沿着接触面的公法线且通过销子中心。随着杆所受的主动力不同,杆与销子接触点位置也不同。那末,约束反力作用线无法确定。通常用经过销子孔的中心的两个互相垂直的分力 R_x 和 R_y 来代替。

②活动铰链约束:如图 2-129 所示,若在支座下加以滚轮且搁置在光滑面上,则称活动绞链。活动铰链约束与光滑面约束一样,不能阻止支座沿接触面的切线方向移动,只能阻止支座沿接触面的法线方向移动。因此活动绞链约束反力的作用线通过铰链中心,其方向垂直于支承面,仍用 N 表示。

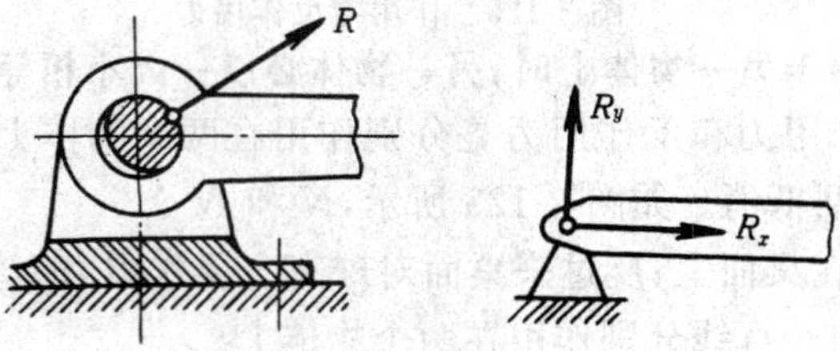

a) b)

图 2-128 固定铰链约束

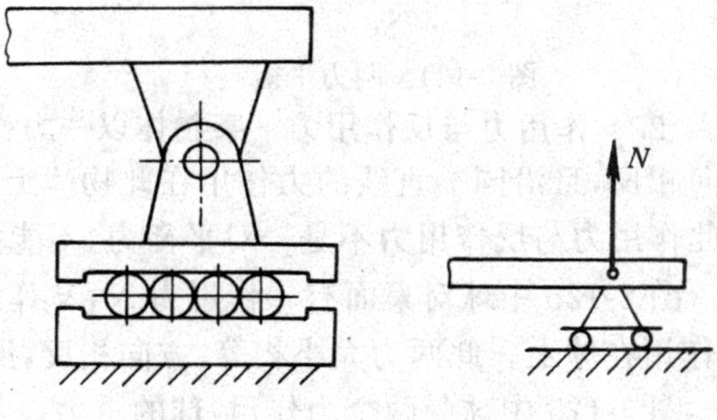

a) b)

图 2-129 活动铰链约束

4)固定端约束,在以后的章节中阐述。

2.11.3 受力图

单独画出所研究物体的简图,并标出研究对象所受到的全部主动力和约束力。这种图形称为受力图。画受力图有以下三个步骤:

1) 确定研究对象,把所研究的对象从周围物中分离出来,简称取对象。

2) 进行受力分析,首先分析加在研究对象上的主动力,如重力、驱动力、载荷。再分析周围物体对所研究对象的约束反力。

3)画出作用在研究对象上的全部力。

例 1 起重机起吊钢梁如图 2-130a 所示,若钢梁重 G,绳与吊钩重量不计,试分别画出钢梁与吊钩的受力图。

解 1)取钢梁为研究对象,画出其简图。

2)受力分析钢梁本身的重力 G,绳子对钢梁的约束反力 T_1 和 T_2,方向沿绳子背离钢梁。使绳子受拉,见图 2-130b。

3)画出受力图。钢梁受三个力 G、T_1、T_2 而处于平衡状态,此三力共点。

又:1)取吊钩为研究对象,画出其简图。

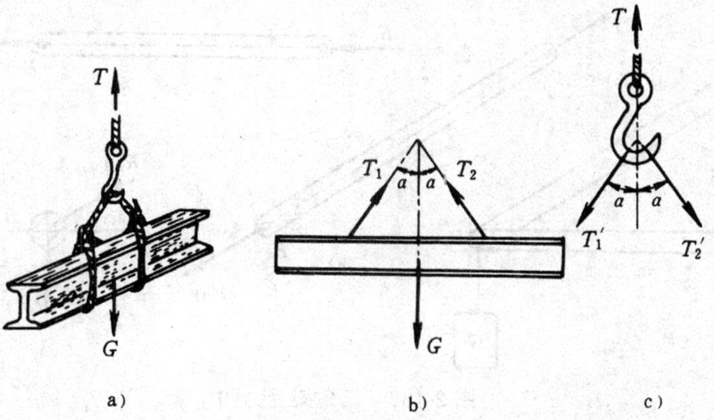

图 2-130 起吊钢梁

2)受力分析。不计吊钩重量，上部绳子对吊钩有约束反力 T 及下部绳子对吊钩有约束反力 T_1'和 T_2'。方向背离吊钩，见图 2-130c。

3)画出受力图。吊钩受三个力 T、T_1'和 T_2'而处于平衡状态。此三力也共点。

若取整个系统为对象，整个系统受重力 G 和上部绳子的约束反力 T。见图 2-130a。重力 G 和绳子约束反力 T 是一对平衡力，其大小相等、方向相反、作用在同一整体的同一条直线上。

而图 2-130b c 所示的 T_1 和 T_1'及 T_2 和 T_2'是二对作用与反作用力，其大小相等，方向相反，作用在同一条直线的两个物体上。

例 2 锅炉壳体在翻滚台上，见图 2-131。已知壳体受重力 G 作用。试画出壳体的受力图。

解 1)取壳体为研究对象，画出其简图。

2)受力分析。壳体除受重力 G 外，滚轮对壳体的约束反力 N_1 和 N_2，方向沿两光滑曲面的法线方向且指向壳体中心。

3)画受力图。壳体受三力作用 G 和 N_1、N_2，壳体处于平衡状态。

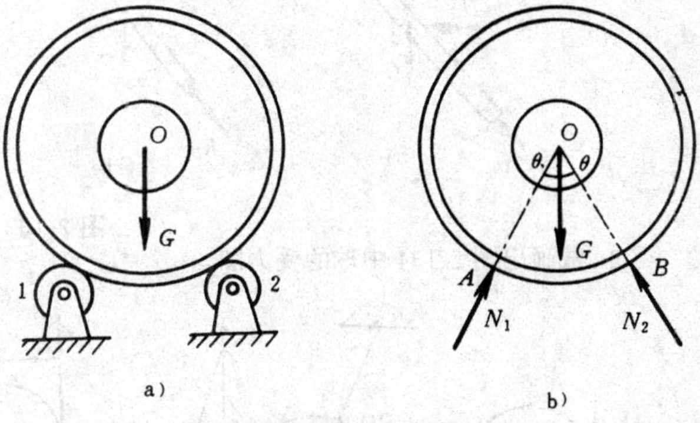

图 2-131 锅炉滚台

例 3 一三角架如图 2-132 所示，三角架 ABC 的销子 B 上挂一重为 G 的物体，如不计三角架各杆重量，试画出杆 AB、BC 及销子 B 的受力图。

解 1)取 AB 杆为研究对象。当杆自重不计时，AB 杆是只受两个力作用的平衡物体，由二力平衡条件可知，铰链 A 和铰链 B 的约束反力 R_A、R_{AB}、沿着两个铰链中心的连线。本身不受主动力作用的双铰链刚体，其约束反力的方向沿着两端铰链中心的连线，这种杆件称为二力杆。AB 杆受力图见图 2-132a。

2)取 BC 杆为研究对象，杆自重不计时，BC 杆也为二力杆，故铰链 B、C 的约束反力 R_{BC}、R_C 必等值、反向、共线。BC 杆的受力图，见图 2-132b。

3)取销子 B 为研究对象。销子 B 在三力：G、R_{BC}'、R_{AB}' 作用下平衡，力 R'_{BC}为力 R_{BC}的反作用力，力 R'_{AB}为力 R_{AB}的反作用力。见图 2-132c。

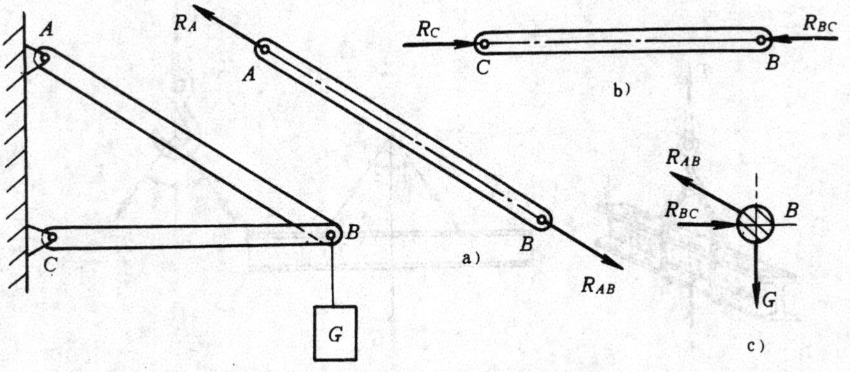

图 2-132　三角架受力图

习　　题

1. 指出并改正图 2-133 中所示各物体的受力图的错误。

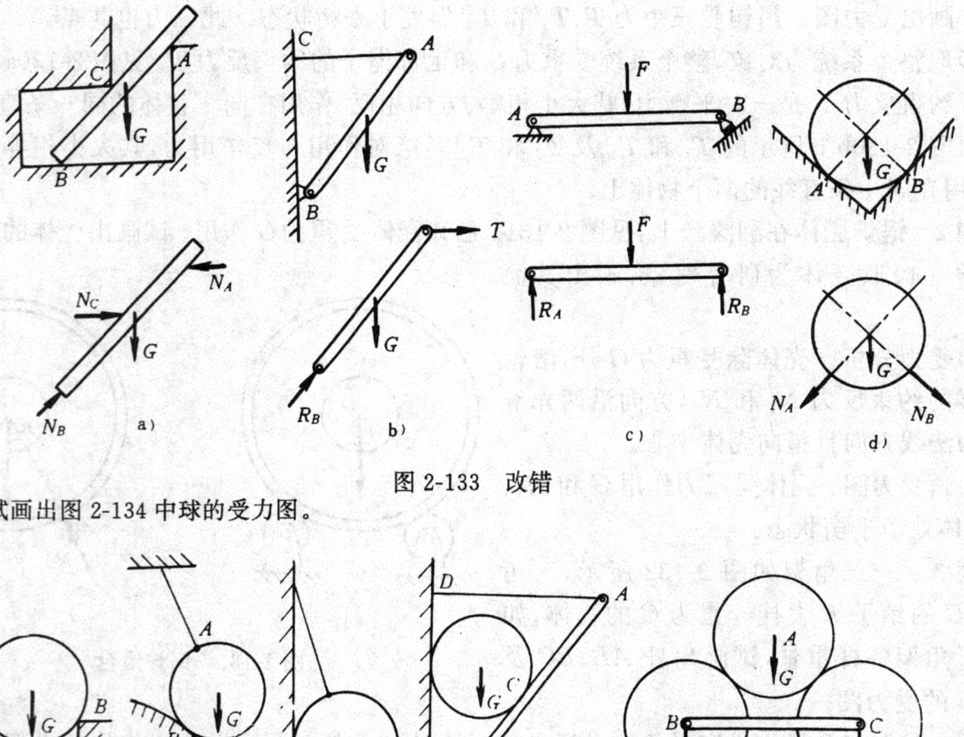

图 2-133　改错

2. 试画出图 2-134 中球的受力图。

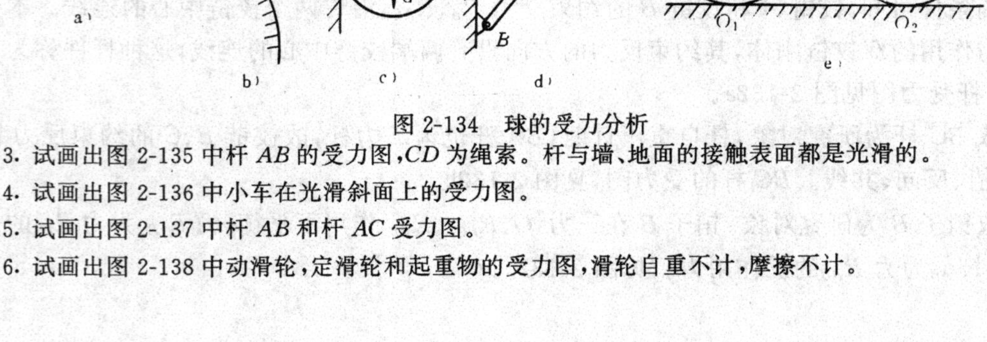

图 2-134　球的受力分析

3. 试画出图 2-135 中杆 AB 的受力图，CD 为绳索。杆与墙、地面的接触表面都是光滑的。

4. 试画出图 2-136 中小车在光滑斜面上的受力图。

5. 试画出图 2-137 中杆 AB 和杆 AC 受力图。

6. 试画出图 2-138 中动滑轮，定滑轮和起重物的受力图，滑轮自重不计，摩擦不计。

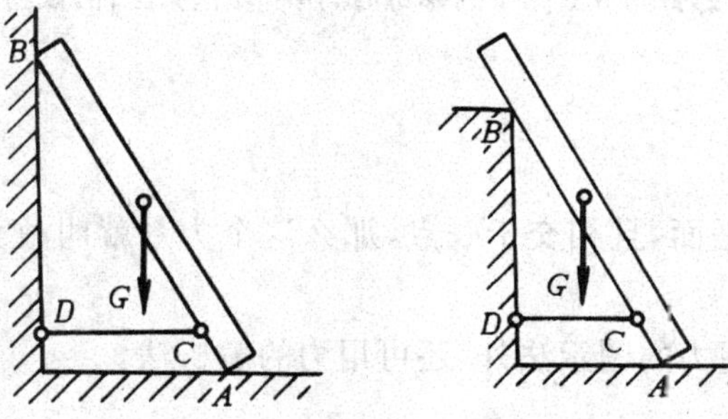

a)　　　　　　　　b)

图 2-135　杆的受力分析

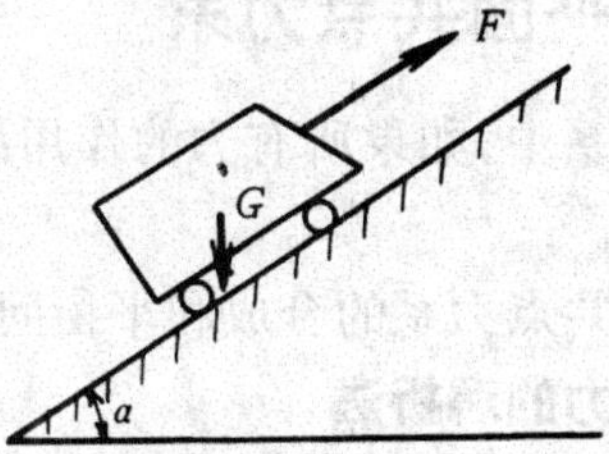

图 2-136　小车

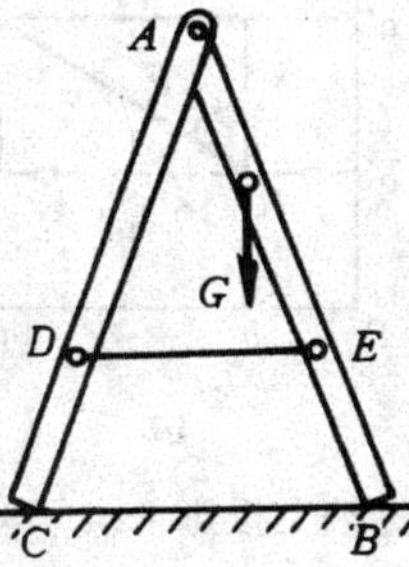

图 2-137　人字架

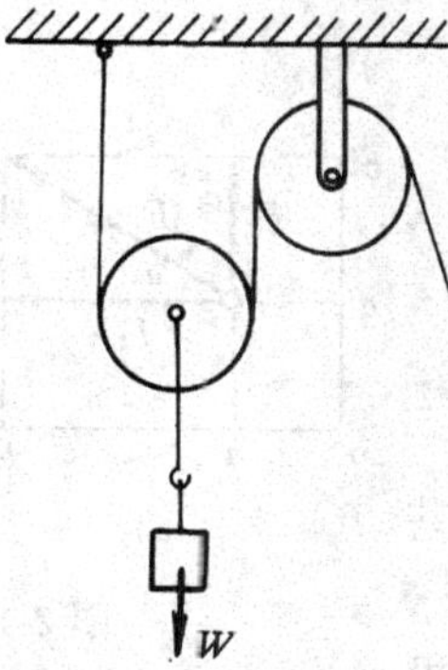

图 2-138　滑轮

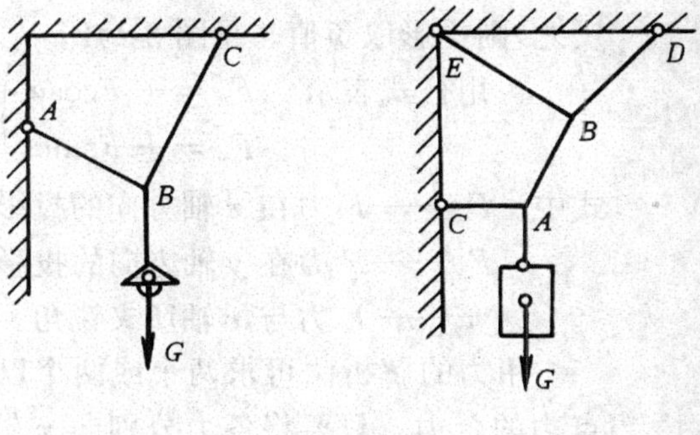

a)　　　　　　b)

图 2-139　结点受力分析

7. 试画出图 2-139 中结点 A、B 受力图。

8. 画出图 2-140 中杆 AB、BC 及销子 B 的受力图、各杆件的自重不计。

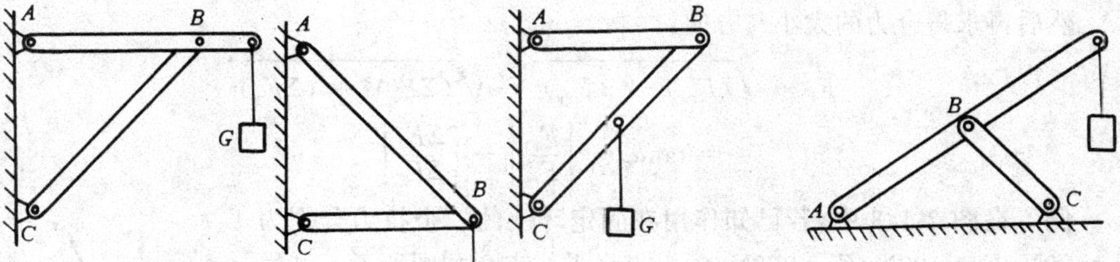

a)　　　　b)　　　　c)　　　　d)

图 2-140　三角架

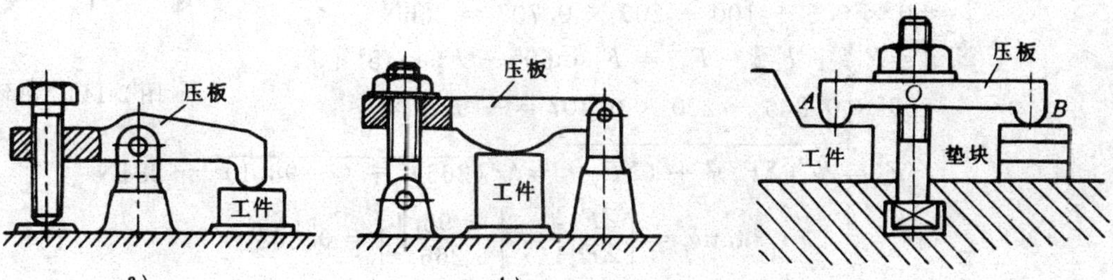

a)　　　　b)　　　　c)

图 2-141　夹紧装置

9. 如图 2-141 所示三个夹紧装置，当拧紧 a 图中的螺钉和 b、c 图中的螺母时，压板便压紧工件，试画出压板的受力图，设压板与工件的接触面是光滑的。

2.12 平面共点力系

在力系中，如果所有力的作用线都在同一平面，且相交于一点，那么这个力系就叫做平面共点力系。

平面共点力系的合成和平衡问题，除以前用力的图示法外，还可用力的解析法。

2.12.1 力的解析法

矢量力在所设定的直角坐标轴上投影，它的大小就表示此力沿该轴方向分力的大小。并规定了其正、负；当力沿坐标轴的分力指向与坐标轴方向一致时，则力在该坐标轴上投影取正值。反之，则投影取负值。见图 2-142。

用公式表示
$$\left.\begin{aligned} F_x &= \pm F\cos\alpha \\ F_y &= \pm F\sin\alpha \end{aligned}\right\}$$

式中 F_x——F 力在 x 轴方向的投影；

F_y——F 力在 y 轴方向的投影；

α——F 力与 x 轴所夹锐角。

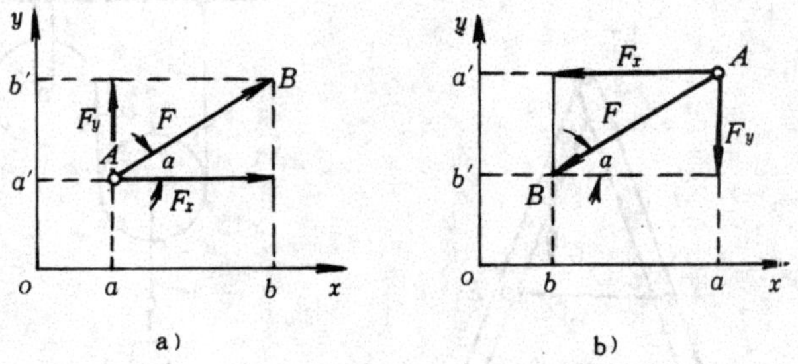

图 2-142 力在坐标轴上投影

用力的解析法可求两个或两个以上共点力的合力。只要将各力分别向 x 轴和 y 轴投影，求得合力 F_r 在两个坐标轴上的投影 F_{rx} 和 F_{ry}。

则
$$\left.\begin{aligned} F_{rx} &= F_{1x} + F_{2x} + F_{3x}\cdots\cdots = \Sigma F_x \\ F_{ry} &= F_{1y} + F_{2y} + F_{3y}\cdots\cdots = \Sigma F_y \end{aligned}\right\}$$

然后再求得合力的大小与方向：

$$F_r = \sqrt{(F_{rx})^2 + (F_{ry})^2} = \sqrt{(\Sigma F_x)^2 + (\Sigma F_y)^2}$$

$$\tan\alpha_r = \left|\frac{F_{ry}}{F_{rx}}\right| = \left|\frac{\Sigma F_y}{\Sigma F_x}\right|$$

例 在图 2-143 中，若已知作用在固定环上的三个拉力分别为 $F_1=50\text{N}$，$F_2=100\text{N}$，$F_3=200\text{N}$，各力与水平线夹角如图所示。试用解析法求作用在环上的合力 F_r。

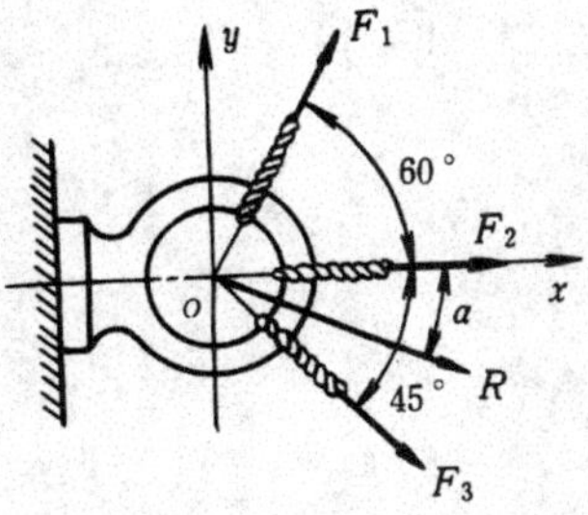

图 2-143 吊环受力

解 取直角坐标轴 xoy，

$$\Sigma F_x = F_{1x} + F_{2x} + F_{3x} = F_1\cos60° + F_2 + F_3\cos45°$$
$$= 50 \times 0.5 + 100 + 200 \times 0.707 = 266\text{N}$$
$$\Sigma F_y = F_{1y} + F_{2y} + F_{3y} = F_1\sin60° - F_3\sin45°$$
$$= 50 \times 0.866 - 200 \times 0.707 = -98.1\text{N}$$

$$F_r = \sqrt{(\Sigma F_x)^2 + (\Sigma F_y)^2} = \sqrt{(266)^2 + (-98.1)^2} = 284\text{N}$$

$$\tan\alpha_r = \left|\frac{\Sigma F_y}{\Sigma F_x}\right| = \left|\frac{-98.1}{266}\right| = 0.368$$

$$\alpha_r = 20.2°$$

2.12.2 共点力平衡

平面共点力系的平衡条件是合力等于零。用力多边形法则求得的合力图示为：共点诸力的矢量起点与终点依次首尾相接，所得的折线一定是一个自行封闭的力多边形。

若用力的解析法表示：$F_r=\sqrt{(\Sigma F_x)^2+(\Sigma F_y)^2}=0$。因此只有当 ΣF_x 和 ΣF_y 等于零时，合力 F_r 才等于零。用公式表示共点力系平衡方程式：

$$\left.\begin{aligned}\Sigma F_x &= 0\\ \Sigma F_y &= 0\end{aligned}\right\}$$

式中 ΣF_x——力系中所有力在 x 轴上投影的代数和；

ΣF_y——力系中所有力在 y 轴上投影的代数和。

例 1 球重 $G=10\text{N}$，悬挂于绳上，并与光滑墙相接触，如图 2-144 所示。已知 $\alpha=30°$，试求绳所受的拉力及墙所受的压力。

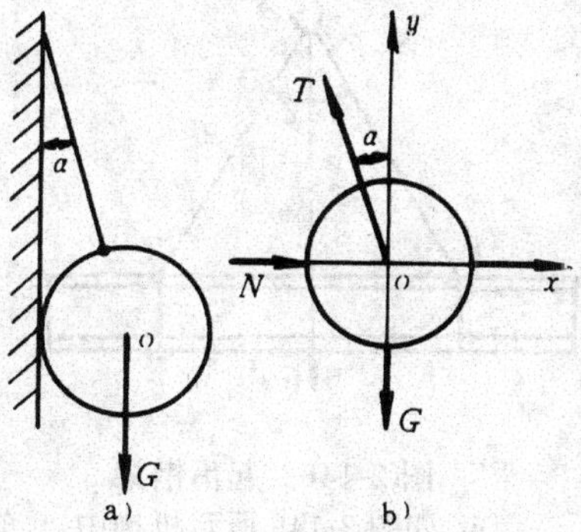

图 2-144 球受力图

解 1）取球为研究对象。

2）画出球的受力图：重力 G，绳的拉力 T 和墙的约束反力 N 的作用。因为球处于平衡状态，所以三力汇交于 o 点，见图 2-144b。

3）取图示坐标轴 xoy，写出球的平衡方程式，并求解，

$$\Sigma F_x = 0: N - T\sin 30° = 0 \qquad (1)$$

$$\Sigma F_y = 0: T\cos 30° - G = 0 \qquad (2)$$

解方程组，由(2)得：$T=\dfrac{G}{\cos 30°}=\dfrac{10}{0.866}=11.5\text{N}$

将 T 代入式(1)得：$N=T\sin 30°=11.5\times 0.5=5.8\text{N}$，根据作用与反作用力原理，可知球对绳的拉力和球对墙的压力也分别为 11.5N 和 5.8N。

例 2 木箱重 $G=1000\text{N}$，放在倾角为 30°的光滑斜面上，如图 2-145 所示，绳索上作用一力 F 将木箱匀速向上拉，求绳受到的拉力及斜面所受的压力(绳与滑轮处摩擦不计)。

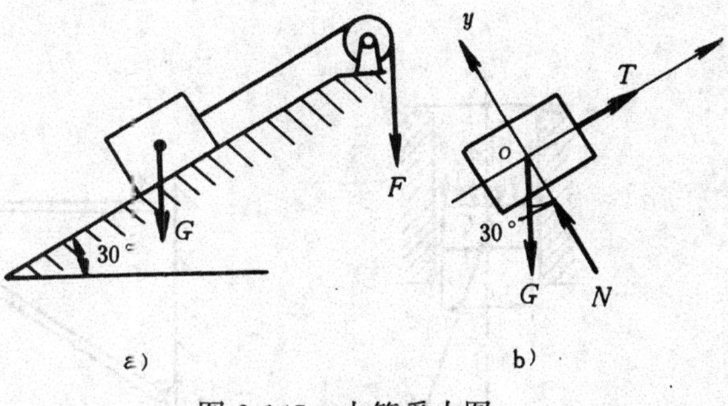

图 2-145 木箱受力图

解 1）取木箱为研究对象，画出其受力图。木箱受三个力作用。重力 G，绳索的拉力 T 和斜面的约束反力 N，见图 2-145b。

2）取图示坐标轴 xoy，选坐标轴时，应尽量使坐标轴与力平行或垂直，这样可以使计算过程简化。

3）写出木箱的平衡方程式：

$$\Sigma F_x = 0 \quad T - G\sin 30° = 0 \qquad (1)$$

$$\Sigma F_y = 0 \quad N - G\cos 30° = 0 \qquad (2)$$

由(1)解得： $T=G\sin 30°=1000\times 0.5=500\text{N}$

由(2)解得： $N=G\cos 30°=1000\times 0.866=866\text{N}$

根据作用与反作用定理，可知绳子受拉力为 500N，斜面受压力为 300N。

习　题

1. 起吊一重物如图 2-146 所示。已知物重 G 为 1kN，钢丝绳的夹角为 2α，当 $\alpha=30°$时，求钢丝绳 AB、AC 所受的拉力（用力的解析法）。

2. 试求图 2-147 中导轨对滑块的约束反力。已知滑块受载荷 $F=1\text{kN}$（用力的解析法）。

3. 从图 2-148 所示钻套中卸下钻头时在楔铁上的作用力 $F=150\text{N}$，如果锲铁的锲角 $\alpha=8°18'$，试求楔铁对钻头的作用力和锲铁对钻套的作用力。不计接触处的摩擦。

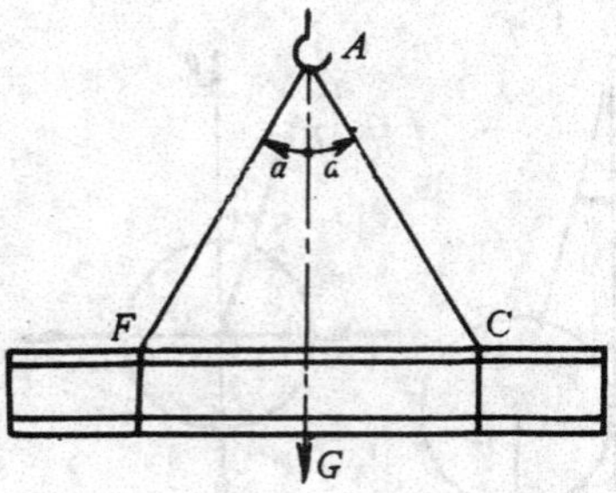

图 2-146　起吊钢梁

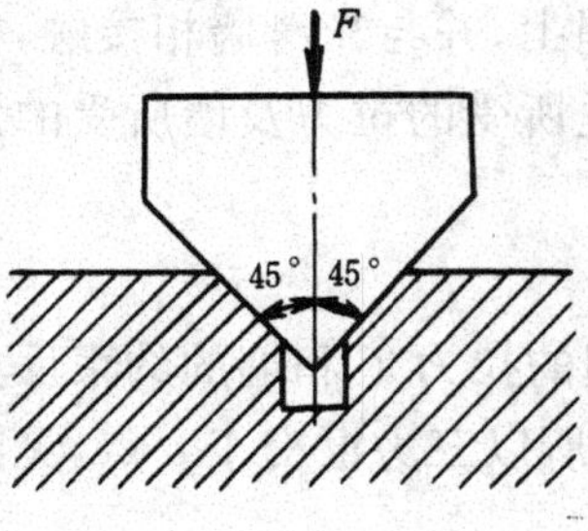

图 2-147　滑块

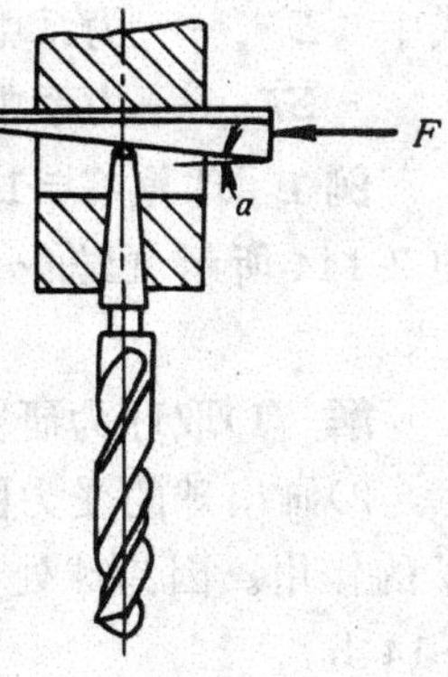

图 2-148　钻头

4. 如图 2-149 所示机构中，已知曲柄 AB 为 100mm，连杆 BC 为 300mm，活塞直径 d 为 100mm。设汽缸内的压力 $p=4\text{MPa}$，试求图示位置时，连杆推动曲柄的力以及活塞对汽缸壁的压力。杆件重量和摩擦不计。

5. 如图 2-150 所示物体重 $G=20\text{kN}$，利用铰车和绕过定滑轮 B 的绳子吊起，滑轮由两端铰接的杆件 AB 和 BC 支持。不计杆及滑轮的自重，用力的解析法求 AB 杆和 BC 杆所受的力。

6. 如图 2-151 所示液压式夹紧机构，设作用在活塞 A 上的力 $F=1\text{kN}$，$\alpha=10°$，不计各杆自重和接触处的摩擦，求工件所受的压紧力。

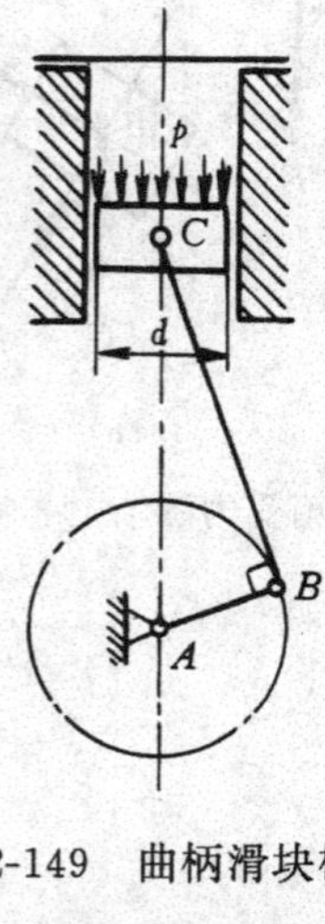

图 2-149　曲柄滑块机构

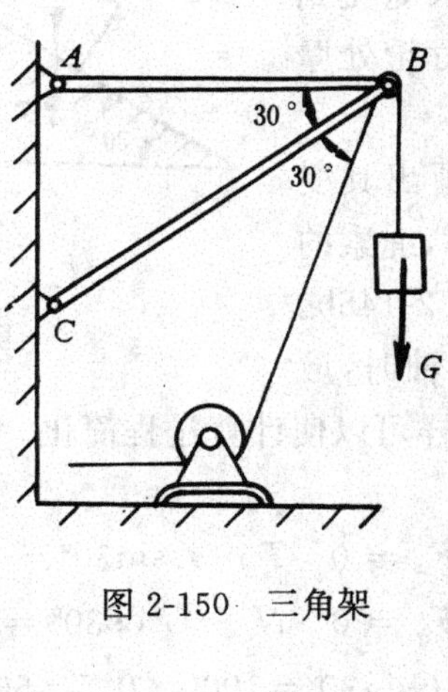

图 2-150　三角架

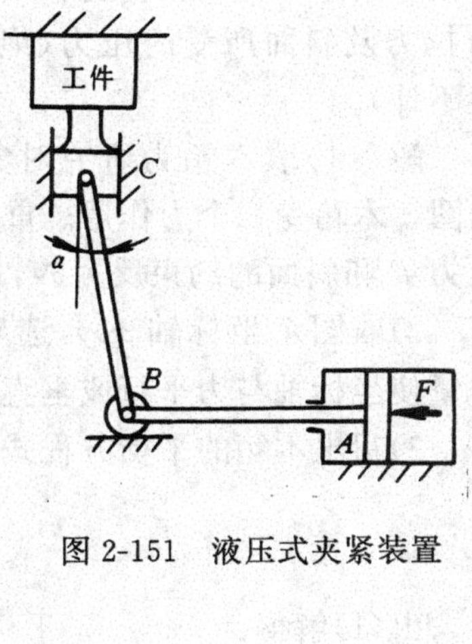

图 2-151　液压式夹紧装置

2.13　力矩和力偶

引起物体转动的是力矩和力偶，我们将对力矩的概念和计算及力偶的性质作讨论。

2.13.1 力矩

如图 2-152 所示，以扳手拧紧螺母为例，力 F 对扳手的作用是使它绕点 O 转动，这种作用不仅与力 F 的大小有关，而且与 O 点到力 F 作用线的距离 L 有关。点 O 称为矩心，矩心到力作用线的垂直距离称力臂。度量力对物体转动的效果，用“力对点的矩”概念。用公式表示。

$$M_o(F) = \pm FL$$

式中　$M_o(F)$——力 F 对 O 点取矩（N·m）。

式中正、负号规定：使物体作顺时针方向转动的力矩为正；使物体作逆时针方向转动的力矩为负。

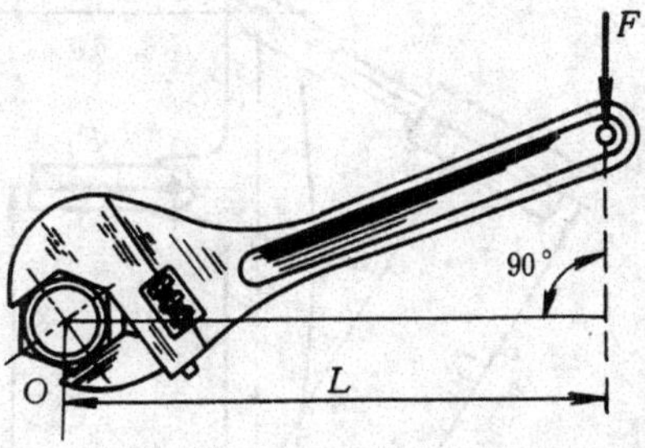

图 2-152　扳手拧紧螺母

2.13.2 力矩的平衡

在生产和生活中，常遇到绕某一固定点转动物体的平衡问题。例如：撬棒、称、钳子、剪刀等，这些物体常称为杠杆。实质上就是力矩的平衡问题。

转动物体的平衡条件：作用在物体上的各力对转动中心 O 点的力矩代数和等于零，即合力矩等于零，用公式表示：

$$\Sigma M_o(F) = 0$$

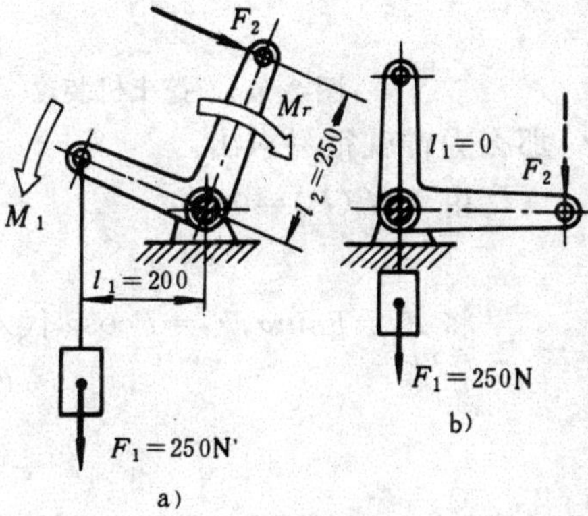

图 2-153　支架受力图

例 1　支架一端受力 $f_1 = 250\text{N}, l_1, l_2$ 尺寸如图 2-153 所示。试分别求出图 a，图 b 中 F_2 的大小。

解　图 a 由 $\Sigma M_o(F) = 0$ 得，

$$-F_1L_1 + F_2L_2 = 0$$

$$F_2 = \frac{F_1L_1}{L_2} = \frac{250 \times 200}{250} = 200\text{N}$$

图 b 由 $\Sigma M_o(F) = 0$ 得，

$$-F_1L_1 + F_2L_2 = 0$$

$$F_2 = \frac{F_1L_1}{L_2} = \frac{250 \times 0}{250} = 0$$

当力通过力矩中心时，力矩为零。

例 2　挖土机的转动装置如图 2-154 所示。液压缸产生的力 $F_1 = 48\text{kN}$，试求连杆受到的阻力 F_2 为多少？

解　先求出力矩中心 O 点到 F_1 的垂直距离 $l_1 = l \cdot \cos 30° = 420 \times 0.866 = 363.7\text{mm}$

再由 $\Sigma M_o(F) = 0$ 得

$$F_1l_1 - F_2l_2 = 0$$

$$F_2 = \frac{F_1l_1}{l_2} = \frac{48 \times 363.7}{280} = 62.35\text{kN}$$

例 3　如图 2-155 为一液压驱动的起重机吊臂示意图。油缸推力为 F 时能吊起的重物 G 为多少？

解　要直接求出液压推力 F 的力臂比较麻烦，若将 F 力分解为互相垂直的分力 F_1 和 F_2，

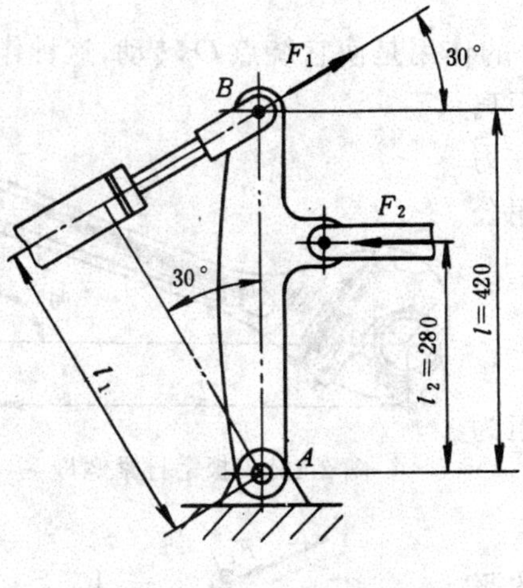

图 2-154 挖土机装置

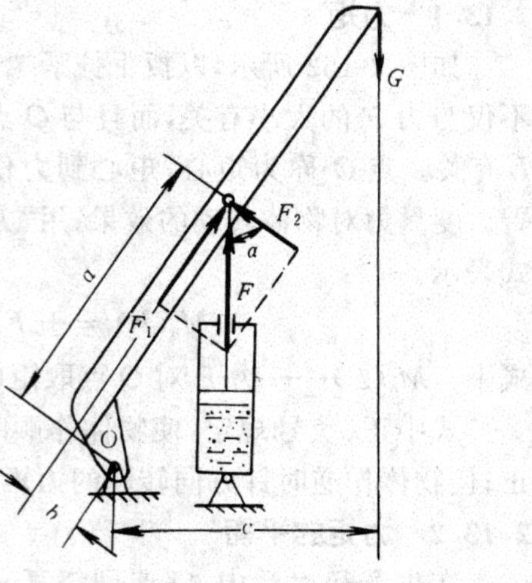

图 2-155 液压起重机

那么力臂就很易求出。

由 $\Sigma M_o(F)=0$ 得：

$$F_1b - F_2a + GC = 0 \tag{1}$$

将 $F_1=F\sin\alpha, F_2=F\cos\alpha$ 代入(1)

$$F\sin\alpha b - F\cos\alpha a + GC = 0$$

$$G = \frac{F\cos\alpha a - F\sin\alpha b}{c} \tag{2}$$

2.13.3 齿轮传动中圆周力和转矩

齿轮传动的主要任务之一是传递动力，因此在传动过程中轮齿将受到力的作用。其中引起轮齿转动的是与轮齿相切的圆周力 F_u，见图 2-156。如果圆周力 F_u 分别对主动轮和被动轮的中心取矩，则产生主动力矩 M_1，被动力矩 M_2，又称转矩 M_1 和转矩 M_2。

并可计算：
$$M_1 = \frac{F_u d_1}{2}$$

$$M_2 = \frac{F_u d_2}{2}$$

又：
$$\frac{M_2}{M_1} = \frac{F_u d_2/2}{F_u d_1/2} = \frac{F_u m z_2/2}{F_u m z_1/2} = \frac{m z_2}{m z_1} = \frac{z_2}{z_1}$$

式中 m——一对齿轮的模数；

z_1、z_2——各个齿轮的齿数。

已知 传动比 $i=n_1/n_2=z_2/z_1$

所以
$$\frac{M_2}{M_1}=\frac{n_1}{n_2}=i$$

例 1 如图 2-156 所示若减速箱输入的主动转矩 $M_1=135\text{N}\cdot\text{m}$，已知 $z_1=17, z_2=58, m=3\text{mm}$ 试求 1) 作用齿轮上的圆周力 F_u；2)产生的输出被动转矩 M_2。

解 1) 因为 $M_1=F_u m z_1/2$

所以
$$F_u = \frac{2M_1}{mz_1} = \frac{2\times 135000}{3\times 17} = 5295\text{N}$$

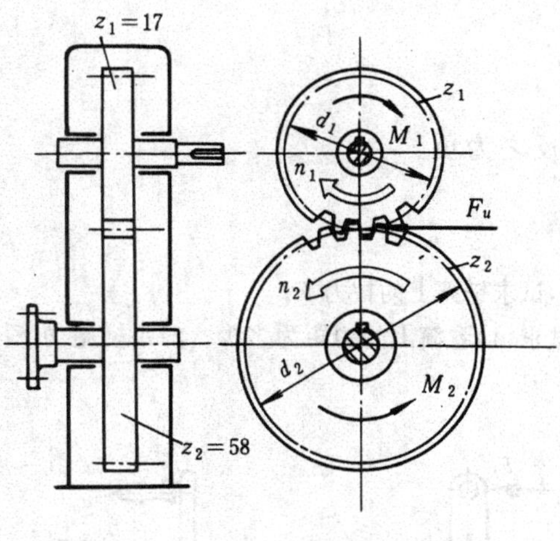

图 2-156　齿轮传动中转矩

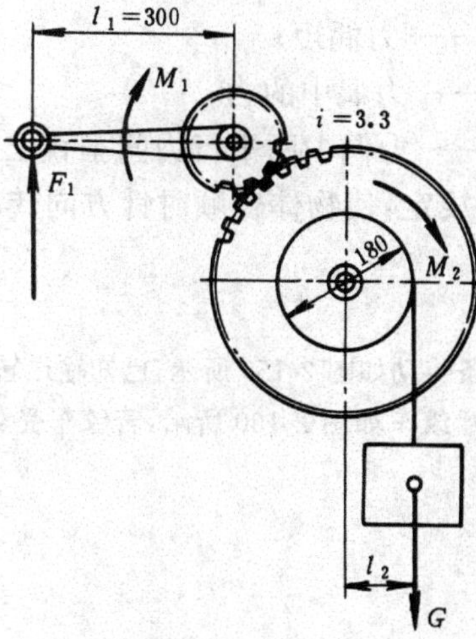

图 2-157　齿轮式绞车

2）　因为

$$\frac{M_2}{M_1}=\frac{z_2}{z_1}$$

所以

$$M_2=\frac{M_1 z_2}{z_1}=\frac{135\times 58}{17}=460.6\text{N}\cdot\text{m}$$

例 2　齿轮式绞车如图 2-157 所示，已知施于手柄上的力 $F_1=160\text{N}$，试求主动转矩 M_1，被动转矩 M_2，及起吊重物 G。传动比 $i=3.3$。

解

$$M_1=F_1\cdot l_1=160\times 0.3=48\text{N}\cdot\text{m}$$

$$M_2=iM_1=3.3\times 48=158.4\text{N}\cdot\text{m}$$

$$G=M_2/l_2=158.4/0.09=1760\text{N}$$

2.13.4　力偶和力偶矩

在实践中我们常遇到某物体受到两个大小相等，方向相反，但不在同一条作用线上的平行力作用。这种力系称为力偶，见图 2-158。

力偶的作用使静止物体转动，力偶不是一对平衡力，也没有合力。

力偶的度量可用两个平行力对转动中心的合力矩来进行：

$$M=M_o(F)+M_1(F')$$

$$M=F\frac{d}{2}+F'\frac{d}{2}=Fd$$

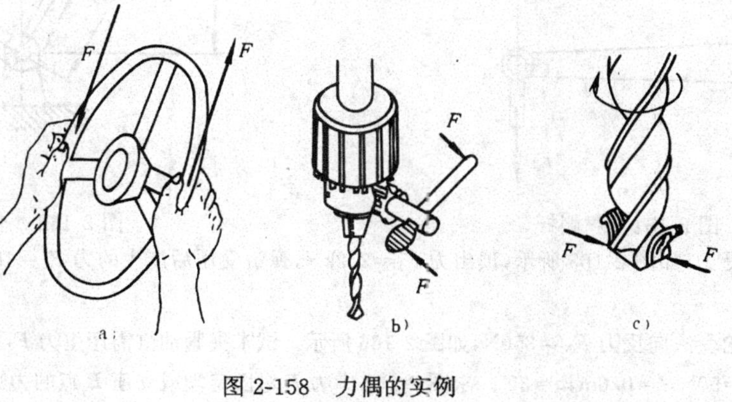

图 2-158　力偶的实例

考虑力偶矩的方向：$M=\pm Fd$

式中 M——力偶矩；

F——力偶中的力；

d——力偶中两平行力间垂直距离。

符号规定：使物体作顺时针方向转动的力偶为正，反之为负。

习　　题

1. 链条传动如图 2-159 所示，已知输送转距 $M=144\text{N}\cdot\text{m}$，试求链条上的拉力 F。

2. 手摇绞车如图 2-160 所示，若绞车受载 $F_2=800\text{N}$ 时，试求：1)卷筒上的力矩为多少？，2)手柄施力 F_1 为多少？

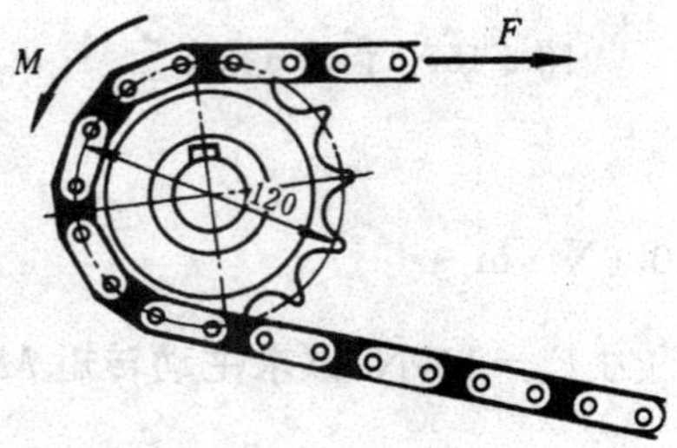

图 2-159　链条传动

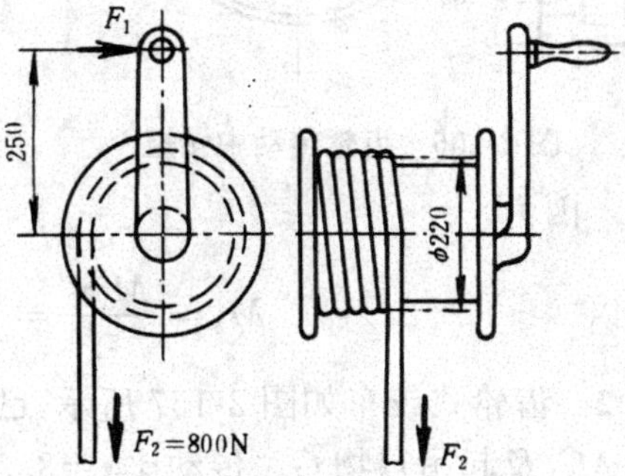

图 2-160　手摇绞车

3. 如图 2-161 所示的双侧杆一臂受力 F_1 为 1435N，试求另一臂受力 F_2？

4. 平衡臂如图 2-162 所示。平衡块 $F_1=2100\text{N}$，试求 1)平衡时，施于力臂上 F_2 为多少？，2)若 $F_1=800\text{N}$ 时，F_2 又为多少？

5. 如图 2-163 所示的压制设备中，施加力 $F_1=80\text{N}$，若压制臂重 $F_G=50\text{N}$，重心位于 S 点，试求产生的压制力 F_2 为多少？

6. 螺栓压板夹紧装置如图 2-164 所示。螺母拧紧后产生力 $F_1=12\text{kN}$，试求工件上的压紧力 F_2 为多少？

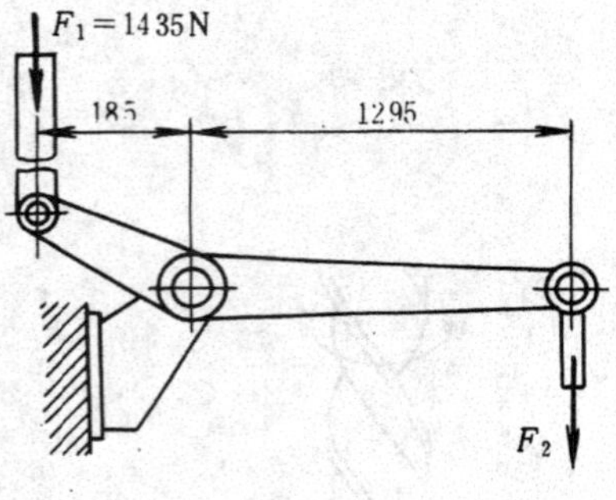

图 2-161　双侧杆

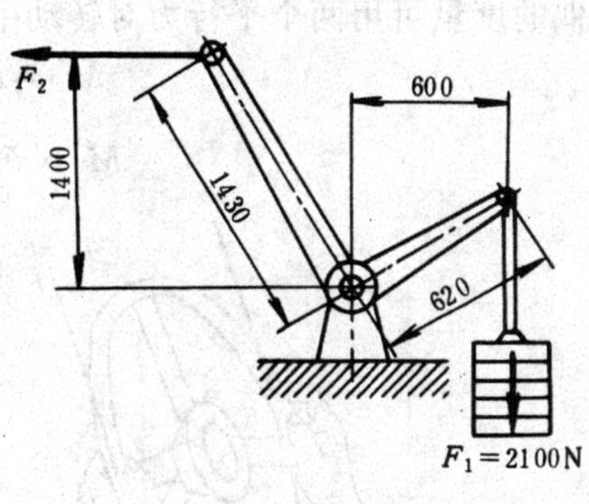

图 2-162　平衡臂

7. 顶料器受力，如图 2-165 所示，顶出力 $F_1=2.2\text{kN}$，弹簧受压后产生的力 $F_3=180\text{N}$，试求主动力 F_2 为多少？

8. 夹紧滚轮受法向反力 $F_N=850\text{N}$，如图 2-166 所示。试求夹紧油缸需产生力 F_2 的大小。

9. 已知 $F=50\text{N}$，$l=0.6\text{m}$，$\alpha=30°$。求图 2-167 中力 F 对固定端或支座 B 点的力矩。

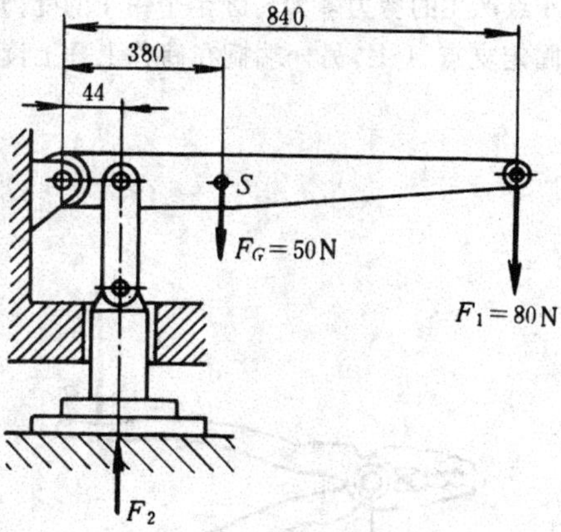

图 2-163 压制设备

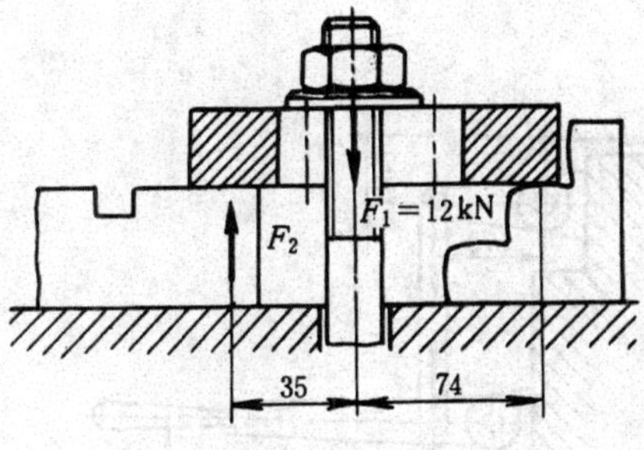

图 2-164 螺栓压板

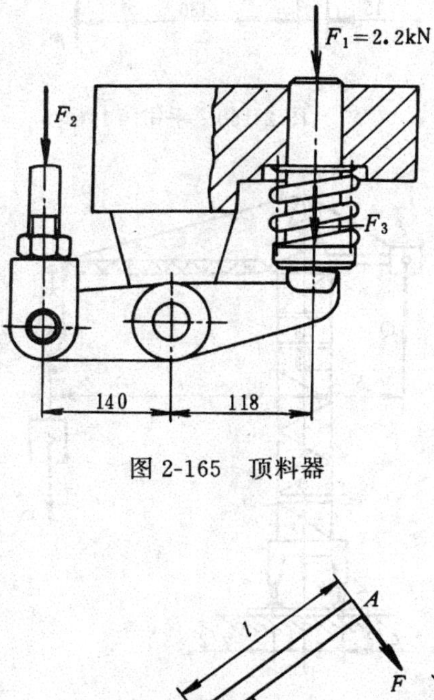

图 2-165 顶料器

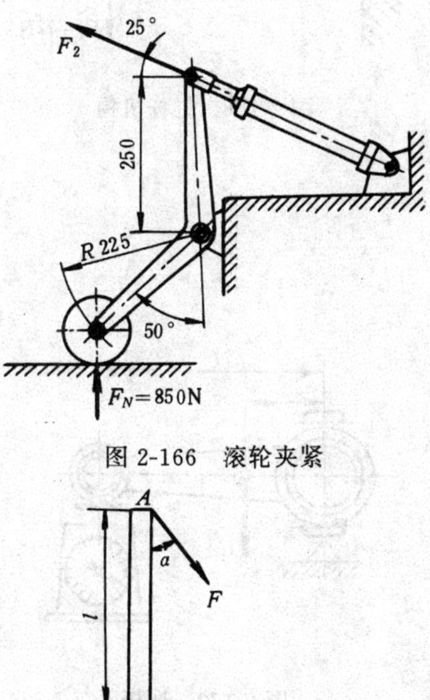

图 2-166 滚轮夹紧

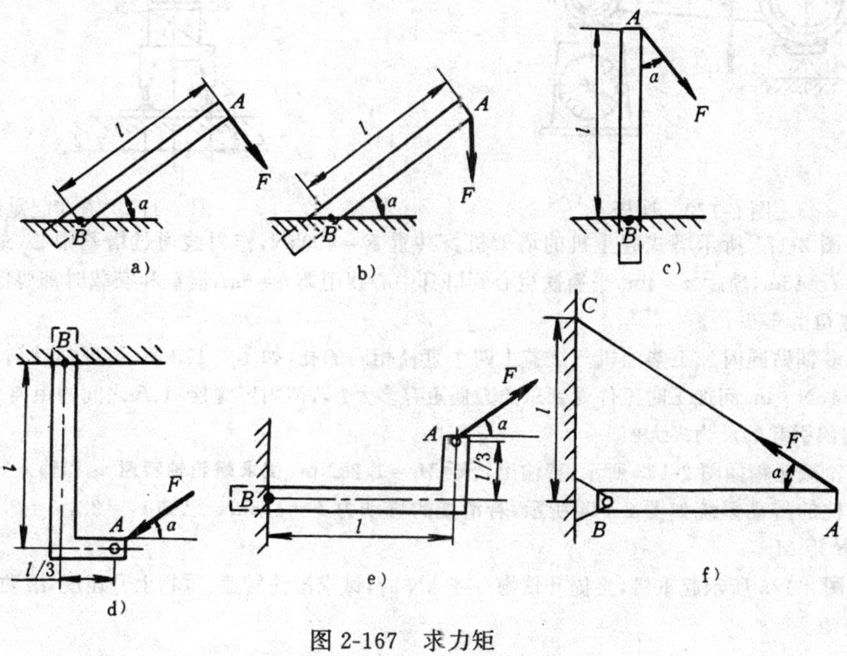

图 2-167 求力矩

10. 试求如图 2-168 所示杠杆机构中的拉力 F_3 和力的增益比 $i=F_1/F_3$。

11. 如图 2-169 所示手钳剪铁丝时，手的握力 $F=50N$，问 A 点产生的剪力多大？画半个钳子的受力图。

12. 如图 2-170 所示柴油机的连杆重 $G=32N$ 将一端搁在固定支点 A 上，另一端搁在磅称上称上读数为 9N，$l=260mm$。求图示重心位置 x。

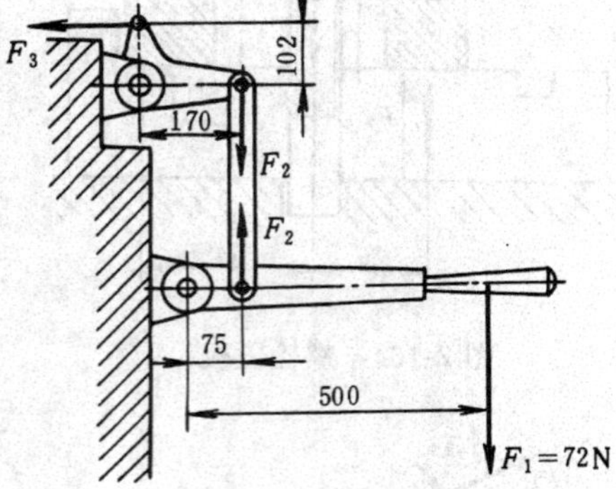

图 2-168　杠杆机构

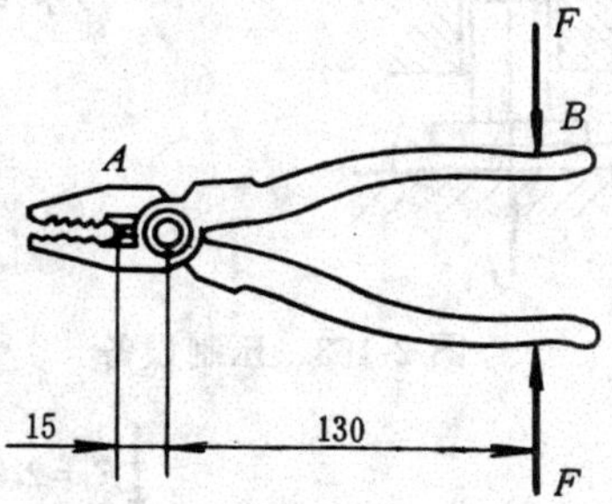

图 2-169　手钳

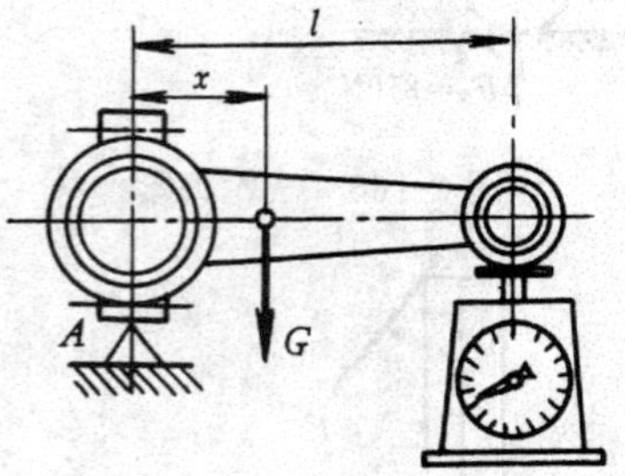

图 2-170　连杆

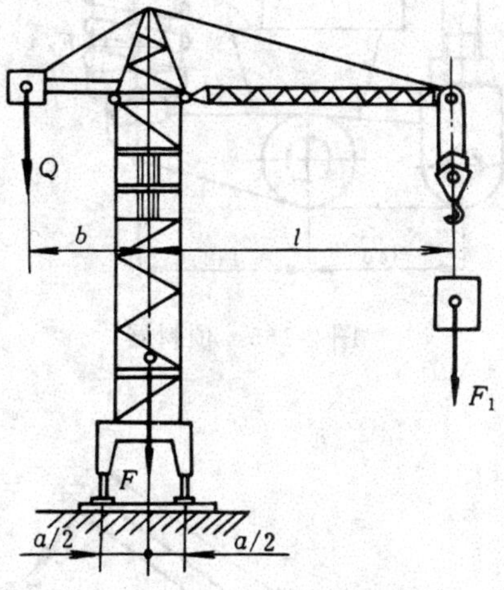

图 2-171　塔式起重机

13. 如图 2-171 所示塔式起重机的塔架机身共重 $F=400kN$，作用线通过塔基中心，最大起重力 $F_1=80kN$，臂长 $l=15m$，轨距 $a=4m$，平衡铁重心到塔身中心线距离 $b=6m$，满载和空载时都要保持塔身平衡，问平衡铁重物 Q 为多少？

14. 用多轴钻同时加工柴油机气缸盖上四个直径相同的孔，如图 2-172 所示，现估计钻每一个孔的切削力偶矩 $m=15N\cdot m$，问加工时工件受到总的力偶矩有多大？若两固定螺栓 A、B 之间的距离 $l=0.4m$，求两螺栓由切削力偶引起的反力多大？

15. 蜗轮减速箱如图 2-173 所示，若输出转矩 $M_2=1.2kNm$，试求蜗轮轴转速 n_2 和输入转矩 M_1。

16. 滑枕的传动系统如图 2-174 所示，若滑枕的移动力 $F=1.5kN$，已知 $z_1=22$，$m=2.5$ 试求被动转矩 M_2 和主动转矩 M_1。

17. 如图 2-175 所示起重机，当提升重物 $G=3kN$ 时，试求滚筒转速、重物上升速度，滚动的输出转矩和电动机输入转矩。

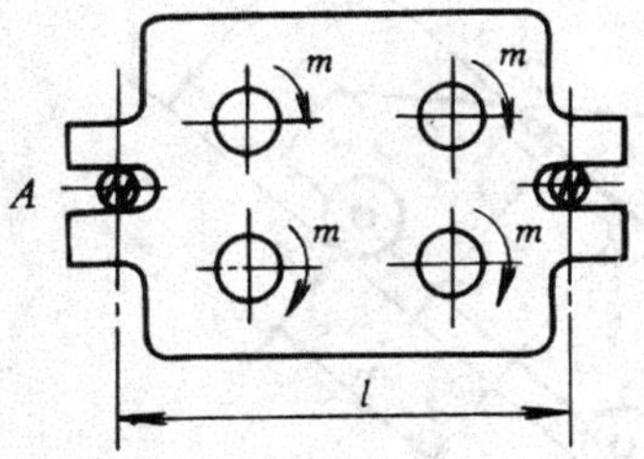

图 2-172　气缸盖

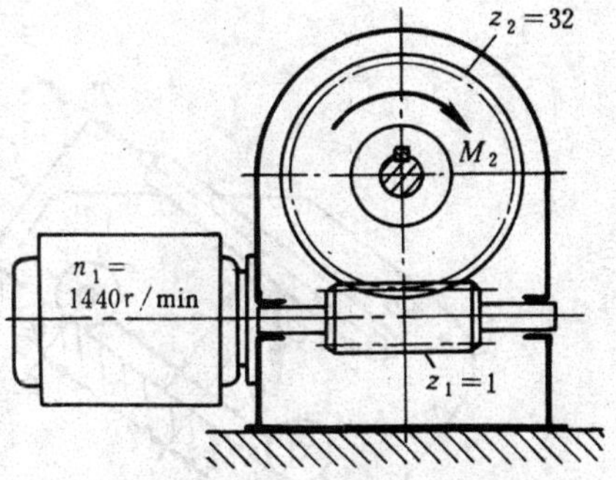

图 2-173　蜗轮减速箱

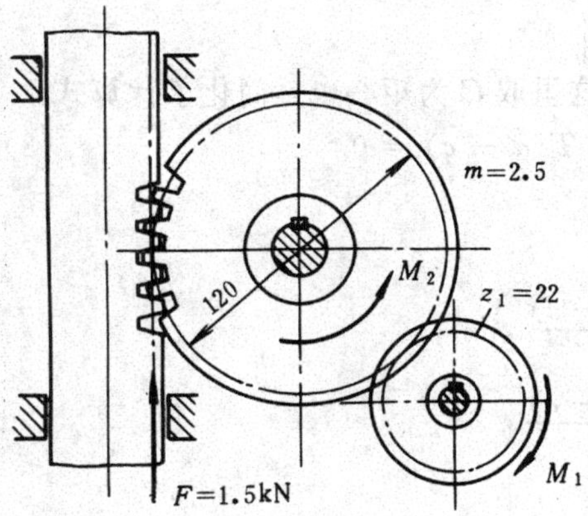

图 2-174　滑枕

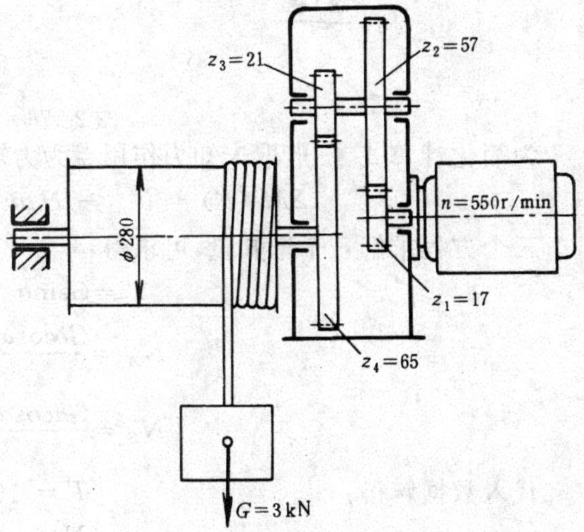

图 2-175　起重机

2.14　平面任意力系

力的作用线任意地分布在同一平面内的力系，称力平面任意力系。

2.14.1　任意力的平衡

平面任意力系的平衡条件：力系中所有的各力，在两个互相垂直的坐标轴上投影的代数和等于零；力系中所有各力对力系所在平面内任意点的今力矩等于零，用公式表示：

$$\left.\begin{aligned}\Sigma F_x&=0\\ \Sigma F_y&=0\\ \Sigma M_o(F)&=0\end{aligned}\right\}$$

例　冲天炉上料小车，载荷和车共重 $G=240\text{kN}$，重心在 C 点，钢索平行斜坡面，见图 2-176a，已知 $a=1\text{m}$，$b=1.4\text{m}$，$c=1\text{m}$，$d=1.4\text{m}$，$\alpha=55°$，不计摩擦。试求小车平衡时钢索的拉力 T 与 A、B 轮对轨道的压力。

解　1)取小车为研究对象，见图 2-176b，小车受到本身重力 G，钢索拉力 T 及轨道对轮约束反力 N_A 和 N_B。

2)选坐标轴如图，建立平衡方程：

$$\Sigma F_x=0\quad T-G\sin\alpha=0 \tag{1}$$

$$\Sigma F_y=0\quad N_A+N_B-G\cos\alpha=0 \tag{2}$$

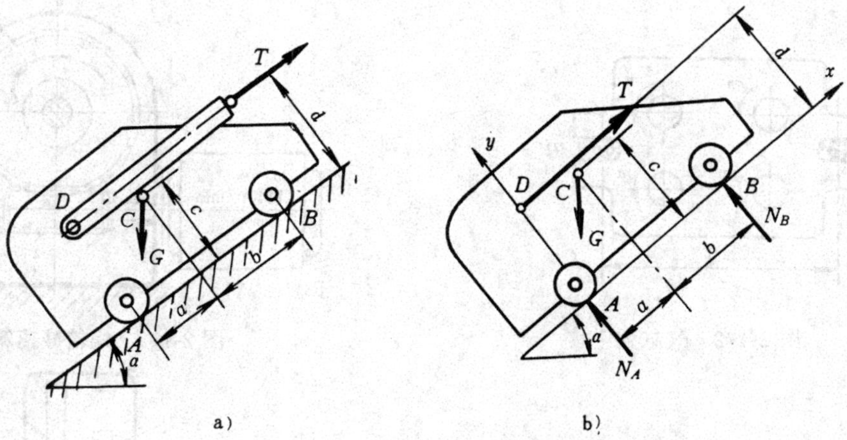

图 2-176 小车受力图

为简化计算式，一般取未知力作用点为力矩中心。这里取 C 为矩心也是简化了计算式。

$$\Sigma M_C(F)=0 \quad -N_Aa+N_Bb-T(d-c)=0 \tag{3}$$

三个方程求解三个未知量，可求得：

$$T=G\sin\alpha$$

$$N_A=\frac{Gb\cos\alpha-T(d-c)}{a+b}$$

$$N_B=\frac{Ga\cos\alpha+T(d-c)}{a+b}$$

代入数据解得：

$$T=196.6\text{kN}$$

$$N_A=47.5\text{kN}$$

$$N_B=90\text{kN}$$

2.14.2 固定端约束

在实际工程中，除了前面提到三种约束外还有一种固定端约束。固定端约束既能限止物体沿任何方向的移动，也能限止物体在图示平面内转动，所以这种约束可产生一个约束反力和一个约束反力偶。

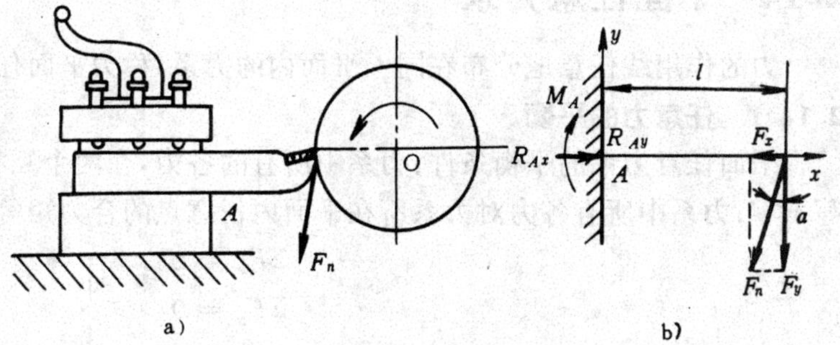

图 2-177 车刀受力图

例 车削工件时车刀的一端为固定端约束，见图 2-177a。车刀伸出长度 $l=50$mm 已知车刀所受的主切削力 $F_n=6$kN，$\alpha=20°$，试求固定端的约束反力。

解 1)取车刀为研究对象，其受力情况见图 2-177b。主动力 F_n 可分解为水平和垂直分力 F_x 和 F_y。固定端的约束反力以水平和垂直方向分力 R_x 和 R_y 表示；设其方向与坐标轴方向一致；固定端的约束反力偶为 M_A，设其转向为顺时针方向。

2)列出平面任意力系的平衡方程：

$$\Sigma F_x=0 \quad -F_n\sin20°+R_{AX}=0 \tag{1}$$

$$\Sigma F_y = 0 \quad -F_n\cos20° + R_{Ay} = 0 \tag{2}$$

$$\Sigma M_A(F) = 0 \quad M_A + F_n l\cos20° = 0 \tag{3}$$

由式(1)得： $R_{AX} = F_n\sin20° = 6\text{kN}\times0.34 = 2.04\text{kN}$

由式(2)得： $R_{Ay} = F_n\cos20° = 6\text{kN}\times0.94 = 5.64\text{kN}$

由式(3)得： $M_A = -F_n L\cos20° = -6\times50\times0.94 = -282\text{Nm}$

所求得 R_{AX}、R_{AY} 为正值，说明原假设方向与实际方向相同；而求得的 M_A 为负值，说明它实际转向与假设方向相反，即为逆时针。

2.14.3 平面平行力系的平衡

如果作用在物体上各个力的作用线都在同一平面内并且又互相平行时，这种力系称为平面平行力系。它是任意力系中的特例。

平面平行力系的平衡条件是：力系中所有各力的代数和等于零；所有各力对平面内任意一点的合力矩为零。

可以采用两种形式来列出其平衡方程：

1)
$$\left.\begin{aligned}\Sigma F &= 0\\ \Sigma M_o(F) &= 0\end{aligned}\right\}$$

2)
$$\left.\begin{aligned}\Sigma M_A(F) &= 0\\ \Sigma M_B(F) &= 0\end{aligned}\right\}$$

在第二种形式中所取的两点矩心 A 和 B，其连线不能与平面平行力系中各力的作用线平行。

例 桥式起重机如图 2-178a 所示，大梁 AB 重 $G_1 = 150\text{kN}$，重物连同小车重 $G_2 = 137\text{kN}$，若跨度 $l = 16.5\text{m}$。求小车与重物在离开 A 轮 $x = 5\text{m}$ 时，轨道对轮子 A、B 的约束反力。这时假定整个起重机都静止。

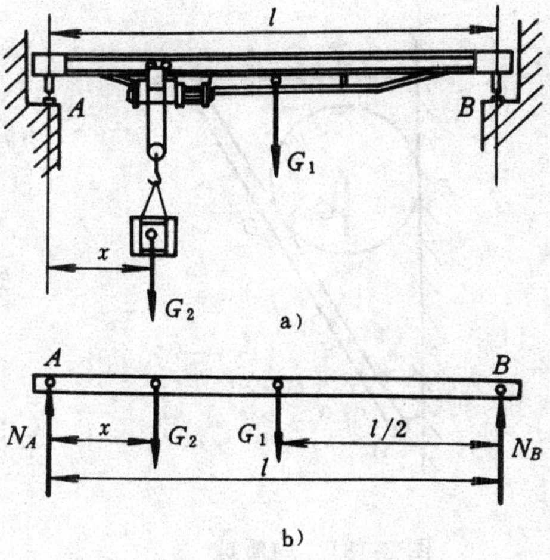

图 2-178 桥式起重机

解 1)取大梁为研究对象。如图 2-178b 所示的 AB 梁。梁上作用有重力 G_1 和 G_2，A、B 两端有支承对梁的约束反力 N_A、N_B，方向都是垂直向上。

2)建立其平衡方程式：

$$\Sigma F = 0 \quad N_A + N_B - G_1 - G_2 = 0 \tag{1}$$

取 A 点为矩心，

$$\Sigma M_A(F) = 0 \quad -xG_2 - \frac{l}{2}G_1 + lN_B = 0 \tag{2}$$

由(1)、(2)可解得：

$$N_A = \frac{G_1}{2} + \frac{l-x}{l}G_2 = \frac{150}{2} + \frac{16.5-5}{16.5}\times137 = 117\text{kN}$$

$$N_B = \frac{G_1}{2} + \frac{x}{l}G_2 = \frac{150}{2} + \frac{5}{2}\times137 = 117\text{kN}$$

若取 B 为矩心，则得

$$\Sigma M_B(F)=0 \quad -lN_A-(l-x)G_2+\frac{1}{2}G_1=0 \tag{3}$$

(2)、(3)联立求解，同样可以得出以上结果。

习　题

1. 水平杆 AB 如图 2-179 所示，已知铅垂力 $F=1.2\text{kN}$，若不计杆重，求绳子的拉力及固定铰链 A 的约束反力。

2. 图 2-180 所示为一压紧装置。已知 $AB=100\text{mm}$，$BC=300\text{mm}$，$F=200\text{N}$，$DC=DE$，试求 A 端产生的压紧力。

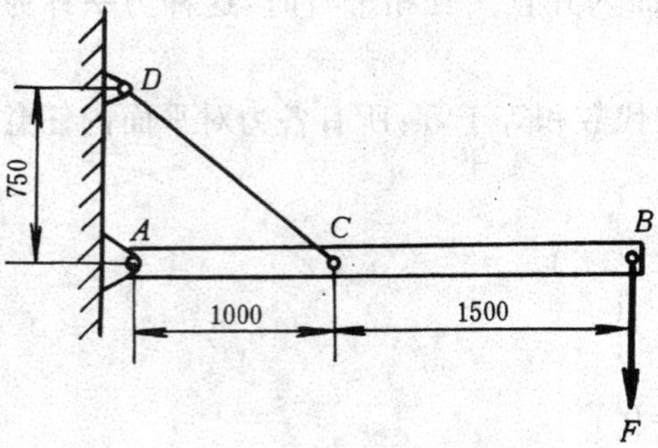

图 2-179　水平杆

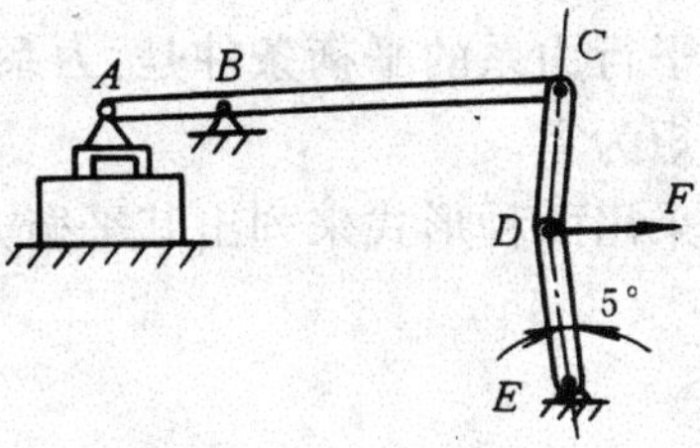

图 2-180　压紧装置

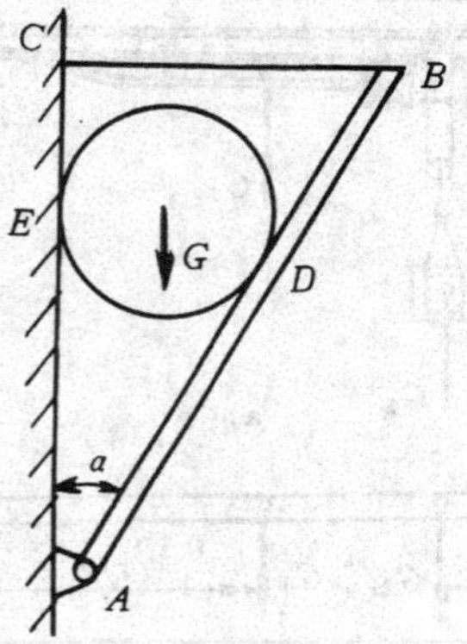

图 2-181　均质球

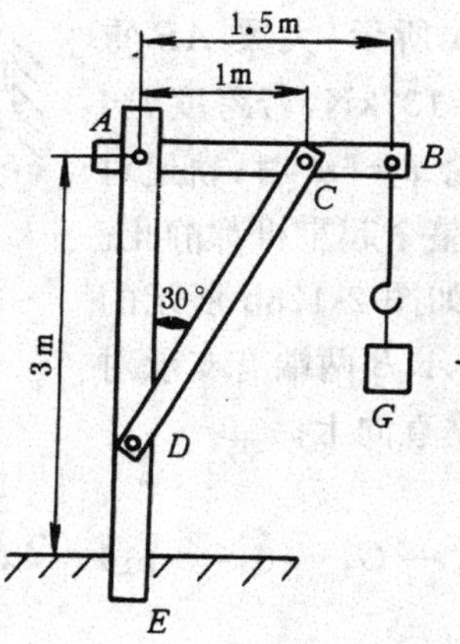

图 2-182　结构架

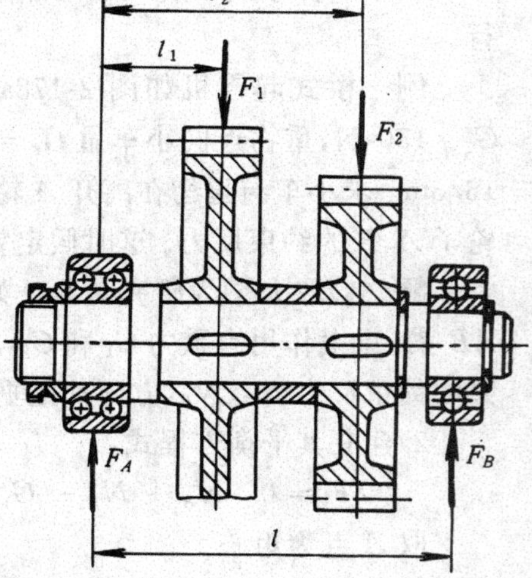

图 2-183　传动轴

3. 如图 2-181 所示，重 G 的均质球，半径 R。放在墙与 AB 杆之间，杆的 A 端绞接，B 端用水平绳索 BC 拉住。杆长为 l，它与墙的夹角为 α，若不计杆重，求绳索拉力 T。

4. 三杆组成的结构架如图 2-182 所示。A、C、D 均为铰链联接。B 端挂重物 $G=5\text{kN}$，试求销子 A、C、D 所受约束反力及固定端 E 处的约束反力。各杆自重不计。

5. 传动轴如图 2-183 所示，轴上两轮所受径向力分别为 $F_1=5\text{kN}$，$F_2=3.5\text{kN}$。$l_1=250\text{mm}$，$l_2=780\text{mm}$，$l=1100\text{mm}$。试求两支承的约束反力。

6. 铣床刀架如图 2-184 所示，径向切削力 $F=450\text{N}$，试求 A、B 两点支承反力。

7. 悬伸传动轴如图 2-185 所示，轴上三个齿轮所受径向力分别是 $F_1=1.5\text{kN}$，$F_2=3\text{kN}$，$F_3=2\text{kN}$ 试求 F_A、F_B。

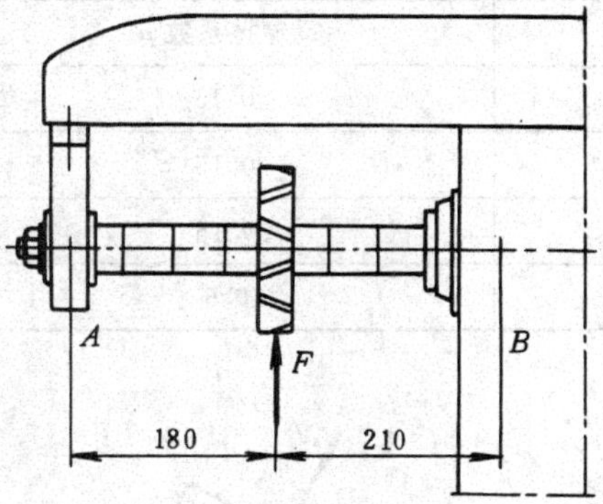

图 2-184　铣床刀架

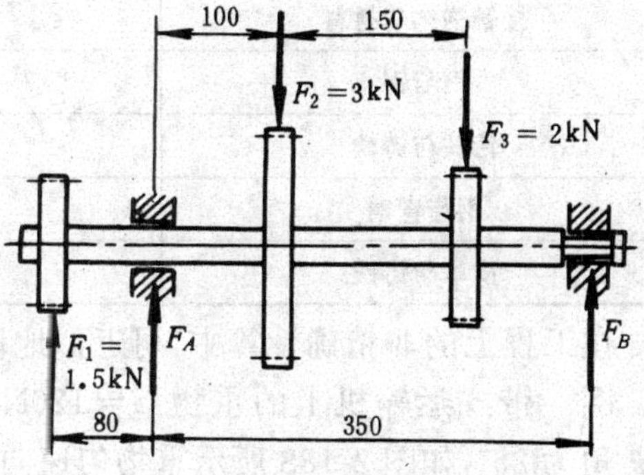

图 2-185　悬伸传动轴

8. 带吊斗的运输汽车如图 2-186 所示，汽车重 $F_1=35$kN，吊斗装载后的重量 $F_2=20$kN，试求前后轮胎的支承反力。

9. 桥式起重机如图 2-187 所示，起吊重量 $F_1=12$kN，大梁重 $F_2=60$kN，小车重 $F_3=20$kN。试求图示二位置 F_A、F_B 的支承反力。

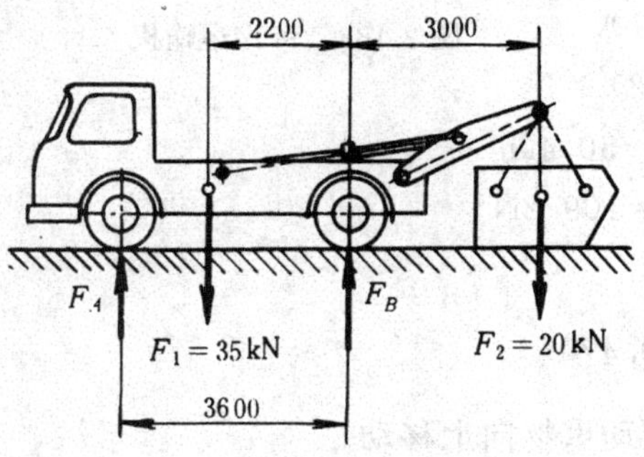

图 2-186　运输车

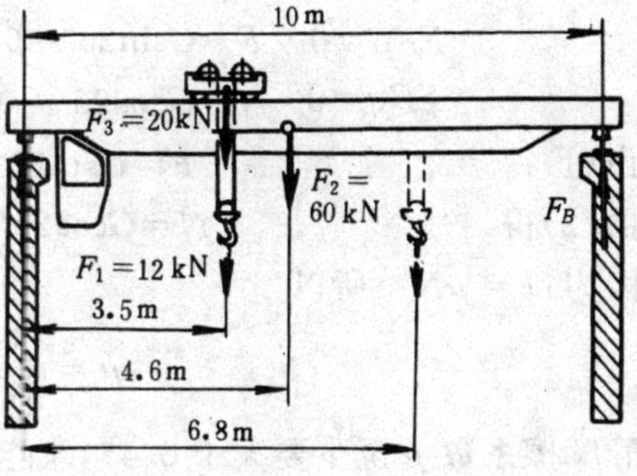

图 2-187　桥式起重机

2.15　摩擦

在前面讨论物体受力时，都假定物体间互相接触是完全光滑的，也就是不计摩擦力，这在一定条件下是允许的。但是当摩擦力较大时就不得不考虑摩擦力的影响。在工程上还有利用摩擦的地方，例如各种带传动、制动器、联接、运输等；当然摩擦也有消极的作用，如消耗能量，磨损零件，降低零件精度等。

2.15.1　滑动摩擦

相互接触的物体，如有相对滑动或相对滑动趋势时，则在接触面上产生切向阻力。这种阻力就是滑动摩擦力。其大小与两物体间的正压力即法向反力成正比，方向与相对滑动趋势的方向相反。用公式表示：

$$F=\mu N$$

式中　F——滑动摩擦力；

N——两物体间的正压力即法向反力；

μ——摩擦系数，与两物体间的材料有关，与静摩擦和动摩擦有关，见下表。

几种常用材料的摩擦系数

接触物体的材料	静摩擦系数 μ	动摩擦系数 μ'
钢与钢	0.15	0.15
铸铁与铸铁	0.16	0.15
钢与青铜	0.15	0.15
皮革与铸铁	0.3～0.5	0.6

在工程上的非精确计算中，可近似地认为 $\mu=\mu'$。

例 带式运输机上的重物 $G=120\text{N}$，运输带与水平线夹角为 25°，如图 2-188 所示重物匀速向上。当 f 达到多少？运输带给重物摩擦推力才足够大。

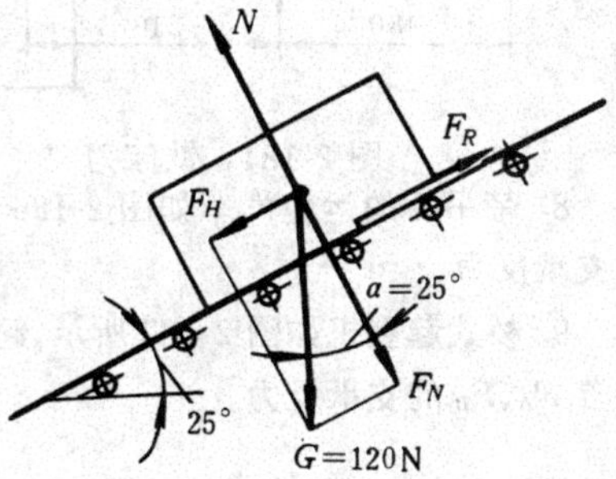

图 2-188 带式运输机

解 1)取重物为研究对象。重物共受重力 G，运输带给重物的压力 N 和运输带给重物的摩擦推力 F_R。因为运输带匀速向上，所以重物相对运输带的运动趋势向下，则 F_R 的方向向上方，见图 2-188

2)建立坐标系，列平衡方程式：

$$\Sigma F_H=0 \quad F-G\sin25°=0 \qquad (1)$$

$$\Sigma F_N=0 \quad N-G\cos25°=0 \qquad (2)$$

由(1)得 $F=G\sin25°=120\times0.42=50.4\text{N}$

由(2)得 $N=G\cos25°=120\times0.91=109.2\text{N}$

因为：$F=\mu N$ 所以

$$\mu=\frac{F}{N}=\frac{50.4}{109.2}\approx0.47$$

静摩擦系数 μ 至少要大于 0.47，才能保证运输带带动重物向上移动。

2.15.2 摩擦角与自锁

在分析图 2-189a 中滑块受力情况时，若把两物接触面的法向反力 N 和静摩擦力 F 合成，用 F_r 表示，F_r 又称全约束反力，当静摩擦力达到最大时，F_r 和 N 间的夹角 φ_m 称摩擦角。且

$$\tan\varphi_m=\frac{F_{max}}{N}=\frac{\mu N}{N}=\mu$$

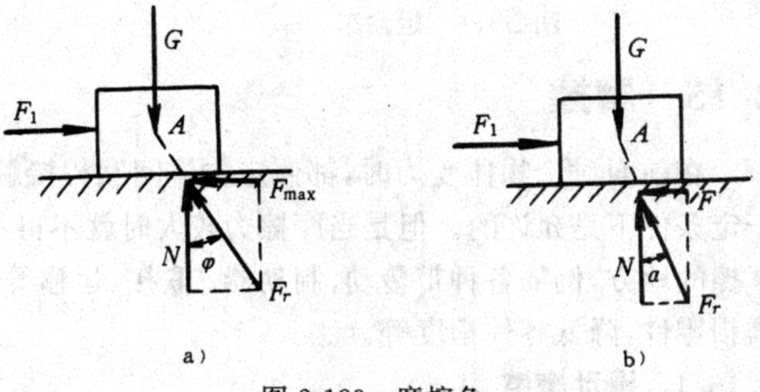

图 2-189 摩擦角

即摩擦角的正切等于静摩擦系数。可见摩擦角也表示了材料表面的性质。

再分析图 2-189b 中，滑块受铅直驱动力 F_1 的作用而不沿斜面下滑的条件。使滑块下滑的力是 $F_1\sin\alpha$，而阻止其下滑的最大静摩擦力是 $F_{max}=\mu F_1\cos\alpha$，所以自锁的条件是：

$$F_1\sin\alpha\leqslant\mu F_1\cos\alpha$$

$$\tan\alpha\leqslant\mu=\tan\varphi_m$$

$$\alpha\leqslant\varphi_m$$

即斜面的倾角小于摩擦角。

例 螺旋千斤顶中螺杆与螺母间摩擦系数为 $\mu=0.1$，见图 2-190，试问螺杆的升角为多少时，才能保证螺旋千斤自锁。

解 螺纹的自锁条件就是斜面上滑块的自锁条件。因为螺纹可视为绕在一圆柱面上的斜面，螺纹升角 φ 相当于斜面的倾角，见图 2-190a。螺母相当于斜面上滑块，加在螺母上轴向载荷 Q 相当于物块所受的铅直力，见图 2-190a、b。因为：$f=\tan\varphi_m=0.1$

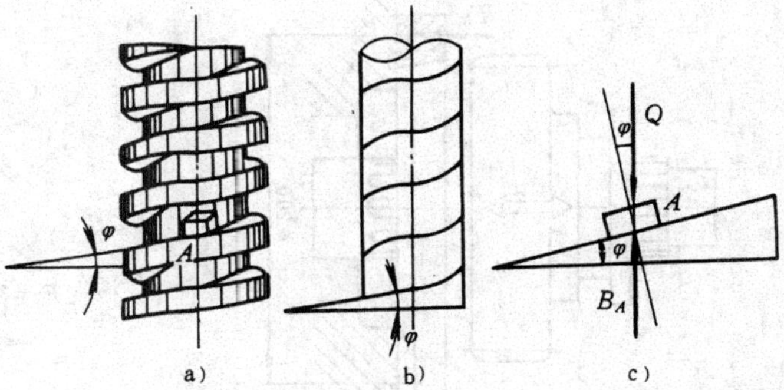

图 2-190 螺旋千斤顶

摩擦角 $\varphi_m = 5°43'$

为保证螺纹千斤顶自锁：$\varphi\leqslant\varphi_m$

即： $\varphi\leqslant 5°43'$

2.15.3 滚动摩擦

当一物体沿另一物体表面滚动或有滚动趋势时，受到阻碍滚动的作用称滚动摩擦。它是由于物体变形引起的，见图 2-191。

若取 A 为矩心：

$$\Sigma M_A(F)=0, F_1R-N\delta=0 \quad F_1R=N\delta$$

可以认为 F_1R 为主动力矩，$N\delta$ 是阻力矩，δ 与材料有关，较硬材料受载后变形小，则 δ 值也小，δ 称为滚动摩阻系数，以长度单位表示，见下表。

常用材料 δ 值

材料名称	滚动摩阻系数 δ(cm)
木材与木材	0.05～0.08
软钢与软钢	0.005
钢滚珠与钢	0.005～0.0010
钢车轮与钢轨	0.05
钢车轮与木面	0.15～0.25

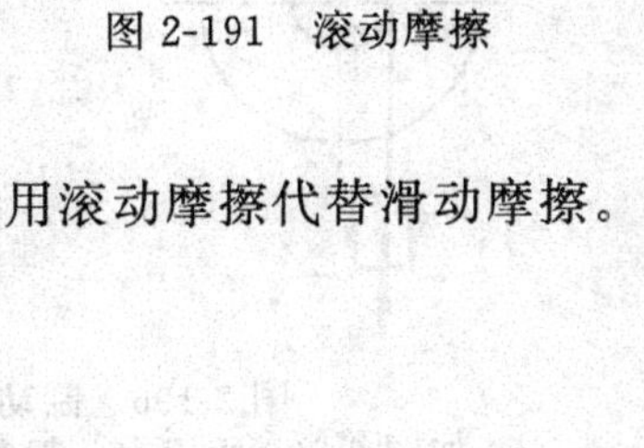

图 2-191 滚动摩擦

由式 $F_1R=N\delta$ 得： $F_1=\dfrac{\delta}{R}N$

可见 $\dfrac{\delta}{R}\ll\mu$，因此滚动比滑动的摩擦阻力小得多。工程中尽量用滚动摩擦代替滑动摩擦。例如，滚动轴承代替滑动轴承。就可减少功率损耗。

习　题

1. 如图 2-192 所示是车床上盘形制动器。摩擦系数，$\mu=0.25$，若需要的制动力 $F=4\text{kN}$，那么摩擦垫片上至少要多大的正压力 F_N？当制动盘直径为 200mm 时，产生的制动力矩为多少？

2. 如图 2-193 所示两螺栓固定两复合板，若两板受横向拉力 $F_R=3.2\text{kN}$ 时，已知摩擦系数 $\mu=0.2$，螺母扳紧的压力 F_N 为多少？

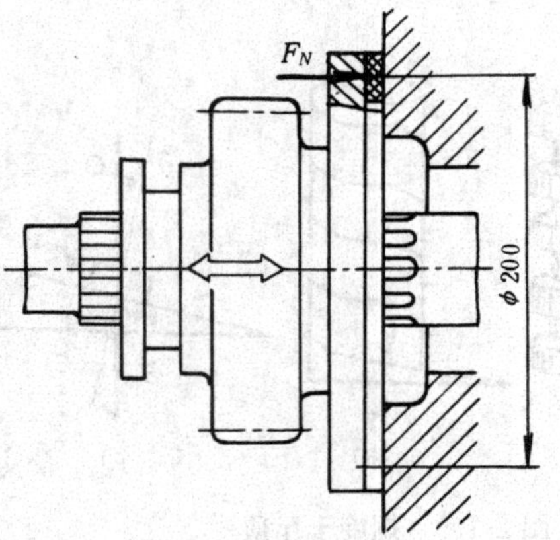

图 2-192　盘形制动器

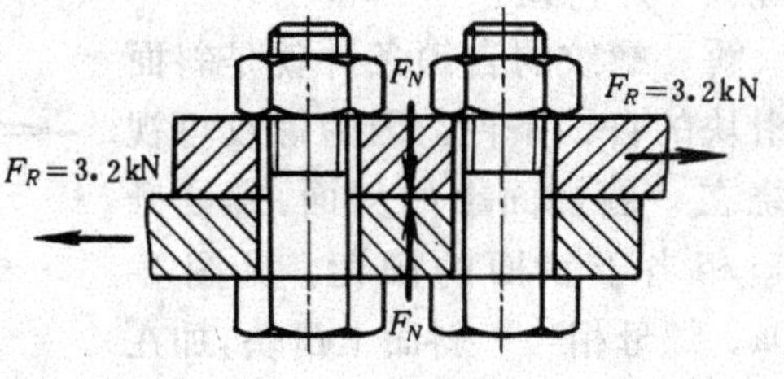

图 2-193　螺栓联接

3. 组合机床中动力头钻孔如图 2-194 所示，已知动力头质量 $m=150\text{kg}$，钻孔时切削阻力 $F_f=1800\text{N}$，斜面与动力头间摩擦系数 $\mu=0.07$，试求齿轮齿条传动中的圆周力 F 的大小和齿轮需产生的主动力矩 M。

4. 如图 2-195 所示自动卸货翻斗车，车箱靠油缸推举可绕 A 轴转动。如砂土与车箱间的摩擦系数为 0.7，试问在卸车时要保证车箱内的砂土倾泻干净，车箱倾斜角 α 至少要有多大？

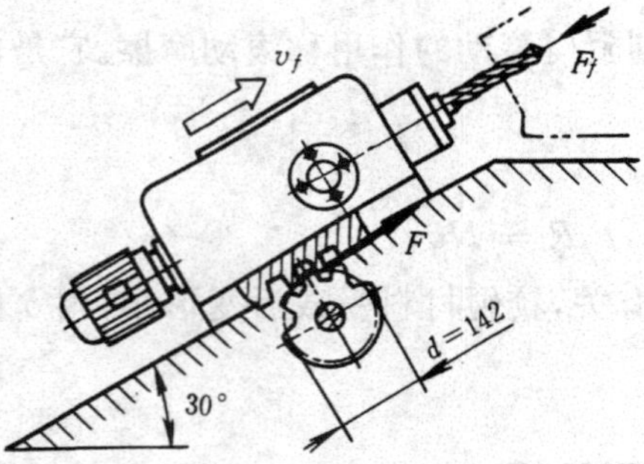

图 2-194　动力头

图 2-195　翻斗车

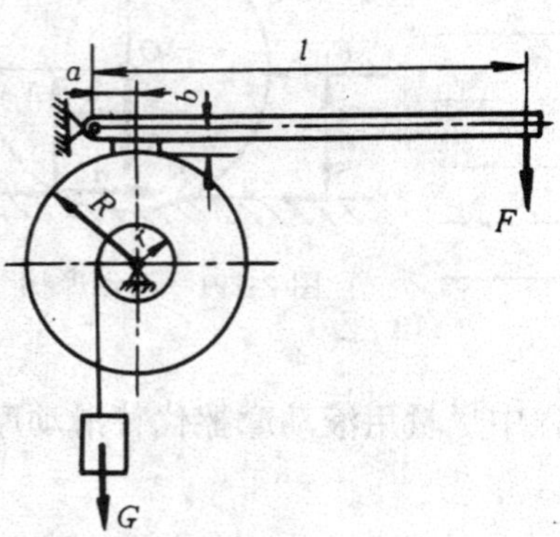

图 2-196　制动器

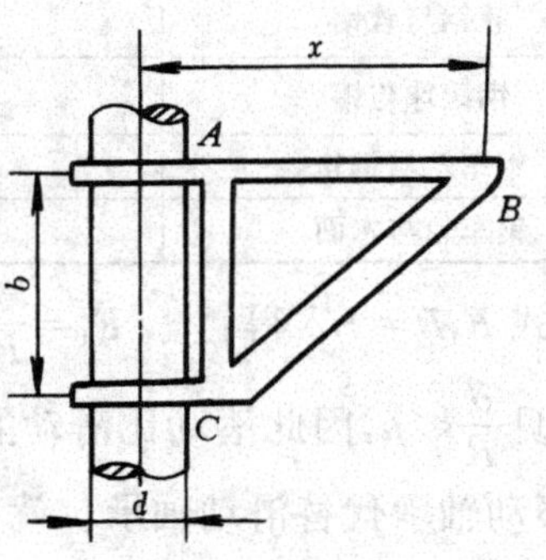

图 2-197　悬臂架

5. 如图 2-196 所示为一起重机制动装置。已知制动轮半径 $R=250\text{mm}$，鼓轮半径 $r=80\text{mm}$，$l=1\text{m}$，$a=100\text{mm}$，$b=50\text{mm}$。设制动块与制动轮间的摩擦系数 $\mu=0.4$，起吊重物重 $G=10\text{kN}$。要使重物在空中停住，问制动力 F 的最小值应为多少？

6. 如图 2-197 所示，悬臂架的端部 A 和 C 处有套环，活套在铅垂的圆柱上可以上下移动，如在 B 处作用一个力 F，当 F 力离开圆柱体较远时，悬臂架将被圆柱上的摩擦力卡住而不能移动，设套环与圆柱间的摩擦

系数为 μ,不计架重,求架不致于被卡死时,F 力能离开圆柱中心的最大距离 x。

7. 已知 $G=10\text{kN}$,物体与地面间的滑动系数 $\mu=0.1$,滚动摩擦系数 $\delta=0.5\text{mm}$,轮子半径 $R=0.5\text{m}$。试分别算出拉动图 2-198 所示两种物体所需的水平力 F。

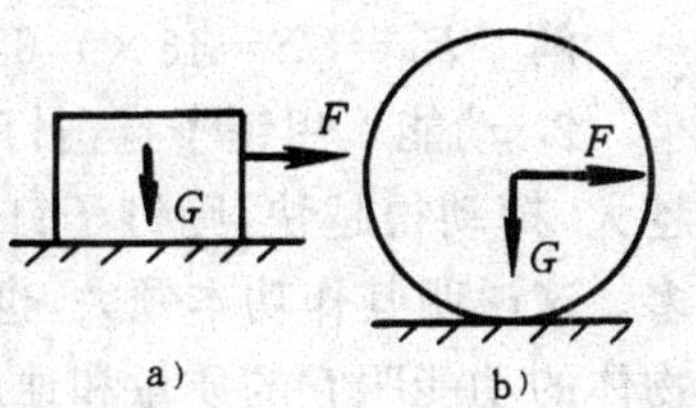

图 2-198 求拉力

2.16 功和能

功和能是人们广泛使用各种机械时产生的两个重要物理量。能是物体运动状态的量度,功是能量变化的量度,力对物体作功的过程就是完成能量转化的过程。

2.16.1 功

当物体受到力的作用时,在力的方向上发生了位移,我们就说力对物体作了功。如图 2-199 所示,叉式装载机在力 F 方向上将重物提升了 S 的距离。F 力对重物作了功。

图 2-199 叉式装载机

功的大小等于力与受力作用的物体在沿力的方向所发生的位移的乘积。用公式表示:

$$W = FS$$

式中 W——功(J);

F——作用于物体的力(N);

S——沿力的方向所发生的位移(m)。

功的单位是焦耳(J),1J 就是 1N 的力使物体沿力的方向发生 1m 的位移,即 1J=1Nm。

例 把 2000N 重的铸件提升 1.5m,求起重机对铸件作了多少功?

解 $W=FS=2000\times1.5=3000\text{J}$

2.16.2 机械能

下落的铁锤打击木桩,对木桩作功。凡物体能作功,就称这物体具有能量。机械能包括势能和动能。

1. 势能 从高处落下的铁锤把桩打入地下而作功;水力发电是利用高处的水下落而作功。可见位于高处的物体具有能量,可作功。物体因对地面的位置发生变化而获得的能叫重力势能。位于某一高度的物体的重力势能可以用它从这个高度落到地面时所作的功来量度。用公式表示:

$$E_P = GS$$

式中 E_P——重力势能(J);

G——重力(N);

S——重力通过的位移(m)。

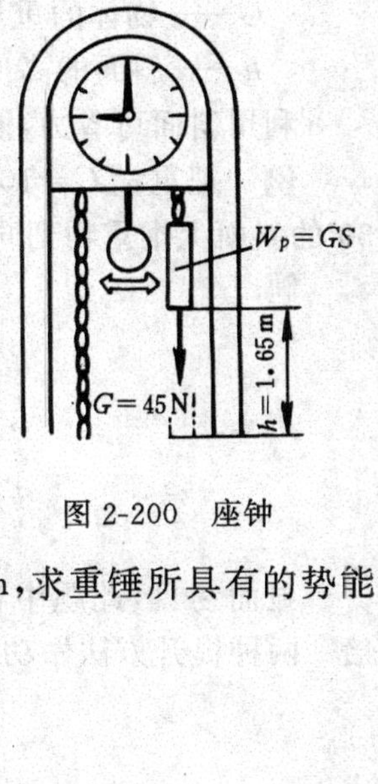

图 2-200 座钟

例 立式座钟如图 2-200 所示,其单摆运动由重锤的势能转换而来。重锤的重力 $G=45\text{N}$ 重锤的最高与最低点之间距离 $S=1.65\text{m}$,求重锤所具有的势能 E_P。

解 $E_P = GS = 45 \times 1.65 = 74.25\text{Nm} = 74.25\text{J}$

2. 动能　用锤子打击钉子时，若挥动着的锤子的质量越大，挥动得越快，则钉子钉入木头就越深，所作的功就越多。这说明其作功本领大，也就是它的动能大。可见，运动物体的动能跟它的质量和速度有关。

运动物体的动能等于它的质量和速度平方的乘积的一半。用公式表示：

$$E_K = \frac{1}{2}mv^2$$

式中　E_k——物体所具有的动能(J)；

m——物体的质量(kg)；

v——物体所具有速度(m/s)。

例　带式落锤装置如图 2-201 所示，重锤质量 $m=250\text{kg}$，落下时与工件接触，速度 $v=6\text{m/s}$，工件被压缩 5mm。试求重锤接触工件时所具有的动能及冲击工件时具有的力。

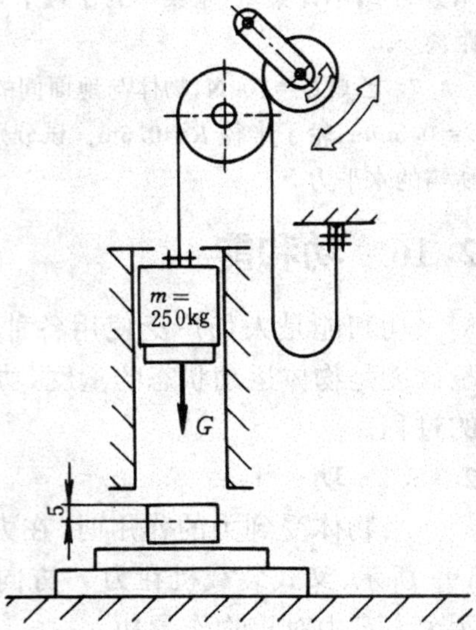

图 2-201　落锤

解

$$E_K = \frac{1}{2}mv^2 = \frac{1}{2} \times 250 \times 6^2 = 4500\text{J}$$

$$又\ E_K = FS, F = E_K/s = \frac{4500}{5 \times 10^{-3}} = 9 \times 10^5\text{N}$$

2.16.3　省力的简单机械

日常生活和生产中经常应用些简单的机械，例如：杠杆、斜面、楔块、螺旋、动滑轮、滑轮组等等。目的是省力，但不能省功，即要以增加移动的距离为代价。

1. 斜面　把重量为 G 的物体直接举到高度为 h 的平面所做的功与把此物体从长为 S 的斜面上推到同一平面所做的功是相等的。用公式表示：

$$FS = Gh$$

式中　F——重物沿斜面的分力(N)；

S——斜面的长度(m)；

G——物体的重量(N)；

h——斜面的高度(m)。

利用斜面可省力，但费路程。

例　把重量 $G=1000\text{N}$ 的物体提升 1.4m 如图 2-202a 所示，所做功为多少？若从倾角为 30°的斜面上推重物到同一高度，所做功为多少？

解

$$F = G\sin30° = 1000 \times \frac{1}{2} = 500\text{N}$$

$$S = h/\sin30° = 1.4/\frac{1}{2} = 2.8\text{m}$$

$$W_1 = Gh = 1000 \times 1.4 = 1400\text{Nm}$$

$$W_2 = FS = 500 \times 2.8 = 1400\text{Nm}$$

显而易见，此题中将重物提升到同一高度若利用斜面可省力一半，但所费路程增加了一倍。两种提升方法做功相等，如 2-202b 直方图所示。

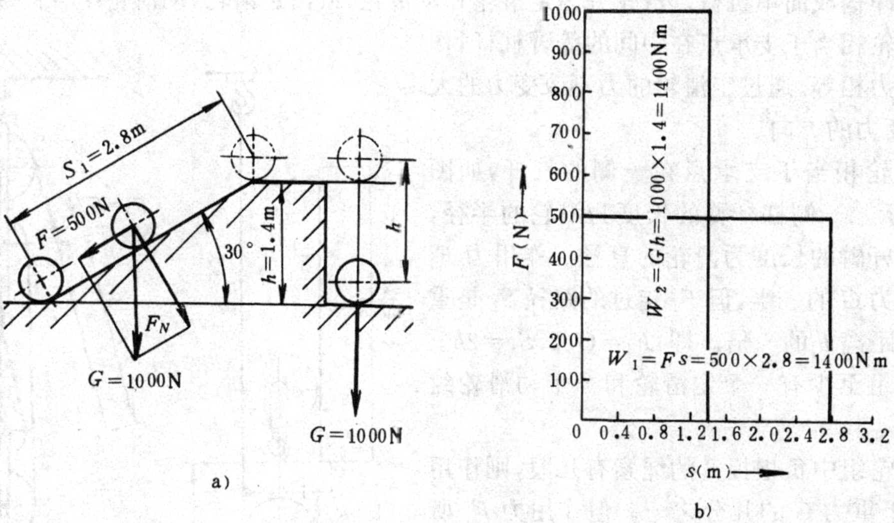

图 2-202 斜面

2. 楔块 利用楔块能以较小的力 F 提升较重的物体 G。但力 F 使楔块水平移动的距离 S 大于提升重物 G 的高度 h。

例 如图 2-203 所示利用楔块将重 $G=1800N$ 的物体提升 $h=20mm$。楔块在力 F 作用下水平移动距离 $S=120mm$，试求作用于楔块的力 F。

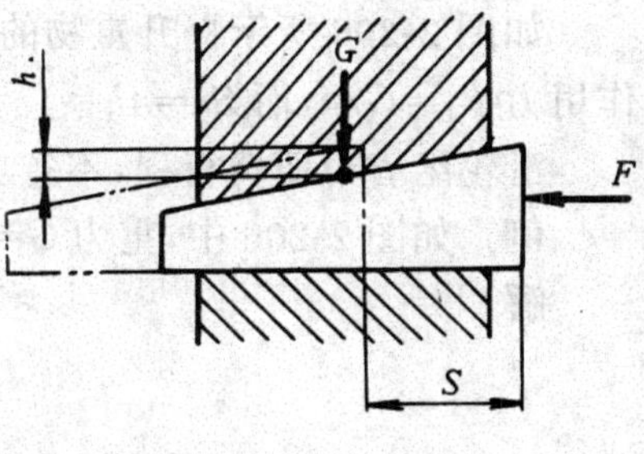

图 2-203 楔块

解

$$FS = Gh$$

$$F = Gh/S = \frac{1800 \times 20}{120} = 300N$$

3. 螺旋 用扳手扳紧螺母的过程中，扳手上作用的力 F_1 所作的功 W_1 相等于螺栓轴心拉紧力 F_2 所作的功 W_2。用公式表示：

$$W_1 = F_1 \pi d$$

$$W_2 = F_2 P_n$$

$$F_1 \pi d = F_2 P_n$$

式中 F_1 ——扳手上作用力(N)；

F_2 ——螺栓拉紧力(N)；

d ——F_1 作用力的回转直径(mm)；

P_n ——螺栓的导程(mm)。

例 如图 2-204 所示扳手扳紧螺母。螺栓导程 $P_n=1.75mm$，手到螺栓中心距离 140mm，手作用于扳手的力 $F_1=60N$；试求螺栓受拉紧力 F_2。

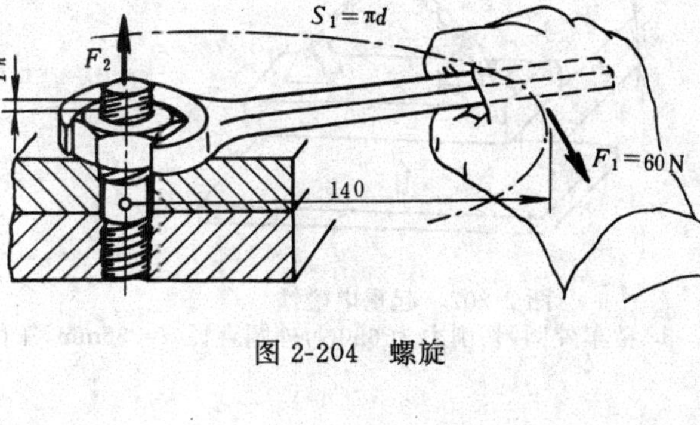

图 2-204 螺旋

解 $F_2 = \dfrac{F_1 \pi d}{P_n} = \dfrac{60 \times \pi \times 280}{1.75}$

$= 30159N$

4. 滑轮和滑轮组 滑轮和绳索结

合在一起即构成简单机械。滑轮分为定滑轮和动滑轮，或由定滑轮、动滑轮组合而成滑轮组。

定滑轮相当于支承点在中间的等臂杠杆，作用力和重力相等。通过定滑轮的力不改变力的大小，只改变力的方向。

动滑轮相当于支承点在一侧的杠杆，如图2-205所示。一侧杠杆臂的长度为滑轮的半径，另一侧杠杆臂的长度为滑轮的直径。作用力 F_1 只负载重力 G 的一半，但 F_1 走过的路径 S_1 是重物上升的距离 h 的一倍。即：$F_1=G/2$；$S_1=2h$。

滑轮组至少有一个定滑轮和一个动滑轮组合而成。

若滑轮组中负担提升的绳索有几股，则作用力 F_1 等于重力 G 的几分之一。但作用力 F_1 所经路程 S_1 是重物提升距离 h 的几倍。即：

$$F_1 = G/n$$

$$s_1 = nh$$

如图2-206所示提升重物的绳索有四股，则作用力 $F_1=G/4$，而 $S_1=4h$

滑轮组省力而费行程，不省功。

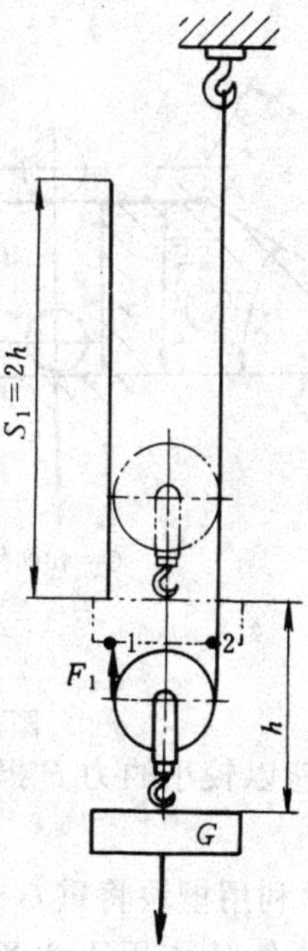

图2-205　动滑轮

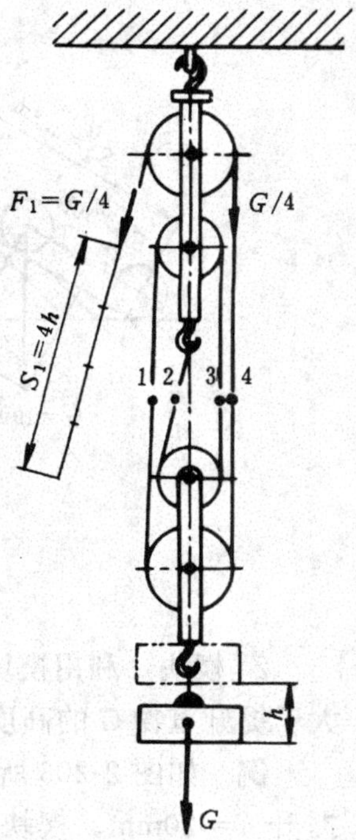

图2-206　滑轮组

例　如图2-206中，重力 $G=960\text{N}$，提升高度 $h=0.9\text{m}$，试求作用力 F_1 和所经路程 S_1。

解

$$F_1 = G/n = 960/4 = 240\text{N}$$

$$S_1 = nh = 4 \times 0.9 = 3.6\text{m}$$

习　题

1. 起重电磁铁如图2-207所示，起重时可作功 $W=650\text{Ncm}$，若磁化工件的间距为25mm，求磁化力为多大？

2. 用混凝土，浇注高度为11.5m的建筑物顶面，如图2-208所示。浇注的混凝土密度为 2.45g/cm^3，需要浇混凝土为 5m^3。求提升混凝土所作的功。

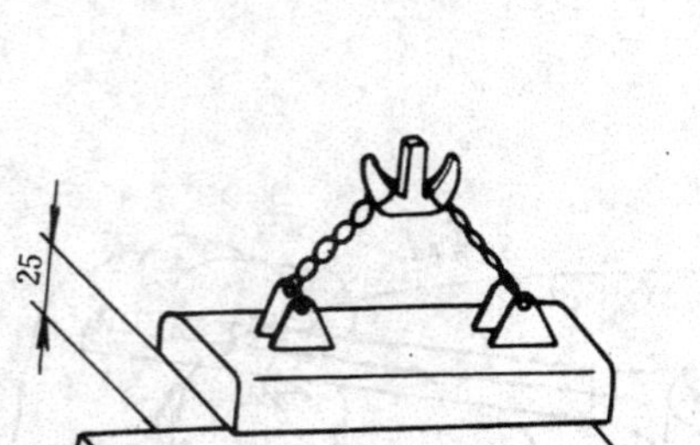

图2-207　起重电磁铁

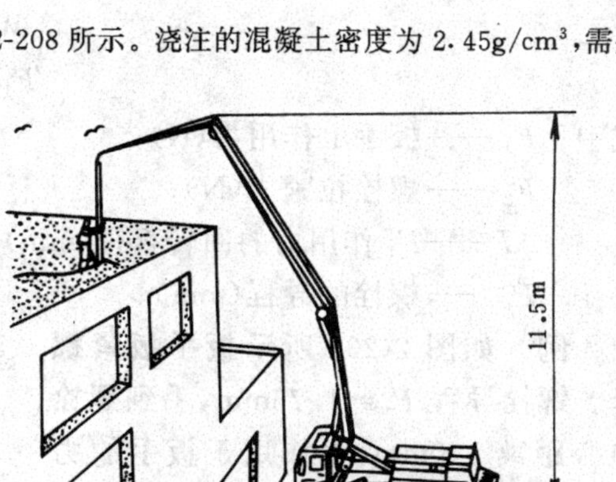

图2-208　混凝土提升泵

3. 精车外圆，切削力为650N，外圆直径 $d=85\text{mm}$，车削长度425mm，进给量 $f=0.5\text{mm/r}$ 试求，车削完

一个工件所需的机械功。

4. 进给装置如图 2-209 所示，此装置重为 3250N，行程为 430mm，摩擦系数 $\mu=0.08$。求此装置所做功。

5. 高速切割砂轮机如图 2-210 所示，砂轮切割速度 $v_c=80\text{m/s}$，切割下微粒质量 $m=12\text{g}$，试求流走微粒的动能？

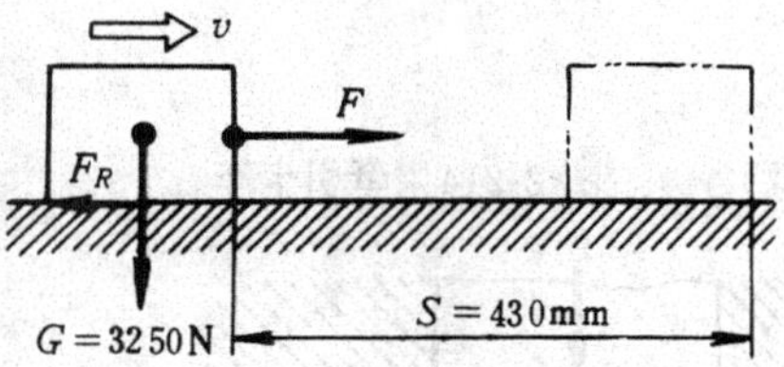

图 2-209　进给装置简图

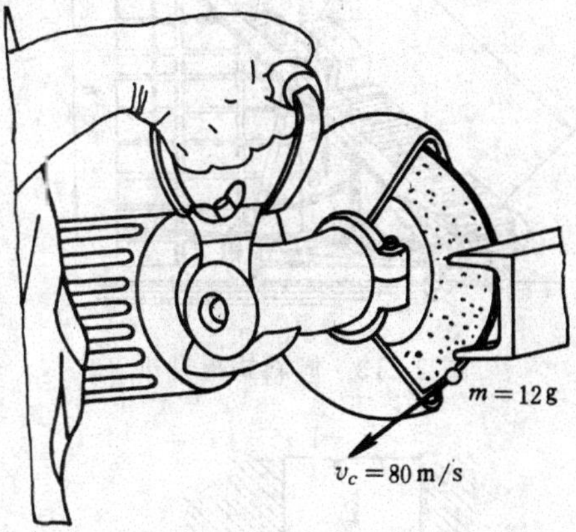

图 2-210　高速切割砂轮

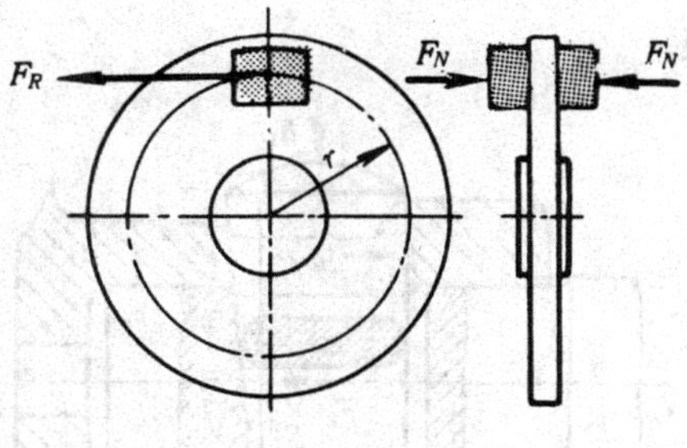

图 2-211　圆盘式制动器

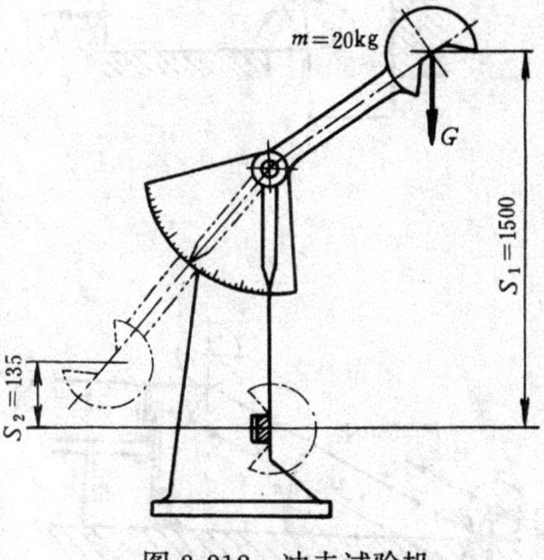

图 2-212　冲击试验机

6. 客车试验中客车载员总质量为 1450kg，分别以 $v_1=15\text{km/h}$；$v_2=30\text{km/h}$；$v_3=60\text{km/h}$ 的速度试验。试求各种速度下所具有的动能？

7. 圆盘式制动器如图 2-211 所示，每边正压力 $F_N=1950\text{0N}$，摩擦系数 $\mu=0.4$，制动圆盘有效半径 $r=130\text{mm}$。整个制动过程为圆盘旋转了 26 周后才被制动。试求这过程中消耗的功。

8. 冲击试验机如图 2-212 所示，摆锤质量为 20kg，摆锤被抬高到 1500mm。摆锤落下将试样冲断。试样冲断后摆锤继续升高到 135mm。试求冲断试样所消耗的功。

9. 倾斜式提升机如图 2-213 所示，提升重物重量 $G=600\text{N}$，斜面长度 $S=7.5\text{m}$，斜面高度 $h=4\text{m}$。试求提升时沿斜面方向力 F。

10. 在斜面上牵引重力 $G=45\text{kN}$ 的卡车，如图 2-214 所示，斜面长 $S=3.5\text{km}$，高 $h=210\text{m}$。试求牵引力 F 为多少？

11. 图 2-215 所示为冲模示意图，当冲头作用力 $F_1=2400\text{N}$ 时，试求滑板移动力 F_2。

12. 把锅炉装载到货车上如图 2-216 所示，牵引力为 650N，斜面长度 4.8m，高度 1.2m。试求锅炉的重量 G 和锅炉对斜面的正压力 F_N。

13. 通过楔块将轴套联接，如图 2-217 所示。楔块一边的斜度为 1∶40，嵌入力 $F_1=420\text{N}$。求楔块给套的

图 2-213　倾斜式提升机

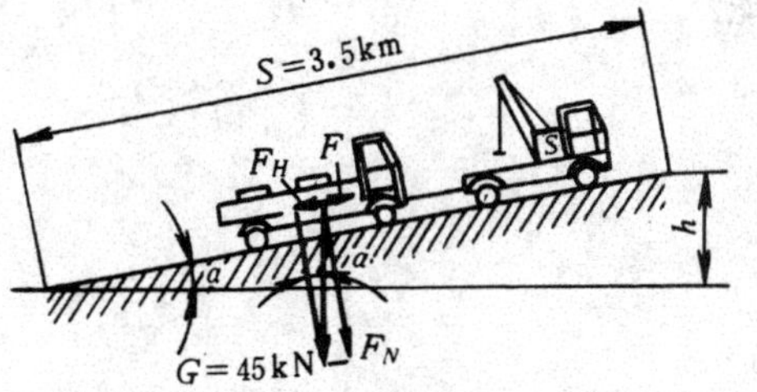

图 2-214　牵引卡车

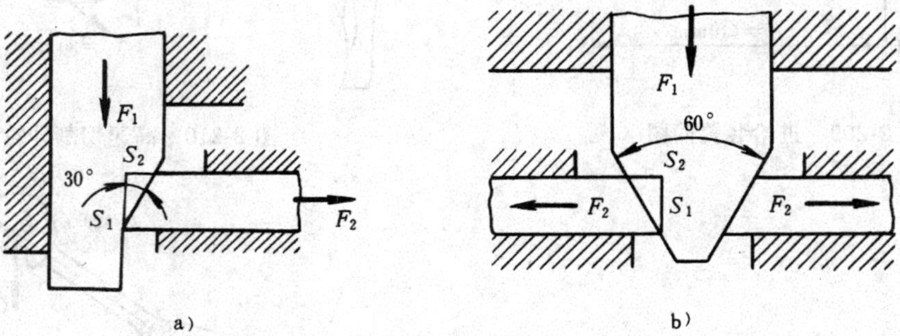

图 2-215　冲模

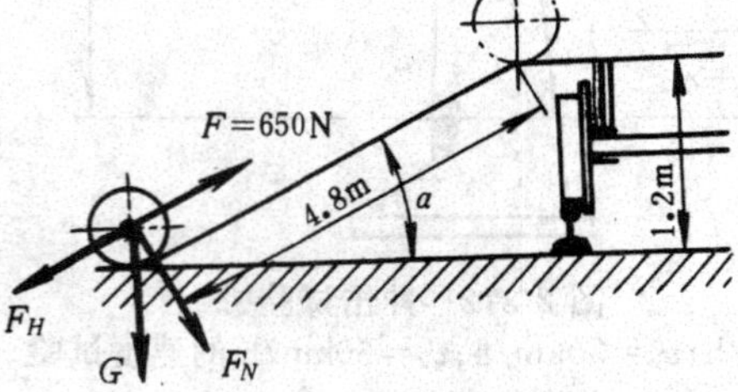

图 2-216　装载锅炉

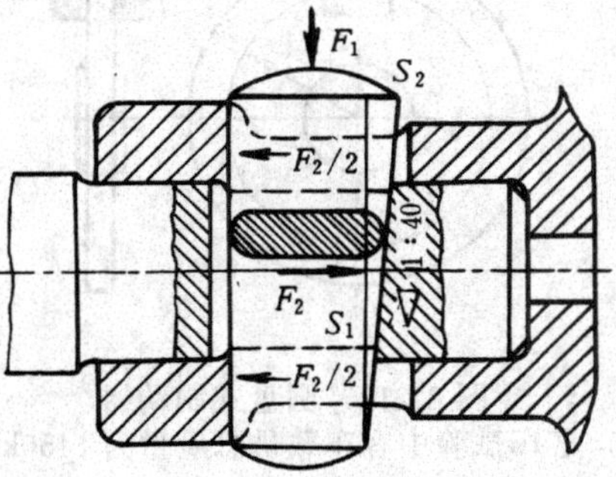

图 2-217　轴套联接

压力 F_2。

14. 曲柄楔块压榨机如图 2-218 所示。导向块水平力 $F_1=12.5\text{kN}$，倾斜角为 30°，摩擦损耗 60%。试求压紧力 F_2。

15. 滚动轴承拉拔器如图 2-219 所示。拉拔器螺杆规格为 M36×1.5，手柄长为 220mm，手柄上力 $F_1=95\text{N}$。试求顶出轴承力 F_2。

16. 台虎钳如图 2-220 所示，夹紧工件力需 12kN，手柄长度 250mm，传动丝杆规格 Tr22×5，摩擦损耗为 70%。试求手柄上所施加力 F_1。

17. 螺旋压力机如图 2-221 所示，承载重力 $G=4.5\text{kN}$，摩擦损耗 64%，手柄上作用力为 $F=150\text{N}$，试求手柄长度 r。

18. 车辆升降机构如图 2-222 所示，摩擦损耗 65%，手柄旋转半径 $r=125\text{mm}$，试求手柄上施加力 F_1 为多大时，才能顶起重力 $G=10\text{kN}$ 的重物。

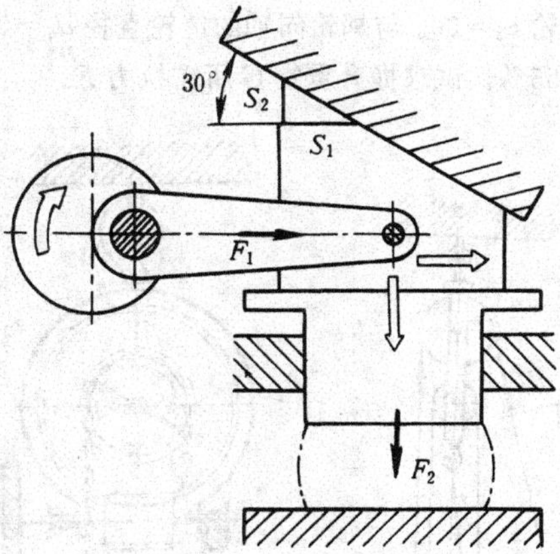

图 2-218 压榨机

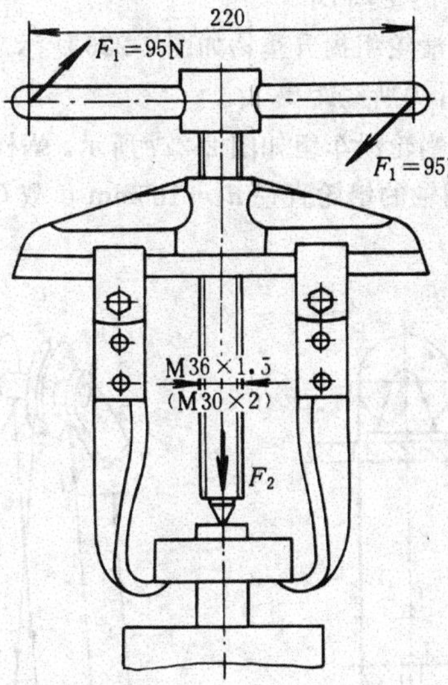

图 2-219 拉拔器

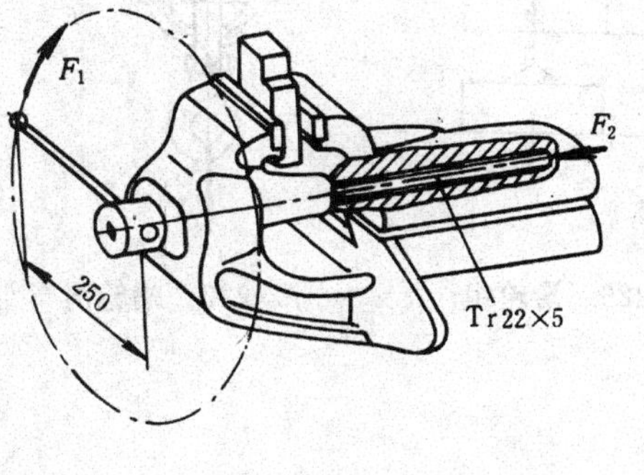

图 2-220 台虎钳

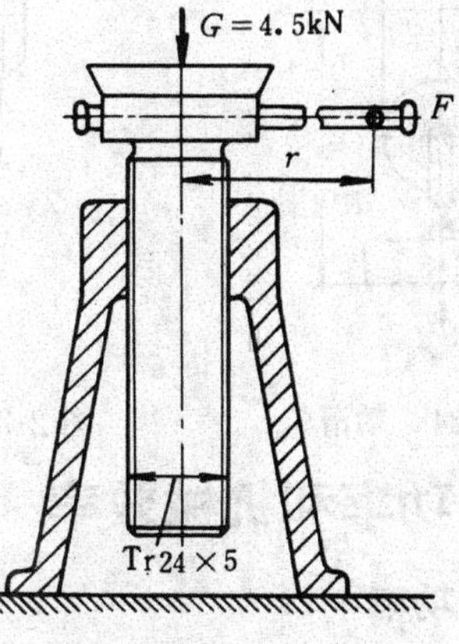

图 2-221 螺旋压力机

19. 压板调整装置如图 2-223 所示，摩擦总损耗 39%，压板重 $G=1.3kN$，需升高 $h=0.005mm$ 求螺旋传动中旋转手柄上力矩 M 为多少？

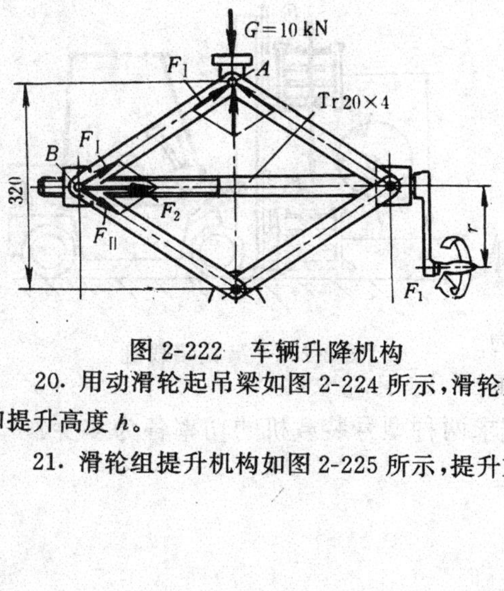

图 2-222 车辆升降机构

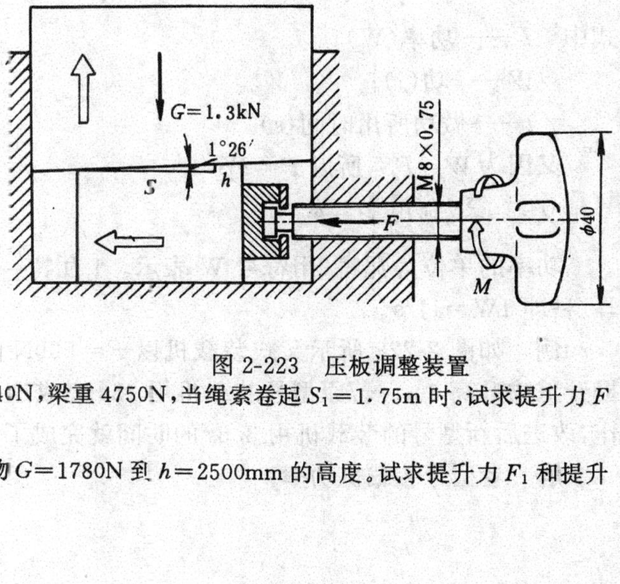

图 2-223 压板调整装置

20. 用动滑轮起吊梁如图 2-224 所示，滑轮重 40N，梁重 4750N，当绳索卷起 $S_1=1.75m$ 时。试求提升力 F 和提升高度 h。

21. 滑轮组提升机构如图 2-225 所示，提升重物 $G=1780N$ 到 $h=2500mm$ 的高度。试求提升力 F_1 和提升

力所经过的距离 S_1。

22. 滑轮组提升重物如图 2-226 所示。物重 $G=2130\text{N}$，下滑轮组重 85N，提升高度 $h=2.45\text{m}$ 试求提升力 F_1 和提升力所经距离 S_1。

23. 蜗轮滑车组如图 2-227 所示。蜗杆为单头即 $z_1=1$，蜗轮 $z_2=20$。与蜗轮同轴的链轮直径 $d_1=76\text{mm}$，与蜗杆同轴的链轮直径 $d_2=165\text{mm}$ 负载 $G=12\text{kN}$，摩擦损耗 55%。试求提升重物 G 所需拉力 F。

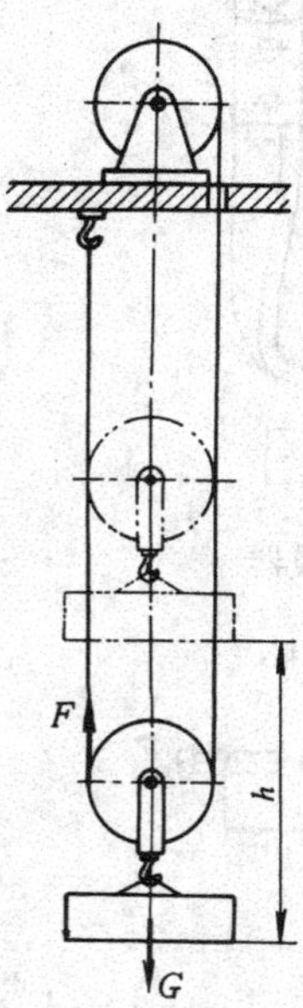

图 2-224　动滑轮

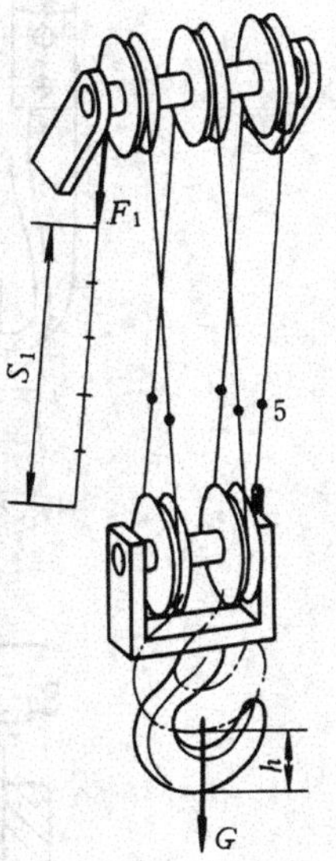

图 2-225　滑轮组

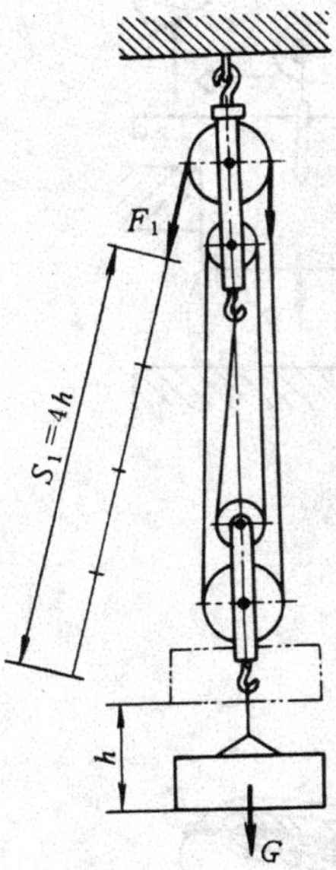

图 2-226　滑轮组

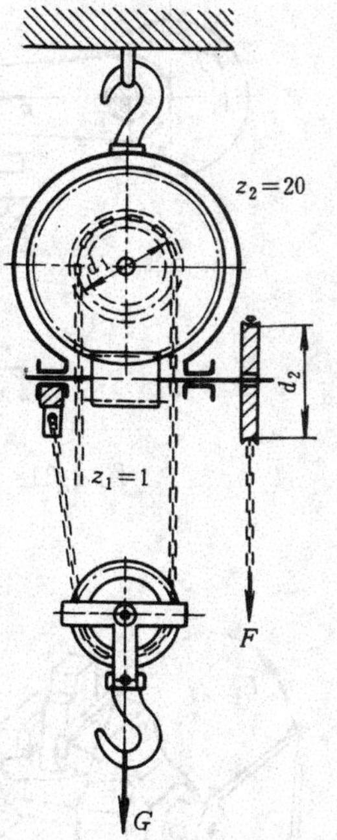

图 2-227　蜗轮滑车组

2.17　功率和机械效率

2.17.1　功率

不同的物体完成相同的功，所需的时间往往并不相等。为了描述物体作功快慢程度，引入功率概念。功跟完成这些功所用时间的比值叫做功率。用公式表示：

$$P = W/t$$

式中　P——功率(W)；

W——功(J)；

t——做功所用时间(s)。

又因为 $W=FS$，所以 $P=FS/t$；

又 $v=\frac{s}{t}$，所以 $P=Fv$

功率的单位为瓦特，用符号 W 表示。1 瓦特＝1 焦耳/秒即 1W＝1J/s。

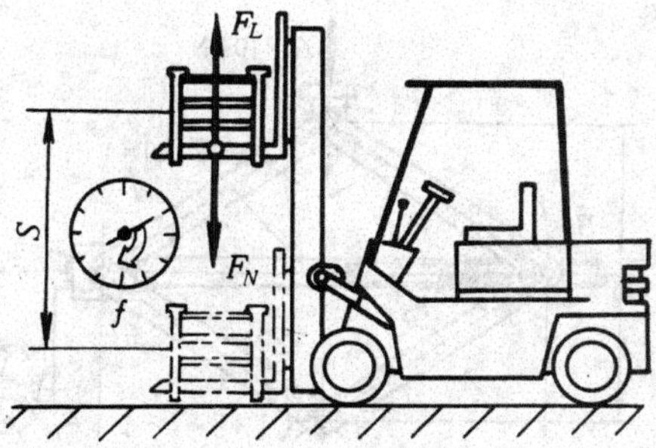

图 2-228　叉式装载机

例　如图 2-228 所示叉式装载机以 $F=500\text{N}$ 的力提升重物升高 3m。若原型号装载机用 25s 完成这个工作，改进后新型号的装载机用 3.5s 的时间就完成了，试求两种型号装载机的功率各为多少？

解　老型号装载机功率：

$$P = FS/t = 500 \times 3/25 = 60\,\frac{\text{Nm}}{\text{s}}$$
$$= 60\text{W}$$

新型号装载机功率：

$$P = FS/t = 500 \times 3/3.5 = 420.6\,\frac{\text{Nm}}{\text{s}}$$
$$= 420.6\text{W}$$

2.17.2 旋转运动的功率

作匀速转动的物体，如图 2-229 所示的自行车后轮，其功率按以下方法计算：

因为功率 $P=Fv$，

而转矩 $M=F\dfrac{d}{2}$，即 $F=2M/d$；又 $v=\pi dn$

所以 $P=Fv=2M/d\quad \pi dn=2\pi nM$

式中 D——转动物体功率(W)；

n——转动物体转速(r/s)；

M——转矩(Nm)。

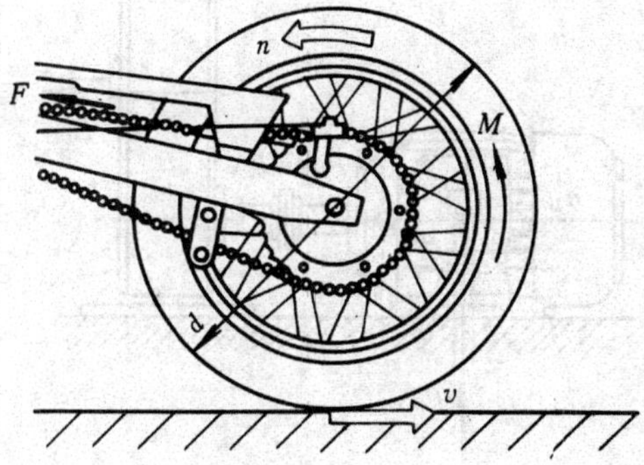

图 2-229 自行车后轮

例 对转速为 2000r/min 的发动机进行功率测定，若此发动机转矩 $M=117$Nm，试求其功率。

解
$$P = 2\pi Mn = 2\pi \times 117 \times \frac{2000}{60}$$
$$= 24492\text{N}\,\frac{\text{m}}{\text{s}} = 24\text{kW}$$

2.17.3 机械效率

任何机械在运转时，动力对机械所作的功，总有一部分是用来克服摩擦阻力而作功的，因此机械对外作的功，总是小于动力对机械所作的功。通常把动力对机械所作的功，叫做输入功；把机械对外所作的功，叫做输出功，而把输出功占输入功的百分比，叫做机械效率。用公式表示：

$$\eta = \frac{W_2}{W_1} \times 100\%$$

式中 η——机械效率；

W_1——输入功(J)；

W_2——输出功(J)。

也可用输出功率占输出功率的百分比，即

$$\eta = \frac{P_2}{P_1} \times 100\%$$

式中 P_1——输入功率(W)；

P_2——输出功率(W)。

还可用桑基图表示，见图 2-230。

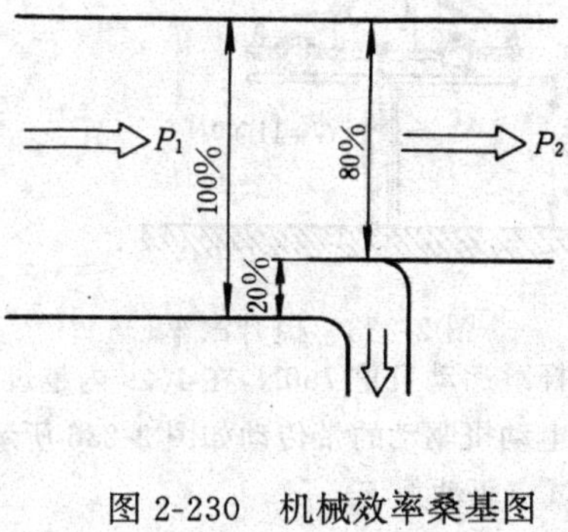

图 2-230 机械效率桑基图

如一套设备由几个部分组成。那么此套设备

的总效率为各部分效率的乘积，见图 2-231。电机的效率 $\eta_1 = P_{M2}/P_{M1}$；齿轮箱传动的效率 $\eta_2 = P_{G2}/P_{G1}$。而 $P_{M2}=P_{G1}$，所以

$$\eta_1\eta_2 = \frac{P_{M2}}{P_{M1}}\frac{P_{G2}}{P_{G1}} = \frac{P_{G2}}{P_{M1}} = \eta$$

以此类推总效率 $\eta=\eta_1,\eta_2,\eta_3\cdots\cdots$

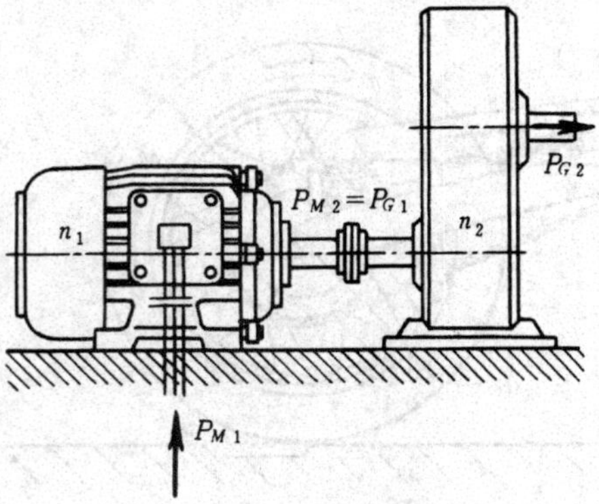

图 2-231　总效率

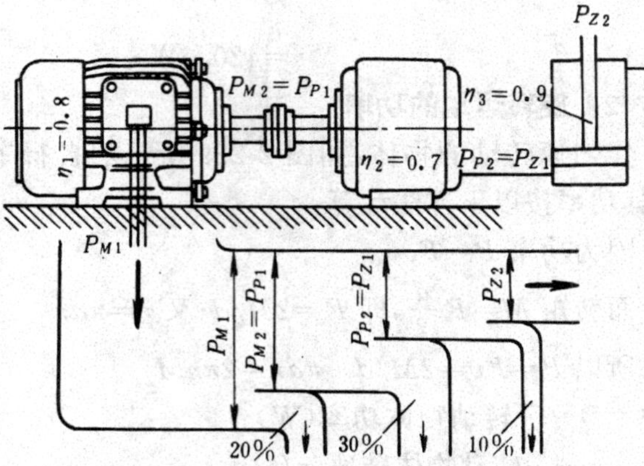

图 2-232　输入功率

例　在电动机，液压泵、液压缸组成的一套设备中，各组成部分的效率如图 2-232 所示，若液压缸输出功率为 3kW，那末输入电动机的功率为多少？

解

$$\eta_3 = \frac{P_{z2}}{P_{z1}};P_{z1} = \frac{P_{z2}}{\eta_3} = \frac{3}{0.9} = 3.33\text{kW},P_{z1} = P_{z2}$$

$$\eta_2 = \frac{P_{p2}}{P_{p1}};P_{p1} = \frac{P_{p2}}{\eta_2} = \frac{3.33}{0.7} = 4.76\text{kW},P_{p1} = P_{M2}$$

$$\eta_1 = \frac{P_{M2}}{P_{M1}};P_{M1} = \frac{P_{M2}}{\eta_1} = \frac{4.76}{0.8} \approx 5.95\text{kW}$$

或

$$\eta = \frac{P_{z2}}{P_{M1}};P_{M1} = \frac{P_{z2}}{\eta} = \frac{3}{0.9\times0.7\times0.8} = 5.95\text{kW}$$

习　　题

1. 在 5.5s 内把重量为 11500N 的汽车升高 1.80m，见图 2-233。试求需多大的功率。

2. 铲车提升重物，如图 2-234 所示。重物重 6550N，在 2.5s 内提高至 1.65m。试求铲车所耗功率。

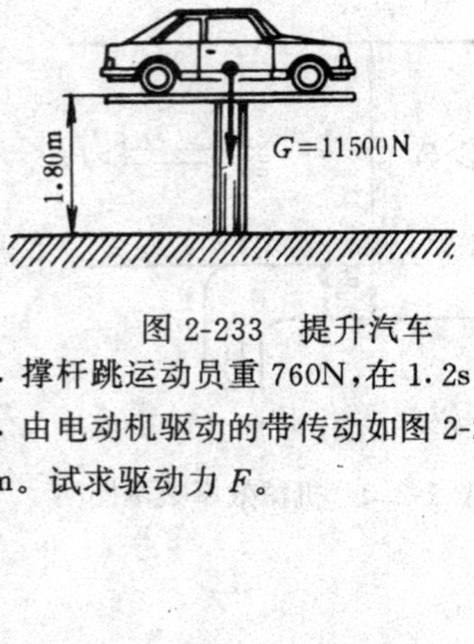

图 2-233　提升汽车

图 2-234　铲车装载

3. 撑杆跳运动员重 760N，在 1.2s 内越过 5.35m 高度。如图 2-235 所示试求平均功率。

4. 由电动机驱动的带传动如图 2-236 所示，电动机输出功率 7.4kW，转速 1450r/min，其输出轴直径 $d=355$mm。试求驱动力 F。

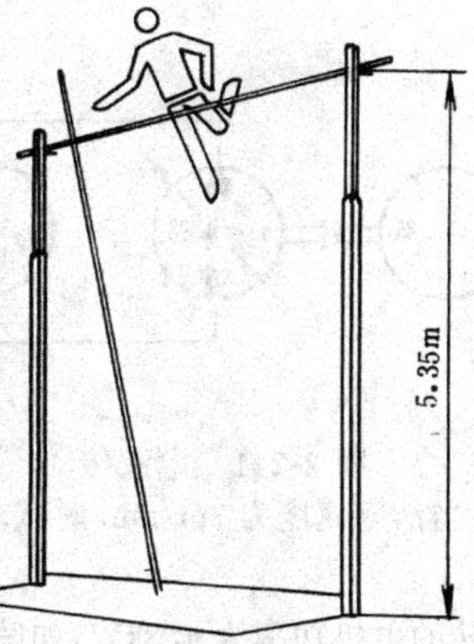

图 2-235　撑杆跳

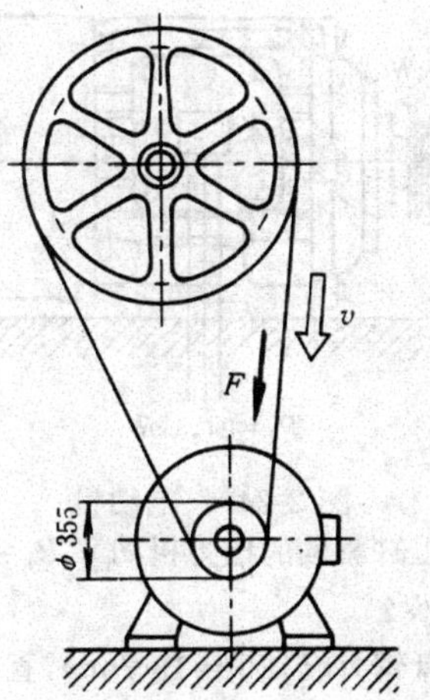

图 2-236　带传动

5. 带式运输机以 $v=35\text{m/min}$ 的速度把物体提升到 4.80m 高度，如图 2-237 所示。电动机输出功率为 3.8kw，试求物体总重量。

6. 用绳索滑轮提升重物，如图 2-238 所示。重物 50kN，配重 38kN，提升速度 2.3m/s。试求绳索滑轮传动功率。若滑轮直径 $d=450\text{mm}$，求滑轮应有转矩 M。

7. 抽水泵把水平面上水抽到 283m 高度，如图 2-239 所示。泵的功率为 34MW，试求水的流量。

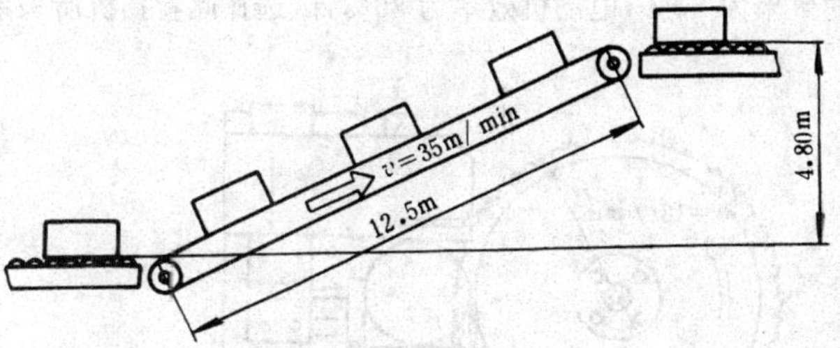

图 2-237　带式运输机

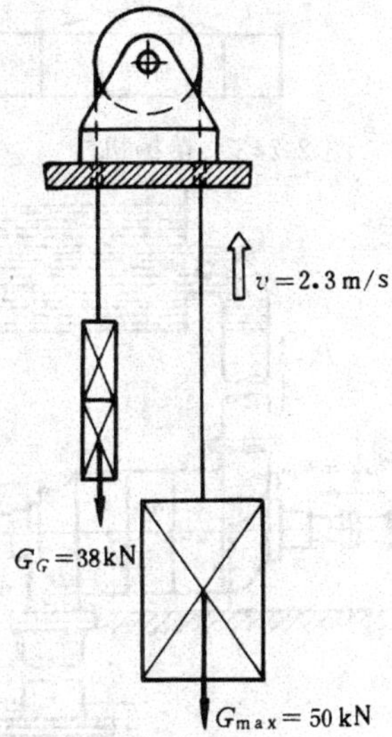

图 2-238　绳索滑轮

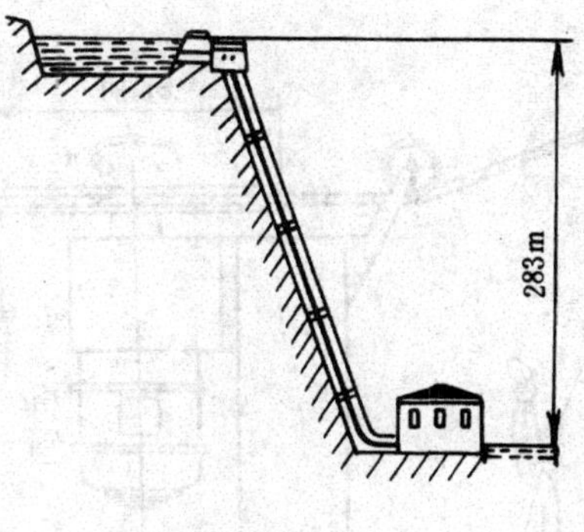

图 2-239　抽水泵

8. 长途运载飞机功率为 160MW，以 886km/h 速度推进。试求推进装置推力。

9. 求图 2-240 所示的电动机的机械效率。

10. 如图 2-241 所示，由电动机、液压泵、液压马达组成的传动系统简图。求此系统总效率。

11. 轮船所用柴油机的输出功率为 160kW。若每升柴油可作功 37000kJ，若此柴油机每小时耗油 20.18l。试求此柴油机效率。

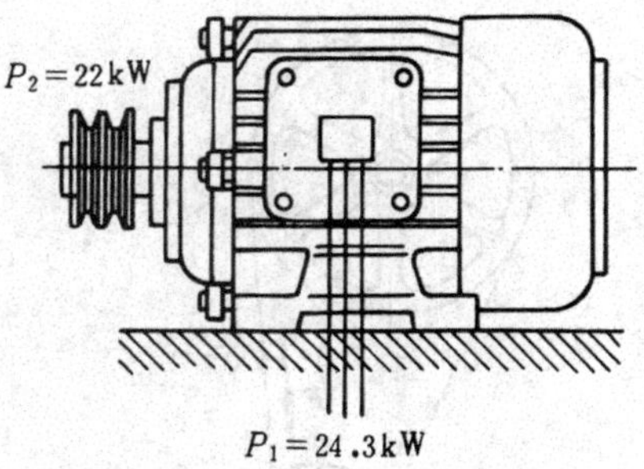

图 2-240　电动机

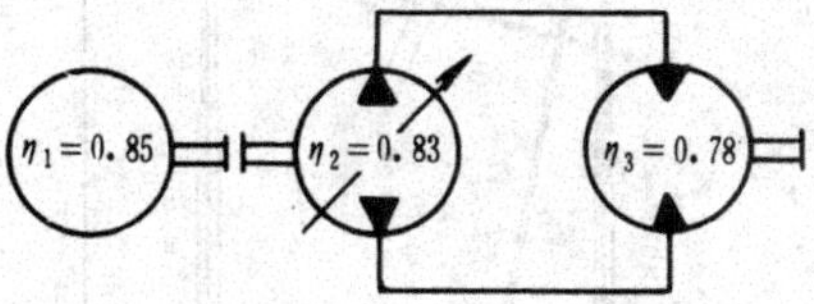

图 2-241　电液传动

12. 液压缸驱动的压力机功率 $P_1=9\text{kW}$，压力机效率 $\eta=88\%$，当活塞速度为 7m/min 时试求压力机产生的压力为多少？

13. 圆盘锯片转速 $n=18\text{r/min}$，直径 $d=630\text{mm}$，带动锯片旋转的电机功率为 4.3kW，如图 2-242 所示，若锯床的效率为 0.65，试求锯片输出的功率，锯片产生的转矩及锯片的切削力。

14. 由电动机带动的卷扬机如图 2-243 所示，起吊的最大重量为 5t，起吊的速度 1.5m/min，若蜗杆传动的效率为 80%，电动机效率为 86%，试选择此卷扬机所采用电机的功率值。

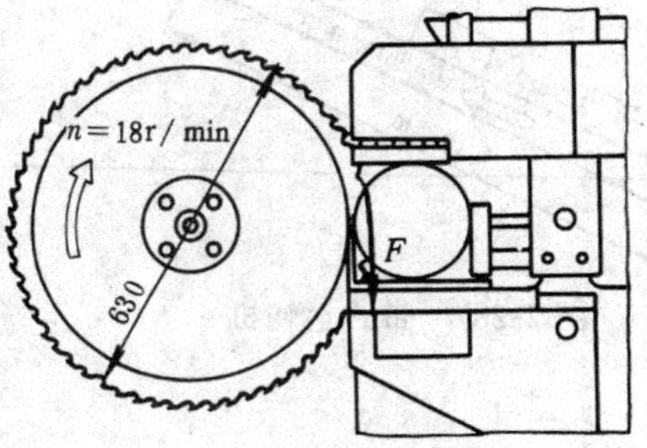

图 2-242　锯片切削

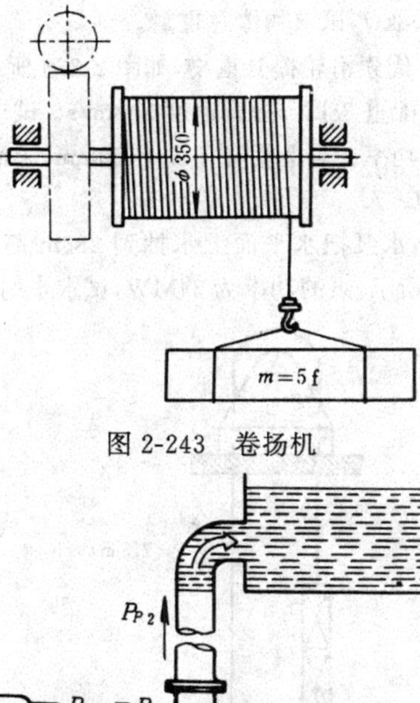

图 2-243　卷扬机

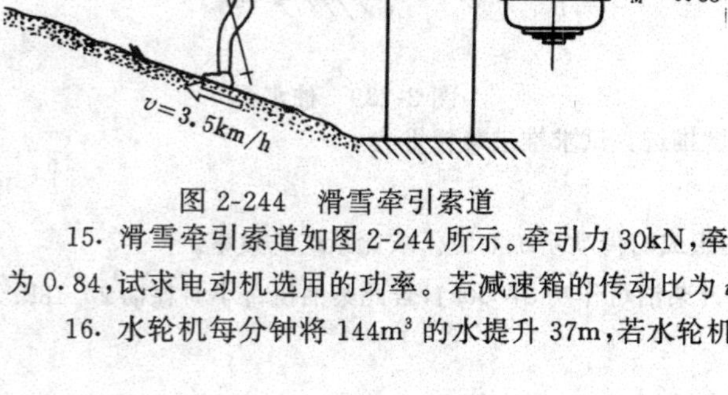

图 2-244　滑雪牵引索道

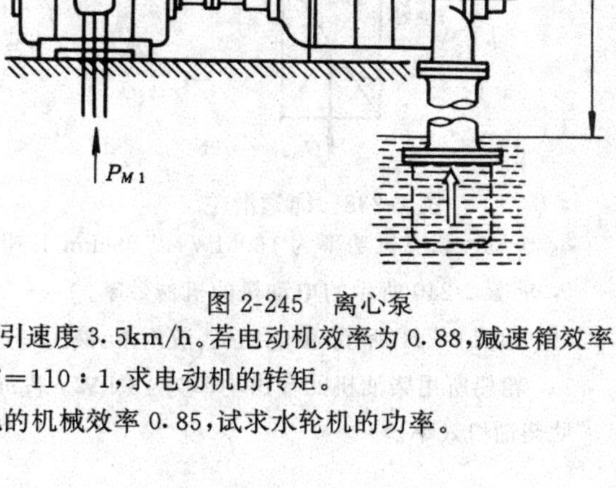

图 2-245　离心泵

15. 滑雪牵引索道如图 2-244 所示。牵引力 30kN，牵引速度 3.5km/h。若电动机效率为 0.88，减速箱效率为 0.84，试求电动机选用的功率。若减速箱的传动比为 $i=110:1$，求电动机的转矩。

16. 水轮机每分钟将 144m^3 的水提升 37m，若水轮机的机械效率 0.85，试求水轮机的功率。

17. 旋转离心泵每秒钟把 66l 的水提升到 51m，如图 2-245 所示。电动机的效率 85%，泵的效率是 0.75，试求电动机选用功率 P_{M1}。

2.18 切削力和切削功率

切削力直接影响着切削热的产生，并进一步影响着刀具磨损，刀具寿命和已加工表面质量。它又是计算切削功率，设计和使用机床、刀具夹具的必要依据。因此对切削力的计算将有助于分析切削过程，并对生产实际有重要指导意义。

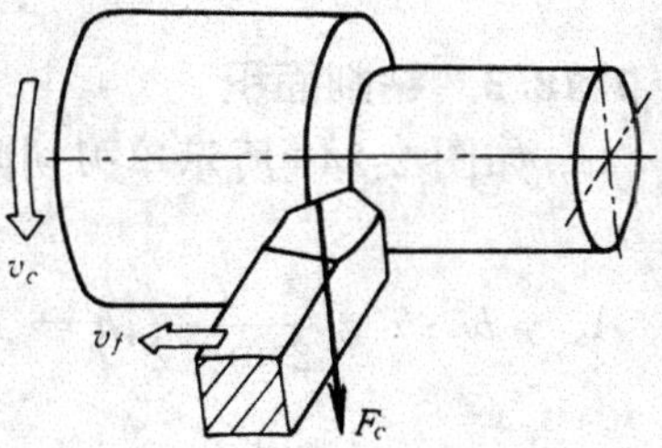

图 2-246 切削力

2.18.1 切削力

如图 2-246 所示，现以车削外圆为例说明切削力的方向，大小和计算方法。F_c 与切削速度 v_c 的方向一致。

材料不同，切削面积不同所需的切削力也不同，常用材料的单位切削力 K_c 列表如下：

车削的单位切削力 K_c (N/mm²)

车削材料	切削厚度 h(mm)			
	0.16	0.20	0.31	0.5
Q275 结构钢	2600	2430	2130	1845
45 调质钢	2380	2240	1990	1750
16MnCr5 渗碳钢	2425	2270	1990	1725
H62 黄铜	1555	1500	1405	1310

切削力的计算公式为：

$$F_c = AK_c$$

式中 F_c——与切削速度 v_c 方向一致的切削力(N)；

A——切削面积(mm²)；

K_c——单位切削力(N/mm²)。

对于不同的加工方法，切削面积的计算方法也不相同。

2.18.2 车削面积

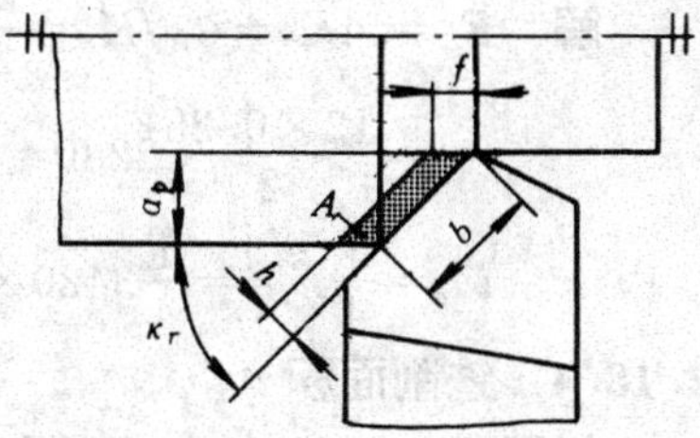

图 2-247 车削面积

如图 2-247 所示车削面积 $A=bh$；其中 $b=a_p/\sin\kappa_r$；$h=f\sin\kappa_r$

那么 $A=a_p/\sin\kappa_r \times f\sin\kappa_r = a_p f$ 即 $A=a_p f$

式中 A——切削面积(mm²)；

a_p——背吃刀量(切削深度)(mm)；

f——进给量(mm/r)；

κ_r——主偏角(°)；

b——切削长度(mm)；

h——切削厚度(mm)。

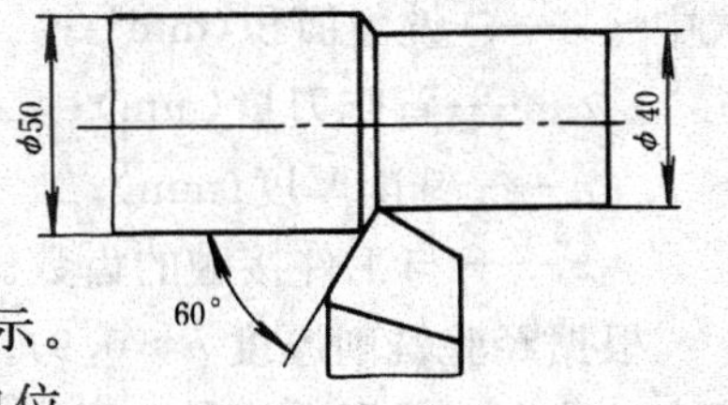

图 2-248 车轴

例 把 45 钢的毛坯 ϕ50mm 车至 ϕ40mm，如图 2-248 所示。设进给量 $f=0.35$mm/r 一次进给完成，试求背吃刀量 a_p，单位切削力 K_c 和切削力 F_c。

解 $a_p=(d_1-d)/2=\frac{50-40}{2}=5\text{mm}$

$h=f\sin\kappa_r=0.35\times\sin60°=0.30\text{mm}$

查表得： $K_c=1990\text{N/mm}^2$

$F_c=AK_c=a_pfK_c=5\times0.35\times1990$

$=3482.5\text{N}$

2.18.3 钻削面积

如图 2-249 所示单刃切削面积

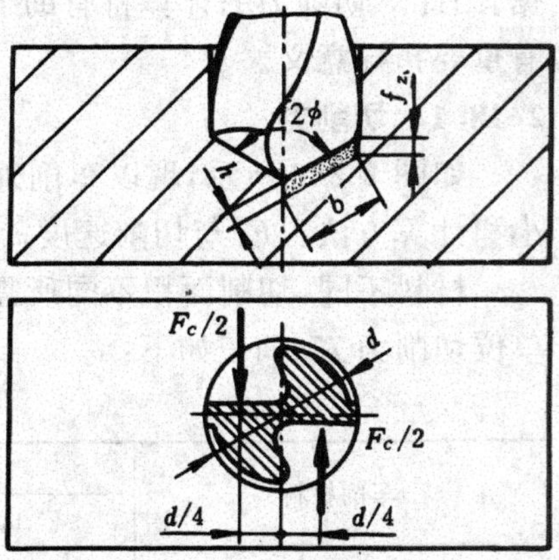

图 2-249 钻削面积

$$A_z=bh;b=\frac{d}{2\sin\phi/2};h=f_z\sin\frac{\phi}{2};A_z=\frac{df_z\sin\frac{\phi}{2}}{2\sin\frac{\phi}{2}}=\frac{df_z}{2}$$

双刃切削面积：

$A=2A_z$，而 $f_z=f/2$；所以 $A=2\frac{d}{2}\quad\frac{f}{2}=\frac{d}{2}f$

实际上钻削吃刀量 $a_p=d/2$，则 $A=a_pf$

式中 A——双刃钻削面积。(mm^2)；

a_p——钻削吃刀量，孔径的一半(mm)；

f——进给量(mm/r)；

2ϕ——锋角(°)；

A_z——单刃切削面积(mm^2)；

f_z——单刃进给量(mm)。

上图中还可求得钻削力偶矩 $M_c=2\frac{F_c}{2}\times\frac{d}{4}$，即 $M_c=\frac{1}{4}F_cd$

例 在 Q235 钢的工件上钻 12mm 的孔，钻削进给量 $f=0.25\text{mm/r}$，材料的单位切削力 $K_c=2280\text{N/mm}^2$。试求切削力 F_c 和力偶矩 M_c。

解 $F_c=AK_c=a_pfK_c=\frac{d}{2}fK_c$

$=\frac{12\times0.25}{2}2280=3420\text{N}$

$M_c=\frac{1}{4}F_cd=\frac{1}{4}3420\times12=10.26\text{Nm}$

2.18.4 铣削面积

如图 2-250 所示，每齿铣削面积 $A_z=a_ph$，那么同时参加铣削的齿数为 z_e 时铣削面积为：$A=a_phz_e$

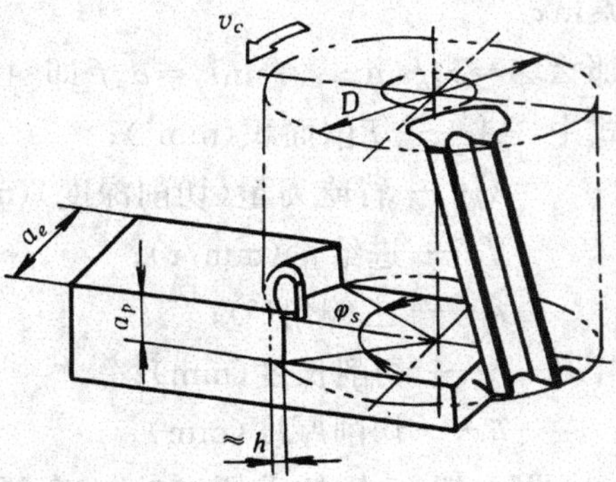

图 2-250 铣削面积

式中 A——铣削面积(mm^2)；

a_p——背吃刀量(mm)；

h——铣削厚度(mm)；

z_e——与工件接触的齿数。

根据经验铣削厚度 $h\approx0.9f_z$

式中 f_z——每齿进给量 毫米(mm)

又 $Z_e=\frac{\varphi_s}{360}Z$，$\sin\varphi_s/2=a_e/D$

式中 φ_s——铣刀与工件的接触角(°)；

z——铣刀齿数；

a_e——侧吃刀量(mm)；

D——铣刀直径(mm)。

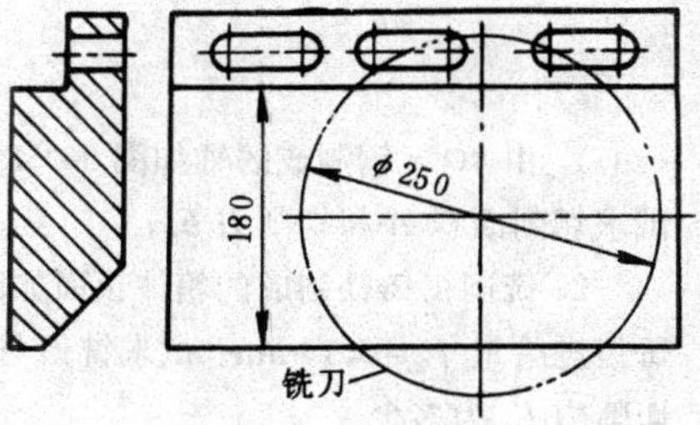

图 2-251　导向板铣削

例　用端铣加工导向板如图 2-251 所示，导向板材料为 45 钢，单位切削力 $K_c=2420\text{N/mm}^2$ 铣削吃刀量 $a_p=4\text{mm}$，铣刀齿数 $z=12$ 齿，每齿进给量 $f_z=0.12\text{mm}$。试求接触角 φ_s，接触齿数 z_e，铣削面积 A，铣削力 F_c。

解

$$\sin\varphi_s/2=\frac{a_e}{D}=\frac{180}{250}=0.72,\varphi_s=92°$$

$$Z_e=\frac{\varphi_s}{360}\quad z=\frac{92°}{360°}\times 12=3.1$$

$$A=a_p\,h\,z_e=a_p\,0.9\,f_z\,z_e$$

$$A=4\times 0.9\times 0.12\times 3.1=1.36\text{mm}^2$$

$$F_c=AK_c=1.36\times 2420=329\text{N}$$

2.18.5　金属切除率

单位时间金属切除量称为切除率，它是衡量切削效率的重要指标。如图 2-252 所示车削加工的金属切除量 Q 可用公式表示：

$$Q=Av_c$$

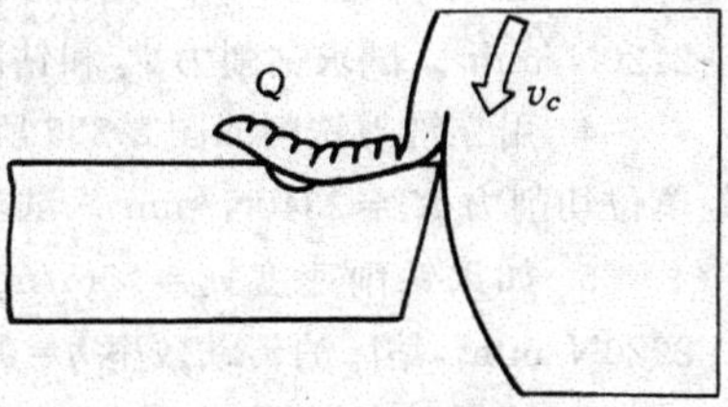

图 2-252　金属切除率

式中 Q——金属切除率(cm³/min)；

A——切削面积(cm²)；

v_c——切削速度(cm/min)。

例　车削速度 $v_c=180\text{m/min}$，车削面积 $A=1.28\text{mm}^2$，试求金属切除率。

解

$$Q=Av_c=0.0128\text{cm}^2\times 18000\text{cm/min}$$
$$=230.4\text{cm}^3/\text{min}$$

2.18.6　切削功率

已知切削力 F_c 及切削速度 v_c 就可求得切削功率 P_c。用公式表示：

$$P_c=F_cv_c$$

已知金属切除率 Q 和单位切削力 k_c 也可求得切削功率 P_c。用公式表示：

$$P_c=QK_c=Av_cK_c$$

计算出切削功率，由机床的传动效率 η 可算出机床电动机的功率 P_1。用公式表示

$$P_1=P_c/\eta$$

例　车削速度 $v_c=120\text{m/min}$，车刀切削力 $F_c=3700\text{N}$，金属切除率 $Q=200\text{cm}^3/\text{min}$ 单位切削力 $K_c=2240\text{N/mm}^2$。试用两种方法求机床的切削功率。

解

$$1.\ P_c=F_cv_c=3700\times\frac{120}{60}=7.4\text{kW}$$

$$2.\ P_c=Q\ \ K_c=200\times 224$$

$$=\frac{44800\text{kN}}{100\times 60\text{s}}=74.7\frac{\text{kNm}}{\text{s}}=7.47\text{kW}$$

习　　题

1. 由 40Cr 钢制成的轴如图 2-253 所示，一次切削，进给量为 $f=0.4\text{mm/r}$，单位切削力 $K_c=1950\text{N/mm}^2$ 试求切削面积 A 和切削力 F_c。

2. 铣削由铸铁制成的箱体顶面如图 2-254 所示。铣刀齿数 $z=18$，直径 $D=315\text{mm}$。背吃刀量 $a_p=6\text{mm}$，每齿进给量 $f_z=0.14\text{mm}$。试求铣刀与工件的接触角 φ_s；接触的铣刀齿数 z_e；若单位切削力 $K_c=2090\text{N/mm}^2$，切削力 F_c 为多少。

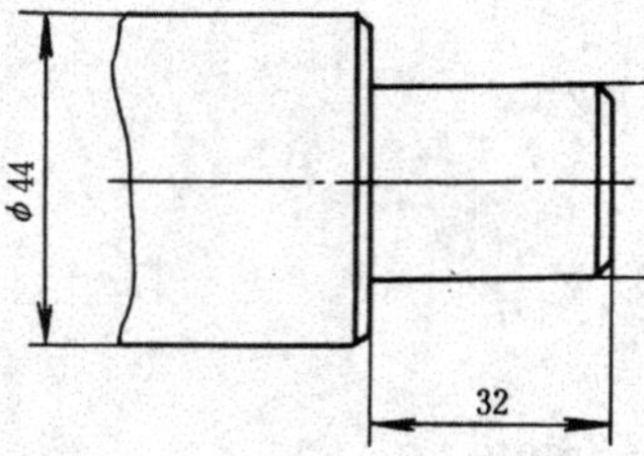

图 2-253　轴的车削

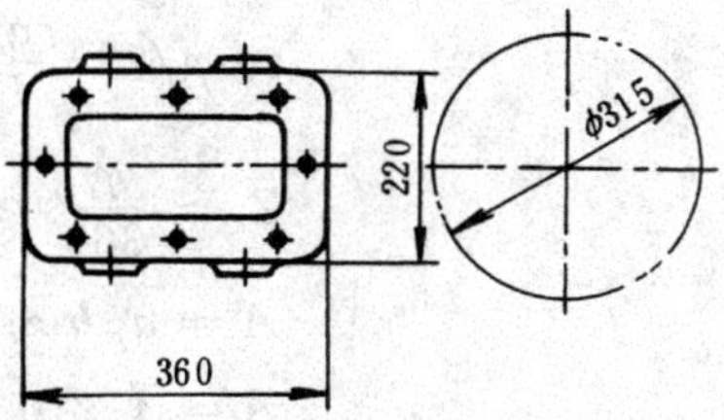

图 2-254　铣削箱体

3. 在材料为 Q235-A 钢的工件上钻孔，孔径 $d=13.5\text{mm}$，进给量 $f=0.25\text{mm/r}$，单位切削力 $K_c=2120\text{N/mm}^2$。试求钻削力 F_c 和钻削力偶矩 M_c。

4. 用立铣刀铣削如图 2-255 所示的键槽。余量分三次平均切除，铣刀齿数 $z=2$，每齿进给量 $f_z=0.4\text{mm}$，单位切削力 $K_c=2340\text{N/mm}^2$。试求铣削每层的铣削面积 A 和铣削力 F_c。

5. 如果钻削速度 $v_c=25\text{m/min}$，钻削面积 $A=0.9\text{mm}^2$，试求金属切除率 Q。若又知单位切削力 $K_c=2220\text{N/mm}^2$，钻床的传动效率 $\eta=65\%$，试求钻床的电动机功率。

6. 铣削底座如图 2-256 所示，铣削速度 $v_c=80\text{m/min}$，铣削力 $F_c=15000\text{N}$。试求铣削功率；若铣床传动效率 70%，求铣床电动机功率。

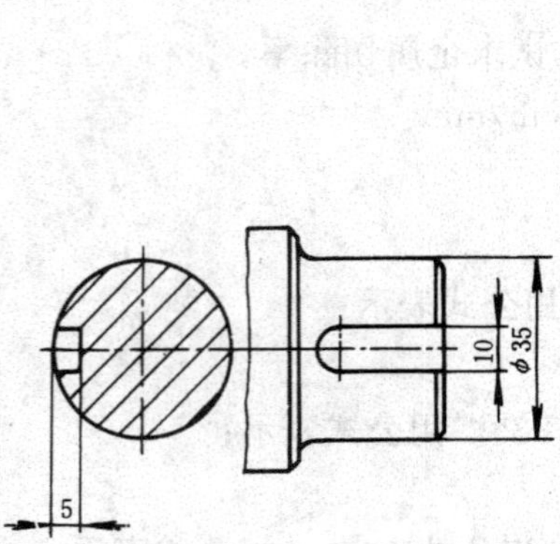

图 2-255　铣键槽

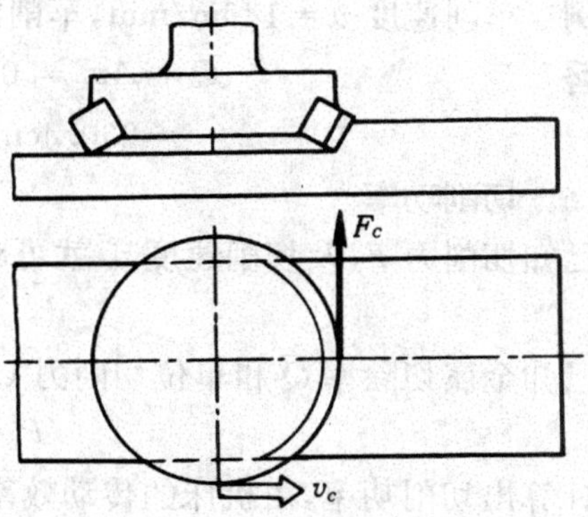

图 2-256　铣底座

7. 车削直径 $D=75\text{mm}$ 的轴，如图 2-257 所示。设车床转速 $n=265\text{r/min}$，背吃刀量 $a_p=6\text{mm}$，进给量 $f=0.6\text{mm/r}$，单位切削力 $K_c=2620\text{N/mm}^2$。试求切削速度 v_c；切削力 F_c；切削功率 P_c；若车床传动效率 $\eta=65\%$，求电机功率 P_1。

8. 车床电动机功率 18.5kW，传动总效率 $\eta=0.75$，背吃刀量 $a_p=3.5\text{mm}$，切削速度 $v_c=220\text{m/min}$，单位

切削力 $K_c=1850\text{N/mm}^2$。求在此情况下，所允许的最大进给量。

9. 如图 2-258 所示，钻头的切削速度 $v_c=25\text{m/min}$，钻孔直径 $d=16\text{mm}$，进给量 $f=0.25\text{mm/r}$，当进给力 $F_f=4000\text{N}$，转矩 $M=1900\text{Ncm}$ 时，试求钻削功率。

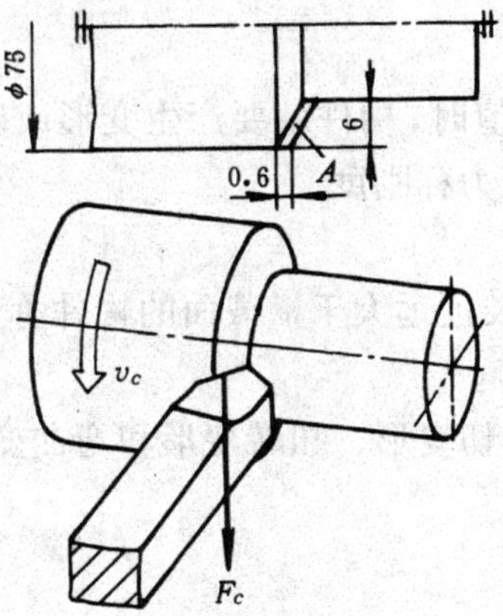

图 2-257 车轴

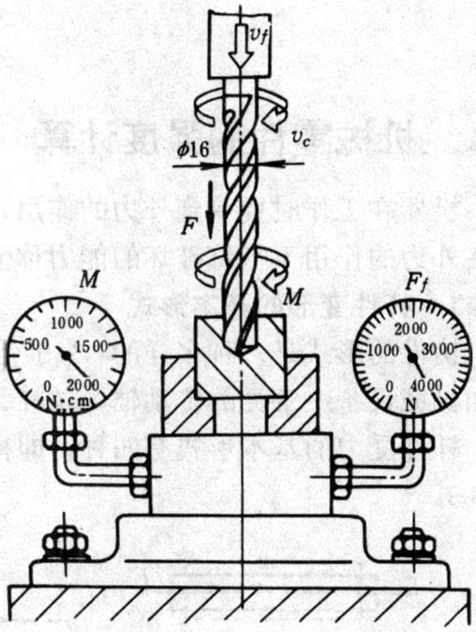

图 2-258 钻削

3　机械工程计算

3.1　机械零件的强度计算

机器在工作时要受到外力的作用，当外力达到一定数值时，构件就要产生变形或破坏。构件在外力的作用下抵抗破坏的能力称强度；抵抗变形的能力称刚度。

3.1.1　杆件变形的基本形式

构件的形式是多种多样的，为了便于研究和分析，把长度远大于横截面的构件称为杆件，例如机械设备上常见的传动轴，丝杠、立柱和吊钩等。

杆件受力的基本形式有四种，即拉伸或压缩变形、剪切变形、扭转变形和弯曲变形，见图 3-1。

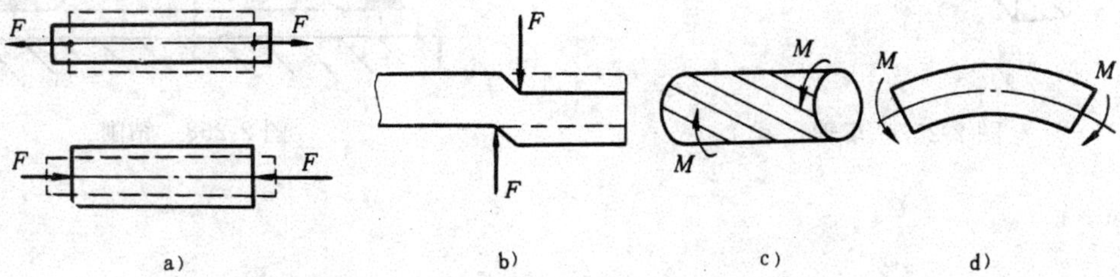

图 3-1　杆件变形的四种基本形式

a）拉伸和压缩　b）剪切　c）扭转　d）弯曲

3.1.2　拉伸和压缩

3.1.2.1　拉伸和压缩的概念　当外力合力的作用线与杆件的轴线重合，而使杆件产生沿轴线方向的伸长或缩短的变形时，则该杆件受到了拉伸或压缩。图 3-1a 上图的杆件受拉伸、下图的杆件受压缩。

3.1.2.2　轴向拉、压时横截面上的内力和应力

1. 内力　材料内部各质点之间因外力的作用而产生的彼此间相互作用的力称内力。它既不同于外力，也不同于物质内部分子或原子间的引力，它随外力的增大而增大，随外力的减小而减小，当内力达到一定极限值时，构件将发生破坏。所以构件的变形大小及其破坏都和内力有着密切的关系。

为了求出内力，假想将受力 F 和 F' 作用而处于平衡状态的直杆沿 $m-m$ 断面切开，分成Ⅰ、Ⅱ两段。由于原来整杆处于平衡状态，所以Ⅰ、Ⅱ两段仍处于平衡状态。因此在Ⅰ段上除左端受拉力 F 外，在横截面 $m-m$ 上必然存在着Ⅱ段对它的反作用力以保持平衡。很显然，作用在横截面 $m-m$ 上的力即为内力，它均匀分布在整个横截面上，其合力为 N。按照力的平衡条件，$N=F$，见图 3-2。

同理可得Ⅱ段上内力的合力 N 也等于其右端所受的外力 F'，即 $N=F'$

根据作用与反作用原理，在 $m-m$ 截面上Ⅱ段给Ⅰ段一个作用力 N，则Ⅰ段必然给Ⅱ段

一个反作用力 N'，因此，N 与 N' 大小相等、方向相反、沿同一直线作用。

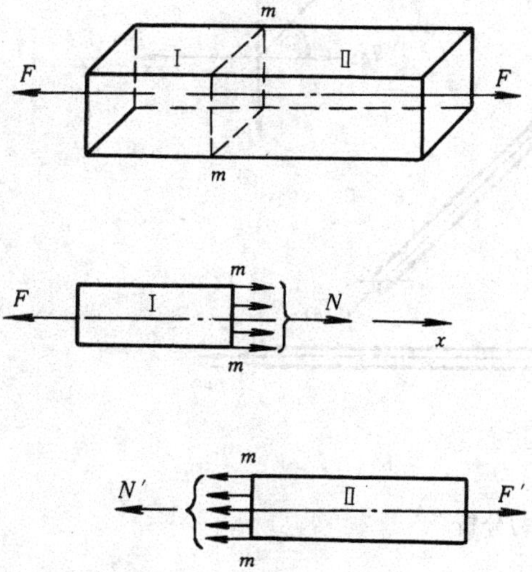

图 3-2　杆件受力分析图

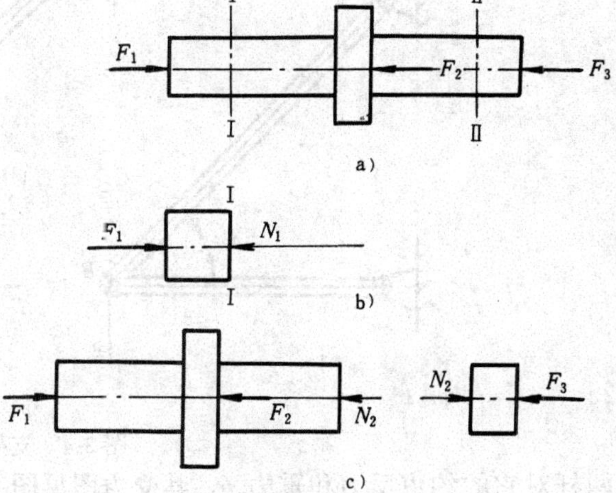

图 3-3　杆件受力分析

上述求截面上内力的方法称为截面法．它是求截面上内力的基本方法。

例　在图 3-3 所示的轴上受三个力的作用，已知 $F_1=2620N$，$F_2=1300N$，$F_3=1320N$，求截面Ⅰ－Ⅰ和截面Ⅱ－Ⅱ上的内力。

解　求Ⅰ－Ⅰ截面上的内力　用截面法从Ⅰ－Ⅰ处将杆件截开，左端受力情况见图 3-3b，则

$$\Sigma F_X = 0, \quad 即\ F_1 = N_1 = 0$$

$$N_1 = F_1 = 2620N$$

再求Ⅱ－Ⅱ截面上的内力　用截面法从Ⅱ－Ⅱ处将杆件截开，右端受力情况见图 3-3c，则

$$\Sigma F_X = 0, \quad 即\ N_2 = F_3 = 0$$

$$N_2 = F_3 = 1320N$$

在求解杆件上某截面上的内力时，截开后可以留下受力情况较简单的一段作为分析对象，以便求解。

2. 正应力　构件单位横截面上的内力称为应力，与横截面垂直的应力叫正应力。即

$$\sigma = \frac{N}{A}$$

式中　σ——正应力（MPa）；

N——横截面上内力的合力（N）；

A——横截面面积（mm^2）。

应力不仅与内力有关，而且与横截面的大小有关，在内力相同的条件下，杆件的细部容易拉断，而粗部不易拉断，这是因为细部应力大，而粗部应力小的缘故。

例　在图 3-4 所示的支架中，杆 AB 为直径 $d=20mm$ 的圆钢，杆 BC 的横截面为边长 $a=15mm$ 的正方形，在铰接点 B 处承受 $p=20000N$ 的载荷，不计杆件的自重，求 AB、BC 两杆横截面上的正应力 σ_1 和 σ_2 各是多少？

解　受力分析：AB 杆受铰链 A、B 的约束反力，假定其所受为拉力 T_A、T_{B1}，见图 3-4b。杆 BC 受有铰链 B、C 对其的约束反力 T_{B2}、T_C，仍假定其受拉力，见图 3-4b。铰链 B 则受有

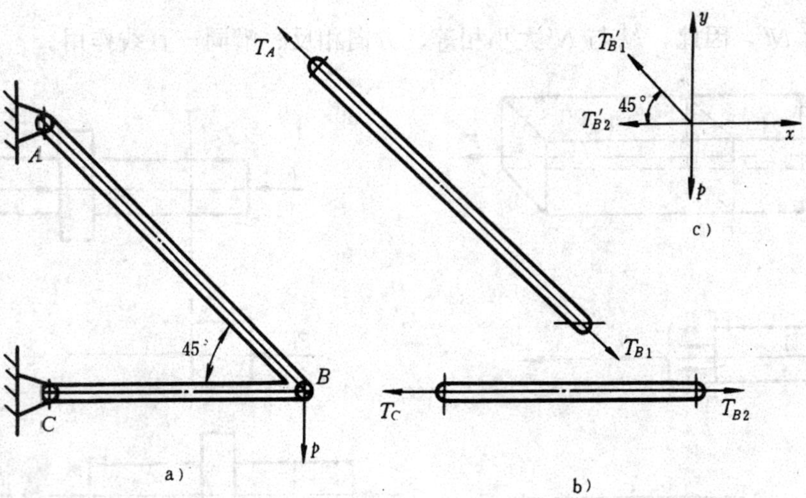

图 3-4 支架受力分析

两杆对它的约束反力和重力 p，其受力图见图 3-4c。

计算各力大小，由图 3-4c，$\Sigma F_x=0$，$\Sigma F_y=0$ 得

$$-T'_{B2}-T'_{B1}\cos45°=0$$

$$T'_{B1}\sin45°-p=0$$

解

$$T'_{B1}=\sqrt{2}\,p=28300\text{N},T'_{B1}=T_{B1}=T_A$$

$$T'_{B2}=-p=-20000\text{N},T'_{B2}=T_{B2}=T_c$$

由于外力和内力相平衡，所以

$$N_1=T'_{B1}=28300\text{N}$$

$$N_2=T'_{B2}=-20000\text{N}$$

负号说明力的假定方向与实际方向相反。

求两杆截面上的正应力 σ_1 和 σ_2

$$\sigma_1=\frac{N_1}{A_1}=\frac{T'_{B1}}{\frac{\pi d^2}{4}}=\frac{28300}{\frac{3.14\times20^2}{4}}=90\text{MPa}$$

$$\sigma_2=\frac{N_2}{A_2}=\frac{-20000}{15\times15}=-89\text{MPa}$$

3.1.2.3 拉伸和压缩时的强度计算

1. 材料在拉伸（或压缩）时的力学性能　材料的力学性能是通过试验来测定的。图 3-5 表示的是应力和应变图，以应力 $\sigma=\dfrac{N}{A}$为纵坐标，以应变（即 $\varepsilon=\dfrac{\Delta L}{L}$）为横坐标，从该图可以分析出材料的一些主要力学性能。

（1）比例极限 σ_p　在 oa 线段内，应力与应变成正比，材料变形遵从虎克定律，即

$$\sigma=E\varepsilon$$

称为拉伸（或压缩）虎克定律，式中 E 是比例常数，称为材料的弹性模量，它表示材料抵抗变形的能力。点 a 所对应的应力是 σ 与 ε 保持正比例关系的最大应力，称为比例 极限，用 σ_p 表示。

（2）屈服点 σ_s　过了 a 点以后，应变逐渐加快，甚至出现应力没有显著增加，而应变却急

剧增加的现象，表明材料已失去了抵抗变形的能力，开始屈服。b 点的应力称屈服点，用 σ_S 表示。

(3) 抗拉强度 σ_b　材料的屈服并不意味着断裂，过了屈服阶段后，材料又恢复了抵抗变形的能力，这种现象称为强化，至 d 点达到了强化的最大值，该点的应力称为材料的抗拉强度，用 σ_b 表示。过了该点，材料的变形仅限于局部，出现了缩颈，直至断裂。

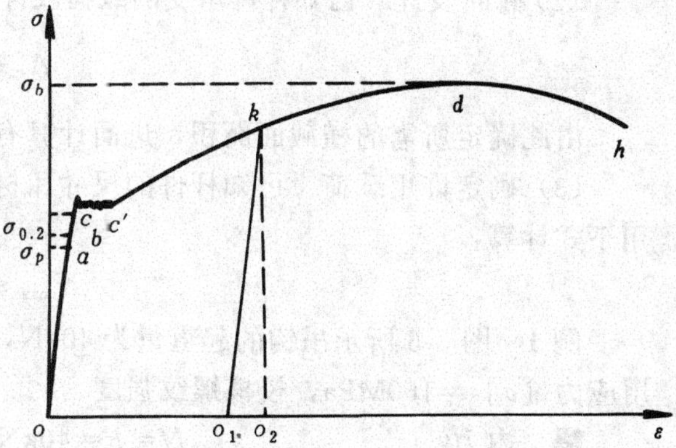

图 3-5　应力－应变曲线图

2. 许用应力与安全系数　材料力学性能试验表明，对于塑性材料，当应力达到屈服点 σ_s 时构件已不能正常工作，所以把 σ_s 作为塑性材料的极限应力，而把脆性材料的强度极限 σ_b 作为极限应力。考虑到构件的工作安全、材料的不均匀性以及计算公式的近似性，应将危险应力除以一个大于 1 的数，作为材料能承受的最大安全应力，称为许用应力，用 $[\sigma]$ 表示，即

$$\text{塑性材料}\quad [\sigma]=\frac{\sigma_s}{n_s}(n_s=1.4\sim1.7)$$

$$\text{脆性材料}\quad [\sigma]=\frac{\sigma_b}{n_b}(n_b=2\sim3)$$

n_s、n_b 为安全系数。

常用材料的许用应力见表 3-1。

表 3-1　常温、静载荷和一般工作条件下常用材料的许用应力 $[\sigma]$ 的值

材　　料	许用应力 $[\sigma]$ (MPa)	
	拉　伸	压　缩
灰铸铁	31～78	117～147
Q215-A	137	
Q235-A	157	
16Mn	235	
45 钢调质	186	
铜	29～117	
铝	29～78	
松木（顺纹）	6.9～9.8	9.8～11.7
混凝土	0.098～0.69	0.98～8.8

3. 拉伸和压缩的强度条件及应用　为保证构件的安全，其工作应力不得超过材料的许用应力，即

$$\sigma=\frac{N}{A}\leqslant[\sigma]$$

该式称为杆件轴向拉伸（压缩）时的强度条件，它可以用来解决三类强度计算问题。

(1) 强度校核　已知杆件的尺寸、承受的载荷以及材料的许用应力，校核杆件是否满足强度条件，校核公式为

$$\sigma\leqslant[\sigma]$$

(2) 截面设计　已知杆件承受的载荷及许用应力，确定杆件的截面尺寸可以用下式计算：

$$A \geqslant \frac{N}{[\sigma]}$$

由此确定所需的横截面面积，进而计算有关尺寸。

(3) 确定许用载荷　已知杆件的尺寸和材料的许用应力，求构件能承受的最大载荷，可用下式计算：

$$N_{max} \leqslant [\sigma]A$$

例 1　图 3-6 所示吊钩的起重量为 40kN，螺纹内径 $d_1 = 31.67$mm，许用应力 $[\sigma] = 160$MPa，校核螺纹强度。

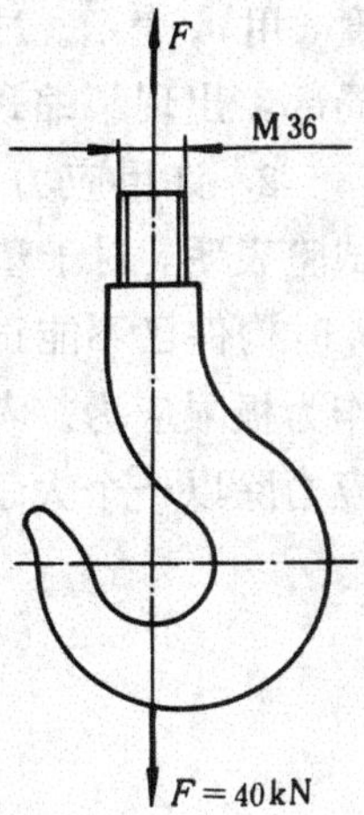

图 3-6　起重吊钩

解　内力　　$N = F = 40$kN

螺纹部分的最小截面积 $A = \frac{\pi d_1^2}{4} = \frac{3.14 \times 31.67^2}{4} = 787\text{mm}^2$

实际应力　　$\sigma = \frac{N}{A} = \frac{40000}{787} = 50.8\text{MPa} < 160\text{MPa}$

即 $\sigma < [\sigma]$，所以螺纹部分的强度足够。

例 2　拉杆承受 20000N 力的作用，其断面为矩形，$h = 2b$，试确定 b、h 的值，$[\sigma] = 100$MPa

解　受力面积　$A = bh = b \times 2b = 2b^2$

由式　$A \geqslant \frac{N}{[\sigma]}$得

$2b^2 \geqslant \frac{20000}{100} = 200\text{mm}^2$

$b^2 \geqslant 100$，$b \geqslant 10$mm

$h \geqslant 2 \times 10 = 20$mm

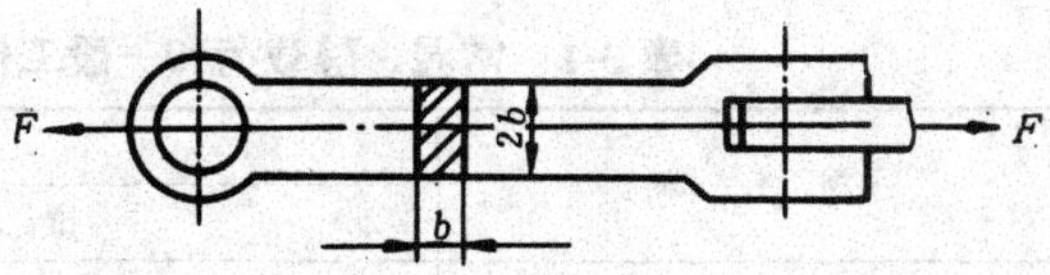

图 3-7　拉杆

例 3　图 3-8 所示气缸盖 1 用 8 条 M20mm 的螺栓（$d_1 = 17.3$mm）与气缸体 2 联接，设螺栓的许用应力 $[\sigma] = 100$MPa，气缸体内径 $D = 600$mm，试求气缸内的最大允许压力 p。

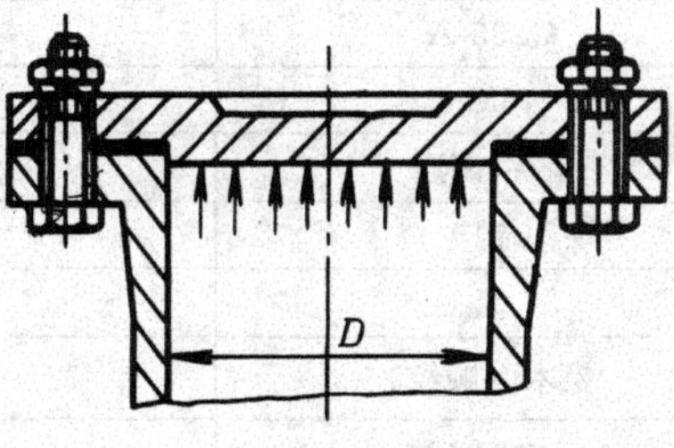

图 3-8　气缸盖与气缸体联接

解　每个螺栓能承受的最大拉力为：

$$N \leqslant [\sigma]A = [\sigma]\frac{\pi d_1^2}{4}$$

$$N \leqslant 100 \times \frac{3.14 \times 17.3^2}{4} = 23506\text{N}$$

8 个螺栓允许承受的最大载荷为：

$$p_{max} \leqslant 8N = 188048\text{N}$$

缸内允许的最大压力为：

$$p = \frac{p_{max}}{\frac{\pi D^2}{4}} = \frac{188048}{\frac{3.14 \times 600^2}{4}} = 0.67\text{MPa}$$

习　题

1. 求图 3-9a 所示 Ⅰ－Ⅰ、Ⅱ－Ⅱ截面和图 3-9b 所示 Ⅰ－Ⅰ、Ⅱ－Ⅱ和Ⅲ－Ⅲ截面上的内力。

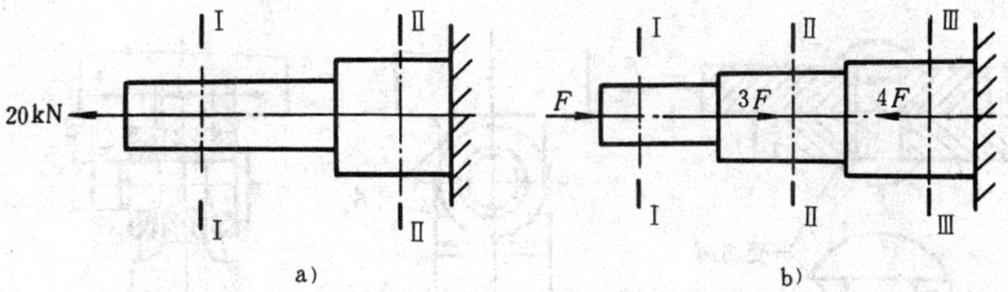

图 3-9 求内力

2. 已知拉力 $F=15\text{kN}$，$d=20\text{mm}$，不考虑应力集中，求截面 Ⅰ－Ⅰ、Ⅱ－Ⅱ上的应力。

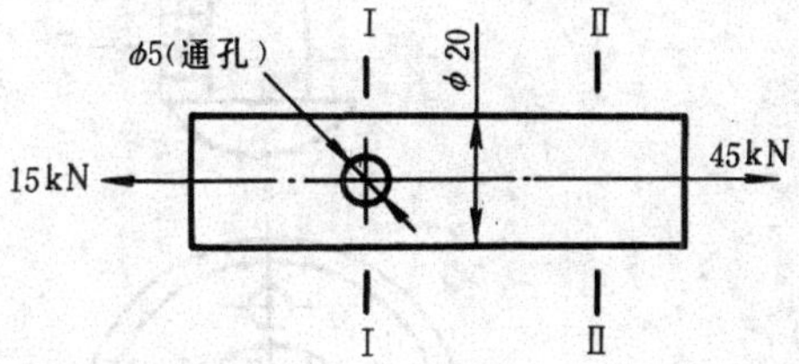

图 3-10 求应力

3. 桥式起重机钢丝绳的直径 $d=32\text{mm}$，许用应力 $[\sigma]=400\text{MPa}$，该钢丝绳的最大起重量是多少？

4. 气缸的内径 $d=800\text{mm}$，缸盖与缸筒间用螺栓联接，求当系统的压力达到 70MPa 时需用多少个 M20 的螺栓进行联接？设材料的许用应力 $[\sigma]=100\text{MPa}$

5. 活塞杆的直径 $d=20\text{mm}$，工作时承受的最大拉力是 40000N，若活塞杆的屈服点 $\sigma_s=400\text{MPa}$，当安全系数 $n_s=1.5$ 时，问该活塞杆的直径是否足够大？

6. 图 3-11 所示的圆筒形支柱由灰铸铁制成，已知其抗压强度 $\sigma_{bc}=700\text{MPa}$，安全系数 $n_b=2$，求当圆筒的壁厚 $t=5\text{mm}$ 时，四个支柱所能承受的最大载荷是多少？

7. 图 3-12 所示的压板螺栓的公称直径为 18mm，其许用应力 $[\sigma]=80\text{MPa}$，压力 $Q=1000\text{kN}$ 时，螺栓的强度是否够？

8. 图 3-13 所示构架的铰链 B 处受到 160kN 的载荷，AB 杆用 Q235－A，$[\sigma]=160\text{MPa}$，BC 杆用木材，$[\sigma]=4\text{MPa}$，两杆均为圆柱形，试确定它们各自的直径。

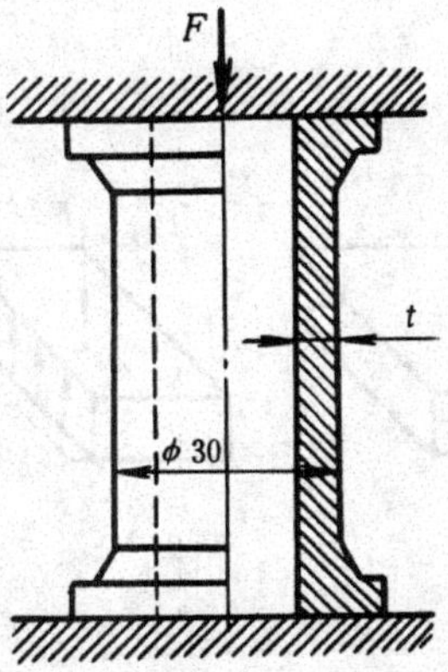

图 3-11 圆筒形支柱

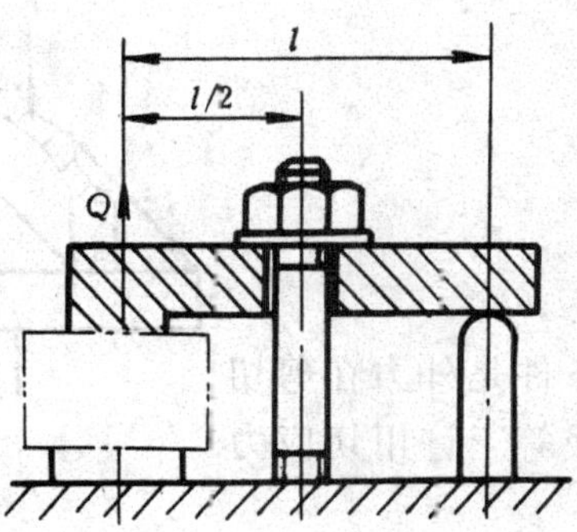

图 3-12 压板螺栓

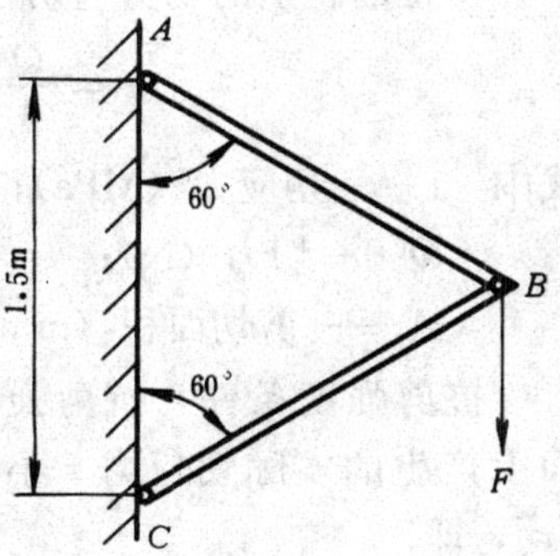

图 3-13 构架

9. 起重机钢丝绳的直径 $d=16\text{mm}$，许用应力 $[\sigma]=600\text{MPa}$，计算钢丝绳的最大起重量（kN）为多少？若钢丝绳的直径增加到原来的 1.5 倍，起重量是否也增加到原来的 1.5 倍？

10. 拉杆的断面积为正方形，它承受 4000kN 的拉力，若许用应力为 $[\sigma]=100\text{MPa}$，求拉杆的横截面积和它的边长。

3.1.3 剪切和挤压的计算

3.1.3.1 剪切和挤压的概念 机械工程中的有些联接件，如图 3-14 所示的铆钉、销钉和键联接，当其受到大小相等、方向相反、作用线相距很近的横向力 F 的作用时，在有关表面发生剪切作用，结果使上、下两部分沿剪切面相对错动。另外，在联接件和被联接件相接触的部分还受到挤压作用。

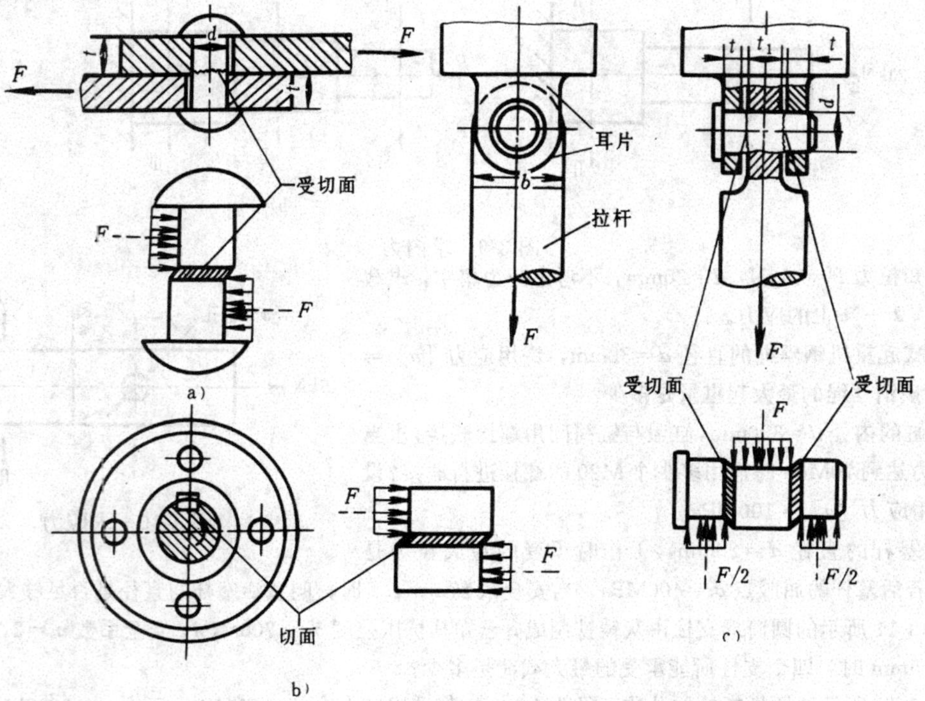

图 3-14　铆钉、键、销受剪情况

3.1.3.2　剪切时的内力和应力　因受切力的作用而破坏的构件，是沿剪切面被剪断的，截面内的力是内力。和拉伸一样，剪切时的内力是用截面法求出的，由于剪切时的内力也总是与外力相平衡，所以内力 Q 与外力 F 相等，即 $F=Q$，见图 3-15。

单位面积上的切力叫切应力，用 τ 表示，即：

$$\tau=\frac{Q}{A_j}$$

式中　τ——切应力（MPa）；

Q——切力（N）；

A_j——剪切面积（mm^2）。

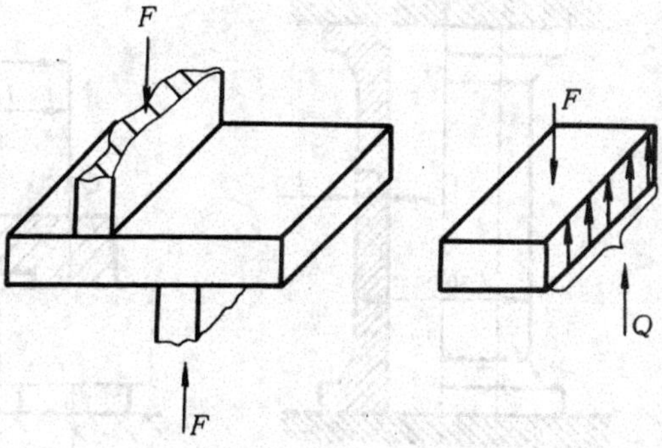

图 3-15　切力与切应力

抗剪强度条件　抗剪强度条件是外力在剪切面上产生的实际切应力 τ 小于或等于许用切应力 $[\tau]$，即

$$\tau=\frac{Q}{A_j}\leqslant[\tau]$$

式中　$[\tau]$——许用切应力，一般可以用材料的最大抗切应力除以安全系数求得，也可以用以下的经验公式确定。

对于塑性材料　$[\tau]=(0.6\sim0.8)[\sigma]$

对于脆性材料　$[\tau]=(0.8\sim1)[\sigma]$

抗剪强度计算也包括强度校核、截面设计和确定许用载荷三方面的内容。

例 1　在图 3-16 所示的螺栓联接中，已知外载荷 $F=15000$N，许用切应力 $[\tau]=60$MPa，求当两只螺栓均为 M16 时是否安全？

解 $\tau = \frac{Q}{A_j} \leqslant [\tau]$

$$\tau = \frac{\frac{F}{2}}{\frac{\pi d^2}{4}} = \frac{\frac{15000}{2}}{\frac{3.14 \times 13.8^2}{4}} = 50\text{MPa} < 60\text{MPa}$$

∴ 是安全的。

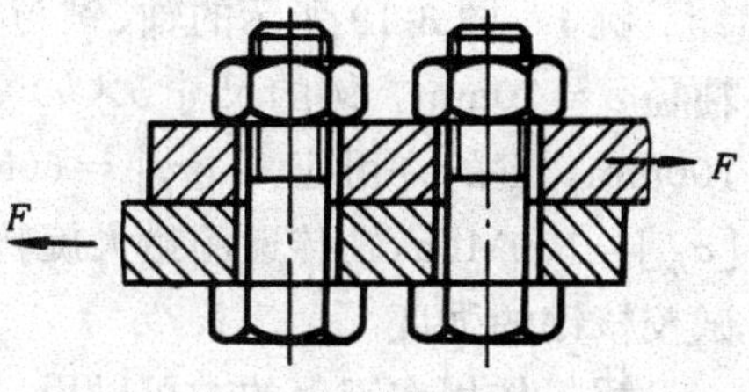

图 3-16 螺栓联接

例 2 在图 3-17a 中，已知螺栓直径 $d=16$mm，许用切应力 $[\tau]=60$MPa，求螺栓能承受的载荷是多少？

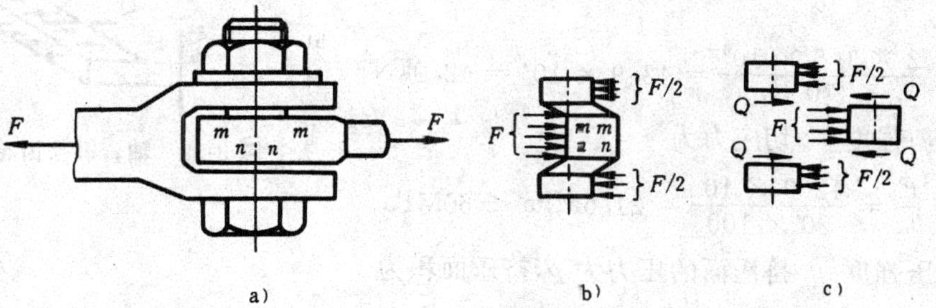

图 3-17 承受双面剪切的螺栓受力分析图

解 由 $\tau = \frac{F}{2A} \leqslant [\tau]$ 可知

$$F \leqslant 2A[\tau] = 2 \times \frac{3.14 \times 16^2}{4} \times 60 = 24115\text{N} = 24\text{kN}$$

即螺栓能承受的最大载荷为 24kN。

例 3 钢板厚 $t=10$mm，极限切应力 $\tau=300$MPa，在此钢板上若要冲出 $d=30$mm 的孔，见图 3-18，求冲裁力是多少？

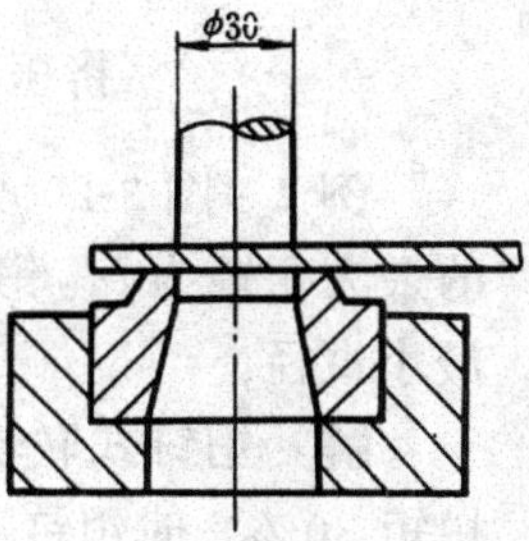

图 3-18 钢板冲孔

解 由 $\tau = \frac{F}{A}$ 可得

$$F = A\tau$$
$$= \pi d t \tau = 3.14 \times 30 \times 10 \times 300$$
$$= 282743\text{N} \approx 283\text{kN}$$

3.1.3.3 挤压强度的计算 机件在受到剪切的同时也受到挤压，这种挤压作用表现为在联接件和联接件的接触面上相互压紧，称为挤玉，其接触面称为挤压面。

两零件互相挤压，在挤压面上的压力强度实质上就是挤压应力，即

$$\sigma_{jy} = \frac{F}{A_{jy}}$$

式中 σ_{jy}——挤压应力（MPa）；

F ——外力（N）；

A_{jy}——挤压面积（mm^2），当接触面积是平面时（如键），即以接触面面积为挤压面积；当接触面面积是圆柱面和圆孔时，则以圆柱面的投影面积（即直径平面的面积）为挤压面积。

和压伸、剪切一样，挤压作用时的强度条件为载荷在挤压面上产生的实际应力应小于、等于许用挤压应力 $[\tau_{jy}]$，即

$$\sigma_{jy} = \frac{F}{A_{jy}} \leqslant [\sigma_{jy}]$$

$[\sigma_{jy}]$ 的数值可查阅有关手册，通常钢材可取 $[\sigma_{jy}]=(1.1\sim2)[\sigma]$

例 1 图 3-19 所示的轴、键与一齿轮相联接，已知轴径 $d=70\text{mm}$，键的尺寸 $b\times h\times l=20\text{mm}\times12\text{mm}\times100\text{mm}$，键的许用应力 $[\tau_j]=60\text{MPa}$，许用挤压应力 $[\sigma_{jy}]=100\text{MPa}$，轴传递的最大旋转力矩 $M=1.5\text{kNm}$，试校核键的强度。

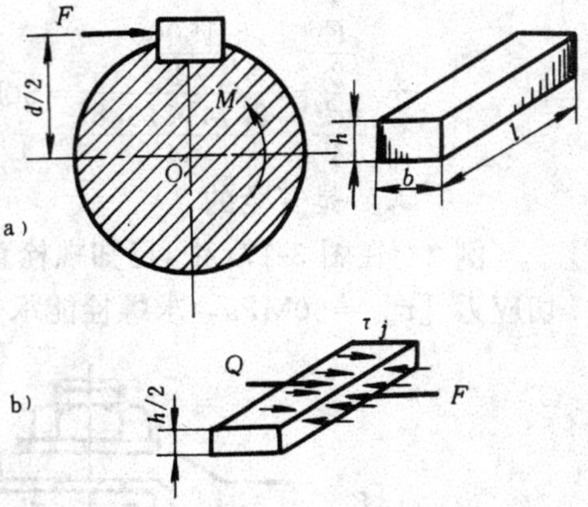

图 3-19 轴、键与齿轮联接

解 作用在键上的力可以用

$$F\frac{d}{2}-M=0 \text{ 求出}$$

$$F=\frac{2M}{d}=\frac{2\times1.5\times10^6}{70}=42.9\times10^3=42.9\text{kN}$$

校核抗剪强度　切应力为

$$\tau_j=\frac{F}{A_j}=\frac{F}{bu}=\frac{42.9\times10}{20\times100}=21.5\text{MPa}<60\text{MPa}$$

校核挤压强度　挤压面的压力为 p，挤压面积为

$$A_{jy}=\frac{h}{2}L=\frac{1}{2}\times12\times100=600\text{mm}^2$$

挤压应力为 $$\sigma_{jy}=\frac{F}{A_{jy}}=\frac{42.9\times10^3}{600}=71.5\text{MPa}<100\text{MPa}$$

例 2 图 3-20 所示为销钉式联轴器，设它能传递的最大扭矩为 M，销钉的抗剪强度为 τ_b，试确定销钉的最小直径。

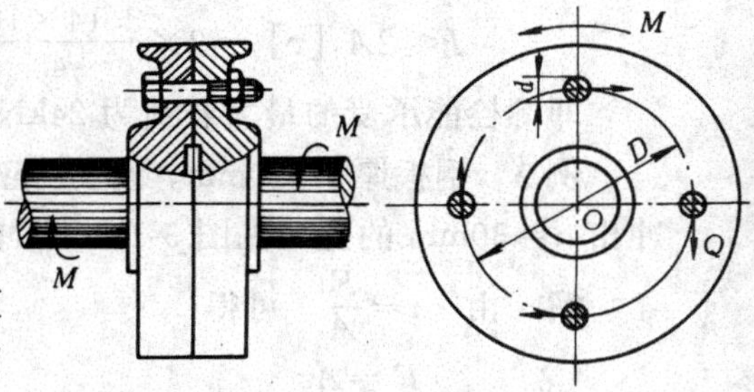

图 3-20 销钉式联轴器

解 销钉式联轴器是使机器过载（超过最大工作扭矩 30%）时销钉被切断，以保护主要零件不发生破坏，所以销钉的直径应按极限扭矩 $M_K=1.3M$ 时，销钉的切应力 τ_j 达到材料的 τ_b（即剪切破坏条件）来设计。

由平衡条件可以求出销钉的切力为

$$nQR-M_K=0$$

$$Q=\frac{M_K}{nR}$$

式中　n 为销钉的数目，由剪切破坏条件

$$\tau_j=\frac{Q}{A_j}=\frac{M_K/nR}{\pi d^2/4}=\frac{5\times2M}{n\pi Rd^2}=\tau_b$$

得销钉直径为

$$d=1.29\sqrt{\frac{M}{nR\tau_b}}$$

习　题

1. 钢板的抗剪强度为 $\tau_b=320\text{MPa}$，冲头直径 $d=25\text{mm}$，求当冲裁力为 10^4kN 时所能冲穿的钢板的厚度 t。

2. 如图 3-21 所示，已知 $F=100\text{kN}$，销钉直径 $d=30\text{mm}$，材料的许用切应力 $[\tau]=60\text{MPa}$，试校核销钉的抗剪强度，若强度不够，应选用多大的销钉直径？

3. 图 3-22 所示轴的直径 $d=80\text{mm}$，键宽 $b=24\text{mm}$，键高 $h=14\text{mm}$，键的 $[\sigma_{jy}]=90\text{MPa}$ $[\tau_j]=40\text{MPa}$，轴传递的力矩 $M=3.2\text{kN}\cdot\text{m}$，求键的长度 l。

4. 图 3-23 所示为安装铰刀的套筒，已知 $M=50\text{N}\cdot\text{m}$，销钉直径 $d=6\text{mm}$，材料的 $[\tau_j]=80\text{MPa}$，校核销钉的抗剪强度。

5. 用手剪剪断直径为 3mm 的铅丝，若铅丝的 $\tau_b=100\text{MPa}$，试问需多大的切力？若销钉 B 的直径为 6mm（图 3-24），试求销钉内的切应力。

6. 已知拉杆受到的拉力 $F=15000\text{N}$，设 $D=35\text{mm}$，$d=18\text{mm}$，$t=12\text{mm}$（图 3-25），求拉杆的切应力和拉杆端面与板之间的挤压应力。

7. 齿轮与轴用平键联结，轴径 $d=50\text{mm}$，键的尺寸 $b\times h\times l=16\text{mm}\times10\text{mm}\times60\text{mm}$，转矩 $M=1\text{kN}\cdot\text{m}$，键的许用切应力 $[\tau]=60\text{MPa}$，许用挤压应力 $[\sigma_{jy}]=100\text{MPa}$（图 3-26），校核键的强度。

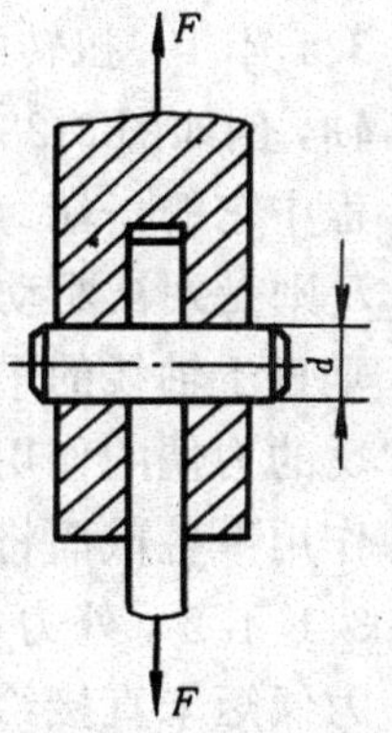

图 3-21 销钉联接

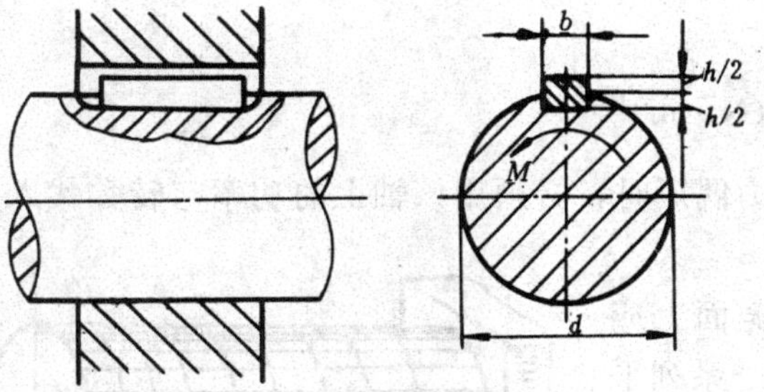

图 3-22 键联结

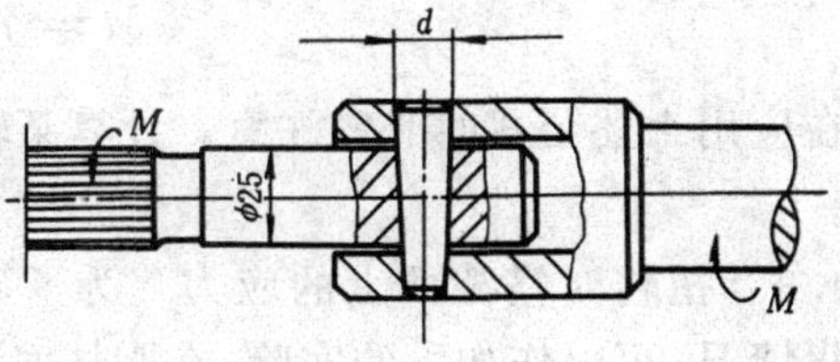

图 3-23 铰刀套筒

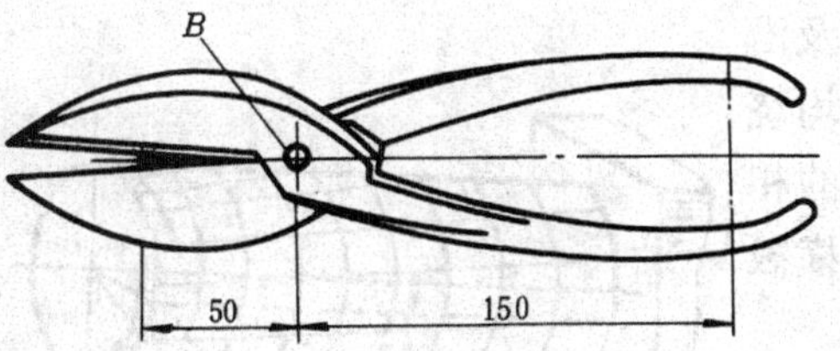

图 3-24 剪切铝丝

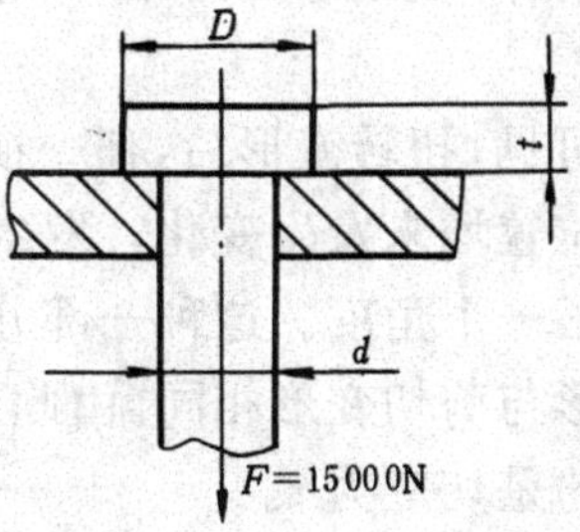

图 3-25 拉杆受力分析

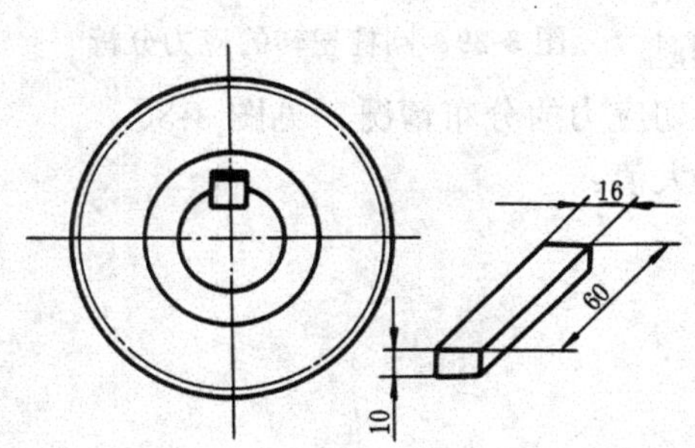

图 3-26 键联结

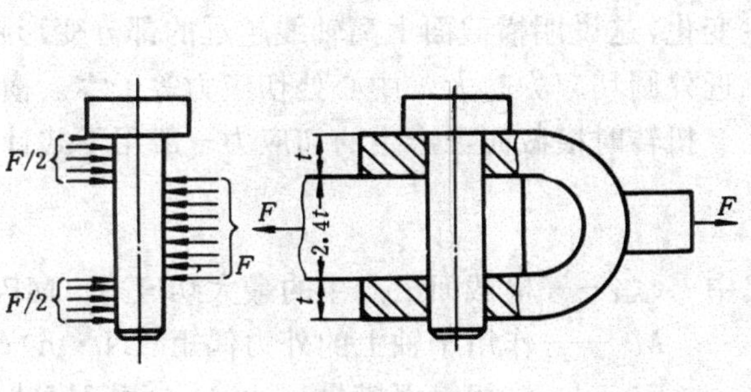

图 3-27 拖车挂钩

8. 如图 3-27 所示拖车挂钩 $t=8\text{mm}$，销子许用切应力 $[\tau]=60\text{MPa}$，许用挤压应力 $[\sigma_{jy}]=200\text{MPa}$，牵引力 $F=200\text{kN}$，试根据剪切和挤压强度设计销子直径。

3.1.4 扭转强度计算

3.1.4.1 扭转的概念 机械传动中的各类传动轴，例如图 3-28 所示减速器的传动轴，在运转过程中它的一端 A 受到传动力矩的作用，而另一端 B 则受到被驱动零件的反力偶矩的作用。这种在垂直于轴线的平面内受到一对大小相等、方向相反的力偶的作用叫做扭矩。圆轴在这一对力偶的作用下各截面将绕轴线相对转动。

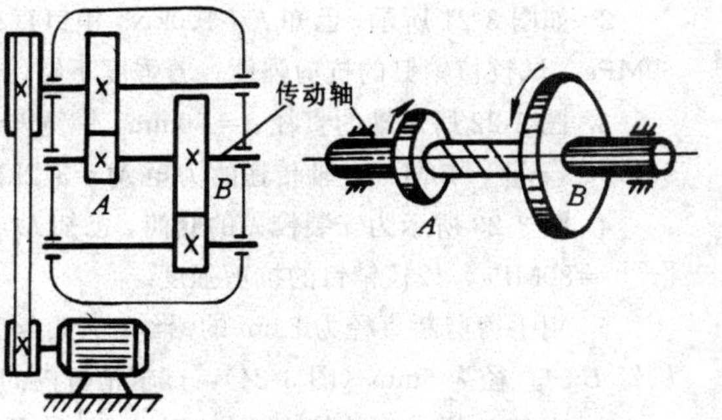

图 3-28 减速器传动轴

3.1.4.2 外力偶矩的计算 当作用在轴上的外力偶矩未直接给出时，可以根据该轴所传递的功率 P 和转速 n 求出

功率 P 的单位为千瓦（kW），转速 n 的单位为每分多少转（r/min）时，则

$$M = 9549\frac{N}{n}(\text{N}\cdot\text{m})$$

当 P 的单位为马力[㊀]（h_p）时，则

$$M = 7024\frac{N}{n}(\text{N}\cdot\text{m})$$

在应用上述公式时必需注意，计算某轴上的力偶矩时，必须用该轴上的功率与转数代入式中。

3.1.4.3 扭转时横截面上的应力 为了确定横截面上应力变化情况，可以作如下的实验：在圆柱面上画上一系列平行于轴线的素线和一系列代表横截面的圆周线，将其一端固定，当在另一端施加外力矩 M 时，轴将产生扭转变形，见图 3-29。

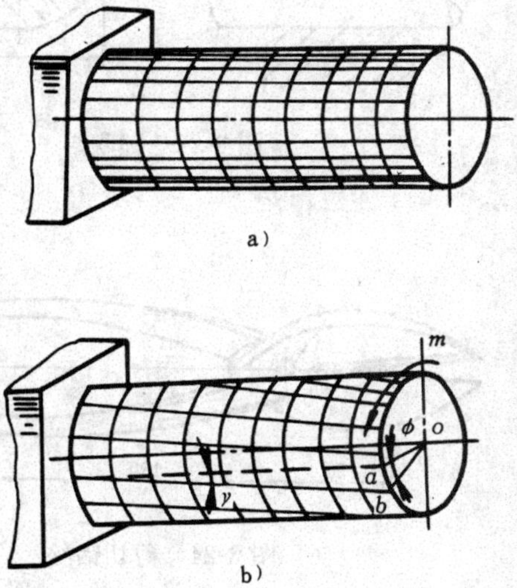

图 3-29 圆柱扭转的应力分析

由图可见，扭转变形后，任一横截面的形状和大小及沿轴线上的位置均未发生变化，发生变化的是各横截面均绕轴线转过了一个角度。这种一部分相对于另一部分间的相对错动变形与剪切变形相同。由此可见，扭转变形时在横截面上产生的是切应力 τ。

观察图 3-29b 右端面扭转变形的情况，右端面圆周上的 a 在扭转变形后转到了 b 点，而中心 o 的位置却没有发生变化，这说明横截面上离轴线越远的部分变形越大，即越靠近外圆切应力越大，中心处切应力等于零。横截面上切应力的分布情况，见图 3-30。

扭转时横截面上产生的切应力一般用下式计算其最大值：

$$\tau_{\max} = \frac{M}{W}$$

式中 $\tau_{\max}$——横截面上产生的最大切应力（MPa）；

M ——作用于轴上的外力偶矩（N·m）；

W ——抗扭截面横量（mm^3），表示横截面抵抗扭转变形能力的一个几何量。

㊀ 马力为非法定计量单位 $1h_p = 0.745\text{kW}$。

W 的大小与横截面的结构形状和尺寸有关，对于实心圆轴，

$$W=\frac{\pi D^3}{16}\approx 0.2D^3(\mathrm{mm}^3)$$

对于空心轴

$$W=\frac{\pi D^3}{16}(1-\alpha^4)\approx 0.2D^3(1-4\alpha^4)(\mathrm{mm}^3)$$

式中 $\alpha=d/D$。

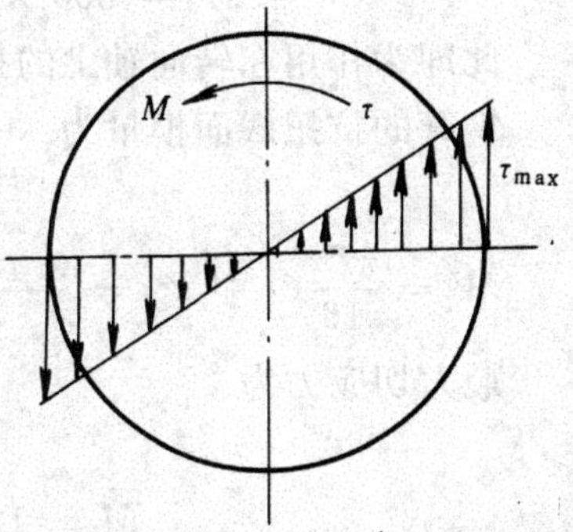

图 3-30 扭转时的应力分布图

3.1.4.4 扭转时的强度条件和强度计算

1. 扭转时的强度条件 和拉伸、压缩一样，扭转时的强度条件是横截面上产生的最大切应力小于或等于材料的许用切应力，即

$$\tau_{max}=\frac{M}{W}\leqslant[\tau]$$

由于最大切应力发生在轴上承受最大扭矩 M_{max} 的横截面上，所以扭转时的强度条件可以写成：

$$\tau_{max}=\frac{M_{max}}{W}\leqslant[\tau]$$

2. 扭转时的强度计算 见例 1。

例 1 如图 3-31 所示，已知 $d_1=50\mathrm{mm}$，作用于其上的扭矩 $M_1=955\mathrm{Nm}$；$d_2=35\mathrm{mm}$，作用于其上的扭矩 $M_2=637\mathrm{N\cdot m}$，许用切应力 $[\tau]=80\mathrm{MPa}$，试校核该轴的抗扭强度。

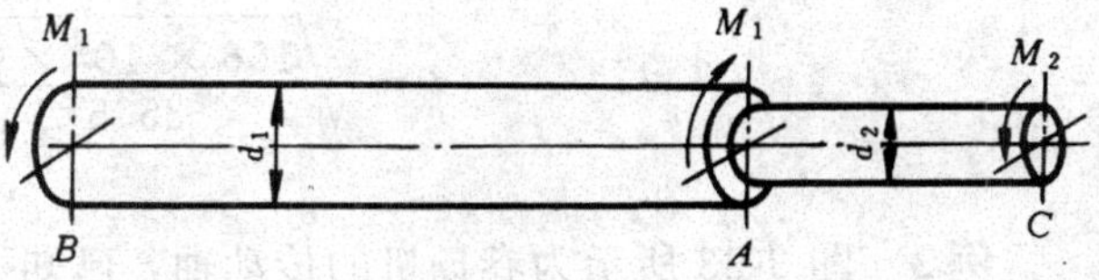

图 3-31 轴的抗扭强度

解 由于轴 BA 和 AC 段的扭矩和轴颈均不相等，故需分别求出每段轴内的最大切应力，并进行强度校核。

由轴颈可以算出各段的抗扭截面模量为

$$W_1=\frac{\pi d_1^3}{16}=\frac{3.14}{16}\times 50^3=24.5\times 10^3\mathrm{mm}^3$$

$$W_2=\frac{\pi d_2^3}{16}=\frac{3.14}{16}\times 35^3=8.42\times 10^3\mathrm{mm}^3$$

校核各段轴的强度

$$BA\text{ 段}\quad \tau_{max_1}=\frac{M_1}{W_1}=\frac{955\times 10^3}{24.5\times 10^3}=39\mathrm{MPa}<[\tau]$$

$$AC\text{ 段}\quad \tau_{max_2}=\frac{M_2}{W_2}=\frac{637\times 10^3}{8.42\times 10^3}=76\mathrm{MPa}<[\tau]$$

所以该轴满足抗扭强度要求。

例 2 图 3-32 所示为汽车方向盘，盘的直径 $D=520\mathrm{mm}$，两手给盘的作用力 $F=F'=300\mathrm{N}$，盘下转向轴的外径 $D_1=32\mathrm{mm}$，内径 $d_1=24\mathrm{mm}$，切应力 $[\tau]=60\mathrm{MPa}$，试校核其抗扭强度。如果将空心轴改为实心轴，其他条件不变，并要求其强度与空心轴相等，试计算其直径。

解 作用在驾驶盘上的外力矩为

$$m = FD = 300 \times 520 = 156 \times 10^3 \text{N} \cdot \text{mm}$$

此即为作用在转向轴上的扭矩

钢管的抗扭截面模量为

$$W = \frac{\pi D_1^3}{16}(1 - \alpha^4) = \frac{3.14 \times 32^3}{16}[1 - (\frac{24}{32})^4] = 4400\text{mm}^3$$

最大切应力为

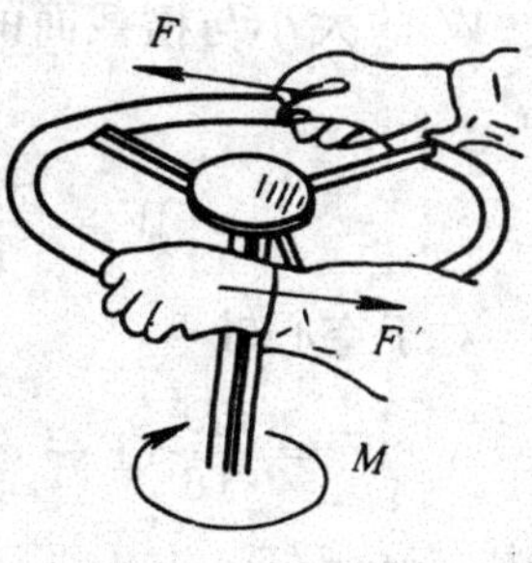

图 3-32　汽车方向盘

$$\tau_{\max} = \frac{M}{W} = \frac{156 \times 10^3}{4400} = 35.5\text{MPa}$$

$$\tau_{\max} < [\tau]$$

求实心轴的直径

要求实心轴与空心轴的强度相等，即实心轴横截面上承受的最大切应力 $\tau_{\max}$ 也等于 35.5MPa

$$\tau_{\max} = \frac{M}{W} = \frac{156 \times 10^3}{\frac{\pi}{16}d^3} = 35.5\text{MPa}$$

$$d = \sqrt[3]{\frac{156 \times 10^3 \times 16}{35.5\pi}} = 28.2\text{mm}$$

例 3　图 3-33 所示为卷扬机的传动轴，已知其传动功率为 $P=80$kW，转速 $n=587$r/min，考虑到动载荷的因素，取材料的 $[\tau]=20$MPa，试按扭转强度设计实心轴和空心轴的直径（设 $\alpha=0.9$），并对两者进行比较。

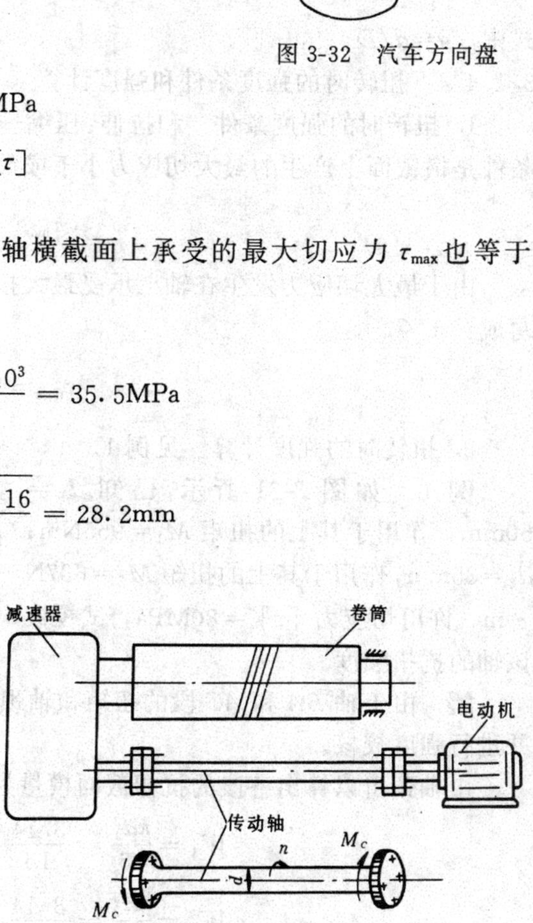

图 3-33　卷扬机传动轴

解　轴上作用的外力偶矩为

$$M = 9549\,\frac{N}{n} = \frac{80}{587} = 1300 \times 10^3 \text{N} \cdot \text{mm}$$

由强度条件

$$\tau_{\max} = \frac{M}{W} = \frac{16M}{\pi d^3} \leqslant [\tau]$$

$$d \geqslant \sqrt[3]{\frac{16M}{\pi[\tau]}} = \sqrt[3]{\frac{16 \times 1300 \times 10^3}{20\pi}} = 69.2\text{mm}$$

求空心轴的内、外径，

设空心轴的外径为 D_0，内径为 d_0，则由强度条件得：

$$\tau_{\max} = \frac{M}{W} = \frac{16M}{\pi D_0^3(1-\alpha^4)} \leqslant [\tau]$$

$$D_0 = \sqrt[3]{\frac{16M}{\pi[\tau](1-\alpha^4)}} = \sqrt[3]{\frac{16 \times 1300 \times 10^3}{3.14 \times 20(1-0.9^4)}}$$

$$= 98.7\text{mm}$$

$$d_0 = \alpha D_0 = 0.9 \times 98.7 = 88.8\text{mm}$$

空心轴与实心轴截面积之比为

$$\frac{A_0}{A} = \frac{\pi(D_0^2 - d_0^2)/4}{\pi d^2/4} = \frac{3.14(98.7^2 - 88.8^2)/4}{3.14 \times 69.2^2/4} = 0.39$$

习　题

1. 汽车主传动轴为无缝钢管，外径 D=90mm，壁厚 t=2.5mm，传递的最大力偶矩 M=1.5kNm，许用剪应力 $[\tau]$=60MPa，试校核该轴的强度。

2. 某空心轴的外径 D=74mm，内径 d=68mm，许用切应力 $[\tau]$=40MPa，若传递的扭矩 M=500Nm，试校核该轴的强度。若其他条件不变，采用实心轴，设计该轴的直径，并计算空心轴与实心轴面积之比。

3. 图 3-34 所示为车床丝杆联接套筒，已知套筒内径 D=35mm，套筒壁厚 t=10mm，材料的许用切应力 $[\tau]$=80MPa，安全销直径 d=6mm，τ_b=200MPa，若丝杆的最低转速 n=30r/min，试求套筒能传递的最大功率 P。

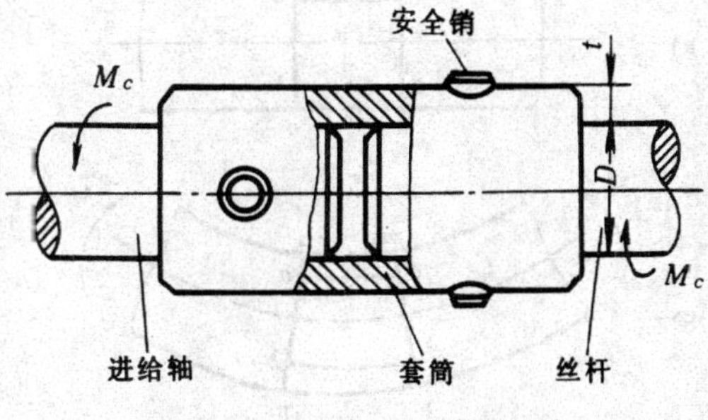

图 3-34　车床丝杠联接套筒

4. 直径为 ϕ80mm 的实心轴，作用其上的外力偶矩 M=4kNm，材料的许用切应力 $[\tau]$=80MPa，校核其抗剪强度。

5. 图 3-35 所示 AB 轴的转速 n=120r/min，由 B 轮输入的功率 P=60kW，其中一半通过锥齿轮传给垂直轴 C，另一半则由水平轴 H 输出，已知 D_1=60cm，D_2=24cm，d_1=10cm，d_3=6cm，$[\tau]$=20MPa，试对各轴进行强度校核。

6. 车床光杠如图 3-36 所示，已知其由 45 钢制成，许用切应力 $[\tau]$=85MPa，求此光杠能传递的最大扭矩。

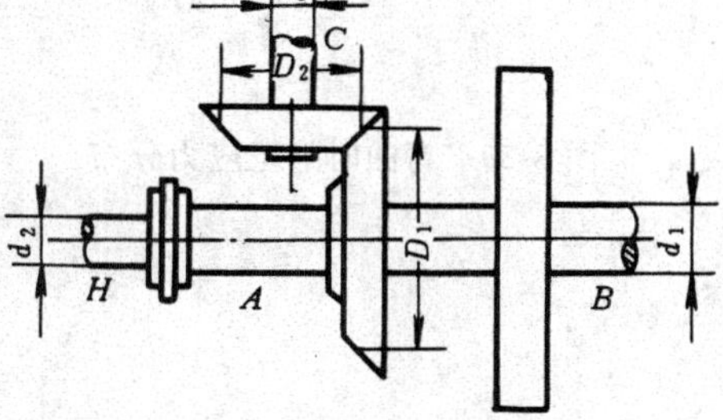

图 3-35　锥齿轮传动

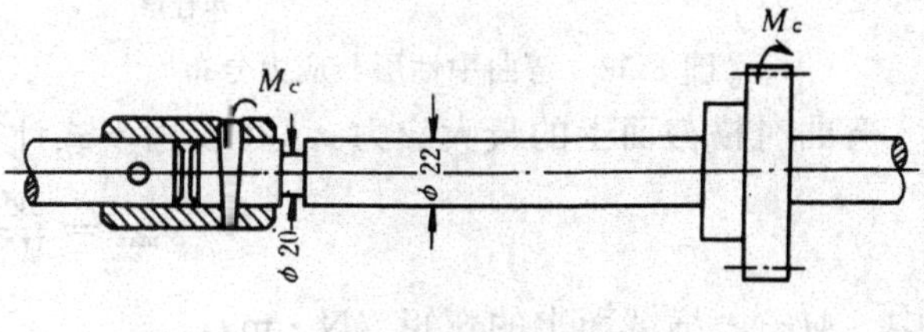

图 3-36　车床光杠

7. 尺寸相等、材料相同的两轴，承受相等扭矩的作用，两者的最大切应力是否相等？为什么？它们是否具有相同的强度和刚度？

8. 为什么减速器输出轴的直径总是大于输入轴的直径？

3.1.5　弯曲强度的计算

3.1.5.1　弯曲的概念　当杆轴受到垂直于它的轴线的力的作用时，杆轴的轴线将产生弯曲，这种变形称为弯曲。例如图 3-37 所示的桥式起重机的大梁受到力 F 的作用而产生弯曲变形。

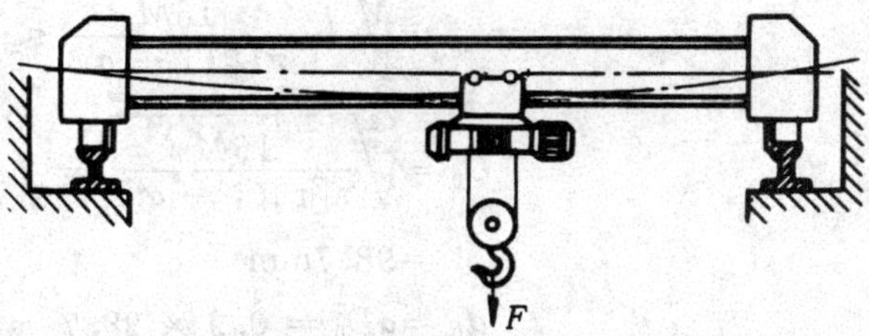

图 3-37　桥式起重机大梁受外力作用而产生弯曲

3.1.5.2　弯曲时梁的横截面上的正应力

为了说明梁在弯曲时梁的横截面上产生的正应力及其变化情况，可作如下实验：在梁的一侧面上作纵线 aa、bb，作横线 mm、nn，然后加载，使其产生弯曲变形，可以发现横线 mm 仍为直线，且仍与变形后的弧线$\widehat{aa}$、$\widehat{bb}$垂直，只是相对转过一个角度；纵线变成弧线，aa 缩短、bb 伸长。由此可作为如下假设：如果设想梁是由无数条纤维组成的，则各层纤维由凹侧的缩短逐渐变到凸侧的伸长，其间必定存在一层纤维既不伸长也不缩短，它称为中性层，如图 3-38c 所示。图 3-38C 还表明纤维离中性层越远，其变形越大，即各层纤维的应变与离中性层的距离成正比。由此可以推出：各层纤维所受的正应力与离中性层的距离成正比，即横截面上的正应力呈线性分布，见图 3-39，中性层上的正应力等于零。

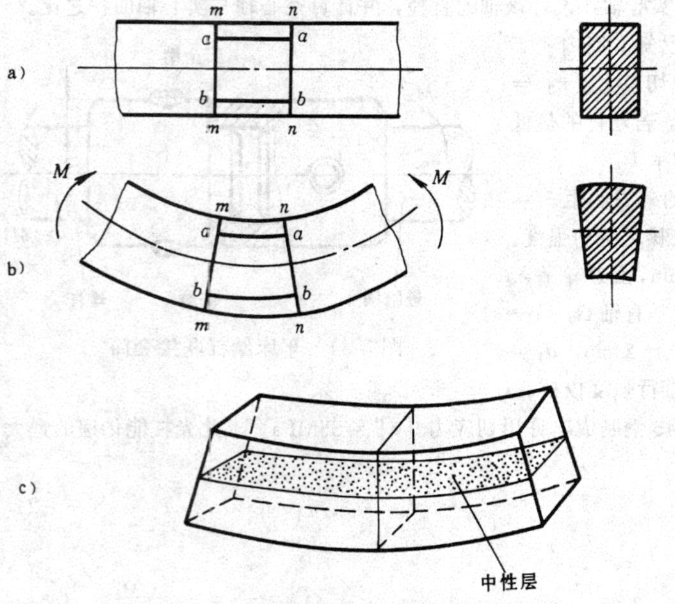

图 3-38　弯曲中性层与应力分布

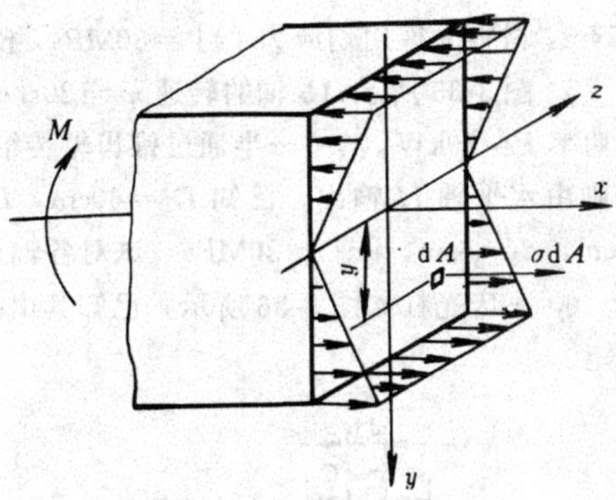

图 3-39　弯曲时的正应力分布

弯曲时横截面上的最大应力 $\sigma_{\max}$ 可以用下式计算：

$$\sigma_{\max}=\frac{M}{W_z}$$

式中　M——横截面上的弯矩（N·m）；

W_z——梁的抗弯截面模量（mm^3）。

对整个梁而言，受弯矩最大的横截面一般都是危险截面，因为梁上的最大应力就在该截面上，因此

$$\sigma_{\max}=\frac{M_{\max}}{W_z}$$

梁的常用截面图形的抗弯截面模量的计算公式见表 3-2。

表 3-2 常见截面图形的 W 计算公式

截面图形	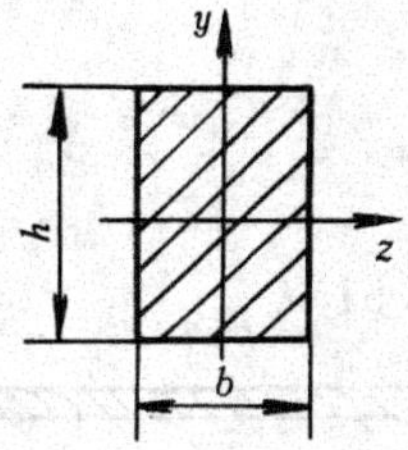	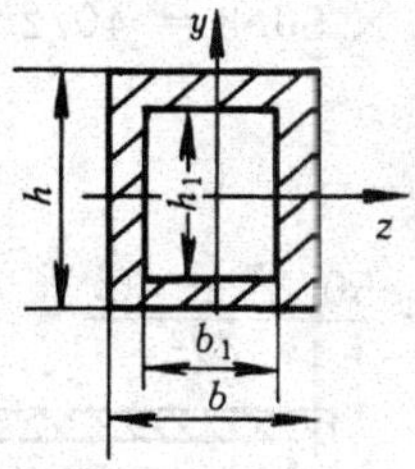	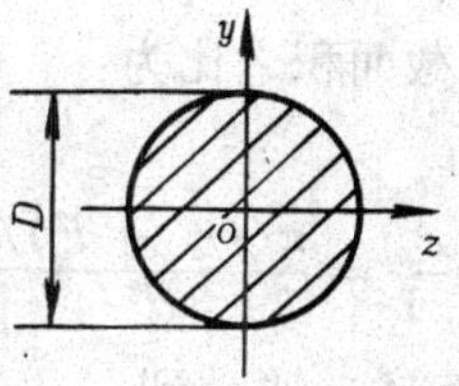	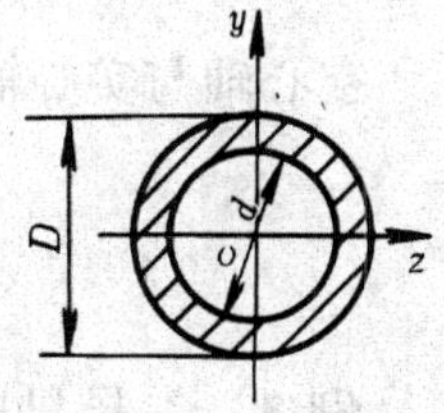
抗弯截面模量	$W_z=\dfrac{bh^2}{6}$ $W_Y=\dfrac{hb^2}{6}$	$W_z=\dfrac{bh^3-b_1h_1^3}{6h}$ $W_Y=\dfrac{b^3h-b_1^3h}{6h}$	$W_z=W_Y=\dfrac{\pi d^3}{32}$ $=0.1d^3$	$W_z=\dfrac{\pi D^3}{32}(1-\alpha^4)$ $=0.1D^3(1-\alpha^4)$ $\alpha=\dfrac{d}{D}$

3.1.5.3 抗弯强度的计算

弯曲的强度条件是受弯构件的横截面上的最大实际应力小于或等于许用应力，即

$$\sigma_{\max}=\frac{M_{\max}}{W_z}\leqslant[\sigma]$$

$[\sigma]$ 可以用拉、压时的许用应力代替。

利用抗弯强度条件可以进行强度校核、选择截面和确定安全载荷。

例 1 图 3-40 所示的轴上作用的最大弯矩 $M_{\max}=0.75\text{kN}\cdot\text{m}$，材料的许用应力 $[\sigma]=100\text{MPa}$，试确定该轴的直径 d。

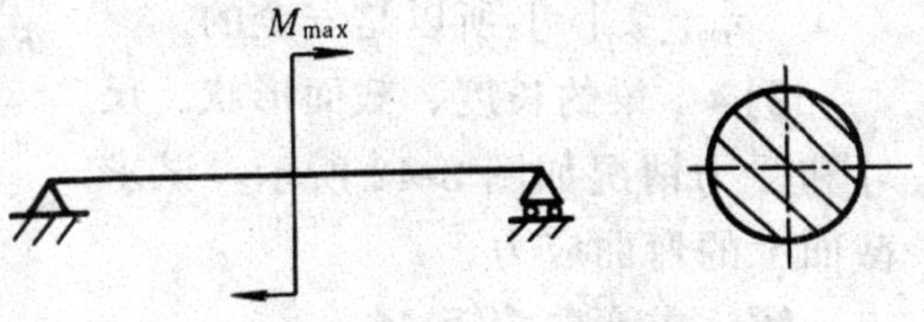

图 3-40 轴上作用的弯矩

解 实心轴的抗弯截面模量为 $W_z=0.1d^3$，则

$$\sigma_{\max}=\frac{M_{\max}}{W_z}\leqslant[\sigma],\text{即}$$

$$\frac{0.75\times10^3\times10^3}{0.1d^3}\leqslant100$$

$$\therefore\quad d\geqslant\sqrt[3]{\frac{0.75\times10^6}{0.1\times100}}=42\text{mm}$$

例 2 上例中的实心轴若改为空心轴，设内，外径之比为 0.8（即 $d_o/D_o=0.8$），其他条件不变，求 D_o 和 d_o 以及空心轴与实心轴横截面积之比。

解 空心轴的抗弯截面模量为：$W_z=0.1D^3(1-\alpha^4)$，则

$$\sigma_{\max}=\frac{M_{\max}}{W_z}\leqslant[\sigma],\text{即}$$

$$\frac{0.75\times10^3\times10^3}{0.1D_o^3(1-\alpha^4)}\leqslant100$$

$$\therefore \quad D_o \geqslant \sqrt{\frac{0.75 \times 10^6}{10(1-\alpha^4)}} = 50.3\text{mm}$$

$$d_o = 0.8D_o = 0.8 \times 50.3 = 40.2\text{mm}$$

空心轴与实心轴的截面积之比为：

$$\frac{A_o}{A} = \frac{\pi(D_o^2 - d_o^2)/4}{\pi d^2/4} = \frac{50.3^2 - 40.2^2}{42^2} = 0.51$$

例 3 卷扬机的套筒心轴受到的最大弯矩 $M_{max} = 4.72\text{kN} \cdot \text{m}$，材料的许用应力 $[\sigma] = 100\text{MPa}$，该弯矩作用于 $\phi 95\text{mm}$ 直径处，见图 3-41。试对该截面进行强度校核。

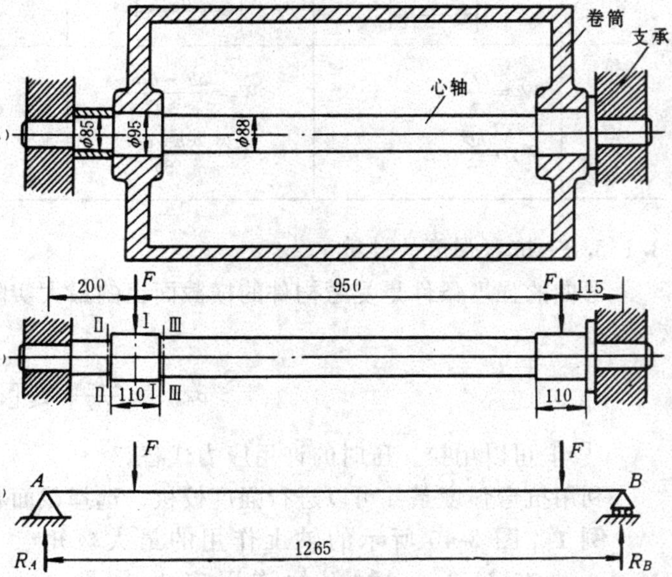

图 3-41 卷扬机套筒心轴

解 实心轴的抗弯截面模量为 $0.1D^3$

$$\sigma_{max} = \frac{M_{max}}{W_z} \leqslant [\sigma]，\text{即}$$

$$\sigma_{max} = \frac{4.72 \times 10^3 \times 10^3}{0.1D^3}$$

$$= \frac{4.72 \times 10^6}{0.1 \times 95^3} = 55.1\text{MPa}$$

$\sigma_{max} < [\sigma]$，所以是安全的

例 4 梁的长度、截面形状、尺寸和受力情况如图 3-42 所示，试求截面上的弯曲应力。

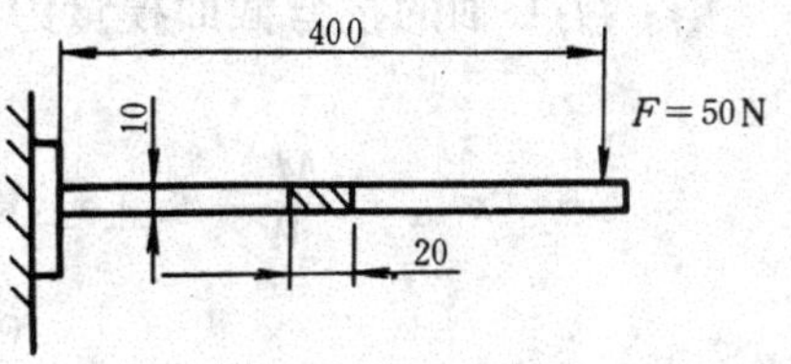

图 3-42 梁上弯曲应力的计算（一）

解 求弯曲力矩 M

$$M = Fl$$

$$= 50 \times 400 = 20000\text{N} \cdot \text{mm}$$

矩形断面的抗弯截面模量为

$$W_z = \frac{bh^2}{6} = \frac{20 \times 10^2}{6} = 333\text{mm}^3$$

$$\sigma = \frac{M}{W_z} = \frac{20000}{333} = 60\text{MPa}$$

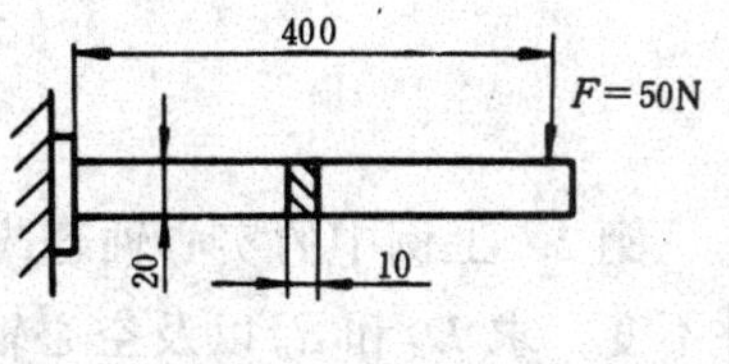

图 3-43 梁上弯曲应力的计算(二)

例 5 在上例中，如果把梁转 90°，变成了如图 3-43 所示的情况，其他条件不变，计算截面上的弯曲应力。

解 弯曲力矩 M

$$M = Fl$$

$$= 50 \times 400 = 20000\text{N} \cdot \text{mm}$$

抗弯截面模量 W_z

$$W_z = \frac{bh^2}{6} = \frac{10 \times 20^2}{6} = 667\text{mm}^3$$

$$\sigma = \frac{M}{W_z} = \frac{20000}{667} = 30\text{MPa}$$

例 6 内燃机活塞内径 d 和外径 D 的比 $d/D=1/2$，已知销子材料的许用应力 $[\sigma]=120\text{MPa}$ $[\tau]=60\text{MPa}$，并知其上作用的最大弯矩 $M_{max}=61.3\text{N}\cdot\text{m}$，计算销子的直径。

解

$$\sigma_{max} = \frac{M_{max}}{W_z} = [\sigma]$$

$$W_z = \frac{\pi D^3}{32}(1-\alpha^4) = \frac{\pi D^3}{32}\left[1-\left(\frac{1}{2}\right)^4\right]$$

$$= 0.9375 \times \frac{\pi D^3}{32}$$

于是 $$W_z = 0.9375 \times \frac{\pi D^3}{32} \geqslant \frac{M_{max}}{[\sigma]} = \frac{61.3\times 10^3}{120}$$

$$D \geqslant 17.7\text{mm}$$

习　题

1. 计算图 3-44 所示的梁的横截面上的弯曲应力。如果将梁转 90°，那末梁的横截面上的弯曲应力又是多少？它说明什么问题？

2. 计算图 3-45 所示的圆柱梁上的横截面上的弯曲应力。如果将梁由实心圆改为空心圆，其他条件不变，设 $\alpha=0.9$，求空心圆的外径 D_0 和内径 d_0。它说明什么问题？

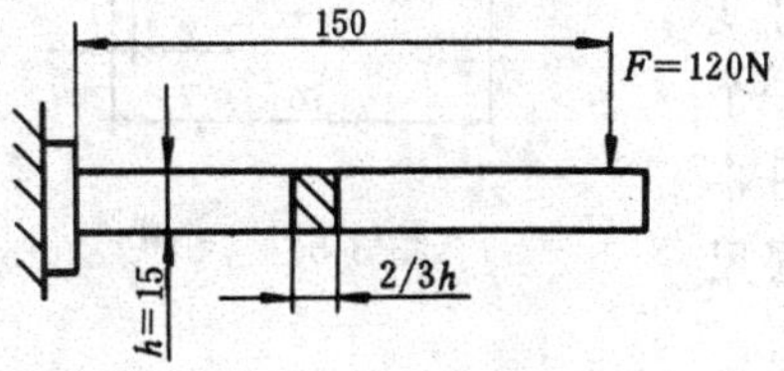

图 3-44　梁上弯曲应力的计算（三）

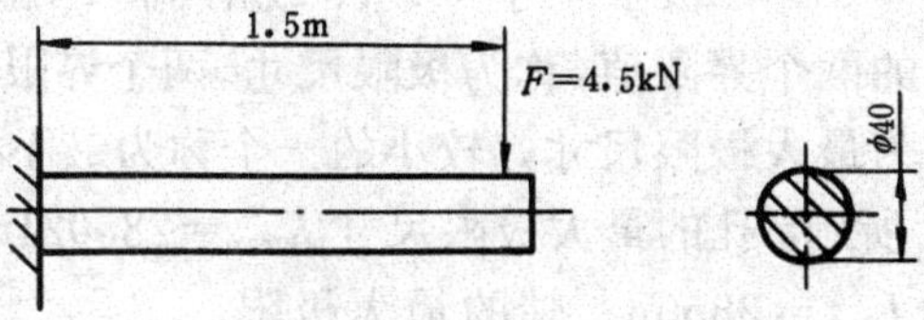

图 3-45　圆柱梁

3. 图 3-46 所示的梁，$l=2\text{m}$，梁的中点作用一载荷 $F=50\text{kN}$，梁的截面尺寸 $b=70\text{mm}$，$h=140\text{mm}$，许用应力 $[\sigma]=140\text{MPa}$，校核其强度。

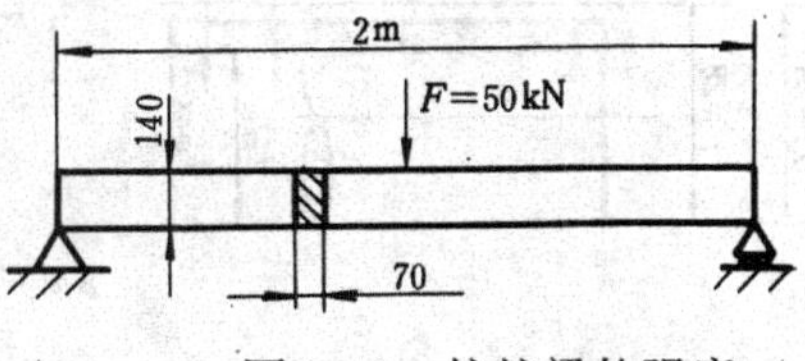

图 3-46　校核梁的强度

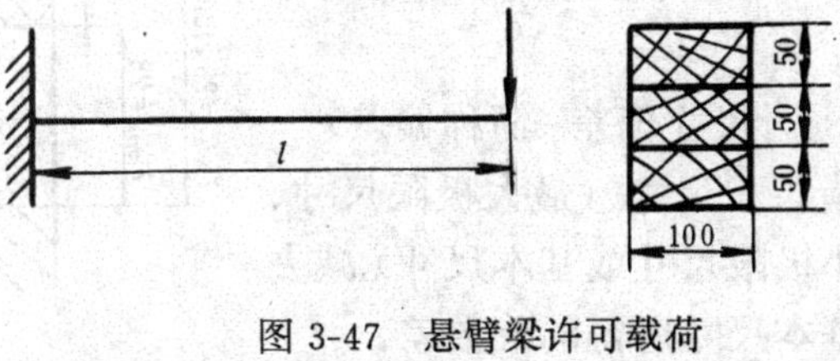

图 3-47　悬臂梁许可载荷

4. 图 3-47 所示为一由三根木材胶合而成的悬臂梁。已知 $l=1\text{m}$，木材的许用正应力 $[\sigma]=10\text{MPa}$，试求许可载荷。

5. 一矩形截面梁，受载荷 F 的作用，如图 3-48 所示。已知材料的许用应力 $[\sigma]=100\text{MPa}$。试确定梁的截面尺寸。

6. 图 3-49 所示的悬臂梁，其截面形状为圆，轴端受载荷 F 的作用，许用应力 $[\sigma]=120\text{MPa}$，求梁的直径 d。

7. 图 3-50 所示的 T 形截面铸铁梁有 a，b 两种放置方法，从强度观点分析，哪种合理？为什么？

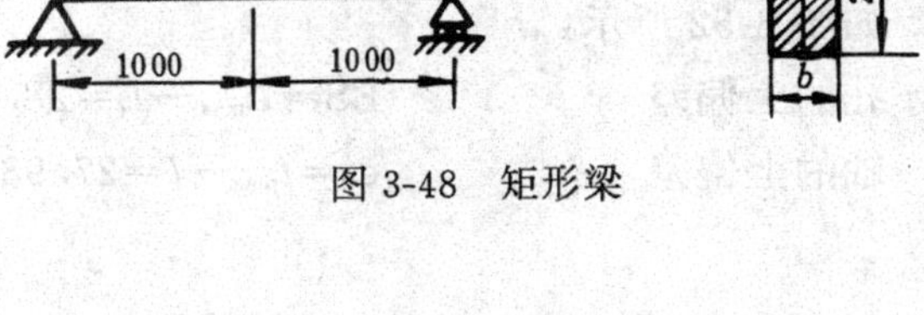

图 3-48　矩形梁

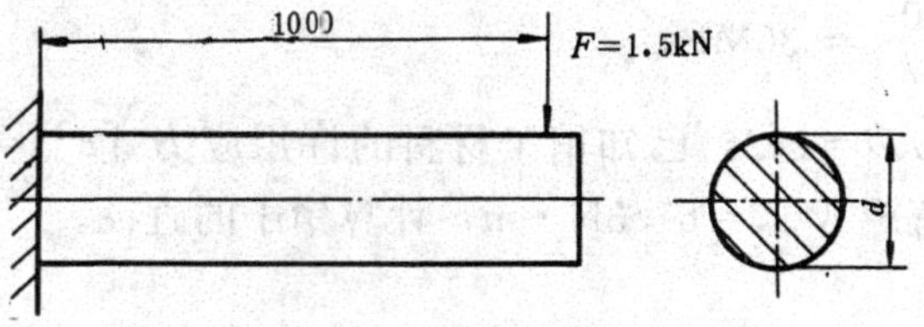

图 3-49　圆形悬臂梁

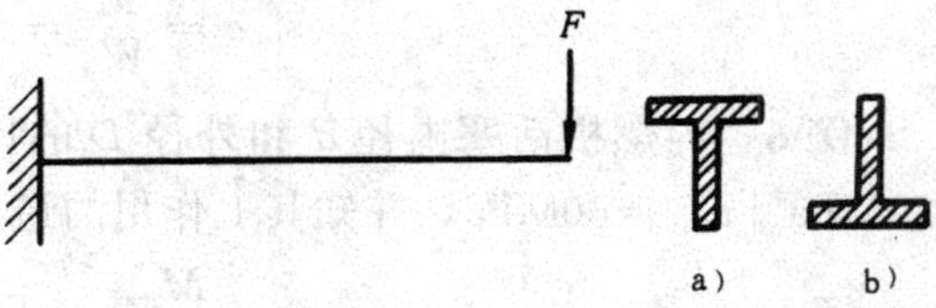

图 3-50　T 形铸铁梁

3.2　公差与配合

3.2.1　常用术语与定义

为了掌握公差与配合的计算，必须掌握常用术语定义。

3.2.1.1　尺寸的术语与定义

尺寸是用特定单位表示长度值的数字。一般情况下，在机械加工中选用毫米作为尺寸单位，如图 3-51 所示的工件中 $\phi30$ 和 50 称尺寸，而 60°（即角度值）不称为尺寸。

(1)　基本尺寸（L、l）　设计时给定的尺寸称为基本尺寸。它是一个标准尺寸，也是计算极限尺寸偏差的起始尺寸。图 3-52 所示，孔和轴的基本尺寸都是 28mm。

(2)　实际尺寸（L_a、l_a）　通过测量获得的尺寸。由于不可避免的存在着测量误差，所以实际尺寸并非真实值

(3)　极限尺寸（L_{max}、L_{min}；l_{max}、l_{min}）　允许尺寸变化的两个界限值，称为极限尺寸。两个界限值中较大的一个称为最大极限尺寸，较小的一个称为最小极限尺寸。图 3-52 所示，孔的最大极限尺寸 $L_{max}=28.021$mm，最小极限尺寸 $L_{min}=28$mm；轴的最大极限尺寸 $l_{max}=27.980$mm，最小极限尺寸 $l_{min}=27.959$mm。

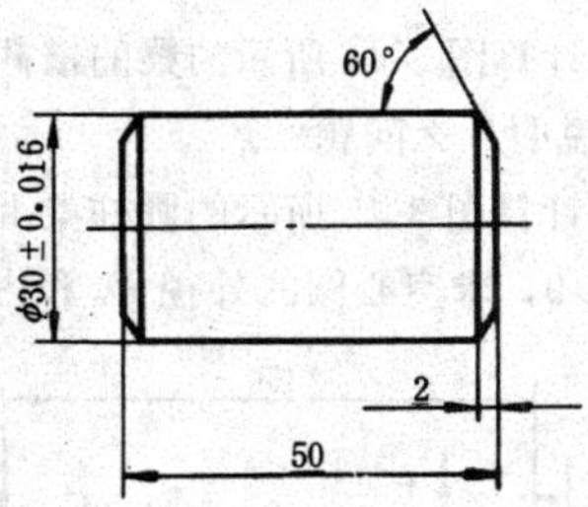

图 3-51　尺寸

3.2.1.2　公差与偏差的术语定义

1. 尺寸偏差（简称偏差）是指某一尺寸（最大极限尺寸、最小极限尺寸或基本尺寸）减去其基本尺寸所得的代数差。

(1)　上偏差（ES、es）　最大极限尺寸减去其基本尺寸所得的代数差。

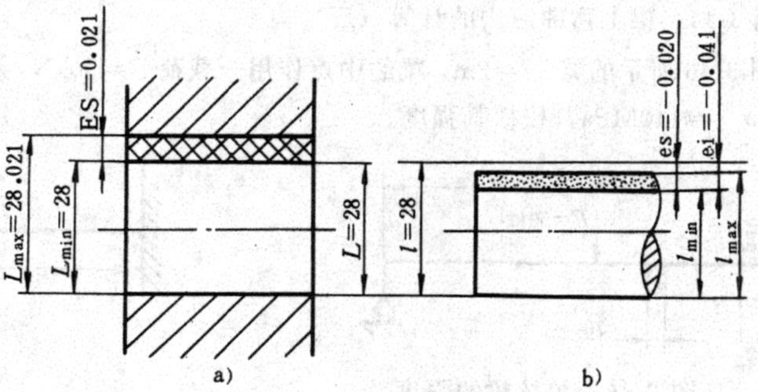

图 3-52　极限尺寸
a）孔的极限尺寸　b）轴的极限尺寸

$$ES = L_{max} - L \qquad es = l_{max} - l$$

如图 3-52 所示：

孔的上偏差　　$ES=L_{max}-L=28.021-28=0.021$

轴的上偏差　　$es=l_{max}-l=27.980-28=-0.020$

（2） 下偏差（EI、ei） 最小极限尺寸减其基本尺寸所得的代数差。

$$EI = L_{min} - L \qquad ei = l_{min} - l$$

如图 3-52 所示：

孔的下偏差 $EI = L_{min} - L = 28 - 28 = 0$

轴的下偏差 $ei = l_{min} - l = 27.059 - 28 = -0.041$

上偏差和下偏差统称为极限偏差。因为极限偏差可以大于、等于或小于基本尺寸，所以极限偏差和实际偏差可以是正数、负数或零。合格零件的实际偏差应限制在极限偏差的范围内。

例 有一根轴的最大极限尺寸 $l_{max} = \phi 30.016$mm 最小极限尺寸 $l_{min} = \phi 29.984$mm，求它的上偏差和下偏差。

解

$$es = l_{max} - l = 30.016 - 30 = 0.016$$

$$ei = l_{min} - l = 29.984 - 30 = -0.016$$

2. 尺寸公差（T）简称公差是指允许尺寸的变动量。公差的数值等于最大极限尺寸与最小极限尺寸代数差的绝对值，也等于上偏差与下偏差的绝对值。其计算公式为

$$Th = L_{max} - L_{min}$$

$$Ts = l_{max} - l_{min}$$

式中 Th——孔公差；

Ts——轴公差。

由 $Es = L_{max} - L$ 和 $EI = L_{min} - L$ 可得

$$L_{max} = L + Es, L_{min} = L + EI$$

将 L_{max}、L_{min} 代入 $Th = L_{max} - L_{min}$ 可得

$$Th = L_{max} - L_{min} = (L + ES) - (L + EI) = ES - EI$$

同理可以推导出

$$Ts = es - ei$$

由此可以得出：公差的数值也等于上偏差与下偏差的差。

公差是一个不等于零，永远为正数的数值。

例 1 求上例中轴的公差。

解 $Ts = l_{max} - l_{min} = 30.016 - 29.984 = 0.032$mm

例 2 求图 3-53 所示轴的公差 Ts。

解 $\phi 30^{+0.049}_{+0.028}$ mm es = 0.049mm，ei = 0.028mm

$l_{max} = l + es = 30 + 0.049 = 30.049$mm

$l_{min} = l + ei = 30 + 0.028 = 30.028$mm

$Ts = l_{max} - l_{min} = 30.049 - 30.028 = 0.021$mm

或 $Ts = es - ei = 0.049 - 0.028 = 0.021$mm

$\phi 30^{-0.020}_{-0.041}$mm es = −0.020mm，

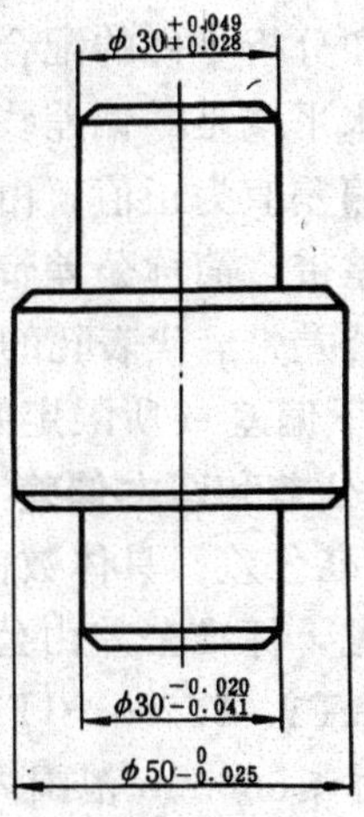

图 3-53 轴

$$ei=-0.041mm$$
$$l_{max}=l+es=30+(-0.020)=29.980mm$$
$$l_{min}=l+ei=30+(-0.041)=29.959mm$$
$$Ts=l_{max}-l_{min}=29.980-29.959=0.021mm$$
或
$$Ts=es-ei=(-0.020)-(-0.041)=0.021mm$$
$$\phi 50^{0}_{-0.025}mm \quad es=0, ei=-0.025mm$$
$$l_{max}=l+es=50+0=50mm$$
$$l_{min}=l+ei=50+(-0.025)=49.975mm$$
$$Ts=l_{max}-l_{min}=50-49.975=0.025mm$$
或
$$Ts=es-ei=0-(-0.025)=0.025mm$$

例 3 将未知公差或未知极限偏差填空（表中括号）。

(mm)

题号	a	b	c	d
极限偏差	−0.009 −0.048	+0.095 (+0.070)	(+0.025 0)	+0.023 −0.023
公差	(0.039)	0.025	0.025	(0.046)

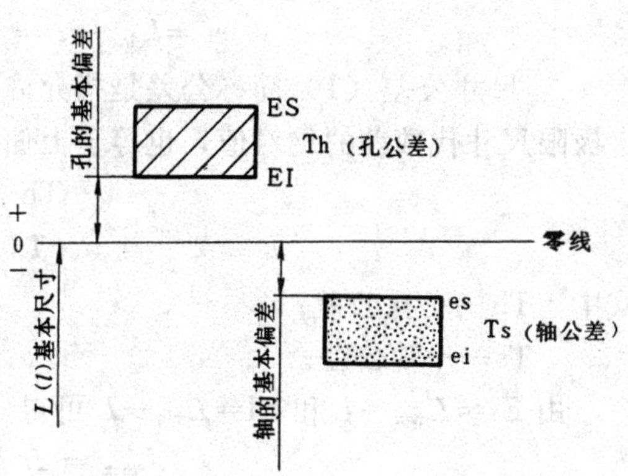

图 3-54 尺寸公差带图

解 a $Ts=es-ei=-0.009-(-0.048)$
$=0.039mm$

b $ei=es-Ts=0.095-0.025=0.070mm$

c $Es=EI+Th=0+0.025=0.025mm$

d $Th=Es-EI=0.023-(-0.023)=0.046mm$

3. 零线和尺寸公差带 为了能清楚地表示公差，通常只将公差部分放大画出，以便研究零件公差带和分析零件的配合性质。如图 3-54 所示，这种图称为公差带图。

图中的水平线是零偏差线，即零线，也是极限偏差的基准线。零线用来表示基本尺寸，由零线向上，偏差值为正值；由零线向下，偏差值为负值。

尺寸公差带：简称公差带。在尺寸公差带图中，由代表上、下偏差的两条直线所限定的区域叫尺寸公差带。代表孔的上偏差 ES 和下偏差 EI 所限定的区域称孔的公差带；代表轴的上偏差 es 和下偏差 ei 所限定的区域称轴的公差带。

3.2.2 标准公差和基本偏差

3.2.2.1 标准公差 具体数值见表 3-3。

由表可见，标准公差由公差等级和基本尺寸确定。标准规定了 20 个公差等级，分别用 IT01、IT0、IT1、IT2……IT17、IT18 表示。IT01 的公差等级最高，IT18 的公差等级最低。

基本尺寸≤500mm 范围内分成 13 个尺寸分段，见表 3-4。同一尺寸分段内各基本尺寸的标准公差数值相等。

表3-3　标准公差数值

基本尺寸 (mm)	公差等级																			
	IT01	IT0	IT1	IT2	IT3	IT4	IT5	IT6	IT7	IT8	IT9	IT10	IT11	IT12	IT13	IT14	IT15	IT16	IT17	IT18
	(μm)													(mm)						
≤3	0.3	0.5	0.8	1.2	2	3	4	6	10	14	25	40	60	0.10	0.14	0.25	0.40	0.60	1.0	1.4
>3～6	0.4	0.6	1	1.5	2.5	4	5	8	12	18	30	48	75	0.12	0.18	0.30	0.48	0.75	1.2	1.8
>6～10	0.4	0.6	1	1.5	2.5	4	6	9	15	22	36	58	90	0.15	0.22	0.36	0.58	0.90	1.5	2.2
>10～18	0.5	0.8	1.2	2	3	5	8	11	18	27	43	70	110	0.18	0.27	0.43	0.70	1.10	1.8	2.7
>18～30	0.6	1	1.5	2.5	4	6	9	13	21	33	52	84	130	0.21	0.33	0.52	0.84	1.30	2.1	3.3
>30～50	0.6	1	1.5	2.5	4	7	11	16	25	39	62	100	160	0.25	0.39	0.62	1.00	1.60	2.5	3.9
>50～80	0.8	1.2	2	3	5	8	13	19	30	46	74	120	190	0.30	0.46	0.74	1.20	1.90	3.0	4.6
>80～120	1	1.5	2.5	4	6	10	15	22	35	54	87	140	220	0.35	0.54	0.87	1.40	2.20	3.5	5.4
>120～180	1.2	2	3.5	5	8	12	18	25	40	63	100	160	250	0.40	0.63	1.00	1.60	2.50	4.0	6.3
>180～250	2	3	4.5	7	10	14	20	29	46	72	115	185	290	0.46	0.72	1.15	1.85	2.90	4.6	7.2
>250～315	2.5	4	6	8	12	16	23	32	52	81	130	210	320	0.52	0.81	1.30	2.10	3.20	5.2	8.1
>315～400	3	5	7	9	13	18	25	36	57	89	140	230	360	0.57	0.79	1.40	2.30	3.60	5.7	8.9
>400～500	4	6	8	10	15	20	27	40	63	97	155	250	400	0.63	0.97	1.55	2.50	4.00	6.3	9.7

注：基本尺寸小于1mm时，无IT14至IT18。

表 3-4 基本尺寸分段 (mm)

主 段 落	中间段落	主 段 落	中间段落
≤3		>120～180	>120～140
>3～6			>140～160
>6～10			>160～180
>10～18	>10～14	>180～250	>180～200
	>14～18		>200～225
>18～30	>18～24		>225～250
	>24～30	>250～315	>250～280
>30～50	>30～40		>280～315
	>40～50	>315～400	>315～355
>50～80	>50～65		>355～400
	>65～80	>400～500	>400～450
>80～120	>80～100		>450～500
	>100～120		

3.2.2.2 基本偏差系列 基本偏差是本标准表列的、用以确定公差带相对于零线位置的上偏差或下偏差。

在一般情况下，标准规定的基本偏差是离零线较近的极限偏差，即当尺寸公差带在零线以上时，规定以下偏差（EI 或 ei）作为基本偏差；当尺寸公差带在零线以下时，规定以上偏差（ES 或 es）作为基本偏差，见图 3-55、图 3-56。

为满足各种不同的需要，标准分别对孔、轴规定了 28 种基本偏差，每种基本偏差分别以一个（或两个）拉丁字母表示，称为“基本偏差代号”。孔的基本偏差代号用大写字母表示，轴的基本偏差代号用小写字母表示。

孔的 28 种基本偏差代号为 A、B、C、CD、D、E、EF、F、FG、G、H、J、JS、K、M、N、P、K、S、T、U、V、X、Y、Z、ZA、ZB、ZC。

轴的 28 种基本偏差代号为 a、b、c、cd、d、e、ef、f、fg、g、h、j、js、k、m、n、p、r、s、t、u、v、x、y、z、za、zb、zc。

对于孔，A～H 的基本偏差为下偏差，J～ZC（JS 除外）的基本偏差为上偏差，见图 3-55。它的另一偏差（上偏差或下偏差）可以根据孔的基本偏差和标准公差计算出来，计算公式为

基本偏差为下偏差时（A～H），则

$$ES = EI + IT$$

基本偏差为上偏差时（J～ZC），则

$$EI = ES - IT$$

对于轴，a～h 的基本偏差为上偏差，j～zc（js 除外）的基本偏差为下偏差，见图 3-56。

它的另一偏差（上偏差或下偏差）可以根据轴的基本偏差和标准公差计算出来，计算公式为

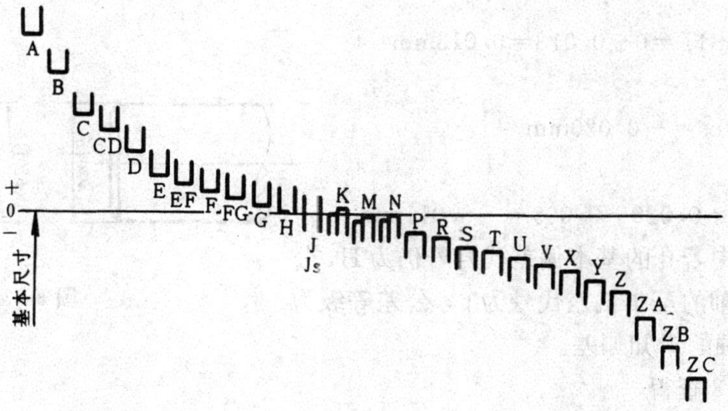

图 3-55 孔的基本偏差系列

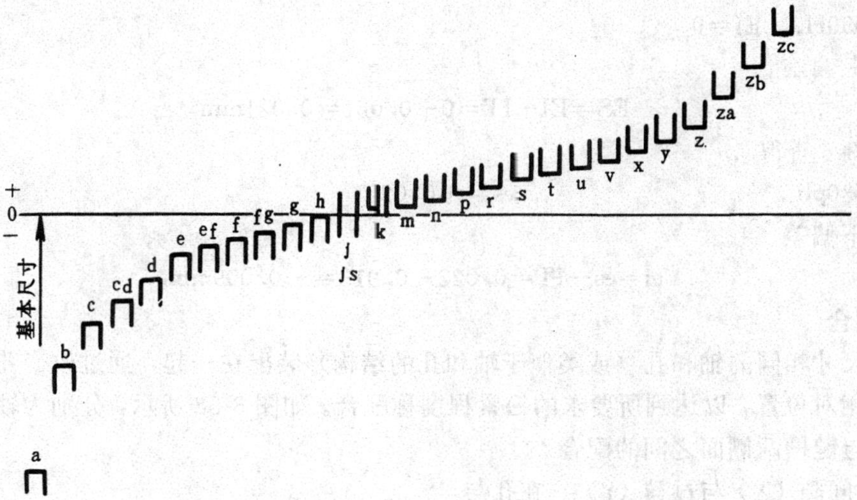

图 3-56 轴的基本偏差系列

基本偏差为上偏差时（a～h），则

$$ei = es - IT$$

基本偏差为下偏差时（j～jc），则

$$es = ei + IT$$

例 1 如图 3-57 所示，孔的基本偏差代号为 H，公差等级为 IT6，轴的基本偏差代号为 f，公差等级为 IT5，分别计算孔、轴的另一偏差。

解 由表 3-3 查得

孔 ϕ30IT6 标准公差值为 IT6＝0.013mm

轴 ϕ30IT5 标准公差值为 IT5＝0.009mm

由表 3-5 查得

孔　φ30H6，　EI＝0

孔的上偏差

$$ES=EI+IT=0+0.013=0.013\text{mm}$$

由表 3-6 查得

轴　φ30f6　es＝－0.020mm

轴的下偏差

$$ei=es-IT=0.020-0.009=-0.011\text{mm}$$

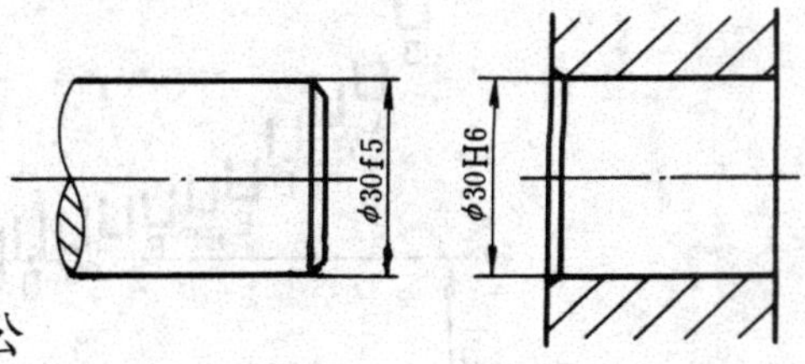

图 3-57

例 2　例 1 中若孔的基本偏差代号若仍为 H，公差等级为 IT7，轴的基本偏差代号为 p，公差等级为 IT6，计算孔、轴的未知偏差。

解　由表 3-3 查得

孔　φ30IT7　标准公差值为　IT7＝0.021mm

轴　φ30IT6　标准公差值为　IT6＝0.013mm

由表 3-5 查得

孔　φ30H7　EI＝0

孔的上偏差

$$ES=EI+IT=0+0.021=0.021\text{mm}$$

由表 3-6 查得

轴　φ30pb　　es＝＋0.022

轴的下偏差

$$ei=es-IT=0.022-0.013=-0.009\text{mm}$$

3.2.3　配合

基本尺寸相同的轴和孔（或类似于轴和孔的结构）装配在一起，通过改变孔、轴公差带的大小和相对位置，以达到所要求的松紧程度称配合。如图 3-58 所示，分别为轴颈和齿轮孔之间、键与键槽两侧面之间的配合。

3.2.3.1　间隙（X）与过盈（Y）　在孔与轴的配合中，若孔的实际尺寸大于轴的实际尺寸就产生间隙。

孔的最大极限尺寸减轴的最小极限尺寸的差值称为最大间隙。

$$X_{max}=L_{max}-l_{min}$$

由于 $L_{max}=L+ES$，$l_{min}=l+ei$

所以 $X_{max}=L_{max}-l_{min}$

$$=(L+ES)-(l+ei)$$

$$=ES-ei$$

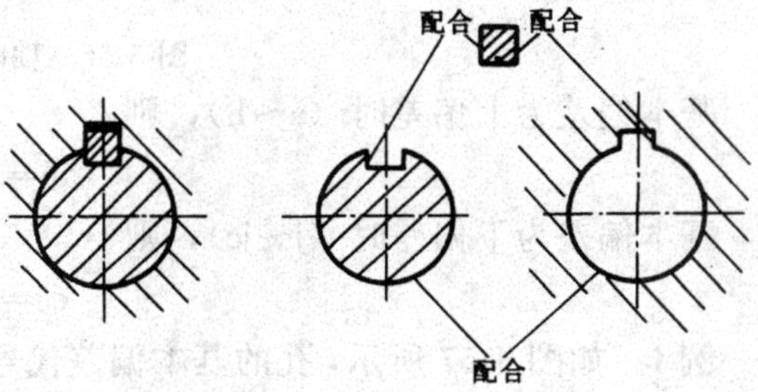

图 3-58　配合

由此可以得出：最大间隙也等于孔的上偏差与轴的下偏差之差。

孔的最小极限尺寸减轴的最大极限尺寸的差值称为最小间隙。

$$X_{min}=L_{min}-l_{max}$$

表3—5　孔的基本偏差数值　（μm）

基本偏差代号	A	B	C	CD	D	E	EF	F	FG	G	H	Js	J			K		M		N	
公差等级	所有等级												6	7	8	≤8	>8	≤8	>8	≤8	>8
基本尺寸 (mm)	下偏差（EI）												上偏差（ES）								
≤3	+270	+140	+60	+34	+20	+14	+10	+6	+4	+2	0	偏差=±IT/2	+2	+4	+6	0	0	−2	−2	−4	−4
>3～6	+270	+140	+70	+46	+30	+20	+14	+10	+6	+4	0		+5	+6	+10	−1+Δ	—	−4+Δ	−4	−8+Δ	0
>6～10	+280	+150	+80	+56	+40	+25	+18	+13	+8	+5	0		+5	+8	+12	−1+Δ	—	−6+Δ	−6	−10+Δ	0
>10～14 >14～18	+290	+150	+95	—	+50	+32	—	+16	—	+6	0		+6	+10	+15	−1+Δ	—	−7+Δ	−7	−12+Δ	0
>18～24 >24～30	+300	+160	+110	—	+65	+40	—	+20	—	+7	0		+8	+12	+20	−2+Δ	—	−8+Δ	−8	−15+Δ	0
>30～40 >40～50	+310 +320	+170 +180	+120 +130	—	+80	+50	—	+25	—	+9	0		+10	+14	+24	−2+Δ	—	−9+Δ	−9	−17+Δ	0
>50～65 >65～80	+340 +360	+190 +200	+140 +150	—	+100	+60	—	+30	—	+10	0		+13	+18	+28	−2+Δ	—	−11+Δ	−11	−20+Δ	0
>80～100 >100～120	+380 +410	+220 +240	+170 +180	—	+120	+72	—	+36	—	+12	0		+16	+22	+34	−3+Δ	—	−13+Δ	−13	−23+Δ	0
>120～140 >140～160 >160～180	+460 +520 +580	+260 +180 +310	+200 +210 +230	—	+145	+85	—	+43	—	+14	0		+18	+26	+41	−3+Δ	—	−15+Δ	−15	−27+Δ	0
>180～200 >200～205 >205～250	+660 +740 +820	+340 +380 +420	+240 +260 +280	—	+170	+100	—	+50	—	+15	0		+22	+30	+47	−4+Δ	—	−17+Δ	−17	−31+Δ	0
>250～280 >280～315	+920 +1050	+480 +540	+300 +330	—	+190	+110	—	+56	—	+17	0		+25	+36	+55	−4+Δ	—	−20+Δ	−20	−34+Δ	0
>315～355 >355～400	+1200 +1350	+600 +680	+360 +400	—	+210	+125	—	+62	—	+18	0		+29	+39	+60	−4+Δ	—	−21+Δ	−21	−37+Δ	0
>400～450 >450～500	+1500 +1650	+760 +840	+440 +480	—	+230	+135	—	+68	—	+20	0		+33	+43	+66	−5+Δ	—	−23+Δ	−23	−40+Δ	0

(续)

基本偏差代号	P至ZC	P	R	S	T	U	V	X	Y	Z	ZA	ZB	ZC	Δ					
公差等级	≤7	>7												3	4	5	6	7	8
基本尺寸(mm)	上偏差 (ES)																		
≤3 >3~6 >6~10	在>7级的相应数值上增加一个Δ值	−6 −12 −15	−10 −15 −19	−14 −19 −23	— — —	−18 −23 −28	— — —	−20 −28 −34	— — —	−26 −35 −42	−32 −42 −52	−40 −50 −67	−60 −80 −97	0 1 1	0 1.5 1.5	0 1 2	0 3 3	0 4 6	0 6 7
>10~14 >14~18		−18	−23	−28	—	−33	— −39	−40 −45	— —	−50 −60	−64 −77	−90 −108	−130 −150	1	2	3	3	7	9
>18~24 >24~30		−22	−28	−35	— −41	−41 −48	−47 −55	−54 −64	−63 −75	−73 −88	−98 −118	−136 −160	−188 −218	1.5	2	3	4	8	12
>30~40 >40~50		−26	−34	−43	−48 −54	−60 −70	−68 −81	−80 −97	−94 −114	−112 −136	−148 −180	−200 −242	−274 −325	1.5	3	4	5	9	14
>50~65 >65~80		−32	−41 −43	−53 −59	−66 −75	−87 −102	−102 −120	−122 −146	−144 −174	−172 −210	−226 −274	−300 −360	−405 −480	2	3	5	6	11	16
>80~100 >100~120		−37	−51 −54	−71 −79	−91 −104	−124 −144	−146 −172	−178 −210	−214 −254	−258 −310	−335 −400	−445 −525	−585 −690	2	4	5	7	13	19
>120~140 >140~160 >160~180		−43	−63 −65 −68	−92 −100 −108	−122 −134 −146	−170 −190 −210	−202 −228 −252	−248 −280 −310	−300 −340 −380	−365 −415 −465	−470 −535 −600	−620 −700 −780	−800 −900 −1000	3	4	6	7	15	23
>180~200 >200~225 >225~250		−50	−77 −80 −84	−122 −130 −140	−166 −180 −196	−236 −258 −284	−284 −310 −340	−350 −385 −425	−425 −470 −520	−520 −575 −640	−670 −740 −820	−880 −960 −1050	−1150 −1250 −1350	3	4	6	9	17	26
>250~280 >280~315		−56	−94 −98	−158 −170	−218 −240	−315 −350	−385 −425	−475 −525	−580 −650	−710 −790	−920 −1000	−1200 −1300	−1550 −1700	4	4	7	9	20	29
>315~355 >355~400		−62	−108 −114	−190 −208	−268 −294	−390 −435	−475 −530	−590 −660	−730 −820	−900 −1000	−1150 −1300	−1500 −1650	−1900 −2100	4	5	7	11	21	23
>400~450 >450~500		−68	−126 −132	−232 −252	−330 −360	−490 −540	−595 −660	−740 −820	−920 −1000	−1100 −1250	−1450 −1600	−1850 −2100	−2400 −2600	5	5	7	13	23	34

表 3-6　轴的基本偏差数值　(μm)

基本偏差代号	a	b	c	cd	d	e	ef	f	fg	g	h	js
公差等级	所有等级											
基本尺寸(mm)	上偏差 (es)											
≤3 >3～6 >6～10	−270 −270 −280	−140 −140 −150	−60 −70 −80	−34 −46 −56	−20 −30 −40	−14 −20 −25	−10 −14 −18	−6 −10 −13	−4 −6 −8	−2 −4 −5	0 0 0	偏差=$\pm\frac{IT}{2}$
>10～14 >14～18	−290	−150	−95	—	−50	−32	—	−16	—	−6	0	
>18～24 >24～30	−300	−160	−110	—	−65	−40	—	−20	—	−7	0	
>30～40 >40～50	−310 −320	−170 −180	−120 −130		−80	−50	—	−25	—	−9	0	
>50～65 >65～80	−340 −360	−190 −200	−140 −150	—	−100	−60	—	−30	—	−10	0	
>80～100 >100～120	−380 −410	−220 −240	−170 −180		120	72		36	—	−12	0	
>120～140 >140～160 >160～180	−460 −520 −580	−260 −280 −310	−200 −210 −230	—	−145	−85	—	−43	—	−14	0	
>180～200 >200～225 >225～250	−660 −740 −820	−340 −380 −420	−240 −260 −280	—	−170	−100	—	−50	—	−15	0	
>250～280 >280～315	−920 −1050	−480 −540	−300 −330	—	−190	−110	—	−56	—	−17	0	
>315～355 >355～400	−1200 −1350	−600 −680	−360 −400	—	−210	−125	—	−62	—	−18	0	
>400～450 >450～500	−1500 −1650	−760 −840	−440 −480	—	−230	−135	—	−68	—	−20	0	

（续）

基本偏差代号	j			k		m	n	p	r	s	t	u	v	x	y	z	za	zb	zc
公差等级	5,6	7	8	4～7	≤3 >7	所有等级													
基本尺寸(mm)	下偏差 (ei)																		
≤3 >3～6 >6～10	−2 −2 −2	−4 −4 −5	−6 — —	0 +1 +1	0 0 0	+2 +4 +6	+4 +8 +10	+6 +12 +15	+10 +15 +19	+14 +19 +23	— — —	+18 +23 +28	— — —	+20 +28 +34	— — —	+26 +35 +42	+32 +42 +52	+40 +50 +67	+60 +80 +97
>10～14 >14～18	−3	−6	—	+1	0	+7	+12	+18	+23	+28	—	+33	— +39	+40 +45	— —	+50 +60	+64 +77	+90 +108	+130 +150
>18～24 >24～30	−4	−8	—	+2	0	+8	+15	+22	+28	+35	— +41	+41 +48	+47 +55	+54 +64	+63 +75	+73 +88	+98 +118	+136 +160	+188 +218
>30～40 >40～50	−5	−10	—	+2	0	+9	+17	+26	+34	+43	+48 +54	+60 +70	+68 +81	+80 +97	+94 +114	+112 +136	+148 +180	+200 +242	+274 +325
>50～65 >65～80	−7	−12	—	+2	0	+11	+20	+32	+41 +43	+53 +59	+66 +75	+87 +102	+102 +120	+122 +146	+144 +174	+172 +210	+226 +274	+300 +360	+405 +480
>80～100 >100～120	−9	−15	—	+3	0	+13	+23	+37	+51 +54	+71 +79	+91 +104	+124 +144	+146 +172	+178 +210	+214 +254	+258 +310	+335 +400	+445 +525	+585 +690
>120～140 >140～160 >160～180	−11	−18	—	+3	0	+15	+27	+43	+63 +65 +68	+92 +100 +108	+122 +134 +146	+170 +190 +210	+202 +228 +252	+248 +280 +310	+300 +340 +380	+365 +415 +465	+470 +535 +600	+620 +700 +780	+800 +900 +1000
>180～200 >200～225 >225～250	−13	−21	—	+4	0	+17	+31	+50	+77 +80 +84	+122 +130 +140	+166 +180 +196	+236 +258 +284	+284 +310 +340	+350 +385 +425	+425 +470 +520	+520 +575 +640	+670 +740 +820	+880 +960 +1050	+1150 +1250 +1350
>250～280 >280～315	−16	−26	—	+4	0	+20	+34	+56	+94 +98	+158 +170	+218 +240	+315 +350	+385 +425	+475 +525	+580 +650	+710 +790	+920 +1000	+1200 +1300	+1550 +1700
>315～355 >355～400	−18	−28	—	+4	0	+21	+37	+62	+108 +114	+190 +208	+268 +294	+390 +435	+475 +530	+590 +660	+730 +820	+900 +1000	+1150 +1300	+1500 +1650	+1900 +2100
>400～450 >450～500	−20	−32	—	+5	0	+23	+40	+68	+126 +132	+232 +252	+330 +360	+490 +540	+595 +660	+740 +820	+920 +1000	+1100 +1250	+1450 +1600	+1850 +2100	+2400 +2600

由于 $L_{min}=L+EI，l_{max}=l+es$

所以 $X_{min}=L_{min}-l_{max}=（L+EI）-（e+es）=EI-es$

由此可以得出：最小间隙也等于孔的下偏差与轴的上偏差之差。

例 1 $\phi40^{+0.025}_{0}$mm 的孔与 $\phi40^{-0.009}_{-0.025}$mm 的轴相配合，求配合的最大间隙与最小间隙。

解 求孔的最大、最小极限尺寸

$$L_{max}=L+ES=40+0.025=40.025mm$$

$$L_{min}=L+EI=40+0=40mm$$

求轴的最大、最小极限尺寸

$$l_{max}=l+es=40+（-0.009）=39.991mm$$

$$l_{min}=l+ei=40+（-0.025）=39.975mm$$

$$X_{max}=L_{max}-l_{min}=40.025-39.975=0.050mm$$

$$X_{min}=L_{min}-l_{max}=40-39.991=0.009mm$$

或 $$X_{max}=ES-ei=0.025-（-0.025）=0.050mm$$

$$X_{min}=EI-es=0-（-0.009）=0.009mm$$

在孔与轴的配合中，若孔的实际尺寸小于轴的实际尺寸，即产生过盈。

孔的最大极限尺寸减轴的最小极限尺寸的差值称为最小过盈。

$$Y_{min}=L_{max}-l_{min}$$

由于 $L_{max}=L+ES，l_{min}=l+ei$

所以 $Y_{min}=L_{max}-l_{min}=（L+ES）-（l+ei）$

$=EI-ei$

由此可以得出：最小过盈也等于孔的上偏差减去轴的下偏差。

孔的最小极限尺寸减轴的最大极限尺寸的差值称为最大过盈。

$$Y_{max}=L_{min}-l_{max}$$

由于 $L_{min}=L+EI，l_{max}=l+es$

所以 $Y_{max}=L_{min}-l_{max}=（L+EI）-（l+es）$

$=EI-es$

由此可以得出：最大过盈也等于孔的下偏差减去轴的上偏差。

例 2 $\phi40^{+0.025}_{0}$mm 的孔与 $\phi40^{+0.059}_{+0.043}$mm 的轴相配合，求最大过盈与最小过盈。

解 求孔的最大、最小极限尺寸

$$L_{max}=L+ES=50+0.025=50.025mm$$

$$L_{min}=L+EI=50+0+50mm$$

求轴的最大、最小极限尺寸

$$l_{max}=l+es=50+0.059=50.059mm$$

$$l_{min}=l+li-50+0.043=50.043mm$$

$$Y_{max}=L_{min}-l_{max}=50-50.059=-0.059mm$$

$$Y_{min}=L_{max}-l_{min}-50.025-50.043=-0.018mm$$

或 $$Y_{max}=EI-es=0-0.059=-0.059\text{mm}$$

$$Y_{min}=ES-ei=0.025-0.043=-0.018\text{mm}$$

例 3 $\phi 50^{+0.025}_{0}$mm 的孔与 $\phi 50^{+0.018}_{+0.002}$mm 的轴相配合，求最大过盈与最大间隙。

解 求孔的最大、最小极限尺寸

$$L_{max}=L+ES=50+0.025=50.025\text{mm}$$

$$L_{min}=L+EI=50+0=50\text{mm}$$

求轴的最大、最小极限尺寸

$$l_{max}=l+es=50+0.018=50.018\text{mm}$$

$$l_{min}=l+ei=50+0.002=50.002\text{mm}$$

$$Y_{max}=L_{min}-l_{max}=50-50.018=-0.018\text{mm}$$

$$X_{max}=L_{max}-l_{min}=50.025-50.002=0.023\text{mm}$$

或 $$Y_{max}=EI-es=0-0.018=-0.018\text{mm}$$

$$X_{max}=ES-ei=0.025-0.002=0.023\text{mm}$$

3.2.3.2 配合种类 根据配合的松紧程度不同，配合性质有以下三大类。

1. 间隙配合 孔的公差带完全在轴的公差带之上，任取其中一对孔和轴相配合，都具有间隙，见图 3-59a。

2. 过盈配合 轴的公差带完全在孔的公差带之上，任取其中一对孔与轴相配合，都具有过盈，见图 3-59c。

3. 过渡配合 孔和轴的公差带相互交叠，任取一对孔与轴相配合可能具有间隙，也可能具有过盈，见图 3-59b。

配合性质的判断：

间隙配合：孔的下偏差大于或等于轴的上偏差，即 EI⩾es。

过盈配合：孔的上偏差小于或等于轴的下偏差，即 ES⩽ei；

过渡配合：孔的下偏差不大于轴的上偏差，即 EI≯es，孔的上偏差不小于轴的下偏差 ES≮ei。

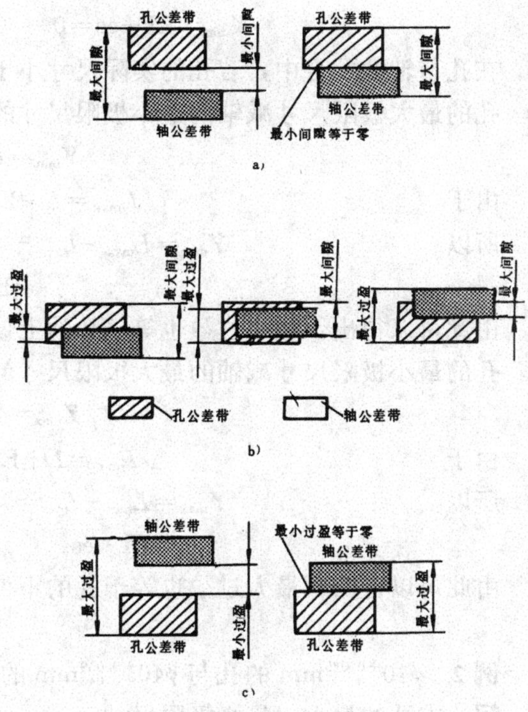

图 3-59 配合种类
a）间隙配合 b）过渡配合 c）过盈配合

3.2.3.3 基孔制和基轴制

1. 基孔制 基本偏差为一定的孔的公差带，与不同基本偏差的轴的公差带形成各种配合的一种制度，称为基孔制。基孔制的孔称基准孔，代号为 H，它的基本偏差为下偏差，其数值为零，上偏差为正值。基孔制中的轴是非基准件，由于轴的公差带相对于零线具有各种不同的位置，因而形成各种不同性质的配合，见图 3-60。

在基孔制的情况下，轴的基本偏差从 a～h 与基准孔相配合，属于间隙配合；从 j～m 是过渡配合，从 r～zc 是过盈配合，n、p 可能为过渡配合，也可能为过盈配合。

2. 基轴制　基本偏差为一定的轴的公差带，与不同基本偏差孔的公差带形成各种配合的一种制度，称为基轴制。基轴制的轴称为基准轴，其代号为 h，它的基本偏差为上偏差，数值为零，下偏差为负值。基轴制的孔是非基准件。由于孔的公差带相对零线有不同的位置，因而形成各种不同性质的配合，见图 3-61。

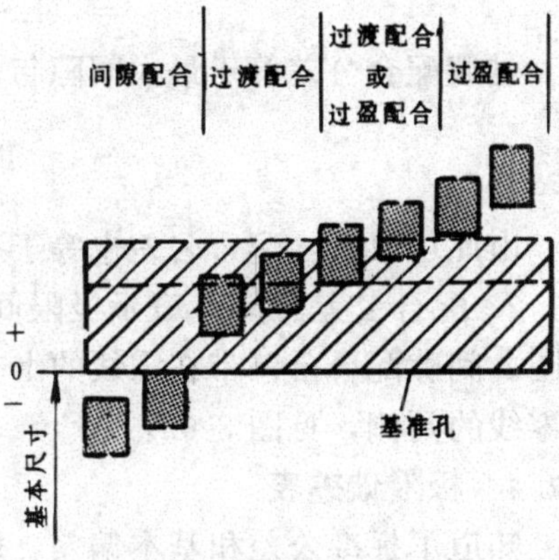

图 3-60　基孔制

在基轴制的情况下，孔的基本偏差从 A～H 为间隙配合；从 J～M 为过渡配合；从 P～ZC 为过盈配合；N 可能为过渡也可能为过盈配合。

3. 配合代号　国家标准规定：配合代号用孔、轴公差带代号的组合，写成分数形式表示，分子表示孔，分母表示轴。

例如　H7/n6。对于某一具体孔与轴的配合，还需在配合代号前面标明孔和轴的基本尺寸，例如 ϕ50H7/n6。

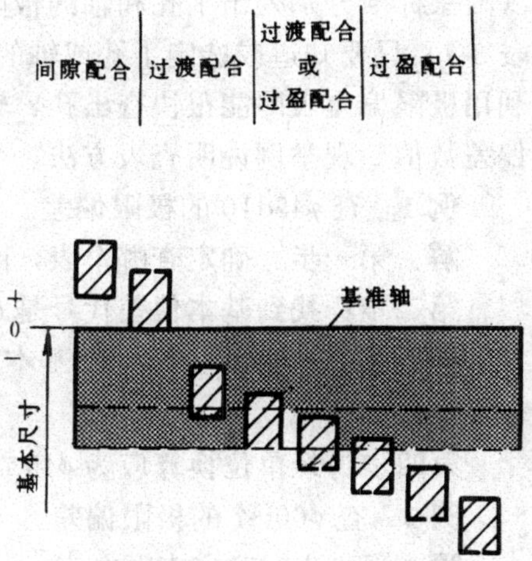

图 3-61　基轴制

分子上有 H 的为基孔制，如 ϕ50H7/n6；分母上有 h 的为基轴制，如 K8/h7；分子为 H，分母为 h，为基准件配合，可以理解为基孔制，也可以理解为基轴制，如 H7/h6。特殊情况下，任意孔、轴公差带组成的配合称作无基准件配合，如 M7/e6，这种配合习惯上也称“混合配合”。

3.2.3.4　配合公差（Tf）与配合公差带图

1. 配合公差　允许间隙或过盈的变动量称为配合公差。

对于一具体的配合，其配合公差越大，配合时形成的间隙或过盈可能出现的差别也越大，即配合后产生的松紧差别的程度也越大，即配合的精度越低。反之，配合公差越小，间隙或过盈可能出现的差别也越小，其松紧差别的程度也越小，即配合的精度越高。

间隙配合公差等于最大间隙与最小间隙代数差的绝对值，即

$$\mathrm{Tf}=X_{max}-X_{min}$$

由于　$X_{max}=\mathrm{ES}-\mathrm{ei}$，$X_{min}=\mathrm{EI}-\mathrm{es}$

所以

$$\begin{aligned}\mathrm{Tf}&=X_{max}-X_{min}\\&=(\mathrm{ES}-\mathrm{ei})-(\mathrm{EI}-\mathrm{es})\\&=(\mathrm{ES}-\mathrm{EI})+(\mathrm{es}-\mathrm{ei})=\mathrm{Th}+\mathrm{Ts}\end{aligned}$$

过盈配合公差等于最小过盈与最大过盈代数差的绝对值，即

$$\mathrm{Tf}=Y_{min}-Y_{max}$$

由于　$Y_{min}=\mathrm{ES}-\mathrm{ei}$，$Y_{max}=\mathrm{EI}-\mathrm{es}$

所以 $$Tf=Y_{min}-Y_{max}=(ES-ei)-(EI-es)$$
$$=(ES-EI)+(es-ei)=Th+Ts$$

过渡配合公差等于最大间隙与最大过盈代数差的绝对值，即

$$Tf=X_{max}-Y_{max}=Th+Ts$$

由此可以得：配合公差也等于孔公差和轴公差之和。

2. 配合公差带图　表示极限间隙或极限过盈的两条平行线所限定的区域称为配合公差带图。间隙配合公差带在零线的上方；过盈配合公差带在零线的下方；过渡配合公差带则位于零线的两侧，见图 3-62。

3.2.4　极限偏差表

知道了标准公差和基本偏差，即可计算出孔或轴的另一个极限偏差。但这种确定极限偏差的方法用起来比较麻烦，在实际工作中很少采用，所以国家标准分别列出了孔和轴的极限偏差表，见表 3-7。只要知道或选定了孔或轴的公差带代号，利用极限偏差表即能很快查出孔、轴的两个极限偏差数值。现举例说明查表方法。

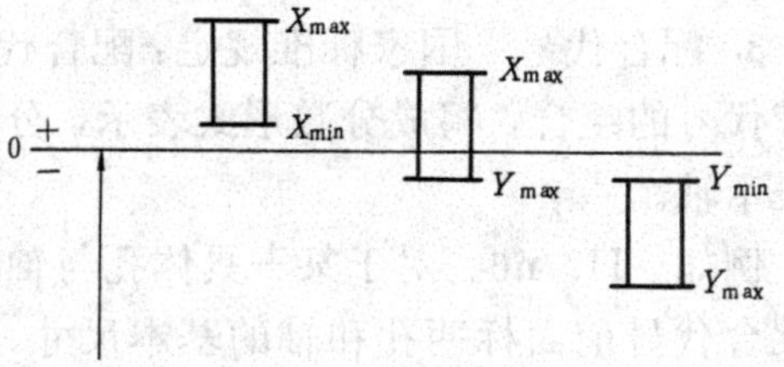

图 3-62　配合公差带

例 1　查 ϕ45d10 的极限偏差。

解　第一步：确定查哪个表，因为 d 是小写字母，所以应查轴的极限偏差表（表 3-7）；

第二步：找到基本偏差代号是 d、公差等级是 10 的一栏往下查；

第三步：从大于 40 至 50 基本尺寸一栏向右查与 d10 向下查的一栏相交，得到极限偏差$^{-80}_{-120}\mu m$

第四步：经单位换算应为 $\phi45^{-0.080}_{-0.120}$mm

例 2　查 ϕ60H7 的极限偏差。

解　第一步：确定查哪个表，因为 H 是大写字母，所以应查孔的极限偏差表，见表 3-7；

第二步：找到基本偏差代号是 H、公差等级是 7 级的一栏向下查；

第三步：从大于 50 至 65 基本偏差一栏向右查与 H7 向下查的一栏相交，得极限偏差为$^{+0.030}_{0}\mu m$

第四步：经单位换算应为 $\phi60^{+0.030}_{0}$mm

例 3　ϕ50H7/p6 求：1）孔、轴的极限偏差和公差（用查表法）；2）极限过盈；3）配合公差；4）画尺寸公差和配合公差带图。

解　1）　ϕ50H7　Es=0.025mm　EI=0

$$Th=ES-EI=0.025-0=0.025mm$$

ϕ50P6　es=0.042mm　ei=0.026mm

$$Ts=es-ei=0.042-0.026=0.016mm$$

2）$$Y_{max}=EI-es=0-0.042=-0.042mm$$
$$Y_{min}=ES-ei=0.025-0.026=-0.001mm$$

3）$$Tf=Th+Ts=0.025+0.016=0.041mm$$

4）　尺寸公差与配合公差带图，见图 3-63。

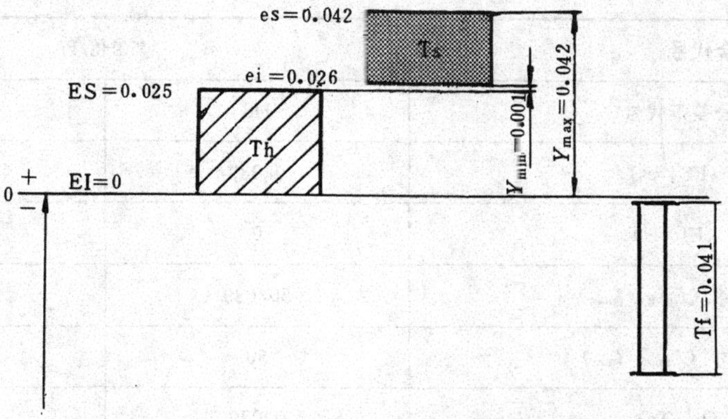

图 3-63　ϕ50H7/p6 的尺寸公差和配合公差带图

例 4　ϕ45G6/h5 求：

1）孔、轴的极限偏差和公差；

2）极限间隙；

3）配合公差；

4）画出尺寸公差与配合公差带图

解　1）　ϕ65G6　　EI＝0.009mm，在＞30～50mm 尺寸段查得：

$$IT6=0.016mm$$

$$ES=EI+IT=0.009+0.016=0.025mm$$

$$Th=ES-EI=0.025-0.009=0.016mm$$

2）　ϕ45h5　es＝0，在＞30～50mm 尺寸段查得：

$$IT5=0.011mm \quad ei=es-IT=0-0.011=-0.011mm$$

$$Ts=es-ei=0-(-0.011)=0.011mm$$

$$X_{max}=ES-ei=0.025-(-0.011)=0.036mm$$

$$X_{min}=EI-es=0.009-0=0.009mm$$

3）　$$Tf=Th+Ts=0.016+0.011=0.027mm$$

4）　配合公差带图，见图 3-64。

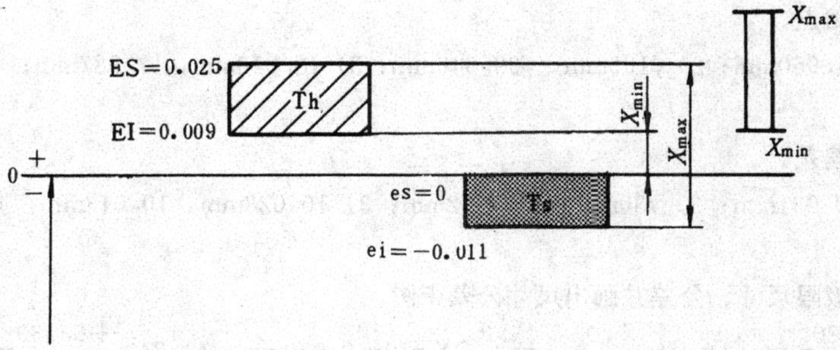

图 3-64　ϕ45G6/h5 的尺寸公差配合公差带图

例 5　孔、轴配合 ϕ50H8/f7mm，用表格列出各项内容，并画出尺寸公差带图。

解　见下表。

（mm）

配合代号	ϕ50H8/f7	
孔、轴公差带代号	H8	f7
上偏差（ES、es）	0.039	−0.025
下偏差（EI、ei）	0	−0.050
最大极限尺寸（L_{max}、l_{max}）	50.039	49.975
最小极限尺寸（L_{min}、l_{min}）	50	49.950
公差（Th、Ts）	0.039	0.025
尺寸公差带（见右图）	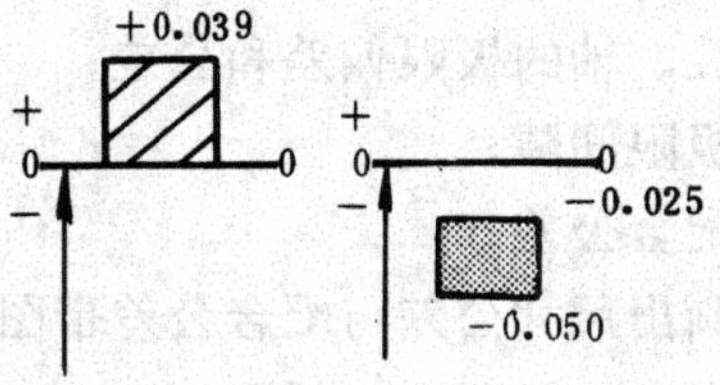 ϕ50H8/f7 尺寸公差带图	
最大间隙（X_{max}）	0.089	
最小间隙（X_{min}）	0.025	
配合公差（Tf）	0.064	

习　　题

1. 写出下列轴的基本尺寸和极限尺寸。

1）$\phi18^{-0.050}_{-0.068}$mm；2）$\phi50^{\ 0}_{-0.016}$mm；3）$\phi12^{-0.036}_{-0.018}$mm；4）$\phi42^{+0.079}_{-0.054}$mm。

2. 写出下列孔的基本尺寸和极限尺寸。

1）$\phi36^{+0.089}_{+0.050}$mm；2）$\phi25\pm0.008$mm；3）$\phi45^{+0.012}_{-0.027}$mm；4）$\phi85^{-0.071}_{-0.125}$mm。

3. 求下列轴的极限偏差。

1）ϕ34.975mm，ϕ34.950mm；2）ϕ100mm　ϕ99.946mm；3）18.013mm，17.987mm；4）ϕ52.062mm，ϕ52.032mm。

4. 求下列孔的极限偏差。

1）ϕ39.969mm，ϕ40.031mm；2）ϕ30mm，ϕ30.052mm；3）10.028mm，10.013mm；4）100.071mm，100.036mm。

5. 求下列孔、轴的极限尺寸、公差并画出尺寸公差带图。

轴　1）$\phi55^{-0.030}_{-0.060}$mm；2）$\phi55^{\ 0}_{-0.030}$mm；3）$\phi70\pm0.070$mm；4）$240^{+0.130}_{+0.084}$mm。

6. 已知下列轴的尺寸，查出标准公差和基本偏差并计算另一极限偏差。

1）ϕ32e8mm；2）ϕ110m6mm；3）ϕ40r7mm；4）ϕ38h9mm；5）10h7mm；6）ϕ16u7mm。

7. 已知下列孔的尺寸，查出标准公差和基本偏差并计算另一极限偏差。

1）ϕ96F8；2）ϕ95H7；3）ϕ36K6；4）ϕ85Js8；5）ϕ60S7；6）18S7。

8. 查出6、7各题的极限偏差。

9. 查出下列各题的极限偏差，计算出配合的极限间隙或极限过盈。

1）ϕ62H8/d8；2）ϕ52F8/h7；3）ϕ36H7/m6；4）ϕ46M6/h5；5）ϕ82H6/h5；6）16H8/js7。

10. 基本尺寸与配合代号为ϕ40H8/f7、10H7/n6、ϕ65S7/h6、ϕ38R6/h5，求：

1）查出相配合的孔、轴的极限偏差。

2）计算出孔、轴的公差。

3）计算配合公差。

4）画出公差带图。

11. 孔、轴配合为ϕ60G7/h6，查表算出表列各项内容、并画出尺寸公差带图。

（mm）

配合代号	ϕ60G7/h6	
孔、轴公差带代号		
上偏差（ES、es）		
下偏差（EI、ei）		
最大极限尺寸（L_{max}、l_{max}）		
最小极限尺寸（L_{min}、l_{min}）		
公差（Th、Ts）		
尺寸公差带		
最大间隙（X_{max}）		
最小间隙（X_{min}）		
配合公差（Tf）		

12. 将未知公差或未知极限偏差填写在空格里。

（mm）

题　号	a	b	c	d	e	f	g
极限偏差	+0.142 +0.080	+0.016 ?	? −0.0125	+0.004 −0.015	? −0.037	−0.016 ?	? 0
公　差	?	0.016	0.025	?	0.016	0.009	0.040

表 3-7　基本尺寸至 500mm 孔、轴的极限偏差(GB1801－79)　(μm)

基本尺寸至 500mm 轴的极限偏差

基本尺寸(mm)		公差带														
		a					b					c				
大	至	9	10	11	12	13	9	10	11	12	13	8	9	10	▶11	12
—	3	−270 −295	−270 −310	−270 −330	−270 −370	−270 −410	−140 −165	−140 −180	−140 −200	−140 −240	−140 −280	−60 −74	−60 −85	−60 −100	−60 −120	−60 −160
3	6	−270 −300	−270 −318	−270 −345	−270 −390	−270 −450	−140 −170	−140 −188	−140 −215	−140 −260	−140 −320	−70 −88	−70 −100	−70 −118	−70 −145	−70 −190
6	10	−280 −316	−280 −338	−280 −370	−280 −430	−280 −500	−150 −186	−150 −208	−150 −240	−150 −300	−150 −370	−80 −102	−80 −116	−80 −138	−80 −170	−80 −230
10 14	14 18	−290 −333	−290 −360	−200 −400	−290 −470	−290 −560	−150 −193	−150 −220	−150 −260	−150 −330	−150 −420	−95 −122	−95 −138	−95 −165	−95 −205	−95 −275
18 24	24 30	−300 −352	−300 −384	−300 −430	−300 −510	−300 −630	−160 −212	−160 −244	−160 −290	−160 −370	−160 −490	−110 −143	−110 −162	−110 −194	−110 −240	−110 −320
30	40	−310 −372	−310 −410	−310 −470	−310 −560	−310 −700	−170 −232	−170 −270	−170 −330	−170 −420	−170 −560	−120 −159	−120 −182	−120 −220	−120 −280	−120 −370
40	50	−320 −382	−320 −420	−320 −480	−320 −570	−320 −710	−180 −242	−180 −280	−180 −340	−180 −430	−180 −570	−130 −169	−130 −192	−130 −230	−130 −290	−130 −380
50	65	−340 −414	−340 −460	−340 −530	−340 −640	−340 −800	−190 −264	−190 −310	−190 −380	−190 −490	−190 −650	−140 −186	−140 −214	−140 −260	−140 −330	−140 −440
65	80	−360 −434	−360 −480	−360 −550	−360 −660	−360 −820	−200 −274	−200 −320	−200 −390	−200 −500	−200 −660	−150 −196	−150 −224	−150 −270	−150 −340	−150 −450
80	100	−380 −467	−380 −520	−380 −600	−380 −730	−380 −920	−220 −307	−220 −360	−220 −440	−220 −570	−220 −760	−170 −224	−170 −257	−170 −310	−170 −390	−170 −520
100	120	−410 −497	−410 −550	−410 −630	−410 −760	−410 −950	−240 −327	−240 −380	−240 −460	−240 −590	−240 −780	−180 −234	−180 −267	−180 −320	−180 −400	−180 −530
120	140	−460 −560	−460 −620	−460 −710	−460 −860	−460 −1090	−260 −360	−260 −420	−260 −510	−260 −660	−260 −890	−200 −263	−200 −300	−200 −360	−200 −450	−200 −600
140	160	−520 −620	−520 −680	−520 −770	−520 −920	−520 −1150	−280 −380	−280 −440	−280 −530	−280 −680	−280 −910	−210 −273	−210 −310	−210 −370	−210 −460	−210 −610
160	180	−580 −680	−580 −740	−580 −830	−580 −980	−580 −1210	−310 −410	−310 −470	−310 −560	−310 −710	−310 −940	−230 −293	−230 −330	−230 −390	−230 −480	−230 −630
180	200	−660 −775	−660 −845	−660 −950	−660 −1120	−660 −1380	−340 −455	−340 −525	−340 −630	−340 −800	−340 −1060	−240 −312	−240 −355	−240 −425	−240 −530	−240 −700
200	225	−740 −855	−740 −925	−740 −1030	−740 −1200	−740 −1460	−380 −495	−380 −565	−380 −670	−380 −840	−380 −1100	−260 −332	−260 −375	−260 −445	−260 −550	−260 −720
225	250	−820 −935	−820 −1005	−820 −1110	−820 −1280	−820 −1540	−420 −535	−420 −605	−420 −710	−420 −880	−420 −1140	−280 −352	−280 −395	−280 −465	−280 −570	−280 −740
250	280	−920 −1050	−920 −1130	−920 −1240	−920 −1440	−920 −1730	−480 −610	−480 −690	−480 −800	−480 −1000	−480 −1290	−300 −381	−300 −430	−300 −510	−300 −620	−300 −820
280	315	−1050 −1180	−1050 −1260	−1050 −1370	−1050 −1570	−1050 −1860	−540 −670	−540 −750	−540 −860	−540 −1060	−540 −1350	−330 −411	−330 −460	−330 −540	−330 −650	−330 −850
315	355	−1200 −1340	−1200 −1430	−1200 −1560	−1200 −1770	−1200 −2090	−600 −740	−600 −830	−600 −960	−600 −1170	−600 −1490	−360 −449	−360 −500	−360 −590	−360 −720	−360 −930
355	400	−1350 −1490	−1350 −1580	−1350 −1710	−1350 −1920	−1350 −2240	−680 −820	−680 −910	−680 −1040	−680 −1250	−680 −1570	−400 −489	−400 −540	−400 −630	−400 −760	−400 −970
400	450	−1500 −1655	−1500 −1750	−1500 −1900	−1500 −2130	−1500 −2470	−760 −915	−760 −1010	−760 −1160	−760 −1390	−760 −1730	−440 −537	−440 −595	−440 −690	−440 −840	−440 −1070
450	500	−1650 −1805	−1650 −1900	−1650 −2050	−1650 −2280	−1650 −2620	−840 −995	−840 −1090	−840 −1240	−840 −1470	−840 −1810	−480 −577	−480 −635	−480 −730	−480 −880	−480 −1110

（续）

基本尺寸 (mm)		公差带													
		c	d					e					f		
大于	至	13	7	8	9	10	11	6	7	8	9	10	5	6	7
—	3	−60 −200	−20 −30	−20 −34	−20 −45	−20 −60	−20 −80	−14 −20	−14 −24	−14 −28	−14 −39	−14 −54	−6 −10	−6 −12	−6 −16
3	6	−70 −250	−30 −42	−30 −48	−30 −60	−30 −78	−30 −150	−20 −28	−20 −32	−20 −38	−20 −50	−20 −68	−10 −15	−10 −18	−10 −22
6	10	−80 −300	−40 −55	−40 −62	−40 −76	−40 −98	−40 −130	−25 −34	−25 −40	−25 −47	−25 −61	−25 −83	−13 −19	−13 −22	−13 −28
10	14	−95 −365	−50 −68	−50 −77	−50 −93	−50 −120	−50 −160	−32 −43	−32 −50	−32 −59	−32 −75	−32 −102	−16 −24	−16 −27	−16 −34
14	18														
18	24	−110 −440	−65 −86	−65 −98	−65 −117	−65 −149	−65 −195	−40 −53	−40 −61	−40 −73	−40 −92	−40 −124	−20 −29	−20 −33	−20 −41
24	30														
30	40	−120 −510	−80 −105	−80 −119	−80 −142	−80 −180	−80 −240	−50 −66	−50 −75	−50 −89	−50 −112	−50 −150	−25 −36	−25 −41	−25 −50
40	50	−130 −520													
50	65	−140 −600	−100 −130	−100 −146	−100 −174	−100 −220	−100 −290	−60 −79	−60 −90	−60 −106	−60 −134	−60 −180	−30 −43	−30 −49	−30 −60
65	80	−150 −610													
80	100	−170 −710	−120 −155	−120 −174	−120 −207	−120 −260	−120 −340	−72 −94	−72 −107	−72 −126	−72 −159	−72 −212	−36 −51	−36 −58	−36 −71
100	120	−180 −720													
120	140	−200 −830	−145 −185	−145 −208	−145 −245	−145 −305	−145 −395	−85 −110	−85 −125	−85 −148	−85 −185	−85 −245	−43 −61	−43 −68	−43 −83
140	160	−210 −840													
160	180	−230 −860													
180	200	−240 −960	−170 −216	−170 −242	−170 −285	−170 −355	−170 −460	−100 −129	−100 −146	−100 −172	−100 −215	−100 −285	−50 −70	−50 −79	−50 −96
200	225	−260 −980													
225	250	−280 −1000													
250	280	−300 −1110	−190 −242	−190 −271	−190 −320	−190 −400	−190 −510	−110 −142	−110 −162	−110 −191	−110 −240	−110 −320	−56 −79	−56 −88	−56 −108
280	315	−330 −1140													
315	355	−360 −1250	−210 −267	−210 −299	−210 −350	−210 −440	−210 −570	−125 −161	−125 −182	−125 −214	−125 −265	−125 −355	−62 −87	−62 −98	−62 −119
355	400	−400 −1290													
400	450	−440 −1410	−230 −293	−230 −327	−230 −385	−230 −480	−230 −630	−135 −175	−135 −198	−135 −232	−135 −290	−135 −385	−68 −95	−68 −108	−68 −131
450	500	−480 −1450													

（续）

基本尺寸 (mm)		公差带												
		f		g					h					
大于	至	8	9	4	5	▼6	7	8	1	2	3	4	5	▼6
—	3	−6 −20	−6 −31	−2 −5	−2 −6	−2 −8	−2 −12	−2 −16	0 −0.8	0 −1.2	0 −2	0 −3	0 −4	0 −6
3	6	−10 −28	−10 −40	−4 −8	−4 −9	−4 −12	−4 −16	−4 −22	0 −1	0 −1.5	0 −2.5	0 −4	0 −5	0 −8
6	10	−13 −35	−13 −49	−5 −9	−5 −11	−5 −14	−5 −20	−5 −27	0 −1	0 −1.5	0 −2.5	0 −4	0 −6	0 −9
10	14	−16 −43	−16 −59	−6 −11	−6 −14	−6 −17	−6 −24	−6 −33	0 −1.2	0 −2	0 −3	0 −5	0 −8	0 −11
14	18													
18	24	−20 −53	−20 −72	−7 −13	−7 −16	−7 −20	−7 −28	−7 −40	0 −1.5	0 −2.5	0 −4	0 −6	0 −9	0 −13
24	30													
30	40	−25 −64	−25 −87	−9 −16	−9 −20	−9 −25	−9 −34	−9 −48	0 −1.5	0 −2.5	0 −4	0 −7	0 −11	0 −16
40	50													
50	65	−30 −76	−30 −104	−10 −18	−10 −23	−10 −29	−10 −40	−10 −56	0 −2	0 −3	0 −5	0 −8	0 −13	0 −19
65	80													
80	100	−36 −90	−36 −123	−12 −22	−12 −27	−12 −34	−12 −47	−12 −66	0 −2.5	0 −4	0 −6	0 −10	0 −15	0 −22
100	120													
120	140													
140	160	−43 −106	−43 −143	−14 −26	−14 −32	−14 −39	−14 −54	−14 −77	0 −3.5	0 −5	0 −8	0 −12	0 −18	0 −25
160	180													
180	200													
200	225	−50 −122	−50 −165	−15 −29	−15 −35	−15 −44	−15 −61	−15 −87	0 −4.5	0 −7	0 −10	0 −14	0 −20	0 −29
225	250													
250	280	−56 −137	−56 −186	−17 −33	−17 −40	−17 −49	−17 −69	−17 −98	0 −6	0 −8	0 −12	0 −16	0 −23	0 −32
280	315													
315	355	−62 −151	−62 −202	−18 −36	−18 −43	−18 −54	−18 −75	−18 −107	0 −7	0 −9	0 −13	0 −18	0 −25	0 −36
355	400													
400	450	−68 −165	−68 −223	−20 −40	−20 −47	−20 −60	−20 −83	−20 −117	0 −8	0 −10	0 −15	0 −20	0 −27	0 −40
450	500													

（续）

基本尺寸（mm）		公差带												
		h							j			js		
大于	至	▼7	8	▼9	10	▼11	12	13	5	6	7	1	2	3
—	3	0 −10	0 −14	0 −25	0 −40	0 −60	0 −100	0 −140	—	+4 −2	+6 −4	±0.4	±0.6	±1
3	6	0 −12	0 −18	0 −30	0 −48	0 −75	0 −120	0 −180	+3 −2	+6 −2	+8 −4	±0.5	±0.75	±1.25
6	10	0 −15	0 −22	0 −36	0 −58	0 −90	0 −150	0 −220	+4 −2	+7 −2	+10 −5	±0.5	±0.75	±1.25
10	14	0 −18	0 −27	0 −43	0 −70	0 −110	0 −180	0 −270	+5 −3	+8 −3	+12 −6	±0.6	±1	±1.5
14	18													
18	24	0 −21	0 −33	0 −52	0 −84	0 −130	0 −210	0 −330	+5 −4	+9 −4	+13 −8	±0.75	±1.25	±2
24	30													
30	40	0 −25	0 −39	0 −62	0 −100	0 −160	0 −250	0 −390	+6 −5	+11 −5	+15 −10	±0.75	±1.25	±2
40	50													
50	65	0 −30	0 −46	0 −74	0 −120	0 −190	0 −300	0 −460	+6 −7	+12 −7	+18 −12	±1	±1.5	±2.5
65	80													
80	100	0 −35	0 −54	0 −87	0 −140	0 −220	0 −350	0 −540	+6 −9	+13 −9	+20 −15	±1.25	±2	±3
100	120													
120	140	0 −40	0 −63	0 −100	0 −160	0 −250	0 −400	0 −630	−7 +11	+14 −11	+22 −18	±1.75	±2.5	±4
140	160													
160	180													
180	200	0 −46	0 −72	0 −115	0 −185	0 −290	0 −460	0 −720	+7 −13	+16 −13	+25 −21	±2.25	±3.5	±5
200	225													
225	250													
250	280	0 −52	0 −81	0 −130	0 −210	0 −320	0 −520	0 −810	+7 −16	—	—	±3	±4	±6
280	315													
315	355	0 −57	0 −89	0 −140	0 −230	0 −360	0 −570	0 −890	+7 −18	— —	+29 −28	±3.5	±4.5	±6.5
355	400													
400	450	0 −63	0 −97	0 −155	0 −250	0 −400	0 −630	0 −970	+7 −20	— —	+31 −32	±4	±5	±7.5
450	500													

（续）

基本尺寸 (mm)		公差带											
		js										k	
大于	至	4	5	6	7	8	9	10	11	12	13	4	5
—	3	±1.5	±2	±3	±5	±7	±12	±20	±30	±50	±70	+3 0	+4 0
3	6	±2	±2.5	±4	±6	±9	±15	±24	±37	±60	±90	+5 +1	+6 +1
6	10	±2	±3	±4.5	±7	±11	±18	±29	±45	±75	±110	+5 +1	+7 +1
10	14	±2.5	±4	±5.5	±9	±13	±21	±35	±55	±90	±135	+6 +1	+9 +1
14	18												
18	24	±3	±4.5	±6.5	±10	±16	±26	±42	±65	±105	±165	+8 +2	+11 +2
24	30												
30	40	±3.5	±5.5	±8	±12	±19	±31	±50	±80	±125	±195	+9 +2	+13 +2
40	50												
50	65	±4	±6.5	±9.5	±15	±23	±37	±60	±95	±150	±230	+10 +2	+15 +2
65	80												
80	100	±5	±7.5	±11	±17	±27	±43	±70	±110	±175	±270	+13 +3	+18 +3
100	120												
120	140	±6	±9	±12.5	±20	±31	±50	±80	±125	±200	±315	+15 +3	+21 +3
140	160												
160	180												
180	200	±7	±10	±14.5	±23	±36	±57	±92	±145	±230	±360	+18 +4	+24 +4
200	225												
225	250												
250	280	±8	±11.5	±16	±26	±40	±65	±105	±160	±260	±405	+20 +4	+27 +4
280	315												
315	355	±9	±12.5	±18	±28	±44	±70	±115	±180	±285	±445	+22 +4	+29 +4
355	400												
400	450	±10	±13.5	±20	±31	±48	±77	±125	±200	±315	±485	+25 +5	+32 +5
450	500												

（续）

基本尺寸 (mm)		公差带												
		k			m					n				
大于	至	▼6	7	8	4	5	6	7	8	4	5	▼6	7	8
—	3	+6 0	+10 0	+14 0	+5 +2	+6 +2	+8 +2	+12 +2	+16 +2	+7 +4	+8 +4	+10 +4	+14 +4	+18 +4
3	6	+9 +1	+13 +1	+18 0	+8 +4	+9 +4	+12 +4	+16 +4	+22 +4	+12 +8	+13 +8	+16 +8	+20 +8	+26 +8
6	10	+10 +1	+16 +1	+22 0	+10 +6	+12 +6	+15 +6	+21 +6	+28 +6	+14 +10	+16 +10	+19 +10	+25 +10	+32 +10
10 14	14 18	+12 +1	+19 +1	+27 0	+12 +7	+15 +7	+18 +7	+25 +7	+34 +7	+17 +12	+20 +12	+23 +12	+30 +12	+39 +12
18 24	24 30	+15 +2	+23 +2	+33 0	+14 +8	+17 +8	+21 +8	+29 +8	+41 +8	+21 +15	+24 +15	+28 +15	+36 +15	+48 +15
30 40	40 50	+18 +2	+27 +2	+39 0	+16 +9	+20 +9	+25 +9	+34 +9	+48 +9	+24 +17	+28 +17	+33 +17	+42 +17	+56 +17
50 65	65 80	+21 +2	+32 +2	+46 0	+19 +11	+24 +11	+30 +11	+41 +11	+57 +11	+28 +20	+33 +20	+39 +20	+50 +20	+66 +20
80 100	100 120	+25 +3	+38 +3	+54 0	+23 +13	+28 +13	+35 +13	+48 +13	+67 +13	+33 +23	+38 +23	+45 +23	+58 +23	+77 +23
120 140 160	140 160 180	+28 +3	+43 +3	+63 0	+27 +15	+33 +15	+40 +15	+55 +15	+78 +15	+39 +27	+45 +27	+52 +27	+67 +27	+90 +27
180 200 225	200 225 250	+33 +4	+50 +4	+72 0	+31 +17	+37 +17	+46 +17	+63 +17	+89 +17	+45 +31	+51 +31	+60 +31	+77 +31	+103 +31
250 280	280 315	+36 +4	+56 +4	+81 0	+36 +20	+43 +20	+52 +20	+72 +20	+101 +20	+50 +34	+57 +34	+66 +34	+86 +34	+115 +34
315 355	355 400	+40 +4	+61 +4	+89 0	+39 +21	+46 +21	+57 +21	+78 +21	+110 +21	+55 +37	+62 +37	+73 +37	+94 +37	+126 +37
400 450	450 500	+45 +5	+68 +5	+97 0	+43 +23	+50 +23	+63 +23	+86 +23	+120 +23	+60 +40	+67 +40	+80 +40	+103 +40	+137 +40

（续）

基本尺寸（mm）		公差带												
		p					r					s		
大于	至	4	5	▼6	7	8	4	5	6	7	8	4	5	▼6
—	3	+9 +6	+10 +6	+12 +6	+16 +6	+20 +6	+13 +10	+14 +10	+16 +10	+20 +10	+24 +10	+17 +14	+18 +14	+20 +14
3	6	+16 +12	+17 +12	+20 +12	+24 +12	+30 +12	+19 +15	+20 +15	+23 +15	+27 +15	+33 +15	+23 +19	+24 +19	+27 +19
6	10	+19 +15	+21 +15	+24 +15	+30 +15	+37 +15	+23 +19	+25 +19	+28 +19	+34 +19	+41 +19	+27 +23	+29 +23	+32 +23
10	14	+23 +18	+26 +18	+29 +18	+36 +18	+45 +18	+28 +23	+31 +23	+34 +23	+41 +23	+50 +23	+33 +28	+36 +28	+39 +28
14	18													
18	24	+28 +22	+31 +22	+35 +22	+43 +22	+55 +22	+34 +28	+37 +28	+41 +28	+49 +28	+61 +28	+41 +35	+44 +35	+48 +35
24	30													
30	40	+33 +26	+37 +26	+42 +26	+51 +26	+65 +26	+41 +34	+45 +34	+50 +34	+59 +34	+73 +34	+50 +43	+54 +43	+59 +43
40	50													
50	65	+40 +32	+45 +32	+51 +32	+62 +32	+78 +32	+49 +41	+54 +41	+60 +41	+71 +41	+87 +41	+61 +53	+66 +53	+72 +53
65	80						+51 +43	+56 +43	+62 +43	+73 +43	+89 +43	+67 +59	+72 +59	+78 +59
80	100	+47 +37	+52 +37	+59 +37	+72 +37	+91 +37	+61 +51	+66 +51	+73 +51	+86 +51	+105 +51	+81 +71	+86 +71	+93 +71
100	120						+64 +54	+69 +54	+76 +54	+89 +54	+108 +54	+89 +79	+94 +79	+101 +79
120	140	+55 +43	+61 +43	+68 +43	+83 +43	+106 +43	+75 +63	+81 +63	+88 +63	+103 +63	+126 +63	+104 +92	+110 +92	+117 +92
140	160						+77 +65	+83 +65	+90 +65	+105 +65	+128 +65	+112 +100	+118 +100	+125 +100
160	180						+80 +68	+86 +68	+93 +68	+108 +68	+131 +68	+120 +108	+126 +108	+138 +108
180	200	+64 +50	+70 +50	+79 +50	+96 +50	+122 +50	+91 +77	+97 +77	+106 +77	+123 +77	+149 +77	+136 +122	+142 +122	+151 +122
200	225						+94 +80	+100 +80	+109 +80	+126 +80	+152 +80	+144 +130	+150 +130	+159 +130
225	250						+98 +84	+104 +84	+113 +84	+130 +84	+156 +84	+154 +140	+160 +140	+169 +140
250	280	+72 +56	+79 +56	+88 +56	+108 +56	+137 +56	+110 +94	+117 +94	+126 +94	+146 +94	+175 +94	+174 +158	+131 +158	+190 +158
280	315						+114 +98	+121 +98	+130 +98	+150 +98	+179 +98	+186 +170	+193 +170	+202 +170
315	355	+80 +62	+87 +62	+98 +62	+119 +62	+151 +62	+126 +108	+133 +108	+144 +108	+165 +108	+197 +108	+208 +190	+215 +190	+226 +190
355	400						+132 +114	+139 +114	+150 +114	+171 +114	+203 +114	+226 +208	+233 +208	+244 +208
400	450	+88 +68	+95 +68	+108 +68	+131 +68	+165 +68	+146 +126	+153 +126	+166 +126	+189 +126	+223 +126	+252 +232	+259 +232	+272 +232
450	500						+152 +132	+159 +132	+172 +132	+195 +132	+229 +132	+272 +252	+279 +252	+292 +252

（续）

基本尺寸（mm）		公差带												
		s		t				u				v		
大于	至	7	8	5	6	7	8	5	6	7	8	5	6	7
—	3	+24 +14	+28 +14	—	—	—	—	+22 +18	+24 +18	+28 +18	+32 +18	—	—	—
3	6	+31 +19	+37 +19	—	—	—	—	+28 +23	+31 +23	+35 +23	+41 +23	—	—	—
6	10	+38 +23	+45 +23	—	—	—	—	+34 +28	+37 +28	+43 +28	+50 +28	—	—	—
10	14	+46 +28	+55 +28	—	—	—	—	+41 +33	+44 +33	+51 +33	+60 +33	—	—	—
14	18			—	—	—	—					+47 +39	+50 +39	+57 +39
18	24	+56 +35	+68 +35	—	—	—	—	+50 +41	+54 +41	+62 +41	+74 +41	+56 +47	+60 +47	+68 +47
24	30			+50 +41	+54 +41	+62 +41	+74 +41	+57 +48	+61 +48	+69 +48	+81 +48	+64 +55	+68 +55	+76 +55
30	40	+68 +43	+82 +43	+59 +48	+64 +48	+73 +48	+87 +48	+71 +60	+76 +60	+85 +60	+99 +60	+79 +68	+84 +68	+93 +68
40	50			+65 +54	+70 +54	+79 +54	+93 +54	+81 +70	+86 +70	+95 +70	+109 +70	+92 +81	+97 +81	+106 +81
50	65	+83 +53	+99 +53	+79 +66	+85 +66	+96 +66	+112 +66	+100 +87	+106 +87	+117 +87	+133 +87	+115 +102	+121 +102	+132 +102
65	80	+89 +59	+105 +59	+88 +75	+94 +75	+105 +75	+121 +75	+115 +102	+121 +102	+132 +102	+148 +102	+133 +120	+139 +120	+150 +120
80	100	+106 +71	+125 +71	+106 +91	+113 +91	+126 +91	+145 +91	+139 +124	+146 +124	+159 +124	+178 +124	+161 +146	+168 +146	+181 +146
100	120	+114 +79	+133 +79	+119 +104	+126 +104	+139 +104	+158 +104	+159 +144	+166 +144	+179 +144	+198 +144	+187 +172	+194 +172	+207 +172
120	140	+132 +92	+155 +92	+140 +122	+147 +122	+162 +122	+185 +122	+188 +170	+195 +170	+210 +170	+233 +170	+220 +202	+227 +202	+242 +202
140	160	+140 +100	+163 +100	+152 +134	+159 +134	+174 +134	+197 +134	+208 +190	+215 +190	+230 +190	+253 +190	+246 +228	+253 +228	+268 +228
160	180	+148 +108	+171 +108	+164 +146	+171 +146	+186 +146	+209 +146	+228 +210	+235 +210	+250 +210	+273 +210	+270 +252	+277 +252	+292 +252
180	200	+168 +122	+194 +122	+186 +166	+195 +166	+212 +166	+238 +166	−256 −236	+265 +236	+282 +236	+308 +236	+304 +284	+313 +284	+330 +284
200	225	+176 +130	+202 +130	+200 +180	+209 +180	+226 +180	+252 +180	−278 −258	+287 +258	+304 +258	+330 +258	+330 +310	+339 +310	+356 +310
225	250	+186 +140	+212 +140	+216 +196	+225 +196	+242 +196	+268 +196	+304 +284	+313 +284	+330 +284	+356 +284	+360 +340	+369 +340	+386 +340
250	280	+210 +158	+239 +158	+241 +218	+250 +218	+270 +218	+299 +218	+338 +315	+347 +315	+367 +315	+396 +315	+408 +385	+417 +385	+437 +385
280	315	+222 +170	+251 +170	+263 +240	+272 +240	+292 +240	+321 +240	+373 +350	+382 +350	+402 +350	+431 +350	+448 +425	+457 +425	+477 +425
315	355	+247 +190	+279 +190	+293 +268	+304 +268	−325 −268	+357 +268	+415 +390	+426 +390	+447 +390	+479 +390	+500 +475	+511 +475	+532 +475
355	400	+265 +208	+297 +208	+319 +294	+330 +294	−351 +294	+383 +294	+460 +435	+471 +435	+492 +435	+524 +435	+555 +530	+566 +530	+587 +530
400	450	+295 +232	+329 +232	+357 +330	+370 +330	+393 +330	+427 +330	+517 +490	+530 +490	+553 +490	+587 +490	+622 +595	+635 +595	+658 +595
450	500	+315 +252	+349 +252	+387 +360	+400 +360	+423 +360	+457 +360	+567 +540	+580 +540	+603 +540	+637 +540	+687 +660	+700 +660	+723 +660

（续）

基本尺寸（mm）		公差带												
		v	x				y				z			
大于	至	8	5	6	7	8	5	6	7	8	5	6	7	8
—	3	—	+24 +20	+26 +20	+30 +20	+34 +20	—	—	—	—	+30 +26	+32 +26	+36 +26	+40 +26
3	6	—	+33 +28	+36 +28	+40 +28	+46 +28	—	—	—	—	+40 +35	+43 +35	+47 +35	+53 +35
6	10	—	+40 +34	+43 +34	+49 +34	+56 +34	—	—	—	—	+48 +42	+51 +42	+57 +42	+64 +42
10	14	—	+48 +40	+51 +40	+58 +40	+67 +40	—	—	—	—	+58 +50	+61 +50	+68 +50	+77 +50
14	18	+66 +39	+53 +45	+56 +45	+63 +45	+72 +45	—	—	—	—	+68 +60	+71 +60	+78 +60	+87 +60
18	24	+80 +47	+63 +54	+67 +54	+75 +54	+87 +54	+72 +63	+76 +63	+84 +63	+96 +63	+82 +73	+86 +73	+94 +73	+106 +73
24	30	+88 +55	+73 +64	+77 +64	+85 +64	+97 +64	+84 +75	+88 +75	+96 +75	+108 +75	+97 +88	+101 +88	+109 +88	+121 +88
30	40	+107 +68	+91 +80	+96 +80	+105 +80	+119 +80	+105 +94	+110 +94	+119 +94	+133 +94	+123 +112	+128 +112	+137 +112	+151 +112
40	50	+120 +81	+108 +97	+113 +97	+122 +97	+136 +97	+125 +114	+130 +114	+139 +114	+153 +114	+147 +136	+152 +136	+161 +136	+175 +136
50	65	+148 +102	+135 +122	+141 +122	+152 +122	+168 +122	+157 +144	+163 +144	+174 +144	+190 +144	+185 +172	+191 +172	+202 +172	+218 +172
65	80	+166 +120	+159 +146	+165 +146	+176 +146	+192 +146	+187 +174	+193 +174	+204 +174	+220 +174	+223 +210	+229 +210	+240 +210	+256 +210
80	100	+200 +146	+193 +178	+200 +178	+213 +178	+232 +178	+229 +214	+236 +214	+249 +214	+268 +214	+273 +258	+280 +258	+293 +258	+312 +258
100	120	+226 +172	+225 +210	+232 +210	+245 +210	+264 +210	+269 +254	+276 +254	+289 +254	+308 +254	+325 +310	+332 +310	+345 +310	+364 +310
120	140	+265 +202	+266 +248	+273 +248	+288 +248	+311 +248	+318 +300	+325 +300	+340 +300	+363 +300	+383 +365	+390 +365	+405 +365	+428 +365
140	160	+291 +228	+298 +280	+305 +280	+320 +280	+343 +280	+358 +340	+365 +340	+380 +340	+403 +340	+433 +415	+440 +415	+455 +415	+478 +415
160	180	+315 +252	+328 +310	+335 +310	+350 +310	+373 +310	+398 +380	+405 +380	+420 +380	+443 +380	+483 +465	+490 +465	+505 +465	+528 +465
180	200	+356 +284	+370 +350	+379 +350	+396 +350	+422 +350	+445 +425	+454 +425	+471 +425	+497 +425	+540 +520	+549 +520	+566 +520	+592 +520
200	225	+382 +310	+405 +385	+414 +385	+431 +385	+457 +385	+490 +470	+499 +470	+516 +470	+542 +470	+595 +575	+604 +575	+621 +575	+647 +575
225	250	+412 +340	+445 +425	+454 +425	+471 +425	+497 +425	+540 +520	+549 +520	+566 +520	+592 +520	+660 +640	+669 +640	+686 +640	+712 +640
250	280	+466 +385	+498 +475	+507 +475	+527 +475	+556 +475	+603 +580	+612 +580	+632 +580	+661 +580	+733 +710	+742 +710	+762 +710	+791 +710
280	315	+506 +425	+548 +525	+557 +525	+577 +525	+606 +525	+673 +650	+682 +650	+702 +650	+731 +650	+813 +790	+822 +790	+842 +790	+871 +790
315	355	+564 +475	+615 +590	+626 +590	+647 +590	+679 +590	+755 +730	+766 +730	+787 +730	+819 +730	+925 +900	+936 +900	+957 +900	+989 +900
355	400	+619 +530	+685 +660	+696 +660	+717 +660	+749 +660	+845 +820	+856 +820	+877 +820	+909 +820	+1025 +1000	+1036 +1000	+1057 +1000	+1089 +1000
400	450	+692 +595	+767 +740	+780 +740	+803 +740	+837 +740	+947 +920	+960 +920	+983 +920	+1017 +920	+1127 +1100	+1140 +1100	+1163 +1100	+1197 +1100
450	500	+757 +660	+847 +820	+860 +820	+883 +820	+917 +820	+1027 +1000	+1040 +1000	+1063 +1000	+1097 +1000	+1277 +1250	+1290 +1250	+1313 +1250	+1347 +1250

注：1. 基本尺寸小于 1mm 时，各级的 a 和 b 均不采用。

2. 黑体字是常用公差带，标有▼的是优先公差带。

（续）

基本尺寸至500mm孔的极限偏差

基本尺寸(mm)		公差带												
		A				B				C				
大于	至	9	10	11	12	9	10	11	12	8	9	10	11	12
—	3	+295 +270	+310 +270	+330 +270	+370 +270	+165 +140	+180 +140	+200 +140	+240 +140	+74 +60	+85 +60	+100 +60	+120 +60	+160 +60
3	6	+300 +270	+318 +270	+345 +270	+390 +270	+170 +140	+188 +140	+215 +140	+260 +140	+88 +70	+100 +70	+118 +70	+145 +70	+190 +70
6	10	+316 +280	+338 +280	+370 +280	+430 +280	+186 +150	+208 +150	+240 +150	+300 +150	+102 +80	+116 +80	+138 +80	+170 +80	+230 +80
10	14	+333 +290	+360 +290	+400 +290	+470 +290	+193 +150	+220 +150	+260 +150	+330 +150	+122 +95	+138 +95	+165 +95	+205 +95	+275 +95
14	18													
18	24	+352 +300	+384 +300	+430 +300	+510 +300	+212 +160	+244 +160	+290 +160	+370 +160	+143 +110	+162 +110	+194 +110	+240 +110	+320 +110
24	30													
30	40	+372 +310	+410 +310	+470 +310	+560 +310	+232 +170	+270 +170	+330 +170	+420 +170	+159 +120	+182 +120	+220 +120	+280 +120	+370 +120
40	50	+382 +320	+420 +320	+480 +320	+570 +320	+242 +180	+280 +180	+340 +180	+430 +180	+169 +130	+192 +130	+230 +130	+290 +130	+380 +130
50	65	+414 +340	+460 +340	+530 +340	+640 +340	+264 +190	+310 +190	+380 +190	+490 +190	+186 +140	+214 +140	+260 +140	+330 +140	+440 +140
65	80	+434 +360	+480 +360	+550 +360	+660 +360	+274 +200	+320 +200	+390 +200	+500 +200	+196 +150	+224 +150	+270 +150	+340 +150	+450 +150
80	100	+467 +380	+520 +380	+600 +380	+730 +380	+307 +220	+360 +220	+440 +220	+570 +220	+224 +170	+257 +170	+310 +170	+390 +170	+520 +170
100	120	+497 +410	+550 +410	+630 +410	+760 +410	+327 +240	+380 +240	+460 +240	+590 +240	+234 +180	+267 +180	+320 +180	+400 +180	+530 +180
120	140	+560 +460	+620 +460	+710 +460	+860 +460	+360 +260	+420 +260	+510 +260	+660 +260	+263 +200	+300 +200	+360 +200	+450 +200	+600 +200
140	160	+620 +520	+680 +520	+770 +520	+920 +520	+380 +280	+440 +280	+530 +280	+680 +280	+273 +210	+310 +210	+370 +210	+460 +210	+610 +210
160	180	+680 +580	+740 +580	+830 +580	+980 +580	+410 +310	+470 +310	−560 −310	+710 +310	+293 +230	+330 +230	+390 +230	+480 +230	+630 +230
180	200	+775 +660	+845 +660	+950 +660	+1120 +660	+455 +340	+525 +340	−630 −340	+800 +340	+312 +240	+355 +240	+425 +240	+530 +240	+700 +240
200	225	+855 +740	+925 +740	+1030 +740	+1200 +740	+495 +380	+565 +380	+670 +380	+840 +380	+332 +260	+375 +260	+445 +260	+550 +260	+720 +260
225	250	+935 +820	+1005 +820	+1110 +820	+1280 +820	+535 +420	+605 +420	+710 +420	+880 +420	+352 +280	+395 +280	+465 +280	+570 +280	+740 +280
250	280	+1050 +920	+1130 +920	+1240 +920	+1440 +920	+610 +480	+690 +480	+800 +480	+1000 +480	+381 +300	+430 +300	+510 +300	+620 +300	+820 +300
280	315	+1180 +1050	+1260 +1050	+1370 +1050	+1570 +1050	+670 −540	+750 +540	+860 +540	+1060 +540	+411 +330	+460 +330	+540 +330	+650 +330	+850 +330
315	355	+1340 +1200	+1430 +1200	+1560 +1200	+1770 +1200	−740 −600	+830 +600	+960 +600	+1170 +600	+449 +360	+500 +360	+590 +360	+720 +360	+930 +360
355	400	+1490 +1350	+1580 +1350	+1710 +1350	+1920 +1350	+820 +680	+910 +680	+1040 +680	+1250 +680	+489 +400	+540 +400	+630 +400	+760 +400	+970 +400
400	450	+1655 +1500	+1750 +1500	+1900 +1500	+2130 +1500	+915 +760	+1010 +760	+1160 +760	+1390 +760	+537 +440	+595 +440	+690 +440	+840 +440	+1070 +440
450	500	+1805 +1650	+1900 +1650	+2050 +1650	+2280 +1650	+995 +840	+1090 +840	+1240 +840	+1470 +840	+577 +480	+635 +480	+730 +480	+880 +480	+1110 +480

（续）

基本尺寸（mm）		公差带												
		D					E				F			
大于	至	7	8	▼9	10	11	7	8	9	10	6	7	▼8	9
—	3	+30 −20	+34 +20	+45 +20	+60 +20	+80 +20	+24 +14	+28 +14	+39 +14	+54 +14	+12 +6	+16 +6	+20 +6	+31 +6
3	6	+42 +30	+48 +30	+60 +30	+78 +30	+105 +30	+32 +20	+38 +20	+50 +20	+68 +20	+18 +10	+22 +10	+28 +10	+40 +10
6	10	+55 +40	+62 +40	+76 +40	+98 +40	+130 +40	+40 +25	+47 +25	+61 +25	+83 +25	+22 +13	+28 +13	+35 +13	+49 +13
10	14	+68 +50	+77 +50	+93 +50	+120 +50	+160 +50	+50 +32	+59 +32	+75 +32	+102 +32	+27 +16	+34 +16	+43 +16	+59 +16
14	18													
18	24	+86 +65	+98 +65	+117 +65	+149 +65	+195 +65	+61 +40	+73 +40	+92 +40	+124 +40	+33 +20	+41 +20	+53 +20	+72 +20
24	30													
30	40	+105 +80	+119 +80	+142 +80	+180 +80	+240 +80	+75 +50	+89 +50	+112 +50	+150 +50	+41 +25	+50 +25	+64 +25	+87 +25
40	50													
50	65	+130 +100	+146 +100	+174 +100	+220 +100	+290 +100	+90 +60	+106 +60	+134 +60	+180 +60	+49 +30	+60 +30	+76 +30	+104 +30
65	80													
80	100	+155 +120	+174 +120	+207 +120	+260 +120	+340 +120	+107 +72	+126 +72	+159 +72	+212 +72	+58 +36	+71 +36	+90 +36	+123 +36
100	120													
120	140	+185 +145	+208 +145	+245 +145	+305 +145	+395 +145	+125 +85	+148 +85	+185 +85	+245 +85	+68 +43	+83 +43	+106 +43	+143 +43
140	160													
160	180													
180	200	+216 +170	+242 +170	+285 +170	+355 +170	+460 +170	+146 +100	+172 +100	+215 +100	+285 +100	+79 +50	+96 +50	+122 +50	+165 +50
200	225													
225	250													
250	280	+242 +190	+271 +190	+320 +190	+400 +190	+510 +190	+162 +110	+191 +110	+240 +110	+320 +110	+88 +56	+108 +56	+137 +56	+186 +56
280	315													
315	355	+267 +210	+299 +210	+350 +210	+440 +210	+570 +210	+182 +125	+214 +125	+265 +125	+355 +125	+98 +62	+119 +62	+151 +62	+202 +62
355	400													
400	450	+293 +230	+327 +230	+385 +230	+480 +230	+630 +230	+198 +135	+232 +135	+290 +135	+385 +135	+108 +68	+131 +68	+165 +68	+223 +68
450	500													

（续）

基本尺寸（mm）		公差带												
		G				H								
大于	至	5	6	▼7	8	1	2	3	4	5	6	▼7	▼8	▼9
—	3	+6 +2	+8 +2	+12 +2	+16 +2	+0.8 0	+1.2 0	+2 0	+3 0	+4 0	+6 0	+10 0	+14 0	+25 0
3	6	+9 +4	+12 +4	+16 +4	+22 +4	+1 0	+1.5 0	+2.5 0	+4 0	+5 0	+8 0	+12 0	+18 0	+30 0
6	10	+11 +5	+14 +5	+20 +5	+27 +5	+1 0	+1.5 0	+2.5 0	+4 0	+6 0	+9 0	+15 0	+22 0	+36 0
10	14	+14 +6	+17 +6	+24 +6	+33 +6	+1.2 0	+2 0	+3 0	+5 0	+8 0	+11 0	+18 0	+27 0	+43 0
14	18													
18	24	+16 +7	+20 +7	+28 +7	+40 +7	+1.5 0	+2.5 0	+4 0	+6 0	+9 0	+13 0	+21 0	+33 0	+52 0
24	30													
30	40	+20 +9	+25 +9	+34 +9	+48 +9	+1.5 0	+2.5 0	+4 0	+7 0	+11 0	+16 0	+25 0	+39 0	+62 0
40	50													
50	65	+23 +10	+29 +10	+40 +10	+56 +10	+2 0	+3 0	+5 0	+8 0	+13 0	+19 0	+30 0	+46 0	+74 0
65	80													
80	100	+27 +12	+34 +12	+47 +12	+66 +12	+2.5 0	+4 0	+6 0	+10 0	+15 0	+22 0	+35 0	+54 0	+87 0
100	120													
120	140	+32 +14	+39 +14	+54 +14	+77 +14	+3.5 0	+5 0	+8 0	+12 0	+18 0	+25 0	+40 0	+63 0	+100 0
140	160													
160	180													
180	200	+35 +15	+44 +15	+61 +15	+87 +15	+4.5 0	+7 0	+10 0	+14 0	+20 0	+29 0	+46 0	+72 0	+115 0
200	225													
225	250													
250	280	+40 +17	+49 +17	+60 +17	+98 +17	+6 0	+8 0	+12 0	+16 0	+23 0	+32 0	+52 0	+81 0	+130 0
280	315													
315	355	+43 +18	+54 +18	+75 +18	+107 +18	+7 0	+9 0	+13 0	+18 0	+25 0	+36 0	+57 0	+89 0	+140 0
355	400													
400	450	+47 +20	+60 +20	+83 +20	+117 +20	+8 0	+10 0	+15 0	+20 0	+27 0	+40 0	+63 0	+97 0	+155 0
450	500													

（续）

基本尺寸（mm）		公差带													
		H				J			Js						
大于	至	10	11	12	13	6	7	8	1	2	3	4	5	6
—	3	+40 0	+60 0	+100 0	+140 0	+2 −4	+4 −6	+6 −8	±0.4	±0.6	±1	±1.5	±2	±3
3	6	+48 0	+75 0	+120 0	+180 0	+5 −3	—	+10 −8	±0.5	±0.75	±1.25	±2	±2.5	±4
6	10	+58 0	+90 0	+150 0	+220 0	+5 −4	+8 −7	+12 −10	±0.5	±0.75	±1.25	±2	±3	±4.5
10	14	+70 0	+110 0	+180 0	+270 0	+6 −5	+10 −8	+15 −12	±0.6	±1	±1.5	±2.5	±4	±5.5
14	18													
18	24	+84 0	+130 0	+210 0	+330 0	+8 −5	+12 −9	+20 −13	+0.75	±1.25	±2	±3	±4.5	±6.5
24	30													
30	40	+100 0	+160 0	+250 0	+390 0	+10 −6	+14 −11	+24 −15	±0.75	±1.25	±2	±3.5	±5.5	±8
40	50													
50	65	+120 0	+190 0	+300 0	+460 0	+13 −6	+18 −12	+28 −18	±1	±1.5	±2.5	±4	±6.5	±9.5
65	80													
80	100	+140 0	+220 0	+350 0	+540 0	+16 −6	+22 −13	+34 −20	±1.25	±2	±3	±5	±7.5	±11
100	120													
120	140	+160 0	+250 0	+400 0	+630 0	+18 −7	+26 −14	+41 −22	±1.75	±2.5	±4	±6	±9	±12.5
140	160													
160	180													
180	200	+185 0	+290 0	+460 0	+720 0	+22 −7	+30 −16	+47 −25	±2.25	±3.5	±5	±7	±10	±14.5
200	225													
225	250													
250	280	+210 0	+320 0	+520 0	+810 0	+25 −7	+36 −16	+55 −26	±3	±4	±6	±8	±11.5	±16
280	315													
315	355	+230 0	+360 0	+570 0	+890 0	+29 −7	+39 −18	+60 −29	±3.5	±4.5	±6.5	±9	±12.5	±18
355	400													
400	450	+250 0	+400 0	+630 0	+970 0	+33 −7	+43 −20	+66 −31	±4	±5	±7.5	±10	±13.5	±20
450	500													

（续）

基本尺寸 (mm)		公差带												
		Js							K					M
大于	至	7	8	9	10	11	12	13	4	5	6	7	8	4
—	3	±5	±7	±12	±20	±30	±50	±70	0 −3	0 −4	0 −6	0 −10	0 −14	−2 −5
3	6	±6	±9	±15	±24	±37	±60	±90	+0.5 −3.5	0 −5	+2 −6	+3 −9	+5 −13	−2.5 −6.5
6	10	±7	±11	±18	±29	±45	±75	±110	+0.5 −3.5	+1 −5	+2 −7	+5 −10	+6 −16	−4.5 −8.5
10	14	±9	±13	±21	±35	±55	±90	±135	+1 −4	+2 −6	+2 −9	+6 −12	+8 −19	−5 −10
14	18													
18	24	±10	±16	±26	±42	±65	±105	±165	0 −6	+1 −8	+2 −11	+6 −15	+10 −23	−6 −12
24	30													
30	40	±12	±19	±31	±50	±80	±125	±195	+1 −6	+2 −9	+3 −13	+7 −18	+12 −27	−6 −13
40	50													
50	65	±15	±23	±37	±60	±95	±150	±230	+1 −7	+3 −10	+4 −15	+9 −21	+14 −32	−8 −16
65	80													
80	100	±17	±27	±43	±70	±110	±175	±270	+1 −9	+2 −13	+4 −18	+10 −25	+16 −38	−9 −19
100	120													
120	140	±20	±31	±50	±80	±125	±200	±315	+1 −11	+3 −15	+4 −21	+12 −28	+20 −43	−11 −23
140	160													
160	180													
180	200	±23	±36	±57	±92	±145	±230	±360	0 −14	+2 −18	+5 −24	+13 −33	+22 −50	−13 −27
200	225													
225	250													
250	280	±26	±40	±65	±105	±160	±260	±405	0 −16	+3 −20	+5 −27	+16 −36	+25 −56	−16 −32
280	315													
315	355	±28	±44	±70	±115	±180	±285	±445	+1 −17	+3 −22	+7 −29	+17 −40	+28 −61	−16 −34
355	400													
400	450	±31	±48	±77	±125	±200	±315	±485	0 −20	+2 −25	+8 −32	+18 −45	+29 −68	−18 −38
450	500													

（续）

基本尺寸 (mm)		公差带												
		M				N					P			
大于	至	5	6	7	8	5	6	▼7	8	9	5	6	▼7	8
—	3	−2 −6	−2 −8	−2 −12	−2 −16	−4 −8	−4 −10	−4 −14	−4 −18	−4 −29	−6 −10	−6 −12	−6 −16	−6 −20
3	6	−3 −8	−1 −9	0 −12	+2 −16	−7 −12	−5 −13	−4 −16	−2 −20	0 −30	−11 −16	−9 −17	−8 −20	−12 −30
6	10	−4 −10	−3 −12	0 −15	+1 −21	−8 −14	−7 −16	−4 −19	−3 −25	0 −36	−13 −19	−12 −21	−9 −24	−15 −37
10	14	−4 −12	−4 −15	0 −18	+2 −25	−9 −17	−9 −20	−5 −23	−3 −30	0 −43	−15 −23	−15 −26	−11 −29	−18 −45
14	18													
18	24	−5 −14	−4 −17	0 −21	+4 −29	−12 −21	−11 −24	−7 −28	−3 −36	0 −52	−19 −28	−18 −31	−14 −35	−22 −55
24	30													
30	40	−5 −16	−4 −20	0 −25	+5 −34	−13 −24	−12 −28	−8 −33	−3 −42	0 −62	−22 −33	−21 −37	−17 −42	−26 −65
40	50													
50	65	−6 −19	−5 −24	0 −30	+5 −41	−15 −28	−14 −33	−9 −39	−4 −50	0 −74	−27 −40	−26 −45	−21 −51	−32 −78
65	80													
80	100	−8 −23	−6 −28	0 −35	+6 −48	−18 −33	−16 −38	−10 −45	−4 −58	0 −87	−32 −47	−30 −52	−24 −59	−37 −91
100	120													
120	140	−9 −27	−8 −33	0 −40	+8 −55	−21 −39	−20 −45	−12 −52	−4 −67	0 −100	−37 −55	−36 −61	−28 −68	−43 −106
140	160													
160	180													
180	200	−11 −31	−8 −37	0 −46	+9 −63	−25 −45	−22 −51	−14 −60	−5 −77	0 −115	−44 −64	−41 −70	−33 −79	−50 −122
200	225													
225	250													
250	280	−13 −36	−9 −41	0 −52	+9 −72	−27 −50	−25 −57	−14 −66	−5 −86	0 −130	−49 −72	−47 −79	−36 −88	−56 −137
280	315													
315	355	−14 −39	−10 −46	0 −57	+11 −78	−30 −55	−26 −62	−16 −73	−5 −94	0 −140	−55 −80	−51 −87	−41 −98	−62 −151
355	400													
400	450	−16 −43	−10 −50	0 −63	+11 −86	−33 −60	−27 −67	−17 −80	−6 −103	0 −155	−61 −88	−55 −95	−45 −108	−68 −165
450	500													

（续）

基本尺寸 (mm)		公差带												
		P	R				S				T			U
大于	至	9	5	6	7	8	5	6	7	8	6	7	8	6
—	3	−6 −31	−10 −14	−10 −16	−10 −20	−10 −24	−14 −18	−14 −20	−14 −24	−14 −28	—	—	—	−18 −24
3	6	−12 −42	−14 −19	−12 −20	−11 −23	−15 −33	−18 −23	−16 −24	−15 −27	−19 −37	—	—	—	−20 −28
6	10	−15 −51	−17 −23	−16 −25	−13 −28	−19 −41	−21 −27	−20 −29	−17 −32	−23 −45	—	—	—	−25 −34
10	14	−18 −61	−20 −28	−20 −31	−16 −34	−23 −50	−25 −33	−25 −36	−21 −39	−28 −55	—	—	—	−30 −41
14	18													
18	24	−22 −74	−25 −34	−24 −37	−20 −41	−28 −61	−32 −41	−31 −44	−27 −48	−35 −68	—	—	—	−37 −50
24	30										−37 −50	−33 −54	−41 −74	−44 −57
30	40	−26 −88	−30 −41	−29 −45	−25 −50	−34 −73	−39 −50	−38 −54	−34 −59	−43 −82	−43 −59	−39 −64	−48 −87	−55 −71
40	50										−49 −65	−45 −70	−54 −93	−65 −81
50	65	−32 −106	−36 −49	−35 −54	−30 −60	−41 −87	−48 −61	−47 −66	−42 −72	−53 −99	−60 −79	−55 −85	−66 −112	−81 −100
65	80		−38 −51	−37 −56	−32 −62	−43 −89	−54 −67	−53 −72	−48 −78	−59 −105	−69 −88	−64 −94	−75 −121	−96 −115
80	100	−37 −124	−46 −61	−44 −66	−38 −73	−51 −105	−66 −81	−64 −86	−58 −93	−71 −125	−84 −106	−78 −113	−91 −145	−117 −139
100	120		−49 −64	−47 −69	−41 −76	−54 −108	−74 −89	−72 −94	−66 −101	−79 −133	−97 −119	−91 −126	−104 −158	−137 −159
120	140	−43 −143	−57 −75	−56 −81	−48 −88	−63 −126	−86 −104	−85 −110	−77 −117	−92 −155	−115 −140	−107 −147	−122 −185	−163 −188
140	160		−59 −77	−58 −83	−50 −90	−65 −128	−94 −112	−93 −118	−85 −125	−100 −163	−127 −152	−119 −159	−134 −197	−183 −208
160	180		−62 −80	−61 −86	−53 −93	−68 −131	−102 −120	−101 −126	−93 −133	−108 −171	−139 −164	−131 −171	−146 −209	−203 −228
180	200	−50 −165	−71 −91	−68 −97	−60 −106	−77 −149	−116 −136	−113 −142	−105 −151	−122 −194	−157 −186	−149 −195	−166 −238	−227 −256
200	225		−74 −94	−71 −100	−63 −109	−80 −152	−124 −144	−121 −150	−113 −159	−130 −202	−171 −200	−163 −209	−180 −252	−249 −278
225	250		−78 −98	−75 −104	−67 −113	−84 −156	−134 −154	−131 −160	−123 −169	−140 −212	−187 −216	−179 −225	−196 −268	−275 −304
250	280	−56 −186	−87 −110	−85 −117	−74 −126	−94 −175	−151 −174	−149 −181	−138 −190	−158 −239	−209 −241	−198 −250	−218 −299	−306 −338
280	315		−91 −114	−89 −121	−78 −130	−98 −179	−163 −186	−161 −193	−150 −202	−170 −251	−231 −263	−220 −272	−240 −321	−341 −373
315	355	−62 −202	−101 −126	−97 −133	−87 −144	−108 −197	−183 −203	−179 −215	−169 −226	−190 −279	−257 −293	−247 −304	−268 −357	−379 −415
355	400		−107 −132	−103 −139	−93 −150	−114 −203	−201 −226	−197 −233	−187 −244	−208 −297	−283 −319	−273 −330	−294 −383	−424 −460
400	450	−68 −223	−119 −146	−113 −153	−103 −166	−126 −223	−225 −252	−219 −259	−209 −272	−232 −329	−317 −357	−307 −370	−330 −427	−477 −517
450	500		−125 −152	−119 −159	−109 −172	−132 −229	−245 −272	−239 −279	−229 −292	−252 −349	−347 −387	−337 −400	−360 −457	−527 −567

（续）

基本尺寸(mm)		公差带													
		U		V			X			Y			Z		
大于	至	▼7	8	6	7	8	6	7	8	6	7	8	6	7	8
—	3	−18 −28	−18 −32	—	—	—	−20 −26	−20 −30	−20 −34	—	—	—	−26 −32	−26 −36	−26 −40
3	6	−19 −31	−23 −41	—	—	—	−25 −33	−24 −36	−28 −46	—	—	—	−32 −40	−31 −43	−35 −53
6	10	−22 −37	−28 −50	—	—	—	−31 −40	−28 −43	−34 −56	—	—	—	−39 −48	−36 −51	−42 −64
10	14	−26 −44	−33 −60	—	—	—	−37 −48	−33 −51	−40 −67	—	—	—	−47 −58	−43 −61	−50 −77
14	18			−36 −47	−32 −50	−39 −66	−42 −53	−38 −56	−45 −72	—	—	—	−57 −68	−53 −71	−60 −87
18	24	−53 −54	−41 −74	−43 −56	−39 −60	−47 −80	−50 −63	−46 −67	−54 −87	−59 −72	−55 −76	−63 −96	−69 −82	−65 −86	−73 −106
24	30	−40 −61	−48 −81	−51 −64	−47 −68	−55 −88	−60 −73	−56 −77	−64 −97	−71 −84	−67 −88	−75 −108	−84 −97	−80 −101	−88 −121
30	40	−51 −76	−60 −99	−63 −79	−59 −84	−68 −107	−75 −91	−71 −96	−80 −119	−89 −105	−85 −110	−94 −133	−107 −123	−103 −128	−112 −151
40	50	−61 −86	−70 −109	−76 −92	−72 −97	−81 −120	−92 −108	−88 −113	−97 −136	−109 −125	−105 −130	−114 −153	−131 −147	−127 −152	−136 −175
50	65	−76 −106	−87 −133	−96 −115	−91 −121	−102 −148	−116 −135	−111 −141	−122 −168	−138 −157	−133 −163	−144 −190	−166 −185	−161 −191	−172 −218
65	80	−91 −121	−102 −148	−114 −133	−109 −139	−120 −166	−140 −159	−135 −165	−146 −192	−168 −187	−163 −193	−174 −220	−204 −223	−199 −229	−210 −256
80	100	−111 −146	−124 −178	−139 −161	−133 −168	−146 −200	−171 −193	−165 −200	−178 −232	−207 −229	−201 −236	−214 −268	−251 −273	−245 −280	−258 −312
100	120	−131 −166	−144 −198	−165 −187	−159 −194	−172 −226	−203 −225	−197 −232	−210 −264	−247 −269	−241 −276	−254 −308	−303 −325	−297 −332	−310 −364
120	140	−155 −195	−170 −233	−195 −220	−187 −227	−202 −265	−241 −266	−233 −273	−248 −311	−293 −318	−285 −325	−300 −363	−358 −383	−350 −390	−365 −428
140	160	−175 −215	−190 −253	−221 −246	−213 −253	−228 −291	−273 −298	−265 −305	−280 −343	−333 −358	−325 −365	−340 −403	−408 −433	−400 −440	−415 −478
160	180	−195 −235	−210 −273	−245 −270	−237 −277	−252 −315	−303 −328	−295 −335	−310 −373	−373 −398	−365 −405	−380 −443	−458 −483	−450 −490	−465 −528
180	200	−219 −265	−236 −308	−275 −304	−267 −313	−284 −356	−341 −370	−333 −379	−350 −422	−416 −445	−408 −454	−425 −497	−511 −540	−503 −549	−520 −592
200	225	−241 −287	−258 −330	−301 −330	−293 −339	−310 −382	−376 −405	−368 −414	−385 −457	−461 −490	−453 −499	−470 −542	−566 −595	−558 −604	−575 −647
225	250	−267 −313	−284 −356	−331 −360	−323 −369	−340 −412	−416 −445	−408 −454	−425 −497	−511 −540	−503 −549	−520 −592	−631 −660	−623 −669	−640 −712
250	280	−295 −347	−315 −396	−376 −408	−365 −417	−385 −466	−466 −498	−455 −507	−475 −556	−571 −603	−560 −612	−580 −661	−701 −733	−690 −742	−710 −791
280	315	−330 −382	−350 −431	−416 −448	−405 −457	−425 −506	−516 −548	−505 −557	−525 −606	−641 −673	−630 −682	−650 −731	−781 −813	−770 −822	−790 −871
315	355	−369 −426	−390 −479	−464 −500	−454 −511	−475 −564	−579 −615	−569 −626	−590 −679	−719 −755	−709 −766	−730 −819	−889 −925	−879 −936	−900 −989
355	400	−414 −471	−435 −524	−519 −555	−509 −566	−530 −619	−649 −685	−639 −696	−660 −749	−809 −845	−799 −856	−820 −909	−989 −1025	−979 −1036	−1000 −1089
400	450	−467 −530	−490 −587	−582 −622	−572 −635	−595 −692	−727 −767	−717 −780	−740 −837	−907 −947	−897 −960	−920 −1017	−1087 −1127	−1077 −1140	−1100 −1197
450	500	−517 −580	−540 −637	−647 −687	−637 −700	−660 −757	−807 −847	−797 −860	−820 −917	−987 −1027	−977 −1040	−1000 −1097	−1237 −1277	−1227 −1290	−1250 −1347

注：1. 基本尺寸小于 1mm 时，各级的 A 和 B 均不采用。

2. 黑体字是常用公差带，标有▼的是优先公差带。

3.3 齿轮传动与带传动

3.3.1 齿轮传动

由于齿轮传动机构传动准确、工作可靠、结构紧凑、效率高、传递功率和速度范围大，所以得到了广泛的应用。它不仅可以用来传递两平行轴、交叉轴间的运动，而且可以把直线运动转变成回转运动，或者相反，把回转运动转变成直线运动，见图 3-65。

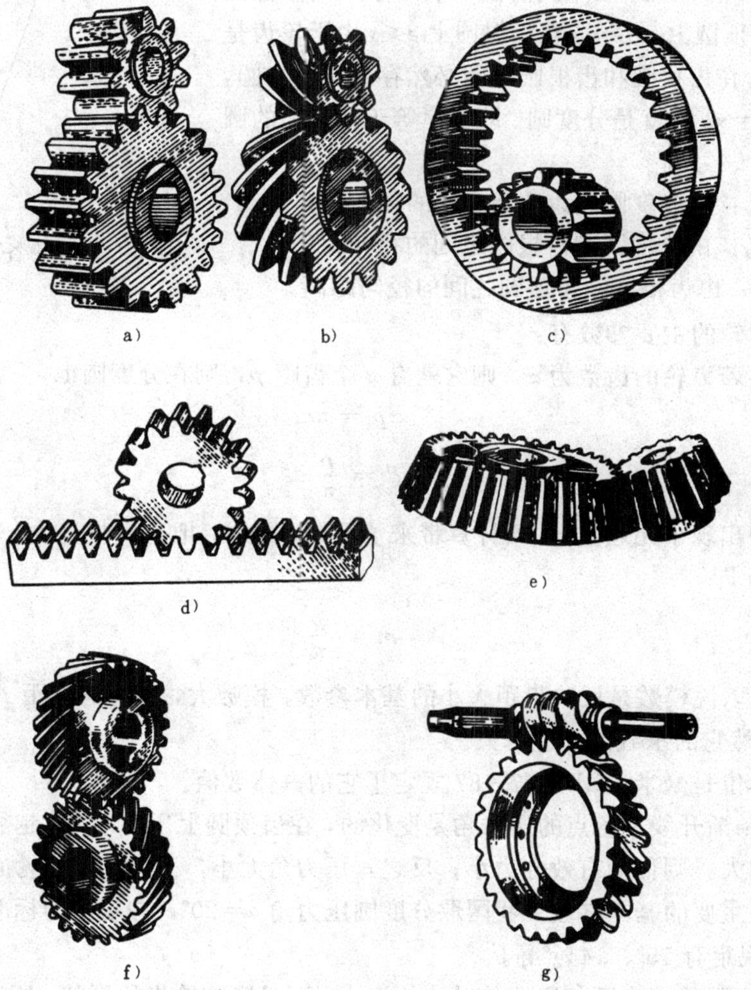

图 3-65　齿轮传动的分类

a）直齿圆柱齿轮传动　b）斜齿圆柱齿轮传动　c）内啮合齿轮传动　d）齿轮齿条传动　e）锥齿轮传动　f）曲线齿（弧齿）锥齿轮传动　g）蜗轮蜗杆传动

3.3.1.1　渐开线齿轮的各部分名称及其参数　齿轮的齿形有多种形状，如渐开线、摆线和圆弧等，应用最广泛的是渐开线齿形。下面就有关单个渐开线齿轮的各部分名称、代号和基本参数介绍如下，见图 3-66。

基　圆 d_b：渐开线圆柱齿轮（或摆线圆柱齿轮）上的一个假想圆。

齿顶圆 d_a：轮齿顶端所在的圆。

齿根圆 d_f：轮齿根部所在的圆。

齿厚 s：在任一圆周上，同一齿两侧之间的弧长。

齿间距 e：在任一圆周上，相邻两齿左、右两侧间的弧长。

齿距 p：在任一圆周上，相邻两齿，相同一侧齿廓对应点之间的弧长。在同一圆周上 p、s、e 存在着 $p=e+s$ 的关系。

分度圆 d：很显然，在不同的圆上 p、s 和 e 的数值是不同的，在齿顶圆上，$e>s$，在齿根圆上 $e<s$ 由于轮齿是连续的，因此，在齿顶圆和齿根圆之间必然存在着一个圆，在这个圆上 $e=s$，它就是分度圆。即齿厚等于齿间距的圆叫分度圆。

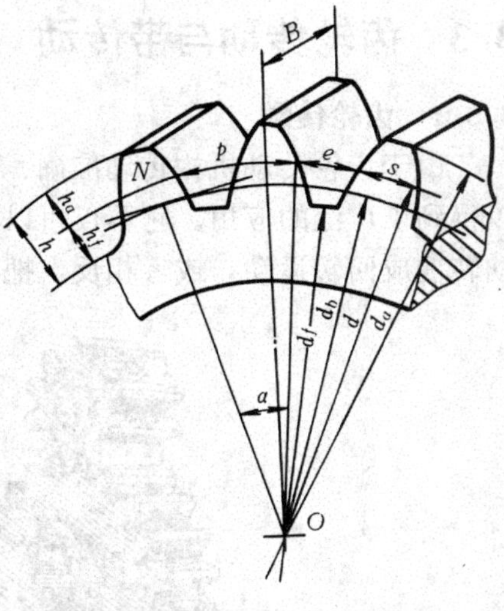

图 3-66　齿轮各部分名称和代号

齿顶高 h_a：由分度圆到齿顶圆之间的径向距离。

齿根高 h_f：由分度圆到齿根圆之间的径向距离。

齿全高 h：由齿根圆到齿顶圆之间的径向距离。

渐开线齿轮的主要参数有：

模数 m：若齿轮的齿数为 z，则它就有 z 个齿距 p，则在分度圆上

$$zp = \pi d$$

$$d = \frac{p}{\pi} z$$

由于式中出现了无理数 π，给计算带来了麻烦，因此，把 p/π 规定为一个简单的有理数，它就是模数 m 即

$$m = \frac{p}{\pi}$$

因此，可以说模数是反映齿距大小的基本参数。模数大，齿轮的齿距 p、齿厚 s、齿间距 e 也都大，当然它的承载能力也越大。

模数的单位是毫米，GB1357—87 规定了它的具体数值。

压力角 α：渐开线上各点的压力角是变化的，在齿顶圆上压力角大，越靠近齿根圆压力角越小。压力角大，则传动有效分力小；反之，压力角太小，又会影响齿轮的强度。因此，压力角是一个很重要的基本参数。我国取分度圆压力角 $\alpha=20°$，并规定为标准值，其他国家除 20°之外，还规定有 15°、$14\frac{1}{2}$°等。

齿数 z：齿数的多少不仅影响传动比的大小，而且影响轮齿的形状，所以，它也是齿轮的一个基本参数。

齿顶高系数 h_a^* 和顶隙系数 c^*：我国标准规定正常齿的齿顶高系数为 1，短齿为 0.8；顶隙系数正常齿为 0.25，短齿为 0.30。

3.3.1.2　渐开线标准直齿轮的计算　圆柱直齿轮传动有内、外啮合之分，两轴平行、要求转向相反时采用外啮合传动；两轴平行、要求转向相同时采用内啮合传动，见图 3-65a 和 c。

内啮合齿轮的大齿轮为内齿，小齿轮为外齿。内、外齿轮的不同点为：内齿轮的齿厚相当于外齿轮的齿间，内齿轮的齿间，相当于外齿轮的齿厚；内齿轮的齿顶圆在其分度圆之内，齿根圆在其分度圆之外。标准直齿圆柱齿轮的计算公式，见表 3-8。

表 3-8 标准圆柱直齿轮的计算公式

名 称	符 号	计算公式	
		外 啮 合	内 啮 合
模 数	m	根据齿轮强度计算和结构要求确定，并取标准值	
压 力 角	α	取标准值 $\alpha=20°$	
齿 数	z	根据传动比和结构要求确定	
分度圆直径	d	$d=mz$	$d_2=mz_2$
齿顶高	h_a	$h_a=m$	$h_{a2}=m$
齿根高	h_f	$h_f=1.25m$	$h_{f2}=1.25m$
齿全高	h	$h=h_a+h_f=2.25m$	$h_2=h_{a2}+h_{f2}=2.25m$
齿顶圆直径	d_a	$d_a=d+2h_a=m(z+2)$	$d_{a2}=d_2-2h_{a2}=m(z_2-2)$
齿根圆直径	d_f	$d_f=d-2h_f=m(z-2.5)$	$d_{f2}=d_2+2h_{f2}=m(z+2.5)$
齿 厚	s	$s=\pi m/2$	$s_2=\pi m/2$
齿 间 距	e	$e=\pi m/2$	$e=\pi m/2$
齿 距	p	$p=e+s=\pi m$	$p=e+s$
中 心 距	a	$a=\frac{m}{2}(z_1+z_2)$	$a=\frac{m}{2}(z_2-z_1)$
顶 隙	c	$c=0.25m$	$c=0.25m$

当一对标准齿轮相啮合时，理论上应为两分度圆相切作纯滚动，它们间的中心距——一对相啮合齿轮两轴心线之间的距离是：

$$a=\frac{d_1}{2}+\frac{d_2}{2}=\frac{m}{2}(z_1+z_2)$$

例 1 已知一标准直齿圆柱齿轮的模数 $m=2.5$mm，齿数 $z=63$，压力角 $\alpha=20°$，求它各部分的尺寸。

解

$$d=mz=2.5\times 63=157.5\text{mm}$$
$$d_a=m(z+2)=2.5\times 65=162.5\text{mm}$$
$$d_f=m(z-2.5)=2.5\times 60.5=151.25\text{mm}$$
$$p=\pi m=3.14\times 2.5=7.85\text{mm}$$
$$s=e=\pi m/2=7.85/2=3.925\text{mm}$$
$$c=0.25m=0.25\times 0.25=0.625\text{mm}$$

例 2 已测得圆柱直齿轮齿顶圆直径 $d_a=126$mm，齿数 $z=40$，求它的模数 m，分度圆直径 d、齿根圆直径 d_f 和顶隙 c。

解

$$d_a=m(z+2)$$
$$m=\frac{d_a}{z+2}=\frac{126}{40+2}=3\text{mm}$$
$$d_f=m(z-2.5)=3\times(40-2.5)=112.5\text{mm}$$
$$c=0.25m=0.25\times 3=0.75\text{mm}$$

例 3 一对标准直齿圆柱齿轮相啮合，已知小齿轮齿数 $z_1=20$，大齿轮齿数 $z_2=42$，模数

$m=2.75\text{mm}$，求两齿轮的中心距 a 是多少？

解

$$a=\frac{m}{2}(d_1+d_2)=\frac{m}{2}(z_1+z_2)=\frac{2.75}{2}(20+42)$$
$$=85.25\text{mm}$$

例 4 两个标准直齿圆柱齿轮相啮合，已测得其中心距 $a=78.75\text{mm}$，小齿轮齿数 $z_1=45$，大齿轮齿数 $z_2=60$，求它们的模数和大齿轮的齿顶圆直径 d_{a2}，分度圆直径 d_2、齿根圆直径 d_{f2} 和顶隙 c。

解

$$a=\frac{m}{2}(z_1+z_2)$$
$$m=\frac{2a}{z_1+z_2}=\frac{2\times 78.75}{45+60}=1.5\text{mm}$$
$$d_2=mz_2=1.5\times 60=90\text{mm}$$
$$d_{a2}=m(z_2+2)=1.5\times(60+2)=93\text{mm}$$
$$d_{f2}=m(z_2-2.5)=1.5\times(60-2.5)=86.25\text{mm}$$
$$c=0.25m=0.25\times 1.5=0.375\text{mm}$$

例 5 一对内啮合标准直齿圆柱齿轮，小齿轮齿数 $z_1=24$，大齿轮齿数 $z_2=56$，模数 $m=5\text{mm}$，求它们的中心距 a，分度圆直径 d_1、d_2 齿顶圆直径 d_{a1}、d_{a2}和齿根圆直径 d_{f1}、d_{f2}。

解

$$d_1=mz_1=5\times 24=120\text{mm}$$
$$d_2=mz_2=5\times 56=280\text{mm}$$
$$d_{a1}=m(z_1+2)=5(24+2)=130\text{mm}$$
$$d_{a2}=m(z_2-2)=5(56-2)=270\text{mm}$$
$$d_{f1}=m(z_1-2.5)=5(24-2.5)=107.5\text{mm}$$
$$d_{f2}=m(z_2+2.5)=5(56+2.5)=292.5\text{mm}$$
$$a=\frac{m}{2}(z_2-z_1)=\frac{5}{2}(56-24)=80\text{mm}$$

习　　题

1. 参照图 3-67，写图中符号（d_a、d、d_f、h_a、h_f、h、p、e、s、α）所表示的意义。

2. 填空

序号	m	z	d	d_a	d_f	c
1	2.5	26				
2		42		176		
3		42		110		
4	4	36				

3. 填空

序号	a	m	z_1	z_2	c
1	120	3	30		
2	100		28	52	
3		1.75	20	34	
4	125			30	1

4. 一对标准直齿圆柱齿轮相啮合，它们的模数 $m=3\text{mm}$，小齿轮分度圆直径 $d_1=72\text{mm}$，大齿轮分度圆

直径 d_2=162mm，求它们的中心距 a 和大、小齿轮的齿数 z_2 和 z_1。

5. 一对标准直齿圆柱齿轮相啮合，它们的模数 m=2.5mm，小齿轮齿数 z_1=31，大齿轮齿数 z_2=63，求它们的中心距 a 和大、小齿轮的分度圆直径 d_2 和 d_1。

6. 一对标准直齿圆柱齿轮相啮合，已知其模数 m=5mm，中心距 a=215mm，已知小齿轮齿数 z_1=31，求它们的分度圆直径 d_1 和 d_2 和另一齿轮的齿数 z_2。

7. 一对内啮合标准直齿圆柱齿轮，已知小齿轮齿数 z_1=32，大齿轮齿数 z_2=92，模数 m=2.5mm，求它们的中心距 a 和大、小齿轮的分度圆直径 d_2 和 d_1。

8. 一对内啮合标准直齿圆柱齿轮，小齿轮的分度圆直径 d_1=87.5mm，大齿轮的分度圆直径 d_2=202.5mm，它们的模数 m=2.5mm，求它们的中心距 a 和大、小齿轮的齿数 z_2 和 z_1。

3.3.1.3 斜齿圆柱齿轮的主要参数和尺寸计算 斜齿圆柱齿轮的轮齿是螺旋形的（见图 3-65)，其端面（与轴线相垂直的平面）齿廓为渐开线。但是，当用成型铣刀加工齿形时，由于铣刀是沿螺旋方向进给的，所以轮齿的法向（与轮齿相垂直的面）齿形与刀具的齿形相一致。因为端面和法向齿廓不同，所以斜齿轮就有端面参数和法向参数之分。在实际应用中，斜齿轮的大部分尺寸是按端面参数进行计算的，而法向参数则和成型铣刀参数一致，并且取标准值，所以必须建立法向参数和端面参数之间的换算关系。

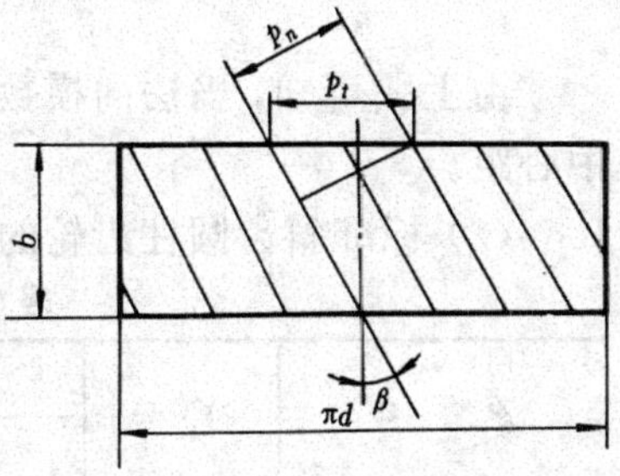

图 3-67 分度圆柱展开图

1. 斜齿圆柱齿轮的主要参数和尺寸计算

(1) 斜齿圆柱齿轮的主要参数

1) 螺旋角 β 斜齿轮齿面上某一点的切线与轴心线之间的夹角。在不同的圆柱面上（例如分度圆圆柱面、齿顶圆圆柱面）形成的螺旋线的导程（形成斜齿轮齿面的母线绕圆柱面旋转一周移动的距离）是相同的，但因各圆柱的直径不等，所以各圆柱面上螺旋角也就不等，如图 3-67 所示。一般以分度圆上的螺旋角来表示轮齿的倾斜程度。

2) 齿距 p_n 图 3-67 所示为沿分度圆柱面的展开图。由图可知 p_n 和 p_t 间存在着如下的关系。

$$P_n = P_t\cos\beta$$

式中 p_n——法向齿距（mm）；

p_t——端面齿距（mm）。

3) 模数 m_n 由图 3-67 也可以看出 $p_n=\pi m_n$ $p_t=\pi m_t$，所以

$$m_n = m_t\cos\beta$$

式中 m_n——法向模数（mm）；

m_t——端面模数（mm）。

4) 压力角 α_n 端面压力角 α_t 和法向压力角 α_n 之间的关系可用图 3-68 加以说明。

图中 abc 为端面，$a'b'c$ 为法向，$\angle abc$ 为端面压力角，用 α_t 表示；$\angle a'b'c$ 为法向压力角，用 α_n 表示，则

$$\tan\alpha_t = \frac{ac}{ab},\tan\alpha_n = \frac{a'c}{a'b'}$$

因为 $ab=a'b'$ $a'c=ac\cos\beta$

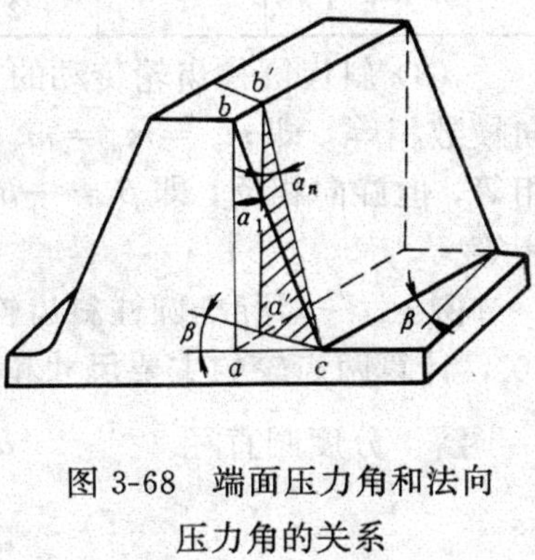

图 3-68 端面压力角和法向压力角的关系

所以 $\tan\alpha_n=\tan\alpha_t\cos\beta$

标准斜齿圆柱齿轮的法向压力角一般取 $\alpha_n=20°$。

5）齿顶高系数 h_{at}^*、h_{an}^*和顶隙系数 c_n^*、c_t^*　斜齿圆柱齿轮的以上两个系数：$h_{an}^*=h_a^*$、$h_{ct}^*=h_{an}^*\cos\beta$，$c_n^*$ 取标准值、$c_t^*=c_n^*\cos\beta$。

6）分度圆直径 d　斜齿圆柱齿轮的分度圆直径是在端面上测量的，所以

$$d=m_tz=\frac{zm_n}{\cos\beta}$$

7）中心距 a　如图 3-69 所示，标准斜齿圆柱齿轮的中心距 a 为

$$a=\frac{1}{2}(d_1+d_2)=\frac{m_n}{2\cos\beta}(z_1+z_2)$$

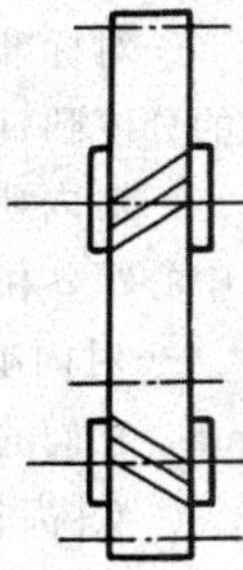

图 3-69　标准斜齿圆柱齿轮

由上式可知，当法向模数 m_n 和齿数 z 一定时，改变 β 可以得到不同的中心距。

（2）标准斜齿圆柱齿轮的计算　标准斜齿圆柱齿轮的计算公式，见表 3-9。

表 3-9　标准斜齿圆柱齿轮几何尺寸计算公式

名　称	符　号	计　算　公　式	
		小　齿　轮	大　齿　轮
分度圆螺旋角	β	$\beta_1=-\beta_2$（外啮合）	$\beta_1=\beta_2$（内啮合）
法向模数	m_n	根据齿轮载荷大小和材料状况确定；选取标准值	
法向压力角	α_n	选取标准值，$\alpha_n=20°$	
端面压力角	α_t	$\tan\alpha_t=\dfrac{\tan\alpha_n}{\cos\beta}$	
法向齿距	p_n	$p_n=\pi m_n$	
端面齿距	p_t	$p_t=\pi m_t=\pi\dfrac{p_n}{\cos\beta}$	
分度圆直径	d	$d_1=m_tz_1=\dfrac{m_nz_1}{\cos\beta}$	$d_2=m_tz_2=\dfrac{m_nz_2}{\cos\beta}$
齿顶圆直径	d_a	$d_{a1}=d_1+2h_a$	$d_{a2}=d_2+2h_a$
齿根圆直径	d_f	$d_{f1}=d_1-2h_f$	$d_{f2}=d_2-2h_f$
当量齿数	z_v	$z_{v1}=\dfrac{z_1}{\cos^3\beta}$	$z_{v2}=\dfrac{z_2}{\cos^3\beta}$
中心距	a	$a=\dfrac{1}{2}(d_1+d_2)=\dfrac{m_n}{2\cos\beta}(z_1+z_2)$	

（3）斜齿圆柱齿轮传动的正确啮合条件　斜齿圆柱齿轮的正确啮合条件是：两齿轮的法向模数相等，即 $m_{n1}=m_{n2}=m_n$；法向压力角相等，即 $\alpha_{n1}=\alpha_{n2}=\alpha_n$；两齿轮分度圆上的螺旋角相等，但旋向相反，即 $\beta_1=-\beta_2$。由于螺旋角相等，所以端面模数 m_t 和端面压力角 α_t 也分别相等。

例 1　一对标准圆柱斜齿轮相啮合传动，已知 $z_1=32$、$z_2=68$、$m_n=4\text{mm}$、$\alpha_n=20°$、$\beta=10°$，计算两齿轮的主要尺寸和它们的中心距。

解　分度圆直径　$d_1=\dfrac{m_nz_1}{\cos\beta}=\dfrac{4\times32}{0.98}=130.61\text{mm}$

$$d_2=\frac{m_nz_2}{\cos\beta}=\frac{4\times68}{0.98}=277.55\text{mm}$$

齿顶圆直径　　$d_{a1}=d_1+2h_a=130.61+2\times4=138.61\text{mm}$

$d_{a2}=d_2+2h_a=277.55+2\times4=285.55\text{mm}$

齿根圆直径　　$d_{f1}=d_1-2f_1=130.61-2\times1.25\times4=120.61\text{mm}$

$d_{f2}=d_2-2f_2=277.55-2\times1.25\times4=267.55\text{mm}$

中心距　　$a=\dfrac{m_n\ (z_1+z_2)}{2\cos\beta}=\dfrac{4\ (32+68)}{2\times0.98}=204.08\text{mm}$

例 2　如果想把例 1 中的标准斜齿圆柱齿轮的中心距改为 210mm，在保证齿数和模数不变的情况下，如何调整齿轮的参数才能满足这一要求。

解　由

$$a=\frac{m_n(z_1+z_2)}{2\cos\beta}\ \text{可得}$$

$$\cos\beta=\frac{m_n(z_1+z_2)}{2a}=\frac{4(32+68)}{2\times210}=0.9523$$

$$\beta=17°45'$$

习　题

1. 已知一标准斜齿圆柱齿轮，齿数 $z=63$，模数 $m_n=8\text{mm}$，法向压力角 $\alpha_n=20°$，螺旋角 $\beta=12°30'$，求它的分度圆直径 d、齿顶圆直径 d_a、齿根圆直径 d_f、端面齿距 p_t 和法向齿距 p_n。

2. 已知一对标准斜齿圆柱齿轮相啮合，小齿轮齿数 $z_1=26$，大齿轮齿数 $z_2=50$，法向模数 $m_n=8\text{mm}$，法向压力角 $\alpha_n=20°$，螺旋角 $\beta=15°$。求两齿轮的 d、d_a、d_f 和它们的中心距 a 分别是多少？

3. 在上题中，如果希望得到中心距 $a=300\text{mm}$ 的标准斜齿圆柱齿轮传动装置，而齿数 z_1、z_2 和法向模数 m_n 要求保持不变，问怎样改变螺旋角 β 才能满足这一要求。

3.3.1.4　锥齿轮的计算　锥齿轮机构用来传递相交二轴之间的运动和动力，两轴之间的夹角 Σ 可以根据需要选定，但一般选用 90°。锥齿轮的轮齿均匀分布一个截圆锥的表面上，轮齿各部分的尺寸自大端向小端逐渐减小，见图 3-70。

1. 锥齿轮的各部分名称

(1) 顶锥　锥齿轮的齿顶圆所在的圆锥面。

(2) 节锥　锥齿轮的分度圆所在的圆锥面。

(3) 根锥　锥齿轮的齿根圆所在的圆锥面。

(4) 背锥　与锥齿轮的节圆锥面相垂直的圆锥面叫背锥。

(5) 模数 m　由于锥齿轮的轮齿分布在锥面上，所以在各个横截面上它的模数是不同的。规定以大端模数作为锥齿轮的标准模数。

(6) 压力角 α　规定以大端分度圆上的压力角为锥齿轮的标准压力角。

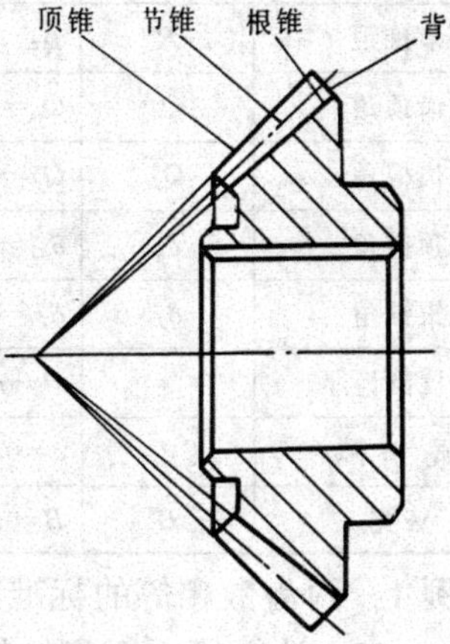

图 3-70　锥齿轮

(7) 锥齿轮的啮合条件和它的传动比　锥齿轮的啮合条件是相啮合的锥齿轮的大端模数和压力角必须相等。

传动比是主动轮的转速 n_1 与从动轮的转速 n_2 之比，或者等于从动轮的齿数 z_2（或直径 d_2）与主动轮的齿数 z_1（或直径 d_1）之比，即

$$i_{1.2}=\frac{n_1}{n_2}=\frac{z_2}{z_1}=\frac{d_2}{d_1}$$

如图 3-71 所示，两轴间的交角 $\Sigma=\delta_1+\delta_2=90°$

则 $\dfrac{d_1}{2}=R\sin\delta_1$，$\dfrac{d_2}{2}=R\sin\delta_2$，所以

$$i_{1,2}=\frac{d_2}{d_1}=\frac{R\sin\delta_2}{R\sin\delta_1}=\mathrm{ctan}\delta_1=\tan\delta_2$$

式中　$i_{1,2}$——传动比；

R ——分度圆锥母线长（mm）；

δ_1、δ_2 ——分别为 z_1、z_2 两齿轮的节锥角。

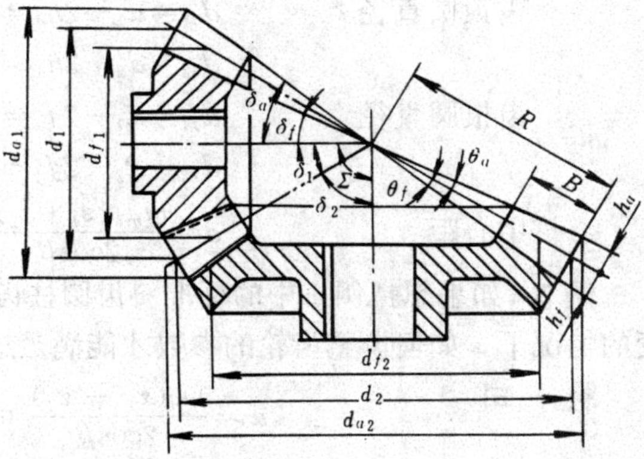

图 3-71　锥齿轮的几何尺寸关系

2. 锥齿轮的计算　锥齿轮的计算见表 3-10（参看图 3-71）。

表 3-10　标准直齿锥齿轮几何尺寸计算

名　　称	符　号	计　算　公　式	
		小　齿　轮	大　齿　轮
传动比	i	$i=z_2/z_1=\mathrm{ctan}\delta_1=\tan\delta_2$	
齿顶高	h_a	$h_a=m$	
齿根高	h_f	$h_f=1.2m$	
齿全高	h	$h=h_a+h_f=2.2m$	
节锥角	δ	$\delta_1=\arctan z_2/z_1$	$\delta_2=90°-\delta_1$
分度圆直径	d	$d_1=mz_1$	$d_2=mz_2$
齿顶圆直径	d_a	$d_{a1}=d_1+2h_a\cos\delta_1$	$d_{a2}=d_2+2h_a\cos\delta_2$
齿根圆直径	d_f	$d_{f1}=d_1-2h_f\cos\delta_1$	$d_{f2}=d_2-2h_f\cos\delta_2$
节锥距	R	$R=m/2\sqrt{z_1^2+z_2^2}$	
齿顶角	Q_a	$Q_a=\arctan\ (h_a/R)$	
齿根角	Q_f	$Q_f=\arctan\ (h_f/h)$	
顶锥角	δ_a	$\delta_{a1}=\delta_1+Q_a$	$\delta_{a2}=\delta_2+Q_a$
根锥角	δ_f	$\delta_{f1}=\delta_1-Q_f$	$\delta_{f2}=\delta_2-Q_f$
分度圆齿厚	s	$s=\pi m/2$	
顶　　隙	c	$c=0.2m$	
齿宽	B	$B=\ (0.2\sim0.3)\ R$	

例 1　两齿数相等的标准直齿锥齿轮相啮合，已知 $m=3$mm，压力角 $\alpha=20°$，两齿轮齿数 $z_1=z_2=42$。计算第一个齿轮的齿顶圆直径 d_{a1}，分度圆直径 d_1，齿根圆直径 d_{f1} 和节锥距 R。

解　传动比　　$i=\dfrac{z_2}{z_1}=\dfrac{42}{42}=1$

节锥角　　$\delta_1=\delta_2=\arctan\dfrac{z_1}{z_2}=\arctan1=45°$

分度圆直径　　$d_1=d_2=mz_1=3\times42=126$mm

齿顶高　　$h_{a1}=h_{a2}=m=3$mm

齿根高　$h_{f1}=h_{f2}=1.2m=1.2\times3=3.6mm$

齿顶圆直径　$d_{a1}=d_1+2h_{a1}\cos\delta_1$

$=126+2\times3\times\frac{\sqrt{2}}{2}=130.24mm$

齿根圆直径　$d_{f1}=d_1=2h_f\cos\delta_1$

$=126-2\times1.2\times3\times\frac{\sqrt{2}}{2}=120.91mm$

节锥距　$R=\frac{m}{2}\sqrt{z_1^2+z_2^2}=\frac{3}{2}\sqrt{42^2+42^2}=89.1mm$

例 2　有一对标准直齿锥齿轮啮合传动，已知其模数 $m=4mm$，压力角 $\alpha=20°$，小齿轮齿数 $z_1=26$，大齿轮齿数 $z_2=40$，轴间 $\Sigma=90°$，计算其主要尺寸。

解　传动比　$i_{12}=\frac{z_2}{z_1}=\frac{40}{26}=1.54$

节锥角　$\delta_1=\arctan\frac{z_1}{z_2}=\arctan\frac{26}{40}=33°1'26''$

$\delta_2=90°-\delta_1=90°-33°1'26''=56°58'34''$

分度圆直径 d　$d_1=mz_1=4\times26=104mm$

$d_2=mz_2=4\times40=160mm$

齿顶高 h_a　$h_{a1}=h_{a2}=m=1\times4=4mm$

齿根高 h_f　$h_{f1}=h_{f2}=1.2m=1.2\times4=4.8mm$

齿顶圆直径 d_a　$d_{a1}=d_1+2h_{a1}\cos\delta_1$

$=104+2\times4\cos33°1'26''=110.69mm$

$d_{a2}=d_2+2h_{a2}\cos\delta_2$

$=160+2\times4\cos56°58'34''=164.36mm$

齿根圆直径 d_f　$d_{f1}=d_1-2h_{f1}\cos\delta_1$

$=104-2\times1.2\times4\cos33°1'26''$

$=95.99mm$

$d_{f2}=d_2-2h_{f2}\cos\delta_2$

$=160-2\times1.2\times4\cos56°58'34''$

$=154.77mm$

节锥距　$R=\frac{m}{2}\sqrt{z_1^2+z_2^2}=\frac{4}{2}\sqrt{26^2+40^2}=95.41mm$

齿顶角　$\theta_a=\arctan\frac{h_a}{R}=\arctan\frac{4}{95.41}=2°24'$

齿根角　$\theta_f=\arctan\frac{h_f}{R}=\arctan\frac{4.8}{95.41}=2°53'$

顶锥角　$\delta_{a1}=\delta_1+\theta_a=33°1'26''+2°24'=35°25'26''$

$\delta_{a2}=\delta_2+\theta_a=56°58'34''+2°24'=59°22'34''$

根锥角 δ_f　$\delta_{f1}=\delta_1-\theta_f=33°1'26''-2°53'=30°8'26''$

$\delta_{f2}=\delta_1-\theta_f=56°58'34''-2°53'=54°5'34''$

分度圆齿厚 s　$s=\frac{\pi m}{2}=\frac{3.14\times4}{2}=6.28mm$

顶隙 c　　　　　　　$c=0.2m=0.2\times4=0.8\text{mm}$

齿宽 B　　　　　　　$(0.2\sim0.3)R=(0.2\sim0.3)\times47.70=(9.54\sim14.31)\text{mm}$

习　题

1. 已测得一标准直齿锥齿轮的齿顶圆直径 $d_a=124.35\text{mm}$，齿数 $z=40$，并知其传动比 $i_{12}=1$，求该齿轮的主要参数。

2. 已知一对标准锥齿轮传动机构，$z_1=32$，$z_2=46$，$m=3.5\text{mm}$，$\Sigma=90°$，计算这对锥齿轮的主要参数。

3.3.2　传动比的计算

我们在锥齿轮的计算一节里已讲过传动比是主动轮的转速 n_1 和从动轮的转速 n_2 之比或是从动轮的齿数 z_2 与主动轮的齿数 z_1 之比。这一概念不仅适用于锥齿轮传动，同样也适用于圆柱齿轮、蜗轮、蜗杆传动和带传动。如图 3-72a 所示的圆柱齿轮 z_1 和 z_2 相啮合传动，则其传动比 $i=\frac{n_1}{n_2}=\frac{z_2}{z_1}$；图 b 所示的带轮传动，其传动比 $i=\frac{n_1}{n_2}=\frac{D_2}{D_1}$。

在计算齿轮的传动比时，还应注意主动齿轮与从动齿轮的转动方向，若同向转动，则传动比为"+"，反之则为"−"。例如，一对外啮合齿轮传动，从动轮与主动轮的转向相反，则 $i_{1、2}=-\frac{z_2}{z_1}$；而一对内啮合齿轮传动，从动轮与主动轮的转向相同，则 $i_{1、2}=+\frac{z_2}{z_1}$。所以圆柱齿轮的传动比可以写成下列一般形式

$$i_{12}=\pm\frac{z_2}{z_1}$$

齿轮的转向也可以用箭头表示。对于锥齿轮传动，因各轮的运动不在同一个平面内，所以不能简单的用正、负号来判断其转向，而必须用标注箭头的方法来判定，其标注方法，见图 3-73。

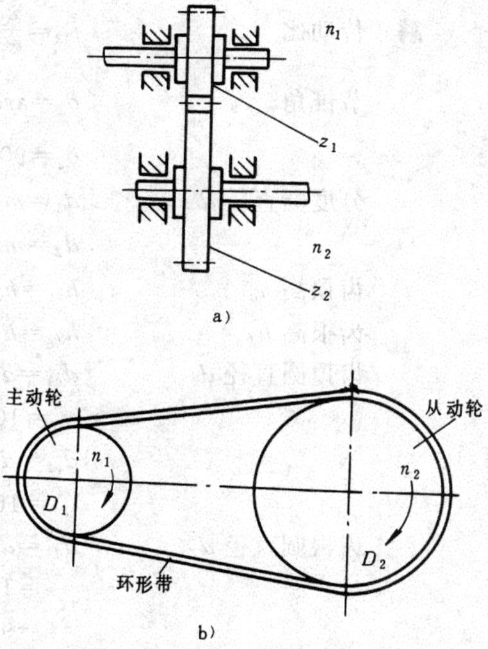

图 3-72　传动比

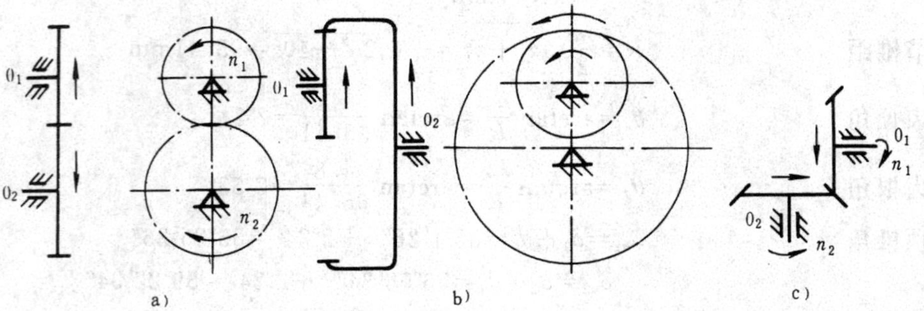

图 3-73　传动比的符号

a）外啮合齿轮　b）内啮合齿轮　c）外啮合齿轮

图 3-73 所示的仅有一对齿轮相啮合的传动叫单级传动。如果有两对或两对以上的齿轮相

啮合传动，则叫多级传动，那末，它们的传动比是如何计算的呢？

轮系传动比的计算：在讨论以下的问题时我们用

$$n_1、n_3、n_5\cdots\cdots$$

$$z_1、z_3、z_5\cdots\cdots$$

$$d_1、d_3、d_5\cdots\cdots$$

分别表示主动轮转速、主动轮齿数和主动轮直径；

$$n_2、n_4、n_6\cdots\cdots$$

$$z_2、z_4、z_4\cdots\cdots$$

$$d_2、d_4、d_6\cdots\cdots$$

分别表示从动轮转速、从动轮齿数和从动轮直径。

图 3-74 所示有两对齿轮啮合传动，它们之间的传动比为

$$i_{12}=\frac{n_1}{n_2}=\frac{z_2}{z_1}$$

$$i_{34}=\frac{n_2}{n_4}=\frac{z_4}{z_3}$$

$$i_{14}=\frac{n_1n_2}{n_2n_4}=\frac{z_2z_4}{z_1z_3}=\frac{n_1}{n_4}=\frac{z_2z_4}{z_1z_3}$$

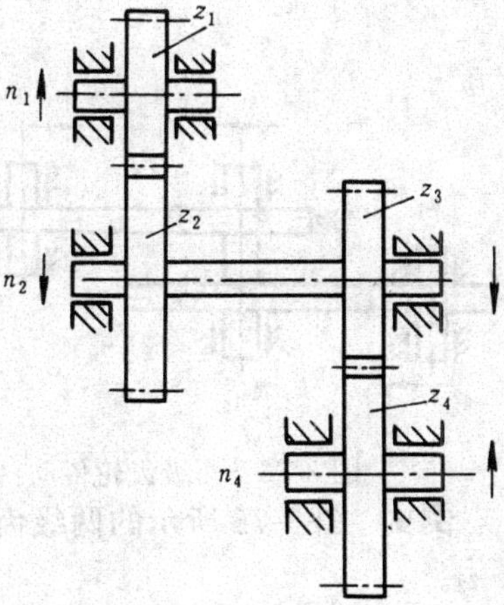

图 3-74　两级齿轮传动（一）

因为有两对齿轮传动，所以输入轴的转向与输出轴的转向相同。

图 3-75 所示的传动共有 4 级，它的总传动比应为：

$$i_{12}=-\frac{z_2}{z_1}\qquad i_{2'3}=\frac{z_3}{z_{2'}}$$

$$i_{3'4}=-\frac{-z_4}{z_{3'}}\qquad i_{45}=-\frac{z_5}{z_4}$$

$$i_{15}=i_{12}i_{2'3}i_{3'4}i_{45}=(-1)^3\frac{z_2z_3z_4z_5}{z_1z_{2'}z_{3'}z_4}$$

$$=(-1)^3\frac{z_2z_3z_5}{z_1z_{2'}z_{3'}}$$

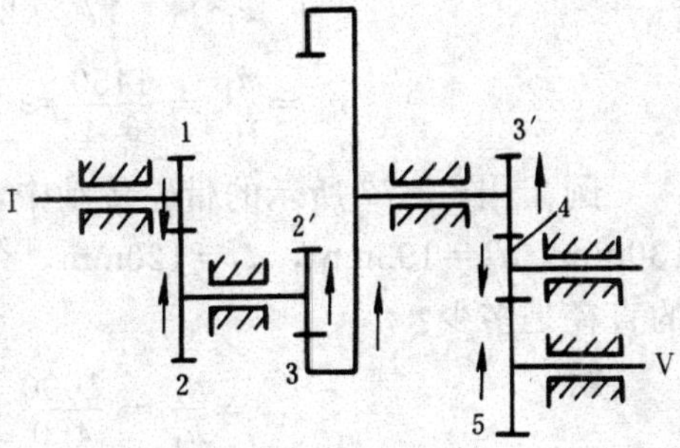

图 3-75　多级齿轮传动

上式表明，定轴轮系的传动比等于组成该轮系的所有从动齿轮齿数的连乘积与所有主动齿轮齿数连乘积之比；也等于输入端齿轮的转速与输出端齿轮转速之比。它的符号取决于轮系中外啮合齿轮的对数，当其为偶数时，传动比的符号为－1 的偶数次方，为正数，即输出端齿轮的转向与输入端齿轮的转向相同；反之，当齿轮 的外啮合对数为奇数时，传动比的符号为－1 的奇次方，为负数，即输出端齿轮的转向与输入端齿轮的转向相反。若轮系中有 K 对齿轮相啮合，则传动比的一般计算公式为：

$$i_{1K}=(-1)^m\frac{z_2z_4\cdots\cdots z_K}{z_1z_3\cdots\cdots z_{K-1}}$$

或

$$i_{1K}=n_k/n_1$$

从图 3-75 中可以看出齿轮 4 同和齿轮 3′与 5 相啮合，它既是前一个齿轮的从动轮，又是后一个齿轮的主动轮，在传动比的计算公式中被消去，这说明它在轮系中的存在对传动比的

数值没有影响，而仅起改变齿轮转向的作用，这样的齿轮称为介轮或惰轮。

上述两式的关系可以解决以下三类问题：

确定总传动比，并进行各级传动比的分配

$$i_{1K}=\frac{n_1}{n_K}=i_{12}i_{23}\cdots\cdots i_K$$

确定输出轴转速

$$n_K=n_1/i_{1K}$$

确定齿轮齿数

$$i_{1K}=\frac{z_1z_3\cdots\cdots z_{K-1}}{z_2z_4\cdots\cdots z_K}$$

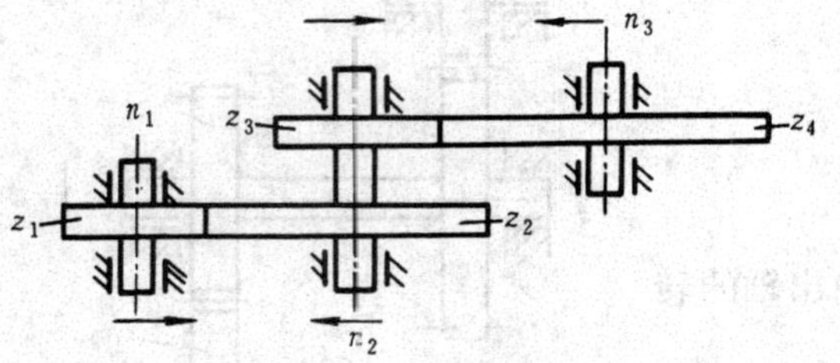

图 3-76　两级齿轮传动（二）

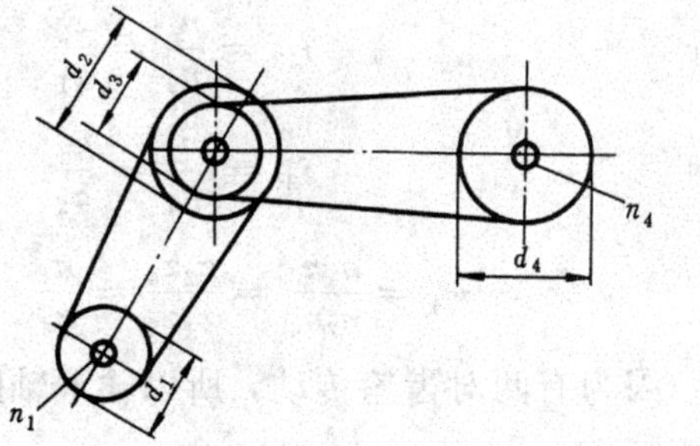

图 3-77　带传动

例 1　图 3-76 所示的两级齿轮传动 $z_1=17$、$z_2=34$、$z_3=20$、$z_4=64$，如 $n_1=1450\text{r/min}$，求 n_3。

解

$$i_{13}=\frac{n_1}{n_3}\quad n_3=\frac{n_1}{i_{13}}$$

$$i_{13}=\frac{z_2z_4}{z_1z_3}=\frac{34\times 64}{17\times 20}=6.4$$

$$n_3=\frac{n_1}{i_{13}}=\frac{1450}{6.4}\approx 227\text{r/min}$$

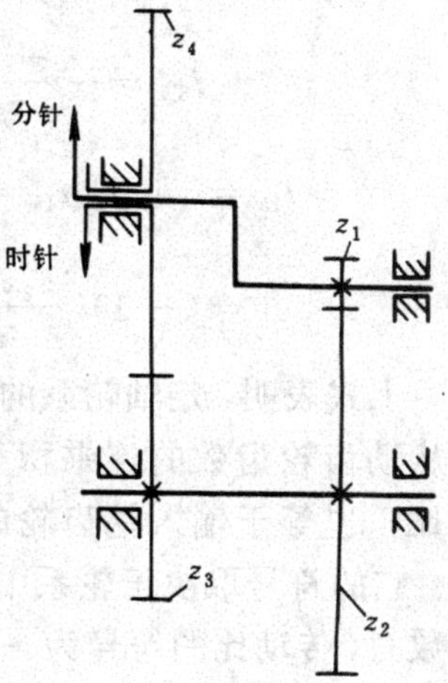

图 3-78　钟表机构

例 2　图 3-77 所示的带轮传动中，已知 $n_1=1000\text{r/min}$，$d_1=130\text{mm}$，$d_2=195\text{mm}$，$d_3=120\text{mm}$，今欲使 $n_4=400\text{r/min}$，求 d_4 的直径是多少？

解

$$i_{14}=\frac{n_1}{n_4}=\frac{1000}{400}=2.5$$

$$i_{14}=\frac{d_2d_4}{d_1d_3}$$

$$d_4=\frac{i_{14}d_1d_3}{d_2}=\frac{2.5\times 130\times 120}{195}=200\text{mm}$$

例 3　图 3-78 所示的钟表机构由四个齿轮组成，$z_1=8$ 与分针相连，$z_4=64$ 与时针相连，$z_2=60$，求 z_3。

解　设与分针相连的齿轮为主动齿轮，则有

$$\frac{n_{分针}}{n_{时针}}=\frac{z_2z_4}{z_1z_3}$$

因为时针转 1 周，分针转 12 周，则

$$\frac{n_{分针}}{n_{时针}}=\frac{z_2z_4}{z_1z_3}=\frac{12}{1}$$

所以

$$z_3=\frac{z_2z_4}{12z_1}=\frac{60\times 64}{12\times 8}=40$$

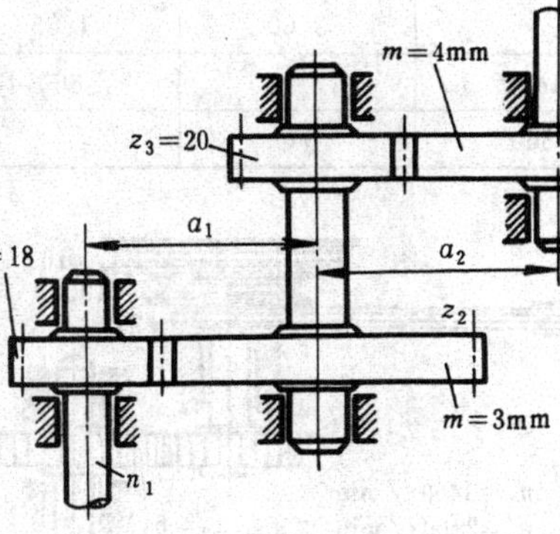

图 3-79　轮系（一）

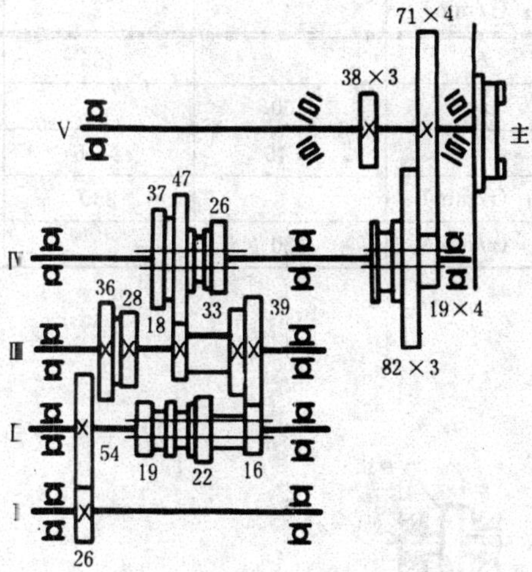

图 3-80　铣床主轴的传动系统

例 4　图 3-79 所示的轮系，已知 $z_1=18$，$z_2=45$，$z_3=68$，$z_4=63$，要求 $n_4=50$r/min，求 n_1。

解

$$i_{14}=\frac{n_1}{n_4}=\frac{z_2z_4}{z_1z_3}=\frac{45\times 63}{18\times 20}=7.875$$

$$n_1=i_{14}n_4=7.875\times 50=394\text{r/min}$$

例 5　图 3-80 所示为某种铣床的主轴传动系统，求主轴的最低转速 n_{min} 和最高转速 n_{max}（设电动机的转速 $n=1450$r/min）。

解　根据铣床主轴的传动系统图可以列出它的传动结构式为

$$电动机-\mathrm{I}-\frac{26}{54}-\mathrm{II}-\begin{Bmatrix}\frac{22}{33}\\ \frac{19}{36}\\ \frac{16}{39}\end{Bmatrix}-\mathrm{III}-\begin{Bmatrix}\frac{39}{26}\\ \frac{28}{37}\\ \frac{18}{47}\end{Bmatrix}-\mathrm{IV}-\begin{Bmatrix}\frac{82}{38}\\ \frac{19}{71}\end{Bmatrix}-\mathrm{V}（主轴）$$

最低转速产生于与每一轴齿数最多的从动齿轮相啮合传动各链的乘积，即

$$n_{min}=1450\times\frac{26}{54}\times\frac{16}{39}\times\frac{18}{47}\times\frac{19}{71}=30\text{r/min}$$

最高转速产生于与每一轴齿数最少的从动齿轮相啮合传动各链的乘积，即

$$n_{max}=1450\times\frac{26}{54}\times\frac{22}{33}\times\frac{39}{26}\times\frac{82}{38}=1500\text{r/min}$$

习　题

1. 填空

序　号	a	b	c	d	e	f
z_1	17	24			18	
z_2	51		78	36		102
i			2.25	0.25	1.26	3.2
n_1 (r/min)	1450	1450			480	
n_2 (r/min)		725	360	50		96
d_1		105	125		80	
d_2	260		275	130		140
	1.46	2.15			3.60	1.85
n_1 (r/min)		360	1500	1450		860
n_2 (r/min)	120			360	76	

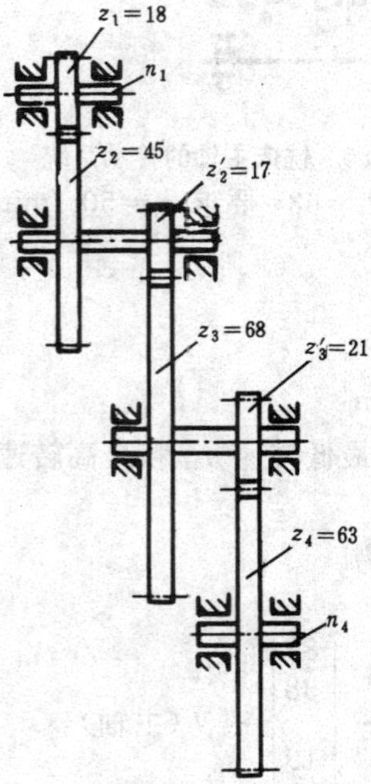

图 3-81　轮系（二）

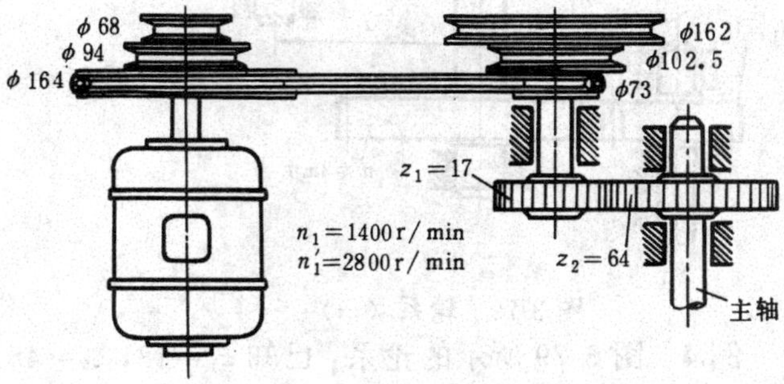

图 3-82　台式钻床传动系统

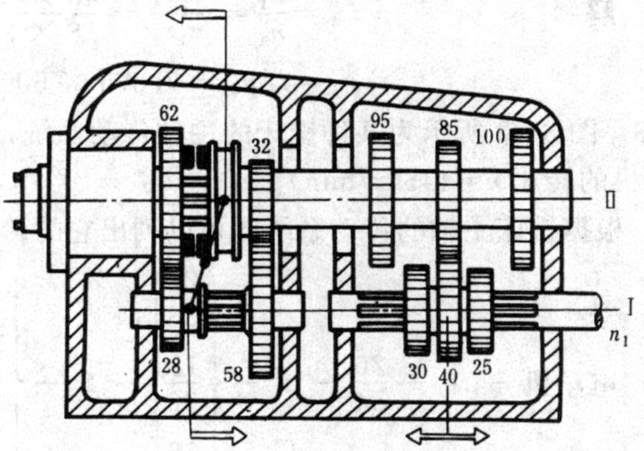

图 3-83　铣床传动系统（部分）

2. 计算图 3-81 所示轮系的传动比和 n_4 轴的转速，已知输入轴的转速 $n_1=1450$r/min。

3. 图 3-82 所示为台式钻床的传动系统，求钻床主轴可以得到哪几种转速？

4. 图 3-83 所示为铣床传动系统的一部分，当Ⅰ轴上的滑移齿轮分别与Ⅱ轴上的固定齿轮相啮合时铣床主轴可以得到哪几种不同的转速？已知 $n_1=750$r/min。

5. 如图 3-84 所示的轮系，已知Ⅰ轴为输入轴，且知其转速 $n_1=1500$r/min，求输出轴（Ⅴ轴）的转速和它的总传比 i。

6. 图 3-85 所示的轮系中，蜗杆为单头，其余各轮的齿数如图所示。若蜗杆为主动且转速 $n_1=1450$r/min，

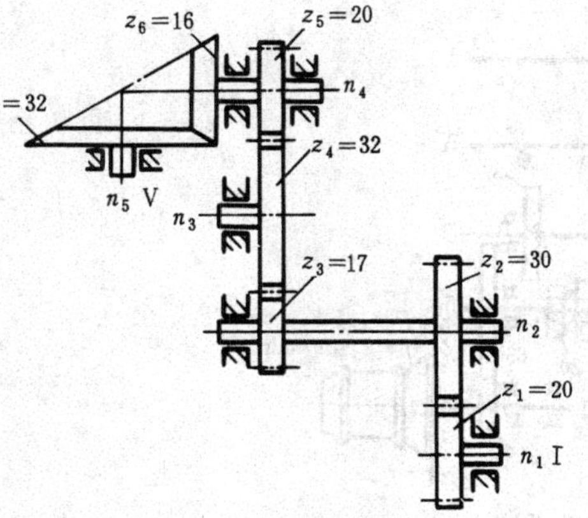

图 3-84　轮系（三）

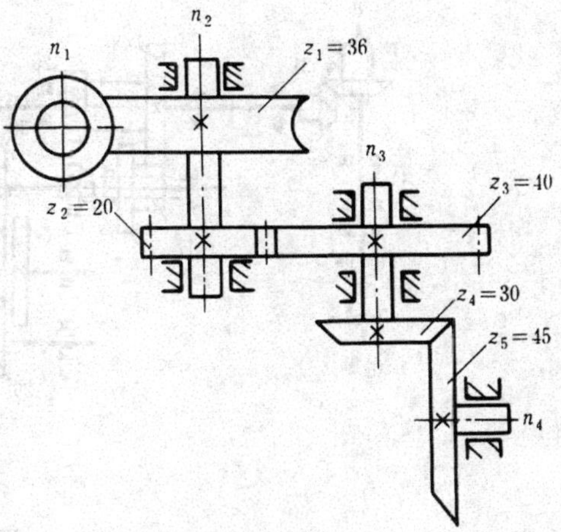

图 3-85　轮系（四）

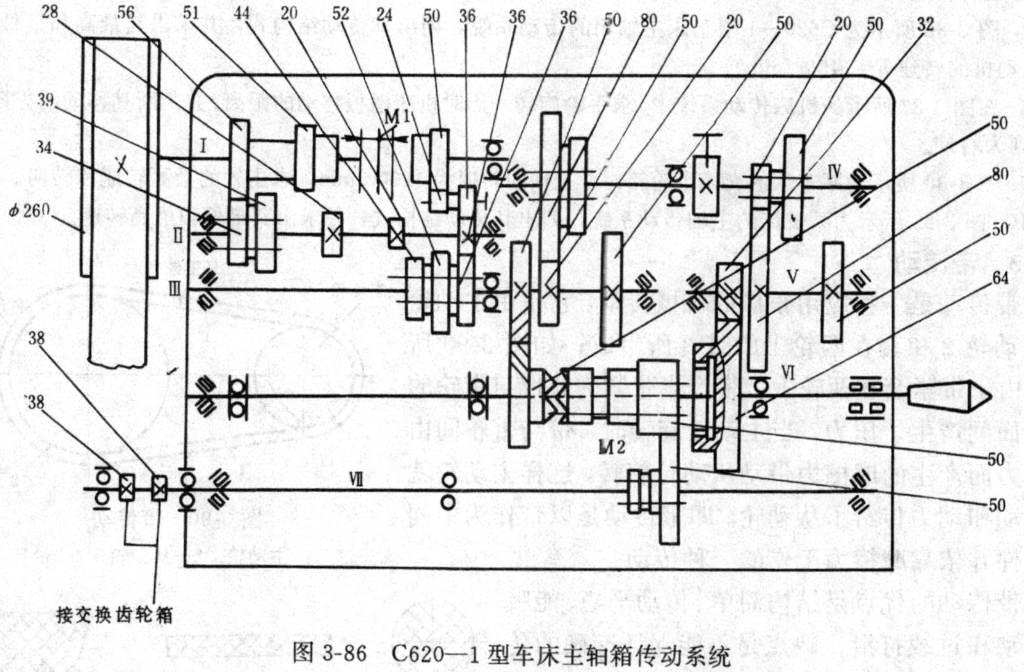

图 3-86　C620—1 型车床主轴箱传动系统

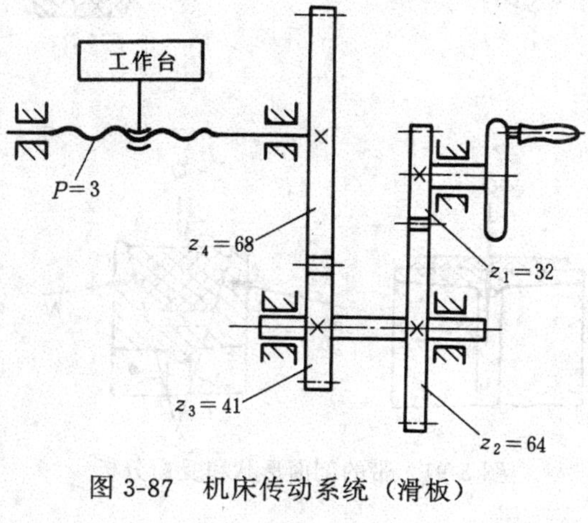

图 3-87　机床传动系统（滑板）

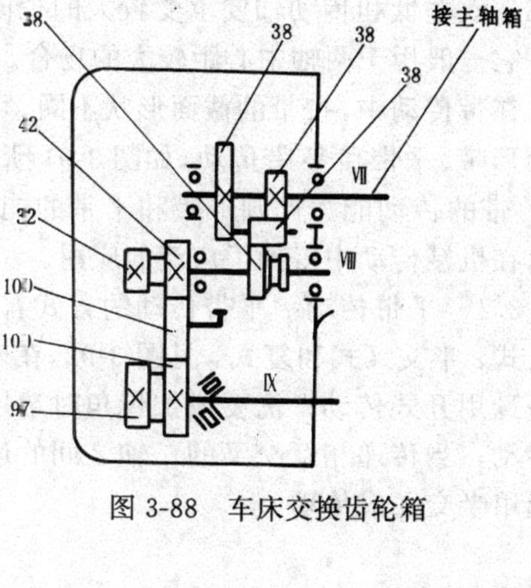

图 3-88　车床交换齿轮箱

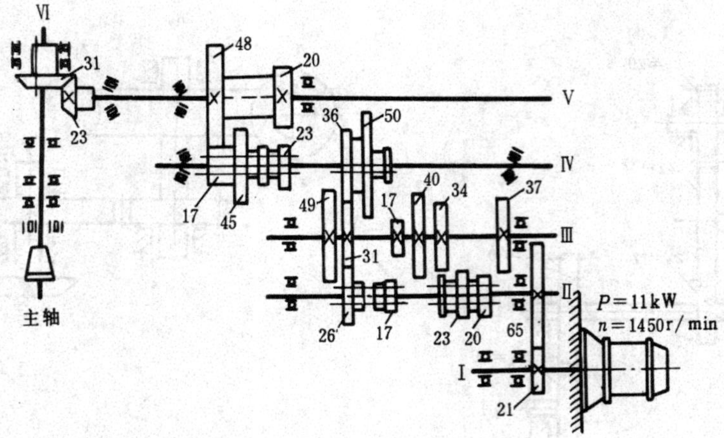

图 3-89　铣床主轴传动系统

求输出轴的转速 n_4 和总传动比 i。

7. 图 3-86 所示为 C620—1 型车床主轴箱的传动系统，列出其传动结构式，并求出其最高和最低转速（设电动机的转速 $n=1450\mathrm{r/min}$）。

8. 在图 3-87 所示的机床传动系统中，求手轮旋转一周时机床滑板移动的距离，并判断其移动的方向，设螺纹副为右旋。

9. 图 3-88 所示为某车床的交换齿轮箱，设主轴的转速为 1200r/min，求主轴的最高转速和转向。

10. 图 3-89 所示为某铣床的主轴传动系统，列出其传动结构式，并求出其最低和最高转速。

3.3.3　带传动

带传动是一种应用很广的机械传动。它是由主动轮 1、从动轮 2 和套在两轮上的带 3 所组成；如图 3-90 所示。由于带紧套在两轮上，带产生张紧力，带与带轮的接触面间产生了压力，当主动轮旋转时，带与带轮间由于压力而产生的摩擦力带动从动轮旋转，这样主动轮就把运动和动力传给了从动轮。即带传动是以带作为中间挠性件并依靠摩擦力工作的一种传动。

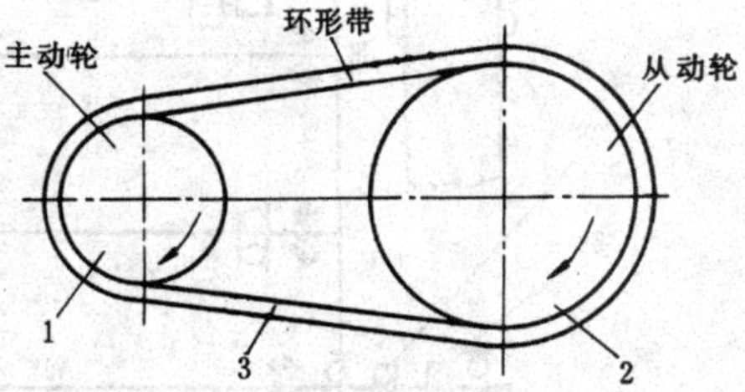

图 3-90　带传动

1　主动轮　2—从动轮　3—带

带传动的优点是结构简单、传动平稳、能吸收振动和过载打滑；缺点是不能保证准确的传动比、效率低和传动轴要承受较大的径向作用力。它一般用于两轴中心距较大的场合。

在带传动中，按带的截面形状不同，可以分为圆形带、平带和 V 带传动，如图 3-91 所示。由于 V 带的传动能力比圆形带和平带的能力强，所以在机械传动中得到了广泛的应用。

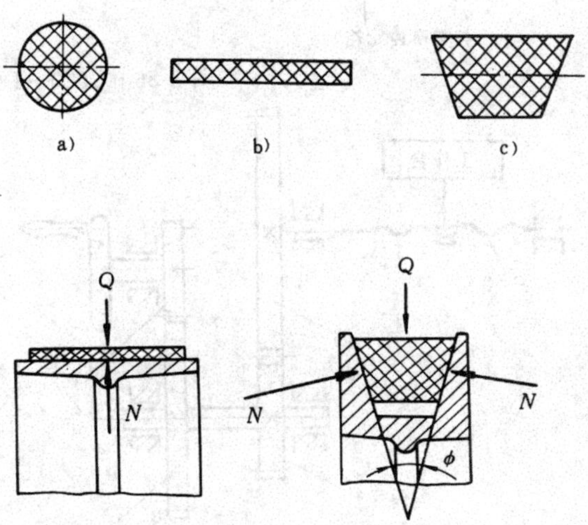

图 3-91　带的剖面形状和受力分析

3.3.3.1　平带传动　平带传动的方式有开式、交叉式、半交叉式和复式，见图 3-92。在一般情况下选用开式传动；需要增加包角时选用交叉式传动；当传递相互交叉的二轴之间的运动时则选用半交叉式传动。

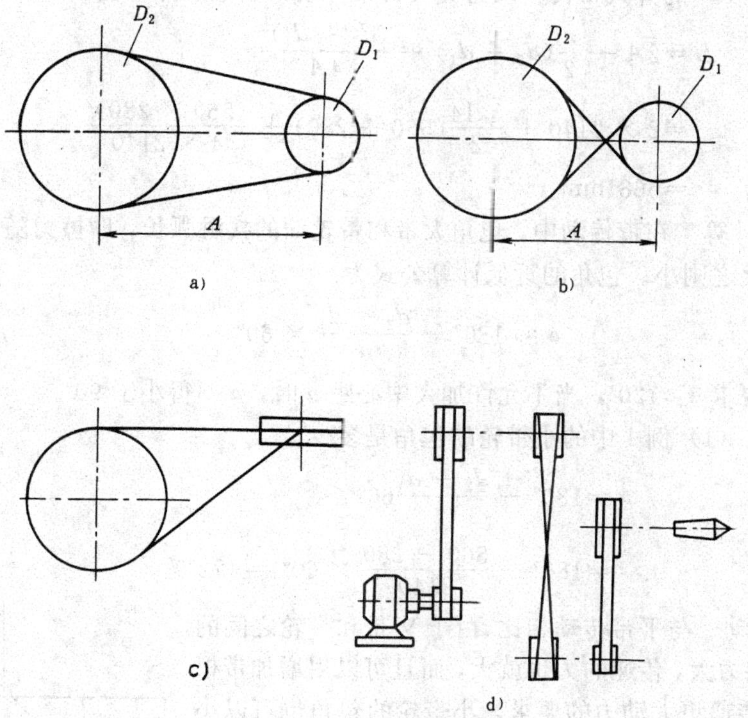

图 3-92　平带传动方式

a）开式传动　b）交叉传动　c）半交叉传动　d）复式传动

1. 带长度的计算，在讨论以下问题时，所用符号表示的意义如下：

d_1——主动轮直径（mm）；

d_2——从动轮直径（mm）；

α——包角（°）；

a——中心距（mm）；

（1）开式传动的带长度 L　开式传动的带长度 L 等于两切线长度加上两段圆弧长，如图 3-93 所示。精确长度的计算由于比较复杂，所以常采用简化了的近似计算公式：

$$L = 2A + \frac{\pi}{2}(d_2 + d_1) + \frac{(d_2 - d_1)^2}{4A}$$

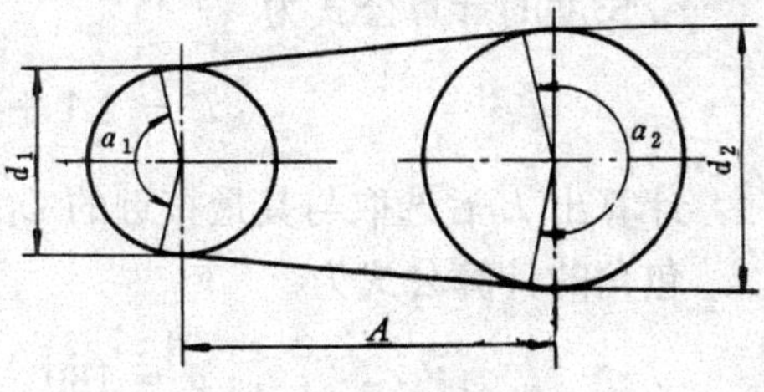

图 3-93　带长度的计算

（2）　交叉式带传动的带长度 L　它的简化了的近似计算公式为：

$$L = 2A + \frac{\pi}{2}(d_2 + d_1) + \frac{(d_2 + d_1)^2}{4A}$$

例 1　开式带传动的中心距为 2140mm，小带轮直径 $d_1 = 280$mm，大带轮直径 $d_2 = 560$mm，计算带长度 L。

解

$$L = 2A + \frac{\pi}{2}(d_2 + d_1) + \frac{(d_2 - d_1)^2}{4A}$$

$$= 2 \times 2140 + \frac{3.14}{2}(560 + 280) + \frac{(560 - 280)^2}{4 \times 2140}$$

$$= 5608\text{mm}$$

例 2 若把例 1 中的开式带传动改为交叉式带传动，其他条件不变，计算带长度 L。

解

$$L = 2A + \frac{\pi}{2}(d_2 + d_1) + \frac{(d_2 + d_1)^2}{4A}$$
$$= 2 \times 2140 + \frac{3.14}{2}(560 + 280) + \frac{(560 \times 280)^2}{4 \times 2140}$$
$$= 5681\text{mm}$$

（3）包角的计算　在带传动中，包角大带和带轮面的接触弧长，摩擦力随之增大，传递的功率也越大，反之则小。包角的近似计算公式为：

$$\alpha \approx 180° - \frac{d_2 - d_1}{a} \times 60°$$

一般情况下要求 $\alpha \geqslant 120°$，当不允许加大中心距 a 时，α 不得小于 90°。

例 3 求问题（1）例 1 中的小带轮的包角是多少？

解

$$\alpha = 180° - \frac{d_2 - d_1}{A}60°$$
$$= 180° - \frac{560 - 280}{2140} \times 60° = 172°9'$$

3.3.3.2　V 带传动　与平带传动相比，由于 V 带和带轮之间的接触面积大，摩擦力大，传递的力也就大，而且可以用增加带根数的方法来满足传递更大动力的要求，小带轮的包角也可以小至 70°，所以得到了广泛的应用。

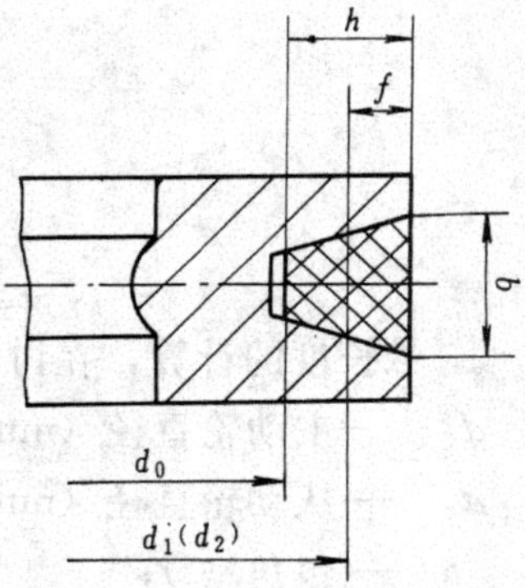

图 3-94　V 带的几何尺寸

1. 带长度的计算　图 3-94 所示为 V 带的剖面尺寸，图中

d_1、d_2——主动带轮和从动带轮的计算直径（通过 V 带剖面重心的直径，(mm)；

L——带的计算长度（mm）；

L_1——带的公称长度（内周长度）其长度系列，见表 3-11。

带长度的计算公式为

$$L = 2A + \frac{\pi}{2}(d_2 + d_1) + \frac{(d_2 - d_1)^2}{4A}$$

计算出 L 后选取与其最接近的 L_1。

包角的计算公式为

$$\alpha = 180° - \frac{d_2 - d_1}{a} \times 57.3° \geqslant 120°$$

线速度的计算公式为：

$$v = \frac{\pi d'_1 n_1}{60 \times 1000} = \frac{\pi d'_2 n_2}{60 \times 1000}\text{m/s}$$

式中　d_1、d_2——带轮外径（mm）；

d'_1、d'_2——计算直径（mm），它的数值为

$$d'_1 = d_1 - 2f$$
$$d'_2 = d_2 - 2f$$

表 3-11 带的长度系列 (mm)

内周长度，L_1	节线长度 L_p						
	O	*A*	*B*	*C*	*D*	*E*	*F*
450	475						
500	525						
560	535	593					
630	655	663	670				
710	735	743	750				
800	825	833	840				
900	925	933	940				
1000	1025	1033	1040				
1120	1145	1153	1160				
1250	1275	1283	1290	1309			
1400	1425	1433	1440	1459			
1600	1625	1633	1640	1659			
1800	1325	1833	1840	1859			
2000	2025	2033	2040	2059			
2240		2273	2280	2299			
2500		2533	2540	2559			
2800		2833	2840	2859			
3150		3183	3190	3209	3226		
3550		3583	3590	3609	3626		
4000		4033	4040	4059	4076		
4500			4540	4559	4576	4596	
5000			5040	5059	5076	5096	
5600			5640	5659	5676	5696	
6300				6359	6376	6396	6419
7100				7159	7176	7196	7219
8000				8059	8076	8096	8119
9000				9059	9076	9096	9119
10000					10076	10096	10119
11200					11276	11296	11319
12500						12596	12619
14000						14096	14119
16000						16096	16119

注：内周长度 L_1 按 GB1171—74

f 的数值随 V 带的型号不同而异，各种型号的 f 值如下：

$$O = 8mm;A = 10mm \quad B = 12.5mm$$
$$C = 17mm;D = 24mm \quad E = 29mm$$
$$F = 38mm$$

例 小带轮直径 $d_1=100$mm，大带轮直径 $d_2=376$mm，中心距 $a=526.5$mm，选用 A 型带，计算带的长度 L 和包角 α。

解 V 带长 L

$$L = 2a + \frac{\pi}{2}(d_2 + d_1) + \frac{(d_2 - d_1)^2}{4A}$$
$$= 2 \times 526.5 + \frac{3.14}{2}(376 + 100) + \frac{(376 - 100)^2}{4 \times 526.5}$$
$$= 1053 + 747.32 + 36.17 = 1836.5\text{mm}$$

根据表 3-11 选取内周长 $L_1=1800$mm 的 A 型 V 带。

习　题

1. 开式平带传动，小带轮直径 $d_1=150$mm，大带轮直径 $d_2=420$mm，要求中心距 $a=1500$mm，求带的长度和轮的包角。

2. 开式平带传动，已知大带轮直径 $d_2=500$mm，中心距 $a=2400$mm，传动比 $i=2.25$，求小带轮直径 d_1、包角 α 和带长度 L。

3. 在 V 带传动机构中，已知从动轮的直径 $d_2=360$mm，传动比 $i=2.5$，中心距 $a=1200$mm 和线速度 $v=16.2$m/s，求主动轮直径 d_1、小轮包角 α、V 带内周长 L_1 和大、小轮转速 n_2 和 n_1。

4. 在 V 带传动机构中，已知 $d_1=140$mm，$n_1=1450$r/min，$a=1060$mm，要求 $n_2=520$r/min，计算从动轮直径 d_2，包角 α 和带的内周长 L_1。

5. 在 V 带传动机构中，已知主动带轮直径 $d_1=105$mm，转速 $n_1=1500$r/min，传动比 $i=1.5$，中心距 $a=1500$mm，求从动轮直径 d_2、转速 n_2 和内周长 L_1。

3.3.4 蜗杆传动的计算

蜗杆传动机构由蜗杆和蜗轮组成，如图 3-95 所示，用于传递相互交叉的二轴之间的运动，二轴间的轴交角为 90°，通常蜗杆为主动件，蜗轮作主动件的情况很少。

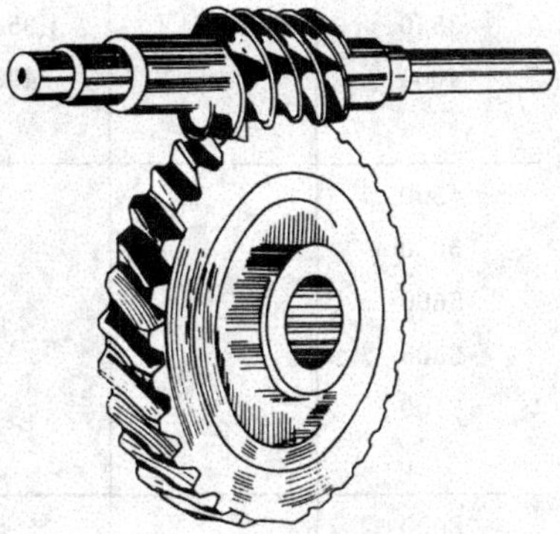
图 3-95　蜗杆传动

蜗杆传动的特点是传动比大、结构紧凑，一级传动的传动比通常可达 10～80，传动平稳、噪声小；但蜗杆传动摩擦损失大，传动效率仅有 60%～90%，所以适用于由几瓦到十几千瓦的小功率传动。

3.3.4.1　蜗杆传动的几何参数　蜗杆传动以主剖面的参数和几何关系为基准，并应用齿轮传动的计算关系来进行。所谓主剖面即通过蜗杆轴线并垂直于蜗轮轴线的剖面，如图 3-96 所示。在主剖面内，阿基米德蜗杆的齿形为直线，蜗轮轮齿的齿形为渐开线。因此，在主剖面内蜗杆和蜗轮轮齿的啮合相当于齿条和齿轮的啮合。蜗杆传动几何尺寸的计算均以主剖面内的参数和几何关系为基准。

1. 模数 m 和压力角 α　在主剖面内，蜗杆的轴向齿距 $p_{a1}=\pi m_{a1}$ 等于蜗轮端面齿距，即 $p_{t2}=\pi m_{t2}$。它们的正确啮合条件是：蜗杆的轴向模数 m_{a1} 等于蜗轮的端面模数 m_{t2}；蜗杆的轴向压力角 α_{a1} 应等于蜗轮的端面压力角 α_{t2}，即

$$m_{a1} = m_{t2} = m$$

$$\alpha_{a1} = \alpha_{t2} = \alpha$$

由于蜗杆传动两轴轴交角为 90°，所以蜗杆分度圆上的导程角 γ 应等于蜗轮分度圆上的螺旋升角 β，且两者的蜗旋方向相同。

2. 传动比 i　蜗杆和螺旋一样，有单头（线）和多头（线）之分。当蜗杆为单头时，蜗杆转一周，蜗轮转过一个齿；蜗杆为双头时，蜗杆转一周，蜗轮转过两个齿。设蜗杆的头数为 z_1，蜗轮的齿数为 z_2，则当蜗杆回转一周时，蜗轮被蜗杆齿推动转过 z_1 个齿，因此，蜗杆传动的传动比为

$$i = \frac{n_1}{n_2} = \frac{z_2}{z_1}$$

式中　n_1、n_2——分别为蜗杆、蜗轮的转速。

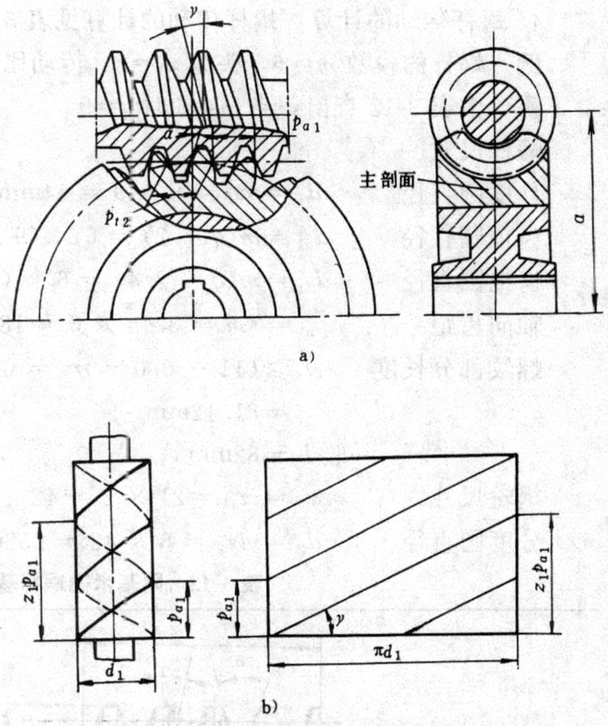

图 3-96　阿基米德蜗杆（普通圆柱蜗杆）传动机构

蜗杆的头数通常为 1～4，若希望得到较大的传动比，应选取单头蜗杆；若希望得到较高的传动效率，应选取多头蜗杆。

3. 蜗杆的直径系数 q 和导程角 γ　把蜗杆的分度圆柱面展开，如图 3-96b 所示。螺旋线的导程为 $z_1 p_{a1}$，而 $p_{a1} = \pi m$。在分度圆上导程角为：

$$\tan\gamma = \frac{z_1 p_{a1}}{\pi d_1} = \frac{z_1 m}{d_1}$$

$$d_1 = \frac{z_1 m}{\tan\gamma}$$

为了保证蜗杆与蜗轮的正确啮合，通常采用与蜗杆的形状和大小相当的滚刀来加工蜗轮。从式 $d_1 = \frac{z_1 m}{\tan\gamma}$ 可以看出，蜗杆的分度圆直径 d_1 与模数 m、蜗杆头数 z_1 和导程角 γ 均有关系，即在同一模数下，有许多直径不同的蜗杆，而要加工与之相啮合的蜗轮就要准备许多把加工蜗轮用的滚刀，这是十分不经济的。为了减少加工蜗轮用的刀具数量，对于每一个模数规定了 1～2 个 $z_1/\tan\gamma$ 值。令

$$q = \frac{z_1}{\tan\gamma}$$

q 称为蜗杆的直径系数，这样式 $d_1 = \frac{z_1 m}{\tan\gamma}$ 则可写成：

$$d_1 = qm$$

q 的数值，见表 3-12。

表 3-12　蜗杆的模数 m 与直径系数 q

m	1	1.25	1.6	2	2.5	3.15	4	5	6.3	8	10	12.5	16	20	25
q	18	16	12.5	11.2	11.2	11.27	10	10	10	10	9	8.96	8.75	8	8

4．蜗杆传动的计算　蜗杆传动的计算见表 3-13。

例　蜗杆的模数 $m=6$，头数 $z_1=2$，传动比 $i=21$，求蜗杆、蜗轮各部分的尺寸。

解　由表 3-12 查出：当 $m=6$ 时 $q=9$

蜗杆尺寸

分度圆直径　$d_1=mq=6\times 9=54\text{mm}$

齿顶圆直径　$d_{a1}=m(q+2)=6\times(9+2)=66\text{mm}$

齿根圆直径　$d_{f1}=m(q-2.4)=6\times(9-2.4)=39.6\text{mm}$

轴向齿距　$p_{a1}=\pi m=3.14\times 6=18.84\text{mm}$

螺纹部分长度　$L\geqslant(11+0.06z_2)m=(11+0.06\times 2\times 21)\times 6$

$=81.12\text{mm}$

取 $L=82\text{mm}$

蜗轮尺寸　$z_2=iz_1=21\times 2=42$

分度圆直径　$d_2=mz_2=6\times 42=252\text{mm}$

表 3-13　阿基米德蜗杆基本参数的计算公式

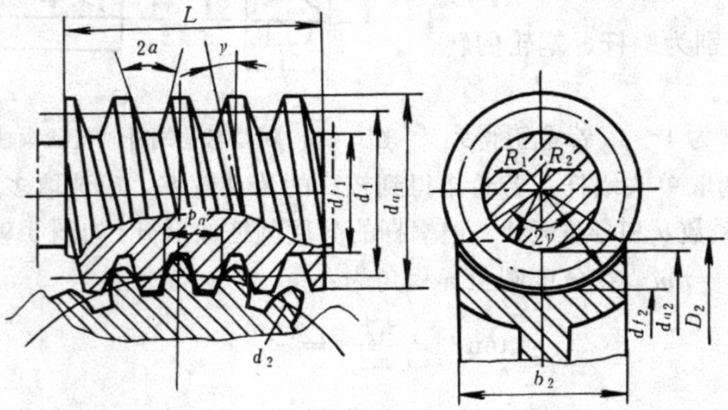

名　称	计　算　公　式	
	蜗　杆	蜗　轮
分度圆直径	$d_1=mq$	$d_2=mz_2$
齿顶高	$h_a=m$	$h_a=m$
齿根高	$h_f=1.2m$	$h_f=1.2m$
齿顶圆直径	$d_{a1}=m\ (q+2)$	$d_{a2}=m\ (z_2+2)$
齿根圆直径	$d_{f1}=m\ (q-2.4)$	$d_{f2}=m\ (z_2-2.4)$
蜗杆轴向齿距 蜗轮端面齿距	$p_x=p_a=\pi m$	
中心距	$a=0.5\ (d_1+d_2)\ =0.5m\ (q+z_2)$	
蜗杆螺纹部分长度	$z_1=1\sim2$ 时　$L\geqslant\ (11+0.06z_2)\ m$ $z_1=3\sim4$ 时　$L\geqslant\ (12.5+0.09z_2)\ m$	
蜗轮外圆直径	$z_1=1$ 时　$D_2\leqslant d_{a2}+2m$ $z_1=2\sim3$ 时　$D_2\leqslant d_{a2}+1.5m$ $z_1=4$ 时　$D_2\leqslant d_{a2}+m$	
蜗轮宽度	$z_1\leqslant3$ 时　$b_2\leqslant0.75d_{a1}$ $z_1=4$ 时　$b_2\leqslant0.67d_{a1}$	

（续）

名　称	计　算　公　式	
	蜗　杆	蜗　轮
包角	$\sin\gamma=\frac{b_2}{d_{a1}-0.5m}$	
齿根圆弧半径	$R_1=\frac{d_{a1}}{2}+0.2m$	
齿顶圆弧半径	$R_2=\frac{d_{f1}}{2}+0.2m$	

齿顶圆直径　$d_{a2}=m(z_2+2)=6\times 44=264\text{mm}$

齿根圆直径　$d_{f2}=m(z_2-2.4)=6\times 39.6=237.6\text{mm}$

外圆直径　$D_2\leqslant d_{a2}+1.5m=264+9=273\text{mm}$

蜗轮宽度　$b_2\leqslant 0.75d_{a1}=0.75\times 66=49.5\approx 50\text{mm}$

包角　$\sin\gamma=\frac{b_2}{d_{a1}-0.5m}=\frac{50}{66-0.5\times 6}=0.7937$

$$\gamma=\sin^{-1}0.7937=52°31'5''$$

$$2\gamma=105°2'10''\quad 取\ 2\gamma=105°$$

齿根圆弧面半径 $R_1=\frac{d_{a1}}{2}+0.2m=\frac{66}{2}+0.2\times 6=34.2\text{mm}$

齿顶圆弧面半径 $R_2=\frac{d_{f1}}{2}+0.2m=\frac{39.6}{2}+0.2\times 6=21\text{mm}$

中心距　$a=\frac{1}{2}m(q+z_2)=\frac{1}{2}\times 6\times(9+42)=153\text{mm}$

习　题

1. 由电动机驱动的蜗杆的转速 $n_1=1450\text{r/min}$，传动比 $i=22.5$，$m=8$，当蜗杆为双头时请计算蜗轮的转速 n_2 和蜗杆、蜗轮各部分的尺寸。

2. 已知电动机的转速 $n_1=1450\text{r/min}$，并且蜗杆由它直接驱动，要求蜗轮的转速为 36r/min 确定传动比和蜗轮的齿数。

3. 已知电动机转速 $n_1=1450\text{r/min}$。蜗杆的模数 $m=4\text{mm}$，要求蜗轮转速 $n_2=30\text{r/min}$。试确定蜗杆的头数，并计算传动比之和蜗杆、蜗轮的各部尺寸。

3.4　圆锥体尺寸的计算

3.4.1　圆锥体的形成

素线 SA 围绕与其相交的轴线 SO 旋转形成的几何图形叫圆锥体；被垂直于圆锥体的轴线的平面所切割而得到的几何体叫截锥体或圆台，如图 3-97 所示。圆锥体在机械行业主要用于联接和传动，例如用圆锥销联接；工具的锥柄则用于传递运动和动力并进行联接。圆锥体一般是经过车削和磨削加工而成。

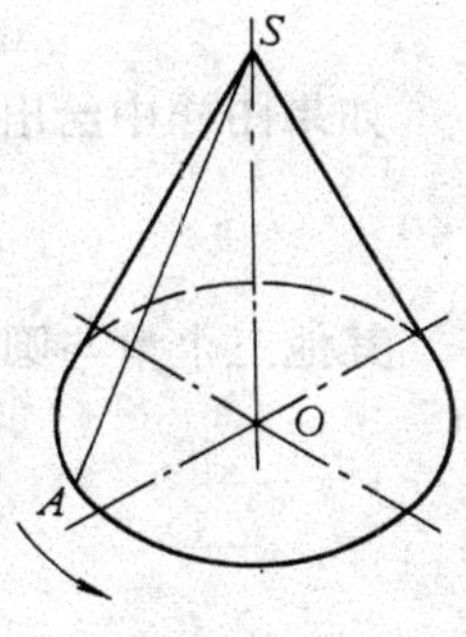

图 3-97　圆锥体的形成

3.4.2　锥度的概念和计算

正圆锥的底圆直径与其高度之比叫锥度，见图 3-98。

$$C=\frac{D}{l}$$

用于机械行业的锥度多为截锥体，它的锥度可用下述方法求出，见图 3-99。

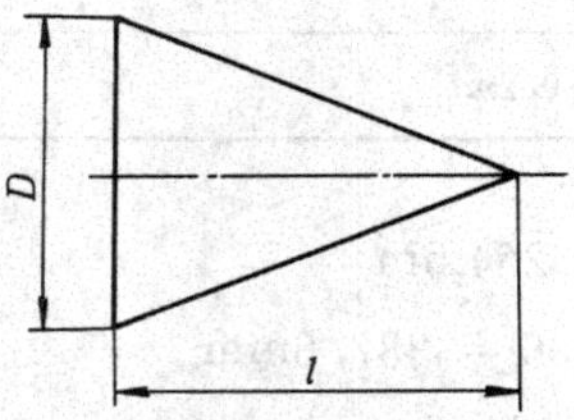

图 3-98　锥度

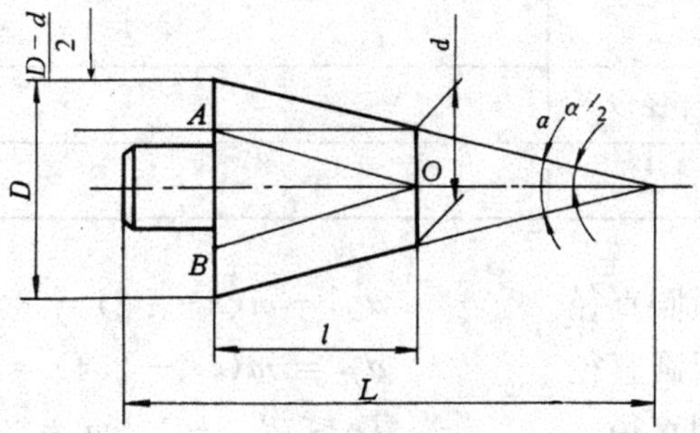

图 3-99　锥度计算

由 O 分别作辅助线平行于截圆锥的母线，则 OAB 成了一个正圆锥体，根据锥度的概念可以写成：

$$C=\frac{D-d}{l}$$

式中　D——大端直径（mm）；

d——小端直径（mm）；

C——锥度；

l——锥体（或截圆锥）的高度（mm）。

圆锥体有四个基本量，即大端直径 D、小端直径 d、锥度高 l 和圆锥半角 $\alpha/2$（或锥度 C），知道了其中三个量，可以求出另外一个量。

在图样中一般给出了 D(或 d)，l 和 C，要求 d(或 D)和 $\alpha/2$，可以利用下列公式计算：

$$\because\quad C=\frac{D-d}{l}$$

$$\therefore\quad D=d+Cl;\quad d=D-Cl$$

$$l=\frac{D-d}{C}$$

如果图样中给出了 D、d 和 l，圆锥半角 $\alpha/2$ 可以按下式计算

$$\tan\alpha/2=\frac{D-d}{2l}$$

其他三个量与圆锥半角 $\alpha/2$ 的关系为：

$$D=d+2l\tan\alpha/2$$

$$d=D-2l\tan\alpha/2$$

$$l=\frac{D-d}{2\tan\alpha/2}$$

由于设计要求的不同，在图样上圆锥体的尺寸标注方法也不相同，图样中常见的几种尺寸标注方法和未注参数的计算方法，见表 3-14。

表 3-14　圆锥体的尺寸标注方法和计算公式

图　　例	说　　明	计 算 公 式
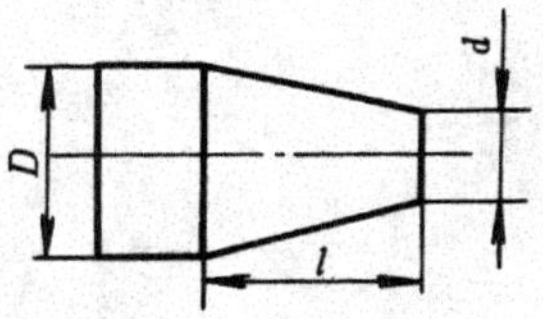	图上标注 D、d、l 计算 C 和 $\alpha/2$	$C=\frac{D-d}{l}$ $\tan\alpha/2=\frac{D-d}{2l}$
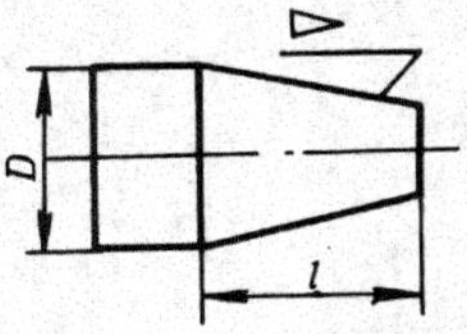	图上标注 D、l、c 计算 d 和 $\alpha/2$	$d=D-Cl$ $\tan\alpha/2=\frac{C}{2}$
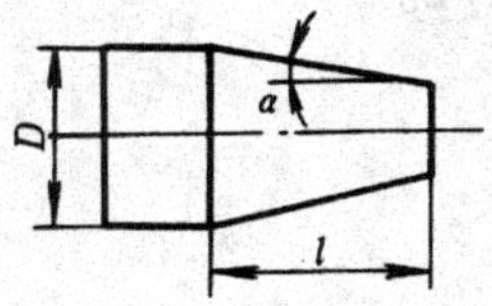	图上标注 D、l、$\alpha/2$ 计算 d 和 C	$d=D+2l\tan\alpha/2$ $C=2\tan\alpha/2$
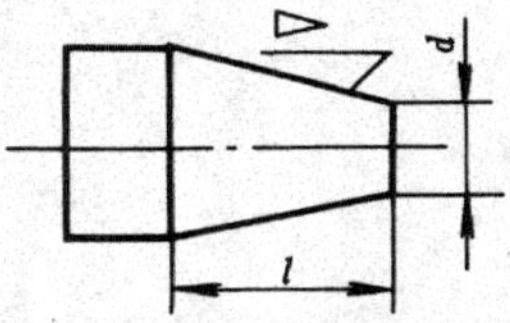	图上标注 C、d、l 计算 D 和 $\alpha/2$	$D=d+Cl$ $\tan\alpha/2=\frac{C}{2}$

例 1　有一圆锥体，已知 $D=62\text{mm}$，$d=52\text{mm}$，$l=150\text{mm}$，求 $\alpha/2$。

解

$$\tan\alpha/2=\frac{D-d}{2l}$$

$$=\frac{62-52}{2\times150}=\frac{1}{30}$$

$$\alpha/2=1°54''$$

应用上式计算 $\alpha/2$ 时，必须查三角函数表这样不够方便，当 $\alpha/2<6°$ 时，可以用下式近似计算公式计算 $\alpha/2$

$$\alpha/2=28.7°\times\frac{D-d}{l}\text{，或}$$

$$\alpha/2=28.7℃$$

推导，由微分理论可知：当 $\alpha/2<6°$ 时，$\tan\alpha\approx\alpha$，由于 $\tan\alpha/2=\frac{D-d}{2l}$，所以 $\alpha/2\approx\frac{1}{2}\times\frac{D-d}{l}$，$\alpha/2=\frac{D-d}{2l}$，式中 $\frac{D-d}{l}=C$，$\frac{1}{2}$ 为弧度数。一弧度是与半径等长的圆弧所对的圆心角，因为圆周的展开长度为 $2\pi R$，整个圆周角为 $360°$，含有 $2\pi R/R=2\pi$ 弧度，所以

$$1\text{ 弧度}=\frac{360°}{2\pi}\approx57.32°$$

$$\frac{1}{2}\text{ 弧度}=\frac{57.32°}{2}\approx28.7°$$

例 2　有一锥体，已知 $D=45\text{mm}$，$d=42\text{mm}$，$l=60\text{mm}$，试用查表法和近似法计算 $\alpha/2$。

解　用查表法计算

$$\tan\alpha/2=\frac{D-d}{2l}=\frac{45-42}{2\times60}=0.025$$

$$\alpha/2=1°26'$$

用近似法计算

$$\alpha/2=28.7°\times\frac{D-d}{l}$$

$$=28.7°\times\frac{45-42}{60}=1.44°=1°26'$$

例 3　有一锥体，$D=42$mm，$l=60$mm，$C=1:15$，求 d。

解

$$d=D-Cl$$

$$=42-60\times\frac{1}{15}=38\text{mm}$$

例 4　一锥体的 $D=112$mm，$d=100$mm，$l=360$mm，求 C 和 $\alpha/2$。

解

$$C=\frac{D-d}{l}$$

$$=\frac{112-100}{360}=\frac{1}{30}=1:30$$

$$\tan\alpha/2=\frac{C}{2}=\frac{\frac{1}{30}}{2}=\frac{1}{60}$$

$$\alpha/2=57'$$

习　题

1. 已知 $D=32$mm，$d=28$mm，$l=80$mm 用查表法和近似法求出 C 和 $\alpha/2$。
2. 已知 $D=60$mm，$C=1:10$，$l=42$mm 求 d 和 $\alpha/2$。
3. 已知 $D=60$mm，$d=56$mm，$C=1:15$，求 l 和 $\alpha/2$。
4. 已知 $d=62$mm，$C=1:10$，$l=96$mm，求 D 和 $\alpha/2$。
5. 工件内孔的形状和大小，如图 3-100 所示，求 d 和 $\alpha/2$。
6. 填空

序　号	D（mm）	d（mm）	l（mm）	C	$\alpha/2$(°)
1	76		100	1∶20	
2		30	40	1∶10	
3	100	92	160		
4	52	48		1∶15	
5	82	64			8°18′

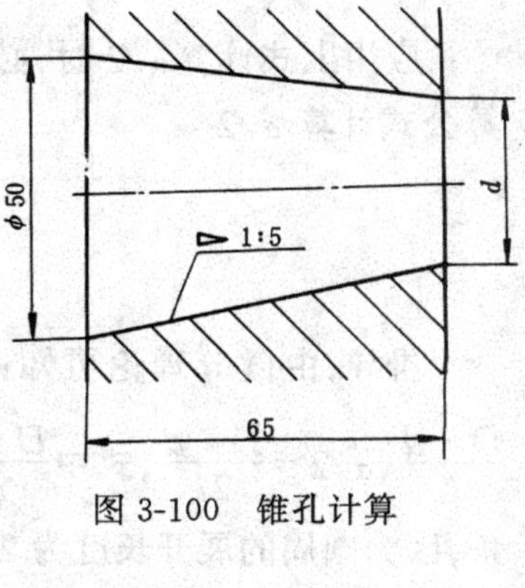

图 3-100　锥孔计算

3.4.3　标准圆锥

为了使用方便和降低生产成本，常用工具、刀具上的圆锥均已标准化，常用的标准圆锥有两种。

3.4.3.1　莫氏圆锥　莫氏圆锥在机器制造业的应用极为广泛，如钻头、铰刀的锥柄、车床的主轴孔等均为莫氏圆锥。莫氏圆锥分为七个号码，即 0、1、2、3、4、5、6，零号最小，6 号最大，当号数不同时，圆锥角和尺寸也不相同。

3.4.3.2 米制圆锥 米制圆锥有 8 个号码，即 4、6、80、100、120、140、160 和 200 号，它的号码系指大端直径，锥度都是 1∶20。

3.4.4 有关锥度问题的计算

在一般车床上车锥度的方法有斜置小滑板法、靠模法和偏移尾座法。下面分别介绍有关它们的计算问题。

3.4.4.1 斜置小滑板法 把小滑板按工件的要求转动 $\alpha/2$ 角，使车刀的运动轨迹和工件的母线相平行，见图 3-101，用 $\tan\alpha/2=\dfrac{D-d}{2e}$ 计算 $\alpha/2$。

3.4.4.2 靠模法 图 3-102 所示是用靠模法车锥面的原理图。车削时只要把靠模板 AD 调整到与工件的母线 CB 相平行，即将靠模板调整一个圆锥半角 $\alpha/2$。

3.4.4.3 偏移尾座法 在两顶尖间车削圆锥体时，刀具的运动轨迹是平行于主轴轴线的，当把尾座横向移动一段距离 S 后，工件的旋转中心与刀具的运动轨迹相交成 $\alpha/2$ 角，车刀就把工件车削成了圆锥体，见图 3-103。

用这种方法车削圆锥体时，当尾座偏移了 S 后，工件倾斜了圆锥角 $\alpha/2$，在三角形 ABC 中

$$BC = AC\sin\alpha/2$$

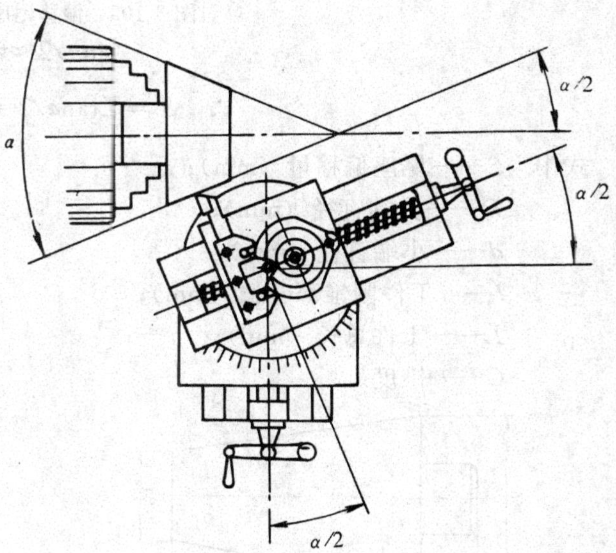

图 3-101 转动小滑板法车锥面

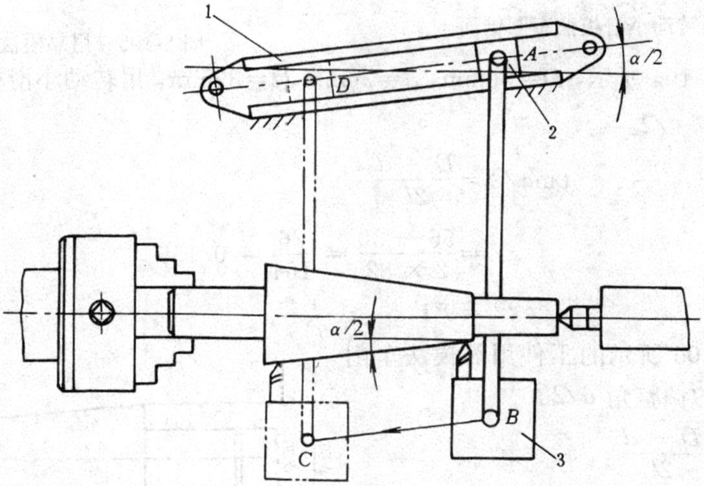

图 3-102 靠模法车锥面的基本原理

1—靠模板 2—滑块 3—刀架

$$\because \quad AC = L, BC = S$$

$$\therefore \quad S = L\sin\alpha/2$$

当 $\alpha/2 < 8°$ 时

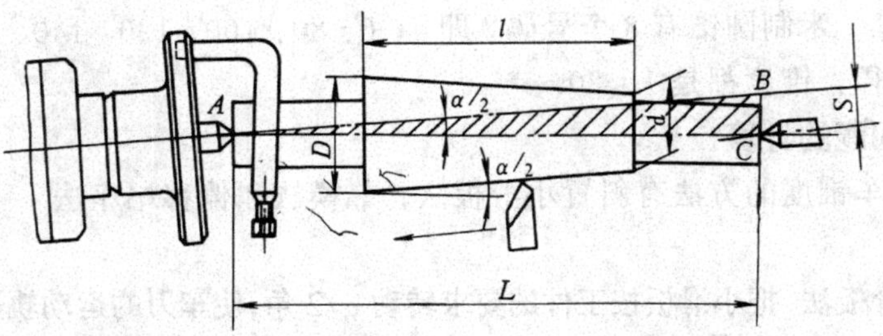

图 3-103 偏移尾座法车锥面原理

$$\sin\alpha/2 \approx \tan\alpha/2$$

$$\therefore \quad S = L\tan\alpha/2 = L\frac{D-d}{2l} = \frac{C}{2}L$$

式中 S——尾座偏移量（mm）；

D——大端直径（mm）；

d——小端直径（mm）；

l——工件圆锥部分长（mm）；

L——工件总长（mm）；

C——锥度。

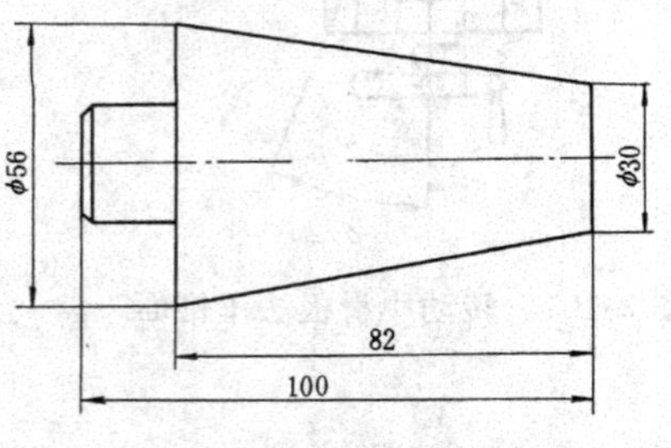

图 3-104 用转动小滑板法车圆锥面

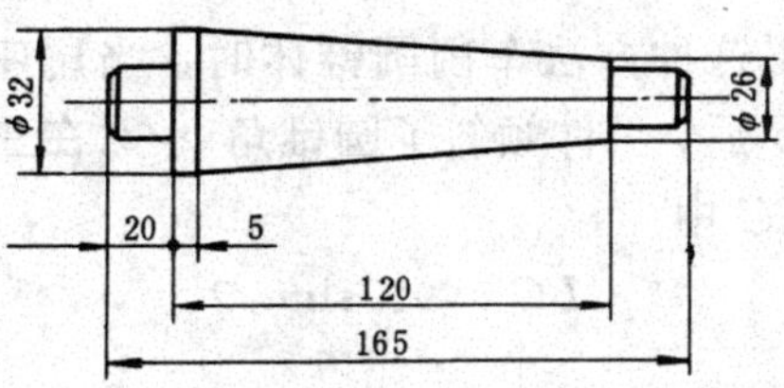

图 3-105 用靠模法车圆锥面

例 1 如图 3-104 所示，$D=56$mm，$d=30$mm，$l=82$mm，用转动小滑板法车圆锥面，求小滑板的扳转角度 $\alpha/2$。

解

$$\tan\alpha/2 = \frac{D-d}{2l}$$

$$= \frac{56-30}{2\times 82} = \frac{26}{164} = 0.159$$

$$\alpha/2 = 9°1'$$

例 2 图 3-105 所示的工件用靠模法车削圆锥面，求靠模的调整角 $\alpha/2$。

解 $\tan\alpha/2 = \dfrac{D-d}{2l}$

$$= \frac{32-26}{2(120-5)} = \frac{6}{230} = 0.026$$

$$\alpha/2 \quad = 1°30'$$

即靠模的调整角为 1°30′

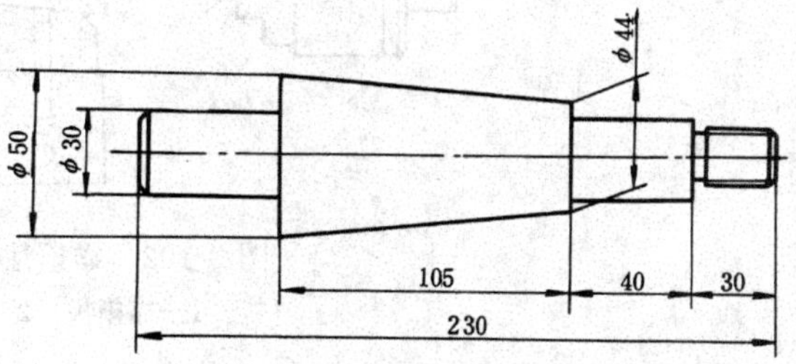

图 3-106 用偏移尾座法车圆锥面

例 3 图 3-106 所示的工件用偏移尾座法车圆锥面，求尾座的偏移量 S。

解

$$S = L\frac{D-d}{2l}$$

$$= 230 \times \frac{50-44}{2\times 120} = 5.75\text{mm}$$

习　题

1. 用斜置小滑板法车削锥齿轮的毛坯，求小滑板的扳转角度 $\alpha/2$。齿坯尺寸，见图 3-107。

2. 用斜置小滑板法车削圆锥孔，工件的形状和尺寸如图 3-108 所示，求钻孔所用钻头的最大直径。

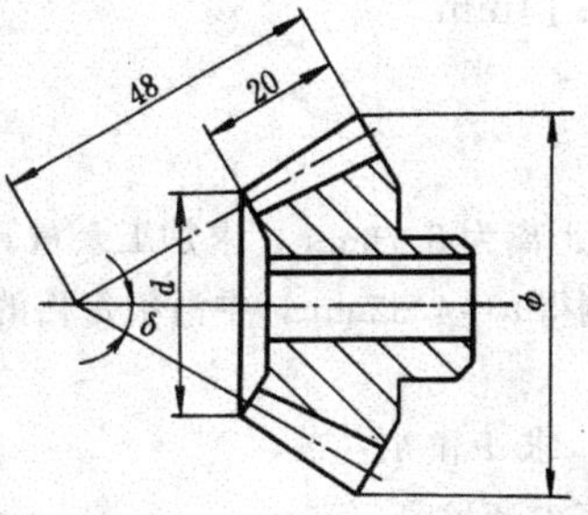

图 3-107　车锥齿轮坯

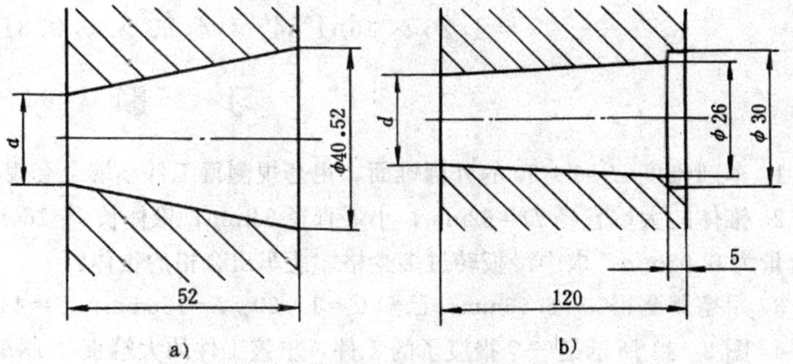

图 3-108　车锥孔

3. 某工件的大端直径 $D=23.825$mm，小端直径 $d=19.131$mm，锥体部分长 $l=98$mm，当用靠模法车削此工件时，求靠模的调整角度。

4. 用偏移尾座法车削图 3-109 所示的工件，求尾座偏移量 S。

5. 填空。

条件 \ 题号	1	2	3	4	5	6
大径 D	90			200	63.348	
小径 d	80	60	32	179		9.4
锥度 C		1∶30	1∶20		1∶20	1∶15
总长 L	1200	600	300	620	400	160
锥度长 l	300	100	100	432	189	57
偏移量 S						

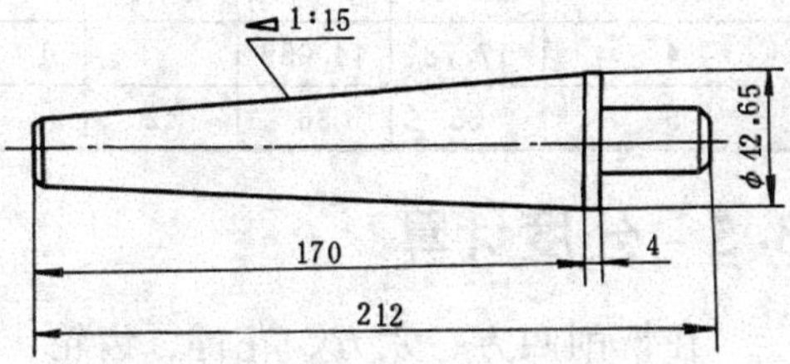

图 3-109　用偏移尾座法车锥度工件

3.4.4.4　圆锥体控制尺寸的计算　在车削圆锥体时，圆锥斜角是通过调整机床（调整小滑板、靠模板和尾座）来实现的，圆锥角的正确性则用锥度规进行检验。当锥度已经准确，而内端面的大端或外端面的小端尚未达到尺寸要求时，必须继续车削，那末余量有多少呢？

圆锥面的大、小端直径是很难用通用量具测量出准确尺寸的，而用锥度量规只能量出工件端面至量规界面的尺寸 a，如图 3-110 所示。锥度量规上有一个缺口，缺口的深度即为标准公差，若工件端面在缺口之内为合格，

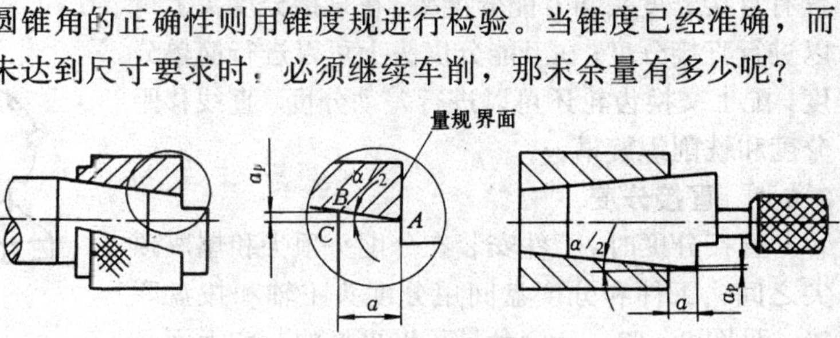

图 3-110　圆锥面尺寸的测量

否则为不合格。测出工件端面至缺口端面的距离 a，即可用下式计算出加工余量 h。

$$h = a\tan\alpha/2 \quad 或 \quad h = a\,\frac{C}{2}$$

例 1 用环规测量外锥面，测得工件小端距环规界面的距离为 6mm，工件锥度为 1∶15 计算加工余量 h。

解
$$h=a\,\frac{C}{2}=6\times\frac{\frac{1}{15}}{2}=0.2\text{mm}$$

例 2 用塞规测量内锥面，测得工件大端距塞规界面的距离为 4.26mm，工件的圆锥半角 $\alpha/2=1°54'$，计算背吃刀量 a_p。

解
$$a_p = a\tan\alpha/2$$
$$=4.26\times\tan 1°54' = 4.26\times 0.03317 = 0.14\text{mm}$$

习　题

1. 车削锥度 $C=1:30$ 的外圆锥面，用套规测得工件小端至套规界面的距离为 3.76mm，求加工余量。
2. 锥体的大端直径 $D=62$mm，小端直径 54mm，锥体长 $l=160$mm，测得 $a=4.32$mm，中滑板每格的进给量为 0.05mm，求中滑板转过多少格才能车出合格的锥体？
3. 用塞规测得 $a=6.56$mm，已知 $C=1:20$、$l=156$mm，$D=44.4$mm，求 d 和 h。
4. 图 3-111 所示是一个报废了的工件，求该工件的大端直径 D 车大了多少毫米？
5. 填空。

参量 序号	D (mm)	d (mm)	l (mm)	C	$\alpha/2$ (°)	a (mm)
1	80	67	228			6
2		85	270	1∶20		3.38
3	12.065		65.5		1°25′56″	1.96
4	17.78	14.059		1∶15		5.66
5	38	36	42			2.54

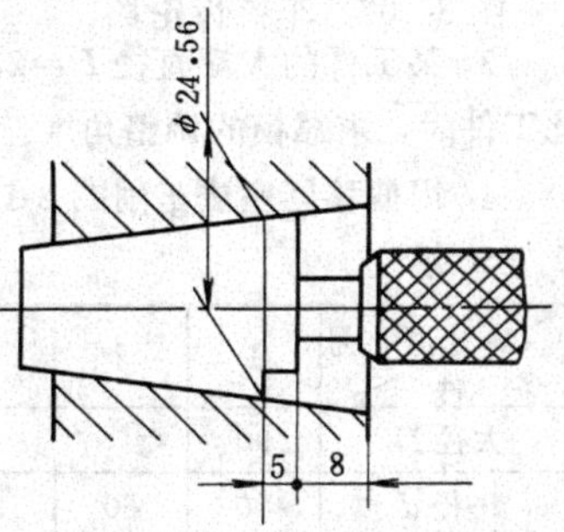

图 3-111　报废工件

3.5 分度计算

在铣削四方、六方、花键、齿轮、链轮等机械零件和铣削铰刀、铣刀等刀具时需要利用分度装置进行分度才能铣出等分面、等分槽和齿形。分度装置有直接分度头和万能分度头。在直接分度头上可以进行直接分度；在万能分度头上可以进行简单分度，配上交换齿轮还可以进行差动分度、直线移距分度和铣削螺旋槽。

3.5.1 直接分度

直接分度时，工件安装在分度头顶尖和尾座顶尖之间，工件和分度盘间用分度头主轴和拨盘联接，见图 3-112。分度盘是可以更换的，它上面一般有 24、36 和 42 个孔或槽。直接分度可以进行能

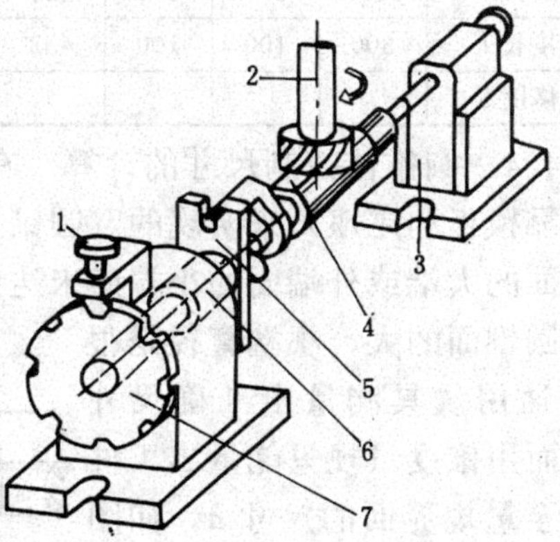

图 3-112　直接分度头
1-制动销　2—圆柱形端面铣刀　3—尾座　4—工件　5—拨盘　6—分度轴　7—分度盘

够整除孔或槽的所有等分数目的分度。例如有 24 个孔的分度盘可以对 24、12、8、6、4、3、2 等分的工件进行分度，其计算公式为

$$n_p = \frac{c}{z}$$

式中　c——分度盘孔槽数；

z——工件等分数；

n_p——分度盘需转过的孔槽数。

例 1　在有 36 个孔的分度盘上铣削六角螺母，求铣完一面后分度盘需转过几个孔铣第二面？

解　$$n_p = \frac{c}{z} = \frac{36}{6} = 6\text{孔}$$

如果在图样上孔（或槽）之间标注的是角度，则分度盘应转过的孔槽数可以用下式计算

$$n_p = \frac{c\theta}{360°}$$

式中　c——分度盘孔槽数；

θ——孔槽间标注角度；

n_p——分度盘转过的孔槽数。

例 2　今打算在一圆盘上沿圆周方向每相隔 30°铣一个定位槽，求每铣完一个槽分度盘需转过的孔槽数。

解　$$n_p = \frac{c\theta}{360°} = \frac{36 \times 30°}{360°} = 3\text{孔}$$

3.5.2　简单分度

简单分度在万能分度头上进行。万能分度头的外形及其传动系统见图 3-113。转动分度手柄，通过一对齿数相等的圆柱直齿轮和传动比为 1∶40 的蜗杆、蜗轮带动分度头主轴旋转。此外，在分度头的一侧还有一根侧轴，用于安装交换齿轮，它通过一对齿数相等的斜齿轮和空套在分度手柄轴上的分度盘相联。分度头的传动比为

$$i = \frac{1}{1} \times \frac{40}{1} = 40$$

即分度手柄转过 40 周，分度头主轴转过一周。分度时分度手柄转过的转数为

$$n = \frac{40}{z}$$

式中　n——分度手柄转数；

z——工件等分数（或齿数、边数）；

40——分度头传动比。

例 1　在万能分度头上铣削沿圆周方向有 8 个等分槽的工件，求每铣一槽后分度手柄应转多少转才可铣下一个槽？

解　$$n = \frac{40}{z} = \frac{40}{8} = 5\text{r}$$

即分度手柄应转 5r 才可铣下一个槽

例 2　在万能分度头上铣削螺钉的六角头，求每铣一面分度手柄多少转？

解　$$n = \frac{40}{z} = \frac{40}{6} = 6\frac{2}{3}\text{r}$$

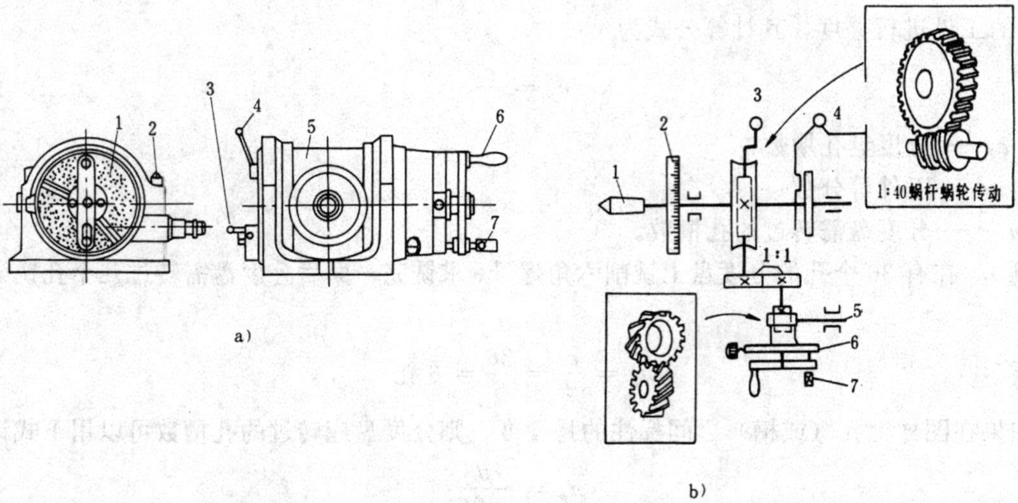

图 3-113　万能分度头的外形与传动系统

a）万能分度头外形　1—分度盘　2—螺钉　3—蜗杆脱落手柄　4—主轴锁紧手柄　5—球形扬头
6—分度手柄　7—定位销

b）万能分度头的传动系统　1—主轴　2—刻度盘　3—蜗杆脱落手柄　4—主轴锁紧手柄　5—交换齿轮轴
6—分度盘　7—定位销

即分度手柄转过 $6\frac{2}{3}$r，工件转过$\frac{1}{6}$r。转 6r 只需旋转分度手柄即可实现，转$\frac{2}{3}$r 需要同时借助分度手柄和分度盘。

分度盘用于解决不是整数转的分度问题，常用分度盘的孔数为 24、25、28、30、34、37、38、39、41、42、43、46、47、49、51、53、54、57、58、59、62、66。分度盘上没有 3 个孔的孔圈，但在 24 个孔的孔圈上转过 16 个孔距，或在 66 个孔的孔圈上转过 44 个孔距都是可以的。不过，一般以孔数较多的孔圈为好，因为不仅它力臂长，转动轻快，而且分度精度也较高。

即
$$6\frac{2}{3} = 6\frac{2\times 8}{3\times 8} = 6\frac{16}{24}$$

例 3　要铣 52 个齿的齿轮，求每铣完一个齿后分度手柄的转数。

解
$$n = \frac{40}{z} = \frac{40}{52} = \frac{30}{39}$$

即每铣完一个齿分度手柄要在 39 个孔的孔圈上转过 30 个孔距。为了防止摇错和避免每分度一次数一次孔的麻烦，所以在分度盘上附设一如图 3-114 所示的分度叉（又名扇形股）。分度叉两叉间的夹角可以松开螺钉进行调节，并使两叉间的孔数比求出的孔数多 1 个，以确保需要的孔距数。图 3-114 所示是每次需摇过 5 个孔距，而两叉间所夹的孔数为 5＋1＝6 个

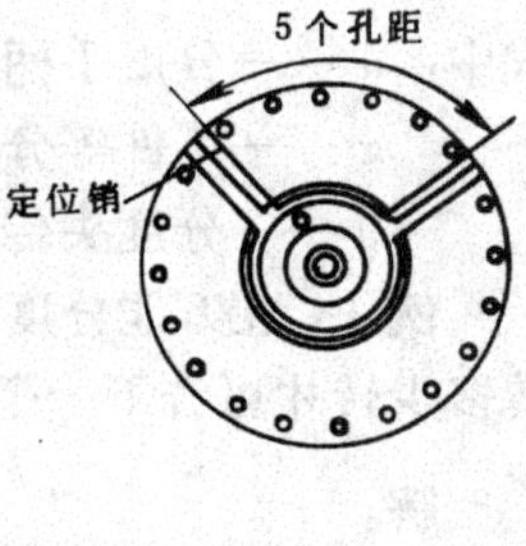

图 3-114　分度叉

如果孔、槽、齿间给出或标注出的是角度，则可以按下式计算分度手柄转过的转数

$$n = \frac{40\theta}{360^\circ} = \frac{\theta}{9^\circ}(\text{r})$$

式中　n——分度手柄转数；

θ——孔、槽、齿间的角度；

公式 $n=\frac{\theta}{9^\circ}$ 是根据分度手柄转 40r，分度头主轴带动工件转一转，也即转了 360°，如果分度手柄转一转，那末工件转了 $\frac{360^\circ}{40}$，即转过了 9°的关系而得出的。

例 1　在圆形工件上铣两条槽，槽间的夹角为 116°，求铣完一条槽后分度手柄应转过多少转铣另一条槽？

解

$$n=\frac{\theta}{9^\circ}=\frac{116^\circ}{9^\circ}=12\frac{48}{54}\text{r}$$

例 2　如果例 1 的工件上两槽间的夹角为 20°10′ 求铣完一条槽后分度手柄应转多少转铣另一条槽？

解

$$n=\frac{\theta}{9^\circ}=\frac{20^\circ 10'}{9^\circ}=\frac{20\frac{1}{6}^\circ}{9^\circ}=2\frac{13}{54}\text{r}$$

3.5.3　差动分度

简单分度虽然可以解决大多数分度问题，但若遇到工件的等分数 z 和 40 不能相约，如 $z=109$，则 $n=\frac{40}{z}=\frac{40}{109}$ 不能相约，或者工件的等分数和 40 相约后，分度盘上没有需要的孔圈，如 $z=126$，则 $n=\frac{40}{z}=\frac{40}{126}=\frac{20}{63}$，而分度盘上却没有 63 个孔的孔圈。遇到例如 61、63、79、101、109、126、127 等这一类数，就不能使用简单分度法，而要采用差动分度法。

下面通过实例说明什么是差动分度法，例如要把工件 109 等分，因为 109 与 40 不能相约，所以先取一个和 109 相近又能简单分度的假定数 105（$z_o=105$）然后按 z_o 选取孔圈孔数，并使分度手柄相对于分度盘转过

$$n_o=\frac{40}{z_o}=\frac{40}{105}$$

显然 $n_o>n$，n_o 比 n 多转过了

$$\frac{40}{105}-\frac{40}{109}=\frac{80}{2289}\text{r}$$

如果通过交换齿轮 z_1、z_2、z_3、z_4 使分度盘相对于分度手柄倒转 $\frac{80}{2289}$r，也即由主轴经交换齿轮传至分度盘，使其倒转而得到。此时，分度手柄的实际转数 n 应为 n_o 和 $n_{盘}$ 的合成，即

$$n_{盘}=\frac{1}{z}\times\frac{z_1z_3}{z_2z_4}$$

$$n=n_o+n_{盘}$$

$$\frac{40}{z}=\frac{40}{z_o}+\frac{1}{z}\times\frac{z_1z_3}{z_2z_4}$$

整理后得

$$\frac{z_1z_3}{z_2z_4}=\frac{40(z_o-z)}{z_o}$$

式中　z_1、z_3——主动交换齿轮的齿数；

z_2、z_4——从动交换齿轮的齿数；

z——实际等分数；

z_o——假定等分数。

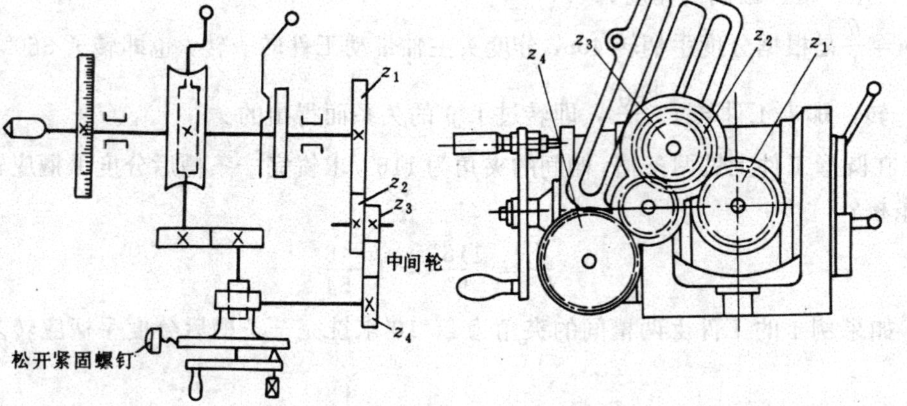

图 3-115 分度头的传动系统和交换齿轮的安装

分度头的传动系统和交换齿轮的安装情况见图 3-115。

差动分度的具体计算步骤如下：

(1) 选取假定等分数 z_o 为避免分度头传动间隙的影响，一般取 $z_o<z$。

(2) 根据 z_o 按公式 $n_o=\frac{40}{z_o}$ 计算分度手柄相对于分度盘的转数 n_o，并选择分度盘孔圈。

(3) 按公式 $\frac{z_1z_3}{z_2z_4}=\frac{40\ (z_o-z)}{z_o}$ 计算交换齿轮 交换齿轮的齿数一般为 25、30、35、40、50、55、60、70、80、90、100

例 欲把工件 109 等分，请计算交换齿轮选取分度盘孔圈孔数和确定分度手柄转数。

解 选取假定等分数 $z_o=105$，则

$$n_o=\frac{40}{z_o}=\frac{40}{105}=\frac{16}{42}$$

即每分度一次，分度手柄在 42 个孔的孔圈上转过 16 个孔距。

计算交换齿轮

$$\frac{z_1z_3}{z_2z_4}=\frac{40(z_o-z)}{z_o}=\frac{40(105-109)}{105}=-\frac{160}{105}=-\frac{40\times80}{70\times30}$$

即主动交换齿轮 $z_1=40$，$z_3=80$；

从动交换齿轮 $z_2=70$，$z_4=30$。

负号说明分度盘与分度手柄的转向相反。

3.5.4 直线移距分度法

直线移距分度法用来作直线移距分度，例如铣削直齿条和直线刻线等。它是把分度头主轴或侧轴和纵向工作台丝杠用交换齿轮连接起来，移距时只要摇动分度头手柄，通过交换齿轮使工作台作精确移距。它主要有主轴交换齿轮法和侧轴交换齿轮法两种。

3.5.4.1 主轴挂轮法 它是在分度头主轴后锥孔内装入安装交换齿轮的心轴，再在心轴上安装交换齿轮，通过交换齿轮，将运动传至纵向工作台丝杠，使工作台产生移距，其传动系统，见图 3-116。这种方法适宜于间隔距离较小或移距精度较高的工件。交换齿轮的计算公式如下

$$n\frac{1}{40}\times\frac{z_1z_3}{z_2z_4}P_{丝}=t$$

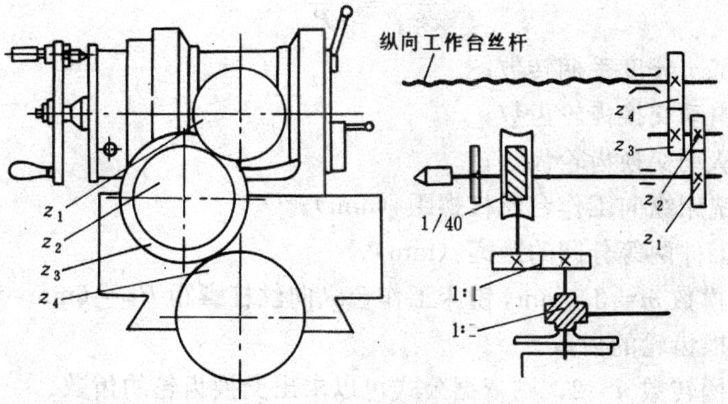

图 3-116 主轴交换齿轮法

化简得

$$\frac{z_1z_3}{z_2z_4}=\frac{40t}{nP_{丝}}$$

式中 n ——每次分度手柄的转数（取值范围为 1～10）；

z_1、z_3 ——主动交换齿轮齿数；

z_2、z_4 ——从动交换齿轮齿数；

$P_{丝}$——纵向工作台丝杠螺距（mm）；

t ——工件两等分之间的距离（mm）。

例 1 欲在一直尺上刻线，两线之间的距离 $t=1.75$mm，铣床纵向工作台丝杠螺距 6mm，求交换齿轮的齿数。

解 取分度手柄转数 $n=5$，则根据公式可以求得交换齿轮的齿数。

$$\frac{z_1z_3}{z_2z_4}=\frac{40t}{P_{丝}n}=\frac{40\times1.75}{6\times5}=\frac{70}{30}$$

即主动交换齿轮 $z_1=70$，从动交换齿轮 $z_4=30$；每次分度拔出定位销，将分度手柄转一转，再把定位销插入分度盘孔中。

例 2 把例 1 中两线间的距离改为 $t=1.25$mm，求交换齿轮齿数和分度手柄转数。

解 取分度手柄转数 $n=5$，则根据公式可以求得交换齿轮的齿数。

$$\frac{z_1z_3}{z_2z_4}=\frac{40t}{p_{丝}n}=\frac{40\times1.25}{6\times5}=\frac{50}{30}$$

即主动交换齿轮 $z_1=50$，从动交换齿轮 $z_4=30$；每次分度手转 5r。

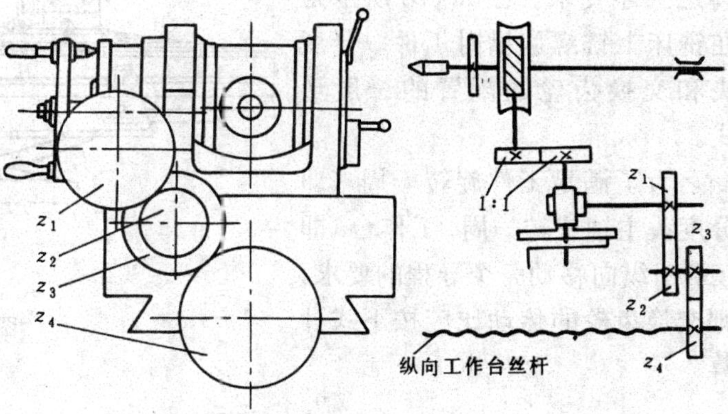

图 3-117 侧轴交换齿轮法

3.5.4.2 侧轴交换齿轮法 它是把交换齿轮配置在分度头交换齿轮轴和铣床纵向传动丝杠之间，见图 3-117。这种方法适宜于移距间隔较大的工件中，交换齿轮的计算公式如下

$$n\frac{z_1z_3}{z_2z_4}P_{丝}=t$$

整理后得

$$\frac{z_1z_3}{z_2z_4}=\frac{t}{nP_{丝}}$$

式中 n ——每次分度手柄转数；

z_1、z_3 ——主动交换齿轮齿数；

z_2、z_4 ——从动交换齿轮齿数；

$P_{丝}$ ——铣床纵向工作台丝杠螺距（mm）；

t ——工件两等分间的距离（mm）。

例 直齿条的模数 $m=3.5$mm，铣床工作台纵向丝杠螺距 $P_{丝}=6$mm，求铣削直齿条时分度手柄的转数和交换齿轮的齿数。

解 取分度手柄转数 $n=2$，则依据公式可以求出交换齿轮的齿数。

$$\frac{z_1z_3}{z_2z_4}=\frac{t}{P_{丝}n}=\frac{m\pi}{P_{丝}n}=\frac{3.5\times3.14}{6\times2}=\frac{110}{120}=\frac{60\times55}{90\times40}$$

即主动交换齿轮 $z_1=60$，$z_3=50$；从动交换齿轮 $z_2=90$，$z_4=40$；分度手柄转度 $n=2$。

3.5.5 铣螺旋槽

在铣削加工中常会遇到铣削麻花钻、斜齿圆柱铣刀和斜齿轮的沟槽，这类工作统称为铣螺旋槽。

在铣床上铣螺旋槽时，除了铣刀的旋转运动之外，工件必须作两个运动，即匀速直线运动和等速旋转运动，这两个运动的关系必须满足工件旋转一转，工作台纵向移动一个工件的导程。这就需要将工件安装在分度头上，并通过交换齿轮把工作台的直线移动和分度头的旋转运动联接起来，交换齿轮的传动比应满足上述要求。图 3-118 所示是在铣床上铣螺旋槽时工件、分度头和交换齿轮的配置的一般形式。

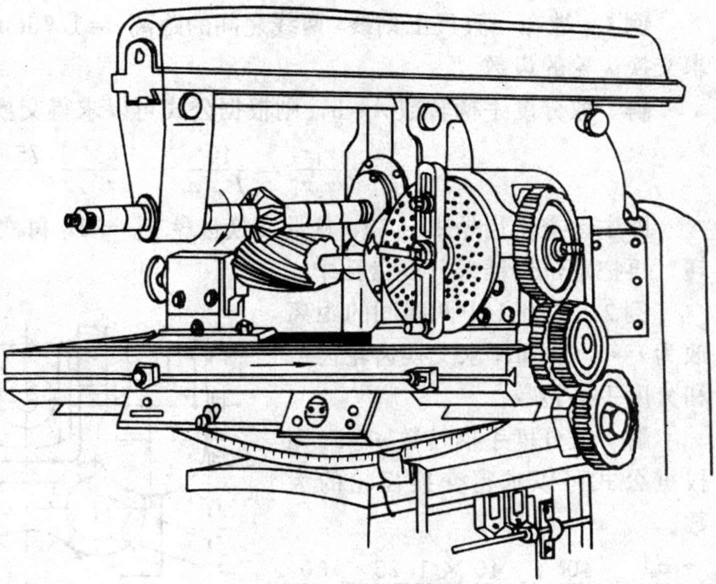

图 3-118 铣螺旋槽

为了满足工件旋转一周（即分度头主轴旋转一周）工作台（即工件）纵向移动一个导程的要求，则交换齿轮的传动比应按下式计算。

$$\frac{P_h}{P_{丝}}\times\frac{z_1z_3}{z_2z_4}\times\frac{1}{1}\times\frac{1}{1}\times\frac{1}{40}=1$$

整理后得

$$\frac{z_1z_3}{z_2z_4}=\frac{40P_{丝}}{P_h}$$

式中 z_1、z_3——主动交换齿轮的齿数；

z_2、z_4——从动交换齿轮的齿数；

$P_{丝}$——纵向工作台丝杠螺距（mm）；

P_h——工件导程（mm）。

工件导程 P_h 的计算公式为

$$P_h = \pi d \mathrm{ctan}\beta$$

式中 d——工件直径（铣麻花钻和斜齿圆柱铣刀时 d 为工件外径；铣斜齿圆柱齿轮时 d 为分度圆直径）（mm）；

β——工件螺旋角（°）。

在卧式铣床上用盘铣刀铣削螺旋槽时，铣刀的旋转平面必须与槽向一致，以获得所需的螺旋槽的截面形状。为此还要将纵向工作台在水平面内扳转一个工件的螺旋角 β，当螺旋角为右旋时，逆时针方向转动；当螺旋角为左旋时，顺时针方向转动。

例 1 在卧式铣床上铣削左旋螺旋齿圆柱铣刀，其齿数 $z=16$，螺旋角 $\beta=30°$，外径 $D=80$mm，铣床纵向工作台丝杠螺距 $P_{丝}=6$mm，试计算工件导程、交换齿轮齿数、分度手柄转数并确定工作台的旋转方向。

解 计算工件导程

$$P_h = \pi d \mathrm{ctan}\beta = 3.14 \times 80 \times \mathrm{ctan}30° = 435.33\mathrm{mm}$$

计算交换齿轮的齿数

$$\frac{z_1 z_3}{z_2 z_4} = \frac{40P_{丝}}{P_h} = \frac{40 \times 6}{435.33} = 0.5513 \approx \frac{55}{100} = \frac{55 \times 40}{50 \times 80}$$

即主动交换齿轮 $z_1=55$，$z_3=40$；从动交换齿轮 $z_2=50$，$z_4=80$。

计算分度手柄转数

$$n = \frac{40}{z} \quad \frac{40}{16} = 2\frac{33}{66}$$

即每铣完一齿分度手柄要转过 2 圈又 33 个孔距。

因为工件的螺旋角为左旋，所以工作台应顺时针方向扳转 30°。

例 2 欲铣一斜齿圆柱齿轮，其分度圆直径 $d=100$mm，螺旋角 $\beta=34.92°$，右旋，齿数 $z=32$，铣床工作台纵向丝杠螺距 $P_{丝}=6$mm。求交换齿轮的齿数和分度手柄的转数并确定工作台的转向。

解 求工件导程 P_h

$$P_h = \pi d \mathrm{ctan}\beta = 3.14 \times 100 \times \mathrm{ctan}34.92° \approx 450\mathrm{mm}$$

计算交换齿轮齿数

$$\frac{z_1 z_3}{z_2 z_4} = \frac{40P_{丝}}{P_h} = \frac{40 \times 6}{450} = \frac{240}{450} = \frac{40 \times 60}{50 \times 90}$$

计算分度手柄转数

$$n = \frac{40}{z} = \frac{40}{32} = 1\frac{7}{28}$$

即每铣 1 齿分度手柄转一转并在 28 个孔的孔圈上转过 7 个孔距。

因为齿轮为右旋，所以工作台应在水平面内逆时针方向旋转 34.92°。

习　题

1. 在 42 个孔的分度盘上铣六角头螺钉，求每铣一面分度盘应过多少孔？

2. 直接分度盘上有 36 个槽，求 1）用这个分度盘可以对哪些等分数进行分度？2）可以对哪些角度进行分度？

3. 有 42 个孔的直接分度盘，如分度数为 2、3、6、7、13，求每分度一次分度盘应转过的孔数？

4. 如一直接分度盘能同时对 15°和 20°角进行分度，求该分度盘的最少孔槽数为多少？

5. 在万能分度头上对下列工件进行分度：1）120 个齿的齿轮；2）36 个孔的法兰盘；3）160 个孔的分度盘；4）9 条键的花键轴；5）11 个面的棱柱。求分度手柄的转数和分度叉之间的孔数。

6. 工件两面间的夹角分别为 20°、34°、42°和 50°，用万能分度头铣这两个面时求分度手柄转数和分度叉间的孔数。

7. 欲铣 56 个齿的齿轮，求每铣一齿在 49 孔的孔圈上分度手柄需摇过几个孔距？

8. 在一个 160°的扇形齿轮上铣 32 个齿形，求每次分度分度手柄摇过的孔距数。

9. 铣削 8 个齿的手动铰刀（刀齿沿圆周方向不等距分布，对应两齿相距 180°），试判断下列的哪些数据是分度调节数值？ $4\frac{18}{27}$；$4\frac{24}{27}$；$4\frac{3}{27}$；$4\frac{9}{27}$

10. 求出铣削表 3-15 所列齿数不同且不等距分布的铰刀的分度手柄转数和分度叉间的孔数。

表 3-15　铰刀齿数与角距

序号	齿数	角距									
		θ_1	θ_2	θ_3	θ_4	θ_5	θ_6	θ_7	θ_8	θ_9	θ_{10}
1	4	88°	92°	88°	92°						
2	6	58°	60°	62°	58°	60°	62°				
3	8	40.5°	43.5°	46.5°	49.5°	40.5°	43.5°	46.5°	49.5°		
4	10	33°	34.5°	36°	37.5°	39°	33°	34.5°	36°	37.5°	39°

11. 用侧轴交换齿轮法在铣床上铣削 $m=2.5$mm、$m=3$mm、$m=4$mm、$m=5$mm 的直齿条，确定分度手柄转数和交换齿轮的齿数。

12. 用主轴交换齿轮法在铣床上刻线，确定分度手柄的转数和计算交换齿轮的齿数。

（1）$t=0.15$mm　（2）$t=0.2$mm

（3）$t=0.3$mm　（4）$t=0.4$mm

（5）$t=0.5$mm　（6）$t=1$mm

13. 用差动分度法铣削下列齿数的齿轮，计算分度手柄转数和交换齿轮的齿数。

（1）$z_1=60$　（2）$z_2=67$　（3）$z_3=77$

（4）$z_4=117$　（5）$z_5=99$　（6）$z_6=91$

14. 用盘铣刀铣削 N 型、H 型和 W 型三种麻花钻头，它们的直径分别为 $d_N=20$mm，$d_H=8$mm，$d_W=40$mm，右旋螺旋角分别为 $\beta_N=26°$，$\beta_H=13°$，$\beta_W=36°$，铣床纵向工作台丝杠螺距 $P_{丝}=6$mm，计算交换齿轮齿数，分度手柄转数和确定工作台的旋转方向。

15. 在铣床上用盘铣刀铣削 $\beta=36°$，$d=45$mm，3 个齿的扩孔钻的螺旋槽，$P_{丝}=6$mm，计算交换齿轮的齿数、分度手柄的转数和确定工作台的旋转方向。

3.6　液压和气压计算

在许多机械设备中广泛地应用液压或气压作为动力源进行工作。液压传动的工作介质是油或水，气压传动的工作介质是空气。针对液压与气压的特点，我们把有关计算作如下的介绍。

3.6.1　压力与压力单位

图 3-119 是压力产生的原理图。以液压为例，把油液装在密封容器中，如果活塞上不加以

任何外力或负载，并略去油液和活塞的重量，这时压力表上的指针指在零位，这表明没有压力。如果活塞上增加外力 F，可以看到压力表上的指针的偏转角度也随着增大，这表明油液有了压力。这压力是外力作用的结果。在液压传动中，把垂直压向油液单位面积上的力称为油液压力。用公式可表示为：

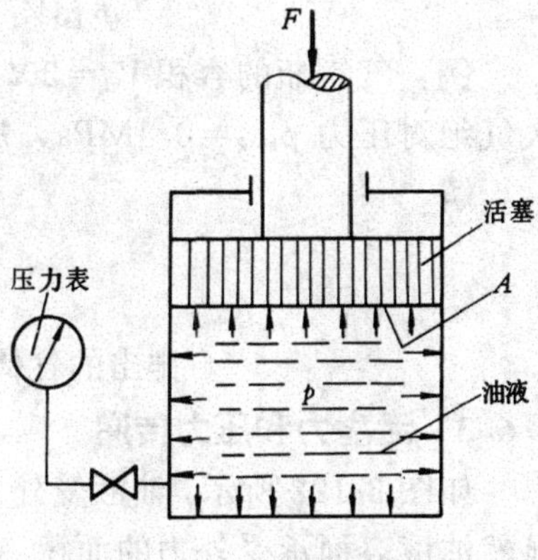

图 3-119　压力产生原理图

$$p=\frac{F}{A}$$

式中　p——油液压力（Pa）；

$1Pa=1N/m^2$；

F——作用在油液表面上的外力（N）；

A——油液表面承受外力的面积（m^2）。

压力的单位有时也用巴（bar）㊀。

$$1bar=1kgf/cm^2=10N/cm^2=10^5N/m^2=10^5Pa$$

前面所讲的是压力表所示压力，即工作压力。事实上，地球上每一物体都受大气压力的作用。标准大气压（P_{atm}）1atm㊀$=1.013bar\approx1bar=10^5Pa$。人们把压力分为绝对压力 p_{abs} 和相对压力 p_e。它们之间关系可用公式表示：

$$p_e=p_{abs}-p_{atm}$$

例 1　如图 3-120 所示，轮胎内绝对压力 $p_{abs}=0.34MPa$，当大气压力（p_{atm}）$1atm=0.1MPa$ 时，求轮胎内相对压力 p_e。

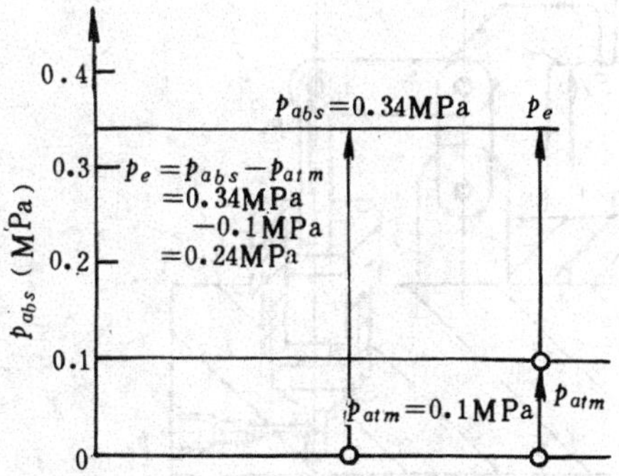

图 3-120　轮胎压力图表

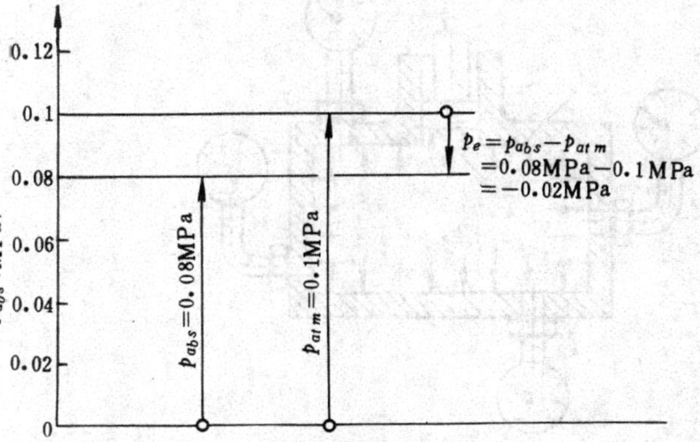

图 3-121　发动机吸气管道压力图表

解　$$p_e=p_{abs}-p_{atm}=0.34-0.1=0.24MPa$$

例 2　发动机的吸气管道的绝对压力 $p_{abs}=0.08MPa$ 如图 3-121 所示，大气压力 $p_{atm}=0.1MPa$ 时，试求吸气管道内的相对压力 p_e。

解　$$p_e=p_{abs}-p_{atm}=0.08-0.1=-0.02MPa$$

3.6.2　气体在密闭容器中的可压缩性

根据波义尔—马里略定理：在一定温度下某一质量的气体的体积和绝对压力成反比，即某一质量的气体的绝对压力与体积的乘积为常数。用公式表示：

㊀ 巴（bar）、标准大气压（atm）为非法定计量单位。

$$p_{abs1}V_1 = p_{abs2}V_2 = p_{abs3}V_3 = \cdots\cdots = 常数$$

例　气钢瓶的容积 $V_1=20l$，充入压缩空气后绝对压力 $p_{abs1}=10\text{MPa}$。在恒温条件下，若大气绝对压力 $p_{abs2}=0.1\text{MPa}$，那么打开气阀与外面大气相通，能排出的气体体积为多少？

解

$$p_{abs1}V_1 = p_{abs2}V_2$$

$$V_2 = \frac{p_{abs1}V_1}{p_{abs2}} = \frac{10\times 20}{0.1} = 2000\text{l}$$

$$排出的气体体积为 V_2 - V_1 = 2000 - 20 = 1980\text{l}$$

3.6.3　活塞力和压力传递

如图 3-122 所示，油液受外力 F 作用产生压力，这一压力通过作用面积产生油液作用力。显然油液表面承受外力的面积 A，即是承受油液压力作用的面积。用公式表示：

$$F_p = p_e A = F$$

式中　F_p——油液作用力（N）；

p_e——工作压力或表压（Pa）；

A——承受油液压力作用的面积（m^2）；

F——活塞上作用的外力（N）。

由此取得平衡，使油液处于静止状态。这时活塞上的外力与油液作用力相等。

于是得出如下结论：在密封容器内的静止液体，当一处受到外力作用产生压力，这个压力将通过液体传到各个连通容器内的任意点上，并且压力值处处相等。这就是液压传动的静压传递原理，也就是帕斯卡原理。

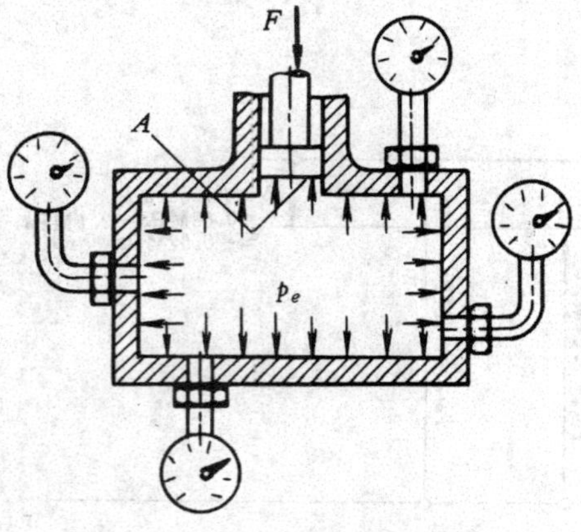

图 3-122　帕斯卡原理图

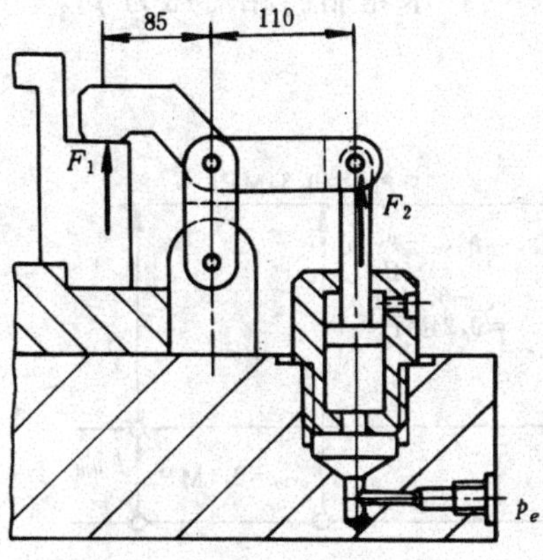

图 3-123　液压夹紧装置

例 1　液压缸驱动的夹紧装置如图 3-123 所示，液压缸的工作压力 $p_e=2.5\text{MPa}$，夹紧力 $F_1=4000\text{N}$，试求液压缸的活塞直径 d。

解　由杠杆定律可知：

$$F_1l_1 = F_2l_2 \quad F_2 = \frac{F_1l_1}{l_2} = \frac{4000\times 85}{110} = 3090.91\text{N}$$

$$又\quad F_2 = p_eA; A = \frac{F_2}{p_e} = \frac{3090.91}{250} = 12.36\text{cm}^2$$

$$A = \frac{\pi d^2}{4}; d = \sqrt{\frac{4A}{\pi}} = \sqrt{\frac{4\times 12.36}{3.14}} = 3.97\text{cm} \approx 40\text{mm}$$

根据静压传递原理，可计算如图 3-124 所示的比例关系。由于工作压力 p_e 以同样大小传到两个缸内，故有如下关系式：

$$p_e = \frac{F_1}{A_1} = \frac{F_2}{A_2};即\frac{F_1}{F_2} = \frac{A_1}{A_2}$$

如果 A_2 很大，A_1 很小，则只需要很小的外力 F_1，便能获得很大的液压作用力 F_2；也就是说，力得到了放大。万吨水压机和液压千斤顶就是利用这个原理进行设计的。

又活塞 1 行程为 S_1 时，活塞 2 行程为 S_2。且液压缸 1 的体积减少 V_1，而液压缸 2 的体积增加了 V_2。显然，$V_1=V_2$。

即　$A_1S_1=A_2S_2$；$\frac{A_1}{A_2}=\frac{S_2}{S_1}$；$\frac{F_1}{F_2}=\frac{S_2}{S_1}$。

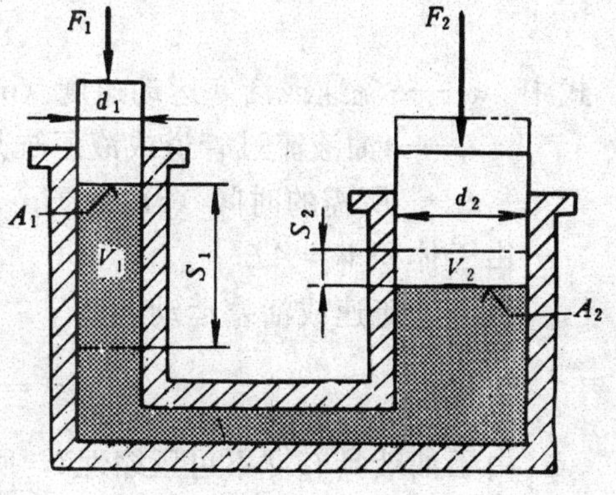

$F_1/A_1=p_e=F_2/A_2$

图 3-124　静压传递示意图

例 2　带手柄的液压压力机，如图 3-125 所示，F 是施加在手柄上的力，小活塞面积 $A_1=25\text{cm}^2$，大活塞的面积 $A_2=125\text{cm}^2$，试求压力机产生的压力 F_2。若小活塞行程 $S_1=52\text{mm}$，试求被压工件压缩量 S_2。

解　1）作用于小活塞的力 F_1

根据杠杆原理 $F\times600=F_1\times100$

$$F_1 = \frac{F\times600}{100} = \frac{100\times600}{100} = 600\text{N}$$

2）压力机所产生的压力 F_2

根据静压传递原理　$\frac{F_1}{F_2}=\frac{A_1}{A_2}$

$$F_2 = \frac{F_1A_2}{A_1} = \frac{600\times125}{25} = 3000\text{N}$$

3）被压工件压缩量 S_2

$$由\ A_1S_1 = A_2S_2;S_2 = \frac{A_1S_1}{A_2} = \frac{25\times52}{125} = 10.4\text{mm}$$

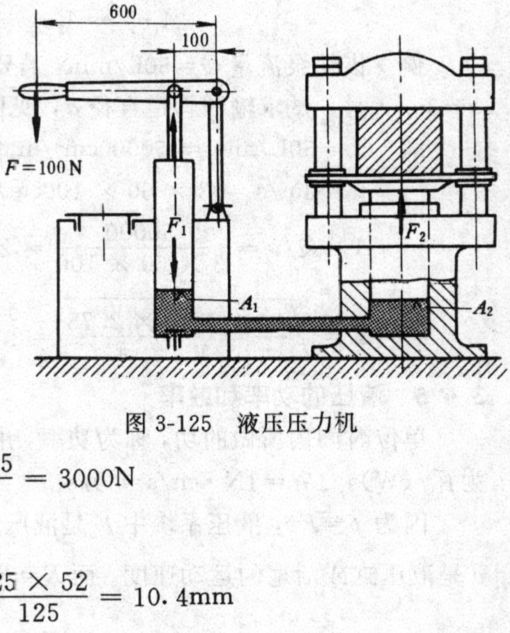

图 3-125　液压压力机

3.6.4　流量、流速和活塞速度

液压传动是依靠密封容积的变化来传递运动的，而密封容积的变化必然要引起油液的流动。单位时间内流过管道或液压缸某一截面的油液体积，称为流量，用公式表示：

$$Q = \frac{V}{t}(\text{m}^3/\text{s})$$

式中　Q——流量　(m^3/s)　$1\text{m}^3/\text{s}=6\times10^4\text{l/min}$；

V——流过管道或液压缸某一截面的油液体积（m^3）；

t——所需时间（s）。

又在单位时间内，油液流过管道或液压缸某一截面的距离，称为流速。因为活塞的运动是依靠流动油液充扩液压缸的工作容积而推动的，所以在液压缸内的流速即是活塞的运动速度。用公式表示：

$$v = \frac{L}{t}(\mathrm{m/s})$$

式中　v——流速或活塞运动速度（m/s）；

L——油液流过管道或液压缸某一截面的距离（m）；

t——所需的时间（s）。

由于体积 $V=AL$

所以，流速或活塞运动速度

$$v = \frac{L}{t} = \frac{V}{A}/t = \frac{Qt}{At} = \frac{Q}{A}$$

由于油液具有“不可压缩性”，所以油液在无分支的管道中流动时，流经每一横截面上的流量一定相等。这就是液体流动的连续性原理。因此进入管道一端和自另一端流量也一定相等。如图 3-126 所示的管道中，设流过截面 1 和 2 的流量分别为 Q_1 和 Q_2，则 $Q_1=Q_2$。即

$$A_1v_1 = A_2v_2$$

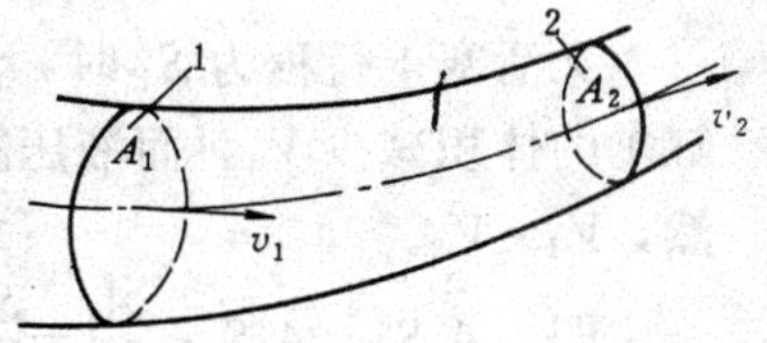

图 3-126　液体流动连续性原理
1、2—截面

例　齿轮泵流量 $Q=50\mathrm{L/min}$，若要求其输油管道内流速 $v=3\mathrm{m/s}$ 时，试求输油管道直径 d，见图 3-127。

解　$Q=50\mathrm{L/min}=50000\mathrm{cm^3/min}$

$v=3\mathrm{m/s}=3\times60\times100\mathrm{cm/min}$

$$A=Q/v=\frac{50000}{3\times60\times100}=2.78\mathrm{cm^2}$$

$$d=\sqrt{\frac{4A}{\pi}}=\sqrt{\frac{4\times2.78}{\pi}}=1.88\mathrm{cm}\approx20\mathrm{mm}$$

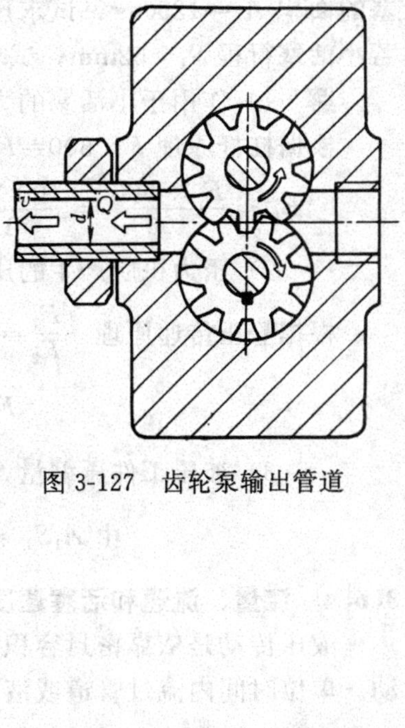

图 3-127　齿轮泵输出管道

3.6.5　液压的功率和效率

单位时间内所做的功，称为功率，用符号 P 表示。其单位为瓦（W），$1\mathrm{W}=1\mathrm{N\cdot m/s}=1\mathrm{J/s}$。

因为 $p=Fv$，液压系统中 F 是液压缸所克服的负载阻力。v 是液压缸或活塞的运动速度。而 $F=F_p=p_eA$，$v=\dfrac{Q}{A}$，所以

$$P_e = p_eQ_e$$

式中　P_e——液压缸的工作功率（W）；

p_e——液压缸的最高工作压力（Pa）；

Q_e——液压缸的最大工作流量（$\mathrm{m^3/s}$）。

液压系统中的压力和流量由液压泵提供。由于系统中存在压力和流量的损失，所以液压泵输出的压力和流量都应大于液压缸等执行元件的工作压力和流量。因此液压泵的输出功率应为：

$$P_b = p_bQ_b$$

式中　P_b——液压泵的输出功率；

p_b——液压泵的最高工作压力；

Q_b——液压泵的输出流量。

效率是输出功率与输入功率的比值。在液压系统中，由于存在压力和流量损失，所以液压泵输出的最高工作压力和流量，并不能全部输入液压缸等执行元件进行工作。这就是效率，用符号 η 表示。液压系统的效率为：

$$\eta = \frac{P_{出}}{P_{入}} = \frac{P_e}{P_b}$$

但是，液压泵是由电动机拖动的。在液压泵工作时，也存在压力和流量损失及摩擦造成的机械损失，其中也存在液压泵的效率。

$$\eta_b = \frac{P_b}{P_d}$$

式中　P_b——液压泵的输出功率；

P_d——电动机的工作功率；

η_b——液压泵的效率。

例　如图 3-128 所示，液压泵的输出流量 $Q_b = 12l/min$，电动机输出功率 $P_d = 1.6kW$，液压泵的工作效率 $\eta = 0.75$，试求液压泵的工作压力 p_b。

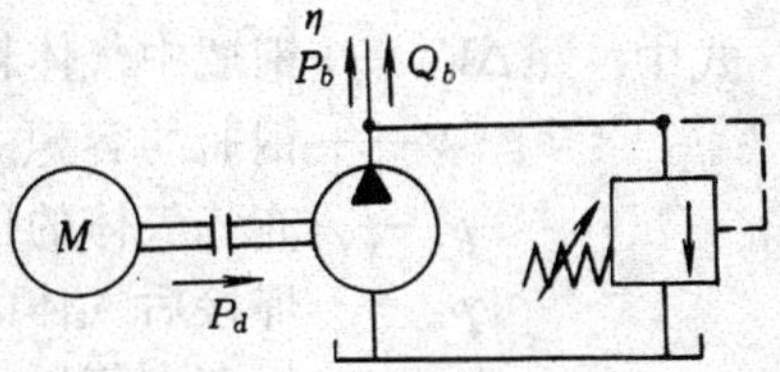

图 3-128　液压泵的工作压力

解　电动机的输出功率即是液压泵的输入功率。所以，液压泵的输出功率 $P_b = \eta P_d$

$$P_b = \eta P_d = 0.75 \times 1.6 = 1.2kW = 1200N \cdot m/s$$

$$Q_b = 12l/min = 12dm^3/min = \frac{12 \times 10^{-3}}{60} m^3/s$$

$$P_b = Q_b p_b; p_b = P_b/Q_b = \frac{1200 \times 60}{12 \times 10^{-3}} = 60 \times 10^5 Pa$$

3.6.6　气缸的空气耗费量

为核算空气消费和成本及选择压缩机的大小，须先知道气压系统的空气耗费量。一个气缸的耗气量与其直径、行程、时间及管道容积有关。在实际应用中，一般联接管道容积比气缸容积小得多，故可忽略不计。空气耗费量计算方法为

活塞面积×行程×压缩比

对于单作用气缸

$$Q = ASn \frac{p_e + p_{atm}}{p_{atm}} = \frac{\pi D^2}{4} Sn \frac{p_e + p_{atm}}{p_{atm}}$$

对于双作用气缸

$$Q = ASn \frac{p_e + p_{atm}}{p_{atm}}$$

$$= \left[\frac{\pi D^2}{4} + \frac{\pi(D^2 - d^2)}{4}\right] Sn \frac{p_e + p_{atm}}{p_{atm}}$$

式中　Q——耗气量（m^3/s）；

A——活塞面积（m^2）；

S——行程长度（m）；

n——每秒行程数（l/s）；

p_e——气缸工作压力（Pa）；

p_{atm}——标准大气压力（1.033×10^5Pa）。

例 一个双作用气缸，直径为50mm，活塞杆直径12mm；行程长度100mm，操作压力为6×10^5Pa。试求每分钟10次行程的空气消耗量？

解
$$Q=\left[\frac{\pi D^2}{4}+\frac{\pi(D^2-d^2)}{4}\right]Sn\,\frac{p_e+p_{atm}}{p_{atm}}$$
$$=\frac{\pi}{4}(2\times0.05^2-0.012^2)\times0.1\times\frac{10}{60}\times\frac{(1.033+6)\times10^5}{1.033\times10^5}$$
$$=4.3\times10^{-4}\text{m}^3/\text{s}$$

3.6.7 钢瓶中气体耗气量（不包括乙炔气）

在焊接操作中经常碰到钢瓶中气体的耗气量与储气量的计算问题。在绝热的条件下，钢瓶中气体的压力与体积的乘积为常数，且根据波义耳定律可得出气体的耗气量公式
$$\Delta V=\frac{V(p_1-p_2)}{p_{atm}}$$

式中 ΔV——钢瓶中气体耗气量（L）；

V——钢瓶的容积（L）；

p_1——充气气体的压力（Pa）；

p_2——焊接后气体的压力（Pa）；

p_{atmb}——标准大气压（Pa）。

例1 钢瓶容积$V=40$L，充满氧气后压力表所示气压$p_1=12.5$MPa。焊接后压力表所示压力$p_2=4.5$MPa。若标准大气压为0.1MPa，试求焊接中消耗的氧气量。

解
$$\Delta V=\frac{V(p_1-p_2)}{p_{atm}}=\frac{40(12.5-4.5)}{0.1}=3200\text{L}$$

上题中若求焊接前储气量，可用前面所学知识，氧气瓶中绝对压力$p_{abs}=p_1+p_{atm}$，根据波义耳定律储气量$V_n=\dfrac{p_{abs}V}{p_{atm}}$

例2 试求上题中焊接前储气量。

解
$$V_n=\frac{p_{abs}V}{P_{atm}}=\frac{(p_1+p_{atm})}{p_{atm}}=\frac{(12.5+0.1)\times40}{0.1}$$
$$=5040\text{L}$$

气体只能由高压向低压扩散。当瓶内气压与大气压相等时气体就停止流动，余下的气体占据瓶内空间。如上例40L容积的气瓶，当压力$p_1=12.5$MPa时储有5040L气体，而能够流动供应使用的气体则只有5000L，剩下的40L则由于无压力差而留在瓶内。对于氧气等气体，我们可用上述两个公式计算。

3.6.8 气焊中乙炔气耗量

气焊时常用乙炔与氧混合燃烧焰提供焊接热量。乙炔在2MPa压力下就会爆炸。因此，储气瓶内应填满丙酮，让乙炔溶于丙酮之中。容积为40L的气瓶可以充填13L吸足丙酮的多孔石棉和硅藻土材料。1L丙酮当压力每升高1MPa时可溶解25L乙炔。标准气瓶充填压力为18MPa。则瓶内乙炔储量$V_F=13\times25\times18=5850$L乙炔随着气瓶阀门打开而向外挥发，故有：
$$\Delta V=\frac{V_F(p_1-p_2)}{p_F}$$

式中 ΔV——乙炔耗量（L）；

V_F——乙炔充填量（L）；

p_1——初始压力（MPa）；

p_2——工作终止时压力（MPa）；

p_F——充填时压力（MPa）。

例 气焊开始时乙炔瓶表压 $p_1=1.18\text{MPa}$，到 $p_2=0.56\text{MPa}$ 时，共耗费了多少乙炔。

解 1.8MPa 时瓶内储气 5850L；$p_F=1.8\text{MPa}$

$$\Delta V=\frac{V_F(p_1-p_2)}{p_F}=5850\times\frac{1.18-0.56}{1.8}=2015\text{L}$$

习 题

1. 若标准大气压 $p_{amb}=1\text{bar}$，求下表各值

求值	a	b	c	d
p_{abs}	$p_e=0.15\text{MPa}$	$p_e=-0.08\text{MPa}$	$p_e=0.04\text{MPa}$	$p_e=15\text{MPa}$
p_e	$p_{abs}=0.82\text{MPa}$	$p_e=3.0\times10^5\text{Pa}$	$p_{abs}=0.12\text{MPa}$	$p_e=120\text{N/cm}^2$
p_e	$p_{abs}=0.04\text{MPa}$	$p_{abs}=0.012\text{MPa}$	$p_{abs}=0.084\text{MPa}$	$p_{abs}=0.053\text{MPa}$

2. 高真空泵绝对压力 $p_{abs}=0.1333\times10^{-6}\text{MPa}$，试求此泵的工作压力为多少？

3. 容积为 50L 的煤气钢瓶，灌入压缩煤气后工作压力 $p_e=20\text{MPa}$，当压力表降到 $p_e=2\text{MPa}$ 时，释放了多少体积的煤气。

4. 立式拉床如图 3-129 所示，由两个油缸作动力带动拉刀切削。油缸直径 125mm，总切削力 $F=85\text{kN}$，油缸工作效率 75%。试求油缸压力 p_e

5. 液压夹紧装置如图 3-130 所示，液压缸直径 180mm，工作压力 $p_e=4\text{MPa}$，液压缸的效率 85%，试求夹紧力 F_2。

6. 气动夹紧装置如图 3-131 所示，气缸活塞的直径为 35mm，工作压力 $p_e=0.7\text{MPa}$，气缸工作效率 88%，试求图中 F_1 和 F_2 的力。

7. 气液增压器如图 3-132 所示。输入气缸压力 $p_{e1}=0.6\text{MPa}$，气缸工作效率 80%。液压缸工作效率 90%。试求气缸活塞上作用力 F_1；液压缸压力 p_{e2}；液丘缸活塞上作用力 F_2。

8. 气动双爪卡盘如图 3-133 所示，输入气缸压力为 0.6MPa，气缸的工作效率 $\eta=0.75$，试求活塞拉动连杆的力 F_1 和双爪上产生的夹紧力 F_2。

9. 根据图 3-134 液压传递图，试填下表。

外力 F_1（N）	80	?	600	250
负载 F_2（N）	?	125	2300	800
活塞 d_1（mm）	16	20	25	?
活塞 d_2（mm）	40	50	?	315
行程 S_1（mm）	6	?	18	?
行程 S_2（mm）	?	2.5	?	16

10. 如图 3-134为滚动轴承装配压入机，左图液压手动泵工作效率 80%，右图环形活塞缸工作效率 70%。试求活阀上力 F_2；环形活塞力 F_3；若滑动轴承宽为 20mm，而手动液压泵活塞的每次行程为 32mm，那么压入滚动轴承需撳动手柄几次？

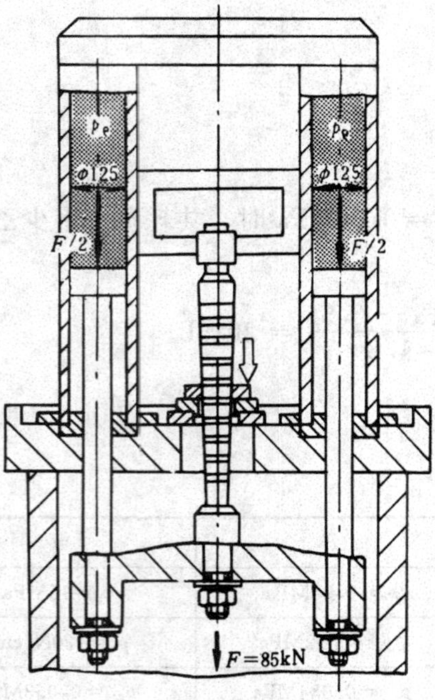

图 3-129　立式拉床

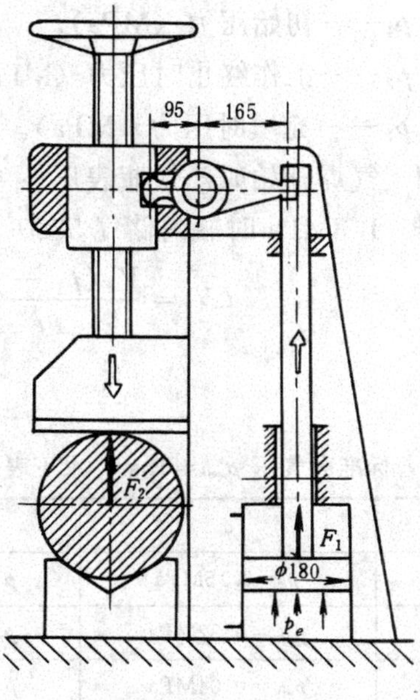

图 3-130　液压夹紧装置

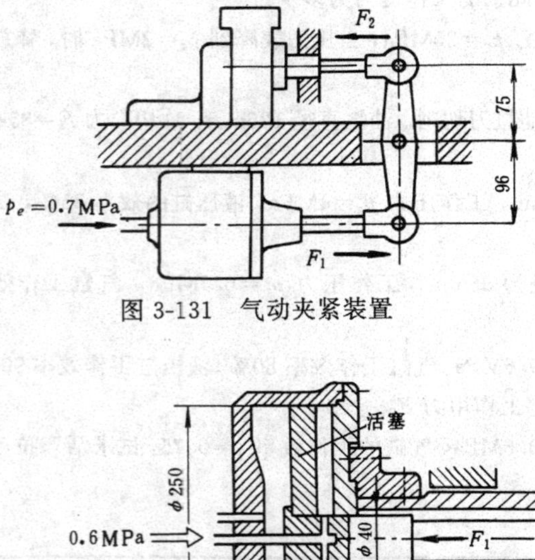

图 3-131　气动夹紧装置

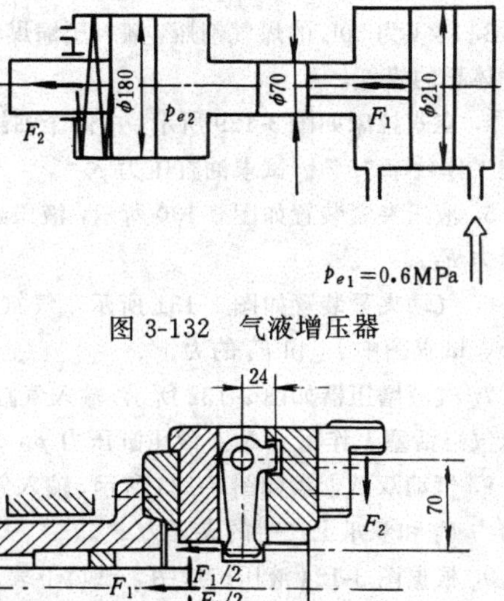

图 3-132　气液增压器

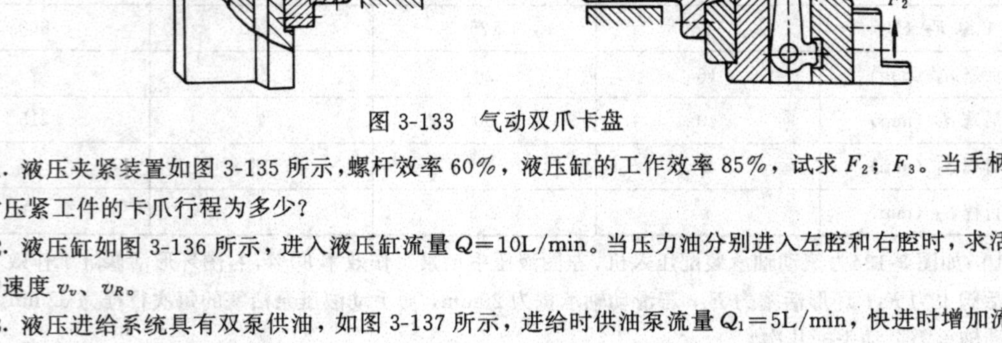

图 3-133　气动双爪卡盘

11. 液压夹紧装置如图 3-135 所示，螺杆效率 60%，液压缸的工作效率 85%，试求 F_2；F_3。当手柄每转一周时压紧工件的卡爪行程为多少？

12. 液压缸如图 3-136 所示，进入液压缸流量 Q=10L/min。当压力油分别进入左腔和右腔时，求活塞所具有的速度 v_v、v_R。

13. 液压进给系统具有双泵供油，如图 3-137 所示，进给时供油泵流量 Q_1=5L/min，快进时增加流量为

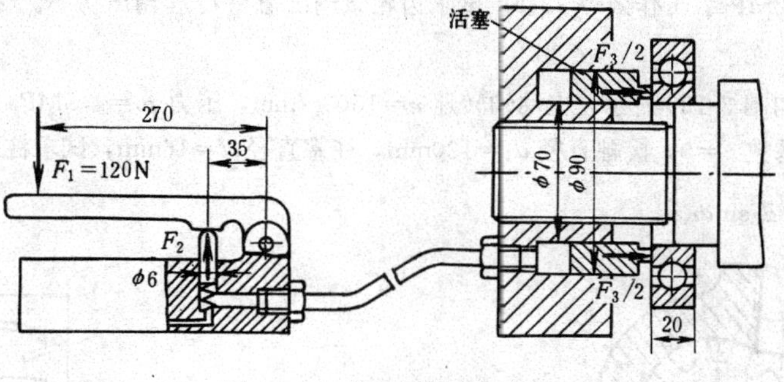

图 3-134　滚动轴承装配机

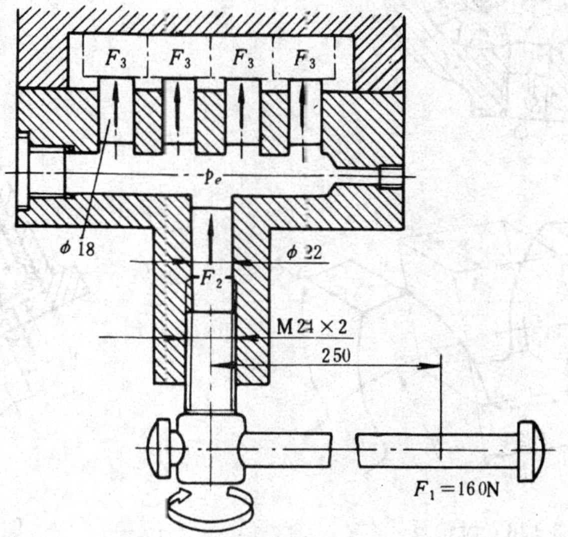

图 3-135　液压夹紧装置

$Q_2=20$L/min 的大流量泵。快速退回时也由双泵供油。试求快进、慢进、快退时的活塞速度和活塞往复一次所需的时间。

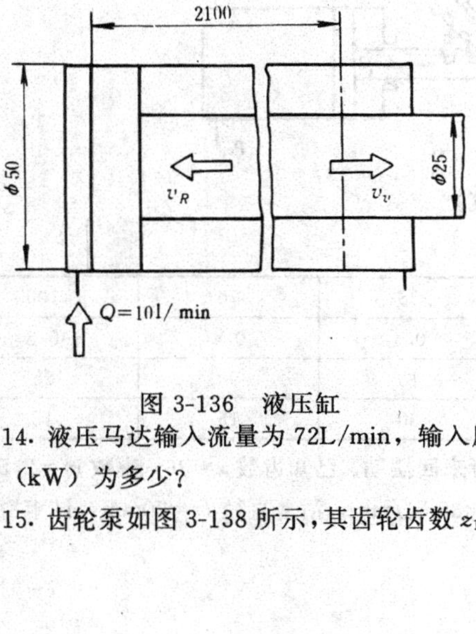

图 3-136　液压缸

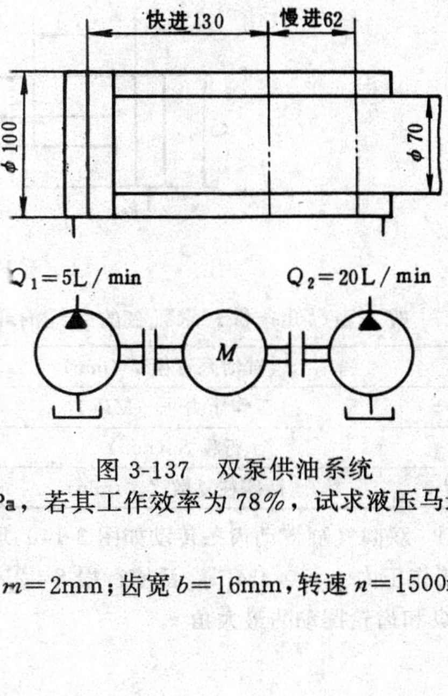

图 3-137　双泵供油系统

14. 液压马达输入流量为 72L/min，输入压力 $p_e=2.3$MPa，若其工作效率为 78%，试求液压马达输出功率（kW）为多少？

15. 齿轮泵如图 3-138 所示，其齿轮齿数 $z_1=z_2=10$；模数 $m=2$mm；齿宽 $b=16$mm，转速 $n=1500$r/min。

泵的输出压力 $p_e=3.2\text{MPa}$，工作效率 73%。试求齿轮泵输出流量 Q 和输出功率。（提示：输出体积 $V_1\approx\frac{P}{2}2mb$）

16. 轴向柱塞泵如图 3-139 所示，主动轴转速 $n=1500\text{r/min}$，压力 $p_e=4.5\text{MPa}$，流量 $Q=136\text{L/min}$ 工作效率 $\eta=75\%$，柱塞数 $z=9$，接触直径 $d_1=120\text{mm}$，柱塞直径 $d=16\text{mm}$，试求柱塞泵输出功率和倾角 α。（提示：流量 $Q=\frac{\pi}{4}d^2d_L\sin\alpha nz$

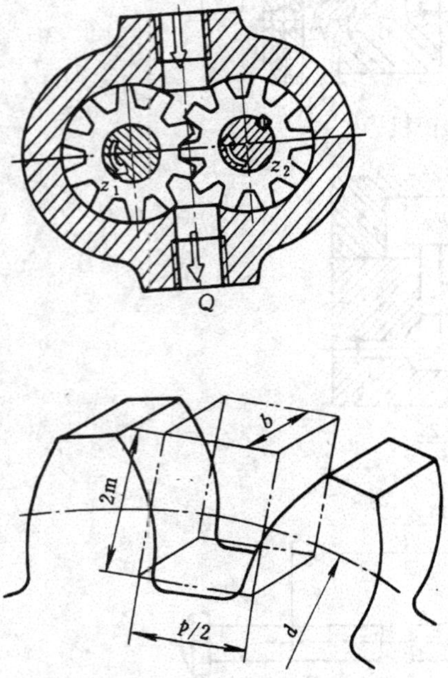

图 3-138　齿轮泵

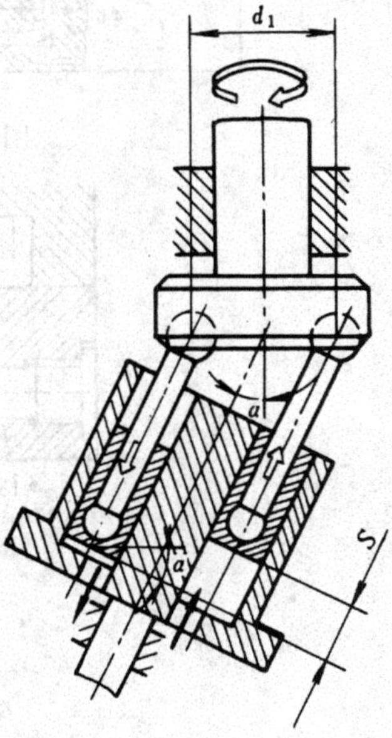

图 3-139　轴向柱塞泵

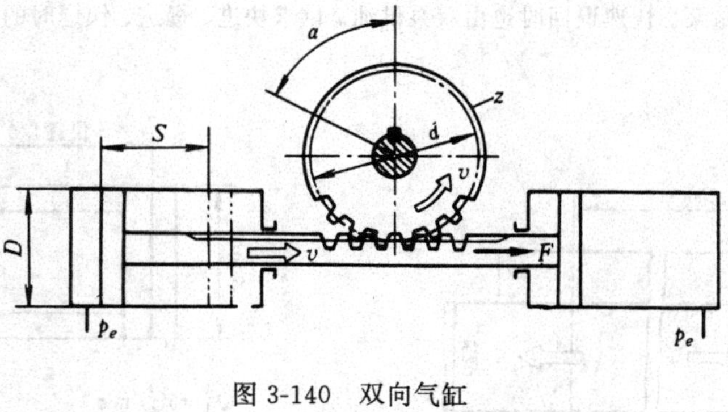

图 3-140　双向气缸

17. 按下表已知条件，求气缸的空气消耗量。

气缸活塞直径 d（mm）	35	70	100
工作压力 p_e（MPa）	0.4	0.4	0.8
行程 S（mm）	15	90	85
活塞往复数（次/min）	30	15	12

18. 双向气缸带动齿条传动如图 3-140 所示，齿轮因此可来回摆动。已知齿数 $z=36$，模数 $m=2.5\text{mm}$，气缸工作压力 $p_e=0.4\text{MPa}$，活塞行程 $S=25\text{mm}$，往复数 $n=35$ 次/min，活塞直径 $D=70\text{mm}$，试求空气消耗量 Q 和齿轮摆动的最大角 α。

3.7 热功技术计算

3.7.1 温度与长度、体积变化的关系

3.7.1.1 温度与长度变化的关系 人们认识物体热胀冷缩的现象，是从直接经验开始的。铁路上钢轨之间的缝隙冬天比夏天大；电线杆间的输电线，冬天比夏天绷得紧等等。这说明物体的长度和体积的变化与温度有关。

什么是温度呢？温度就是表示物体冷热程度的物理量。

物体受热膨胀时，各个方向上都要伸长。但是，在有些实际问题中，只要考虑某一个方向上的伸长，例如铺设铁路的钢轨，决定钢轨间应留多大的缝隙时，就只要考虑钢轨的长度变化和温度的关系即可。

不同的物体，它们的热膨胀程度是不司的。我们把两块不同的金属片铆合在一起（例如把铜片和铁片铆合在一起，铜片在下，铁片在上），把它的一端固定，另一端放在火上加热，

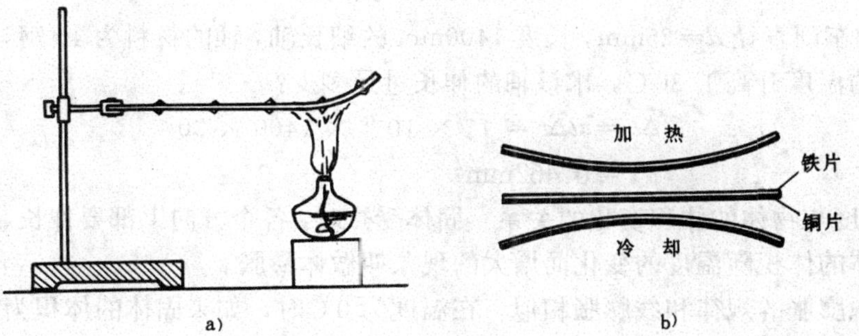

图 3-141 双金属片的膨胀

见图 3-141。不固定的一端就要向上弯曲，这说明这两种金属的热膨胀程度不同，铆在下方的铜片的热膨胀程度比铁片的大。浇水冷却时，它又要向下弯曲。

固体的线膨胀遵循一定的规律。如果温度从 0℃升高到 t℃，它的长度相应地从 l_0 伸长到 l_t 时，实验指出，伸长量 $l_t—l_0$ 与 l_0 和 t 的乘积成正比，

$$l_t - l_0 = \alpha l_0 t$$

上式又可以写作

$$\Delta l = \alpha l \Delta t$$

式中 Δl ——伸长量（mm）；

α ——线膨胀系数或体膨胀系数（1/℃）；

l ——材料的总长度（mm）；

Δt ——材料的温度变化量（℃）。

在车削细长轴时，因为工件的长径比（$\frac{l}{d}$）大，伸长量也就大，而尾座顶尖不能顶得太紧。因此，一定要考虑到热变形的影响。几种材料在常温下的线膨胀系数（α 值），见表 3-16。

表 3-16 几种材料在常温下的线膨胀系数 α 值（1/℃）

铝	0.0000238	铁	0.000012
铅	0.000024	钢	0.000011

（续）

锡	0.000027	铂	0.000009
银	0.000019	玻璃	0.000010
黄铜	0.000019	殷钢	0.000005
铜	0.000017	石英玻璃	0.000005

例 1 一般铁路钢轨间的最大空隙为 11mm。假设因四季温度变化引起钢轨温度变化的最大范围是 80℃，问每段钢轨的长度最长不能超过多少米？

解 已知 $\Delta l=11\text{mm}$；$\Delta t=80℃$

查表
$$\alpha=0.000011=11\times10^{-6}1/℃$$

$$\because \quad \Delta l=\alpha l\Delta t$$

$$\therefore \quad l=\frac{\Delta L}{\alpha\Delta t}=\frac{11}{11\times10^{-6}\times80}$$

$$=12500=12.5\text{m}$$

例 2 如车削直径 $d=25\text{mm}$，长度 1400mm 的细长轴，轴的材料为 45 钢，因受切削热的影响，使轴的温度升高了 30℃，求该轴的伸长量是多少？

解
$$\Delta l=\alpha l\Delta t=11\times10^{-6}\times1400\times30$$

$$=0.462\text{mm}$$

3.7.1.2 温度与物体的体积变化的关系 固体受热时，各个方向上都要伸长，因而整个体积要增大。固体的体积随温度的变化而增大的现象叫做体膨胀。

固体体积膨胀的规律和线膨胀相似。在温度为 0℃时，如果固体的体积为 V_0，在温度为 t 时，体积为 V_t，则

$$V_t=V_0(1+\beta t)$$

如果温度从 t_1 增加到 t_2，相应的体积由 V_1 增加到 V_2，则

$$V_2=V_1[1+\beta(t_2-t_1)]$$

式中 β 叫做体膨胀系数，它就是固体温度升高 1℃时，单位体积的增量。

体膨胀系数的量值根据计算是线膨胀系数的三倍，即：$\beta=3\alpha$。体膨胀系数的单位也是 1/℃。几种液体的体膨胀系数（β 值），见表 3-18。

表 3-18 几种液体的体膨胀系数 β 值（1/℃）

液体	β	液体	β
乙醚	0.00166	硫酸	0.00056
酒精	0.00110	甘油	0.00050
煤油	0.00100	水银	0.00018

固体热膨胀现象在工程技术上有广泛的应用。在机器制造业中，常利用固体的热膨胀的特性来实现零件间的过盈配合（也叫做热配合）。例如，机车车轮外面的轮箍是用硬质钢材制成的。装配时，先把内径稍小的轮箍加热，使其内径稍大于车轮的外径，然后把车轮嵌进去。轮箍冷却后，就能紧紧地箍在车轮上了。又如万吨巨轮内燃机的曲轴是由 7 根主轴颈和 6 根曲柄组成的。总长达十余米，重几十吨。直径较粗的主轴颈套进孔颈较小的曲柄孔中，也是采取了同样的办法制成的，见图 3-142。

同时，工程中也应考虑热膨胀带来的一些不利影响。例如制造精密量仪时，必须考虑热胀冷缩的影响，一般都使用线膨胀系数很小的材料；当把两种不同的材料焊接在一起时，就要考虑它们的线膨胀系数是否相等或接近。例如钢筋混凝土中的钢筋和混凝土，两者的线膨胀系数也必须很接近，这样的钢筋混凝土才比较牢固。

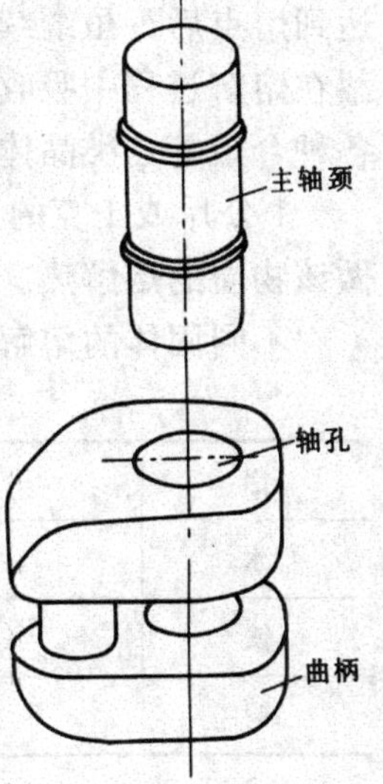

图 3-142　万吨轮的主轴颈与曲柄

例 3　铁路钢轨的长度为 12.5m，铺设钢轨时的温度为 15℃。如果夏天最高气温为 42.6℃，求钢轨的最大伸长量？（钢轨的线胀系数 $\alpha=0.0000118\ 1/℃$）

解　$l_2-l_1=\alpha l_1(t_2-t_1)$

$=0.0000118\times12.5\times(42.6-15)$

$=0.00407\text{m}=4.07\text{mm}$

例 4　铝制容器在 20℃时的容积是 100m^3，当温度升高到 70℃时，它的容积增加了多少？

解　已知　$t_1=20℃$，$t_2=70℃$，$V_1=100\text{m}^3$，

由于 $\beta=3\alpha$，铝的线膨胀系数可由表 3-16 中查出：$\alpha=0.0000238$，根据公式

$$V_2=V_1[1+\beta(t_2-t_1)]$$

得
$$V_2-V_1=\beta V_1(t_2-t_1)$$
$$=3\alpha V_1(t_2-t_1)$$
$$=3\times0.0000238\times100\times(70-20)$$
$$=0.36\text{m}^3$$

习　题

1. 某钢梁大桥的桥身在 0℃时长 1082m。当温度从 −15℃变化到 40℃时，桥身的长度变化了多少？

2. 内燃机的活塞是用铝合金制成的（图 3-143），铝合金的线膨胀系数 $\alpha=4.5\times10^{-6}1/℃$。在 30℃时活塞孔的直径比活塞销的直径（40mm）小 9μm，问需要把活塞至少加热到多高的温度，活塞销才能插入活塞孔中去？

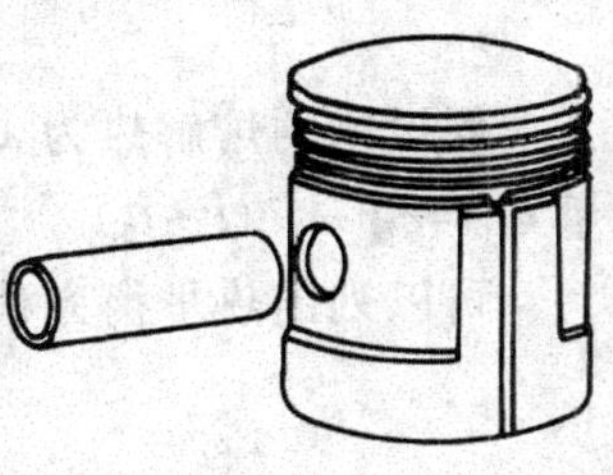

图 3-143　活塞与活塞销

3. 要把一个钢制齿轮装到轴上去。轴的直径是 48mm，在温度 25℃时齿轮内径比轴小 0.004mm，若用加热方法把齿轮装上去，问至少需要把齿轮的温度升高到多少才行？

4. 一柴油机曲轴的曲柄上轴孔的直径为 635mm，主轴颈直径比孔径大 1.03mm。在进行套合时，主轴和曲柄孔间还要留出 0.75mm 的空隙。试问应该把曲柄温度加热升高多少度？（钢的 $\alpha=0.000012\ 1/℃$）

5. 温度为 1200℃的铸钢件，体积为 2500cm^3，当冷却到 20℃时，体积缩小多少？

6. 桶的容积是 38l，在 10℃时装入煤油 37l，问当温度升高到 35℃时煤油会不会从桶口溢出？（桶的膨胀可以忽略不计）

7. 某厂将煤油装在薄钢板制成的圆桶中后运到外地去，如果向桶中装油时的温度是 5℃，目的地的温度是 35℃，那末在容积为 128l 的油桶中，最多可装多少升煤油？

3.7.2　熔解热

物质的固态转变成液态的过程叫做熔解。把纯净的萘粉装入试管中，然后把试管放在装

有水的烧杯中，在试管里插入温度计，观察萘在熔解前后的温度变化。我们发现，萘的温度达到熔点后，虽继续加热，萘的温度并不升高，直到萘全部熔解后，温度才继续上升。可见萘在熔解过程中吸收的热量，不是用来升高温度，而是用来完成熔解的。对于萘、冰、金属、各种合金等这类晶体，在温度达到熔点以后，还需要继续吸收热量才能熔解。

1 公斤或 1 克的某种物质，在熔点时，从固态完全熔解成同温度的液态所需要的热量，叫做该物质的熔解热。熔解热通常用 λ 表示，常用单位为 J/g。

不同固体的熔解热是不同的，常见物体的熔解热见表 3-18。

表 3-18　几种物质的熔解热 λ 值　(J/g)

铝	137	铂	40
冰	119	锡	21
铁	98	铅	9
铜	63	水银	4

实验表明，任何物质在熔解中所吸收的热量是和它的质量成正比的。

熔解热为 λ，质量为 m 的物体，其熔解时所需的热量为：

$$Q = \lambda m$$

例 1　如果将 $m=30$g，0℃的冰变成 0℃的水，需吸收多少热量？

解

$$Q = \lambda m$$

$$= 119 \times 30 = 3570\text{J}$$

例 2　在 0℃的冰上放一块质量为 200g，温度为 100℃的铜砝码，测得当砝码温度降低到 0℃时，冰已熔化 22.4g。计算冰的熔解热。($c_{铜}=0.39$J/g℃)

解　在不考虑其他热交换的情况下，根据热平衡方程，铜砝码放出的热量 Q_1 和冰吸收的热量 Q_2 数量相等，即

$$Q_1 = Q_2$$

假设冰的熔解热为 λJ/g，质量为 m_2g，那么冰吸收的热量 $Q_2=\lambda m_2$，而铜砝码所放出的热量 $Q_1=c_{铜}\ m_1\ (t-t_0)$

可以列出热平衡方程式

$$c_{铜}\ m_1(t - t_0) = \lambda m_2$$

$$0.1338 \times 200 \times 100 = 22.4\lambda$$

$$\lambda = \frac{2676}{22.4} = 119.5\text{J/g}$$

习　题

1. 为了使 5kg，40℃的水的温度降低到 0℃，需要向水里投入多少公斤 0℃的冰？($c_{水}=4.19$J/g℃)
2. 把 40g，－20℃的冰投入 100g，60℃的水中，问冰是否会全部熔解？最后温度为多少度？、

3.7.3　气化热

液体气化时，它的温度要降低，如果要保持温度不变，必须从外界吸收热量，所以液体

在沸腾时，虽然对它继续加热，但它的温度并不升高。在一定的温度下 1 公斤或 1 克液体转变成同温度的蒸汽时所需的热量叫做液体的气化热。气化热常用 L 来表示，它的单位是（J/g）。

从实验知道，各种液体在相同的条件下，气化时所需的热量是不同的。表 3-19 列出了几种液体在 1 个大气压下沸腾时的气化热。

表 3-19　几种液体在 1 个大气压下沸腾时的气化热 L 值　　(J/g)

水	801	液态氢	160
液态氨	486	液态二氧化碳	141
酒精	303	水银	103

同一种液体在不同温度时的气化热也是不同的。表 3-20 列出了水在不同温度下的气化热的数值，可以看出气化热的数值是随着温度的升高而减小。

表 3-20　水在不同温度下的气化热 L 值　　(kcal/kg，或 cal/g)

温度（℃）	0	50	100	150	200	250	300
汽化热	595	568	539	506	468	408	330

注：kcal、cal 为非法定计量单位，1cal＝4.1868J

质量为 m 的液体，它在气化时所吸收的热量为

$$Q = Lm$$

例　问质量为 500g 的水，在 100℃时，气化 300g 质量的水，需要吸收多少热量？（在一个大气压下）

解

$$Q = Lm$$
$$= 801 \times 300 = 240300 = 24 \times 10^4 \text{J}$$

习　题

1. 把 2.5kg10℃的水加热到 100℃，沸腾后继续加热，直到有 0.5kg 的水变成蒸汽时为止，问总共需要多少热量？

2. 被 100℃的热水和 100℃的水蒸气烫伤时，哪一种受伤比较严重？为什么？

3.7.4　燃烧热

燃料燃烧时会释放出大量的热量(化学能)。这些热量是通过热传递的方式传给别的物体，使它们的温度升高。为了比较各种燃料发热本领，必须知道一定质量的某种燃料完全燃烧时所放出的热量。

1 公斤的某种燃料完全燃烧时所放出的热量，叫做这种燃料的燃烧值。通常用 q 表示。常见燃料的燃烧值，见表 3-21。

表 3-21　各种燃料的燃烧值　　(J/g)

干木柴	4460	无烟煤	11151
木炭	11894	石油	16355
泥煤	5204	煤油	16355
褐煤	5947	汽油	16355
烟煤	10408	酒精	10408

实验表明，燃烧放出的热量与质量成正比。那么质量为 m 公斤的燃料完全燃烧时放出的

热量——燃烧热是

$$Q = qm$$

例 1 燃烧 200g 的煤油可释放出多少热量？

解

$$\begin{aligned} Q &= qm \\ &= 16355 \times 200 = 3271000\text{J} \\ &= 32.71 \times 10^5\text{J} \end{aligned}$$

例 2 煤油炉的热效率为 40%，用它来把 5kg 的水烧开。水装在质量为 2kg 的铜锅里，水和锅的初温是 10℃，试问要用掉多少煤油？

解 已知 水：$m_1 = 5\text{kg}, c_1 = 1.4868$

铜锅：$m_2 = 2\text{kg}, c_2 = 0.1338$

初始温度：10℃，最终温度：100℃

煤油：$q = 16355\text{J/g}, \eta = 0.4$

水吸收热量：$Q_{水} = c_1 m_1 (t - t_1)$

铜锅吸收热量：$Q_{锅} = c_2 m_2 (t - t_1)$

燃料燃烧放热：$Q = qm$

有效热量为：$Q_1 = Q\eta = qm\eta$

根据热平衡方程式

$$Q_1 = Q_{水} + Q_{锅}$$

$$\begin{aligned} qm\eta &= c_1 m_1 (t - t_1) + c_2 m_2 (t - t_1) \\ &= (c_1 m_1 + c_2 m_2)(t - t_1) \\ m &= \frac{(c_1 m_1 + c_2 m_2)(t - t_1)}{q\eta} \\ &= \frac{(1.4868 \times 5 + 0.1338 \times 2) \times (100 - 10) \times 10^3}{16355 \times 0.4} = 105.95\text{g} \\ &= 0.106\text{kg} \end{aligned}$$

习　题

1. 为了得到 14868J 的热量需要消耗多少煤油？
2. 在效率为 40% 的煤油炉中烧掉 0.2kg 的煤油，问能烧开多少 20℃ 的水？

3.8 冲裁与成型技术

3.8.1 冲裁技术

在冲床上利用冲裁模使板料沿设定的封闭曲线进行分离的工序叫冲裁。图 3-144 所示，凸模 4 固定在冲床的滑块上，凹模 2 固定在冲床的床面上，当凸模随滑块下移时，即对板料 3 施以作用力，使其产生变形而进行分离。若封闭曲线内的部分是需要的工件称为落料，如图 3-145a 所示。反之，若封闭曲线外的部分是所需要的工件则称为冲孔，见图 3-145b。

3.8.1.1 冲裁间隙 Z_x 冲裁时凸模和凹模间存在着一周很小的间隙称为冲裁间隙。如无特殊说明，一般是指双边间隙。

冲裁间隙的数值等于凹模与凸模刃口部分尺寸之差，见图 3-146。它们间的关系可以用下

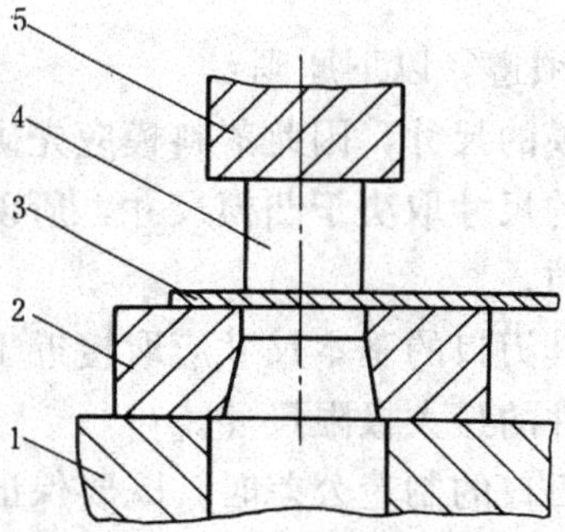

图 3-144 冲裁

1—床面 2—凹模 3—板料

4—凸模 5—滑块

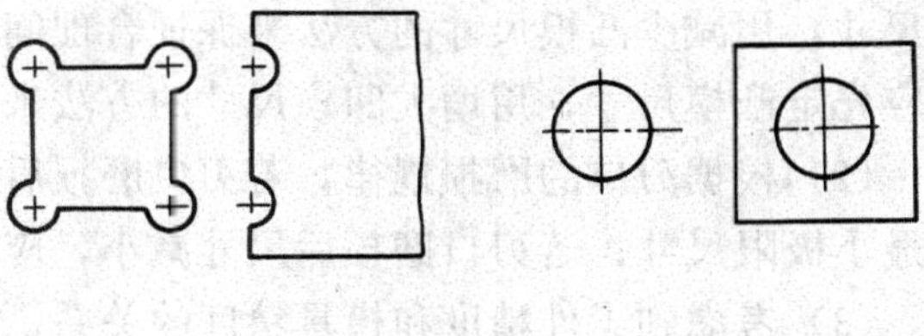

a) b)

图 3-145 落料与冲孔

a) 落料 b) 冲孔

式表示：

$$Z_x = D_w - d_t$$

式中 Z_x ——冲裁间隙（mm）；

D_w——凹模刃口尺寸（mm）；

d_t ——凸模刃口尺寸（mm）。

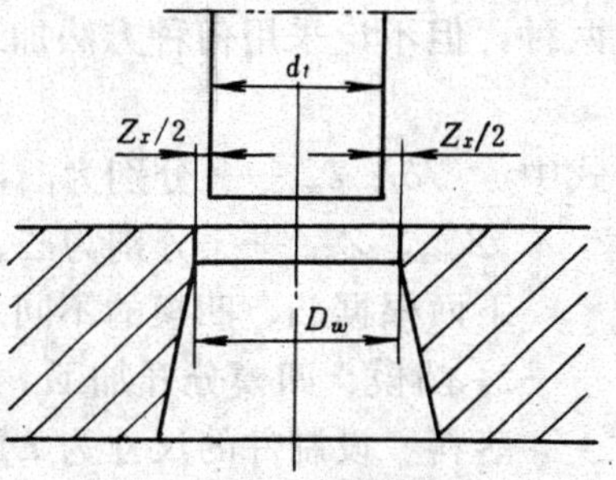

图 3-146 冲裁间隙

影响冲裁间隙的主要因素是材料厚度、状态和塑性。一般说来，材料厚度大，间隙数值即相应增大，反之，则相应减小；材料的塑性好，间隙应小些，反之，则应大一些。表 3-22 所列是汽车、拖拉机制造业常用钢的合理间隙值。

表 3-22 冲裁模合理间隙值 Z

钢号 / 材料厚度	08、10、35、09Mn		16Mn		40，50		65Mn	
	Z_{min}	Z_{max}	Z_{min}	Z_{max}	Z_{min}	Z_{max}	Z_{min}	Z_{max}
小于 0.5	无间隙							
0.5	0.040	0.060	0.040	0.060	0.040	0.060	0.040	0.060
0.6	0.048	0.072	0.048	0.072	0.048	0.072	0.048	0.072
0.7	0.064	0.092	0.064	0.092	0.064	0.092	0.064	0.092
0.8	0.072	0.104	0.072	0.104	0.072	0.104	0.064	0.092
0.9	0.090	0.126	0.090	0.126	0.090	0.126	0.090	0.126
1.0	0.100	0.140	0.100	0.140	0.100	0.140	0.090	0.126
1.2	0.126	0.180	0.132	0.180	0.132	0.180		
1.5	0.132	0.240	0.170	0.240	0.170	0.230		
1.75	0.220	0.320	0.220	0.320	0.220	0.320		
2.0	0.246	0.360	0.260	0.380	0.260	0.380		
2.1	0.260	0.380	0.280	0.400	0.280	0.400		
2.5	0.360	0.500	0.380	0.540	0.380	0.540		
2.75	0.400	0.560	0.420	0.600	0.420	0.600		
3.0	0.460	0.640	0.480	0.660	0.480	0.660		
3.5	0.540	0.740	0.580	0.780	0.580	0.780		
4.0	0.640	0.880	0.680	0.920	0.680	0.920		
4.5	0.720	1.000	0.680	0.960	0.780	1.040		
5.5	0.910	1.280	0.780	1.100	0.980	1.320		
6.0	1.080	1.440	0.840	1.200	1.140	1.500		
6.5			0.940	1.300				
8.0			1.200	1.680				

注：冲裁皮革、石棉和纸板时，间隙取 08 钢的 25%；冲裁一章中 Z 是指双边间隙值。

3.8.1.2 冲裁模刃口尺寸的计算

1. 计算原则 在确定凸模、凹模刃口部分的尺寸时必须遵守以下原则：

(1) 根据落料和冲孔的特点，落料件的尺寸取决于凹模的尺寸，因此落料模应先确定凹模尺寸，用减少凸模尺寸的方法来保证合理间隙；冲孔件的尺寸取决于凸模尺寸，所以冲孔模应先定凸模尺寸，用增大凹模尺寸的方法来保证合理间隙。

(2) 根据刃口的磨损规律，若刃口磨损后尺寸变大，其刃口的基本尺寸应取接近于工件的最小极限尺寸；若刃口磨损后尺寸减小，应取接近于工件的最大极限尺寸。

(3) 考虑到工件精度和模具精度的关系，在选择模具刃口的制造公差时，既要保证工件的精度要求，又能保证合理的间隙数值，一般冲模精度较工件精度高 2～3 级；模具公差也可以按工件公差的 1/3～1/4 选取。

由于制造凸、凹模可以采用不同的加工工艺，所以凸、凹模刃口尺寸的计算方法又可分两种，但不论采用何种方法加工，制造出的凸、凹模刃口尺寸必须满足以下公式要求：

$$|\delta_t| + |\delta_w| \leqslant z_{max} - z_{min}$$

式中 δ_t、δ_w——分别为凸模、凹模刃口尺寸的制造公差（mm）；

Z_{max}、Z_{min}——分别为凸、凹间的最大、最小间隙（mm）。

下面根据凸、凹模的不同加工方法，分别讲述凸、凹模刃口尺寸的计算方法。

2. 凸模、凹模分开加工 这种方法适用圆形、矩形或其他简单形状的冲裁件。

落料 设制件的尺寸为 $D^{0}_{\triangle}$，刃口尺寸的计算公式为：

$$D_t = (D - x\Delta - z_{min})^{0}_{-\delta_t}$$

$$D_w = (D - x\Delta)^{+\delta_w}_{0}$$

冲孔 设制件尺寸 $d^{+\triangle}_{0}$,刃口尺寸的计算公式为：

$$d_t = (d + x\Delta)^{0}_{-\delta_t}$$

$$d_w = (d + x\Delta + Z_{min})^{+\delta_w}_{0}$$

式中 D_t、D_w——分别为落料凸、凹模的刃口尺寸（mm）；

d_t、d_w——分别为冲孔凸、凹模的刃口尺寸（mm）；

D——落料件外形的最大极限尺寸（mm）；

d——冲孔件内径的最小极限尺寸（mm）；

δ_t、δ_w——分别为凸、凹模的极限偏差（mm），见表 3-23；

Δ——零件的公差（mm）；

x——磨损系数，其值的选取，见表 3-24；

Z_{min}——最小合理间隙（mm）。

例 制造图 3-147 所示的垫圈，试计算凸模、凹模刃口尺寸和制造公差。

解 由表 3-22 查得：

$$Z_{max} = 0.88; \quad Z_{min} = 0.64;$$

$$Z_{max} - Z_{min} = 0.88 - 0.64 = 0.24$$

表 3-23 圆形凸、凹模的极限偏差 (mm)

材料厚度 t	基本尺寸									
	~10		>10~50		>50~100		>100~150		>150~200	
	$\delta_{凹}$	$\delta_{凸}$	$\delta_{凹}$	$\delta_{凸}$	$\delta_{凹}$	$\delta_{凸}$	$\delta_{凹}$	$\delta_{凸}$	$\delta_{凹}$	$\delta_{凸}$
0.4	+0.006	−0.004	+0.006	−0.004	—	—	—	—	—	—
0.5	+0.006	−0.004	+0.006	−0.004	+0.008	−0.005	—	—	—	—
0.6	+0.006	−0.004	+0.008	−0.005	+0.008	−0.005	+0.010	−0.007	—	—
0.8	+0.007	−0.005	+0.008	−0.006	+0.010	−0.007	+0.012	−0.008	—	—
1.0	+0.008	−0.006	+0.010	−0.007	+0.012	−0.008	+0.015	−0.010	+0.017	−0.012
1.2	+0.010	−0.007	+0.012	−0.008	+0.015	−0.010	+0.017	−0.012	+0.022	−0.014
1.5	+0.012	−0.008	+0.015	−0.010	+0.017	−0.012	+0.020	−0.014	+0.025	−0.017
1.8	+0.015	−0.010	+0.017	−0.012	+0.020	−0.014	+0.025	−0.017	+0.029	−0.019
2.0	+0.017	−0.012	+0.020	−0.014	+0.025	−0.017	+0.029	−0.019	+0.032	−0.021
2.5	+0.023	−0.014	+0.027	−0.017	+0.030	−0.020	+0.035	−0.023	+0.040	−0.027
3.0	+0.027	−0.017	+0.030	−0.020	+0.035	−0.023	+0.040	−0.027	+0.045	−0.030
4.0	+0.030	−0.020	+0.035	−0.023	+0.040	−0.027	+0.045	−0.030	+0.050	−0.035
5.0	+0.035	−0.023	+0.040	−0.027	+0.045	−0.030	+0.050	−0.035	+0.060	−0.040
6.0	+0.045	−0.030	+0.050	−0.035	+0.060	−0.040	+0.070	−0.045	+0.080	−0.050
8.0	+0.060	−0.040	+0.070	−0.045	+0.080	−0.050	+0.090	−0.055	+0.100	−0.060

注：1. 当$|\delta_{凸}|+|\delta_{凹}|>2c_{max}-2c_{min}$时，图样只在凸模或凹模一个零件上标注公差，而另一件则注明配作间隙。

2. 本表适用于电器仪表行业。

表 3-24 磨损系数 x

材料厚度 t (mm)	非圆形			圆形	
	1	0.75	0.5	0.75	0.5
	工件公差 Δ (mm)				
~1	<0.16	0.17~0.35	≥0.36	<0.16	≥0.16
1~2	<0.20	0.21~0.41	≥0.42	<0.20	≥0.20
2~4	<0.24	0.25~0.49	≥0.50	<0.24	≥0.24
>4	<0.30	0.31~0.59	≥0.60	<0.30	≥0.30

落料尺寸 $\phi 44_{-0.25}^{0}$mm 的凸、凹模的偏差查表 3-23 得

$$\delta_t = -0.020\text{mm};\delta_\omega = 0.030\text{mm}$$

$$|\delta_t| + |\delta_\omega| = |-0.020| + |0.030|$$

$$= 0.05 < Z_{max} - Z_{min}$$

由表 3-24 查得磨损系数 $x = 0.5$

$$D_t = (D - x\Delta - Z_{min})_{-\delta t}^{0}$$

$$= (44 - 0.5 \times 0.25 - 0.64)_{-0.020}^{0}$$

$$= 43.235_{-0.020}^{0}\text{mm}$$

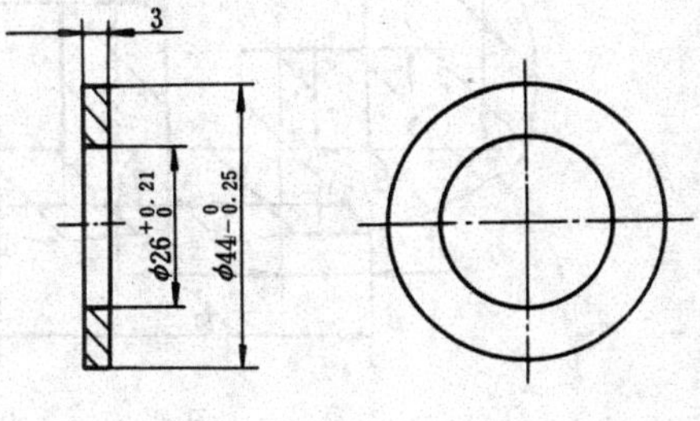

图 3-147 垫圈

$$D_\omega = (D - x\Delta)_{0}^{+\delta\omega}$$

$$= (44 - 0.5 \times 0.25)_{0}^{+0.030}$$

$$= 43.875_{0}^{+0.030}\text{mm}$$

冲孔尺寸 $\phi 26_{0}^{+0.21}$mm 的凸、凹模的偏差查表得：

$$\delta_t = -0.020\text{mm}; \delta_w = 0.030\text{mm}$$

$$d_t = (d + x\Delta)_{-\delta_t}^{\ 0}$$

$$= (26 + 0.5 \times 0.21)_{-0.02}^{\ 0}$$

$$= 26.105_{-0.02}^{\ 0}\text{mm}$$

$$d_w = (d + x\Delta + Z_{min})_{\ 0}^{+\delta_w}$$

$$= (26 + 0.5 \times 0.21 + 0.64)_{\ 0}^{+0.030}$$

$$= 26.745_{\ 0}^{+0.030}\text{mm}$$

3. 凸、凹模配合加工　这种加工方法是先按制件的尺寸和公差加工出凸模（或凹模），然后以此为基准件制出凹模（或凸模）。这种方法适用于形状复杂的零件的模具或单件生产的模具制造。

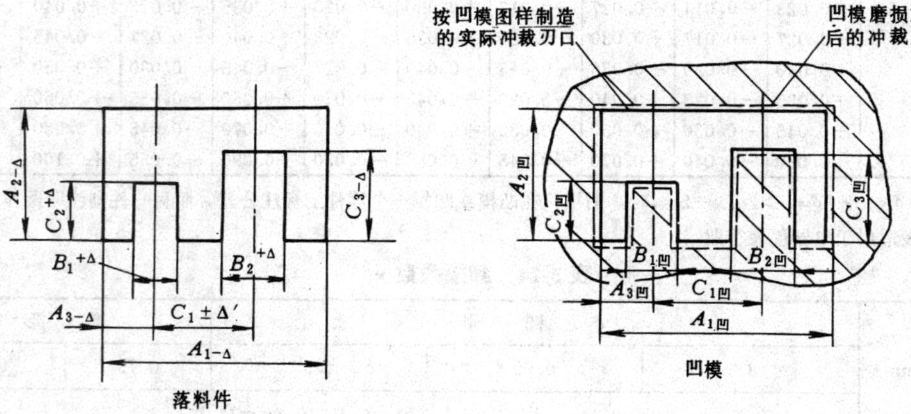

图 3-148　落料件和凹模尺寸

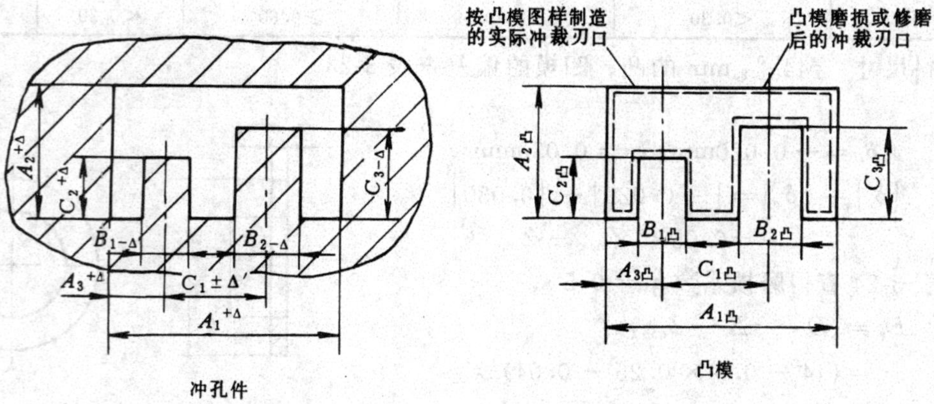

图 3-149　冲孔件与凸模尺寸

凸、凹模尺寸的计算：落料时按凹模磨损后尺寸变大（图 3-148 中 A 类尺寸）、变小（图 3-148 中 B 类尺寸）、不变（图 3-148 中 C 类尺寸）的规律，分为三种情况计算，见表 3-25。冲孔时按凸模磨损后尺寸变小（图 3-149 中 A 类尺寸）、变大（图 3-149 中 B 类尺寸），不变（图 3-149 中 C 类尺寸）的规律，分为三种情况计算，见表 3-25。

表 3-25 配合加工法凸、凹模尺寸及公差的计算公式

工序性质	工件尺寸（见图 3-151）（见图 3-152）		凸模尺寸	凹模尺寸
落料		$A_{-\Delta}^{0}$	按凹模尺寸配制，双面间隙为 $Z_{\max}-Z_{\min}$	$A_\omega=(A-x\Delta)_{0}^{+\delta_\omega}$
		$B_{0}^{+\Delta}$		$B_\omega=(B+x\Delta)_{-\delta_\omega}^{0}$
	C	$C_{0}^{+\Delta}$		$C_\omega=(C+\frac{\Delta}{2})\pm\delta_\omega$
		$C_{-\Delta}^{0}$		$C_\omega=(C-\frac{\Delta}{2})\pm\delta_\omega$
		$C\pm\Delta'$		$C_\omega=C\pm\delta_\omega$
冲孔		$A_{0}^{+\Delta}$	$A_t=(A+x\Delta)_{-\delta_t}^{0}$	按凸模尺寸配制，双面间隙为 $Z_{\max}-Z_{\min}$
		$B_{-\Delta}^{0}$	$B_t=(B-x\Delta)_{0}^{-\delta_t}$	
	C	$C_{0}^{+\Delta}$	$C_t=(C+\frac{\Delta}{2})\pm\delta_t$	
		$C_{-\Delta}^{0}$	$C_t=(C-\frac{\Delta}{2})\pm\delta_t$	
		$C\pm\Delta'$	$C_t=C\pm\delta_t$	

式中 A_t、B_t、C_t——凸模刃口尺寸（mm）；

A_ω、B_ω、C_ω——凹模刃口尺寸（mm）；

A、B、C——工件基本尺寸（mm）；

Δ——工件公差（mm）；

Δ'——工件的偏差，对称偏差时 $\Delta'=\frac{\Delta}{2}$；

δ_t、δ_w——凸、凹模制造公差（mm）；当标注形式为 $+\delta_\omega$（或 $-\delta_\omega$）时 $\delta_\omega=\delta_t=\frac{\Delta}{4}$ 当标注形式为 $\pm\delta_\omega$（或 $\pm\delta_t$）时，$\delta_\omega=\delta_t=\frac{\Delta}{8}=\frac{\Delta'}{4}$

x——磨损系数，其值见表 3-24。

例 1 冲制图 3-150 所示工件，已知工件为 40 钢，厚度为 6mm 试确定落料凸、凹模刃口尺寸与制造公差。

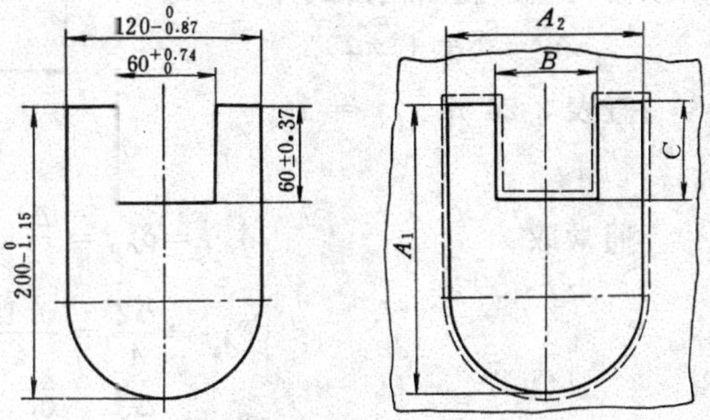

图 3-150 冲制工件（一）

解 根据工件形状，凹模磨损后尺寸变化有三种情况（参照图 3-148）

凹模磨损后，尺寸 A_1、A_2 增大，其大小应按一般落料凹模尺寸公式计算

$$A_\omega=(A-x\Delta)_{0}^{+\delta_\omega}$$

查表 3-24 知 $x=0.5$

通常取 $\delta_{\omega1}=\frac{\Delta1}{4}=\frac{1.15}{4}\approx0.29$

$$\delta_{\omega2}=\frac{\Delta2}{4}=\frac{0.87}{4}\approx0.22$$

$$A_{\omega1}=(A_1-x\Delta1)_{0}^{+\delta_{\omega1}}$$

$$=(200-0.5\times1.15)_{0}^{+0.29}$$

$$\approx 199.43^{+0.029}_{0}\text{mm}$$

$$A_{\omega 2} = (A_2 - x\Delta 2)^{+\delta_{\omega 2}}_{0}$$
$$= (120 - 0.5 \times 0.87)^{+0.22}_{0}$$
$$\approx 119.57^{+0.22}_{0}\text{mm}$$

凹模磨损后尺寸 B 减小，应按一般冲孔凸模尺寸公式计算

$$B_\omega = (B + x\Delta)^{0}_{-\delta_\omega}$$

查表 3-24 知　$x = 0.5$

通常取

$$\delta_\omega = \frac{\Delta}{4} = \frac{0.74}{4} \approx 0.19$$

$$B_\omega = (B + x\Delta)^{0}_{-\delta_\omega}$$
$$= (60 + 0.5 \times 0.74)^{0}_{-0.19}$$
$$= 60.37^{0}_{-0.19}\text{mm}$$

凹模磨损后尺寸 C 没有变化，所以凹模尺寸应按

$$C_\omega = C \pm \delta_\omega \text{ 计算}$$

通常取

$$\delta_\omega = \frac{\Delta}{8} = \frac{0.37}{8} = 0.046\text{mm}$$

$$C_\omega = C + \delta_\omega = 60 \pm 0.046\text{mm}$$

查表 3-23 知最小间隙 $Z_{min} = 1.14$mm

凸模尺寸按凹模实际尺寸配作，保证间隙不小于 1.14mm；不大于 1.50mm。

例 2　如图 3-151 所示的工件，确定冲孔凸、凹模尺寸。材质为 Q235，料厚 3mm。

解　冲孔应以凸模为基准件配作凹模。图中 A 尺寸磨损后变小，所以按一般冲孔凸模公式计算，即

$$A_t = (A + x\Delta)^{0}_{-\delta_t}$$

查表 3-24 知　$x = 1$

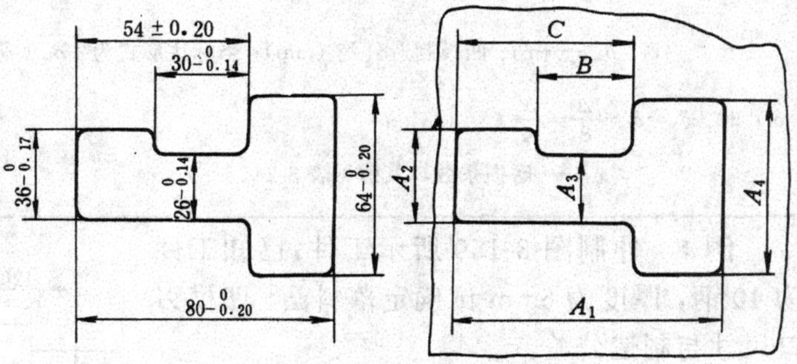

图 3-151　冲制工件（二）

通常取

$$\delta_{A_1t} = \delta_{A_4t} = \frac{\Delta 1}{4} = \frac{0.20}{4} = 0.05\text{mm}$$

$$\delta_{A_2t} = \frac{\Delta 2}{4} = \frac{0.17}{4} \approx 0.04\text{mm}$$

$$\delta_{A3t} = \frac{\Delta 3}{4} = \frac{0.14}{4} = 0.035\text{mm}$$

$$A_{1t} = (A_1 + x\Delta 1)^{0}_{-\delta_{A_1t}}$$
$$= (80 + 1 \times 0.20)^{0}_{-0.05}$$
$$= 80.20^{0}_{-0.05}$$

$$A_{4t} = (A_4 + x\Delta 1)^{0}_{-\delta_{A1t}}$$
$$= (64 + 1 \times 0.20)^{0}_{-0.05}$$

$$=64.2_{-0.05}^{\ 0}\text{mm}$$

$$A_{2t}=(A_2+x\Delta_2)_{-\delta A_2 t}^{\ 0}$$

$$=(36+1\times 0.17)_{-0.04}^{\ 0}$$

$$=36.17_{-0.04}^{\ 0}\text{mm}$$

$$A_{3t}=(A_3+x\Delta 3)_{-\delta t_3}^{\ 0}$$

$$=(26+1\times 0.14)_{-0.035}^{\ 0}$$

$$=26.14_{-0.035}^{\ 0}\text{mm}$$

凸模磨损后尺寸 B 增大，因此应按一般落料凹模尺寸公式计算，即

$$B_t=(B-x\Delta)_{0}^{+\delta t}$$

查表 3-24 知 $x=1$

通常取 $\delta_t=\frac{\Delta}{4}=\frac{0.14}{4}=0.035\text{mm}$

$$B_t=(B-x\Delta)_{0}^{+\delta t}$$

$$=(30-1\times 0.14)_{0}^{+0.035}$$

$$=29.86_{0}^{+0.035}\text{mm}$$

凸模磨损后尺寸 C 不变，其尺寸偏差为双向分布，所以

$$C_t=C\pm\delta_t$$

$$\delta_t=\frac{\Delta}{8}=\frac{0.20}{8}=0.025\text{mm}$$

$$C_t=C\pm\delta_t$$

$$=54\pm 0.025\text{mm}$$

凹模尺寸按凸模实际尺寸配作，保证最小间隙不小于 0.46mm，最大间隙不大于 0.64mm。

习　题

1. 冲制图 3-152 所示工件，试分别计算其凸、凹模刃口部分的尺寸。材质为 Q235，厚度为 3mm。
2. 图 3-153 所示零件，材料为 08 钢，料厚为 1.5mm，试确定落料冲孔凹、凸模的尺寸及制造公差。

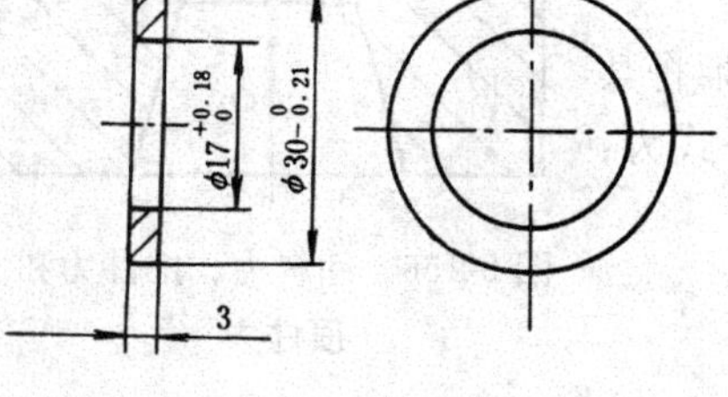

图 3-152　冲制工件（三）

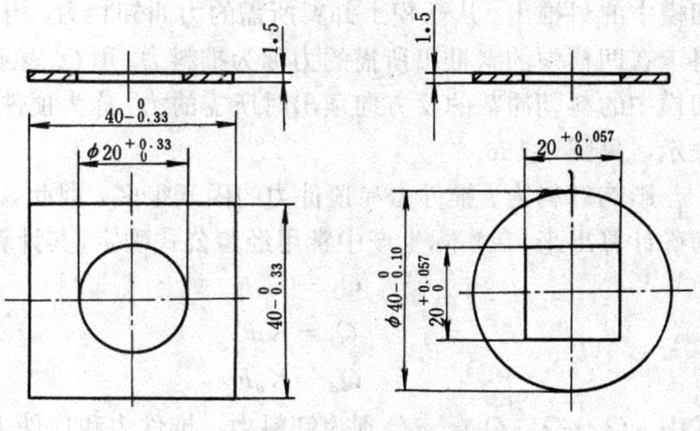

图 3-153　冲制工件（四）

3. 图 3-154 所示工件，材料为 Q235-A、厚度为 3.5mm，确定落料凹、凸模尺寸及制造公差。

4. 确定图 3-155 所示冲孔件的凸、凹模尺寸及制造公差，材料为 40 钢，厚度为 5mm。

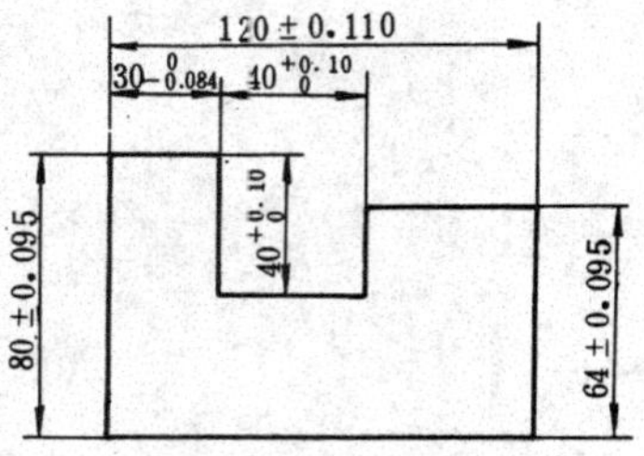

图 3-154 冲制工件（五）

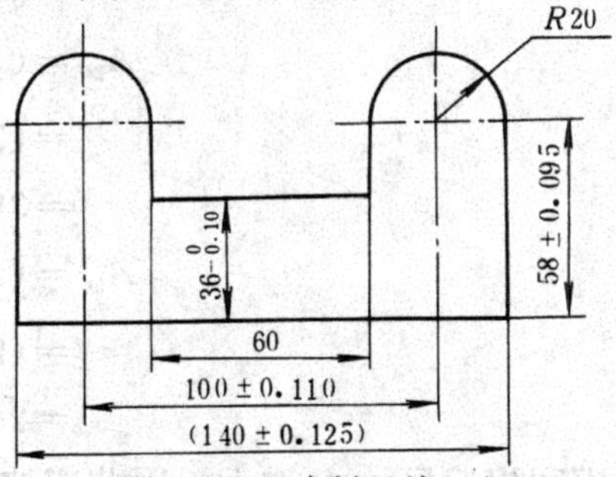

图 3-155 冲制工件（六）

3.8.1.3 冲裁力

1. 冲裁力的计算公式　冲裁力是在冲裁时材料对凸模的最大抗力。它的大小取决于材料的力学性能和分离处截面积的大小，平刃冲模冲裁力的大小可按下式计算：

$$F = A\tau$$

式中 F——冲裁力（N）；

A——分离部分的截面积（mm^2）；

τ——材料的抗剪强度（MPa），其数值见表 3-26。

表 3-26 材料的抗剪强度

材　料	抗剪强度 τ（MPa）	抗拉强度 σ_b（MPa）
铝	70	110
铜	180～220	220～390
Q235	310～380	440～470
10	260	340
20	280	420

2. 卸料力、推件力和顶件力　由于弹性变形和摩擦的存在，所以当冲裁工作结束时，将使带孔部分的板料紧箍在凸模上，使冲孔部分的材料紧卡在凹模洞口中。为继续冲裁工作，必须将卡在凸模上的料卸下，将卡在凹模中的料推出。从凸模上卸料所需的力叫卸料力，用 Q_x 表示；将卡在凹模中的料推出所需的力称为推料力，用 Q_t 表示；将卡在凹模中的料朝冲裁的反方向顶出时所需的力，称为顶件力，用 Q_d 表示，见图 3-156。

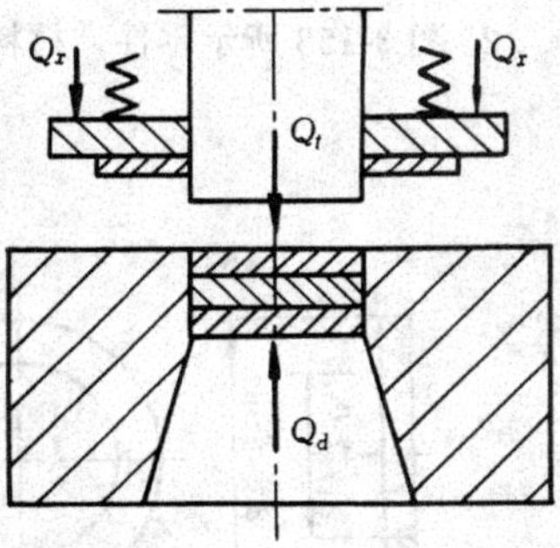

图 3-156 卸料力、推件力和顶件力

影响卸料力、推件力和顶件力的因素很多，因此，很难将其精确计算出来，在实际生产中常用经验公式确定，其计算公式为：

$$Q_x = K_x F$$

$$Q_t = K_t F$$

$$Q_d = K_d F$$

式中 Q_x、Q_t、Q_d——分别为卸料力、推件力和顶件力（N）；

K_x、K_t、K_d——分别为卸料力、推件力和顶件力系数，其值可在表 3-27 中查出。

表 3-27　卸料力、推件力和顶件力系数

料厚		$K_{卸}$	$K_{推}$	$K_{顶}$
钢	≤0.1	0.06～0.09	0.1	0.14
	>0.1～0.5	0.04～0.07	0.065	0.08
	>0.5～2.5	0.025～0.06	0.05	0.06
	>2.5～6.5	0.02～0.05	0.045	0.05
	>6.5	0.015～0.04	0.025	0.03
铝、铝合金		0.03～0.08	0.03～0.07	
紫铜、黄铜		0.02～0.06	0.03～0.09	

在计算压力机的总压力时需加上推件力，采用刚性卸料装置时，总压力 F_z 为：

$$F_z = F + Q_t$$

采用弹性卸料装置时 F_z 为：

$$F_z = F + Q_t + Q_x$$
$$F_z = F + Q_d + Q_x$$

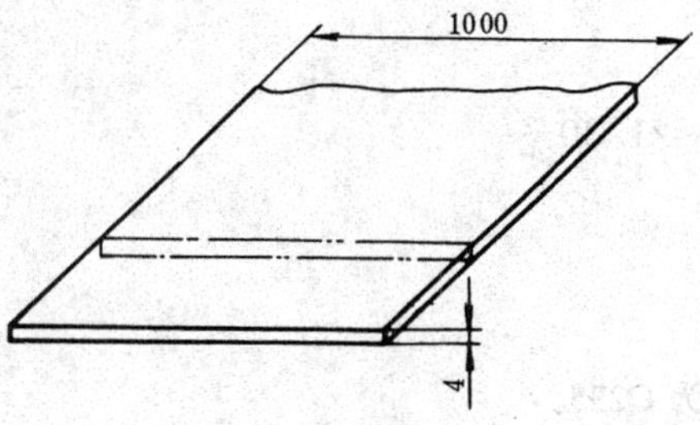

图 3-157　板料冲裁

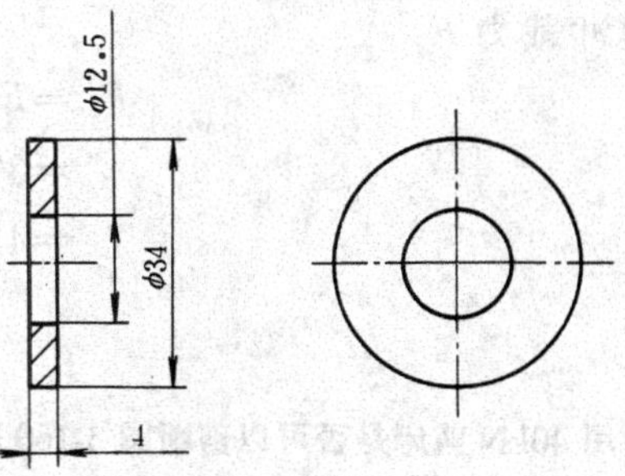

图 3-158　冲裁垫圈

例 1　计算剪断图 3-157 板料所需的冲裁力，材料为 Q235-A。

解

$$F = A\tau = \frac{\pi}{4}(34^2 - 12.5^2) \times 4 \times 350$$
$$= 1000 \times 4 \times 350 = 140t$$

例 2　计算冲裁图 3-158 所示工件的总压力，材料为 Q235-A 料厚为 4mm，采用弹性卸料装置。

解　冲裁力 F

$$F = A\tau$$
$$= \pi(30 + 17) \times 4 \times 350$$
$$= 206717\text{N}$$

卸料力 Q_t

$$Q_t = K_t F$$
$$= 0.045 \times 206717\text{N}$$
$$= 9302\text{N}$$

总冲裁力 F_z

$$F_z = F + Q_t$$
$$= 206717 + 9302$$
$$= 216019\text{N} = 216.02\text{kN}$$

例 3 计算图 3-159 所示工件的冲裁力，材料为 Q235，采用弹性卸料装置。

解 冲裁力 F

$$
\begin{aligned}
F &= A\tau \\
&= \Big[3.14\times 20+\frac{3.14\times 50}{2}+2(50-20-5) \\
&\quad +2\times\frac{3.14\times 10}{4}+(120-50-2\times 5) \\
&\quad +2\times 20+120\Big]\times 2.5\times 350 \\
&= 427.07\times 2.5\times 350 \\
&= 373.69\text{kN}
\end{aligned}
$$

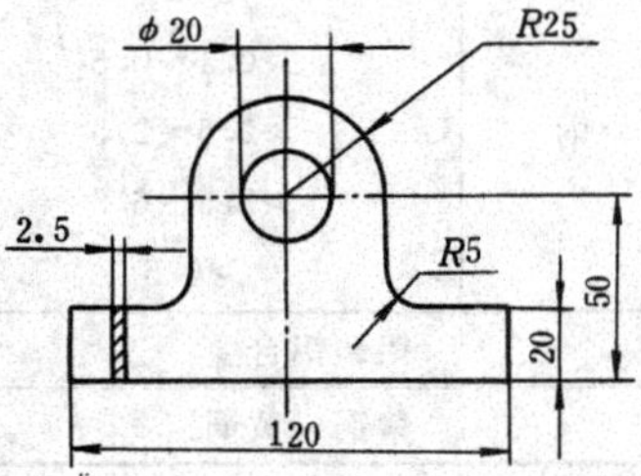

图 3-159 冲裁工件

推件力 Q_t、顶件力 Q_d

$$
\begin{aligned}
Q_t &= K_tF = 0.045\times 426.19\text{kN} \\
&= 19.18\text{kN} \\
Q_d &= K_dF = 0.05\times 426.19 \\
&= 21.30\text{kN}
\end{aligned}
$$

总冲裁力 F_z

$$
\begin{aligned}
F_z &= F+Q_t+Q_d \\
&= 373.69+19.18+21.30 \\
&= 414.17\text{kN}
\end{aligned}
$$

习　题

1. 用 40kN 剪末是否可以剪断图 3-160 所示工件,工件材料为 Q235。
2. 计算在图 3-161 示工件上冲孔所需的压力，工件材料为 10 钢。

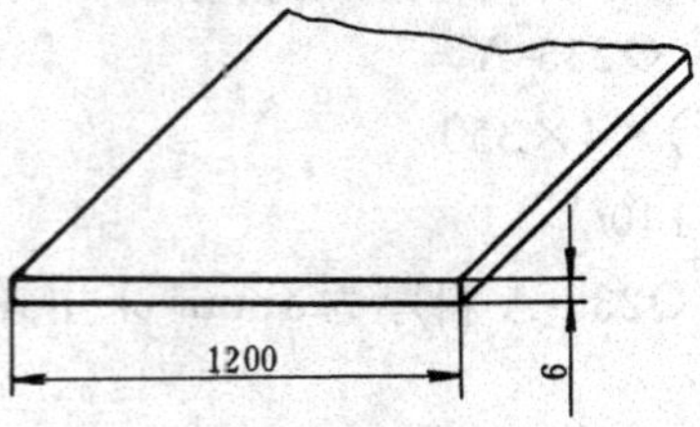

图 3-160 剪断板料

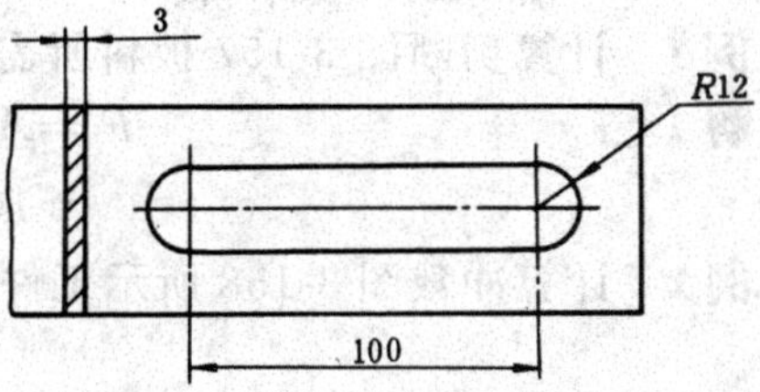

图 3-161 冲孔工件

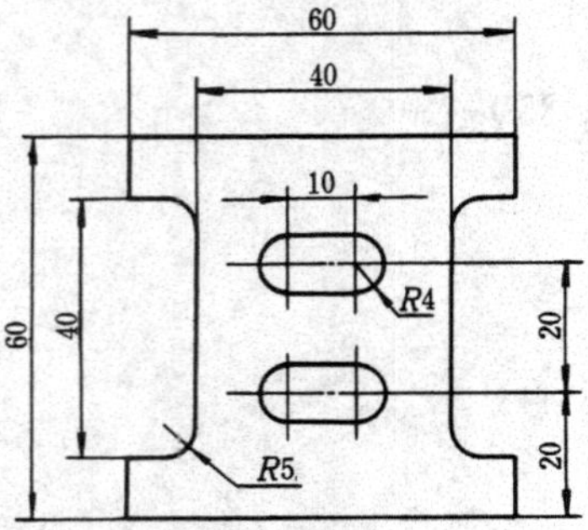

图 3-162 冲裁工件（一）

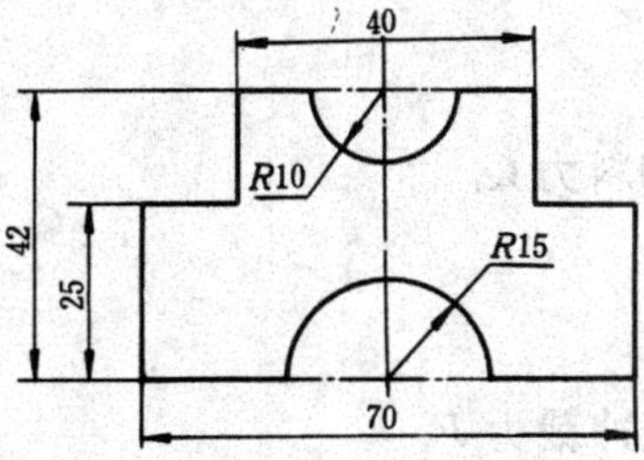

图 3-163 冲裁工件（二）

3. 计算冲裁图 3-162 示工件所需总压力（kN）为多少？工件材料为铝，料厚 5mm。
4. 计算冲裁图 3-163 所示工件所需的冲裁力（kN）为多少，工件材料为 40 钢，料厚 5mm，采用弹性退料装置。

3.8.2 成型技术的有关计算

3.8.2.1 弯曲力与弯曲件毛坯长度的计算

1. 弯曲力的计算 弯曲力是选择冲压设备和进行弯曲模设计的重要根据之一。但由于它受材料性能、零件形状、弯曲方法和模具结构等多种因素的影响，很难用理论分析方法进行准确地计算。通常在生产中是采用经验公式或经过简化的理论公式计算的。

(1) 自由弯曲力

对于V形件（图3-164a）

$$F_z=\frac{0.6Kbt^2\sigma_b}{r+t}$$

对于U形件(图3-164b)

$$F_z=\frac{0.7Kbt^2\sigma_b}{r+t}$$

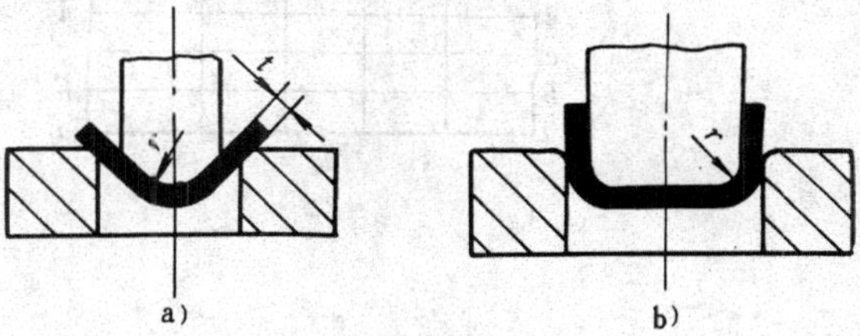

图3-164 自由弯曲

a）V形件 b）U形件

式中 F_z——在行程结束时的自由弯曲力（N）；

b——弯曲件的宽度（mm）；

t——弯曲件的厚度（mm）；

r——弯曲件的内弯曲半径（mm）；

σ_b——抗拉强度（MPa）；

K——安全系数，$K=1.3$。

(2) 顶件力或压件力 对于设有顶件装置或压料装置的模具可以取弯曲力的0.3～0.8倍，即

$$F_d=(0.3\sim0.8)F_z(\text{N})$$

(3) 弯曲时压力机压力的确定 弯曲时压力机的压力 F_{yJ} 为

$$F_{yJ}\geqslant F_z+F_d$$

例 计算图3-165所示工件所需压力机的吨位。工件材料为20钢、料厚为4mm。

解 此件属U形件，应选用

$$F_z=\frac{0.7Kbt^2\sigma_b}{r+t}$$

$$=\frac{0.7\times1.3\times90\times4^2\times420}{6+4}$$

$=55036.8\text{N}$

$=5.50368\text{t}$

$\approx5.5t$

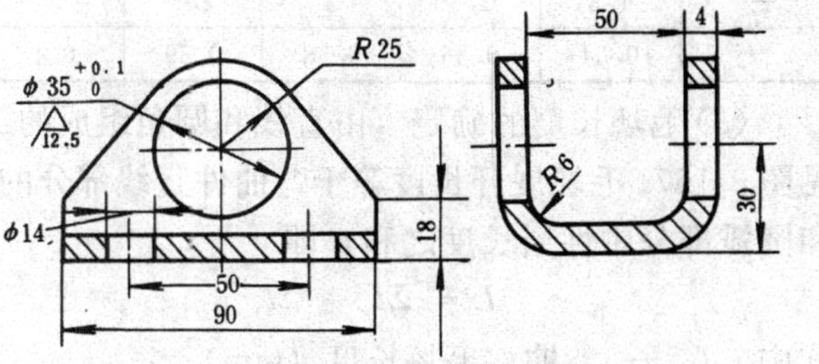

图3-165 U形件

顶件力 F_d

$$F_d=0.8F_z$$

$=0.8\times5.50368\text{t}$

$=4.4029\text{t}\approx4.4\text{t}$

压力机压力 F_{yJ}

$$F_{yJ}=F_z+F_d$$

$=5.5\text{t}+4.4\text{t}$

$$=9.9t \approx 10t$$

2. 弯曲件毛坯长度的确定

(1)　中性层的概念　材料在弯曲时，外层纤维受拉伸长，内层纤维受压缩短，由于内、外层纤维是连续的，所以在它们之间必然存在着一层既不伸长也不缩短的纤维层，这层纤维叫中性层，见图 3-166。

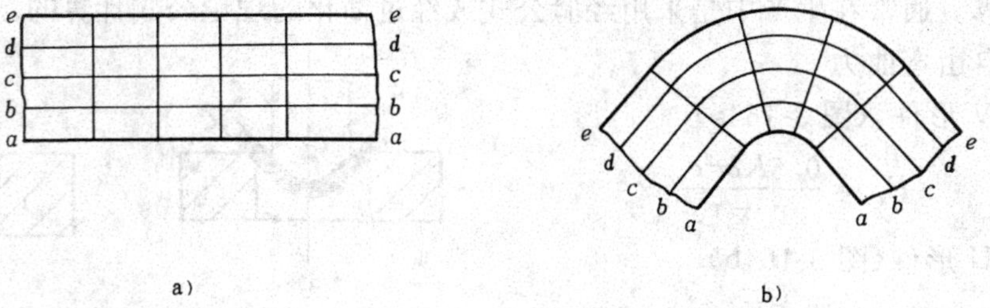

图 3-166　中性层

a）弯曲前　b）弯曲后

(2) 中性层的位置　中性层的位置取决于材料的变形程度，而变形程度则由 r/t（弯曲半径与料厚之比）的大小来确定。r/t 较大时，变形程度小，中性层与弯曲坯料的几何中心重合，即 $R_{zx}=r+0.5t$；r/t 较小时，变形程度大，中性层不在材料厚度的几何中心，而是偏向弯曲部分内表面一侧。

通常，在确定中性层半径时，可以用下列简化公式算出；

$$R_{zx} = r + xt$$

式中　x——中性层位移系数，见表 3-28。

这样计算也比较麻烦，一般情况下，当 $r/t \geqslant 8$ 时，取 $R_{zx}=r+0.5t$；当 $r/t<8$ 时，$R_{zx}=r+t/3$。

表 3-28　中性层的位移系数 x 值

$\frac{r}{t}$	0.1	0.2	0.3	0.4	0.5	0.6	0.7	0.8	1	1.2
x	0.21	0.22	0.23	0.24	0.25	0.26	0.28	0.3	0.32	0.33
$\frac{r}{t}$	1.3	1.5	2	2.5	3	4	5	6	7	≥8
x	0.34	0.36	0.38	0.39	0.4	0.42	0.44	0.46	0.48	0.5

(3) 毛坯长度的确定　由直线和圆角组成的工件，见图 3-167。毛坯展开长度等于弯曲件直线部分的长度和圆弧部分中性层长度之和，即

$$L = \Sigma l_z + \Sigma l_y$$

式中　L——弯曲件毛坯长度（mm）；

Σl_z——弯曲件各直线段长度之和（mm）；

Σl_y——弯曲件各圆弧部分中性层长度之和（mm）；

$$l_y = \pi(r + xt)\frac{\alpha}{180°}$$

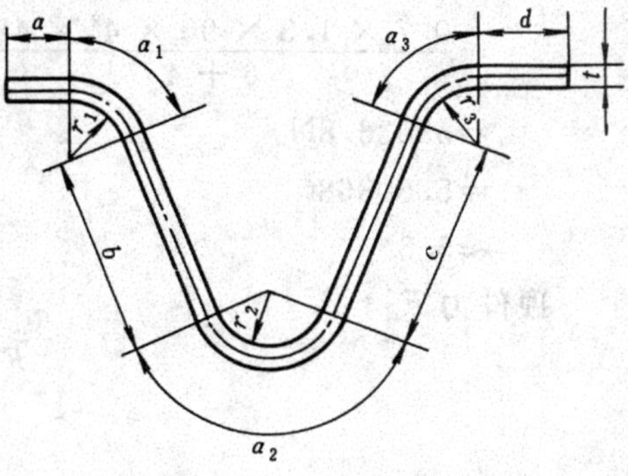

图 3-167　具有直线和圆弧部分组成的弯曲件

圆角半径很小（$r/t<0.3$）的工件，如图 3-168 所示，无圆角半径或圆角半径很小的弯曲件，其毛坯展开长度是根据弯曲前后工件体积相等的原

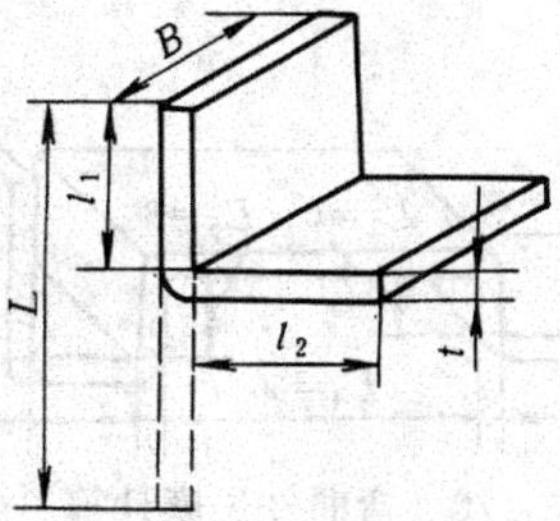

图 3-168　无圆角半径工件的弯曲

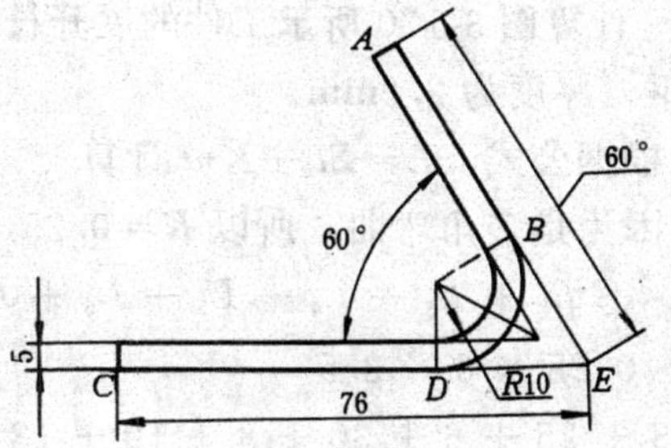

图 3-169　弯曲件展开

理计算出来的，在数值上等于

$$L = \Sigma l_z + Knt$$

式中　L ——毛坯长度（mm）；

Σl_z——各直线段长度之和（mm）；

n ——弯角数目；

t ——料厚（mm）；

K——系数，单角时　$K=0.48\sim0.5$、双角时　$K=0.45\sim0.8$、多角时　$K=0.25$ 材料的塑性很大时（例如铜或铝）$K=0.125$。

例 1　计算图 3-169 所示弯曲件的展开长度。

解　根据工件特点宜选用 $L=\Sigma l_z+\Sigma l_y$ 公式计算。

$$\Sigma l_z = AB + CD$$

$$\Sigma l_w(\Sigma l_y) = \widehat{BD}$$

$$AB = AE - BE$$

$$= 60 - (R+t)\text{ctan}\frac{60^\circ}{2}$$

$$= 60 - 15 \times \sqrt{3} = 34.02\text{mm}$$

$$CD = CE - DE$$

$$= 76 - (R+t)\text{ctan}\frac{60^\circ}{2}$$

$$= 76 - 15 \times \sqrt{3} = 50.02\text{mm}$$

$$\widehat{BD} = \pi(r + xt)\frac{a}{180^\circ}$$

$$\because \quad \frac{r}{t} = \frac{10}{5} = 2$$

$$\therefore \quad 取 \quad x = \frac{1}{3}$$

$$\widehat{BD} = 3.14(10 + \frac{5}{3})\frac{180^\circ - 60^\circ}{180^\circ}$$

$$= 24.44\text{mm}$$

$$L = \Sigma l_z + \Sigma l_w$$

$$= 34.02 - 50.02 + 24.44$$

$$= 108.48\text{mm}$$

例 2 计算图 3-170 所示工件的展开长度。材料为 10 钢，厚度为 2.5mm。

解 根据公式 $L=\Sigma l_z+Knt$ 计算

因为是多角弯曲，所以 $K=0.25$

$$L=L_1+L_2+L_3+L_4+L_5+L_6+L_7+0.25\times 6\times 2.5$$
$$=15+25+6+30+8+10+18+0.25\times 6\times 2.5$$

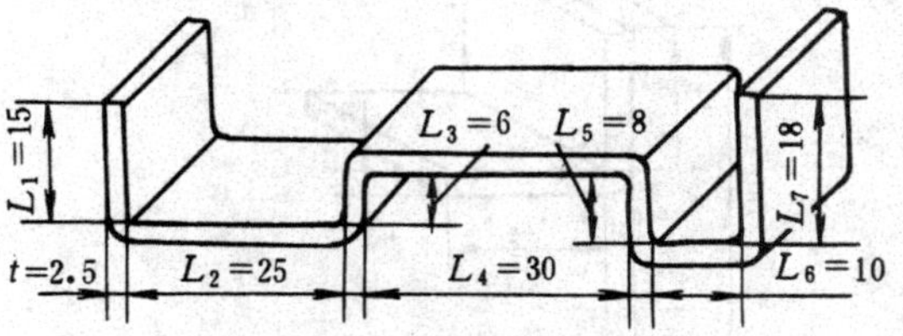

图 3-170 弯曲件长度计算

习 题

1. 计算图 3-171 所示的工件的弯曲力和压床压力，工件材料为 Q235，料厚 3mm。
2. 图 3-172 所示工件为厚度为 2.5mm 的铝板，试计算压床压力。

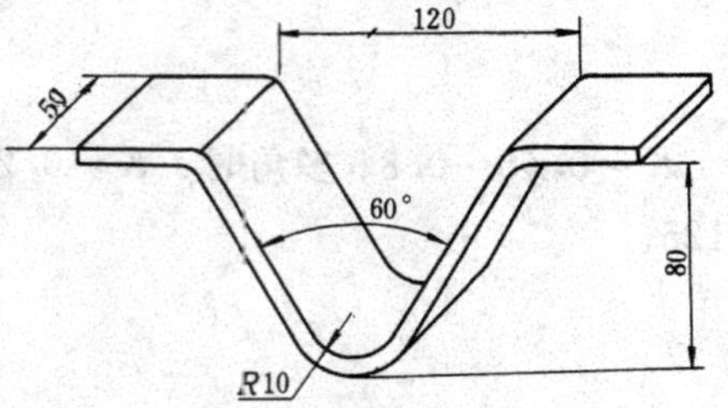

图 3-171 HV 形件弯曲

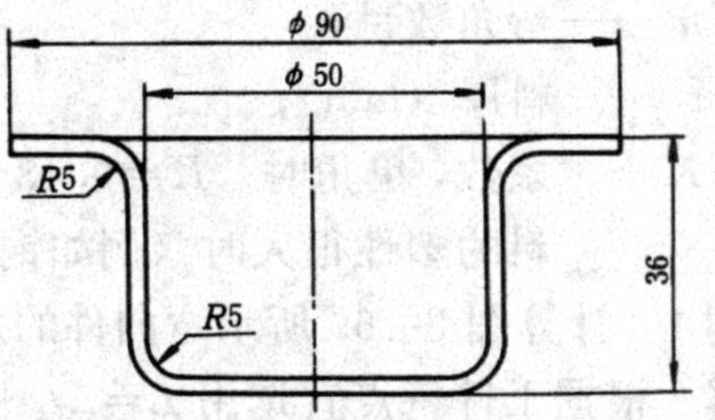

图 3-172 U 形件弯曲（一）

3. 图 3-173 所示工件，厚度为 1.5mm，材质为 Q235-A 钢板，计算展开长度，并计算压床压力。
4. 计算图 3-174 所示工件的展开长度。

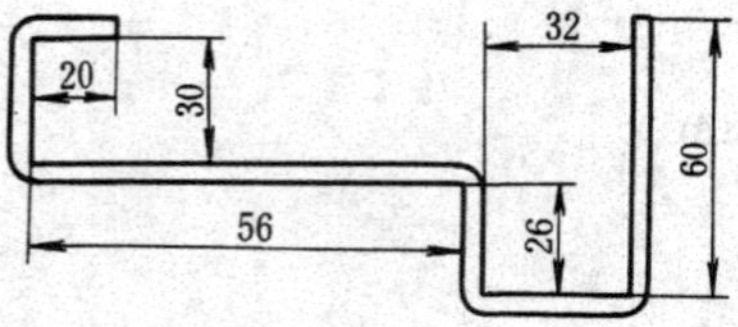

图 3-173 多角形工件弯曲

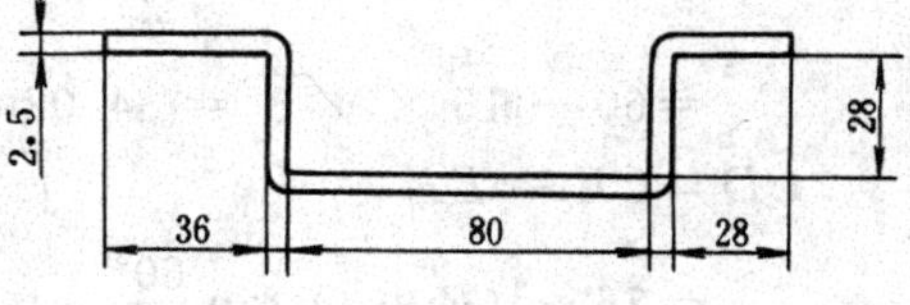

图 3-174 U 形件展开（一）

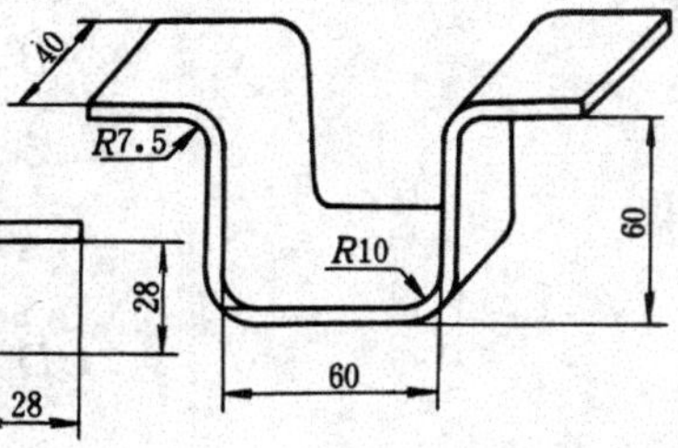

图 3-175 U 形件展开（二）

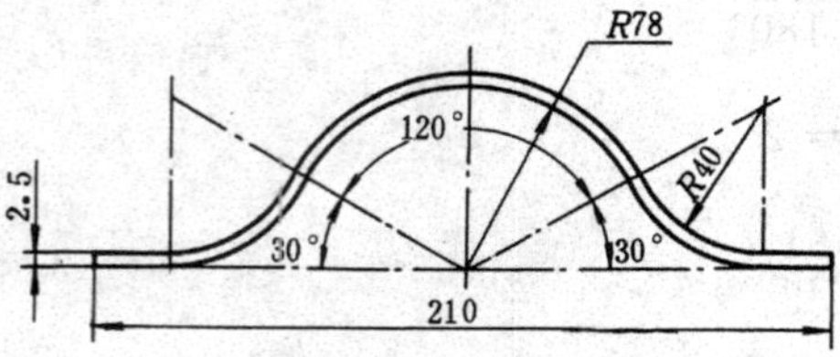

图 3-176 圆弧形工件展开

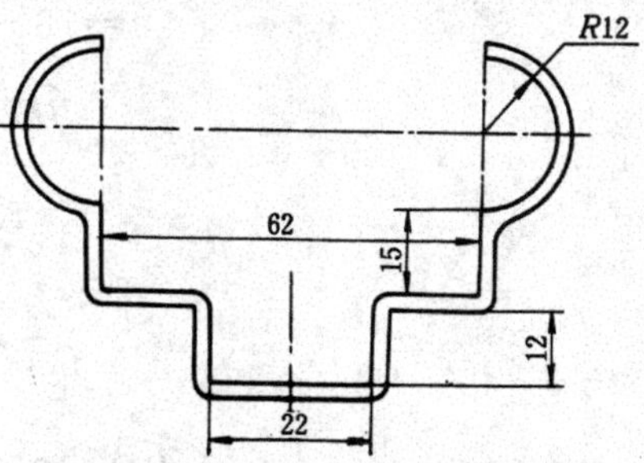

图 3-177 圆弧和多角形工件展开

5. 计算图 3-175 所示工件的展开长度。
6. 计算图 3-176 所示工件的展开长度。
7. 计算图 3-177 所示工件的展开长度，料厚为 2mm。

3.8.2.2 拉深的有关计算 拉深又叫拉延或压延，是利用模具使冲裁后得到的平面毛坯变为开口空心零件的冲压工艺方法，见图 3-178。拉深可以制出多种形状零件，以回转体零件为多。

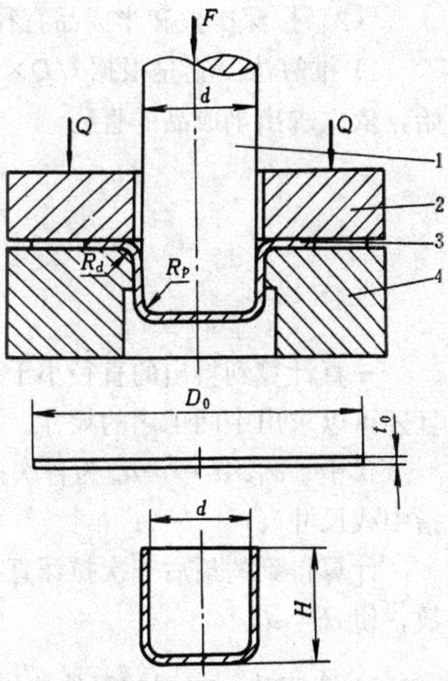

图 3-178 拉深过程
1—凸模 2—压边圈 3—毛坯 4—凹模

圆筒形零件的拉深系数与拉深次数的确定

（1）拉深系数 由于拉深零件的高度与其直径的比值不等，有的零件可以用一道拉深工序制成，而有的零件则需多次拉深才能制成。为确定必要的拉深工序的数目，通常以拉深系数作为计算的依据。拉深后零件的直径 d 与拉深前毛坯直径 D 之比称为拉深系数 m。它表示拉深时毛坯变形程度的大小，即

$$m=\frac{d}{D}$$

多次拉深时圆筒直径的变化，见图 3-179。

多次拉深时则为拉深后制件的外径与拉深前制件的外径之比，即

$$m_1=\frac{d_1}{D}$$

$$m_2=\frac{d_2}{d_1}$$

……

$$m_n=\frac{d_n}{d_{n-1}}$$

式中 m_1、m_2……m_n——分别表示第 1 次、第 2 次和第 n 次的拉深系数；

D、d_1、d_2……d_{n-1}、d_n——分别表示毛坯、第 1 次、第 2 次、第 n-1 次和第 n 次拉深后工件的直径。

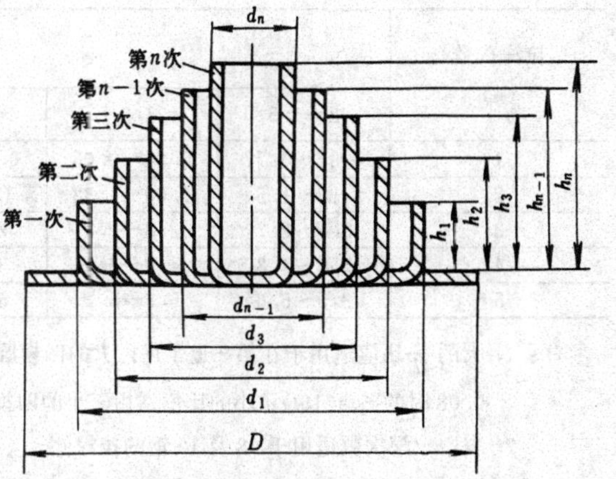

图 3-179 多次拉深时圆筒直径的变化

拉深系数的倒数称为拉深比，即

$$K=\frac{1}{m}=\frac{D}{d}$$

表 3-29 所列是用实验方法求得的低碳钢板的极限拉深系数值。表中的 m_1、m_2、m_3、m_4 和 m_5 分别表示第 1 道、第 2 道……第 5 道拉深工序的极限拉深系数。

表 3-29 极限拉深系数值

拉深系数	毛坯的相对厚度 $\frac{t}{D_0}\times 100$					
	0.08～0.15	0.15～0.30	0.30～0.60	0.60～1.0	1.0～1.5	1.5～2.0
m_1	0.63	0.60	0.58	0.55	0.53	0.50
m_2	0.82	0.80	0.79	0.78	0.76	0.75
m_3	0.84	0.82	0.81	0.80	0.79	0.78
m_4	0.86	0.85	0.83	0.82	0.81	0.80
m_5	0.88	0.87	0.86	0.85	0.84	0.82

（2）拉深次数和半成品直径　拉深次数有多种确定方法，现介绍三种。

1）推算法　它是根据 $t/D\times100$ 的值查表 3-29，查出 m_1、m_2……，然后从第一道工序开始，依次求出半成品的直径

$$d_1 = m_1 D$$
$$d_2 = m_2 d_1$$
$$\cdots\cdots$$
$$d_n = m_n d_{n-1}$$

一直计算到得出的直径小于或等于制件要求的直径为至。这样不仅求出了拉深次数，而且还可以求出中间工序的尺寸。

式中　d_1、d_2……d_n 为各次拉深半成品直径（$t<1$ 时，d 系指外径或内径；$t\geqslant1$ 时，d 系指中线尺寸）。

计算得到的最后一次拉深直径 d_n 必须等于制件直径 d，如果 $d_n<d$，则应调整各次拉深系数，使 $d_n=d$。

2）查表法　根据拉深件的相对高度和毛坯的相对厚度$\frac{t}{D}\times100$，由表 3-29 直接快速查出拉深次数。

表 3-30　无凸缘圆筒形拉深件的最大相对高度$\frac{h}{d}$

拉深次数 (n)	毛坯相对厚度$\frac{t}{D}\times100$					
	2～1.5	<1.5～1	<1～0.6	<0.6～0.3	<0.3～0.15	<0.15～0.08
1	0.94～0.77	0.84～0.65	0.70～0.57	0.62～0.5	0.52～0.45	0.46～0.38
2	1.88～1.54	1.60～1.32	1.36～1.1	1.13～0.94	0.96～0.83	0.9～0.7
3	3.5～2.7	2.8～2.2	2.3～1.8	1.9～1.5	1.6～1.3	1.3～1.1
4	5.6～4.3	4.3～3.5	3.6～2.9	2.9～2.4	2.4～2.0	2.0～1.5
5	8.9～6.6	6.6～5.1	5.2～4.1	4.1～3.3	3.3～2.7	2.7～2.0

注：1. 大的$\frac{h}{d}$比值适用于在第一道工序内大的凹模圆角半径（由$\frac{t}{D}\times100=2$～1.5 时的 $r_{凹}=8t$ 到$\frac{t}{D}\times100=0.15$～0.08 时的 $r_{凹}=15t$）；小的比值适用于小的凹模圆角半径（$r_{凹}=4$～$8t$）。

2. 表中拉深次数适用于 08 及 10 钢的拉深件。

3）查图法　为确定拉深次数及各次半成品尺寸也可由查图法求得（图 3-180），其查法为：先在图中横坐标上找到相当于毛坯直径的 D 的点，并由此点作一垂线，再从纵坐标上找到相当于工件直径 d 的点，并由此点作一水平线，与垂线相交。根据交点，便可确定拉深次数，如交点位于两斜线之间，应取较大的次数。图中的粗斜线用于料厚为 0.5～2.0mm 的情况下，细斜线用于料厚为 2～3mm 的情况下。

设计模具和选用冲床时必须知道各工序的拉深高度，它是根据拉深后半成品制件面积与毛坯面积相等的原理导出的。

$$h_1 = 0.25\left(\frac{D^2}{d_1} - d_1\right) + 0.43\frac{r_1}{d_1}(d_1 + 0.32r_1)$$

$$h_2 = 0.25\left(\frac{D^2}{d_2} - d_2\right) + 0.43\frac{r_2}{d_2}(d_2 + 0.32r_2)$$

$$\cdots\cdots\cdots\cdots$$

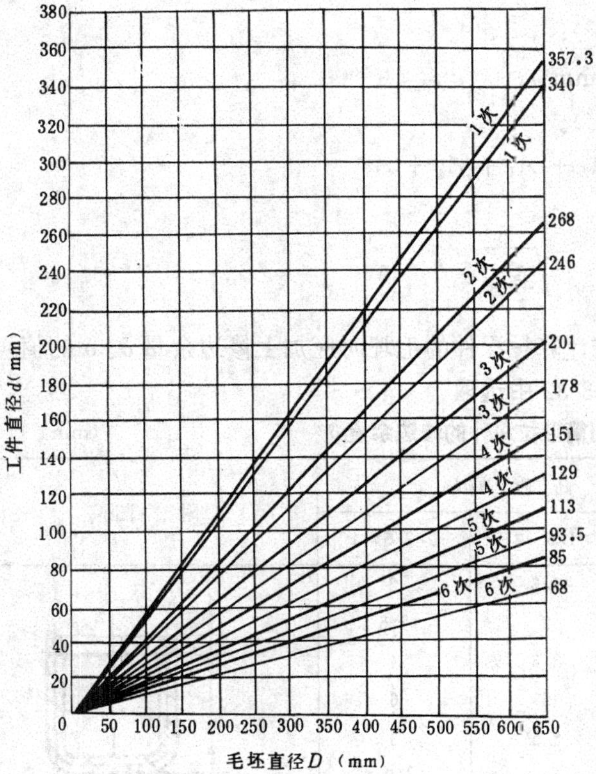

图 3-180　确定拉深次数及半成品尺寸的线图

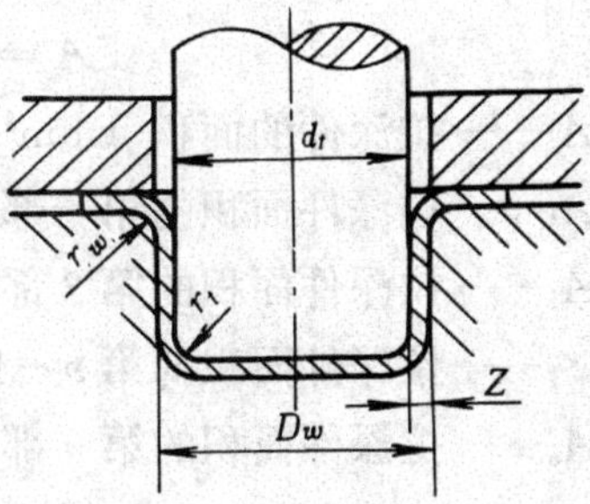

图 3-181　凸、凹模圆角半径

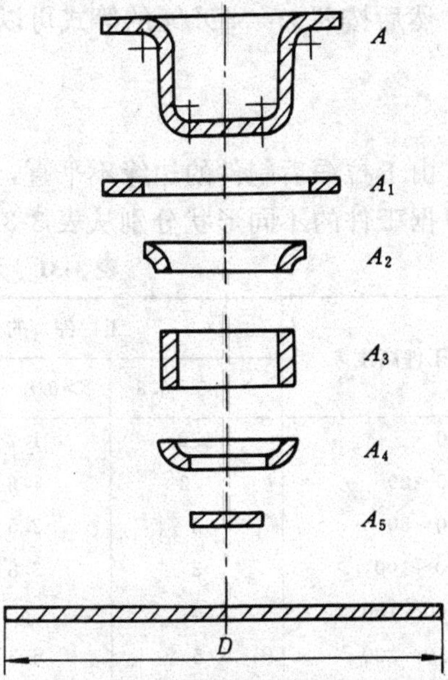

图 3-182　筒形拉深件毛坯尺寸的确定

$$h_n = 0.25\left(\frac{D^2}{d_n} - d_n\right) + 0.43\frac{r_n}{d_n}(d_n + 0.32r_n)$$

式中　h_1、h_2……h_n ——半成品拉深高度（mm）；

D ——毛坯直径（mm）；

d_1、d_2……d_n ——各次拉深后直径（mm）；

r_1、r_2、……r_n ——各次拉深后底部圆角半径（mm）。

r_1、r_2……r_n 的取值与各工序中拉深凸模半径 r_t 一致，如图 3-181 所示。而拉深凸模圆角半径 r_t，除最后一次应取为制件底部圆角半径外，中间各次尽可能取得与拉深凹模圆角半径 r_w 相等或略小一些，并且逐渐减少，即

$$r_t = (0.7 \sim 1.0)r_w$$

而拉深凹模圆角半径 r_w 可按下式计算

$$r_w = 0.8\sqrt{(D-d)t}$$

式中　D ——毛坯直径或上一次拉深尺寸（mm）；

d ——拉深直径（mm）；

t ——料厚（mm）。

拉深件毛坯尺寸的确定　回转体拉深件常用等面积法（即制件面积与毛坯面积相等）来计算毛坯尺寸（见图 3-182），即

$$A = A_1 + A_2 + \cdots\cdots A_{n-1} + A_n$$

式中　A ——拉深件的面积（mm^2）；

A_1——拉深件面积的第一部分（mm^2）；

A_2——拉深件面积的第 2 部分（mm^2）；

A_{n-1}——拉深件面积的第 $n-1$ 部分（mm^2）；

A_n——拉深件面积的第 n 部分（mm^2）。

$$A = A_1 + A_2 + A_3 + A_4 + A_5$$

然后按照 $A=\pi D^2/4$ 的等式可以求出

$$D = \sqrt{\frac{4}{\pi}A}$$

由于拉深后制件的边缘不平直，因此在计算拉深件的毛坯时应加上修边余量 δ。δ 的值可以根据工件的不同形状分别从表 3-31 或表 3-32 中选取

表 3-31　无凸缘圆筒形拉深件的修边余量 δ　　(mm)

工件高度 h	工件的相对高度 h/d				附图
	>0.5～0.8	>0.8～1.6	>1.6～2.5	>2.5～4	
≤10	1.0	1.2	1.5	2	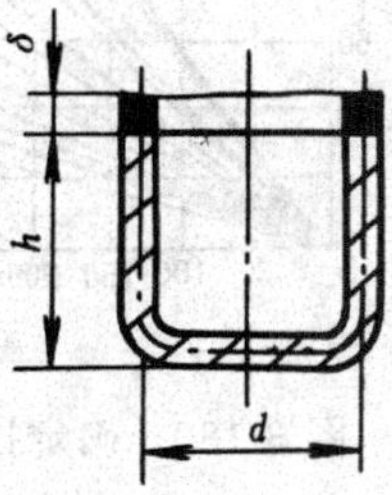
>10～20	1.2	1.6	2	2.5	
>20～50	2	2.5	3.3	4	
>50～100	3	3.8	5	6	
>100～150	4	5	6.5	8	
>150～200	5	6.3	8	10	
>200～250	6	7.5	9	11	
>250	7	8.5	10	12	

表 3-32　有凸缘圆筒形拉深件的修边余量 δ　　(mm)

凸缘直径 $d_凸$	凸缘的相对直径 $d_凸/d$				附图
	1.5 以下	>1.5～2	>2～2.5	>2.5	
≤25	1.8	1.6	1.4	1.2	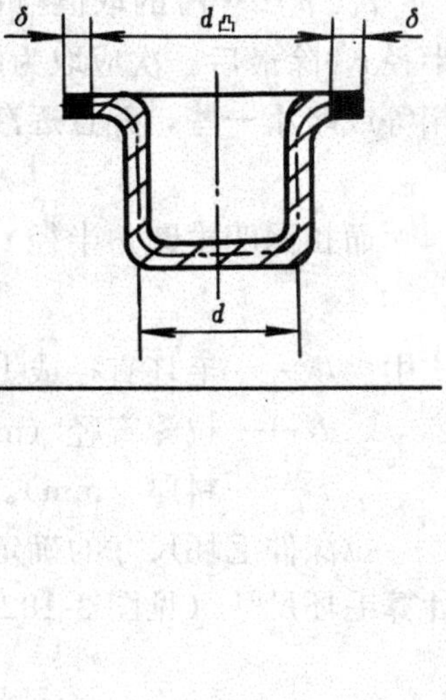
>25～50	2.5	2.0	1.8	1.6	
>50～100	3.5	3.0	2.5	2.2	
>100～150	4.3	3.6	3.0	2.5	
>150～200	5.0	4.2	3.5	2.7	
>200～250	5.5	4.6	3.8	2.8	
>250	6	5	4	3	

例 1　计算图 3-183 所示筒形件坯料尺寸，材料为 10 钢板。

解　先查出修边余量 δ。工件相对高度 $h/d=66/21=3.3$

由表 3-31 查出 $\delta=6mm$

计算制件的面积（根据表 3-33 计算公式计算）

$$A = A_1 + A_2 + A_3$$
$$= \pi d_1 h + 4.94rd + 6.28r^2 + \frac{\pi}{4}d^2$$
$$= 3.14 \times 21 \times (66 - 5 + 6) + 4.94 \times 4 \times (20 - 2 \times 4)$$
$$+ 6.28 \times 4^2 + \frac{3.14}{4}(20 - 2 \times 4)^2$$
$$= 4870.91\text{mm}^2$$
$$D = \sqrt{\frac{4}{\pi}A}$$
$$= \sqrt{\frac{4}{3.14} \times 4870.91} = 78.8\text{mm}$$

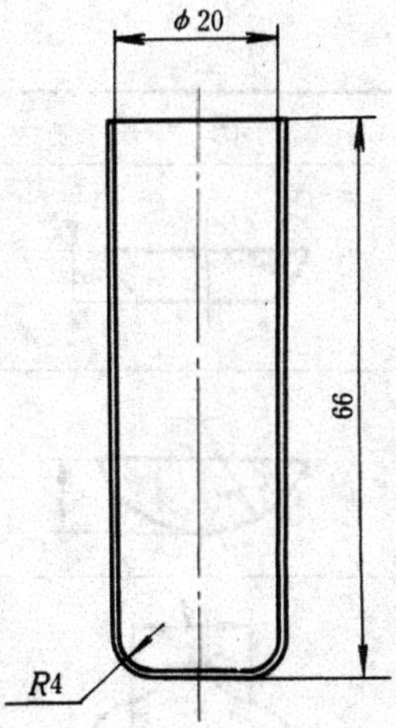

图 3-183　筒形件坯料

为了计算方便，将常见几何体形状的表面积计算公式列表，见表3-33。常用旋转体拉深件毛坯直径的计算公式，见表3-34。

表 3-33　简单几何形状的表面积 A 的计算公式

图　示	计算公式	图　示	计算公式
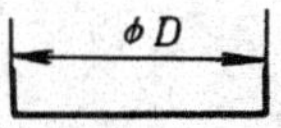	$\frac{\pi D^2}{4} = 0.7854D^2$	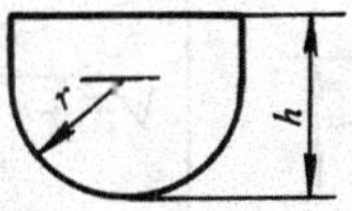	$2\pi rh = 6.28rh$
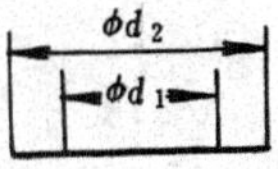	$\frac{\pi}{4}(d_2^2 - d_1^2)$ $= 0.7854(d_2^2 - d_1^2)$	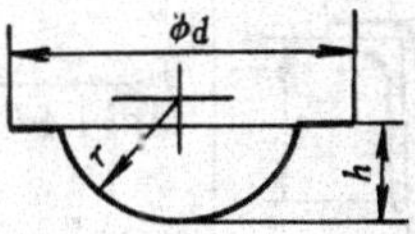	$\pi\left(\frac{d}{h} + h^2\right)$
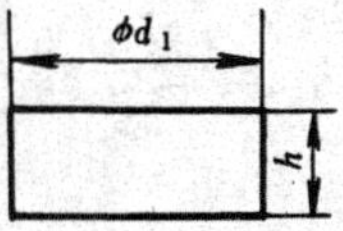	$\pi d_1 h$	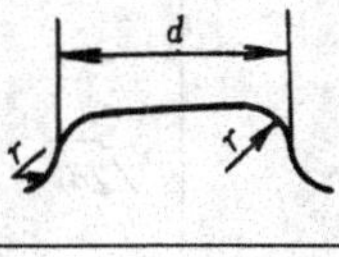	$\pi^2 rd = 9.87rd$
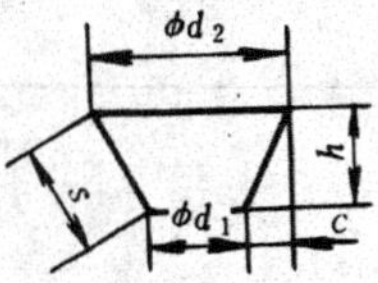	$\pi s\left(\frac{d_1 + d_2}{2}\right)$ $s = \sqrt{h^2 + c^2}$	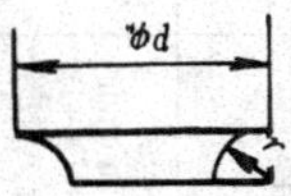	$\frac{\pi^2 rd}{2} - 2\pi r^2$ $= 4.94rd - 6.28r^2$
	$2\pi r^2 = 6.28r^2$	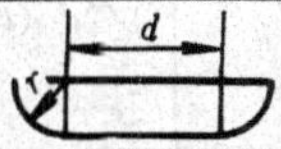	$\frac{\pi^2 rd}{2} + 2\pi r^2$ $= 4.94rd + 6.28r^2$
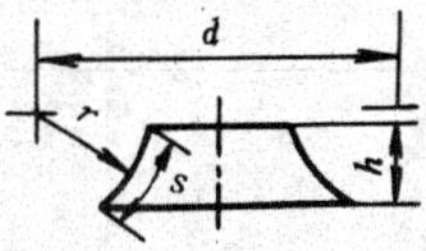	$\pi(ds - 2hr)$	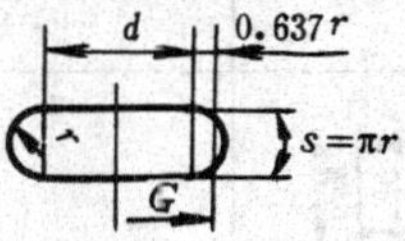	$2\pi Gs = 2\pi^2 Gr$ $= 19.74Gr$
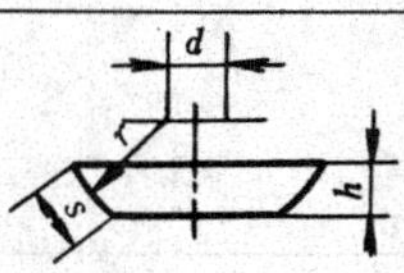	$\pi(ds + 2hr)$		$2\pi Gs = 2\pi^2 Gr$ $= 19.74Gr$

（续）

图　　示	计算公式	图　　示	计算公式
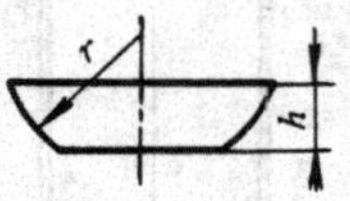	$2\pi rh = 6.28rh$	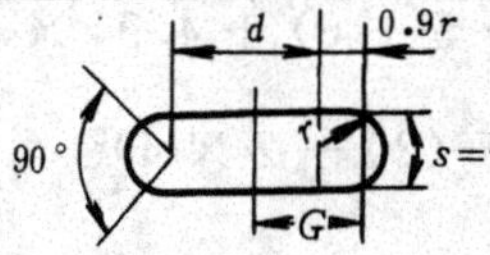	$2\pi Gs = \pi^2 Gr$ $= 19.74Gr$
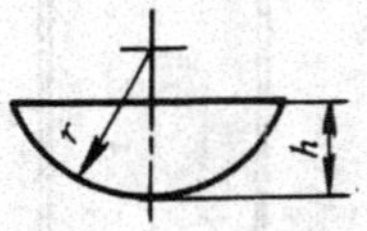	$2\pi rh = 6.28rh$	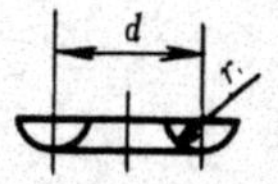	$\pi^2 rd = 9.87rd$
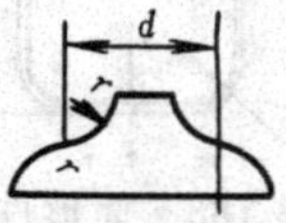	$\pi^2 rd = 9.87rd$	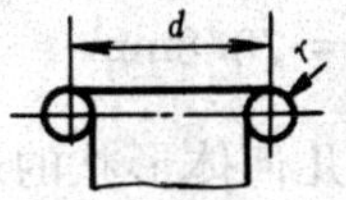	$17.7rd$

表 3-34　常用旋转体拉深件毛坯直径的计算公式

序　号	零　件　形　状	毛坯直径 D
1	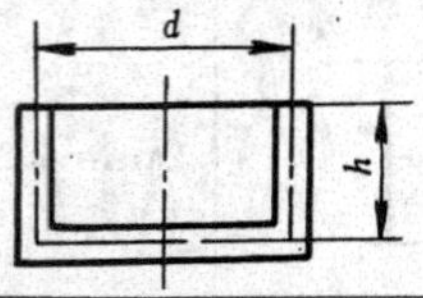	$\sqrt{d^2+4dh}$
2	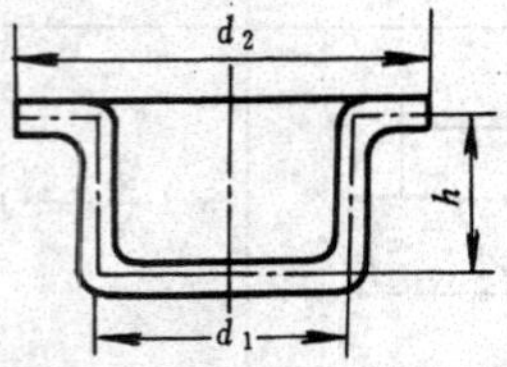	$\sqrt{d_2^2+4d_1h}$
3	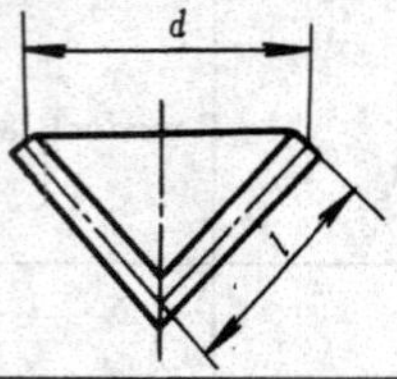	$\sqrt{2dl}$
4	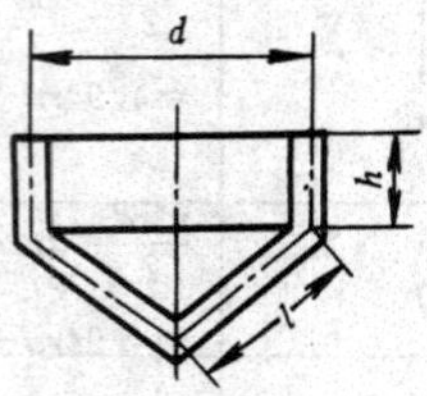	$\sqrt{2d\ (l+2h)}$
5	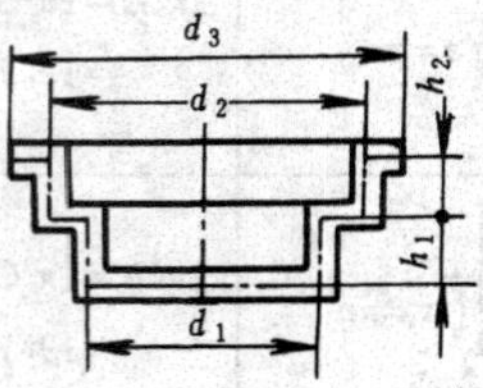	$\sqrt{d_3^2+4\ (d_1h_1+d_2h_2)}$

（续）

序　号	零 件 形 状	毛坯直径 D
6	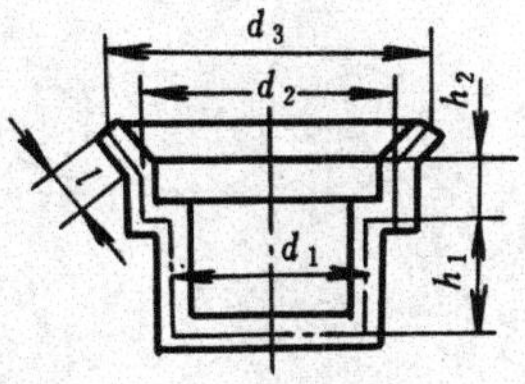	$\sqrt{d_2^2+4(d_1h_1+d_2h_2)+2l(d_2+d_3)}$
7	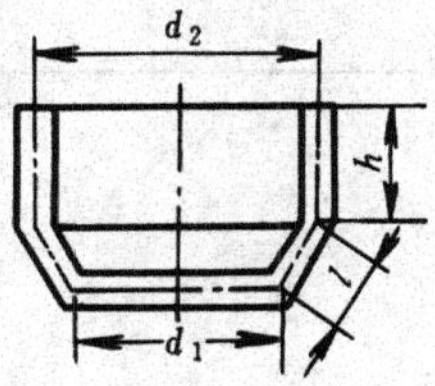	$\sqrt{d_1^2+2l(d_1+d_2)+4d_2h}$
8	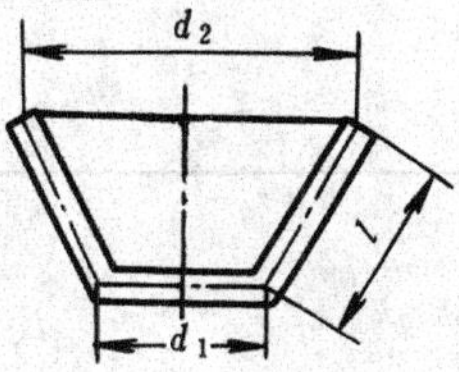	$\sqrt{d_1^2+2l(d_1+d_2)}$
9	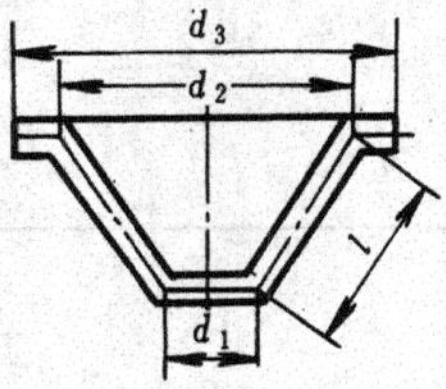	$\sqrt{d_1^2+2l(d_1+d_2)+d_3^2-d_2^2}$
10	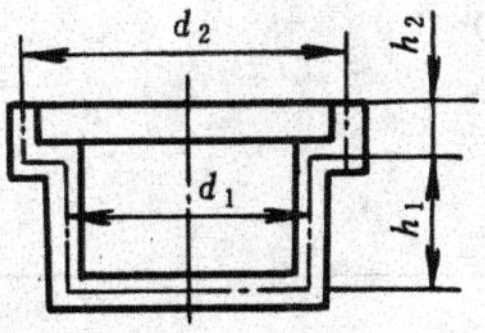	$\sqrt{d_2^2+4(d_1h_1+d_2h_2)}$
11	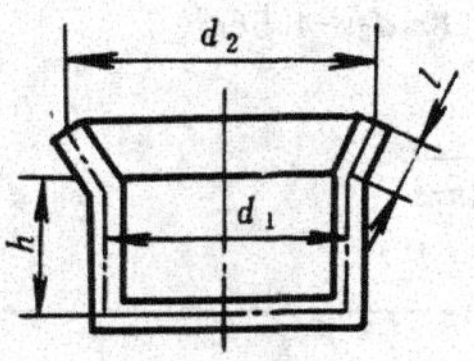	$\sqrt{d_1^2+4d_1h+2l(d_1+d_2)}$
12	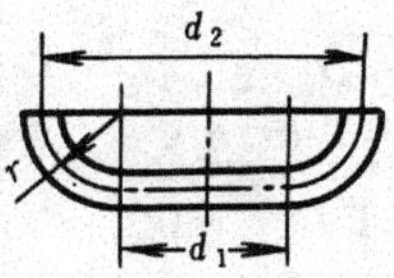	$\sqrt{d_1^2+2r(\pi d_1+4r)}$

（续）

序　号	零　件　形　状	毛坯直径 D
13	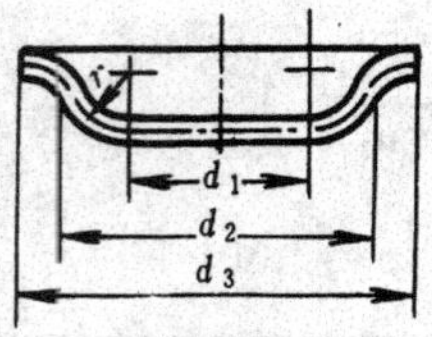	$\sqrt{d_1^2+6.28rd_1+8r^2+d_3^2-d_2^2}$
14	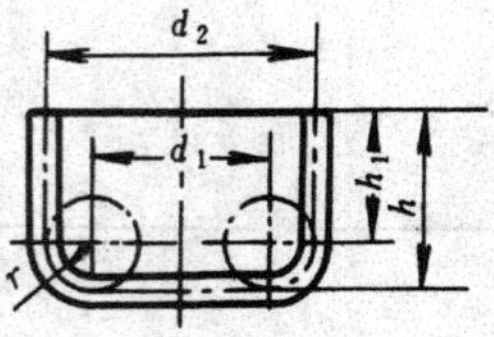	$\sqrt{d_1^2+4d_2h_1+6.28rd_1+8r^2}$ 或$\sqrt{d_2^2+4d_2h-1.72rd_2-0.56r^2}$
15	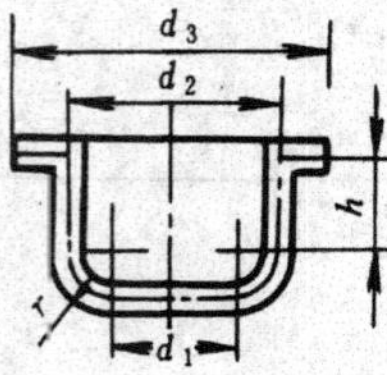	$\sqrt{d_1^2+2\pi rd_1+8r^2+4d_2h+d_3^2-d_2^2}$
16	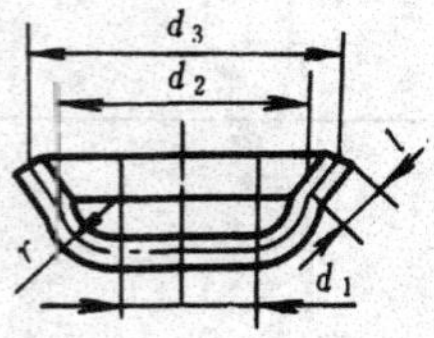	$\sqrt{d_1^2+2\pi rd_1+8r^2+2l\ (d_2+d_3)}$
17	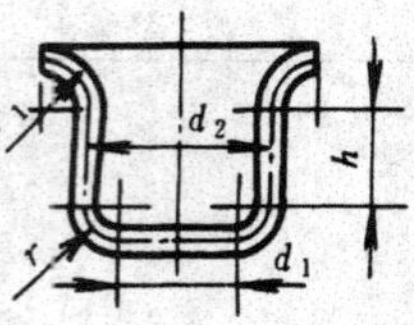	当 $r_1\neq r$ 时 $\sqrt{d_1^2+6.28rd_1+8r^2+4d_2h+6.28r_1d_2+4.56r_1^2}$ 当 $r_1=r$ 时 $\sqrt{d_1^2+4d_2h+2\pi r\ (d_1+d_2)\ +4\pi r^2}$
18	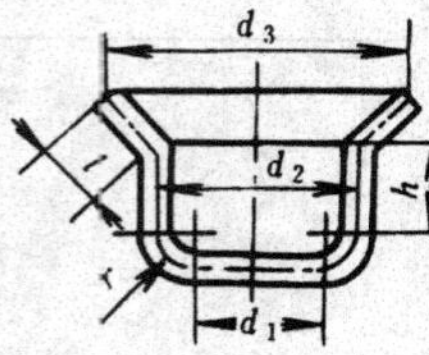	$\sqrt{d_1^2+2\pi rd_1+8r^2+4d_2h+2l\ (d_2+d_3)}$

（续）

序号	零件形状	毛坯直径 D
19	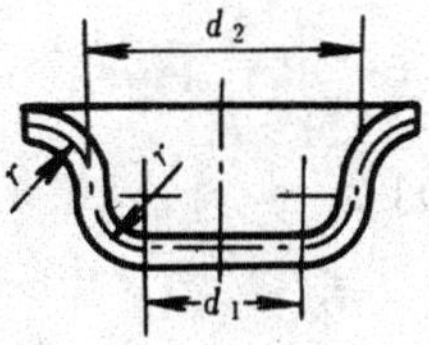	$\sqrt{d_1^2+2\pi r\ (d_1+d_2)\ +4\pi r^2}$
20	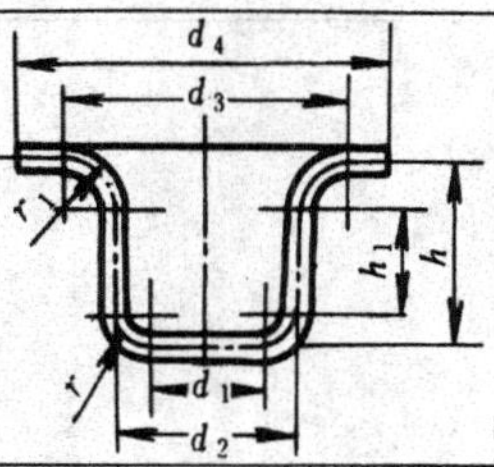	当 $r\neq r_1$ 时 $\sqrt{d_1^2+6.28rd_1+8r^2+4d_2h_1+6.28r_1d_2+4.56r_1^2+d_4^2-d_3^2}$ 当 $r=r_1$ 时 $\sqrt{d_4^2+4d_2h-3.44rd_2}$
21	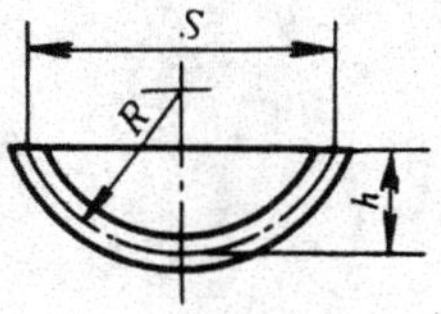	$\sqrt{8Rh}$ 或 $\sqrt{S^2+4h^2}$
22	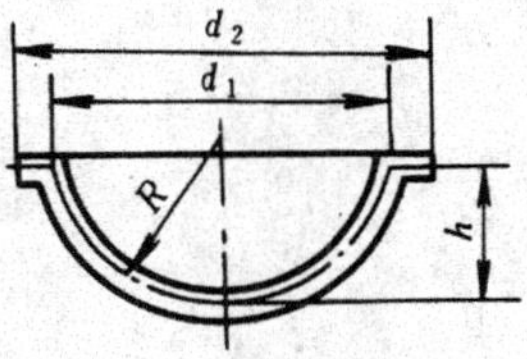	$\sqrt{d_2^2+4h^2}$
23	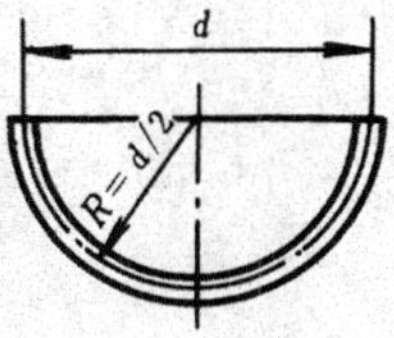	$\sqrt{2d^2}=1.414d$
24	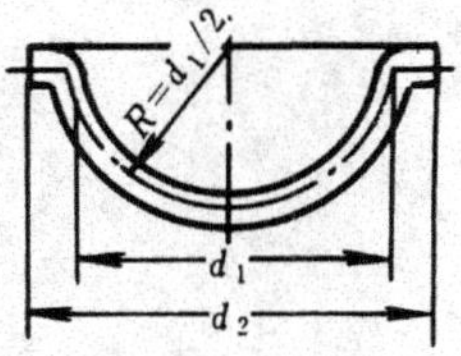	$\sqrt{d_1^2+d_2^2}$
25	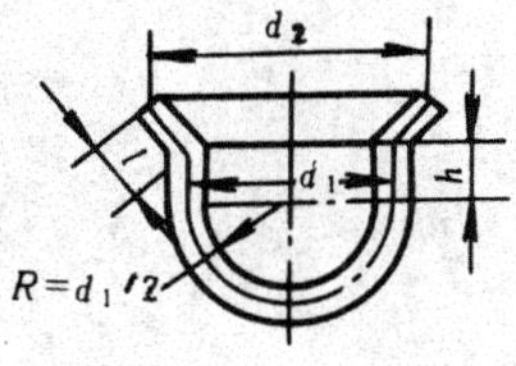	$1.414\sqrt{d_1^2+2d_1h+l\ (d_1+d_2)}$

（续）

序 号	零 件 形 状	毛坯直径 D
26	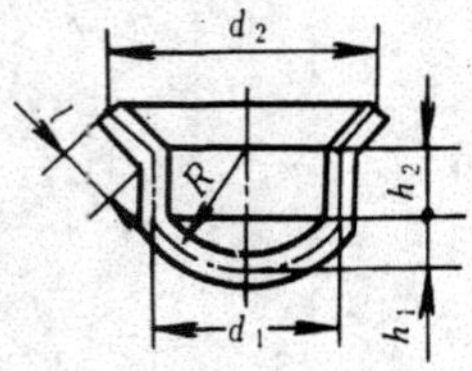	$\sqrt{d_1^2+4\left[h_1^2+d_1h_2+\frac{1}{2}(d_1+d_2)\right]}$
27	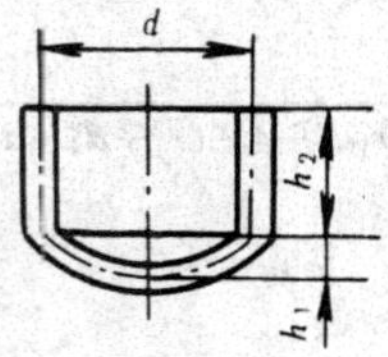	$\sqrt{d^2+4(h_1^2+dh_2)}$
28	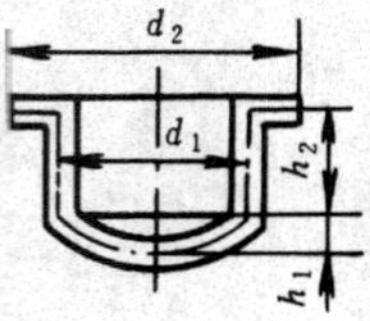	$\sqrt{d_2^2+4(h_1^2+d_1h_2)}$
29	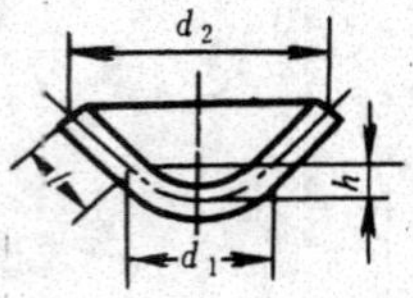	$\sqrt{d_1^2+4h^2+2l(d_1+d_2)}$
30	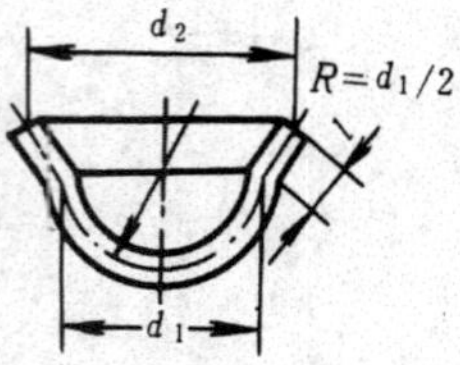	$1.414\sqrt{d_1^2+l(d_1+d_2)}$
31	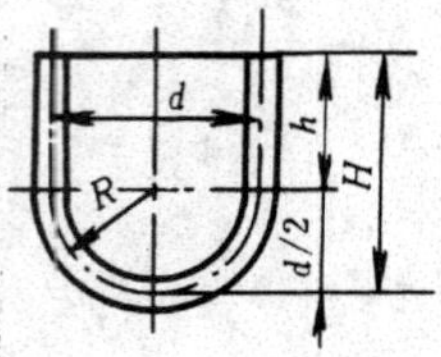	$1.414\sqrt{d^2+2dh_1}$ 或 $2\sqrt{dh}$
32	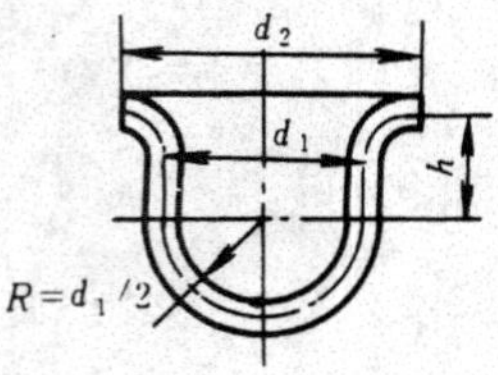	$\sqrt{d_1^2+d_2^2+4d_1h}$

（续）

序　号	零件形状	毛坯直径 D
33	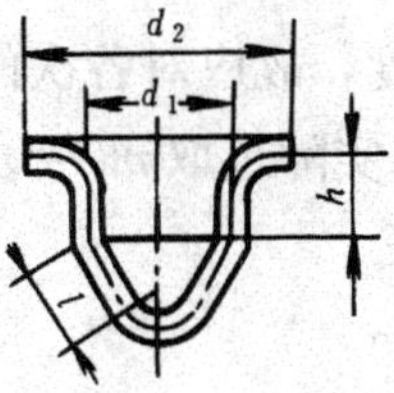	$\sqrt{d_2^2-d_1^2+4d_1\left(h+\frac{l}{2}\right)}$
34	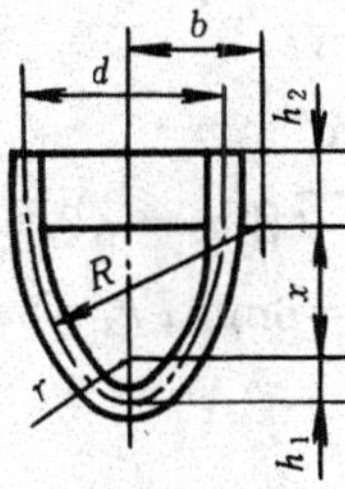	$\sqrt{8R\left[x-b\left(\arcsin\frac{x}{R}\right)\right]+4dh_2+8rh}$
35	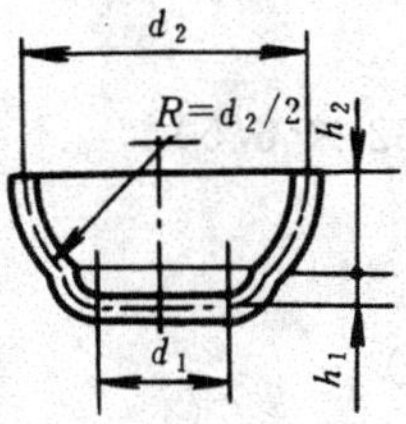	$\sqrt{d_1^2+4d_1h_1+4d_2h_2}$

注：1. 尺寸按工件材料厚度中心层尺寸计算

2. 对于厚度小于 1mm 的拉深件，可不按工件材料厚度中心层尺寸计算，而根据工件外壁尺寸计算。

3. 对于部分未考虑工件圆角半径的计算公式，在计算有圆角半径的工件时计算结果要偏大，故此情形下，可不考虑或少考虑修边余量。

例 2　试确定图 3-184 所示工件（材料 08，料厚 1mm）的毛坯直径、拉深次数和半成品尺寸。

解　确定修边余量 δ　根据制件的相对高度 $h/d=102/34=3$，查表 3-31，取 $\delta=8$mm

计算毛坯直径 D　查表 3-34

$$D=\sqrt{d_1^2+4d_2h_1+6.28rd_1+8r^2}$$

$$=\sqrt{24^2+4\times35\times(102+8-6)+6.28\times5\times24+8\times5^2}$$

$$=\sqrt{16090}=126\text{mm}$$

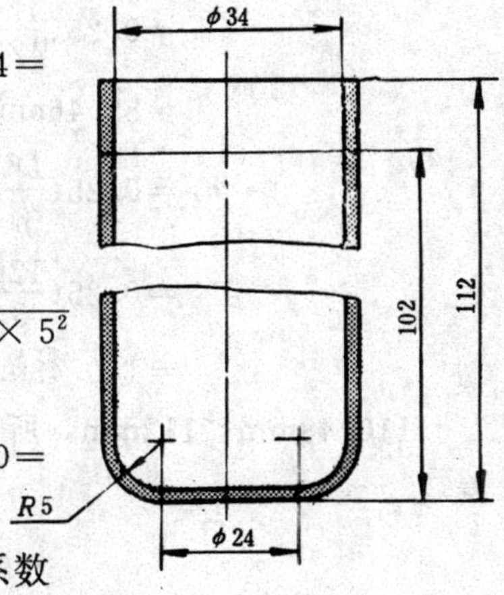

图 3-184　筒形工件（一）

确定拉深次数 n 选用查表法　当 $t/D\times100=1/126\times100=0.79$，$h/d=102/35=2.91$，由表 3-30 查得 $n=4$

计算各次的拉深直径　由表 3-29　查得各次拉深的极限系数为：$m_1=0.55$；$m_2=0.78$；$m_3=0.80$；$m_4=0.82$。各次拉深直径依次为：

$$d_1=m_1D=0.55\times126=69.3\text{mm}$$

$$d_2 = m_2 d_1 = 0.78 \times 69.3 = 54.1\text{mm}$$
$$d_3 = m_3 d_2 = 0.80 \times 54.1 = 43.2\text{mm}$$
$$d_4 = m_4 d_3 = 0.82 \times 43.2 = 35.46\text{mm}$$

$d_4=35.46\text{mm}>34\text{mm}$（工件直径），说明应加大变形程度，故应对各次的拉深系数作适当调整，使其小于相应的拉深系数，以期得到要求的工件直径，实际选取 $m_1=0.54$；$m_2=0.78$；$m_3=0.80$；$m_4=0.80$，则

$$d_1 = m_1 D = 0.54 \times 126 = 68\text{mm}$$
$$d_2 = m_2 d_1 = 0.78 \times 68 = 53\text{mm}$$
$$d_3 = m_3 d_2 = 0.80 \times 53 = 42.4\text{mm}$$
$$d_4 = m_4 d_3 = 0.80 \times 42.4 = 34\text{mm}$$

选取各次半成品底部的圆角半径　根据 $r_\omega=0.8\sqrt{(D-d)\ t}$ 和 $r_t=(0.6\sim1)\ r_\omega$ 的关系，取各次的 r_t（即半成品底部的圆角半径）分别为 $r_1=4.5\text{mm}$；$r_2=6\text{mm}$；$r_3=5.5\text{mm}$，$r_4=5\text{mm}$

计算各次的拉深高度

$$h_1 = 0.25\left(\frac{D^2}{d_1} - d_1\right) + 0.43\,\frac{r_1}{d_1}(d_1 + 0.32r_1)$$
$$= 0.25\left(\frac{126^2}{68} - 68\right) + 0.43\,\frac{6.5}{68}(68 + 0.32 \times 6.5)$$
$$= 61.2\text{mm}$$
$$h_2 = 0.25\left(\frac{D^2}{d_2} - d_2\right) + 0.43\,\frac{r_2}{d_2}(d_2 + 0.32r_2)$$
$$= 0.25\left(\frac{126^2}{53} - 53\right) + 0.43\,\frac{6}{53}(53 + 0.32 \times 6)$$
$$= 64.3\text{mm}$$
$$h_3 = 0.25\left(\frac{D^2}{d_3} - d_3\right) + 0.43\,\frac{r_3}{d_3}(d_3 + 0.32r_3)$$
$$= 0.25\left(\frac{126^2}{42.4} - 42.4\right) + 0.43\,\frac{5.5}{42.4}(42.4 + 0.32 \times 5.5)$$
$$= 85.46\text{mm}$$
$$h_4 = 0.25\left(\frac{D^2}{d_4} - d_4\right) + 0.43\,\frac{r_4}{d_4}(d_4 + 0.32r_4)$$
$$= 0.25\left(\frac{126^2}{34} - 34\right) + 0.43\,\frac{5}{34}(34 + 0.32 \times 5)$$
$$= 110.48\text{mm}$$

$110.48\text{mm}<112\text{mm}$，所以应稍稍增加下料尺寸，最起码应使下料尺寸保持适当的正偏差。

习　题

1. 计算图 3-185 所示零件的毛坯直径 D。料厚 $t=1.5\text{mm}$
2. 计算图 3-186 所示工件的毛坯尺寸，料厚 $t=0.8\text{mm}$。
3. 计算图 3-187 所示筒形工件的下料尺寸、拉深 次数和半成品尺寸。已知料厚为 2mm，材料为 10 钢。

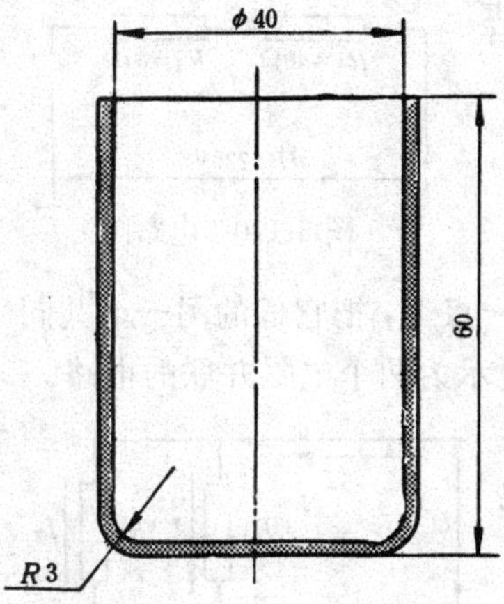

图 3-185　筒形工件（二）

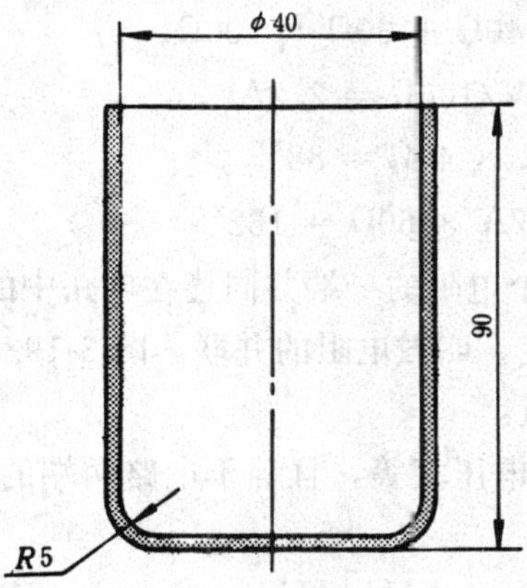

图 3-186　筒形工件（三）

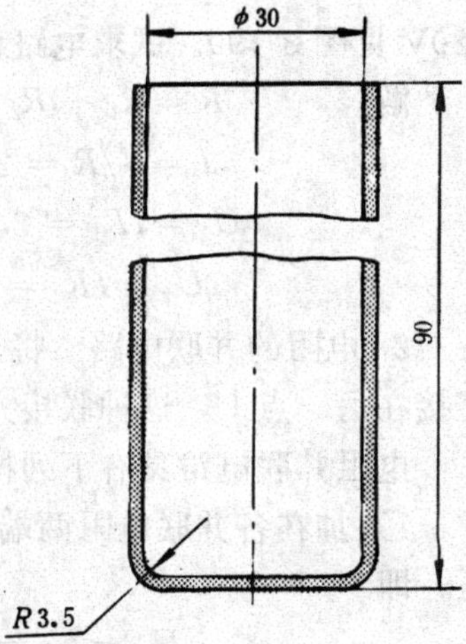

图 3-187　筒形工件（四）

3.9　电工基础

3.9.1　欧姆定律

欧姆定律确定了部分电阻电路中电流、电压和电阻三者之间的关系：流过导体的电流 I 与这段导体两端的电压 U 成正比、与这段导体的电阻 R 成反比。用公式表示

$$I = U/R$$

式中　I——导体中的电流（A）；

U——导体两端的电压（V）；

R——导体的电阻（Ω）。

用电压表与负载并联，电流表与负载串联，可测得负载的电压值和电流值，见图 3-188。

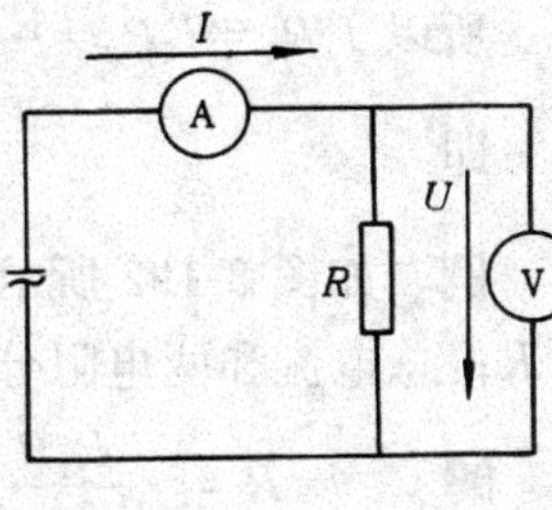

图 3-188　电路图

例　电路中的测量仪表指示电压 $U=40\text{V}$，负载电阻 $R=2.5\Omega$，试求通过的电流 I。

解　　$I=U/R=40\text{V}/2.5\Omega=16\text{A}$

3.9.2　电阻的串联和并联

1. 电阻的串联电路　几个电阻依次连接，中间没有分岔支路的联接方式叫电阻的串联。如图 3-189 所示为两个电阻的串联电路。

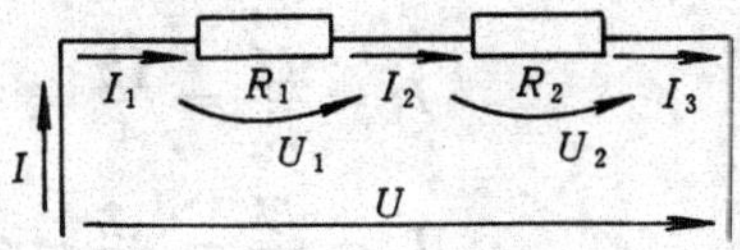

图 3-189　串联电路

串联电路具有以下特点：

1）流过各串联电阻的电流为同一电流。即

$$I = I_1 = I_2 = \cdots\cdots = I_n$$

2）串联电路两端的总电压等于各电阻两端分电压之和。即

$$U = U_1 + U_2 + \cdots\cdots + U_n$$

3）串联电路的总电阻等于各串联电阻之和，即

$$R = R_1 + R_2 + \cdots\cdots + R_n$$

4）各串联电阻两端的电压与其电阻的阻值成正比。即 $U_1/R_1=U_2/R_2=\cdots\cdots=U/R=I$

例　电阻 $R_1=40\Omega$，$R_2=60\Omega$ 以串联的方法接在电路中。串联电路两端的总电压 $U=$

220V 见图 3-190。试求电路总电阻，电路电流和两电阻的分电压？

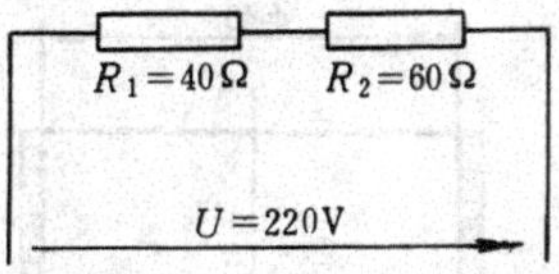

图 3-190　电路图

解　$R=R_1+R_2=40\Omega+60\Omega=100\Omega$。

$I=U/R=220\text{V}/100\Omega=2.2\text{A}$

$U_1=IR_1=2.2\text{A}\times40\Omega=88\text{V}$

$U_2=IR_2=2.2\text{A}\times60\Omega=132\text{V}$

2. 电阻的并联电路　将几个电阻的一端共同连在电路中的一点上，把它们的另一端共同连接在另一点上，这种联接方式，叫做电阻的并联。图 3-192 所示为两个电阻并联的电路。

电阻并联电路具有下列特点：

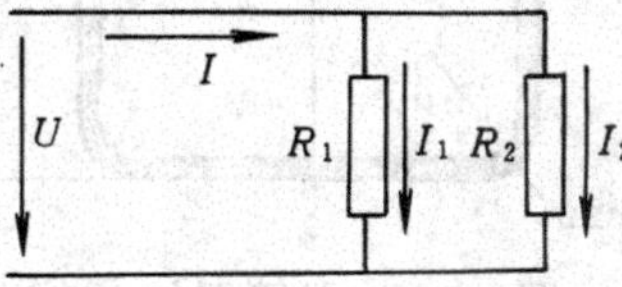

图 3-191　并联电路（一）

1）加在各并联电阻两端的电压相等，且等于电路两端的电压，即

$$U_1=U_2=\cdots\cdots=U_n=U$$

2）电路的总电流等于各并联电阻分电流之和。即

$$I=I_1+I_2+\cdots\cdots+I_n$$

3）并联电路总电阻值的倒数等于各电阻值的倒数之和，即

$$\frac{1}{R}=\frac{1}{R_1}+\frac{1}{R_2}+\cdots\cdots+\frac{1}{R_n}$$

如果是两个电阻并联，则 $R=\frac{R_1R_2}{R_1+R_2}$

4）　流过各并联电阻上的电流与其阻值成反比。

由于 $U_1=I_1R_1$；$U_2=I_2R_2$；$\cdots\cdots U_n=I_nR_n$

又　$U_1=U_2=\cdots\cdots=U_n=U$

所以 $I_1R_1=I_2R_2=\cdots\cdots=I_nR_n=IR$

即　$$\frac{I_1}{I_2}=\frac{R_2}{R_1};\quad \frac{I_2}{I_n}=\frac{R_n}{R_2};\quad \frac{I_n}{I}=\frac{R}{R_n}$$

例　如图 3-192 所示并联电路中 $R_1=4\Omega$，$R_2=6\Omega$，电路的两端电压 $U=12$V，试求总电阻 R；总电流和两电阻分别通过的电流 I_1 和 I_2。

解　$$R=\frac{R_1R_2}{R_1+R_2}=\frac{4\times6}{4+6}=2.4\Omega$$

$$I=\frac{U}{R}=\frac{12}{2.4}=5\text{A}$$

$$I_1=\frac{U}{R_1}=\frac{12}{4}=3\text{A}$$

$$I_2=\frac{U}{R_2}=\frac{12}{6}=2\text{A}$$

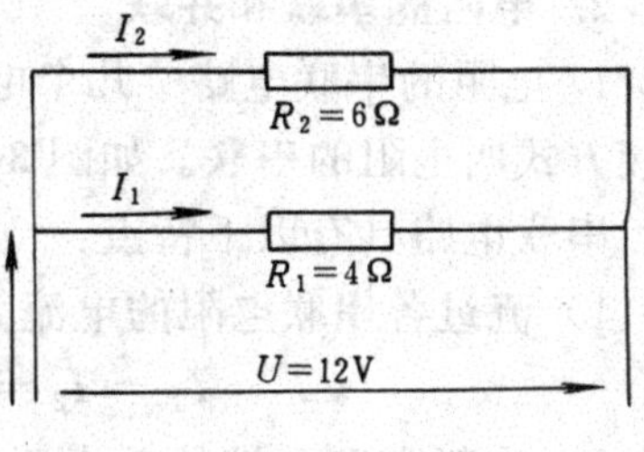

图 3-192　并联电路（二）

3.9.3　电阻

电阻是表示导体对电流起阻碍作用的物理量。若导体两端电压为 1V，导体中通过的电流是 1A，则该导体的电阻就是 1Ω。导体的电阻是客观存在的，除测量外还可计算。实验证明导体的电阻在温度不变的情况下与它的长度 L 成正比，与它的横截面积 A 成反比，且与导体的材料有关，用公式表示

$$R=\frac{\rho L}{A}$$

式中　ρ表示导体的电阻率，由导体的材料决定，单位是欧・米（Ω・m）对部分导体在一定温度下，电阻率见表 3-35。

表 3-35　部分导体（20℃时）**的电阻率 ρ**　　（Ωm）

材料名称	电阻率	材料名称	电阻率
铝	2.8×10^{-8}	镍铬铁	112×10^{-8}
银	1.65×10^{-8}	铝铬铁	137×10^{-8}
铜	1.78×10^{-8}	锰铜	43×10^{-8}
钨	5.5×10^{-8}	金康铜	50×10^{-8}

例　铜导线直径为 1mm，具有的电阻值为 3.5Ω，求其长度。

解　铜导线截面积　$A=\frac{\pi}{4}d^2=\frac{3.14}{4}\times1^2=0.785\text{mm}^2$

因为　$R=\rho L/A$

所以　$L=RA/\rho=\frac{3.5\Omega\times0.785\text{mm}^2}{1.78\times10^{-8}\Omega\cdot\text{m}}=154\text{m}$

3.9.4　电功与电功率

1. 电功　电流通过负载时能做功，这时电能将转换为其他形式的能量，如光能、热能、机械能等。

电流所做的功简称为电功，以符号 W 表示，它与电路的两端电压，电路中的电流强度以及通电的时间成正比。用公式表示：

$$W=IUt$$

式中　W——电功（J）；

I——电流强度（A）；

U——电压（V）；

t——时间（s）。

电功的实用单位是千瓦小时（kW・h），俗称“度”。它表示功率为 1 千瓦的用电器在 1 小时中所消耗的电能。即

$$1\text{度}=1\text{kW}\cdot\text{h}=3.6\times10^6\text{Ws}=3.6\times10^6\text{J}$$

例 1　某家用电器接在 220V 直流电源上，流过它的电流为 0.2A，如果家用电器每天使用 4h，那么每月消耗多少电能？

解　$W=IUt=0.2\times220\times30\times4$

$=5280\text{Wh}=5.28\text{kWh}$

2. 电功率

1）单位时间内电流所做的功称为电功率，以符号 P 表示。纯电阻负载的电路中，其电功率用公式表示：　$P=W/t=IUt/t=IU$

也可写成：　$P=I^2R$　或　$P=U^2/R$

式中　P——功率　瓦特（W）；

I——电流强度（A）；

U——电压（V）；

R——电阻（Ω）；

t——时间（s）。

例 2　直流电机的电阻值 $R=4\mathrm{k}\Omega$，若通的电流强度 $I=0.3\mathrm{A}$，试求电机的耗电功率。

解　$P=I^2R=(0.3)^2\times4000=360\mathrm{W}$

例 3　直流电动机的铭牌如图 3-193 所示，电动机电压 $U=220\mathrm{V}$，电流 $I=23\mathrm{A}$。试求电网对电动机的输入功率 P。

<table>
<tr><td colspan="6">× × × 电 动 机</td></tr>
<tr><td colspan="4">型号</td><td colspan="2">编号</td></tr>
<tr><td colspan="2">4.2kW</td><td colspan="4">23A</td></tr>
<tr><td>220V</td><td colspan="2">1800r/min</td><td colspan="3">LW82dB</td></tr>
<tr><td>接法</td><td colspan="2">防护等级 IP44</td><td colspan="2">50Hz</td><td>kg</td></tr>
<tr><td>标准编号</td><td colspan="2">工作制 SI</td><td colspan="2">B 级绝缘</td><td>年　　月</td></tr>
<tr><td colspan="6">× × 电 机 厂</td></tr>
</table>

图 3-193　直流电动机铭牌

解　$P=UI=220\times23=5060\mathrm{W}=5.1\mathrm{kW}$

2）在具有电感和电容的电路中所求的是有功功率，与功率因素 $\cos\varphi$ 有关，这时有功功率用公式表示：

$$P=UI\cos\varphi$$

式中　P——有功功率（W）；

U——总电压（V）；

I——电流（A）；

φ——电压与电流之间的相位差（°）。

纯电阻负载的功率因数最高，即 $\cos\varphi=1$ 而具有电感和电容的负载电路的功率因数则小于 1。工农业上广泛使用的交流电动机即为电感性负载，其满载时的功率因数在 0.7～0.9 之间，而在空载或轻载时的功率因数就很低。电路的功率因数低，对电力系统的运行是不利的。

例 4　交流电动机的电源电压为 220V，电流为 7.25A，此电动机满载时功率因数 $\cos\varphi=0.85$，试求此电动机有功功率。

解　$$P=UI\cos\varphi=220\mathrm{V}\times7.25\mathrm{A}\times0.8=1.36\mathrm{kW}$$

3）在三相交流电路中，三相负载消耗的总功率应为各相负载消耗的功率之和，其总的有功功率公式可表示为：

$$P=\sqrt{3}UI\cos\varphi$$

式中　P——总的有功功率（W）；

U——火线与火线间的电压，线电压（V）；

I——流过每根火线的电流，线电流（A）；

φ——电压与电流间相位差（°）。

例 5　将一台三相电动机接在线电压为 380V 的三相电源中，已知功率因数 $\cos\varphi=0.75$，电机的最大输出功率 3kW，电动机效率 $\eta=0.82$，试求电动机的额定电流。

解 输入电动机功率 $P_1=P_2/\eta=\dfrac{3}{0.82}=3.66\text{kW}$

电动机额定电流 $I=\dfrac{P_1}{\sqrt{3}U\cos\varphi}=\dfrac{3.66}{\sqrt{3}\times380\text{V}\times0.75}=7.41\text{A}$

习　题

1. 如图 3-194 所示的电路图，已测得电流值 $I=6.4\text{A}$，电源电压为 220V，试求电路上负载的电阻 R。

2. 在电源电压 $U=12\text{V}$ 的直流电路上分别接入电阻为 20Ω，40Ω，50Ω，60Ω，80Ω，100Ω，和 120Ω。试求各电流值并作出电阻-电流的线图。横坐标每单位长度为 20Ω，纵坐标每单位长度为 0.1A。

3. 在串联电路中 $R_1=4\Omega$、$R_2=3.5\Omega$，路端电压 $U=12\text{V}$。试求总电阻和各电阻上的分电压。

4. 标有电压为 12V，电流为 0.5A 的白炽灯接进电压为 48V 的电路中，如图 3-195 所示。试问要串联进电阻为多大的负载才能使原白炽灯正常工作？原白炽灯的电阻 R_V 为多少？

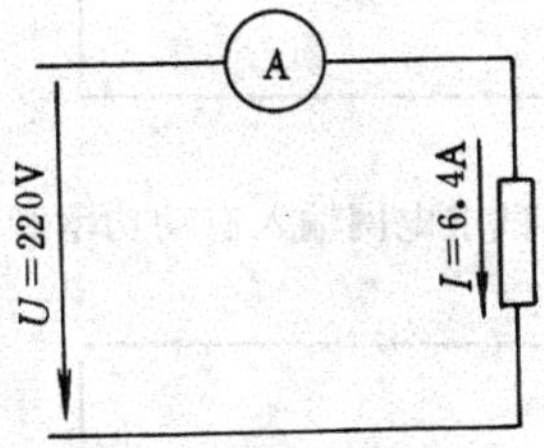

图 3-194　电路图

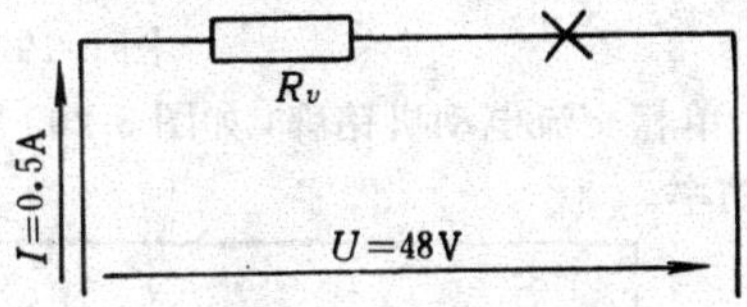

图 3-195　串联电路

5. 三个电阻并联后接于电压为 $U=100\text{V}$ 的电路中，总电流 $I=2\text{A}$，分电阻 $R_1=80\Omega$，$R_2=200\Omega$，见图 3-196 试求分电流 I_1，I_2，I_3 和分电阻 R_3。

6. 四个电阻并联于电路电压为 $U=25\text{V}$ 的电路中。电阻 R_4 中通过电流是 40mA，如图 3-197 所示。若四个电阻等值，求各电阻值及总电流 I。

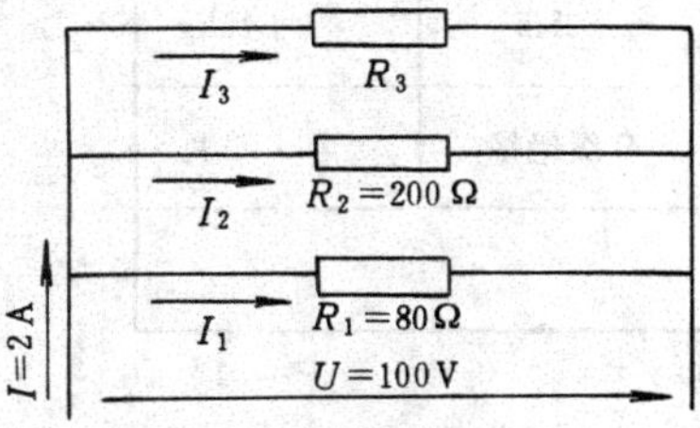

图 3-196　并联电路（一）

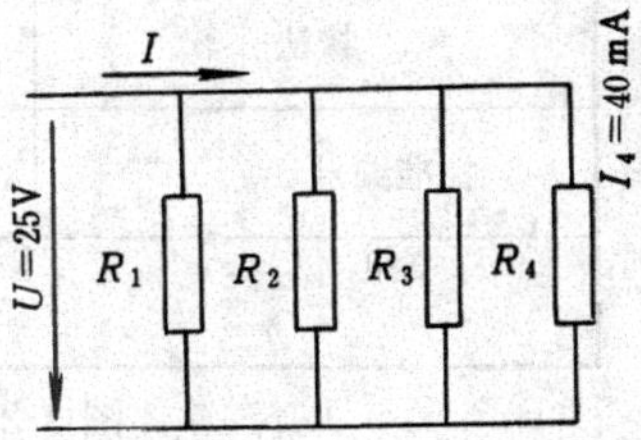

图 3-197　并联电路（二）

7. 横截面为 1mm^2 的铜线长 44m，试求其电阻值。

8. 直径为 0.1mm 的锰铜线，需多少长度时，它的电阻值才为 100Ω。

9. 直流电动机的铭牌如图 3-198 所示，求其输入的电功率和电动机效率。

<table>
<tr><td colspan="4">直　流　电　动　机</td></tr>
<tr><td colspan="3">型号</td><td>编号</td></tr>
<tr><td colspan="2">14.85kW</td><td colspan="2">75A</td></tr>
<tr><td>220V</td><td>1200r/min</td><td colspan="2">LW82dB</td></tr>
<tr><td>接法</td><td>防护等级 IP44</td><td>50Hz</td><td>kg</td></tr>
<tr><td>标准编号</td><td>工作制</td><td>B 级绝缘</td><td>年　月</td></tr>
<tr><td colspan="4">×　×　电　机　厂</td></tr>
</table>

图 3-198　直流电动机铭牌

10. 家用电炉的功率规格有750W，1500W和2000W。现家用电压220V，电表10A，家中已有电熨斗450W的一台。二盏60W的电灯和一只100W的台灯，问选用何种规格电炉合适？

11. 单相交流电动机铭牌如图3-199所示，试求电动机的效率。

电　动　机			
型号		编号	
0.24kW		14　A	
220V	1400r/min	LW82dB	
接法	防护等级 IP44	50Hz	kg
标准编号	工作制 SI	B级绝缘	年　月
×　×　电　机　厂			

图3-199　单相交流电动机铭牌（一）

12. 单相交流电动机铭牌，如图3-200所示，电动机的效率 $\eta=90\%$，试求电网输入有功功率和电机输出的有功功率。

电　动　机			
型号		编号	
3kW		14A	
220V	1430r/min	LW82dB	
接法	防护等级 IP44	50Hz	45kg
标准编号	工作制 SI	B级绝缘	年　月
×　×　电　机　厂			

图3-200　单相交流电动机铭牌（二）

13. 三相交流电动机铭牌，如图3-201所示，试求电网输入有功功率和电动机的效率 η。

电　动　机			
型号		编号	
15kW		30.5A	
380V	960r/min	LW82dB	
接法	防护等级 IP	50Hz	45kg
标准编号	工作制 SI	B级绝缘	年　月
×　×　电　机　厂			

图3-201　三相交流电动机铭牌（一）

14. 三相交流电动机的铭牌如图 3-202 所示，试求电网输入的有功功率和电动机的效率。

电 动 机			
型号		编号	
0.55kW		1.2A	
380V	3380r/min	LW82dB	
接法△	防护等级 IP44	50Hz	45kg
标准编号	二作制 SI	B 级绝缘	年 月
× × 电 机 厂			

图 3-202 三相交流电动机铭牌（二）

15. 按照如图 3-203 所示的直流电动机铭牌的数据使用电动机 6.5h，若 0.40 元/kW · h，求费用？

电 动 机			
型号		编号	
2.8kW		18A	
220V	1400r/min	LW82dB	
接法	防护等级 IP44	50Hz	kg
标准编号	工作制 SI	B 级绝缘	年 月
× × 电 机 厂			

图 3-203 直流电动机铭牌

16. 按照如图 3-204 所示的三相交流电动机的铭牌数据，若使用此电动机 8h20min，而 0.21 元/kW · h 求费用？

电 动 机			
型号		编号	
7.0kW		15.8A	
380V	1440r/min	LW82dB	
接法△	防护等级 IP44	50Hz	45kg
标准编号	工作制 SI	B 级绝缘	年 月
× × 电 机 厂			

图 3-204 三相交流电动机铭牌（三）

3.10 数控计算

从数控机床的工作原理可知，要在数控机床上加工工件，首先必须根据图样按机床数控系统的要求编制零件的加工程序，进行校核无误后将程序输入机床才能进行加工。

在程序编制过程中需要把工件的工艺参数和各坐标位移数值等以数字信息形式记录在控制介质上，用来控制机床完成零件加工工作。在这一过程中数值计算的内容，也即计算有关点的坐标值就显得格外重要。

3.10.1 坐标系确定

1. 直角坐标系　在直角坐标系中，x、y、z 三根轴相互垂直可用右手定则确定，见图 3-205。

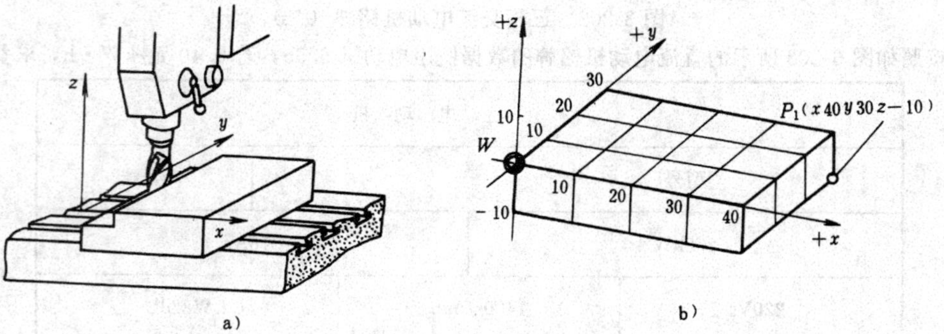

图 3-205　直角坐标系

空间任意一点与轴的数据一一对应。

2. 极坐标系　在极坐标系中，用任意一点到坐标原点的长度 R 和此量所在直线与轴线夹角 θ 来确定平面上的点，若是空间还要加上一旋转角度，见图 3-206。

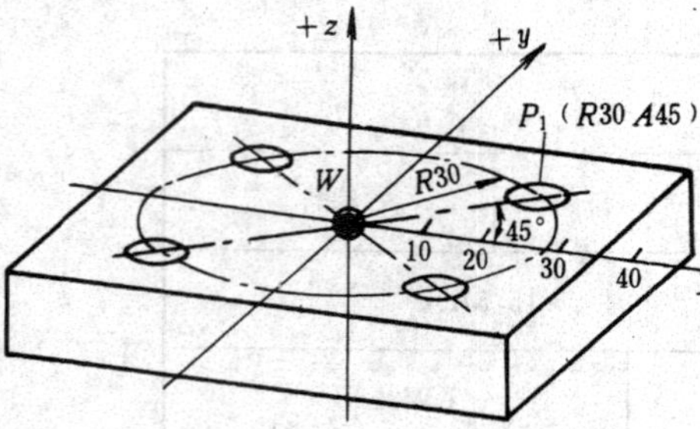

图 3-206　极坐标系

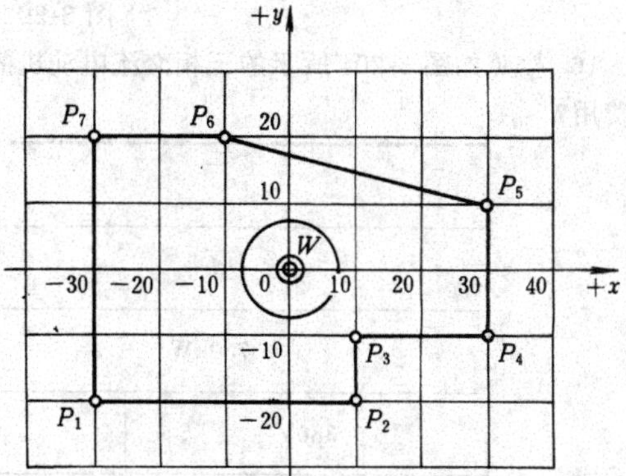

图 3-207　直角坐标系例题

3. 绝对坐标和相对（增量）坐标　在数控编程时，所有坐标点均以机床零点计算，称绝对坐标。若加工运动轨迹的终点坐标相对于其起点来计量的坐标，且与机床零点无关，称为相对（增量）坐标。

例 1　试在直角坐标系中，用绝对坐标和相对坐标表示，如图 3-207 所示的 $P_1 \sim P_7$ 的交点坐标值。

解

交点	绝对坐标值	相对坐标值
P_1	x：−30，y：−20	x：−30，y：−20
P_2	x：10，y：−20	x：40，y：0
P_3	x：10，y：−10	x：0，y：10
P_4	x：30，y：−10	x：20，y：0
P_5	x：30，y：10	x：0，y：20
P_6	x：−10，y：20	x：−40，y：10
P_7	x：−30，y：20	x：−20，y：0

例 2 试在极坐标系中，用绝对坐标和相对坐标表示如图 3-208 所示的 P_1～P_5 的孔的坐标值。

解

交点	绝对坐标值	相对坐标值
P_1	x：20，y：30	x：20，y：30
P_2	R：75，θ：−15	R：75，θ：−15
P_3	R：75，θ：0	R：75，θ：15
P_4	R：75，θ：35	R：75，θ：35
P_5	R：75，θ：70	R：75，θ：35

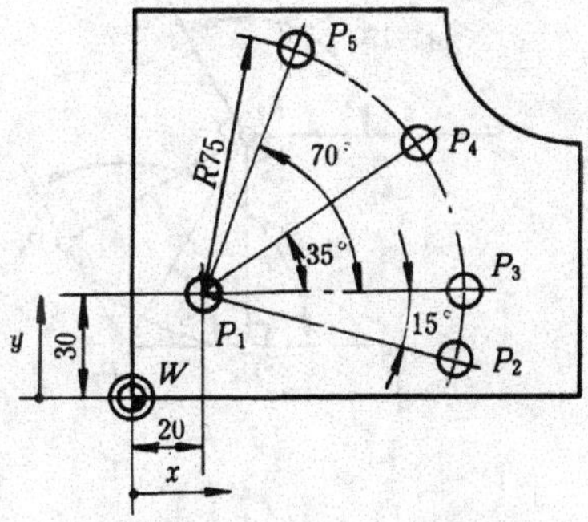

图 3-208 数控铣床加工冲孔模

3.10.2 零件轮廓的程序编制初步

根据零件图样，在决定了加工路线后，需要计算出数控系统所要输入的数据。一个零件的轮廓可以有不同的几何元素组成，如直线、圆弧以及特形曲线等。各个几何元素间联结点称为基点。基点的坐标是编程中重要数据。

基点的坐标值除了前面比较直观地可以写出外，还可以根据图样上给定的尺寸和三角函数、几何或代数的方法来求得。常用的基本定理有：

1）两平行直线被第三条直线相截，则对顶角、同位角相等、内错角之和为 180°。

2）三角形内角之和为 180∘；直角三角形的两锐角和为 90°。

3）两相似三角形的对应比成比例。

4）从某点出发的两条射线，被平行线所截的线段成比例，即射线定理。

5）直角三角形的斜边的平方，等于两直角边的平方和。

例 1 在数控铣床上要铣削如图 3-209a 所示的零件，铣刀直径为 d。试求：

1）如图 3-209b 所示 γ 和 δ 的角度。

2）如图 3-209c 所示 γ 和 β 的角度。

3）如图 3-209d 所示 γ、β 和 δ 的角度。

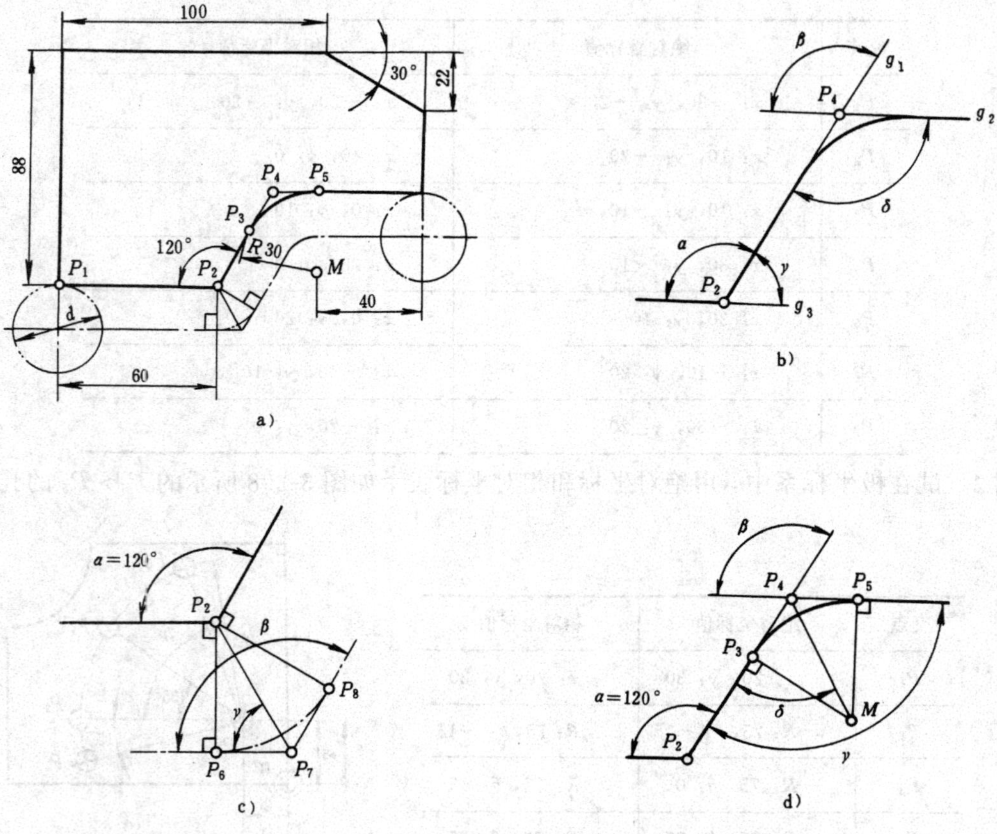

图 3-209　数铣零件图

解　1)　α 和 β 是同位角，$\beta=\alpha=120°$

δ 和 β 是对顶角，$\delta=\beta=120°$

γ 和 δ 是内错角，$\gamma=180°-\delta=60°$

2)　β 和 α 是同位角，$\beta=\alpha=120°$

γ 为 β 的半角，$\gamma=\beta/2=60°$

3)　β 和 α 是同位角，$\beta=\alpha=120°$

β 和 γ 是对顶角，$\gamma=\beta=120°$

δ 是 γ 的半角 $\delta=\gamma/2=60°$

例 2　车削圆锥体如图 3-210 所示。若每一次背吃刀量（切削深度）$a_p=4$mm，求图中 x 的值。

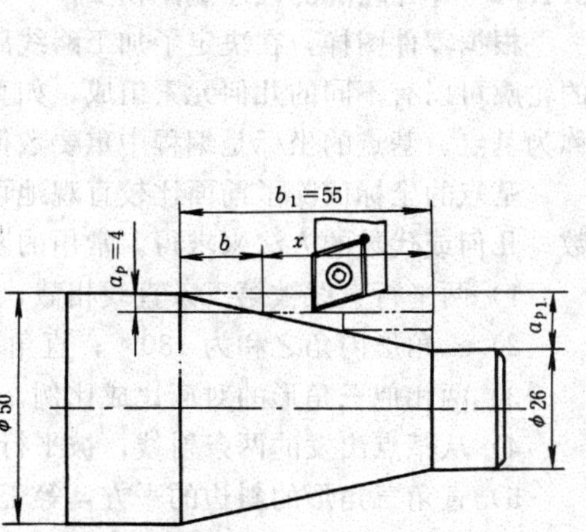

图 3-210　圆锥体车削

解

$$\frac{a_p}{a_{p_1}}=\frac{b}{b_1};\quad b=\frac{a_p b_1}{a_{p_1}}$$

$$a_{p_1}=\frac{D-d}{2}=\frac{50-26}{2}=12\text{mm}$$

$$b=\frac{4\times 55}{12}=18.33\text{mm}$$

$$x=b_1-b=55-18.33=36.67\text{mm}$$

3.10.3 直线轮廓零件的程序编制

在直线轮廓零件的程序编制中，除了确定零件上每个基点的坐标值外，还要考虑刀具相对于工件运动的轨迹，即加工路线。并要计算出加工路线中刀具中心在拐角处的坐标值。

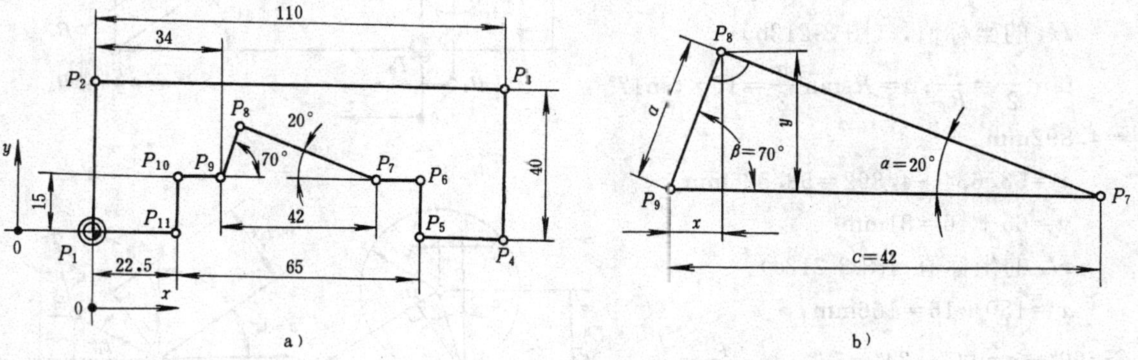

图 3-211 直线轮廓零件

例 1 如图 3-211a 所示零件，其轮廓均为直线组成。试求图中 $P_1 \sim P_{11}$ 的绝对坐标值和相对坐标值。

解 先求出如图 3-211b 中 P_8 的 x、y 值

$$\sin\alpha = \frac{a}{c} \quad a = c \quad \sin\alpha = 42 \times \sin 20° = 14.365\text{mm}$$

$$\sin\beta = \frac{y}{a} \quad y = a \quad \sin\beta = 14.365 \times \sin 70° = 13.499\text{mm}$$

$$\cos\beta = \frac{x}{a} \quad x = a \quad \cos\beta = 14.365 \times \cos 70° = 4.913\text{mm}$$

再求出图 3-211a 中 $P_1 \sim P_{11}$ 的坐标值，列表如下：

交点	绝对坐标值	相对坐标值
P_1	x：0，y：0	x：0，y：0
P_2	x：0，y：40	x：0，y：40
P_3	x：110，y：40	x：110，y：0
P_4	x：110，y：0	x：0，y：−40
P_5	x：87.5，y：0	x：−22.5，y：0
P_6	x：87.5，y：15	x：0，y：15
P_7	x：76，y：15	x：−11.5，y：0
P_8	x：38.913，y：28.499	x：−37.087，y：13.499
P_9	x：34，y：15	x：−4.913．y：−13.499
P_{10}	x：22.5，y：15	x：−11.5，y：0
P_{11}	x：22.5，y：0	x：0，y：−15

例 2 铣削直线轮廓的板状零件如图 3-212 所示。铣刀直径 32mm，试求铣刀加工路线中，

$H_1 \sim H_5$ 各点的坐标值。R_F 称等高线，为铣刀直径的一半。

解 H_1、H_2 的坐标值（图 3-212a），

H_1 的坐标值，x：-16、y：-16

H_2 的坐标值，x：-16、y：81

H_3 的坐标值，（图 3-212b）

$\tan\dfrac{\alpha}{2}=\dfrac{a}{R_F}$；$a=R_F\tan\dfrac{\alpha}{2}=16\times\tan17^\circ=4.892\text{mm}$

$x=53.634+4.892=58.526\text{mm}$

$y=65+16=81\text{mm}$

H_4 的坐标值（图 3-212c）

$x=150+16=166\text{mm}$；

$\beta=90^\circ-\alpha=90^\circ-34^\circ=56^\circ$，$\tan\dfrac{\beta}{2}=\dfrac{b}{R_F}$

$y=b=R_F\tan\dfrac{\beta}{2}=16\times\tan28^\circ=8.507\text{mm}$

H_5 的坐标值是：x：166mm，y：-16mm

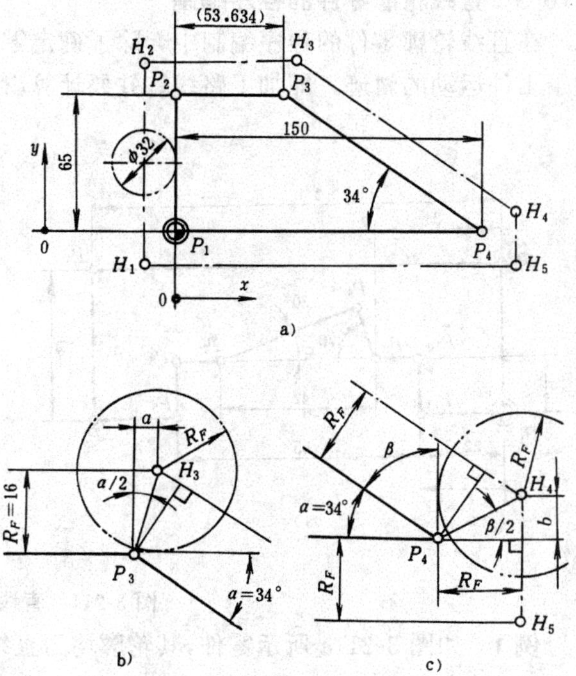

图 3-212 铣削直线轮廓板

3.10.4 圆弧轮廓的零件程序编制。

带圆弧轮廓的零件在编程中要确定圆弧中心，对于直角坐标轴的 x、y、z 方向分别用符号 I、J、K 的值来表示，如图 3-213 所示。并找出零件上圆弧的起始点和终点。通常圆心位置在圆弧起点的相应坐标轴的正方向时，I、J、K 取正值，反之取负值。

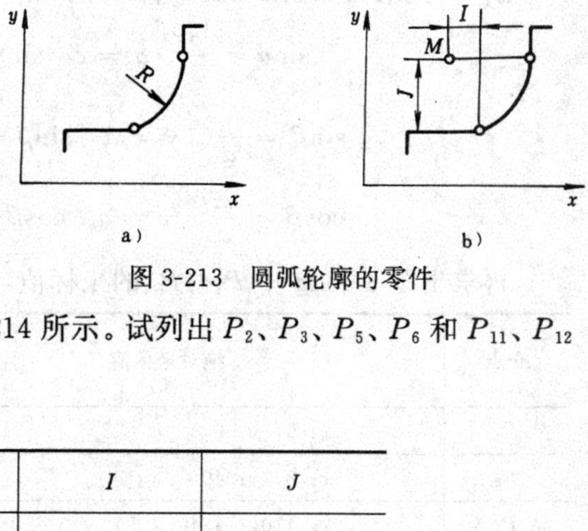

图 3-213 圆弧轮廓的零件

例 带圆弧轮廓零件的加工路线图。如图 3-214 所示。试列出 P_2、P_3、P_5、P_6 和 P_{11}、P_{12} 三段圆弧起始点和终点坐标及各圆弧中心。

解

基点	x	y	I	J
P_2	x：300	y：0		
P_3	x：400	y：100	I：100	J：0
P_5	x：670	y：250		
P_6	x：820	y：250	I：75	J：0
P_{11}	x：600	y：550		
P_{12}	x：200	y：550	I：-200	J：-346

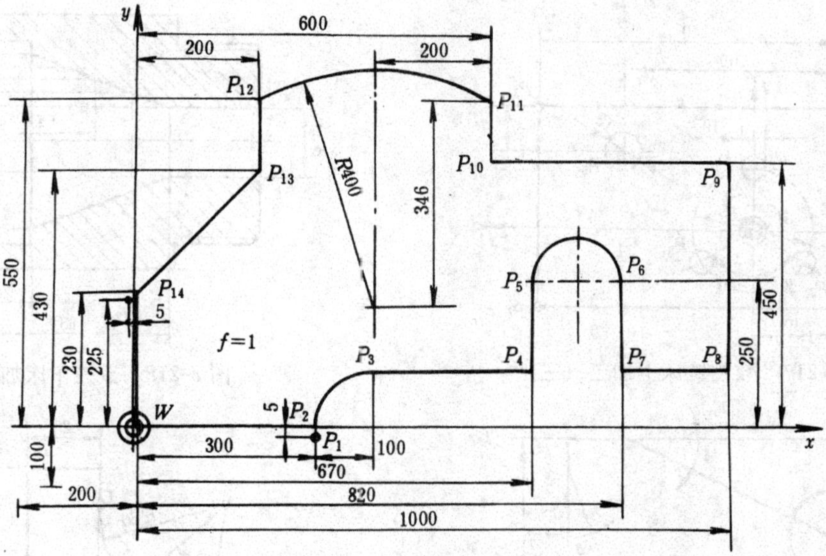

图 3-214　铣削圆弧零件

习　题

1. 在数控铣床上加工如图 3-215 所示零件，在直角坐标系中用绝对坐标表示 $P_1 \sim P_5$ 的坐标值。

2. 如图 3-216 所示零件在直角坐标系中分别用绝对坐标，相对坐标及零点从 W 移到 W_1 后三种情况表示 $P_1 \sim P_8$ 的坐标值。可列表。

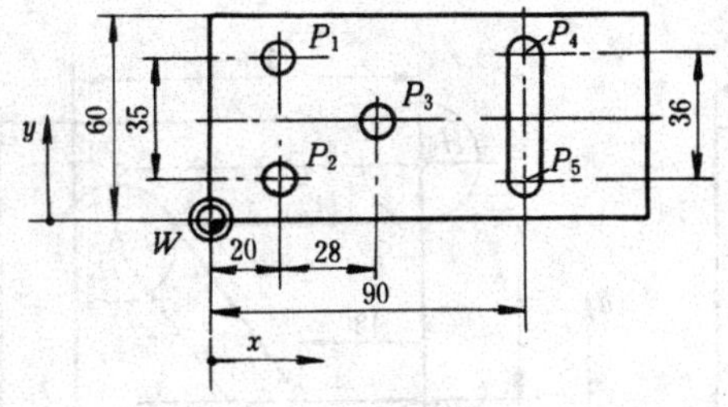

图 3-215　数控铣床上加工（一）

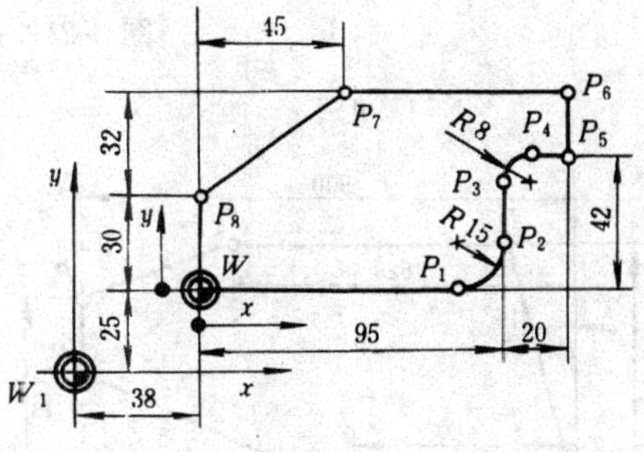

图 3-216　数控铣床上加工（二）

3. 如图 3-217 所示零件在数控铣床上加工，试在直角坐标系中表示 $P_1 \sim P_5$ 相对坐标值，并在极坐标系中表示 $P_6 \sim P_8$ 的坐标值。

4. 数据车床加工如图 3-218 所示零件的锥形内孔，如果走给次数 $i=3$，试求图中 x_1、x_2。

5. 试分别计算如图 3-219 所示零件中 α、β、γ 和 δ 的值。

6. 如图 3-220 所示为直线轮廓的零件图，试在直角坐标系中写出 $P_1 \sim P_6$ 的绝对坐标值，要求有计算过程。

7. 如图 3-221 所示铣削板件，铣刀直径为 120mm，试求铣刀中心轨迹中 $H_1 \sim H_5$ 的坐标值。要求有计算过程。

8. 数控车床上加工如图 3-222 带圆弧的零件。试求出 $P_0 \sim P_4$ 的坐标值和圆弧中心 M 的坐标值。

9. 数控铣床上加工如图 3-223 所示带圆弧的槽，试求出 $P_1 \sim P_6$ 的坐标值和圆弧中心 M_1、M_2 的圆心坐标值。

10. 如图 3-224 所示零件具有带圆弧的槽，若在数控机床上加工，试求出 $P_1 \sim P_4$ 的坐标值和圆弧中心的坐标值。

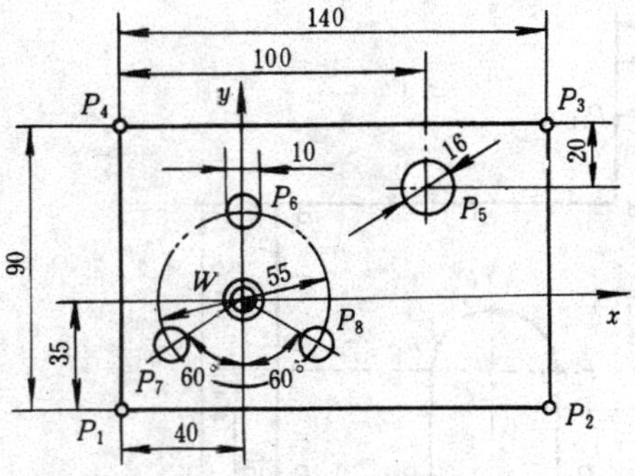

图 3-217 数控铣床上加工（三）

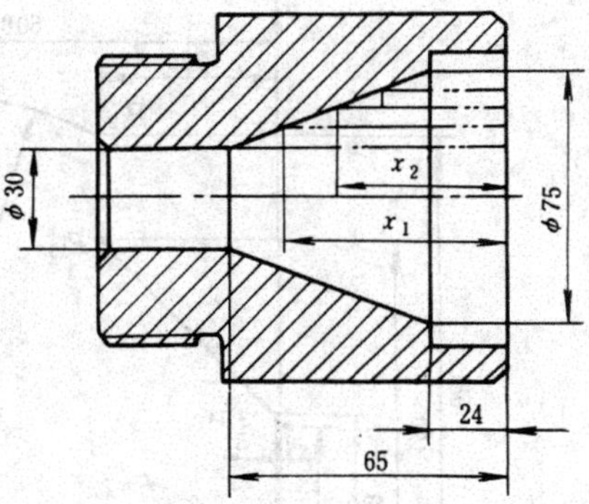

图 3-218 数控车床加工

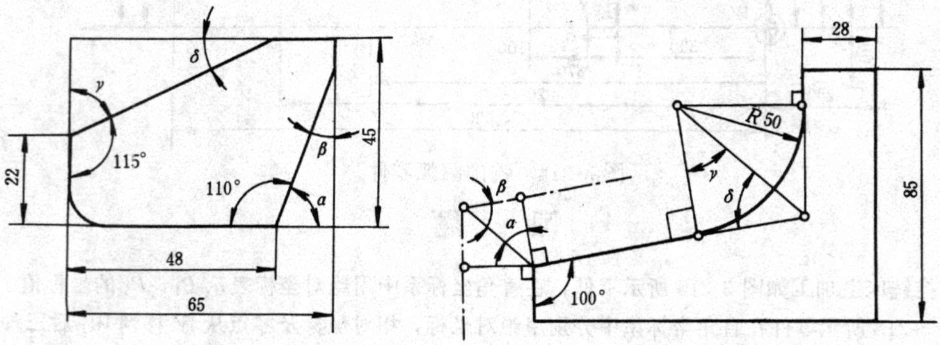

a） b）

图 3-219 计算 α、β、γ、δ 角度值

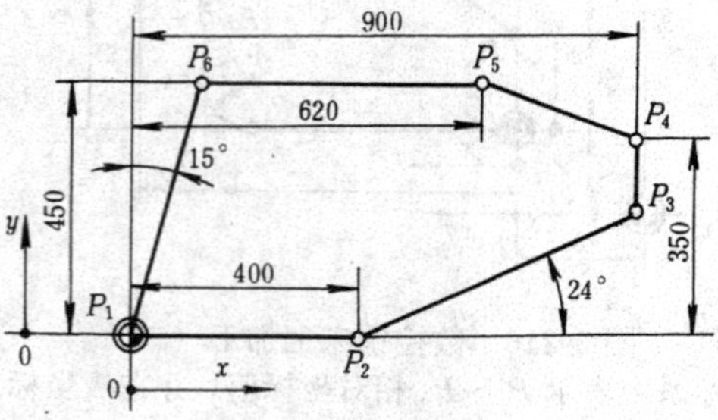

图 3-220 直线轮廓零件图

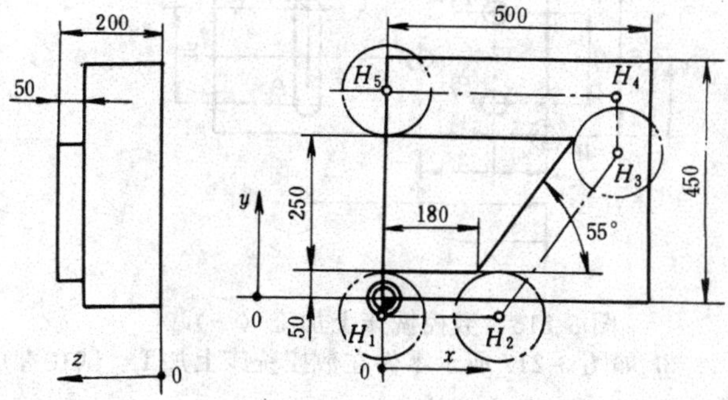

图 3-221 铣削板件

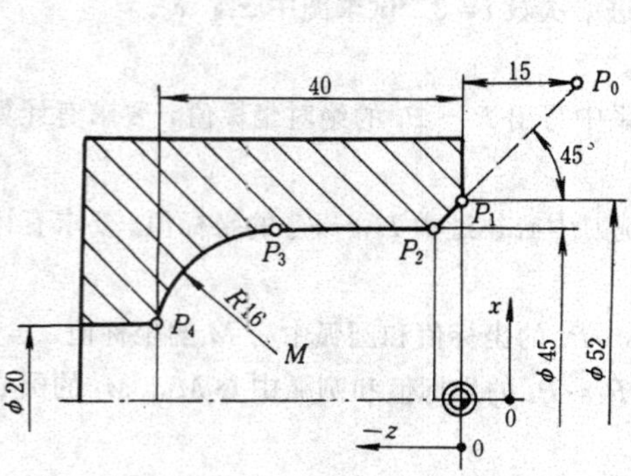

图 3-222 数控车削带圆弧零件

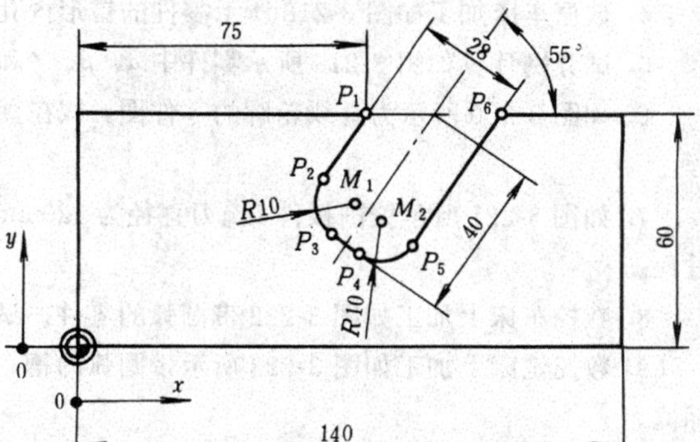

图 3-223 数控铣削圆弧槽（一）

11. 铣削内孔零件如图 3-225 所示，铣刀直径为 50mm，起始点为 P_1，试求加工路线中几个主要基点的坐标值和两圆弧中心的坐标值。

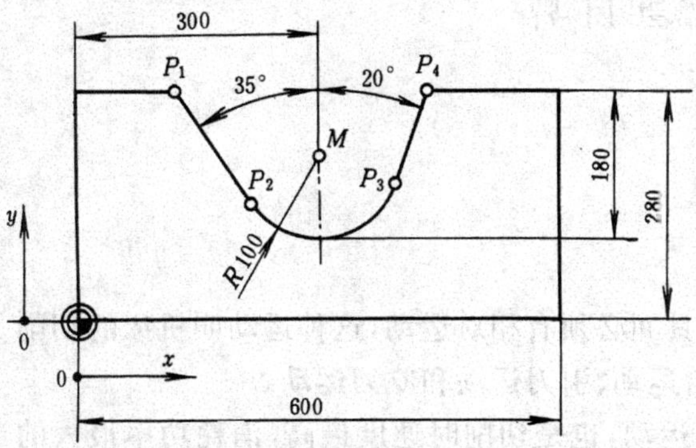

图 3-224　数控铣削圆弧槽（二）

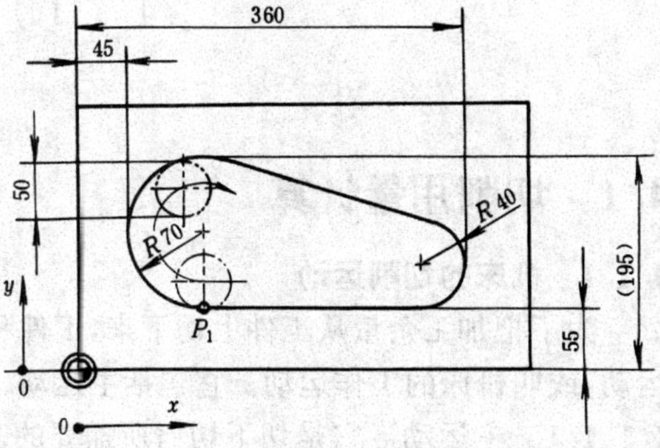

图 3-225　数控铣削内孔

4　工厂管理计算

4.1　切削用量计算

4.1.1　机床的切削运动

为了把加工余量从工件上切下来，工件和刀具间必须有相对运动，这种运动叫机床的切削运动，或叫机床的工作运动。它包括主运动、进给运动、引刀运动和吃刀运动。

4.1.1.1　主运动　它是切下切屑所需要的基本运动，也是切削时速度最高，消耗功率最大的运动。它可以由工件，也可以由刀具完成，可以是旋转运动，也可以是直线运动。常见切削加工方法的主运动，见图 4-1 和表 4-1。

4.1.1.2　进给运动　它是使切削能连续或反复进行下去所需的运动。当主运动为旋转运动时，进给运动是连续的；当主运动为直线运动时，进给运动是断续的；拉削加工没有进给运动。

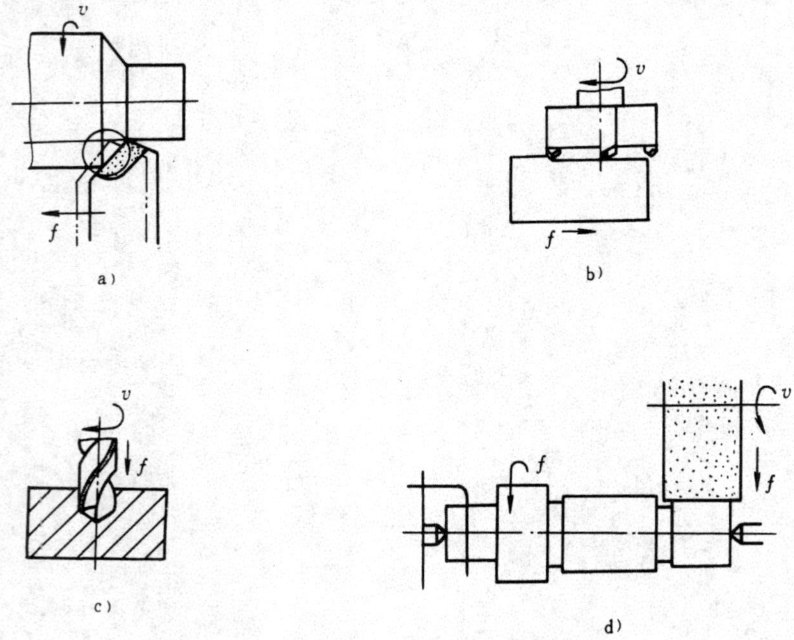

图 4-1　典型机床的切削运动

a)车削　b)铣削　c)钻削　d)磨削

表 4-1　典型机床的切削运动

机床名称	主运动	进给运动	机床名称	主运动	进给运动
卧式车床	工件旋转运动	车刀纵向、横向、斜向直线移动	龙门刨床	工件往复移动	刨刀横向、垂向、斜向间歇移动
钻床	钻头旋转运动	钻头轴向移动	外圆磨床	砂轮高速旋转	工件转动，同时工件往复移动或砂轮横向移动

（续）

机床名称	主运动	进给运动	机床名称	主运动	进给运动
卧、立铣	铣刀旋转运动	工件纵向、横向直线移动（有时也作垂向移动）	内圆磨床	砂轮高速旋转	工件转动，同时砂轮往复移动或砂轮横向移动
牛头刨床	刨刀往复移动	工件横向间歇移动或刨刀垂向、斜向间歇移动	平面磨床	砂轮高速旋转	工件往复移动，砂轮横向、垂向移动

4.1.1.3 引刀运动 切削前把刀具和工件送入工作位置的运动。如刀具快速趋近工件的运动。

4.1.1.4 吃刀运动 调整吃刀量和切屑厚度的运动。

4.1.2 切削用量 切削用量又称切削要素，它是表示主运动和进给运动大小的参数，包括切削速度、吃刀量、进给量以及切削层的几何参数。

4.1.2.1 切削速度 v 在单位时间内，工件和刀具沿主运动方向移动的距离。车削、铣削、钻削和磨削时的切削速度的计算公式是

$$v = \frac{\pi dn}{1000} (\text{m/min 或 m/s})$$

式中 d——工件加工表面（例如车削）或刀具（例如铣削）的最大直径（mm）；

n——工件（如车削）或刀具（如铣削）的转速（r/min 或 r/s）。

刨削或插削时的平均切削度的计算公式是

$$v = \frac{2Ln_r}{1000} \quad (\text{m/min})$$

式中 L——刀具（如牛头刨床）或工件（如龙门刨床）的行程（mm）；

n_r——刀具（例如牛头刨床）或工件（例如龙门刨床）每分钟往复运动的次数（往复行程/min）。

4.1.2.2 进给量 f 在主运动的一个循环或单位时间内，刀具和工件之间沿进给方向相对移动的距离。

车削时的进给量为工件转一转，刀具沿进给方向移动的距离（mm/r）；

铣削时的进给量的表示方法有：每齿进给量 f_z（mm/z）、每转进给量 f（mm/r）和每分钟进给量 v_f（m/min），即进给速度。它们的含义分别是铣刀每转过一个齿、一转时，工件与刀具在进给方向上的相对移动和单位时间内工件与刀具在进给方向上的相对位移。若铣刀的齿数为 z、转速为 n，则

$$f = f_z z$$

$$v_f = fn = f_z zn$$

4.1.2.3 吃刀量 a_p 工件上已加工表面和待加工表面之间的垂直距离（mm）。

车外圆、铣平面和钻孔时的吃刀量，见图 4-2。

例 1 车削直径为 70mm 的外圆，若选取 $n=180$r/min，求切削速度 v。

解

$$v = \frac{\pi dn}{1000} = \frac{3.14 \times 70 \times 180}{1000} = 40\text{m/min}$$

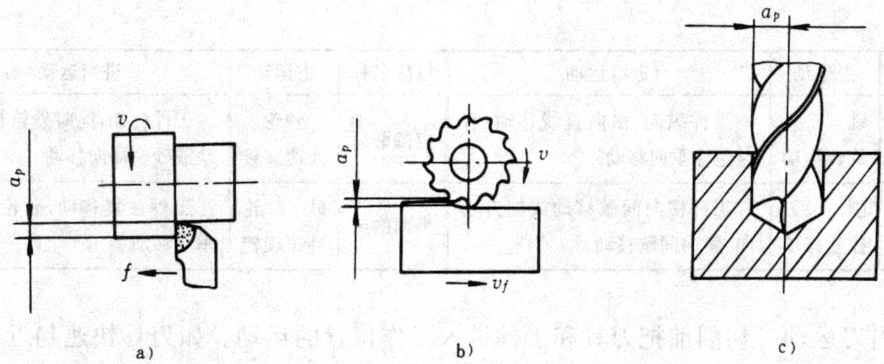

图 4-2 车外圆、铣平面和钻孔时的吃刀量

a)车外圆 b)铣平面 c)钻孔

例 2 已知铣削速度 $v=76\text{m/min}$，铣刀直径 $d=100\text{mm}$，求铣刀转速 n。

解

$$v=\frac{\pi dn}{1000}$$

$$n=\frac{1000v}{\pi d}=\frac{1000\times76}{3.14\times100}=242\text{r/min}$$

例 3 用直径 $d=120\text{mm}$ 的 6 齿圆盘铣刀铣平面，若选取切削速度 $v=90\text{m/min}$，进给速度 $v_f=0.072\text{m/min}$，求铣刀转速 n、每转进给量 f 和每齿进给量 f_z。

解

$$n=\frac{1000v}{\pi d}=\frac{1000\times90}{3.14\times120}\approx240\text{r/min}$$

$$v_f=fn$$

$$f=\frac{v_f}{n}=\frac{0.072\times1000}{240}=0.3\text{mm/r}$$

$$f_z=\frac{f}{z}=\frac{0.3}{6}=0.05\text{mm}$$

通常，如果知道了切削速度 v 和工件直径 d，可以根据图 4-3 查出工件转速 n。

如已知工件直径 $d=100\text{mm}$，若选取切削速度 $v=14\text{m/min}$，则由图 4-3 可以查出 $n=45.5\text{r/min}$。

例 4 如图 4-4 所示，已知砂轮转速 $n=1450\text{r/min}$，磨削速度 $v=35\text{m/s}$，求砂轮直径 d。

解

$$v=\frac{\pi dn}{1000}$$

$$d=\frac{1000v}{\pi n}=\frac{1000\times35\times60}{3.14\times1450}\approx461\text{mm}$$

例 5 已知钻头直径 $d=24\text{mm}$，选取钻削速度 $v=36\text{m/min}$，求转速 n。

解

$$n=\frac{1000v}{\pi d}=\frac{1000\times36}{3.14\times24}=478\text{r/min}$$

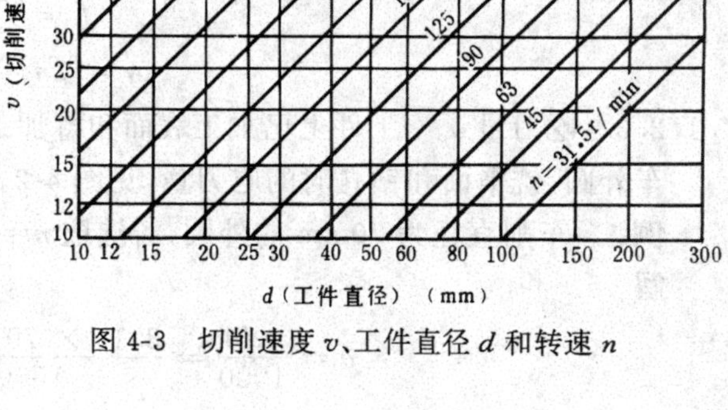

图 4-3 切削速度 v、工件直径 d 和转速 n

例 6 在牛头刨床上刨削工件，其长度为

120mm，设调整的刨刀行程为 150mm，若选择滑枕，每分钟往复行程 n_r ＝52 次/min，求刨削速度 v。

解

$$v=\frac{2Ln_r}{1000}$$

$$=\frac{2\times150\times32}{1000}=15.6\text{m/min}$$

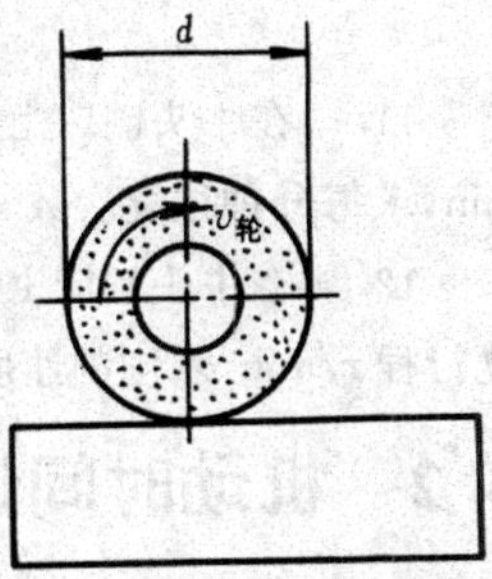

图 4-4　磨削

习　　题

1. 已知切削速度 $v=42\text{m/min}$，分别求出车削图 4-5 所示工件 $\phi30\text{mm}$ 和 $\phi54\text{mm}$ 时的转速 n_1 和 n_2，然后根据 v 和 d 利用图 4-3 查出 n_1 和 n_2 并比较两种答案。

2. 已知工件转速 $n=960\text{r/min}$，工件直径 $d=42\text{mm}$，求车削速度 v。

3. 已知铣刀直径 $d=16\text{mm}$，刀齿 $z=3$，铣削速度 $v=22.6\text{m/min}$，进给速度 $v_f=0.82\text{m/min}$ 求铣刀转速 n、每转进给量 f 和每齿进给量 f_z。

4. 铣削图 4-6 所示工件，若 $n=180\text{r/min}$，$f=0.12\text{mm/r}$，求切削速度 v，进给速度 v_f 和每齿进给量 f_z。

5　已知磨削速度 $v=25\text{m/s}$，砂轮直径 $d=320\text{mm}$，求砂轮的转速 n。

6. 已知砂轮的进给速度 $v_f=1.8\text{m/min}$，若它的转速 $n=2900\text{r/min}$，求每转进给量 f_r。

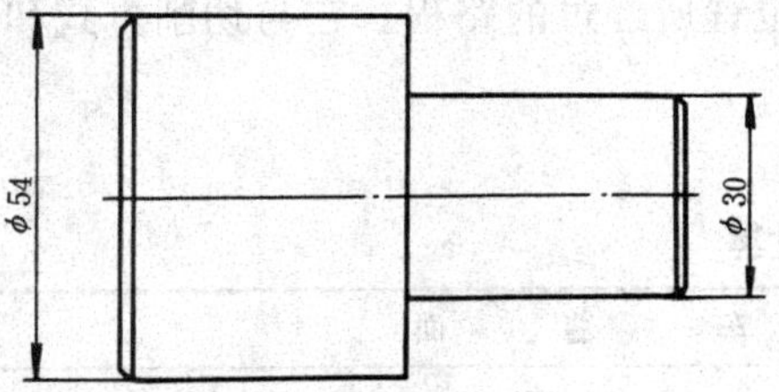

图 4-5　车削台阶轴

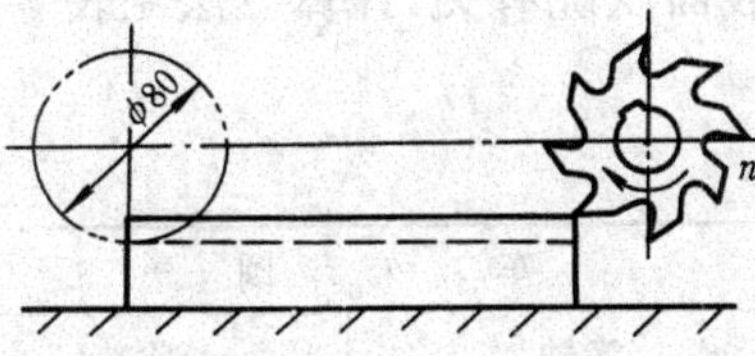

图 4-6　铣削加工

7. 已知钻削速度 $v=35\text{m/min}$，钻头直径 $d=22\text{mm}$，求钻床转速 n。

8. 已知钻削进给量 $f=0.21\text{mm/r}$，主轴转速 $n=360\text{r/min}$，求钻削速度 v。

9. 填空。

序　　号	a	b	c	d	e	f
d(mm)	60	45		16	105	60
n (r/min)	480		185	1200	160	
v (m/min)		42	18			60

10. 填空。

序　　号	a	b	c	d	e	f
d (mm)	320	400	360	180		
n (r/min)	420	640			960	480
v (m/s)			12	9.6	7.36	12.6

11. 在牛头刨床上刨削 45 钢工件，工件长 $l=100$mm，调整行程 $l=130$mm，设选定的切削速度 $v=20$m/min，求每分钟往复次数 n_r。

12. 在牛头刨床上刨削一工件，工件长 $l=240$mm，调整行程 $L=280$mm，选定每分钟往复次数 $n_r=5$，往复行程 r/min，求刨削速度 v。

4.2 机动时间计算

机动时间即有效切削时间，是指除一切辅助时间（安装和卸下工件，刀具快速趋近工件和退回原地，准备和结束时间，生理需要时间等）外的纯切削时间，也叫主要加工时间。它是确定工时定额的主要依据，是衡量生产率高低的主要指标。要提高生产率诚然要采取一切措施来减少辅助时间，但主要还是要在减少机动时间方面采取措施。

4.2.1 车削机动时间的计算

4.2.1.1 有关参数 机动时间除了和切削用量的大小有关外，还和以下参数有关。

1. 切削余量 工件上需要切下的金属层厚度即切削余量。也是毛坯尺寸与成品尺寸沿进给方向的距离之差，计算方法见图 4-7。

切削次数 i

$$i=\frac{h}{a_p}（车端面、铣削、刨削）$$

$$i=\frac{h}{2a_p}（车、磨外圆、内孔）$$

2. 车削行程。车刀相对于工件从起始位置到终止位置所经过的路程。它与切削方式和被切表面状况有关，计算方法见表 4-2。

表 4-2 车削行程的计算

车外圆		车端面		
光轴	台阶轴	无台阶	有台阶	空心件
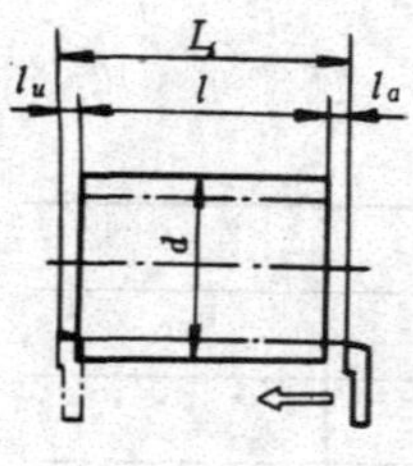	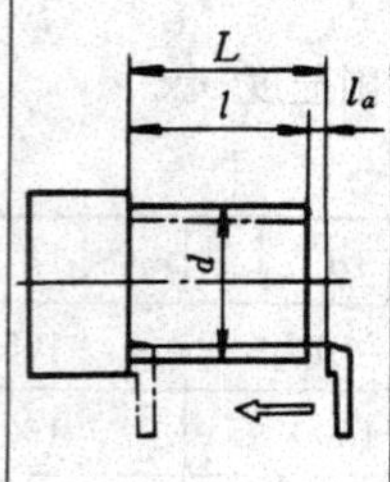	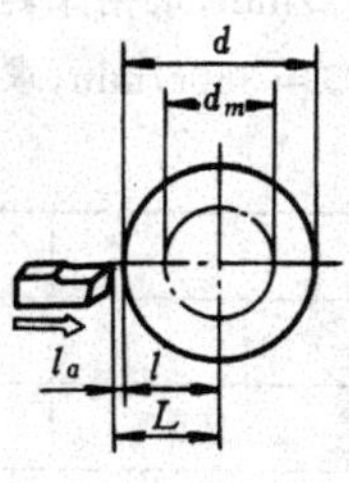	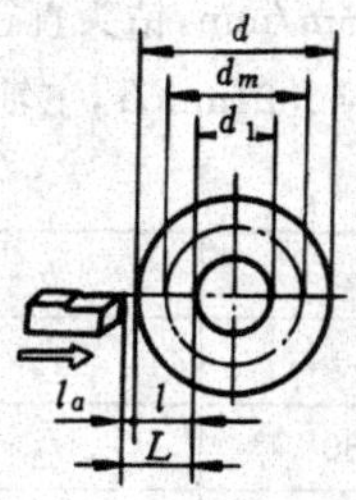	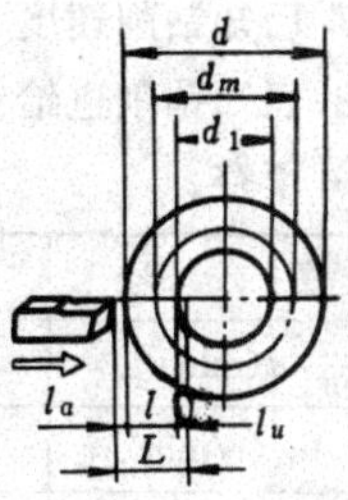
$L=l+l_a+l_u$	$L=l+l_a$	$L=\frac{d}{2}+l_a$	$L=\frac{d-d_1}{2}+l_a$	$L=\frac{d-d_1}{2}+l_a+l_u$
$n=\frac{v}{\pi d}$		$d_m=\frac{d}{2}$ $n=\frac{v}{\pi\cdot d_m}$	$d_m=\frac{d+d_1}{2}$ $n=\frac{v}{\pi\cdot d}$	

例 1 设 $l_a=l_u=2$mm，$a_p=2.5$mm，求车削图 4-8 所示工件的外圆、端面时的切削行程和切削次数。

解 求切削行程 L

车端面　$l=\dfrac{d}{2}+l_a=\dfrac{65}{2}+2=34.5\text{mm}$

车外圆　$\phi60$ 外圆　$L=l+l_a+l_u=120+2+2=124\text{mm}$

$\phi25$ 外圆　$L=l+l_a=70+2=72\text{mm}$

求切削次数 i

车端面　$i=\dfrac{l_1-l_2}{a_p}=\dfrac{125-120}{2.5}=2$（即左、右端面各需切削一次）

车外圆　$\phi60\text{mm}$ 外圆　$i=\dfrac{d_1-d_2}{2a_p}=\dfrac{65-60}{2\times2.5}=1$

$\phi25\text{mm}$ 外圆　$i=\dfrac{d_1-d_2}{2a_p}=\dfrac{60-25}{2\times2.5}=7$

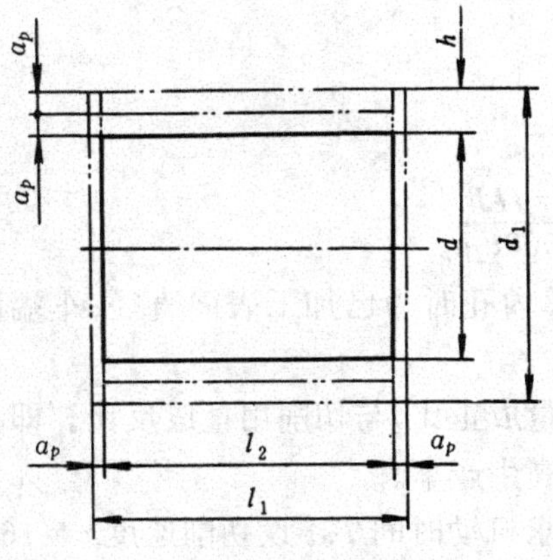

图 4-7　加工余量

h—余量　d_1—待加工表面直径　d—已加工表面直径　l_1—加工前工件长度　l_2—加工后工件长度

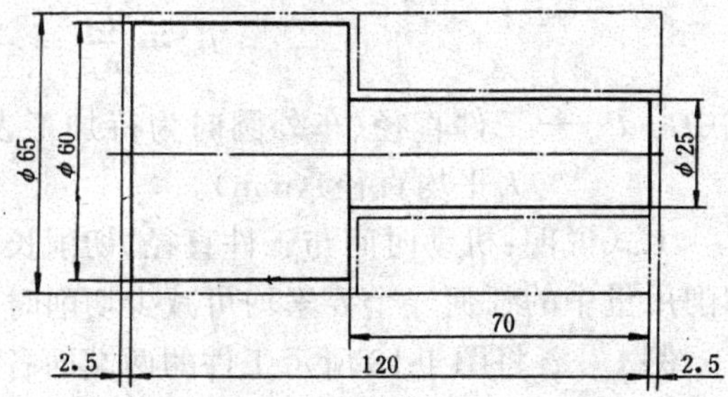

图 4-8　车削外圆

例 2　车削图 4-9 所示工件的两端面和内孔，求切削长度 L。设 $l_a=l_u=2\text{mm}$。

解　车端面　$L=\dfrac{d-d_1}{2}+l_a+l_u=\dfrac{116-54}{2}+2+2=35\text{mm}$

车内孔　$L=l+l_a+l_u=38+2+2=42\text{mm}$

习　题

1. 设引刀量和退刀量均为 2mm，背吃刀量 2.5mm，求车削 $\phi120\text{mm}$、$\phi80\text{mm}$ 外圆，Ⅰ、Ⅱ两端面的切削行程和车削 $\phi80\text{mm}$ 外圆的进给次数，见图 4-10。

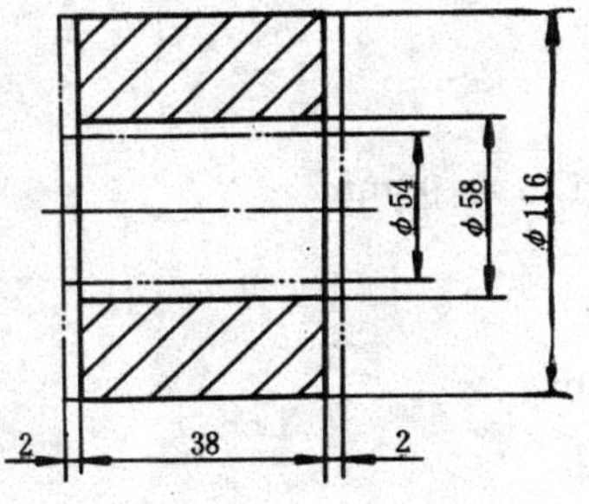

图 4-9　车端面和内孔

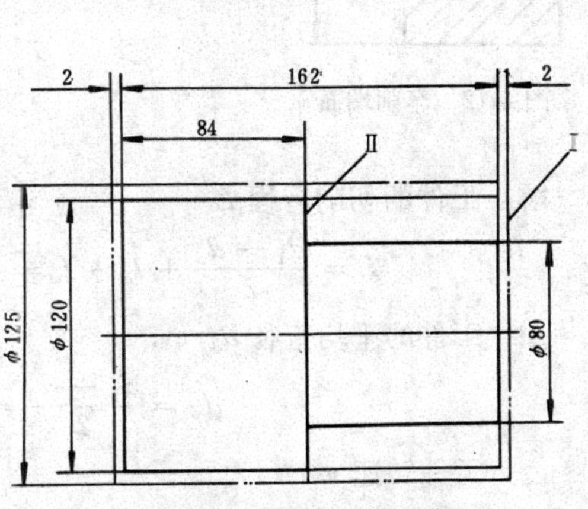

图 4-10　车削外圆及端面

2. 图 4-11 所示工件的毛坯直径为 ϕ95mm，钻孔直径为 20mm，设背吃刀量为 2.5mm，引刀量和退刀量均为 1.5mm，求车外圆、内孔的切削长度和进给次数。

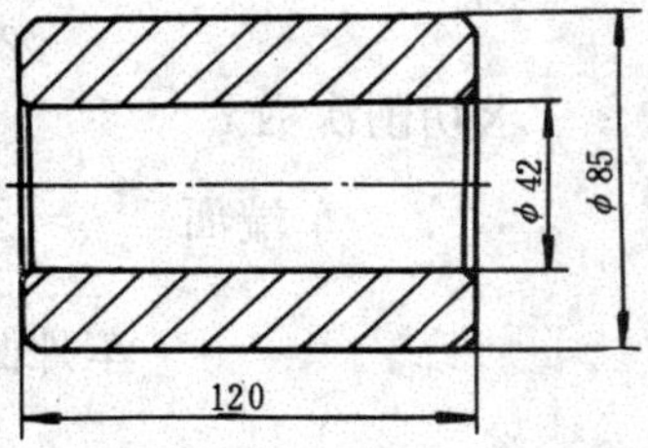

图 4-11　车削外圆及内孔

4.2.1.2　机动时间(T_0)的计算，车削时的进给运动是匀速直线运动，其方向分别与工件的轴线平行(车外圆或内孔时)、垂直(车端面时)、倾斜(车圆锥面时)。如用 v_f 表示进给速度、L 表示切削行程，则一次进给的机动时间 T_0 为

$$T_0=\frac{L}{v_f}=\frac{L}{nf}$$

若工件需经多次切削才能完成，则

$$T_0=\frac{Li}{nf}$$

由于　　$n=\frac{1000v}{\pi d}$，则得

$$T_0=\frac{Li}{nf}=\frac{\pi dLi}{1000v_f}=\frac{\pi dLh}{1000v_fa_p}$$

式中　d——工件直径(车外圆时为待加工表面直径；车内孔时为已加工表面直径；车端面时为平均直径)(mm)。

上式说明：机动时间与工件直径、切削长度、加工余量成正比，与切削用量成反比。即提高切削用量中的任何一个要素均可减少切削时间，从而提高生产率。

例 1　若将图 4-12 所示工件的两端面各切削一次，求机动时间 T_0。设切削速度 $v=160$m/min，进给量 $f=0.12$mm/r，$l_a=l_u=1.5$mm。

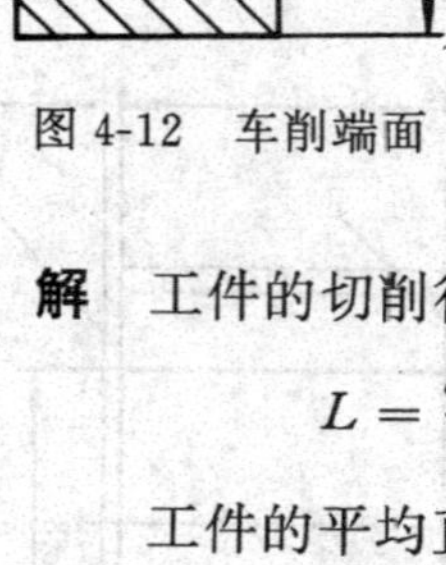

图 4-12　车削端面

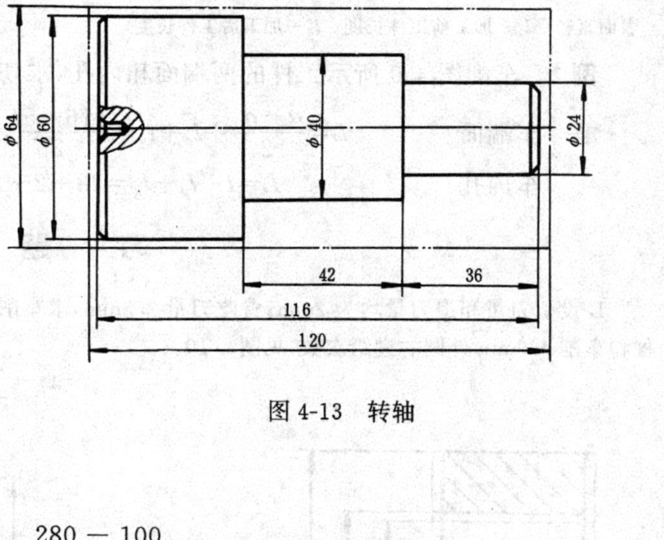

图 4-13　转轴

解　工件的切削行程 L

$$L=\frac{d_1-d_2}{2}+l_a+l_u=\frac{280-100}{2}+1.5+1.5=93\text{mm}$$

工件的平均直径 d_p

$$d_p=\frac{d_1+d_2}{2}=\frac{280+100}{2}=190\text{mm}$$

工件转速 n

$$n=\frac{1000v}{\pi d_p}=\frac{1000\times 160}{3.14\times 190}=268\text{r/min}$$（若机床无此转速则应选择与此接近的转速，）

机动时间 T_0

$$T_0=\frac{Li}{fn}=\frac{93\times 2}{0.12\times 268}=5'47''$$

例 2 转轴的尺寸如图 4-13 所示，其工艺过程是车端面、钻中心孔、然后依次车削 ϕ60mm、ϕ38mm 和 ϕ24mm 外圆。设 $v=116\text{m/min}$，$f=0.24\text{mm/r}$，$l_a=l_u=1.5\text{mm}$，$a_f=2\text{mm}$，求机动时间（车外圆时的转速以直径 ϕ38mm 计算）。

解 求转速

车端面时的转速 n_1 $$n_1=\frac{1000v}{\pi d_1}=\frac{1000\times 116}{3.14\times\frac{64}{2}}=1154\text{r/min}$$

车外圆时的转速 n_2 $$n_2=\frac{1000v}{\pi d_2}=\frac{1000\times 116}{3.14\times 38}=972\text{r/min}$$

求机动时间 T_0

车两端面 T_{01} $$T_{01}=\frac{L_1i_1}{n_1f}=\frac{(\frac{d}{2}+l_a)\times i}{n_1f}=\frac{(\frac{64}{2}+1.5)\times 2}{1154\times 0.24}=0.242\text{min}$$

车 ϕ60 外圆 T_{02} $$T_{02}=\frac{L_2i_2}{n_2f}=\frac{120+1.5+1.5}{972\times 0.24}=0.527\text{min}$$

车 ϕ40 外圆 T_{03} $$T_{03}=\frac{L_3i_3}{n_2f}=\frac{(36+42+1.5)\times\frac{60-40}{4}}{972\times 0.24}=1.704\text{min}$$

车 ϕ24 外圆 T_{04} $$T_{04}=\frac{L_4i_4}{n_2f}=\frac{(36+1.5)\times\frac{40-24}{4}}{972\times 0.24}=0.643\text{min}$$

$$T_0=T_{01}+T_{02}+T_{03}+T_{04}=0.242+0.527-1.704+0.643=3.116\text{min}=3'7''$$

例 3 求车削图 4-14 所示工件的总切削时间，所有尺寸均一次切削完成。加工过程为车Ⅰ面；车 ϕ60mm 外圆和Ⅱ面；调头车Ⅲ面；车 ϕ120mm 外圆；ϕ44mm 内孔。设 $v=96\text{m/min}$，$f=0.12\text{mm/r}$，$l_a=l_u=1\text{mm}$（车外圆时的转速以车削 ϕ60mm 外圆计算，车端面的转速以车削Ⅲ面计算）。

解 求转速

车外圆转速 n_1 $$n_1=\frac{1000v}{\pi d_1}=\frac{1000\times 96}{3.14\times 60}=510\text{r/min}$$

车端面转速 n_2 $$n_2=\frac{1000v}{\pi d_2}=\frac{1000\times 96}{3.14\times\frac{120+42}{2}}=377\text{r/min}$$

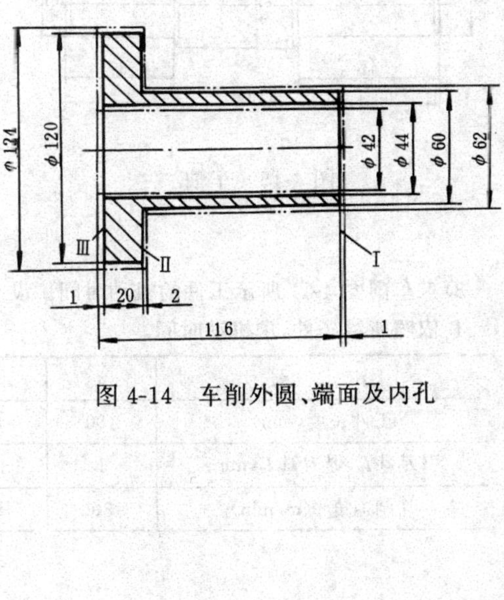

图 4-14 车削外圆、端面及内孔

求机动时间 T_0

车Ⅰ面 $$T_{01}=\frac{L_1i}{n_2f}=\frac{(\frac{62-42}{2}+l_a+l_u)\times i}{n_2f}$$

$$=\frac{(10+1+1)\times 1}{377\times 0.12}=0.265\text{min}$$

车 $\phi 60$ 外圆 $T_{02}=\frac{L_2 i}{n_1 f}=\frac{(116-21+l_a)\times i}{n_1 f}=\frac{(116-21+1)\times 1}{510\times 0.12}=1.569\text{min}$

车 Ⅱ 面 $T_{03}=\frac{L_3 i}{n_2 f}=\frac{(\frac{124-60}{2}+l_a)\times i}{n_2 f}=\frac{(32+1)\times 1}{368\times 0.12}=0.729\text{min}$

车 $\phi 120$ 外圆 $T_{04}=\frac{L_4 i}{n_1 f}=\frac{21+l_a+l_u}{n_1 f}=\frac{21+1+1}{510\times 0.12}=0.376\text{min}$

车 Ⅲ 面 $T_{05}=\frac{L_5 i}{n_2 f}=\frac{(\frac{120-42}{2}+l_a+l_u)\times i}{n_2 f}=\frac{(39+1+1)\times 1}{377\times 0.12}=0.906\text{min}$

车内孔 $T_{06}=\frac{L_6 i}{n_1 f}=\frac{(116+l_a+l_u)\times i}{n_1 f}=\frac{(116+1+1)\times 1}{510\times 0.12}=1.928\text{min}$

$$T_0=T_{01}+T_{02}+T_{03}+T_{04}+T_{05}+T_{06}$$
$$=0.265+1.569+0.729+0.376+0.906+1.928$$
$$=5.773\text{min}=5'47''$$

习 题

1. 车削 1000 件图 4-15 所示工件，求机动时间 t_j。设 $v=72\text{m/min}$，$f=0.1\text{mm/r}$，$a_p=1\text{mm}$，$l_a=l_u=1.5\text{mm}$。

2. 求车削图 4-16 所示工件 15 件的机动时间，设 $v=80\text{m/min}$，$f=0.2\text{mm/r}$，$a_p=2\text{mm}$，$l_a=l_u=1.5\text{mm}$。工艺过程为：车 Ⅰ 面；车 $\phi 80$mm 外圆和 Ⅱ 面；车 Ⅲ 面；车 $\phi 130$mm 外圆；车 $\phi 65$mm 和 $\phi 40$mm 孔。

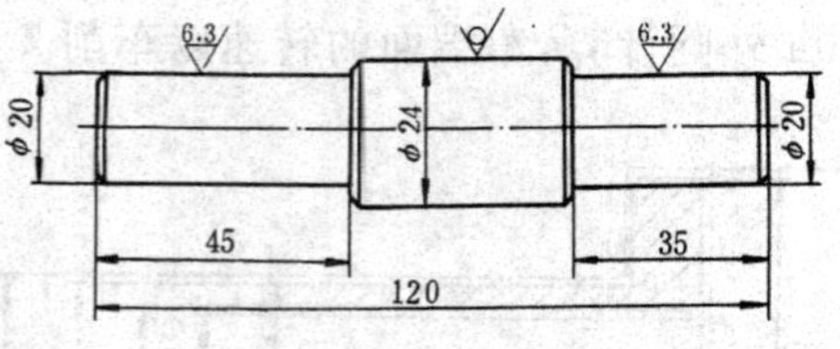

图 4-15 车轴

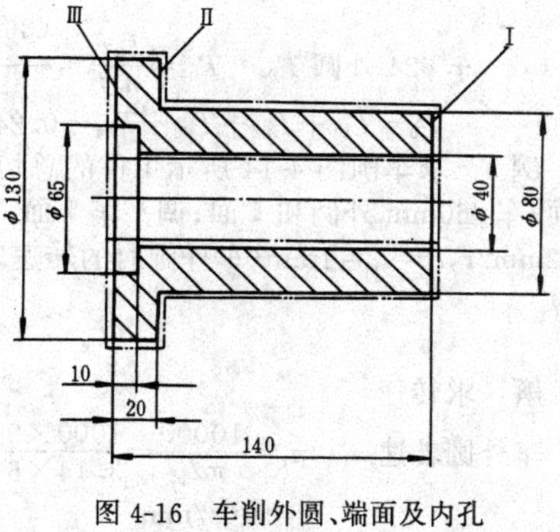

图 4-16 车削外圆、端面及内孔

单面余量均为 2mm

3. 求车削图 4-17 所示工件的机动时间。设 $v=72\text{m/min}$，$f=0.22\text{mm/r}$ $a_p=2\text{mm}$，$l_a=l_u=2\text{mm}$。

4. 依照所给条件，求机动时间。

序 号	*a*	*b*	*c*	*d*	*e*	*f*	*g*
工件长度(mm)	100	82	104	240	120	480	20
引刀量 l_a，退刀量 l_u(mm)	1	1.5	2	1.5	2	2	1.5
切削速度 v(m/min)	80	90	100	120	65	160	105

（续）

序　　号	a	b	c	d	e	f	g
进给量 f(mm/r)	0.1	0.12	0.16	0.16	0.2	0.1	0.12
切削次数 i	1	2	2	3	1	2	2
工件直径 d(mm)	100	62	85	24	120	36	42
机动时间(min)							

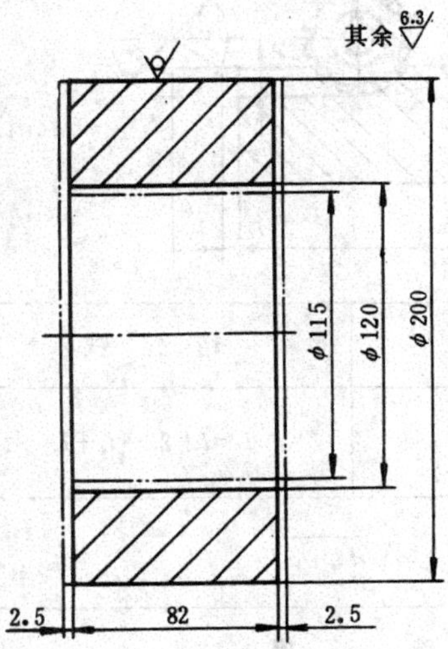

图 4-17　车削端面及内孔

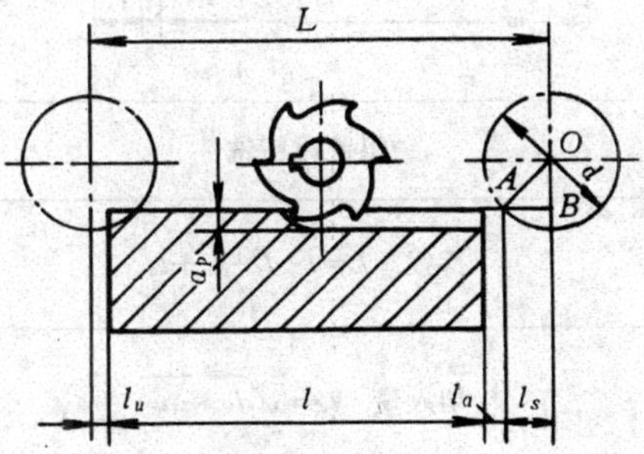

图 4-18　铣刀的切入长度

4.2.2　铣削机动时间的计算

4.2.2.1　铣刀切入长度 l_s　和车削一样，铣削机动时间可以用公式 $T_0=\frac{L.i}{nf}$算出。但是，式中 L 的计算变化较大，需加以说明。它不仅和工件的长变、引刀量、退刀量有关，而且和铣削方式、铣刀种类、吃刀量和粗、精加工有关。当以周铣的方式加工工件时要计算出工件的切入长度后才能计算出铣刀的铣削行程(即切削行程)L。现以图 4-18 为例，说明切入长度 l_s 的计算方法。

在 $Rt\triangle AOB$ 中

$$AB=OA^2-OB^2, AB=l_s, OA=\frac{d}{2}, OB=\frac{d}{2}-a_p$$

$$l_s=\sqrt{(\frac{d}{2})^2-(\frac{d}{2}-a_p)^2}$$

$$=\sqrt{d\times a_p-a_p^2}$$

式中　d ——铣刀直径(mm)；

a_p——背吃刀量(mm)。

例　用直径 $D=80$mm 的圆柱铣刀铣平面，已知背吃刀量 $a_p=2.5$mm，求切入长度 l_s。

解

$$l_s=\sqrt{d\times a_p-a_p^2}$$

$$=\sqrt{80\times 2.5-2.5^2}$$

$$=13.9\text{mm}$$

4.2.2.2　铣削行程 L，铣削行程 L 即铣刀相对于工件从起始位置到终止位置产生的位移，其计算方法见表 4-3。

表 4-3　铣削行程的计算

<table>
<tr><td colspan="2">周铣（圆柱铣刀）</td><td colspan="2">周铣（三面刃铣刀）</td></tr>
<tr><td colspan="2">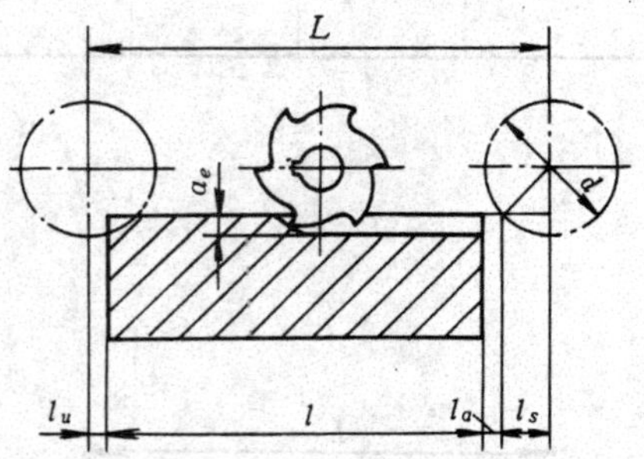
</td><td colspan="2">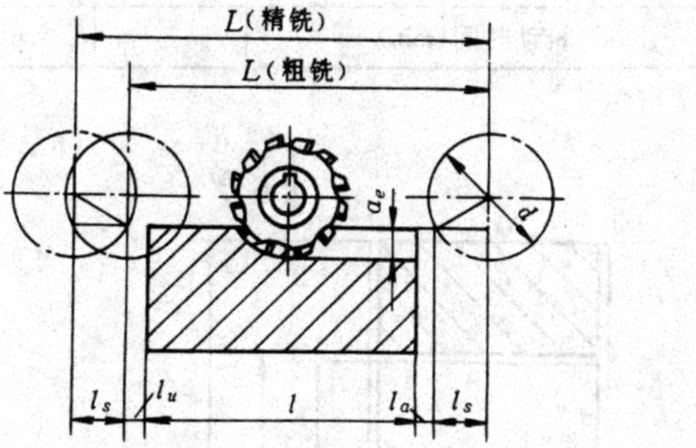
</td></tr>
<tr><td colspan="2">粗铣或精铣</td><td>粗　　铣</td><td>精　　铣</td></tr>
<tr><td colspan="2">行程　$L=l+l_s+l_a+l_u$</td><td>$L=l+l_s+l_a+l_u$</td><td>$L=l+2l_s+l_a+l_u$</td></tr>
<tr><td colspan="2">切入量　$l_s=\sqrt{da_e-a_e^2}$</td><td colspan="2">$l_s=\sqrt{da_e-a_e{}^2}$</td></tr>
<tr><td colspan="2">端　　铣</td><td colspan="2">铣　　槽</td></tr>
<tr><td colspan="2">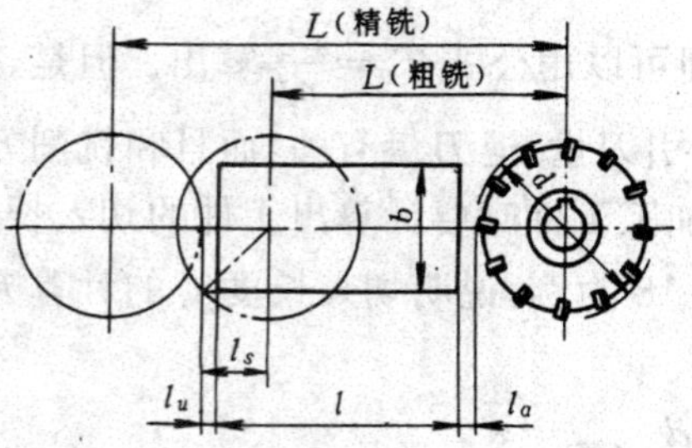
</td><td colspan="2">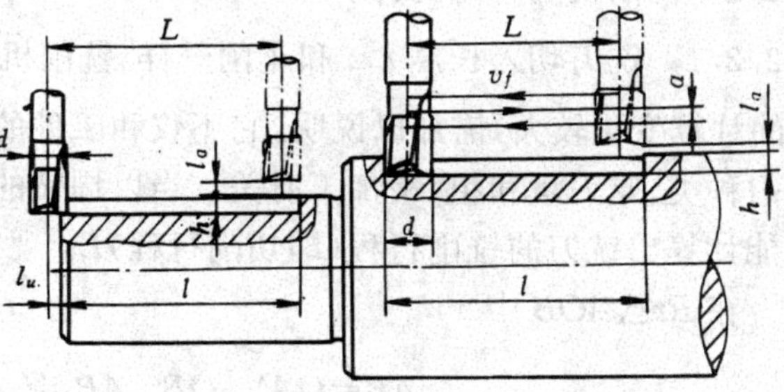
</td></tr>
<tr><td>粗　　铣</td><td>精　　铣</td><td>单开口槽</td><td>封 闭 槽</td></tr>
<tr><td>$L=l+\frac{d}{2}-l_s+l_a+l_u$</td><td>$L=l+d+l_a+l_u$</td><td>$L=l-\frac{d}{2}+l_u$</td><td>$L=l-d$</td></tr>
<tr><td>$l_s=\frac{1}{2}\sqrt{d^2-b^2}$</td><td>——</td><td colspan="2">进给次数　$i=\frac{h+l_a}{a_p}$</td></tr>
</table>

式中　d——铣刀直径；l_s——切入长度；l_a——引刀量；l_u——退刀量；l——工件铣削长度；a_e——侧吃刀量；a_p——背吃刀量；h——槽深；b——铣削宽度；L——铣削行程，单位均为 mm。

从表 4-3 可以看出，当端铣和用三面刃铣刀进行周铣时，铣刀行程的计算和粗、精加工有关。粗铣时，为了提高加工效率，铣刀轴心线越过工件边缘后即可快速退回；精铣时，为了对加工表面进行修光，必须使铣刀完全离开工件，所以其行程较长。

例 用直径 $d=120\text{mm}$ 的端铣刀铣削长度 $l=280\text{mm}$，宽度 $b=80\text{mm}$ 的工件，背吃刀量 $a_p=5\text{mm}$，$l_a=l_u=2\text{mm}$，分别计算粗铣和精铣时的铣削行程 L。

解 计算切入长度 l_s

$$l_s=\frac{1}{2}\sqrt{d^2-b^2}$$
$$=\frac{1}{2}\sqrt{120^2-80^2}$$
$$=89.4\text{mm}$$

粗铣时铣削行程 L

$$L=l+\frac{d}{2}-l_s+l_a+l_u$$
$$=280+\frac{120}{2}-89.4+2+2$$
$$=254.6\text{mm}$$

精铣时铣削行程 L

$$L=l+d+l_a+l_s$$
$$=280+120+2+2$$
$$=404\text{mm}$$

习 题

1. 用三面刃铣刀铣一通槽，槽长 $l=162\text{mm}$，铣刀直径 $D=100\text{mm}$，背吃刀量 $a_p=2.4\text{mm}$，$l_a=l_u=1.5\text{mm}$，求铣削行程 L。

2. 铣削图 4-19 所示键槽，键槽宽 $b=10\text{mm}$，背吃刀量 $a_p=0.6\text{mm}$，求切削行程与切削次数。

3. 用端铣刀粗、精铣平面，$l_a=l_u=2\text{mm}$，其他条件如下表所列，求铣削行程 L。

铣削方式	端铣			周铣（圆柱铣刀）		
题号	a	b	c	d	e	f
工件长 l	300	154	600	120	410	76
工件宽 b	80	70	126			
背吃刀量 a_p	3	2	4	1.5	4.2	2.4
铣刀直径 d	100	80	160	76	150	60
铣刀行程 L						

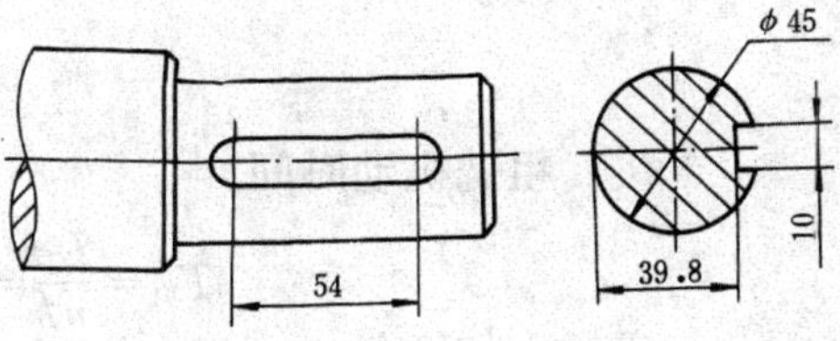

图 4-19 铣键槽

4.2.2.3 铣削机动时间 T_0 铣削时的机动时间 T_0 可以用下式算

$$T_0=\frac{Li}{nf}$$

若进给量用每齿进给量表示，则机动时间可以用下式计算

$$T_0 = \frac{Li}{f_z zn}$$

式中 T_0 ——机动时间（min）；

L ——铣削行程（mm）；

i ——进给次数；

n ——铣刀转速（r/min）；

f ——每转进给量（mm/r）；

f_z ——每齿进给量（mm/z）。

例 1 用直径 d=200mm 的 8 齿铣刀铣削平面，已知铣刀行程 L=436mm，每齿进给量 f_z=0.06mm/z，切削速度 v=115m/min，求一次进给所需的机动时间 T_0。

解

$$n=\frac{1000v}{\pi D}=\frac{1000\times115}{3.14\times200}=183\text{r/min}$$

$$T_0=\frac{Li}{f_z zn}=\frac{436\times1}{0.06\times8\times183}=4.96\text{min}$$

例 2 用直径 d=100mm，转速 n=235r/min 的三面刃铣刀铣削一深度为 0.2mm、槽长 l=176mm 的通槽，设 a_e=1mm，f=0.96mm/r，$l_a=l_u$=1mm，求加工完 5 个工件所需的机动时间 T_0。

解

$$l_s = \sqrt{da_e - a_e^2}$$

$$= \sqrt{100 \times 1 - 1^2} = 9.95\text{mm}$$

粗铣行程

$$L=l+l_s+l_a+l_u$$

$$=176+9.95+1+1$$

$$=187.95\text{mm}$$

精铣行程

$$L=l+2l_s+l_a+l_u$$

$$=176\times2\times9.95+1+1$$

$$=197.9\text{mm}$$

粗铣机动时间

$$T_{01}=\frac{L_1 i}{nf}=\frac{187.95\times5}{235\times0.96}=4.16\text{min}$$

$$T_{02}=\frac{L_2 i}{nf}=\frac{197.9\times1}{235\times0.96}=0.88\text{min}$$

$$T_0=T_{01}+T_{02}=4.16+0.88=5.04\text{min}$$

铣 5 件的机动时间为 $5T_0=5\times5.04=25.4$min

例 3 封闭键槽宽度 b=16mm，长度 l=48mm，铣刀转速 n=118r/min，进给量 f_1=0.12mm/r 需 16 次进给才能完成，内有一次为精加工，f_2=0.07mm/r，求机动时间 T_0

解

$$L = l - d = 48 - 16 = 32\text{mm}$$

粗铣机动时间

$$T_{01} = \frac{Li_1}{nf_1} = \frac{32 \times 15}{118 \times 0.12} = 33.9\text{min}$$

精铣机动时间

$$T_{02} = \frac{Li_1}{nf_2} = \frac{32 \times 1}{118 \times 0.07} = 3.9\text{min}$$

总机动时间

$$T_0 = T_{01} + T_{02} = 33.9 + 3.9 = 37.8\text{min}$$

习　题

1. 用三面刃铣刀铣一通槽，铣刀直径 d=80mm，若铣刀转速 n=75r/min，需经两次进给进行粗铣，1次进给进行精铣，f_1=0. 45mm/r，f_2=0. 12mm/r，铣刀行程 L=116mm 求机动时间 T_0。

2. 用直径 d=100mm，齿数 z=8 的圆柱铣刀铣平面，粗铣侧吃刀量 a_{e1}=2. 5mm，进给量 f_{z1}=0. 07mm/z，切削速度 v_1=12m/min；精铣侧吃刀量 a_{e2}=0. 5mm，进给量 f_{z2}=0. 04mm/z；v_2=24m/min，l_a=l_u=2mm，试确定：1）机床转速 n_1、n_2；2）铣刀行程 L；3）机动时间 T_0。

3. 用直径 d=260mm，齿数 z=16，铣刀转速 n=375r/min 的端铣刀铣平面。设工件长 l=425mm，宽度 b=225mm，选取切削速度 v=82m/min，每齿进给量 f_z=0. 08mm/z，粗铣、精铣各一次进给完成工件的加工，求：1）　转速 n；2）每转进给量 f；3）铣削行程 L_1、L_2；4）机动时间 T_0。

4. 铣削图 4-20 所示键槽，设背吃刀量 a_p=0. 4mm，进给速度 v_f=138mm/min，l_a=0. 5mm，l_u=1. 5mm 求机动时间 T_0。

5. 燕尾槽长 l=676mm，用直径 d=100mm 的 16 齿角度铣刀分 3 次进行铣削，设 v=15m/min，f_z=0. 10mm/z，l_a=l_u=3mm，求加工 6 件所需的机动时间 T_0。燕尾的其他尺寸，见图 4-21。

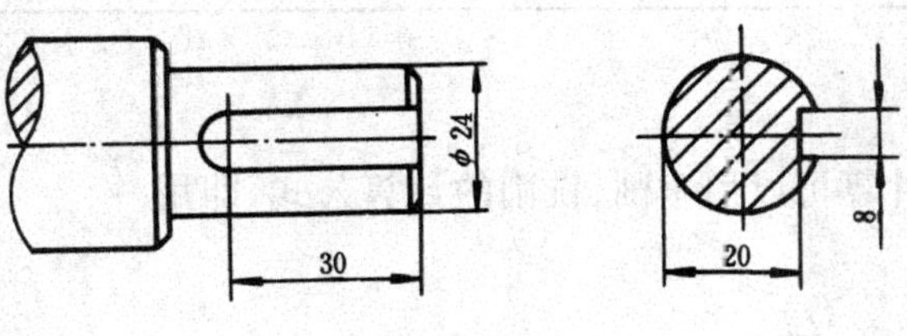

图 4-20　铣键槽

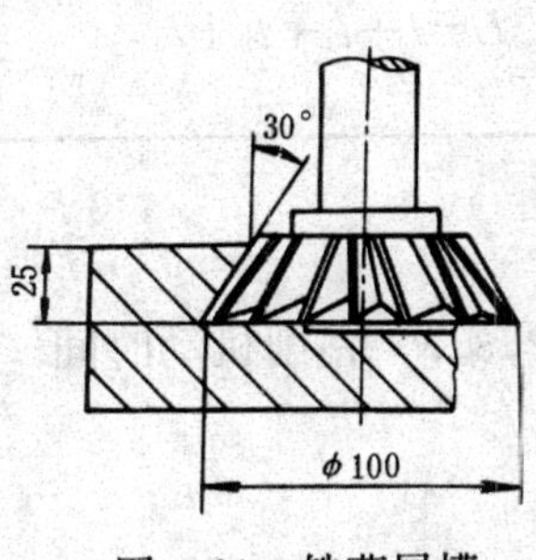

图 4-21　铣燕尾槽

4.2.3　钻削机动时间的计算

4.2.3.1　钻削基本知识　钻削加工主要是在实心工件上钻出孔和对工件上已有的孔扩大，前者叫钻孔，后者叫扩孔。当孔的底面要求平齐时，则可采用锪孔，见图 4-22。

钻削时的主运动是钻头的旋转运动，进给运动是钻头沿着其轴线的移动。

4.2.3.2　钻削行程 L　钻削行程 L 取决于孔径、孔深、孔的形式和钻头类型，其计算公式见表 4-4。

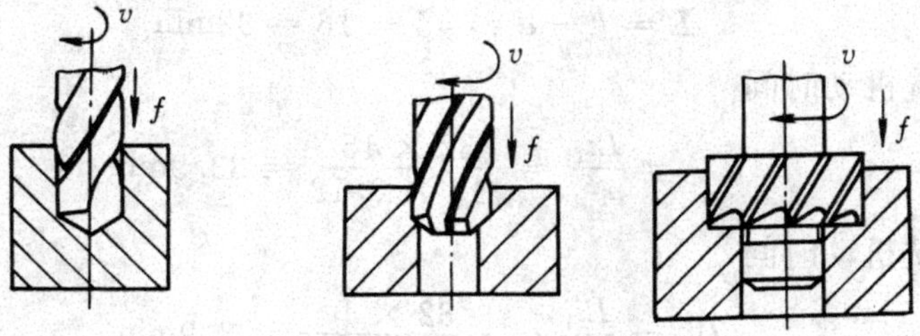

a)　　b)　　c)

图 4-22　钻削

a)钻孔　b)扩孔　c)锪孔

表 4-4　钻削行程的计算

孔的形式		钻头类型		
通孔	不通孔	*N* 钢、钢材、灰铁	*H* 塑料	*W* 轻金属
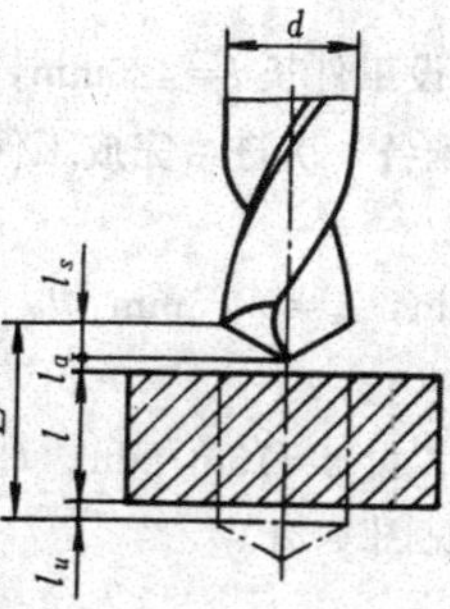	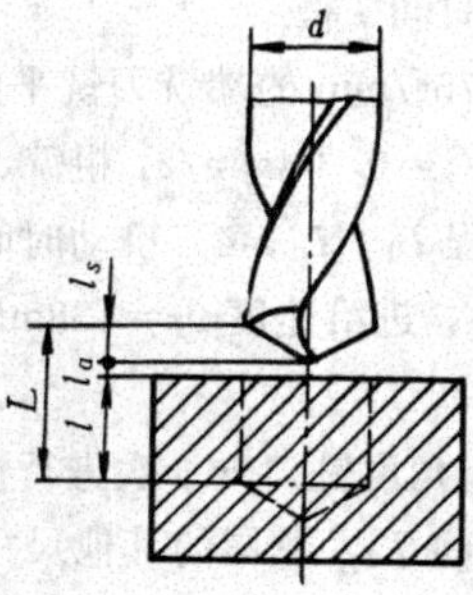	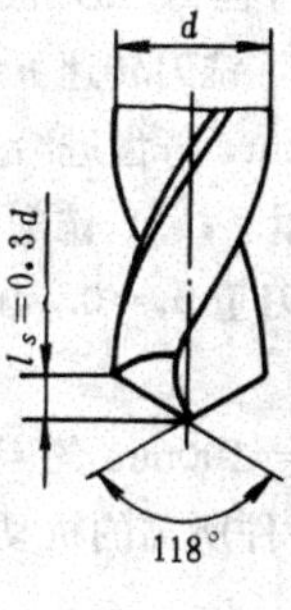	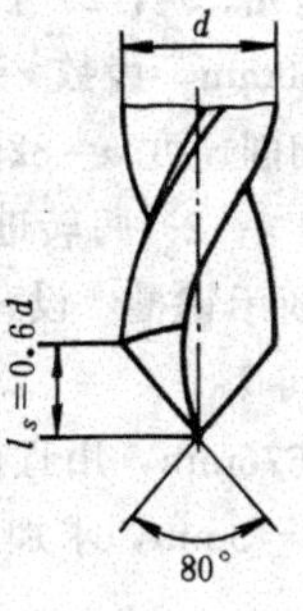	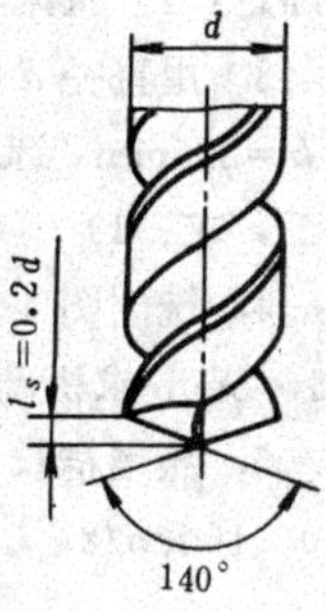
$L=l+l_s+l_a+l_u$	$L=l+l_a+l_s$	$l_s=0.3d$	$l_s=0.6d$	$l_s=0.2d$

4.2.3.3　钻削机动时间　钻削机动时间的计算可以用车削、铣削的计算公式，即用

$$T_0=\frac{Li}{fn}$$

式中　T_0——钻削机动时间　(min)；

L——钻削行程(mm)；

i——孔数；

f——进给量　(mm/r)；

n——钻头转速　(r/min)。

例 1　在一厚度 $h=26$mm 的钢板上钻削直径 $d=16$mm 的孔 4 个，$l_a=l_u=2$mm，求钻削行程 L。

解

$$L=l+l_s+l_a+l_u$$
$$=26+0.3\times16+2+2$$
$$=34.8\text{mm}$$

例 2 在例 1 中，如钻头转速 $n=260\text{r/min}$，进给量 $f=0.12\text{mm/r}$，求机动时间。

解

$$T_0=\frac{Li}{nf}=\frac{34.8\times4}{260\times0.12}=4.46\text{min}$$

例 3 在图 4-23 所示的工件上钻孔，锪孔 6 个，设钻孔时 $n_1=260\text{r/min}$，$f_1=0.12\text{mm/r}$，锪孔时 $n_2=80\text{r/min}$，$f_2=0.16\text{mm/r}$，$l_a=l_u=2\text{mm}$，求机动时间 T_0。

解 钻孔机动时间

$$T_{01}=\frac{l_1 i}{n_1 f_1}=\frac{(l+l_s+l_a+l_u)i}{n_1 f_1}$$
$$=\frac{(20+0.3\times10.5+2+2)\times6}{260\times0.12}$$
$$=5.22\text{min}$$

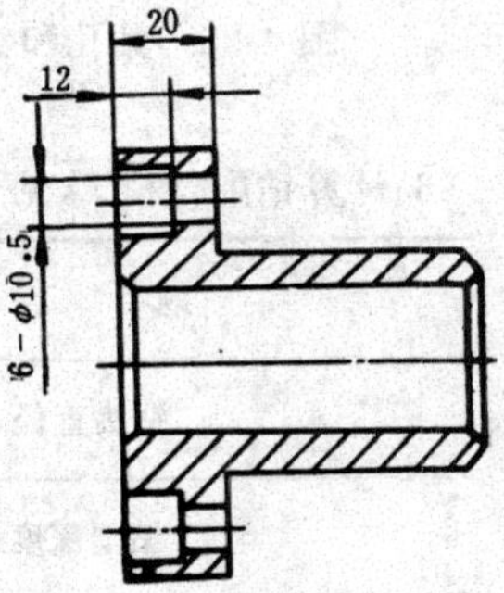

图 4-23 钻孔和锪孔

锪孔机动时间

$$T_{02}=\frac{l_2 i}{n_2 f_2}=\frac{(l+l_a)i}{n_2 f_2}$$
$$=\frac{(12+2)\times6}{80\times0.16}$$
$$=6.56\text{min}$$

$$T_0=T_{01}+T_{02}=5.22+6.56=11.78\text{min}$$

习　题

1. 在一厚度 $h=40\text{mm}$ 的钢板上钻 16 个直径 $d=16\text{mm}$ 的孔，设钻头转速 $n=320\text{r/min}$ 进给量 $f=0.14\text{mm/r}$，$l_a=l_u=1.5\text{mm}$，求机动时间 T_0。

2. 图 4-24 所示工件的孔，先用直径 $d=23\text{mm}$ 的钻头钻孔，再用 $d=40\text{mm}$ 的扩孔钻扩孔。设钻孔时的转速 $n_1=180\text{r/min}$，进给量 $f_1=0.10\text{mm/r}$，扩孔时的转速 $n_2=120\text{r/min}$，进给量 $f_2=0.22\text{mm/r}$，$l_a=l_u=2\text{mm}$，求：

1） 钻孔、扩孔时的钻头行程；2） 钻孔所需的机动时间；3） 扩孔所需的机动时间。

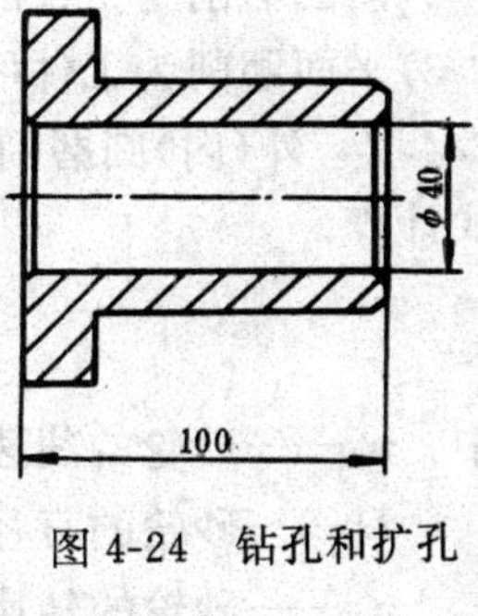

图 4-24 钻孔和扩孔

3. 塑料法兰盘上需钻 4 个直径 $d=12.5\text{mm}$ 的孔，若选取切削速度 $v=24\text{m/min}$，进给量 $f=0.08\text{mm/r}$，$l_a=l_u=1\text{mm}$，如制造 200 件所需的机动时间是多少小时？如果把两件合起来钻孔，所需机动时间又是多少？

4. 图 4-25 工件上的沉孔需先钻后锪，设钻削时的转速 $n_1=480\text{r/min}$，进给量 $f_1=0.06\text{mm/r}$，锪孔时的转速 $n_2=74\text{r/min}$，进给量 $f_2=0.10\text{mm/r}$，若 $l_a=l_u=1\text{mm}$，求加工 10 件所需的机动时间。

5. 灰铸铁工件上的 8 个螺孔的底孔需钻出，设切削速度 $v=20\text{m/min}$，进给量 $f=0.2\text{mm/r}$，$l_a=l_u=1.5\text{mm}$，求加工 16 件所需的机动时间，见图 4-26。

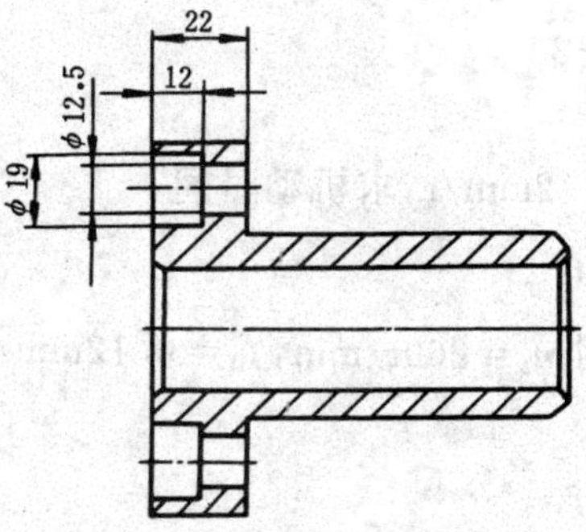

图 4-25　钻孔和锪孔

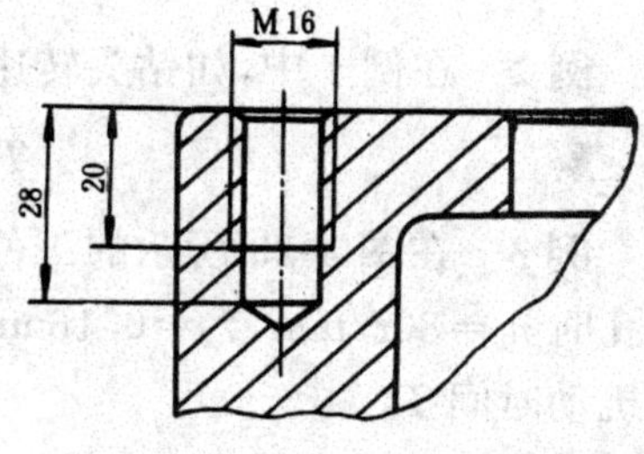

图 4-26　钻螺纹底孔

6. 计算钻削行程 L，见下表。

题　　号	a	b	c	d	e	f
钻头直径 d	12	8	18	10.25	6.75	18.5
钻削深度 l	16	10	30	20	12	24
引入量 l_a	1	0.5	1.5	1	0.5	2
退出量 l_u	1	0.5	1.5	1	0.5	2
工件材料	钢		灰铸铁	铝	铜	塑料
孔的形式	通　　孔			不　通　孔		
钻削行程 L						

4.2.4　磨削机动时间的计算

4.2.4.1　磨削时的切削运动　不论是外圆磨削、内孔磨削还是平面磨削，磨削时的主运动都是砂轮的高速旋转运动，而进给运动则是：

1）外圆磨削为工件的旋转运动，同时工件往复移动或砂轮的横向移动，见图 4-27a；

2）内圆磨削为工件的转动，同时砂轮往复移动或砂轮的横向移动，见图 4-27b；

3）平面磨削为工件的往复移动，砂轮的横向、垂向移动，见图 4-27c。

4.2.4.2　外（内）圆磨削切削用量　外（内）圆磨时主运动的线速度（即砂轮的线速度）可以用下式计算

$$v_s = \frac{\pi D_s n_s}{1000 \times 60}$$

式中　v_s——砂轮的线速度（m/s）；

D_s——砂轮的直径（mm）；

n_s——砂轮的转速（r/min）。

砂轮的线速度很高，外圆与平面磨削时一般为 30～35m/s；内圆磨削时一般为18～30m/s。

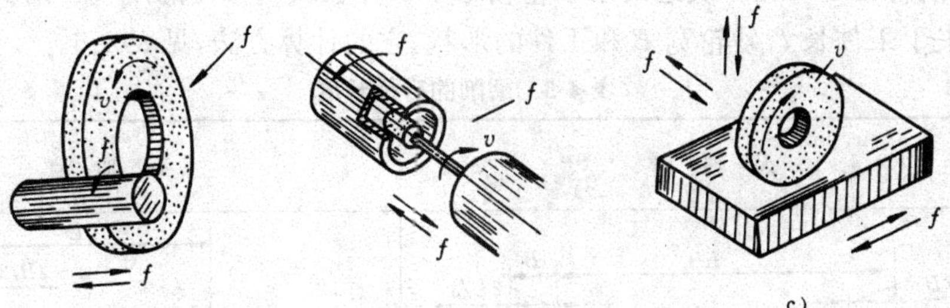

图 4-27　磨削时的切削运动

a)外圆磨削　b)内孔磨削　c)平面磨削

外圆、内圆磨削时都有两个进给运动，即圆周进给运动和纵向进给运动。圆周进给运动的速度可以用下式计算

$$v_g = \frac{\pi d_g n_g}{1000}$$

式中　v_g——圆周进给运动的线速度(m/min)；

d_g——工件外圆或内孔的直径(mm)；

n_g——工件转速(r/min)。

工件旋转的线速度约为砂轮线速度的 1/100，一般为 10～30m/min。纵向进给运动为工件转一转，相对于砂轮沿轴线方向所移动的距离，其数值为：

$$f_p = KB$$

式中　f_p——纵向进给量(mm/r)；

K——系数，粗加工 $K=0.4\sim0.8$；精加工 $K=0.2\sim0.4$；

B——砂轮宽度(mm)。

在单位时间内工件相对于砂轮沿轴向移动的距离，称为纵向进给速度，其数值可以用下式计算。

$$v_2 = \frac{f_p n_g}{1000} \quad (\text{m/min})$$

纵向进给速度的数值一般为 1.2～3m/min。

对于内、外圆磨削，吃刀量为工作台往复行程一次(或单程)一次，砂轮相对于工件沿径向移动的距离，也称横向进给运动。它的数值为：

外圆磨削时

$$a_p = \frac{d_1 - d}{2}$$

内孔磨削时

$$a_p = \frac{d - d_1}{2}$$

式中　a_p——磨削背吃刀量(mm)；

d_1——工件待加工表面的直径(mm)；

d——工件已加工表面的直径(mm)。

背吃刀量的数值一般在 0.0025～0.04 范围内选取。

4.2.4.3 磨削行程 L 在一次进给中砂轮相对于工件在纵向移动的距离。对圆磨而言，其数值的大小取决于工件长 l、砂轮宽 B 和工件的形状，它的计算方法，见表 4-5。

表 4-5 磨削的行程长度

	无轴肩	有轴肩
工件形状	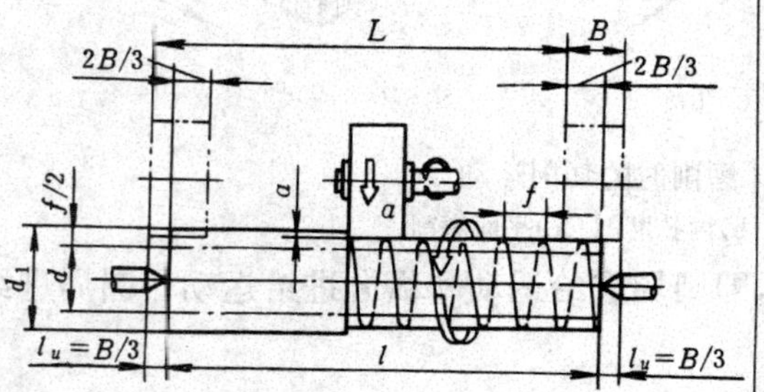	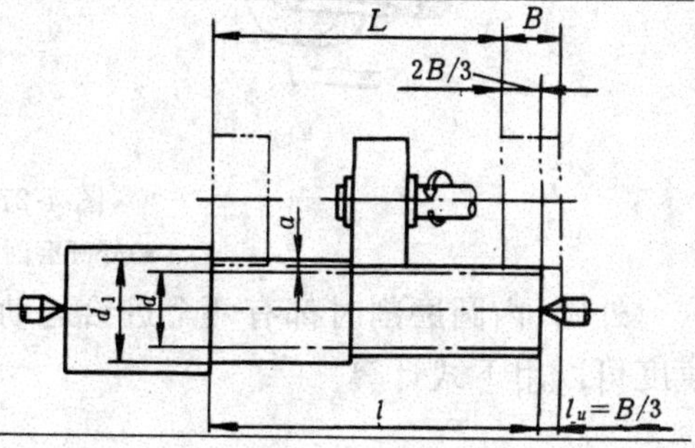
磨削行程	$L=l-B/3$	$L=l-2B/3$

例 1 磨削图 4-28 所示的工件，若砂轮的线速度 $v_s=30\text{m/s}$，求工件的转速；若车削后工件的尺寸为 $\phi30.40\text{mm}$，选取 $a_p=0.02\text{mm}$，求磨削次数。

解 工件旋转的线速度一般取砂轮旋转线速度的 1/100。

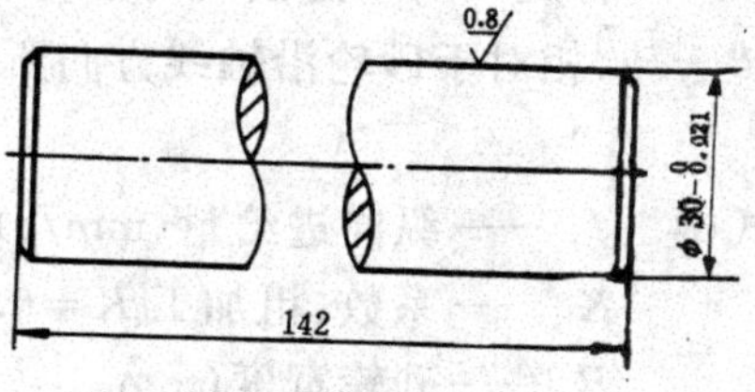

图 4-28 磨外圆(一)

$$v_g=\frac{1}{100}v_s=\frac{30}{100}=18\text{m/min}$$

$$n=\frac{1000v}{\pi d}=\frac{1000\times18}{3.14\times30}=191\text{r/min}$$

4.2.4.4 磨削次数 i，磨削外圆与内孔时磨削次数用下式计算

$$i=\frac{h}{2a_p}+8$$

例 2 求上例的磨削次数 i 和磨削行程 L。

解 磨削次数 i

$$i=\frac{h}{2a_p}+8=\frac{30.4-30}{2\times0.02}+8=18$$

磨削行程 L

$$L=l-B/3=142-40/3=128.7\text{mm}$$

4.2.4.5 磨削机动时间 T_0 的计算。磨削机动时间用下式计算

$$T_0=\frac{Li}{f_p n_g}$$

式中 L——磨削行程(mm)；

i——磨削次数；

f_p ——纵向进给量(mm/r)；

n_g ——工件转速(r/min)。

例 3 图 4-29 所示工件的磨削次数 $i=18$，工件转速 $n_g=60$r/min，砂轮宽度 $B=60$mm，求机动时间。

解

$$T_0=\frac{Li}{f_p n_g}=\frac{(l-B/3)i}{0.4Bn_g}=\frac{(360-60/3)\times 18}{0.4\times 60\times 60}=4.25\text{min}$$

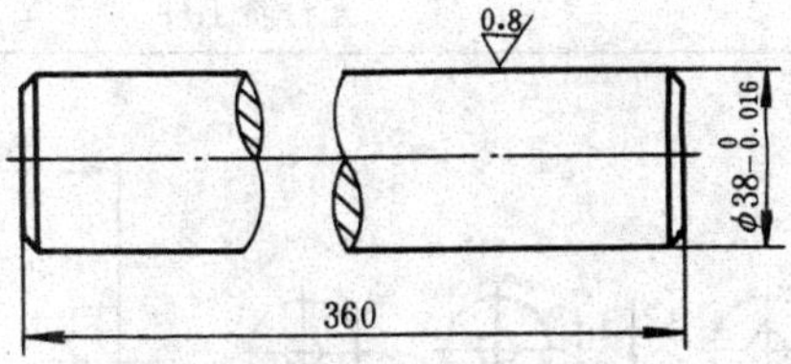

图 4-29 磨外圆(二)

习 题

1. 磨削直径 $d=32$mm，$l=640$mm 的光轴，余量 $h=0.4$mm，当砂轮宽度 $b=80$mm，工件转速 $n_g=90$r/min，磨削背吃刀量 $a_p=0.02$mm 时，求磨时一根轴的机动时间。若辅助时间为机动时间的 1/3，每班(8 小时)的产量是多少？

2. 磨削图 4-30 所示工件的 $\phi20$mm 一端，设加工余量 $h=$C.3mm，砂轮宽度 $B=60$mm，工件旋转的线速度为 20m/min，背吃刀量 $a_p=0.015$mm，求磨削 20 件的机动时间。

3. 上例中如 $\phi40$mm 一端也需磨削，条件和磨 $\phi20$mm 外圆相同，求磨削完一个成品所需的机动时间。

4. 计算表列各题中的机动时间。工件转速分别为 35.5r/min、45r/min、56r/min、71r/min、90r/min 和 125r/min。

题　　号	a	b	c	d	e	f
磨削行程 L(mm)	316	215	148	92	165	420
纵向进给量 f_p(mm/r)	30	24	20	16	22	36
进给速度 v_g(m/min)	12	16	10	18	15	20
工件直径 d(mm)	36	42	20	48	32	52
磨削次数 i	16	18	22	14	20	24
机动时间 T_0(min)						

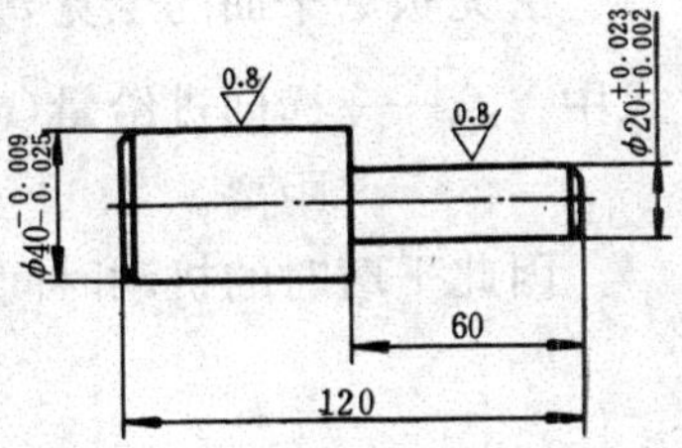

图 4-30 磨台阶轴

4.2.5 平磨机动时间的计算

4.2.5.1 行程次数 n_r 行程次数又可以称当量转数。为了计算行程次数，假设工件的磨削长度 L 相当于圆磨时被磨工件的圆周长 πd，而工件的纵向进给速度 v_g 则相当于圆磨中工件旋转的线速度，因而则有

$$n_r=\frac{v_g}{L}$$

式中 n_r——行程次数(往复行程/min)，即平磨工作台的每分钟的往复次数；

v_g——工件的纵向进给速度(mm/min)；

L——磨削长度(mm)。

4.2.5.2 磨削宽度 b_s。即磨削时的横向行程，它与工件的形状、尺寸和磨轮的宽度有关，表 4-

6 列出了磨削长度 L 和磨削宽度 b_s 的计算公式。

表 4-6　磨削长度和磨削宽度的计算

无台阶工件	有台阶工件
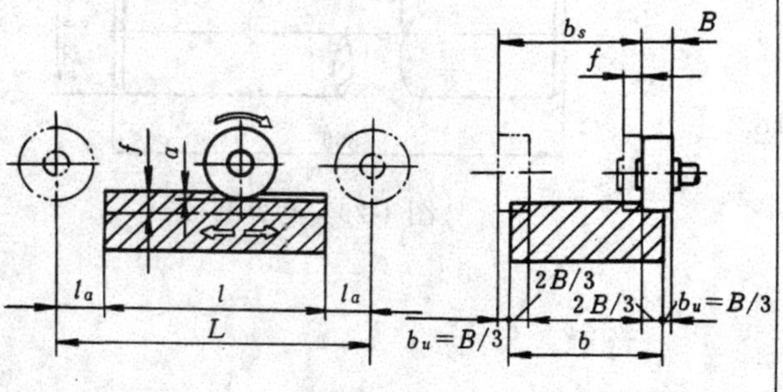	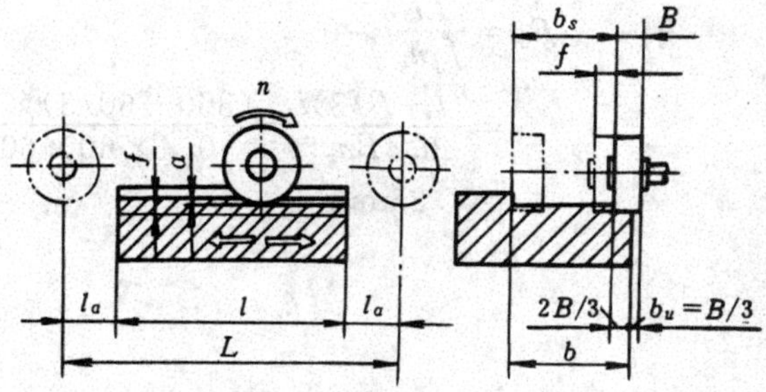
磨削长度　$L=l+2l_a$	$L=l+2l_a$
磨削宽度、　$b_s=b-\frac{B}{3}$	$b_s=b-\frac{2}{3}B$

4.2.5.3　磨削机动时间 T_0　在平面磨削时，每磨削一个行程，工件沿横向移动一个进给量，消耗的磨削时间为

$$t_1=\frac{L}{v_g}$$

式中　t_1——一个行程消耗的磨削时间(min)；

L——磨削长度(mm)；

v_g——工件的纵向进给速度(mm/min)。

磨完被磨平面的全宽 b_s 所需的次数为$\frac{b_s}{f_h}$

式中　f_h——横向进给量(mm/往复行程)，即工作台往复一次工件相对于砂轮在横向移动的距离。

因此平磨时的机动时间为

$$T_0=\frac{L\,b_s}{v_g\,f_h}$$

由 $n_r=\frac{v_g}{L}$　得 $v_g=n_rL$ 代入上式得

$$T_0=\frac{b_s}{n_r\,f_n}i$$

式中　　i——进给次数($i=\frac{h}{a_p}+8$，h 为磨削余量，8 为修磨次数)。

例 1　磨削一块长 300mm，宽 150mm 的钢板，其磨削余量为 0.3mm，背吃刀量 $a_p=0.02$mm，当砂轮宽度 $B=60$mm，引入量 $l_a=40$mm，进给速度 $v_g=10$m/min，横向进给量 $f_n=12$mm/往复行程时，求机动时间 T_0。

解　求磨削宽度 b_s

$$b_s=b-\frac{B}{3}=150-\frac{60}{3}=130\text{mm}$$

磨削长度 L

$$L=l+2l_a=300+2\times40=380\text{mm}$$

冲程次数 n_r

$$n_r=\frac{v_g}{L}=\frac{10\times1000}{380}=26.3\quad 取\ n_r=27\ 往复行程/\text{min}$$

进给次数 $\quad i \quad i=\dfrac{h}{a_p}+8=\dfrac{0.3}{0.02}+8=23$

机动时间 T_0

$$T_0=\frac{b_s}{f_n\,n_r}\times23=\frac{130\times23}{12\times27}=9.23\text{min}$$

例 2 铣削后的槽宽为 59.4mm，槽深为 9.7mm，要求磨削后的尺寸，见图 4-31，设槽长 $l=500\text{mm}$，引入量 $l_a=40\text{mm}$，进给速度 $v_g=20\text{m/min}$，横向、垂向的背吃刀量 $a_p=0.02\text{mm}$，求磨削 5 件的机动时间。

解 切削长度 L

$$L=l+2l_a=500+2\times40=580\text{mm}$$

行程次数 n_r

$$n_r=\frac{v_g}{L}=\frac{1000\times20}{580}=35\ 往复次数/\text{min}$$

磨两侧面的进给次数 i_1

$$i_1=\frac{h_1}{a_p}+8\times2=\frac{60-59.4}{0.02}+16=46$$

磨底面的进给次数 i

$$i=(\frac{h_2}{a_p}+8)\times2=(\frac{10-9.7}{0.02}+8)\times2=46$$

（采用磨毕底面的一边后再磨另一面）

磨削两侧面消耗的机动时间 T_{01}

$$T_{01}=\frac{b_s\,i_1}{f_h\,n_r}=\frac{1\times46}{1\times35}=1.31\text{min}$$

磨削底面消耗的机动时间 T_{02}

$$T_{02}=\frac{b_s\,i_2}{f_h\,n_r}=\frac{46}{35}=1.31\text{min}$$

总机动时 T_0

$$T_0=(T_{01}+T_{02})\times5=(1.31+1.31)\times5=13.1\text{min}$$

习 题

1. 磨削平板，其台面尺寸为 1200×800，余量 $h=0.4\text{mm}$，砂轮宽度 $B=50\text{mm}$，磨削速度为 16m/min，背吃刀量 $a_p=0.04\text{mm}$，横向进给量 $f_n=15\text{mm}$/往复行程，求机动时间 T_0。

2. 如图 4-32 所示经刨削的工件，A 面的余量为 0.5mm，B 面的余量为 0.4mm，工件长 300mm，砂轮宽 $B=30\text{mm}$，设背吃刀量 $a_p=0.02\text{mm}$，横向进给量 $f_h=12\text{mm}$/往复行程，进给速度 $v_g=14\text{m/min}$，求磨削 A 面和 B 面的机动时间 T_0。

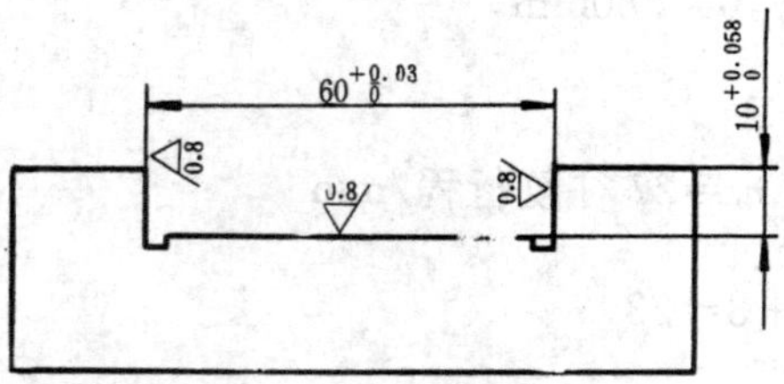

图 4-31 磨槽

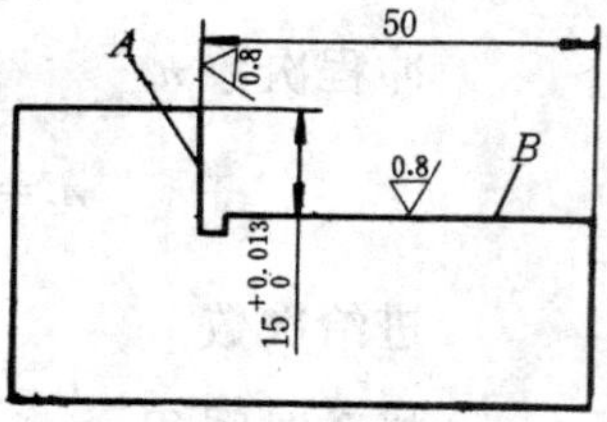

图 4-32 磨平面

3. 计算下列各题的行程次数 n_r 和机动时间 T_0

序号	a	b	c	d	e	f
磨削行程 L(mm)	400	350	460	320	240	160
磨削宽度 b_z(mm)	100	60	216	314	96	280
横向进给量 f_n(mm/往复行程)	20	12	40	16	32	40
进给速度 v_g(m/min)	12	16	10	15	18	20
磨削次数 i	13	13	13	28	16	15
行程次数 n_r						
机动时间 T_0(min)						

4.3 劳动定额计算

4.3.1 劳动定额的概念，分类及其作用

4.3.1.1 概念 劳动定额是在一定的生产技术，组织条件下，为生产一定量的合格产品或完成一定量的工作，所规定的劳动消耗量的标准。它可以用时间或用数量来表示。

4.3.1.2 分类

1. 时间定额 指工人生产单位合格产品所需的时间。这是用时间表示的劳动定额，也可以称之为时间定额。

2. 产量定额 指工人在单位时间内(每小时或每班)应该完成的合格产品的数量。这是用数量表示的劳动定额，称为产量定额。

企业采取哪种型式的劳动定额，要根据生产管理及组织型式的需要来确定。一般来讲：采掘、化工、冶炼企业采用产量定额，机械制造企业的冷加工工种采用时间定额，部分热加工工种采用产量定额。

4.3.1.3 作用 劳动定额的作用是合理组织劳动和进行计划管理的重要依据；是控制生产进度和进行经济核算的重要依据；也是衡量职工贡献大小和贯彻“各尽所能，按劳分配”原则的重要依据。

4.3.2 劳动定额的构成

劳动定额包括时间定额和产量定额。下面仅讨论时间定额。时间定额是由下列各时间因素组成的，见表。

<table>
<tr><th colspan="7">时 间 定 额</th></tr>
<tr><th colspan="4">定额时间</th><th colspan="3">非定额时间</th></tr>
<tr><th colspan="2">操作时间</th><th rowspan="2">休息和生理所需的时间</th><th rowspan="2">准备和结束的时间</th><th rowspan="2">非生产工作时间</th><th rowspan="2">非工人造成的损失时间</th><th rowspan="2">工人造成的损失时间</th></tr>
<tr><th>基本时间</th><th>辅助时间</th></tr>
</table>

4.3.2.1　时间定额的具体含义

1.时间定额

(1)操作时间(T_c)　它是指实现工作规定目标所消耗的时间。是时间定额最主要的组成部分。

操作时间按其性质又可分为两部分:一是基本时间,二是辅助时间。

1)基本时间(T_j)　即使生产产品在尺寸、形状、相对位置、表面状态或力学性质等方面,按图样技术要求发生改变所消耗的时间,称为基本时间。

基本时间包括机动时间和手动时间。机动时间,即由机器完成的规定工作所消耗的时间,如自动进给车削工件等,手动时间,工人用手工或使用简单工具操作完成的规定工作所消耗的时间,如刮研工件等。

2)辅助时间(T_f)　为达到图样要求而必须进行的各样辅助动作所消耗的时间称为辅助时间。如安装和卸下工件、调整机床(包括开车、停车、回转刀架、调整切削用量、进刀、退刀、对刀)的时间;机床维护保养时间;清除切屑时间;测量和检验工件的时间等等。一般说来这部分时间是随着基本时间 的变化而变化的。

(2)休息和生理需要时间(T_{xs})　休息时间是指消除工作中的疲劳所需要的时间。这部分时间的多少取决于工人的工作环境的好坏、劳动强度的大小、工作的姿式是否单调等。

生理需要时间是指工人上厕所、洗手、擦汗、喝水等所需的时间。

(3)准备和结束时间(T_z)　这是指完成某项工作或加工一批零件,在工作开始前需要消耗的时间,以及工作完毕时需要消耗的时间。譬如,在开始加工一批零件前,需要熟悉图样和工艺要求、安装工夹具、检查调整机床设备等,一批零件加工结束时,要拆卸工夹具、检查机床设备等。

2.非定额时间　它是由于企业中组织管理工作中的缺点或是由于工人违反劳动纪律等所造成的时间损失。这部分时间损失有以下三类:

(1)非生产工作时间　指生产工人作了本身任务以外的工作所消耗的时间。譬如,作了领取材料,研磨工具、清扫工作地等应由辅助工人来做的工作,或者生产工人修理了和本岗位工作无关的工具、设备、不合格件等或从事了某些社会工作。这些都属于非生产工作时间。

(2)工人造成的时间损失　指工人由于违反劳动纪律而损失的时间,例如,迟到、早退、擅自离开岗位,闲聊天、工作时间办理私事等所损失的时间。

(3)非工人造成的时间损失　由于企业在技术工作和组织工作上的缺点,或者企业外部条件的影响,使工作发生中断的时间。譬如,停工待料、等待工夹具、设备出现故障、突然停电等原因造成的损失时间。

4.3.2.2 时间定额的计算 时间定额的计算在不同的生产类型中是不同的。

1)在大量生产条件下,由于工作场地固定,加工同种产品,分摊到一个产品上的准备和结束时间的量很短,因此在时间定额中只包括操作时间、休息和生理需要时间。在这种条件下,单件时间定额的计算公式如下:

$$T = T_c + T_{xs}$$

式中 T ——单件时间定额(min);

T_c ——操作时间(min);

T_{xs} ——休息和生理所需的时间(min)。

若用操作时间的百分率来表示休息与生理所需时间,这时计算公式如下

$$T = T_c \cdot (1 + x\%)$$

式中 T ——单件时间定额(min);

T_c ——操作时间(min);

$x\%$——休息和生理所需时间占操作时间的百分率。

2)在成批生产条件下,由于工厂场地轮番生产几种产品,每轮番生产一种产品都需要消耗一次准备和结束时间。因此,除了制定单件时间定额外,还要单独制定准备和结束时间的定额,同时把该项时间分摊到每一件产品的时间定额中去。这个时间定额叫做:"单件计算时间定额",其计算公式如下

$$T' = T + \frac{T_z}{n}$$

式中 T'——单件计算时间定额(min);

T ——单件时间定额(min);

T_z——准备和结束时间(min);

n ——每批产品数量。

3)在单件生产条件下,单件时间定额可粗略计算,计算公式如下

$$T = T_c(1 + x\%) + T_z$$

式中 T ——单件时间定额(min);

T_c ——操作时间(min);

$x\%$——休息和生理所需时间占操作时间的百分率;

T_z ——准备和结束时间(min)。

4.3.2.3 缩短时间定额的途径 时间定额主要由基本时间和辅助时间构成的,所以缩短时间定额也应从以下两方面着手。

1.缩短基本时间 已知基本时间的计算公式为

$$T = \frac{L}{nf}\frac{A}{a_p} = \frac{Li}{nf}$$

由上式可知,增加切削用量和减少进给次数均可缩短基本时间。

2.减少加工余量 很显然,减少加工余量,即可减少进给次数。在保证产品技术要求的前提下,毛坯的余量应尽量减少,其途径是毛坯尽量采用精密铸造、精锻、冷挤压、粉末冶金等新工艺。

3.加大切削用量 粗加工时,以尽快切除工件上的多余金属为目的,应首先选取较大的背吃刀量 a_p,然后根据工艺系统的刚性,选择尽可能大的进给量 f,最后根据已确定的 a_p 和 f,在

刀具寿命允许的条件下，选择一个合理的切削速度 v。精加工时，往往用减少吃刀量的方法来提高加工精度，和减少进给量，提高切削速度的方法来降低工件表面的粗糙度值。

4. 缩短辅助时间　单件和小批生产时，辅助时间往往要占时间定额的 50%～80%，就是在成批生产中，辅助时间在时间定额中所占的比例也是比较大的。因此，缩短辅助时间是提高劳动生产率的一个很重要的方面。一般可从以下几个方面采取措施：

5. 缩短工件装夹时间　工件装夹除了应用一般夹具外，尽量利用快速、简易夹具，如不停车夹头、不停车弹簧夹头等等。

6. 缩短工件的测量时间　机床上采用有关辅助设备，如纵向与横向挡板等，可以控制工件尺寸，减少测量时间；采用量规、卡板等专用量具及自动测量仪器等。

例 1　车削图 4-33 所示工件，已测得单件操作时间为 24.6min，准备时间 2.6min，结束时间 1.8min，休息和生理需要时间为操作时间的 5%，求单件工时定额？

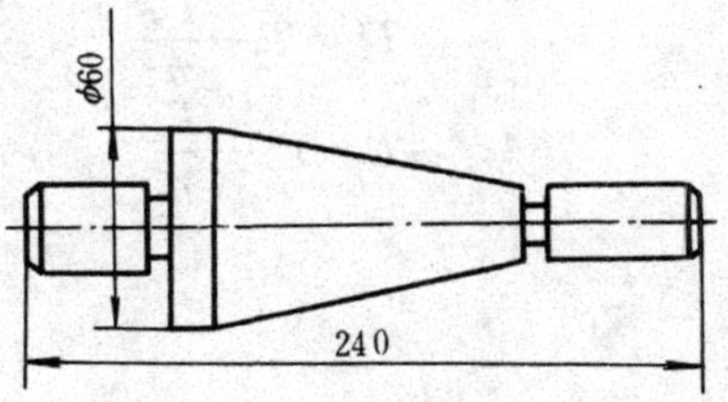

图 4-33　轴

解　$T = T_c(1+x\%)+T_z$
$= 24.6(1+5\%)+(2.6+1.8)$
$= 25.83+4.4$
$= 30.23\text{min}$

例 2　在成批生产时已测得铣削一批工件的准备时间为 76min，结束时间为 32min，每班的休息及生理需要时间为 30min，在 48h 内共铣完工件 1246 件，求单件计算工时定额和单件操作时间各为多少？

解　单件操作时间 T_c

$$T_c = \frac{60\times48-[(76+32)+(48\div8)\times30]}{1246}\approx 2.08\text{min}$$

单件工时定额

$$T = T_c + T_{xs}$$
$$\approx 2.08+\frac{30\times(48\div8)}{1246}$$
$$\approx 2.08+0.14$$
$$\approx 2.22\text{min}$$

单件计算工时定额

$$T' = T+\frac{T_z}{n}$$
$$\approx 2.22+\frac{76+32}{1246}$$
$$\approx 2.22+0.09$$
$$\approx 2.31\text{min}$$

例 3　在大量生产条件下，钻扩 ϕ24mm 孔和锪凸台端面(图 4-34)，若要求班产 240 件，休息和生理需要时间占操作时间的 5%，求单件的操作时间 T_c 为多少分钟？

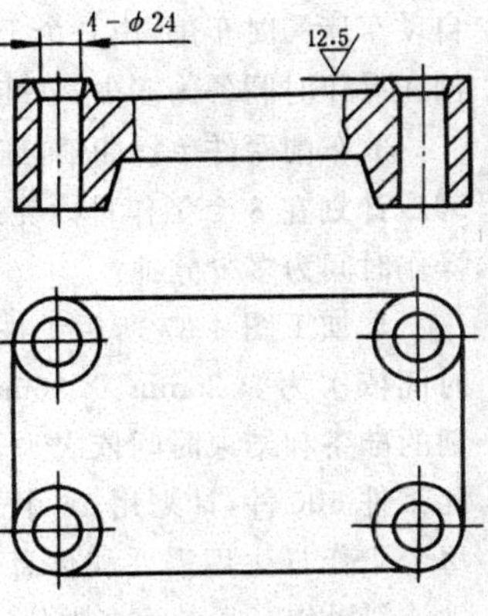

图 4-34　钻孔和扩孔

解
$T = T_c(1+x\%)$

$T_c = \dfrac{T}{1+x\%}$

$T_c = \dfrac{8\times60\div240}{1+5\%}$

$T_c = \dfrac{2\times100}{105}$

$T_c \approx 1.9\text{min}$

例 4 成批生产图 4-35 所示工件，已知制造一件所需的操作时间为车削 6.27min，铣削 1.25min，车削这批件的准备结束时间为 90min，铣削的准备结束时间为 120min，热处理的准备结束时间为 85min，这批件共计 800 件用 18 个工作日完成，(每个工作日以 8 小时计算)，每个工作日所需的生理需要及休息时间为 30min，求单件计算时间定额及热处理操作时间各为多少？

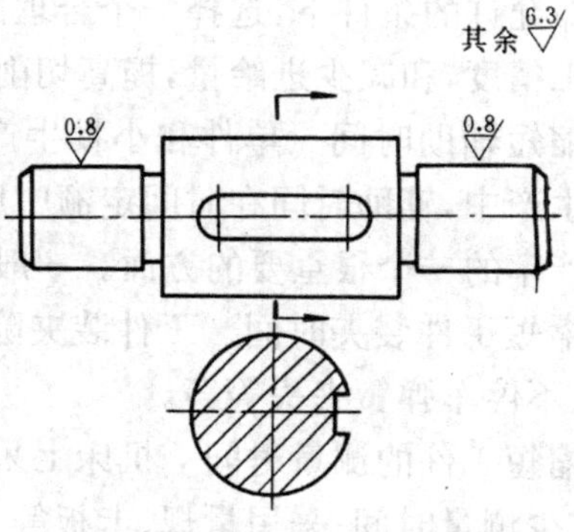

图 4-35　车轴和铣键槽

解 $T'=\dfrac{18\times8\times60}{800}=10.8\text{min}$

$$T'=T+\frac{T_z}{n}$$

$$T=T'-\frac{T_z}{n}$$

$$T=10.8-\frac{90+120+85}{800}$$
$$\approx10.8-0.37$$
$$\approx10.43\text{min}$$

$$T=T_c+T_{xs}=(T_{c1}+T_{c2}+T_{c3})+T_{xs}$$

热处理单件操作时间设为 T_{c1}

$$T_{c1}\approx10.43-6.27-1.25-\frac{18\times30}{800}$$
$$\approx10.43-6.27-1.25-0.68$$
$$\approx2.23\text{min}$$

(T_{c2}、T_{c3}分别代表车削和铣削单件操作时间)

习　题

1. 车削图 4-36 所示带轮，测得准备和结束时间共为 75min，车孔单件时间为 50min，车槽 40min，车两端面共 20min，休息和生理所需时间占操作时间的 10%，设共制 5 件，求单件工时定额为多少分钟？

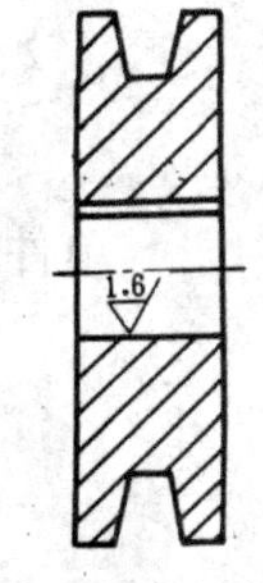

图 4-36　车带轮

2. 图 4-35 所示工件如为大量生产，若要求月产 11000 台车削件，用两台相同的液压半自动车床同时车削，由一个工人操作，设每班休息和生理需要时间为 30min，求单件时间定额和操作时间各为多少？(准备结束时间忽略不计)

3. 车削两件单拐曲轴，准备结束时间为 480min，设休息和生理需要时间为操作时间的 5%，计划在 8 个工作日内完成，(每个工作日以 8 小时计算)求单件操作时间为多少分钟？

4. 加工图 4-37 所示工件，每件所需车削、热处理和磨削的操作时间依次为 8.25min、0.26min 和 2.36min；车削、铣削、磨削和热处理的准备和结束时间依次为 105min、90min、65min 和 100min。加工此工件 500 件，计划用 16 个工作日完成(每个工作日以 8 小时计)，每个工作日生理需要和休息时间均为 30min，求单件时间定额和单件铣削操作时间各为多少分钟？

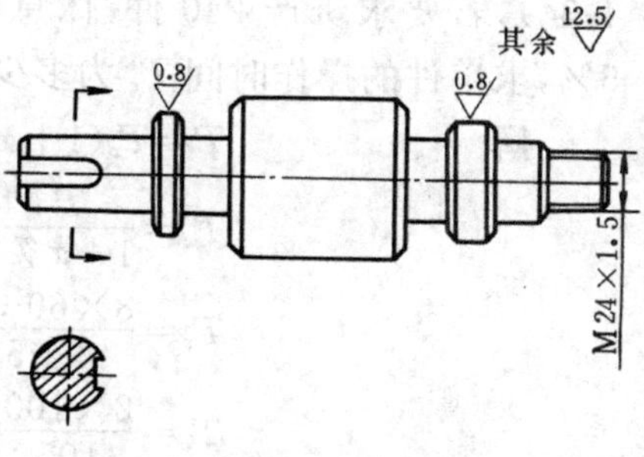

图 4-37　车、铣、磨台阶轴

4.4 生产成本计算

4.4.1 生产成本的概念和作用

企业在一定时期内为生产一定数量产品所支出的生产费用就称为生产成本。其中,生产一批产品所支出的生产费用称为该批产品的总成本;生产每单位产品所支出的生产费用,称为该产品的单位成本。

生产成本是反映企业整个工作质量的综合性技术经济指标。企业的经营管理水平、技术水平及生产各环节工作的质量,都要直接或间接反映到生产成本上;我们可以通过分析生产成本,来发现经营管理中存在的问题,找到改进经营管理工作和降低生产成本的途径。生产成本是企业进行经济核算的主要内容;同时是确定产品价格的最低经济界限和进行经济决策的重要依据。

降低生产成本是增加社会积累的重要手段。产品价格包括成本、税金和利润三个组成部分。税金和利润是社会积累的两个重要来源。在产品价格既定的条件下,生产成本越低,企业为国家提供的社会积累就越多。企业要增加利润,也只有不断地降低生产成本才能实现。

4.4.2 生产成本的构成

生产成本是由各项生产费用组成的。生产费用按用途进行分类,它包括:直接材料费、直接人工费、燃料和动力费、制造费用等,这些项目构成了生产成本,现分述如下。

4.4.2.1 直接材料费 是指直接用于产品生产的构成产品实体的原料、主要材料、外购件,有助于产品形成的辅助材料,修理用备件等。

4.4.2.2 直接人工费 是指直接用于产品生产的二人工资以及按生产工人工资总额和规定的比例计算提取的职工福利费。

4.4.2.3 燃料和动力费 是指直接用于产品生产的燃料费和动力费。如果它在产品成本中占的比重很小,也可以将其并入制造费用中去。

4.4.2.4 制造费用 是指企业各生产单位(如生产车间)为组织和管理生产而发生的各项间接费用。包括生产工人、管理人员的工资及按工资总额提取的职工福利基金、固定资产折旧费、修理费、办公费、水电费、劳动保护费、保险费、排污费等。

4.4.3 生产成本的计算

生产成本是在生产过程中形成的,因此生产成本计算是企业经济管理的一项重要内容,因此它必须满足管理上的需要并适应生产的特点,只有这样才能使生产成本计算更好地发挥其应有的作用。

生产成本核算可以有助于综合考虑企业的经济管理工作;生产成本的变化,在一定程度上综合地体现着企业经营管理工作的成果。不断地降低生产成本,是提高经济效益的一项重要措施;也是增强企业竞争能力的一个重要方面。

生产成本的计算方法有品种法、分批法、分步法等多种。这里仅介绍品种法。

4.4.3.1 品种法计算成本的特点 它是按照产品品种归集产品费用,计算生产成本的一种方法,是生产成本计算的最基本的方法。它适用于发电、采掘、机械制造、铸件熔铸等多种行业的成本计算。

在采用品种法计算成本时,需要以产品品种作为成本计算对象,设置成本计算单,并在计算单中按成本项目分设专栏。在这种情况下发生的全部产品费用都是直接费用,按照成本项目分类后，就可直接记入成本计算单。

在月末计算产品成本时，如果没有在产品或者在产品(即在制品)数量很少时，则不需要计算月末在产品的成本。这样，各成本计算单中按照成本项目分类的全部产品费用，就是该产品的产成品的总成本，它除以产品数量，就是该产品的单位成本。

如果有在产品，而且数量较多，还需要将成本计算单中分类的产品费用进行适当的分配。因在产品完工程度确定比较复杂，一般是根据月末在产品的数量，用技术测定或其他方法来计算。在这里只粗略计算产成品成本。

4.4.3.2 生产成本计算公式 当全部为产成品时，产品总成本的计算公式是

$$G = f_c + f_r + f_d + f_z$$

式中 G——产品总成本；

f_c——直接材料费；

f_r——直接人工费；

f_d——燃料和动力费用；

f_z——制造费用。

单位成本的计算公式为

$$G_d = \frac{G}{n}$$

式中 G_d——单位成本；

G——产品总成本；

n——产品数量。

当产成品和在产品同时存在时，已完成产品的计算公式为：

$$G_y = \left[\frac{f_c}{n_y + n_w} \times n_y\right] + \left[\frac{f_r}{n_y + n_w} \times n_y\right] + \left[\frac{f_d}{n_y + n_w} \times n_y\right] + \left[\frac{f_z}{n_y + n_w} \times n_y\right]$$

式中 G_y——已完工产品的总成本；

f_c——直接材料费；

n_y——已完工产品数量；

n_w——未完工产品数量；

f_r——直接人工费；

f_d——燃料和动力费；

f_z——制造费用。

已完工产品单位成本的计算公式是

$$G_{yd} = \frac{G_y}{n_y}$$

式中 G_{yd}——已完工产品单位成本；

G_y——已完工产品总成本；

n_y——已完工产品数量。

品种法计算成本程序图：

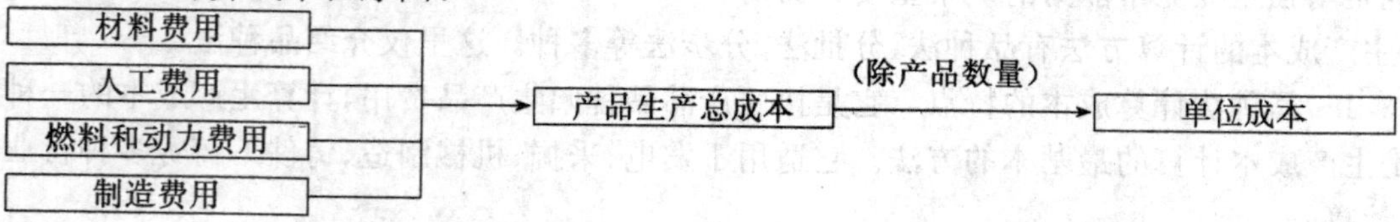

4.4.3.3 生产成本计算实例

例 1　某厂生产甲种产品时，直接材料费为 15700 元；直接人工费 7758 元；燃料和动力费 18745 元；制造费用 6290 元；在月产量为 600 件时，求甲产品的单位成本应计为多少元？

解　$G=f_c+f_r+f_d+f_z=15700+7758+18475+6290=48223$ 元

月产量为 600 件时

$$G_d=\frac{48223}{600}\approx 80.37\text{ 元/件}$$

例 2　某厂生产乙产品时，在本月投入的直接材料费为 55000 元；直接人工费为 30800 元；燃料和动力费为 67000 元；制造费用为 22960 元；月初在产品(在制品)费用分别为直接材料费为 15700 元；直接人工费为 7758 元；燃料和动力费为 18475.00 元；制造费用为 6290 元；产品数量总计为 650 件，产成品数量为 600 件，求产成品单位成本？

解　下表为乙产品成本计算单(产成品 600 件)

乙产品成本计算单　　　　元

成本项目	月初在制品成本	本月产品费用	产品费用合计	产成品成本		月末在产品成本
				总成本	单位成本	
直接材料费	15700	55000	70700	65261.5	108.77	5438.5
直接人工费	7758	30800	38558	35592	59.32	2966
燃料和动力费	18475	67000	85475	78900	131.50	6575
制造费用	6290	22960	29250	27000	45	2250
合计	48223	175760	223983	206753.50	344.59	17229.5

计算过程如下：

$$G_y=\left[\frac{f_c}{n_y+n_w}\times n_y\right]+\left[\frac{f_r}{n_y+n_w}\times n_y\right]+\left[\frac{f_d}{n_y+n_w}\times n_y\right]+\left[\frac{f_z}{n_y+n_w}\times n_y\right]$$

$$G_y=\left[\frac{70700}{600+50}\times 600\right]+\left[\frac{38558}{600+50}\times 600\right]+\left[\frac{85475}{600+50}\times 600\right]+\left[\frac{29250}{600+50}\times 600\right]$$

$$G_y=65261.50+35592-78900+27000$$

$$G_y=206753.50\text{ 元}$$

$$G_{yd}=\frac{G_y}{n_y}$$

$$G_{yd}=\frac{206753.50}{600}$$

$$G_{yd}=344.59\text{ 元/件}$$

习　题

1. 某厂生产甲种产品时，直接材料费为 21200 元；直接人工费为 9874 元；燃料和动力费为 24000 元；制造费用为 7570 元；在月产量为 500 件时，甲产品的总成本和单位成本各为多少？

2. 某厂按购货单位合同生产某种轴承 600 件，本月产品费用投入为：直接材料费 30000 元；直接人工费 17400 元；燃料和动力费 41300 元；制造费用 13120 元；月初在产品成本费用分别为：直接材料费 9500 元；直接人工费为 1902 元，燃料和动力费 4300 元；制造费用 1200 元；产成品数量为 500 件，求某种轴承的单位成本为多少？

3. 已知甲产品生产数量为 500 件(产成品)，产品的单位成本为 200.66 元，在生产中投入直接 材料费 29900 元；直接人工费为 17320 元；制造费用为 12010 元；求燃料动力费的单位成本为多少？

4. 丙产品在生产中已计算出有关项目的单位成本，其余两项仅知道 直接材料费产品费用合计为 39500 元，月末在产品成本为 9600 元；直接人工费产品费用合计为 19300 元，月末在产品成本为 1980 元；分别求出这两项费用的产成品的单位成本各为多少？(产成品数量为 500 件)

5 综合应用计算

5.1 机械零件的测量

5.1.1 用钢柱(或钢球)测量零件的计算

5.1.1.1 燕尾槽与燕尾块的测量 燕尾槽与燕尾块的深度 H 可以用游标深度尺直接测出,α 角,可以用万能角度尺直接测出;而它们的宽度尺寸 A 要直接测出则比较困难,一般是通过测量两根直径相等的测量圆柱的距离 M 间接测出的,见图 5-1。

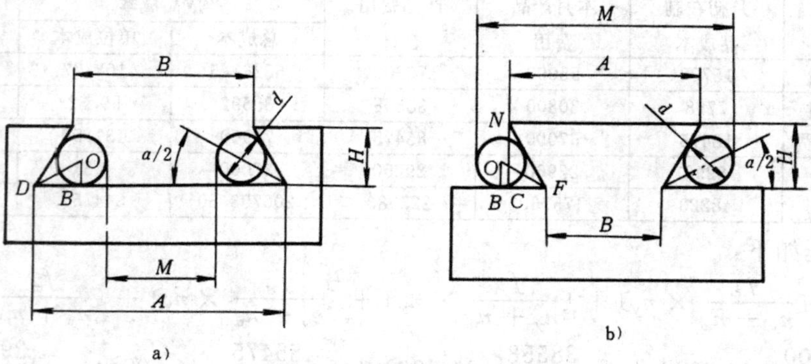

图 5-1 燕尾槽与燕尾块

由图 5-1a 可知

$$M = A - 2 \times \frac{d}{2} - 2BD \tag{5-1}$$

在直角三角形 OBD 中

$$\cot \frac{\alpha}{2} = \frac{BD}{\frac{d}{2}}$$

$$2BD = d\cot \frac{\alpha}{2}$$

将 $2BD = d\text{ctan}\,\frac{\alpha}{2}$ 代入式(5-1)得

$$M = A - d - d\cot \frac{\alpha}{2}$$

$$= A - d(1 + \cot \frac{\alpha}{2})$$

$$A = M + d(1 + \cot \frac{\alpha}{2})$$

由图 5-1b 可知

$$M = A + 2 \times \frac{d}{2} + 2FB - 2FC \tag{5-2}$$

在直角三角形 OBF 中

$$\cot\frac{\alpha}{2} = \frac{FB}{\frac{d}{2}} = \frac{2FB}{d}$$

$$2FB = d\cot\frac{\alpha}{2}$$

在直角三角形 NCF 中

$$\cot\alpha = \frac{FC}{H}$$

$$FC = H\cot\alpha$$

将 $2FB = d\text{ctan}\frac{\alpha}{2}$和 $F_C = H\text{ctan}$ 式代入式(5-2)中得

$$M = A + d + d\cot\frac{\alpha}{2} - 2H\cot\alpha$$

$$= A + d(1 + \cot\frac{\alpha}{2}) - 2H\cot\alpha$$

$$A = M - d(1 + \cot\frac{\alpha}{2}) + 2H\cot\alpha$$

例 用游标深度尺测得 55°的燕尾槽的深度是 40mm,用直径为 30mm 的圆棒作测量棒,测得两圆棒之间的距离为 20.40mm,求燕尾槽槽底 A 和槽口 B 的宽度,见图 5-2。

解 槽底宽 A

$$A = M - d(1 + \text{cct}\frac{\alpha}{2})$$

$$= 20.40 + 30(1 + \cot\frac{55°}{2})$$

$$= 20.40 + 30(1 + \cot 27.5°)$$

$$= 108.03\text{mm}$$

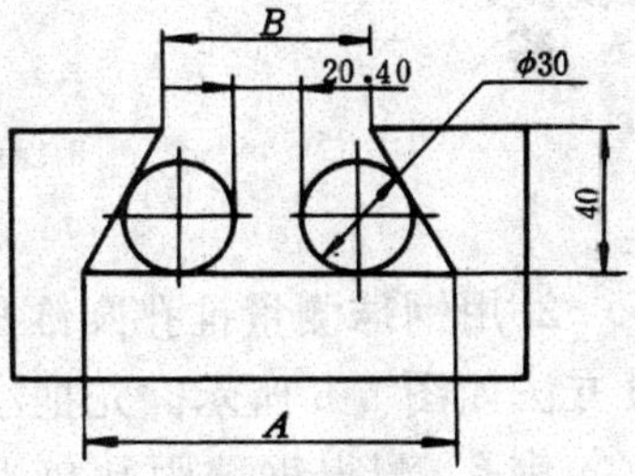

图 5-2 测量燕尾槽

槽口宽 B

$$B = A - 2H\cot\alpha$$

$$= 108.03 - 2 \times 40 \times \cot 55°$$

$$= 108.03 - 56.01 = 52.02\text{mm}$$

习 题

1. 用直径为 8mm 的测量圆柱,测得两圆棒内侧的距离为 20.75mm,并测得槽深为 10mm,燕尾角为 55°,求燕尾槽的最大宽度。

2. 用直径 $d = 10$mm 的圆柱测量燕尾块.测得两圆柱最外缘间的距离为 71.45mm,已知燕尾斜角 $\alpha = 50°$,求 A,见图 5-3。

5.1.1.2 锥度零件的测量 直接测量锥度零件比较困难,因而大多采用钢柱(或钢球)进行间接测量,然后计算出圆锥角或锥面直径。

1. 用钢柱测量圆锥角 测量圆锥角 α 如图 5-4 所示,把零件置于平板上,先把两根直径相等的钢柱放在零件的下端，测得尺寸 A，然后把钢柱置于高度为 h 的量块上，测得尺寸 B。

在直角三角形 EDC 中

$$\tan\alpha/2=\frac{CD}{ED}$$

$$\because\quad CD=\frac{B-A}{2};\quad ED=h$$

$$\therefore\quad \tan\alpha/2=\frac{\frac{B-A}{2}}{h}=\frac{B-A}{2h}$$

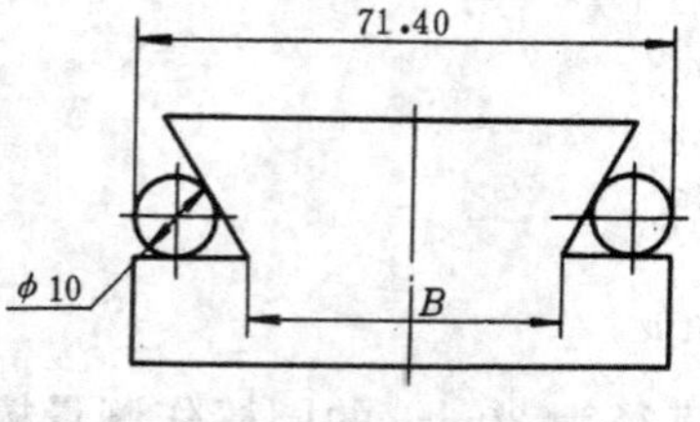

图 5-3　测燕尾块

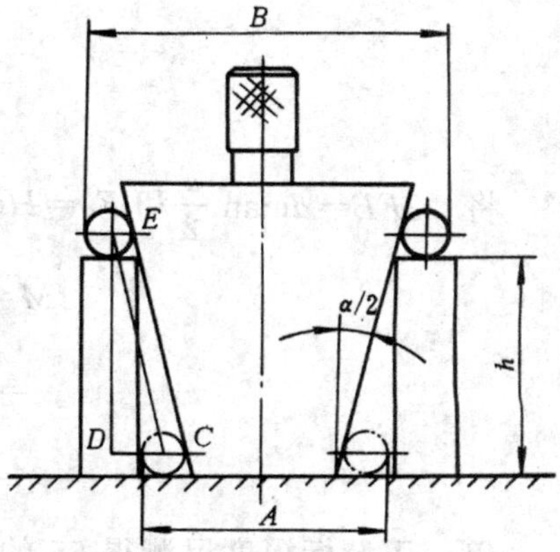

图 5-4　圆锥角的测量

例 1　用钢柱测量锥度零件的圆锥角，测得 $A=64.36$mm，$B=72.42$mm，$h=46.5$mm 求 α 是多少？

解

$$\tan\alpha/2=\frac{B-A}{2h}=\frac{72.42-64.36}{2\times46.5}=0.0866$$

$$\alpha/2=4.9°=4°54'\qquad \alpha=9°8'$$

2. 用钢球测量锥孔圆锥角　测量方法如图 5-5 所示。先把小钢球放入锥孔，测得钢球距孔口平面的距离为 H，然后将大钢球放入锥孔，测得钢球至孔口平面的距离为 h，则可按下式计算圆锥角 α。

$$\sin\alpha/2=\frac{R-r}{L}=\frac{R-r}{H+r-R-h}$$

如钢球露出锥孔平面（见图 5-5b），则可按下式计算。

$$\sin\alpha/2=\frac{R-r}{L}=\frac{R-r}{H+h-R+r}$$

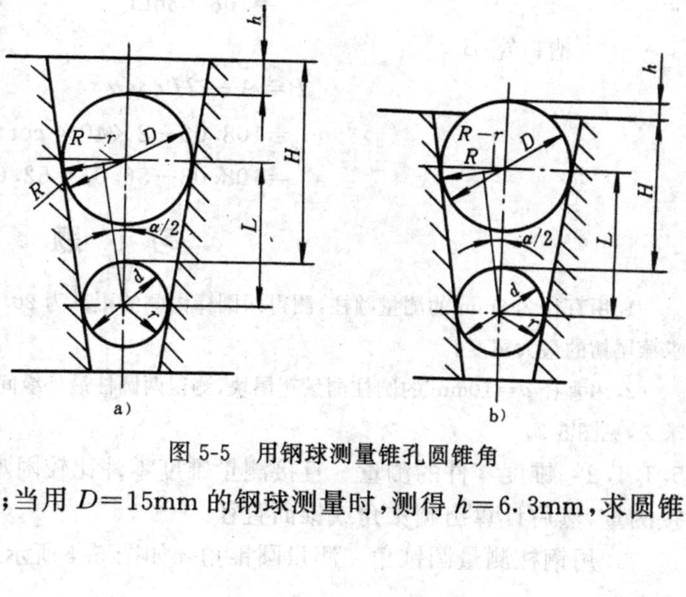

图 5-5　用钢球测量锥孔圆锥角

例 2　当用 $d=10$mm 的钢球测量锥孔零件时，测得 $H=52.44$mm；当用 $D=15$mm 的钢球测量时，测得 $h=6.3$mm，求圆锥角 α，见图 5-4。

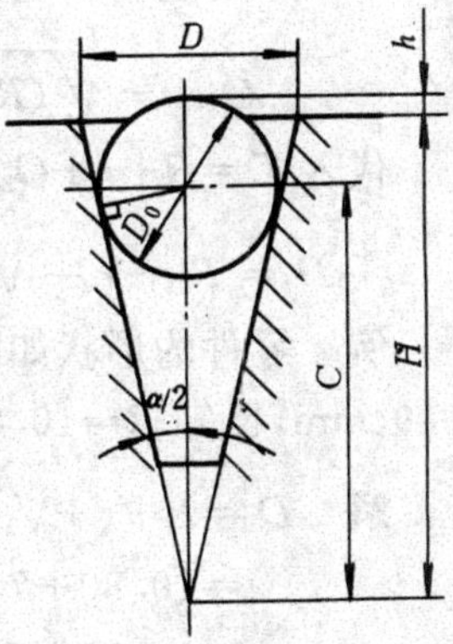

图 5-6 用钢球测量大端直径

解

$$R=\frac{15}{2}=7.5;\qquad r=\frac{10}{2}=5$$

$$\sin\alpha/2=\frac{R-r}{H+r-R-h}=\frac{7.5-5}{52.44+5-7.5-6.3}=0.0573$$

$$\alpha/2=3.28°=3°17'\qquad \alpha=6°34'$$

3. 用钢球测量圆锥孔大端直径　在没有锥度规的情况下，可以用下式计算出锥孔的大端直径 D。

由图 5-6 可知

$$\tan\alpha/2=\frac{\frac{D}{2}}{H}=\frac{D}{2H}$$

$$D=2H\tan\alpha/2$$

$$\because\qquad H=C+\frac{D_o}{2}-h$$

$$C=\frac{\frac{D_o}{2}}{\sin\alpha/2}=\frac{D_o}{2\sin\alpha/2}$$

将 C 值代入上式得

$$H=\frac{D_o}{2\sin\alpha/2}+\frac{D_o}{2}-h$$

将 H 值代入 $D=2H\cot\alpha/2$

$$D=2(\frac{D_o}{2\sin\alpha/2}+\frac{D_o}{2}-h)\tan\alpha/2$$

例 3　今用 $D_o=30$mm 的钢球测量圆锥孔大端直径，测得 $h=4$mm，**已知 $\alpha/2=4°$，求大端直径 D 是多少？（参看图 5-6）。**

解

$$D=2(\frac{D_o}{2\sin\alpha/2}+\frac{D_o}{2}-h)\tan\alpha/2$$

$$=2(\frac{30}{2\sin4°}+\frac{30}{2}-4)\tan4°$$

$$=2(\frac{30}{2\times0.0698}+15-4)\times0.0699=31.58\text{mm}$$

5.1.1.3　用钢球测量内凹孔直径　图 5-7 所示的工件的直径 D 可以用钢球进行测量。把大直径钢球置于内凹孔内，测出其最高点至上平面的距离 h_2，然后把小直径钢球放入，测出距离 h_1，可按下式计算内孔直径 D。

由图 5-7 可知

$$D=R+r+O_2A$$

在直角三角形 O_1O_2A 中，

$$O_2A^2=O_1C_2^2-O_1A^2\tag{5-3}$$

而

$$O_1O_2=R+r;O_1A=h_2+R-h_1-r$$

代入式(5-3)得

$$O_2A^2 = (R + r)^2 - (h_2 + R - h_1 - r)^2$$

$$O_2A = \sqrt{(R + r)^2 - (h_2 + R - h_1 - r)^2}$$

代入 $D=R+r+O_2A$ 得

$$D = R + r + \sqrt{(R + r)^2 - (h_2 + R - h_1 - r)^2}$$

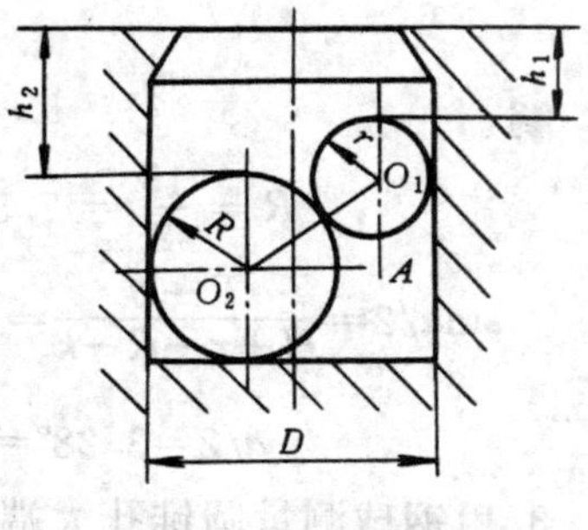

图 5-7 用钢球测量凹孔直径

例 零件的形状如图 5-7 所示，测得 $h_1=9.46$mm，$h_2=16.94$mm，已知 $R=10.80$mm，$r=7.80$mm，求该孔的孔径 D。

解 $D=R+r+\sqrt{(R+r)^2-(h_2+R-h_1-r)^2}$

$=10.80+7.80+\sqrt{(10.80+7.80)^2-(16.94+10.80-9.46-7.80)^2}$

$=10.80+7.80+15.37=33.97$mm

习　题

1. 用钢柱测量圆锥面，已测得 $A=64.26$mm，$B=82.35$mm，并知量块高 $h=54$mm 求圆锥角 α(参看图 5-4)。

2. 当用 $d=12$mm 的钢球测量锥孔时，测得 $H=64.55$mm，当用 $D=20$mm 的钢球测量时测得 $h=6.36$mm，求圆锥角 α(参看图 5-5a)。

3. 用 $d=10$mm 的小钢球测量锥孔时，测得 $H=84.36$mm，用 $D=20$mm 的大钢球测量时，球的最高点则高出平面 4.18mm，求圆锥角 α(参看图 5-5b)。

4. 欲用一 $D_o=32$mm 的钢球测量圆锥角 $\alpha=3°36'$ 的圆锥孔的大端直径，今已测出球面的最高点高出平面 2.15mm，求圆锥孔的大端直径 D(参看图 5-6)。

5. 用直径 $D=20$mm 的钢球测量内凹孔，测得 $h_2=24.34$mm；用 $d=16$mm 的钢球测量时，测得 $h_1=9.38$mm，求该孔的直径 D(参看图 5-7)

5.1.1.4　螺纹中径的测量　用量针测量螺纹中径的方法叫三针测量法。把三根等直径的量针置于螺纹槽内，测出量针间的距离 M，以验证螺纹中径是否符合要求。

量针直径的确定　由图 5-8 可知

$$\cos\frac{\alpha}{2} = \frac{\frac{P}{4}}{r_z} = \frac{P}{4r_z} = \frac{P}{2d_z}$$

$$\therefore d_z = \frac{P}{2\cos\frac{\alpha}{2}}$$

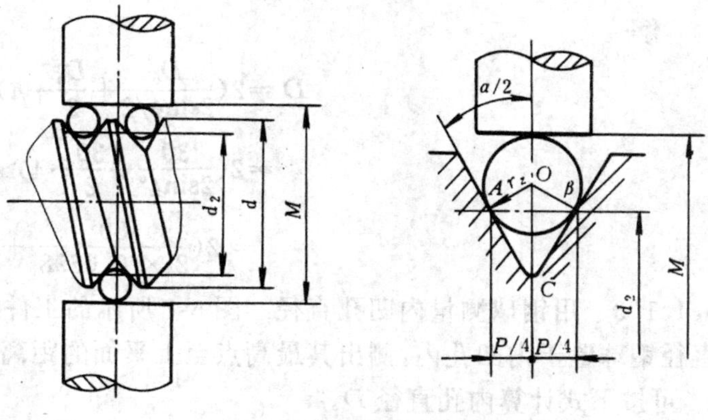

图 5-8　三针测量螺纹中径

由于普通螺纹的牙型角 $\alpha=60°$ 所以

$$d_z = \frac{P}{2\cos\frac{60°}{2}} = \frac{P}{2\times\frac{\sqrt{3}}{2}} = 0.577P$$

对于英制螺纹和 55°螺纹

$$d_z = \frac{P}{2\cos\frac{55°}{2}} = \frac{P}{2\times 0.887} = 0.564P$$

对于梯形螺纹

$$d_z = \frac{P}{2\cos\frac{30^\circ}{2}} = \frac{P}{2\times 0.966} = 0.518P$$

由图 5-8 可知螺纹中径 d_2

$$d_2 = M - 2r_z - 2OC + 2\frac{P}{4}\text{ctan}\frac{\alpha}{2}$$

而

$$OC = \frac{r_z}{\sin\frac{\alpha}{2}}$$

所以

$$d_2 = M - d_z - 2\frac{r_z}{\sin\frac{\alpha}{2}} + \frac{P}{2}\text{ctan}\frac{\alpha}{2}$$

当 $\alpha=60^\circ$时

由于

$$\begin{aligned} d &= d_2 + 0.6495P \\ &= M - d_z - 2\frac{r_z}{\sin\frac{\alpha}{2}} + \frac{P}{2}\text{ctan}\frac{\alpha}{2} + 0.6495P \\ &= M - d_z\left(1 + \frac{1}{\sin\frac{\alpha}{2}}\right) + \frac{P}{2}\text{ctan}\frac{\alpha}{2} + 0.6495P \\ &= M - \left(1 + \frac{1}{0.5}\right)d_z + \frac{P}{2}\times 1.732 + 0.6495P \\ &= M - 3d_z + 1.516P \end{aligned}$$

所以

$$M = d + 3d_z - 1.516P$$

当 $\alpha=55^\circ$时

$$M = d + 3.1657d_z - 1.601P$$

当 $\alpha=30^\circ$时

$$M = d + 4.864d_z - 2.366P$$

式中 d ——螺纹大径(mm)；
P ——螺纹螺距(mm)；
α ——牙型角(°)；
d_z ——量针直径(mm)；
d_2 ——螺纹中径(mm)；
r ——量针半径(mm)。

例 求测量 M6×1 的螺纹应选用量针的直径 d_z 并计算 M 值。

解 求量针直径 d_z

$$d_z = 0.578P = 0.578\times 1 = 0.578\text{mm}$$

求 M 值

$$M = d + 3d_z - 1.516P = 6 + 3\times 0.578 - 1.516\times 1 = 6.218\text{mm}$$

习　题

1. 求测量 M10 螺纹应选用的量针直径和 M 值。

2. 求测量 Tr36×6 螺纹应选用的量针直径，并求 M 值

5.1.1.5　用正弦规测量零件的计算　正弦规是用来测量或校验机械零件角度和斜度的一种量具，通常和平板，量块、千分表和角铁等联合使用。

正弦规的工作原理如图 5-9 所示，将正弦规放在平板上，圆柱之一与平板接触，另一圆柱下面则垫以量块组，则正弦规的工作面与平板间构成一角度 α，其关系为

$$\sin\alpha = \frac{h}{L}$$

式中　α——正弦规的工作面与平板平面间的夹角（即被测零件的设计圆锥角）(°)；

h——量块组尺寸(mm)；

L——两圆柱间的中心距(mm)。

调整完毕后，用千分表测量工件上素线 ab 的平行度，即可算出工件锥角的正确性。

图 5-9　正弦规的工作原理

例　已知正弦规 $L=100$mm，现需校验锥角 $\alpha=2°59'$ 的量规，求垫块的高度。

解

$$h=\sin\alpha L = \sin 2°59' \times 100 = 5.204\text{mm}$$

习　题

已知工具锥柄的圆锥角 $\alpha=1°29'$，当用 $L=200$mm 的正弦规测量时，求垫块的高度 h。

5.1.1.6　用游标卡尺测量零件的计算　大型外圆弧零件，可以用游标卡尺测量出其弦长来验证圆弧加工的尺寸是否准确，如图 5-10 所示，其公式计算如下

由图 5-10 可知

$$\left(\frac{S}{2}\right)^2 = R^2-(R-h)^2$$
$$= R^2-(R^2-2Rh+h^2)$$
$$= R^2-R^2+2Rh-h^2$$
$$= h(2R-h)$$
$$\frac{S}{2} = \sqrt{h(2R-h)}$$
$$S = 2\sqrt{h(2R-h)}$$

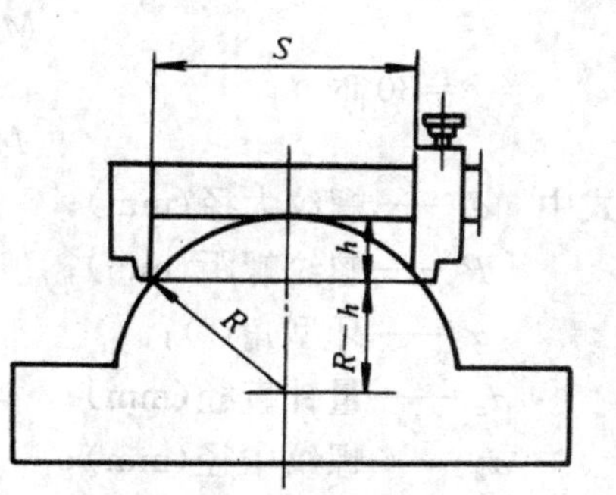

图 5-10　用游标卡尺测量大型外圆弧面

式中　S——测量所得零件弦长(mm)；

h——游标卡尺的量爪高度(mm)；

R——零件半径(mm)。

例　一球面零件 $R=240$mm，经加工后用量爪 $h=50$mm 的游标卡尺测量，求测量所得的弦长尺寸应该是多少（参看图 5-10）。

解

$$S = 2\sqrt{h(2R-h)}$$
$$= 2\sqrt{50(2\times240-50)}$$
$$= 293.2\text{mm}$$

习　　题

用游标卡尺测得圆弧工件的弦长 $S=325.36\text{mm}$，已知其量爪高 $h=52\text{mm}$，求工件的半径 R(参看图 5-10)。

5.2　和钻孔、镗孔有关的坐标计算

例 1　某齿轮箱要镗 A、B、C 三个孔必须求得齿轮箱和工作台移动的距离 AD、DE 和 EC，请根据图 5-11 将它们计算出来。

解　由于镗床的主轴箱移动距离 AD、DE 和工作台移动的距离 BD、EC 是相互垂直的，所以三角形 ABD 和三角形 ACE 是直角三角形。

在直角三角形 ABD 中，由勾股定理得

$$AD=\sqrt{AB^2-BD^2}=\sqrt{82^2-18^2}=80\text{mm}$$

在直角三角形 ACE 中，

$$\sin38^\circ=\frac{EC}{AC}\qquad\cos38^\circ=\frac{AE}{AC}$$

$$\therefore EC=AC\sin38^\circ=120\times0.615=73.9\text{mm}$$

$$AE=AC\cos38^\circ=120\times0.788=94.6\text{mm}$$

$$DE=AE-AD=94.6-80=14.6\text{mm}$$

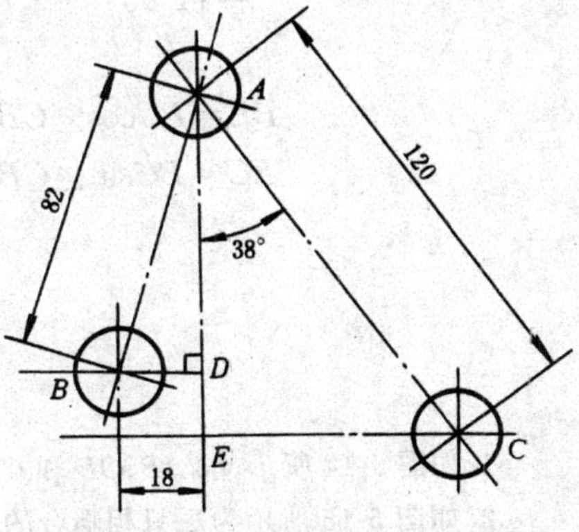

图 5-11　齿轮箱移动距离计算

例 2　要钻削图 5-12 工件上的三个孔，已知 A、B 两孔的中心距 $AB=200\text{mm}$，$\angle A=70^\circ$，$\angle B=60^\circ$，求 AC 和 BC。

解

$$\angle C=180^\circ-(70^\circ+60^\circ)=50^\circ$$

在三角形 ABC 中，根据正弦定理

$$\frac{a}{\sin70^\circ}=\frac{200}{\sin50^\circ}\quad 得$$

$$a=\frac{200\sin70^\circ}{\sin50^\circ}=\frac{200\times0.94}{0.77}=244\text{mm}$$

同理得　$$\frac{b}{\sin60^\circ}=\frac{200}{\sin50^\circ}$$

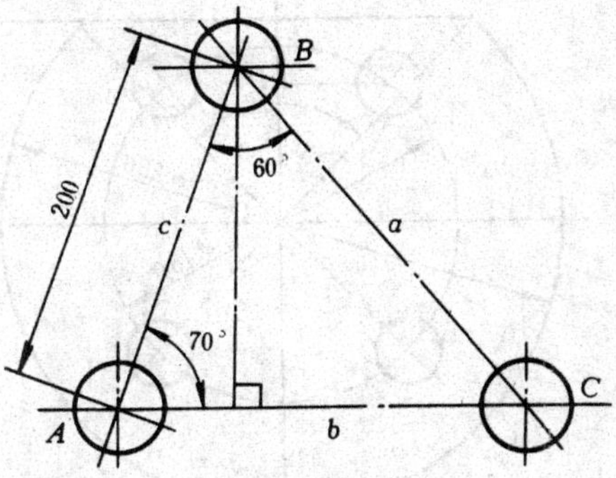

图 5-12　钻孔计算孔距

$$b=\frac{200\sin60^\circ}{\sin50^\circ}=\frac{200\times0.87}{0.77}=226\text{mm}$$

例 3　如图 5-13 所示，加工 A、B、C 三孔时，先镗 A 孔，再依次镗 B、C 孔，由于加工的需要，请计算 BD、BE 和 EC 各是多少？

解　在直角三角形 ABD 中

$$BD=\sqrt{AB^2-AD^2}=\sqrt{65^2-30^2}=57.66\text{mm}$$

$$\sin\angle ABD=\frac{AD}{AB}=\frac{30}{65}=0.4615$$

$$\angle ABD = 27°29'$$

在三角形 ABC 中，由余弦定理得

$$\cos\angle ABC = \frac{AB^2 + BC^2 - AC^2}{2AB \times BC} = \frac{65^2 + 90^2 - 70^2}{2 \times 65 \times 90}$$

$$= 0.6346$$

$$\angle ABC = 50°36'$$

在直角三角形 BCE 中

$$\angle CBE = 90° - (\angle ABD + \angle ABC)$$

$$= 90°(27°29' + 50°36')$$

$$= 11°55'$$

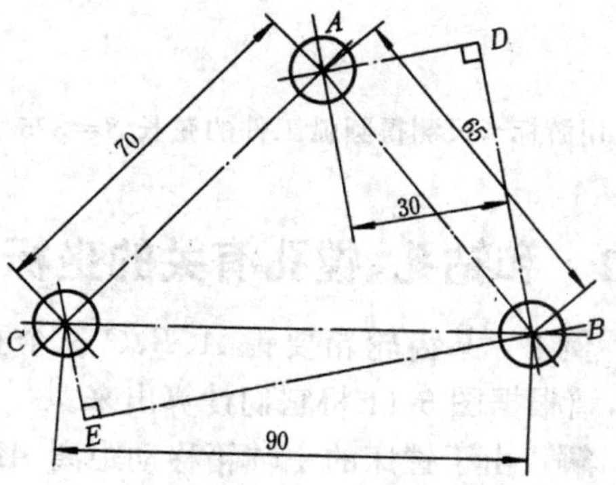

图 5-13　镗孔计算孔距

$$BE = BC\cos\angle CBE = 90 \times \cos 11°55' = 90 \times 0.9786 = 88.07\text{mm}$$

$$EC = BC\sin\angle CBE = 90 \times \sin 11°55' = 90 \times 0.2065 = 18.59\text{mm}$$

习　题

1. 如图 5-14 所示，求 AB、OD 和 CD 的长度。

2. 如图 5-15 所示为三只相啮合的齿轮，已知 $O_1O_2 = 164.5\text{mm}$，$O_2O_3 = 119\text{mm}$，$\alpha = 23°44'$，$\beta = 43°43''$，求 x_1、x_2 和 y_1、y_2。

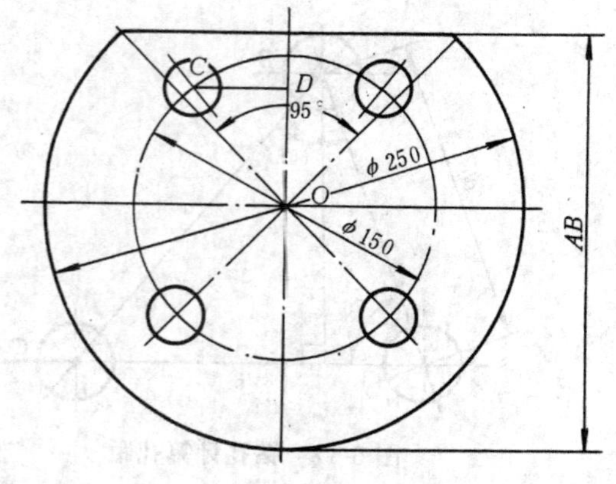

图 5-14　计算孔距

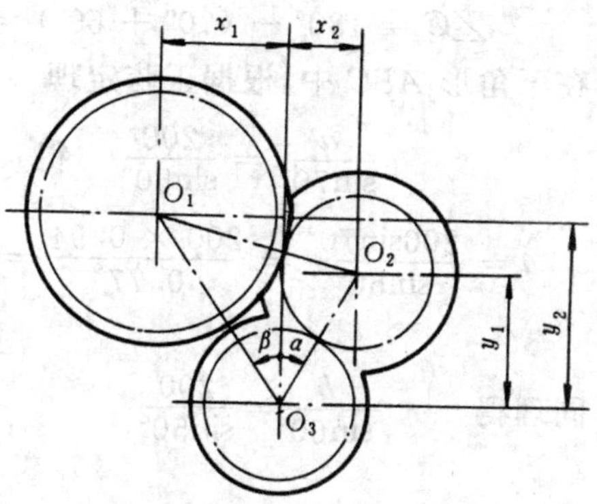

图 5-15　计算轴距

3. 零件的形状如图 5-16 所示，现需钻削 B、C 二孔，计算两孔的水平距离 x 和垂直距离 y。

4. 确定三星齿轮的位置，已知 A 齿轮的分度圆直径为 180mm，B 齿轮和 C 齿轮的分度圆直径为 120mm，且 A、B 连线与 B、C 连线的夹角 $\alpha = 86°30'$（见图 5-17），求 A、B 两齿轮的中心距。

5. 在镗床上镗削 A、B、C 三孔（见图 5-18）时，先依次镗出 A 孔和 B 孔，然后把镗杆从 B 孔退回至 D，再从 D 向右移动滑板，使镗杆对准 C 镗 C 孔，求镗杆移动的距离 BD 和 DC 各是多少？

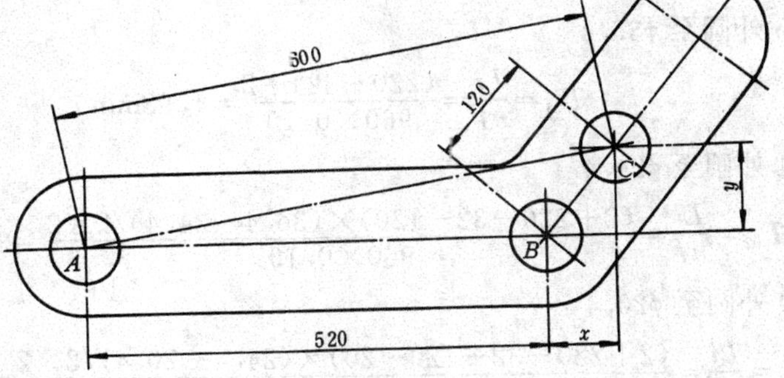

图 5-16　钻孔计算轴距

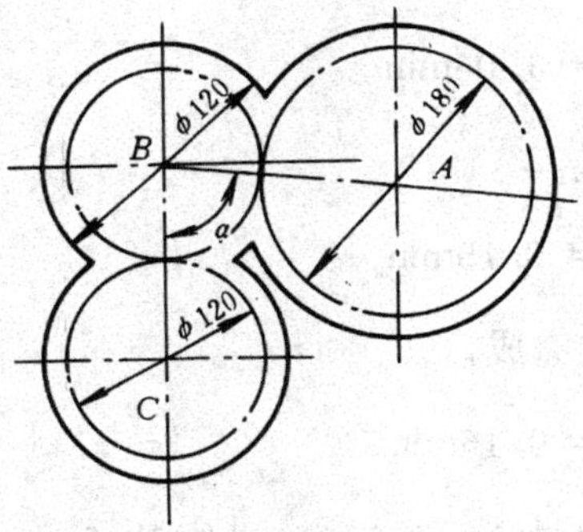

图 5-17　计算齿轮中心距

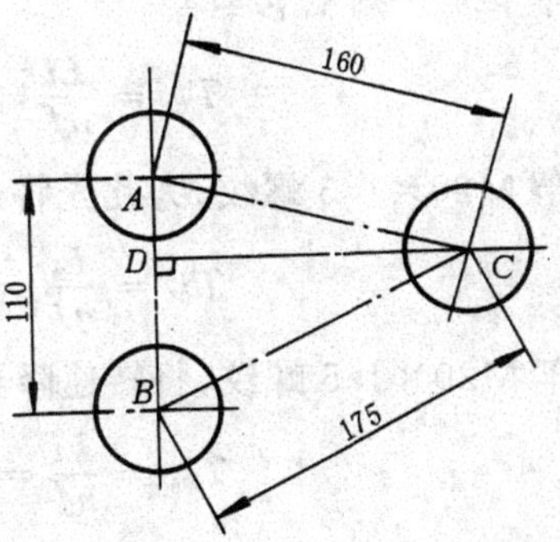

图 5-18　计算镗杆移动距离

5.3　机动时间的综合计算

在实际生产中，一个零件往往要经过多个工种的加工，而较少经过一个工种的加工就将零件加工完毕的。下面举例说明这类零件的综合机动时间是如何计算的。

例 1　求加工图 5-19 所示零件的综合机动时间。

解　图示零件需经过车、铣、磨切削加工和钳工划线方能达到零件的尺寸要求。要分别求出车削、铣削和磨削加工的机动时间，然后将它们相加，即可求出综合机动时间。

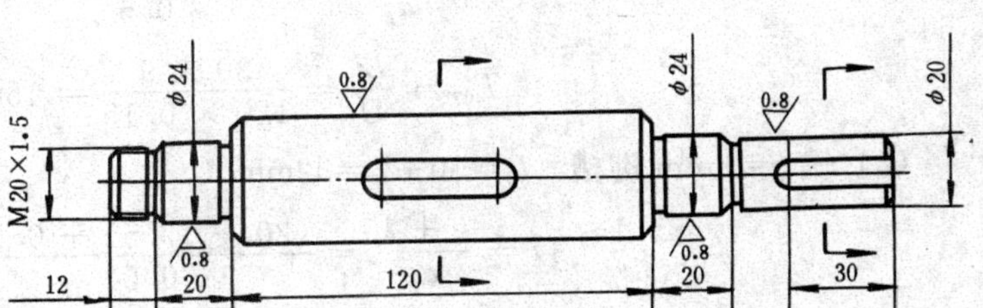

图 5-19　轴

1. 车削机动时间　设毛坯直径为 ϕ40mm，背吃刀量 $a_p=2$mm，工件转速 $n=960$r/min，

进给量 $f=0.10\text{mm/r}$，采用双顶尖安装，$l_a=l_u=2\text{mm}$。

夹左端，车削 ϕ20mm、ϕ24mm 和 ϕ36mm 外圆，各留磨削余量(单面)0.2mm。

(1) 车 ϕ36 外圆至 ϕ36.4

$$T_{01}=\frac{Li}{nf}=\frac{(220-32)+2}{960\times0.10}=1.98\text{min}$$

(2) 车 ϕ24 外圆至 ϕ24.4

$$T_{02}=\frac{Li}{nf}=\frac{(2+220-32-120)\times(36.4-24.4)/2\times2}{960\times0.10}=2.18\text{min}$$

(3) 车 ϕ20 外圆至 ϕ20.4

$$T_{03}=\frac{Li}{nf}=\frac{(2+220-32-120-20)\times(24.4-20.4)/2\times2}{960\times0.10}=0.52\text{min}$$

夹右端，车削 ϕ24 外圆和车削 M20 螺纹

(4) 车 ϕ24 外圆至 ϕ24.4

$$T_{04}=\frac{Li}{nf}=\frac{(2+32)\times3}{960\times0.10}=1.06\text{min}$$

(5) 车 M20×1.5 螺纹，为此先将外圆车至 $\phi19.9_{-0.1}^{\ 0}$

$$T_{05}=\frac{Li}{nf}=\frac{(2+12)\times1}{960\times0.10}=0.15\text{min}$$

(6) 车 M20×1.5 螺纹，将转速降至 360r/min，6 次完成

$$T_{06}=\frac{Li}{nf}=\frac{(2+12)\times6}{360\times1.5}=0.16\text{min}$$

2.铣削机动时间　设铣刀转速 $n=120\text{r/min}$，背吃刀量 $a_p=0.5\text{mm}$，进给量 $f=0.15\text{mm/r}$，$l_a=0.5\text{mm}$，$l_u=2\text{mm}$

(1) 铣 $b=8\text{mm}$ 键槽　$l_1=30\text{mm}$

$$i=\frac{h+l_a}{a_p}=\frac{(36-32)+0.5}{0.5}=9$$

$$T_{07}=\frac{Li}{nf}=\frac{30\times9}{120\times0.15}=15\text{min}$$

(2) 铣 $b=6\text{mm}$ 键槽　$l_2=30+2=32\text{mm}$

$$i=\frac{h+l_a}{a_p}=\frac{(20-17.5)+0.5}{0.5}=6$$

$$T_{08}=\frac{L_2i}{nf}=\frac{32\times6}{120\times0.15}=10.67\text{min}$$

3.磨削机动时间，设砂轮转速 $n=56\text{r/min}$ 纵向进给量 $f_p=0.5B$，$a_p=0.02\text{mm}$，$B=40\text{mm}$

(1) 磨 ϕ36 外圆　　$L_1=l-B/3=120-40/3=107\text{mm}$

$$i=\frac{h}{2a_p}=\frac{36.4-36}{2\times0.02}+8=18$$

$$T_{09}=\frac{L_1i}{n_gf_p}=\frac{107\times18}{0.5\times40\times56}=1.72\text{min}$$

(2) 磨削 2 个 ϕ24 外圆　因为磨削 ϕ24 外圆时工件不需纵向移动，消耗的机动时间为

$$T_{010}=\frac{18}{50}\times 2=0.64\text{min}$$

(3) 磨削 ϕ20 外圆 $L_2=l-\frac{2B}{3}=48-27=21\text{mm}$

$$T_{011}=\frac{L_2 i}{f_p n_g}=\frac{21\times 18}{0.5\times 40\times 56}=0.34\text{min}$$

总机动时间为

$$T_0=T_{01}+T_{02}+\cdots\cdots+T_{011}$$

$$=1.98+2.18+0.52+1.06+0.15+0.16+15+10.67+1.72+0.64+0.34$$

$$=34.4\text{min}$$

例 2 求铣削图 5-20 所示零件的机动时间，零件材料为铸钢。

解 零件需经过铣、钻和磨削才能达到要求。

1. 铣削机动时间 设端铣刀直径 $d=120\text{mm}$，转速 $n=460\text{r/min}$，$f_{粗}=0.20\text{mm/r}$，$f_{精}=0.10\text{mm/r}$，$l_a=l_u=2.5\text{mm}$。上、下面各进行粗、精加工一次。

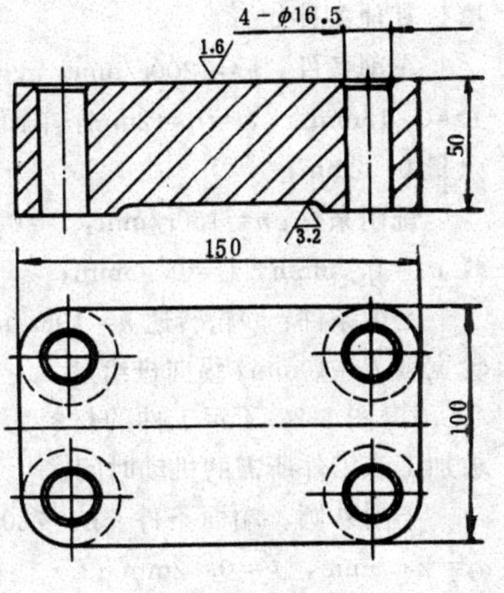

图 5-20 压板

切入长度

$$L_s=\frac{1}{2}\sqrt{d^2-b^2}=\frac{1}{2}\sqrt{120^2-100^2}=33.2\text{mm}$$

铣削行程

粗铣 $L_1=l+\frac{d}{2}-l_s+l_a+l_u$

$$=150+\frac{120}{2}-33.2+2.5+2.5$$

$$=181.8\text{mm}$$

精铣

$$L_2=l+d+l_a+l_u$$

$$=150+120+2.5+2.5=275\text{mm}$$

两次粗铣消耗的机动时间为 T_{01}

$$T_{01}=\frac{L_1 i}{nf}=\frac{181.8\times 2}{460\times 0.2}=3.95\text{min}$$

两次精铣消耗的机动时间为 T_{02}

$$T_{02}=\frac{L_2 i}{nf}=\frac{275\times 2}{460\times 0.1}=11.96\text{min}$$

2. 钻孔机动时间 设钻头转速 $n=320\text{r/min}$，进给 $f=0.15\text{mm/r}$。

钻削 4 个孔的机动时间 T_{03}

$$T_{03}=\frac{Li}{nf}=\frac{(50+0.3\times 16.5)\times 4}{320\times 0.15}=4.58\text{min}$$

3. 磨削机动时间 设进给速度 $v_g=20\text{m/min}$，横向进给量 $f=16\text{mm}$/往复行程，砂轮宽 $B=60\text{mm}$，引入量 $l_a=40\text{mm}$，背吃刀量 $a_p=0.015\text{mm}$，铣削后工件的高度为 50.3mm。

磨削宽度 b_s $b_s=b-\frac{B}{3}=100-\frac{60}{3}=80\text{mm}$

磨削长度 L $L=l+2l_u=150+2\times 40=230\text{mm}$

每分钟行程数 $n=\frac{v_g}{L}=\frac{16\times 1000}{230}=69.6$ 往复行程/min

取 $n=70$ 往复行程/min

进给次数 $$i=\frac{h}{a_p}+8=\frac{50.3-50}{0.015}+8=28$$

机动时间 $$T_{04}=\frac{b_s i}{f\,n}=\frac{80\times 28}{17\times 70}=1.89\text{min}$$

总机动时间为

$$T_0=T_{01}+T_{02}+T_{03}+T_{04}$$
$$=3.95+11.96+4.58+1.89=22.38\text{min}$$

习　题

1. 求加工图 5-21 所示零件的机动时间（不计钻孔时间）。毛坯直径 $D=34$mm，工件的工艺过程为车，铣、磨。其他条件如下

车削条件：$n=1200$r/min，$a_p=2$mm，$f=0.15$mm/r，$l_a=l_u=2$mm，单面留磨削余量 0.2mm；

铣削条件：$n=150$r/min，$f=0.2$mm/r，$a_p=0.5$mm，$l_a=0.5$mm；

磨削条件：砂轮转速 $n=105$r/min，砂轮宽度 $B=40$mm，纵向进给量 $f_p=0.5B$。

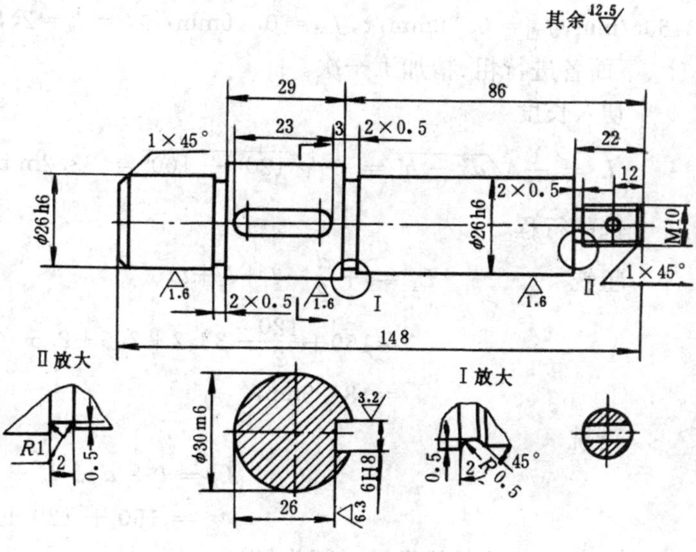

图 5-21　台阶轴

2. 图 5-22 所示工件的材料为 Q235，求加工该工件所需的机动时间。

车削外圆、端面条件　$n=720$r/min，$a_p=2.5$mm，$f=0.2$mm/r；

加工 $\phi27$H7 孔　先用 $\phi20$mm 钻头钻孔，再经半精镗、精镗

钻孔切削条件　$n=180$r/min，$f=0.25$mm/r

镗孔切削条件　半精镗　$n=320$r/min；$a_p=1.5$mm；$f=0.15$mm/r；精镗　$n=720$r/min；$a_p=0.5$mm；$f=0.05$mm/r。

钻 4-$\phi8$ 孔　$n=180$r/min，$f=0.25$mm。

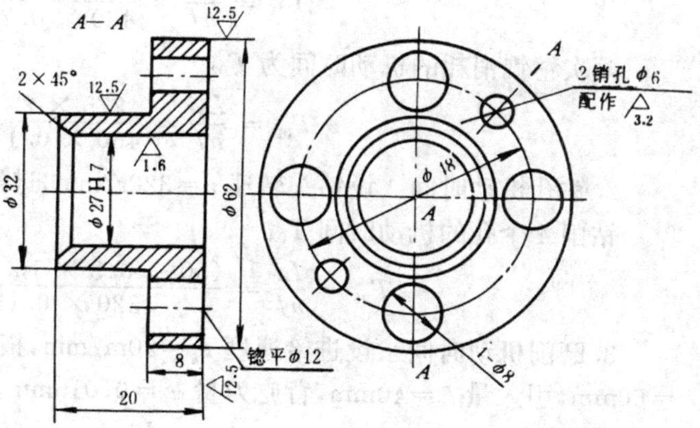

图 5-22　法兰盘

3. 灰铸铁平板需经一次粗铣、一次半精铣，再经磨削加工而成。平板规格为 800mm×1200mm，求总机动时间。加工条件如下；

铣削条件　端铣刀刀盘直径 $D=240$mm，铣削速度 $v=80$m/min，粗铣 $f=0.3$mm/r，精铣 $f=0.15$mm/r

磨削条件　砂轮宽度 $B=60$mm，$a_p=0.025$mm 工件纵向进给速度 $v_g=15$m/min，横向进给量 $f_h=20$mm/往复行程，设磨削余量 $h=0.25$mm。

双元制培训机械专业理论教材书目

机械工人专业计算
机械工人专业制图
机械工人专业制图习题集
机械工人专业工艺
　　基础分册
　　机械切削工分册
　　工模具制造工分册
　　机械维修工分册
　　汽车机械工分册